D1994483

TOOLS DER MENTOREN

Die Geheimnisse der 130 Weltbesten für Erfolg, Glück und den Sinn des Lebens

TIM FERRISS

New York Times-Bestsellerautor

Tim Ferriss

Tools Der Mentoren

Die Geheimnisse der 130 Weltbesten für Erfolg, Glück und den Sinn des Lebens

Bibliografische Information der Deutschen Nationalbibliothek
Die Deutsche Nationalbibliothek verzeichnet diese Publikation in der Deutschen Nationalbibliografie; detaillierte bibliografische Daten sind im Internet über **http://d-nb.de** abrufbar.

Für Fragen und Anregungen:
info@finanzbuchverlag.de

1. Auflage 2018

© 2018 by FinanzBuch Verlag
ein Imprint der Münchner Verlagsgruppe GmbH
Nymphenburger Straße 86
D-80636 München
Tel.: 089 651285-0
Fax: 089 652096

Copyright © 2017 by Timothy Ferriss. All rights reserved. TRIBE OF MENTORS, TOOLS OF TITANS, TIM FERRISS, TIMOTHY FERRISS, THE 4-HOUR, THE 4-HOUR WORKWEEK, THE 4-HOUR BODY, THE 4-HOUR CHEF, SLOW-CARB DIET, OTK, and 5-BULLET FRIDAY are trademarks or registered trademarks, and are used under license. All rights reserved. Die englische Originalausgabe erschien 2017 bei Houghton Mifflin Harcourt Publishing Company unter dem Titel »Tribe of Mentors«.

Alle Rechte, insbesondere das Recht der Vervielfältigung und Verbreitung sowie der Übersetzung, vorbehalten. Kein Teil des Werkes darf in irgendeiner Form (durch Fotokopie, Mikrofilm oder ein anderes Verfahren) ohne schriftliche Genehmigung des Verlages reproduziert oder unter Verwendung elektronischer Systeme gespeichert, verarbeitet, vervielfältigt oder verbreitet werden.

Die im Buch veröffentlichten Ratschläge wurden von Verfasser und Verlag sorgfältig erarbeitet und geprüft. Eine Garantie kann dennoch nicht übernommen werden. Ebenso ist die Haftung des Verfassers beziehungsweise des Verlages und seiner Beauftragten für Personen-, Sach- und Vermögensschäden ausgeschlossen.

Sämtliche Inhalte dieses Buchs wurden – auf Basis von Quellen, die der Autor und der Verlag für vertrauenswürdig erachten – nach bestem Wissen und Gewissen recherchiert und sorgfältig geprüft. Trotzdem stellt dieses Buch keinen Ersatz für eine individuelle Fitnessberatung/Ernährungsberatung und medizinische Beratung dar. Wenn Sie medizinischen Rat einholen wollen, konsultieren Sie bitte einen qualifizierten Arzt. Der Verlag und der Autor haften für keine nachteiligen Auswirkungen, die in einem direkten oder indirekten Zusammenhang mit den Informationen stehen, die in diesem Buch enthalten sind.

Chart auf Seite 317 freundlicherweise zur Verfügung gestellt von Steve Jurvetson/Draper Fisher Jurvetson

Übersetzung: Petra Pyka, Kimiko Leibnitz und Sascha Mattke
Redaktion: Palma Müller-Scherf, Ulrike Kroneck und Matthias Michel
Korrektorat: Bärbel Knill, Hella Neukötter und Silvia Kinkel
Umschlaggestaltung: Marc-Torben Fischer, Rachel Newborn
Satz: inpunkt[w]o, Haiger (www.inpunktwo.de)
Druck: GGP Media GmbH, Pößneck
Printed in Germany

ISBN Print 978-3-95972-108-0
ISBN E-Book (PDF) 978-3-96092-185-1
ISBN E-Book (EPUB, Mobi) 978-3-96092-186-8

Weitere Informationen zum Verlag finden Sie unter

www.finanzbuchverlag.de

Beachten Sie auch unsere weiteren Verlage unter www.m-vg.de

Haftungsausschluss des Verlags

In diesem Buch finden Sie eine große Bandbreite an Meinungen über eine Vielzahl von Themen aus den Bereichen Gesundheit und Wohlbefinden, darunter bestimmte Ideen, Therapien und Verfahren, die gefährlich oder illegal sein könnten, wenn sie ohne angemessene medizinische Überwachung genutzt werden. Diese Meinungen basieren auf Recherchen und Ideen des Autors oder der Personen, deren Ideen der Autor vorstellt, sind aber nicht als Ersatz für die Betreuung durch geschultes medizinisches Personal zu verstehen. Sprechen Sie mit Ihrem Arzt, bevor Sie irgendein Diät-, Medikamenten- oder Trainingsprogramm beginnen. Der Autor und der Verlag lehnen jegliche Haftung für mögliche negative Auswirkungen ab, die sich direkt oder indirekt durch Informationen in diesem Buch ergeben.

Haftungsausschluss von Tim Ferriss

Bitte tu nichts Dummes und bring dich nicht um. Das würde uns beide ziemlich unglücklich machen. Konsultiere einen Arzt, Rechtsanwalt und Spezialisten für gesunden Menschenverstand, bevor du irgendetwas aus diesem Buch ausprobierst.

An alle meine »Begleiter auf dem Weg«: Möget ihr eine Kraft für das Gute auf dieser Welt sein und dasselbe in euch selbst sehen.

Und denkt daran:
»Das, wonach du suchst, sucht dich.«
– RUMI

INHALT

Einleitung

»Die wahre Entdeckungsreise besteht nicht darin, mit denselben Augen hundert verschiedene Länder zu besuchen, sondern darin, dasselbe Land mit hundert verschiedenen Augen zu sehen.«

– Marcel Proust

»Albert brummte. ›Weißt du, was mit jungen Burschen passiert, die zu viele Fragen stellen?‹
Mort dachte einen Augenblick nach.
›Nein‹, sagte er dann, ›was passiert mit ihnen?‹
Schweigen.
Endlich richtete Albert sich auf und sagte: ›Keine Ahnung. Wahrscheinlich bekommen sie Antworten. Geschieht ihnen recht.‹«

– Terry Pratchett, *Mort*

Um zu erklären, *warum* ich dieses Buch geschrieben habe, muss ich wahrscheinlich mit dem *Wann* anfangen.

2017 war ein ungewöhnliches Jahr für mich. Die ersten sechs Monate waren ein langsames Köcheln. Dann aber wurde ich innerhalb weniger Wochen 40 Jahre alt, mein erstes Buch *(The 4-Hour Workweek)* hatte sein zehnjähriges Jubiläum, mehrere Menschen aus meinem Freundeskreis starben, und ich ging auf eine Bühne, um zu erzählen, wie ich auf dem College kurz davor gestanden hatte, Selbstmord zu begehen.*

Um die Wahrheit zu sagen: Ich hätte nie gedacht, dass ich überhaupt 40 Jahre alt werden würde. Mein erstes Buch wurde von 27 Verlagen abgelehnt. Die Sachen, die dann funktionierten, hätten gar nicht funktionieren dürfen. Und so wurde mir an meinem Geburtstag klar: Ich hatte keinen Plan für das Leben nach 40.

Wie es an Weggabelungen – Uni-Abschluss, Krisen nach einem Viertel oder der Hälfte des Lebens, Auszug der Kinder, Ruhestand – häufig vorkommt, begannen Fragen aus meinem Inneren an die Oberfläche zu sprudeln.

Waren meine Ziele meine eigenen oder nur das, von dem ich dachte, ich sollte es wollen?

Wie viel vom Leben habe ich durch zu wenig oder zu viel Planung verpasst?

Wie könnte ich freundlicher zu mir selbst sein?

Wie könnte ich besser Nein zum Rauschen sagen, um Ja zu den Abenteuern sagen zu können, nach denen ich mich sehnte?

Wie könnte ich mein Leben am besten neu bewerten, meine Prioritäten, meine Sicht auf die Welt, meinen Platz in der Welt und meinen Weg durch die Welt?

So viele Fragen!

Eines Morgens schrieb ich diese Fragen so auf, wie sie mir einfielen, in der Hoffnung auf einen Hauch von Klarheit. Stattdessen spürte ich eine Welle der Angst. Die Liste war überwältigend. Ich bemerkte, dass ich den Atem anhielt. Also machte ich eine Pause und hörte auf, auf das Blatt Papier zu schauen. Dann tat ich, was ich häufig tue – ob beim Nachdenken über eine geschäftliche Entscheidung, eine persönliche Beziehung oder anderes: Ich stellte mir selbst die eine Frage, die dabei hilft, viele andere zu beantworten ...

Wie würde es aussehen, wenn es einfach wäre?

Dieses »es« kann grundsätzlich alles sein. An diesem Morgen stand es für meine lange Liste großer Fragen.

---

* tim.blog/ted

Wie würde es aussehen, wenn es einfach wäre? Das ist eine hübsche und trügerisch große Frage. Es ist leicht, sich selbst einzureden, dass alles schwierig sein muss und dass man sich nicht genügend anstrengt, wenn man nicht bis zum Anschlag geht. Dies bringt uns dazu, den Weg des größten Widerstands zu wählen, was oft unnötige Härten mit sich bringt.

Was aber passiert, wenn wir versuchen, mit schwierigen Situationen möglichst elegant statt mit möglichst vielen Belastungen umzugehen? Manchmal kommt man mit Lockerheit statt Stress zu unglaublichen Ergebnissen. Manchmal kann man ein Problem »lösen«, indem man es vollkommen anders betrachtet.

Als ich an jenem Morgen über die handgeschriebene Frage – *Wie würde es aussehen, wenn es einfach wäre?* – nachdachte, kam mir eine Idee. 99 Prozent der Seite, die vor mir lag, waren nutzlos. Aber sie enthielt auch den Keim einer Möglichkeit …

Wie wäre es, wenn ich einen Stamm von Mentoren zusammenstellen würde, der mir hilft?

Oder konkreter: Was wäre, wenn ich mehr als 100 brillanten Personen genau die Fragen stellen würde, die ich für mich selbst beantwortet haben wollte? Oder wenn ich sie irgendwie dazu bringen könnte, mich in die richtige Richtung zu leiten?

Würde das funktionieren? Ich hatte keine Ahnung, aber eines wusste ich: Wenn der einfache Ansatz scheitern würde, wartete ja um die Ecke immer noch die Vorgehensweise mit der endlosen Arbeit im Bergwerk auf mich. Schmerzen sind nie aus der Mode, wenn man auf der Suche danach ist.

Warum also sollte ich nicht eine Woche damit verbringen, den Weg des geringsten Widerstands auszuprobieren?

Und so fing alles an. Als Erstes schrieb ich eine Liste meiner Traum-Interviewpartner, bei der aus einer Seite schnell zehn wurden. Es musste eine Liste ohne Beschränkungen sein: Kein Kandidat sollte für mich zu groß, zu unerreichbar, zu schwierig zu finden sein. Konnte ich den Dalai Lama bekommen? Die unglaubliche Temple Grandin? Meinen persönlichen weißen Wal, den Autor Neil Gaiman? Oder Ayaan Hirsi Ali? Ich schrieb die denkbar ehrgeizigste, gemischteste, ungewöhnlichste Liste. Als Nächstes musste ich mir einen Anreiz ausdenken, um die Leute dazu zu bringen zu antworten, also versuchte ich, einen Buchvertrag auszuhandeln. »Sie kommen in mein Buch«, konnte vielleicht funktionieren. Von Anfang an sagte ich dem Verlag, dass meine Idee vielleicht auch *nicht* funktionieren würde und dass ich in diesem Fall meinen Vorschuss zurückzahlen würde.

Dann begann ich, mir das Herz aus dem Leib zu werben.

Ich schickte meine Sammlung von elf immer gleichen Fragen an einige der erfolgreichsten, unterschiedlichsten und bekanntesten Personen auf dem Planeten, verbunden mit der

Bitte: »Beantworte mir deine drei bis fünf Lieblingsfragen ... oder mehr, wenn du dich inspiriert fühlst«.

Nachdem ich Dutzende Male auf »Senden« geklickt hatte, legte ich mit angehaltenem Atem meine Hände auf meine aufgeregte Schreiber-Brust, und das Universum reagierte mit ... Schweigen. Verdammt.

In den ersten zwölf bis 24 Stunden passierte nichts. Keine Kreatur rührte sich, nicht einmal eine Maus. Und dann begann ein schwaches Tröpfeln durch den Äther. Ein Hauch von Neugier und eine Handvoll Nachfragen. Es folgten einige höfliche Absagen, und dann kam die Flut.

Fast alle Menschen, die ich kontaktiert hatte, sind unglaublich beschäftigt, und ich hatte damit gerechnet, dass ich von ihnen bestenfalls kurze, eilige Reaktionen bekommen würde. Was stattdessen zurückkam, waren einige der überlegtesten Antworten, die ich je bekommen habe, ob auf Papier, persönlich oder auf sonst eine Weise. Am Ende hatten mehr als 100 Personen geantwortet.

Zugegeben: Dieser »einfache« Weg bedeutete Tausende von E-Mails und Antworten darauf sowie Direktnachrichten auf Twitter, Hunderte Telefongespräche, viele Marathon-Sitzungen am Schreibtisch und mehr als nur ein paar Flaschen Wein beim Schreiben bis tief in die Nacht. Aber es hat funktioniert. Hat es *immer* funktioniert? Nein. Den Dalai Lama habe ich nicht bekommen (nicht dieses Mal), und mindestens jeder Zweite auf meiner Liste antwortete nicht oder lehnte die Einladung ab. Aber es funktionierte *gut genug*, um von Bedeutung zu sein, und darauf kommt es an.

In den Fällen, in denen die Kontaktaufnahme funktionierte, hatten die Fragen den größten Teil der Arbeit erledigt.

Acht dieser Fragen waren leicht angepasste »Schnellfeuer«-Fragen aus meinem Podcast, *The Tim Ferriss Show*, dem ersten Podcast mit Interviews zur Wirtschaft, der mehr als 200 Millionen Downloads erreicht hat. In mehr als 300 Interviews mit Gästen wie dem Schauspieler und Sänger Jamie Foxx, dem General Stanley McChrystal und der Autorin Maria Popova hatte ich diese Fragen immer weiter ausgearbeitet. Ich wusste, dass sie funktionierten, dass sie den Interviewpartnern meistens gefielen und dass sie mir in meinem eigenen Leben helfen konnten.

Die übrigen drei Fragen hatte ich neu aufgenommen, weil ich hoffte, sie würden meine hartnäckigsten Probleme lösen. Bevor ich sie in die freie Wildbahn schickte, bat ich Freunde, die auf ihre Art selbst Weltklasse sind, sie mit mir zu testen, zu hinterfragen und umzuformulieren.

Je älter ich werde, desto mehr Zeit – prozentual pro Tag – verbringe ich damit, mir bessere Fragen auszudenken. Nach meiner Erfahrung liegt es hauptsächlich an besseren Fragen, wenn man auf unterschiedlichen Gebieten von der einfachen zu zehnfachen, von der zehnfachen zur hundertfachen und von der hundertfachen (wenn einem das Glück wirklich hold ist) zur tausendfachen Rendite kommt. Die Behauptung von John Dewey, »Ein gut formuliertes Problem ist schon die halbe Lösung«, trifft zu.

Das Leben bestraft den vagen Wunsch und belohnt die konkrete Frage. Beim bewussten Denken geht es schließlich vor allem darum, im eigenen Kopf Fragen zu stellen und zu beantworten. Wenn du Verwirrung und Herzschmerzen willst, stell dir vage Fragen. Wenn du ungewöhnliche Klarheit und Ergebnisse willst, stell ungewöhnlich klare Fragen.

Zum Glück ist das eine Fähigkeit, die man sich aneignen kann. In keinem Buch wirst du alle Antworten finden, aber dieses hier kann dir dabei helfen, bessere Fragen zu stellen. Milan Kundera, der Autor von *The Unbearable Lightness of Being*, hat einmal gesagt: »Die Dummheit der Menschen kommt daher, dass sie eine Antwort auf alles haben. Die Weisheit des Romans kommt daher, dass er eine Frage für alles hat.« Wenn du in diesem Zitat »Roman« durch »Meister-Lerner« ersetzt, hast du meine Lebensphilosophie. Oft steht zwischen dir selbst und dem, was du willst, nichts weiter als eine bessere Sammlung von Fragen.

Die elf Fragen, die ich für dieses Buch ausgewählt habe, sind unten abgedruckt. Es ist wichtig, dass du die kompletten Fragen und die Erklärungen dazu liest, denn im Rest dieses Buches habe ich sie zum Teil etwas gekürzt. Meinen besonderen Dank an Brian Koppelman, Amelia Boone, Chase Jarvis, Naval Ravikant und andere für ihre unglaublich hilfreichen Kommentare dazu.

Lass uns die elf Fragen zunächst kurz durchgehen. Manche von ihnen könnten auf den ersten Blick trivial oder sinnlos erscheinen. Aber hab etwas Geduld. Nicht alles ist so, wie es scheint.

1. Welches Buch (welche Bücher) verschenkst du am liebsten? Warum? Welche ein bis drei Bücher haben dein Leben am stärksten beeinflusst?

2. Welche Anschaffung von maximal 100 Dollar hat für dein Leben in den letzten sechs Monaten (oder in letzter Zeit) die größte positive Auswirkung gehabt? Meine Leser mögen konkrete Angaben wie Marke und Modell, wo du es gefunden hast etc.

3. Welcher (vermeintliche?) Misserfolg war die Voraussetzung für deinen späteren Erfolg? Hast du einen »Lieblingsmisserfolg«?

4. Wenn du an einem beliebigen Ort ein riesiges Plakat mit beliebigem Inhalt aufhängen könntest, was wäre das und warum? Gibt es Zitate, an die du häufig denkst oder nach denen du lebst? Es können ein paar Worte sein oder ein Absatz (wenn das hilft, ist auch ein Zitat von einer anderen Person möglich: Gibt es Zitate, an die du häufig denkst oder nach denen du lebst?).

5. Was ist das beste oder lohnendste Investment, das du je getätigt hast (in Form von Geld, Zeit, Energie etc.)?

6. Was ist eine deiner – gern auch absurden – Eigenheiten, auf die du nicht verzichten möchtest?

7. Welche Überzeugungen, Verhaltensweisen oder Gewohnheiten, die du dir in den letzten fünf Jahren angeeignet hast, haben dein Leben am meisten verbessert?

8. Welchen Rat würdest du einem intelligenten, motivierten Studenten für den Einstieg in die »echte Welt« geben? Welchen Rat sollte er ignorieren?

9. Welche schlechten Ratschläge kursieren in deinem beruflichen Umfeld oder Fachgebiet?

10. Wozu kannst du heute leichter Nein sagen als vor fünf Jahren? Welche neuen Erkenntnisse und/oder Ansätze haben dir dabei geholfen? Welche neuen Erkenntnisse und/oder Ansätze haben dabei geholfen? Irgendwelche weiteren Tipps?

11. Was tust du, wenn dir alles zu viel wird, du nicht mehr fokussiert bist oder deine Konzentration nachlässt? Welche Fragen stellst du dir?

Schauen wir uns jetzt jede der Fragen einzeln an, und ich erkläre dir, warum sie zu funktionieren scheinen. »Warum sollte mich das interessieren? Ich bin doch kein Interviewer«, könntest du jetzt einwenden. Meine Antwort darauf ist einfach: Wenn du ein Weltklasse-Netzwerk aufbauen (oder pflegen) willst, musst du mit Menschen so interagieren, dass du es dir verdienst. Jeder der folgenden Punkte wird dir dabei helfen.

Zum Beispiel habe ich Wochen damit verbracht, die Reihenfolge der Fragen zu testen, um optimale Antworten zu bekommen. Die richtige Reihenfolge ist für mich das Geheimrezept, egal ob du in acht bis zwölf Wochen eine neue Sprache lernen**, eine lebenslange Angst vor dem Schwimmen überwinden*** oder sich bei einem Kaffee Anregungen von einem potenziellen Mentor holen willst. Gute Fragen in der falschen Reihenfolge bekommen schlechte Antworten. Andersherum kannst du in einer deutlich höheren Gewichtsklasse mitboxen, wenn du dir Gedanken über die richtige Reihenfolge machst. Denn die meisten anderen Leute verzichten darauf.

Ein Beispiel: Die »Plakat«-Frage ist einer der Favoriten der Zuhörer und Gäste in meinem Podcast, aber sie ist schwer. Viele Menschen lassen sich von ihr verwirren oder einschüchtern. Ich wollte keine viel beschäftigten Menschen verschrecken, sodass sie mit einem kurzen »Sorry, Tim, ich habe gerade einfach keine Zeit dafür« absagen. Wie also sollte ich es richtig machen? Ganz einfach: Indem ich die Leute erst einmal ein wenig mit leichtgewichtigen Fragen (zum Beispiel über die verschenkten Bücher oder die Anschaffung für unter 100 Dollar) aufwärme, die weniger abstrakt und konkreter sind.

Zum Ende hin werden meine Erklärungen kürzer, denn viele der Punkte haben Gültigkeit für alle Fragen.

1. Welches Buch (welche Bücher) verschenkst du am liebsten? Warum? Welche ein bis drei Bücher haben dein Leben am stärksten beeinflusst?

»Was ist dein Lieblingsbuch?« hört sich nach einer guten Frage an – ganz unschuldig und ganz einfach. In der Praxis aber ist sie schrecklich. Die Menschen, die ich interviewe, haben Hunderte oder Tausende Bücher gelesen, also müssen sie über diese Frage intensiv nachdenken, und sie haben zu Recht die Sorge, dass ihre Antwort in Artikeln zitiert wird und in Wikipedia etc. erscheint, wenn sie ein »Lieblingsbuch« nennen. »Am häufigsten verschenkt« ist weniger riskant und einfacher zu beantworten (weil man sich daran leichter erinnert). Und anders als die Frage nach dem persönlicheren »Lieblingsbuch« impliziert diese Variante eine lohnende Lektüre für ein breiteres Spektrum am Menschen.

Für die Neugierigen und Ungeduldigen unter euch hier ein paar (der vielen) Bücher, die häufig genannt wurden:

** siehe *The 4-Hour Chef*
*** tim.blog/swimming

Man's Search for Meaning von Victor E. Frankl
The Rational Optimist von Matt Ridley
The Better Angels of Our Nature von Steven Pinker
Sapiens von Yuval Noah Harari
Poor Charlie's Almanack von Charlie Munger

Wenn du *alle* erwähnten Bücher auf einen Blick sehen willst, einschließlich einer Liste der 20 am häufigsten empfohlenen aus diesem Buch und aus *Tools of Titans*, findest du unter tim.blog/booklist alles, was du brauchst.

2. **Welche Anschaffung von maximal 100 Dollar hat für dein Leben in den letzten sechs Monaten (oder in letzter Zeit) die größte positive Auswirkung gehabt? Meine Leser mögen konkrete Angaben wie Marke und Modell, wo du es gefunden hast etc.**

Das klingt wie eine Wegwerf-Frage, ist es aber nicht. Sie ermöglicht einen einfachen Zugang zu viel beschäftigten Interviewpartnern und liefert gleichzeitig eine konkrete Handlungsempfehlung für die Leser. Die tieferen Fragen verlangen nach tiefgründigeren Antworten, aber Tiefgründigkeit ist das Vollkornbrot des Wissens – es erfordert intensive Verdauungsarbeit. Um in der Zwischenzeit weitermarschieren zu können, brauchen Menschen (einschließlich dieses Autors) kurzfristige Belohnungen. Die erreiche ich in diesem Buch mit Fragen, auf die es konkrete, leichte und oft lustige Antworten gibt – kleine Leckereien für deine hart arbeitende Seele. Solche Atempausen sind wichtig, um auch die schwere Kost zu schaffen.

3. **Welcher (vermeintliche?) Misserfolg war die Voraussetzung für deinen späteren Erfolg? Hast du einen »Lieblingsmisserfolg«?**

Diese Frage ist mir besonders wichtig. Wie ich in *Tools of Titans* geschrieben habe:

> Die Superhelden, die du kennst (Idole, Ikonen, Spitzensportler, Milliardäre etc.), sind in Wirklichkeit fast alle nur Fehler auf Beinen, die eine oder zwei Stärken optimiert haben. Menschen sind unperfekte Wesen. Man ist nicht »erfolgreich«, weil man keine Schwächen hat – man hat Erfolg, weil man seine einzigartigen Stärken findet und sich darauf konzentriert, um sie herum Gewohnheiten zu entwickeln. (...) Jeder kämpft einen Kampf [und hat Kämpfe gekämpft], von denen du nichts weißt. Bei den Helden in diesem Buch ist es nicht anders. Jeder von ihnen hat seine Schwierigkeiten.

4. **Wenn du an einem beliebigen Ort ein riesiges Plakat mit beliebigem Inhalt aufhängen könntest, was wäre das und warum? Gibt es Zitate, an die du häufig denkst oder nach denen du lebst? Es können ein paar Worte sein oder ein Absatz (wenn das hilft, ist auch ein Zitat von einer anderen Person möglich: Gibt es Zitate, an die du häufig denkst oder nach denen du lebst?).**

Diese Frage ist selbsterklärend, also lasse ich den Kommentar dazu weg. Wenn du allerdings Interviewer werden möchtest: Der Teil mit dem »wenn das hilft ...« ist oft entscheidend dafür, gute Antworten zu bekommen.

5. **Was ist das beste oder lohnendste Investment, das du je getätigt hast (in Form von Geld, Zeit, Energie etc.)?**

Auch diese Frage erklärt sich von selbst – zumindest scheint es so. Bei Fragen wie dieser und der nächsten ist es meiner Erfahrung nach hilfreich, den Befragten ein reales Beispiel für eine Antwort zu nennen. Im Gespräch bekommen sie dadurch Zeit zum Nachdenken, schriftlich eine Vorlage. Bei dieser Frage habe ich zum Beispiel immer die folgende Antwort mitgeschickt:

> BEISPIELANTWORT von Amelia Boone, eine der besten Ausdauersportlerinnen der Welt, gesponsert von großen Marken und vierfache Weltmeisterin im Hindernisrennen:
>
> »Im Jahr 2011 habe ich 450 Dollar für die Teilnahme am ersten World Toughest Mudder ausgegeben, ein damals brandneues 24-Stunden-Hindernisrennen. Ich hatte hohe Schulden aus meinem Jurastudium, sodass das viel Geld für mich war, und ich hatte keinen Grund zu der Annahme, dass ich überhaupt bis zum Ende durchhalten oder gar einen der vorderen Plätze erreichen würde. Letztlich aber gehörte ich zu den 11 (von 1000) Teilnehmern, die bis zum Ziel kamen. Das hat mein Leben verändert und führte zu meiner Karriere bei Hindernisrennen und zu mehreren Weltmeistertiteln. Hätte ich nicht das Geld für die Teilnahmegebühr hingelegt, wäre nichts davon passiert.«

6. **Was ist eine deiner – gern auch absurden – Eigenheiten, auf die du nicht verzichten möchtest?**

Diese Frage wurde mir zum ersten Mal gestellt, als ich von meinem Freund Chris Young interviewt wurde, einem Wissenschaftler, Co-Autor von *Modernist Cuisine* und CEO von ChefSteps (such im Internet nach »Joule sous vide«). Ich saß damals auf der Bühne der Town Hall in Seattle, und bevor ich antwortete, sagte ich: »Ooooh, das ist eine gute Frage. Die werde ich klauen.« Das habe ich getan. Die Frage reicht tiefer, als du vielleicht glaubst. Die Antworten darauf beweisen mehrere Punkte: 1) Jeder ist verrückt – du bist nicht allein. 2) Wenn du noch ein paar Zwangsstörungen brauchst, geben meine Gesprächspartner gern Anregungen. Und 3) ergibt sich aus 1): »Normale« Menschen sind auch nur verrückte Menschen, die du nicht gut genug kennst. Wenn du dich für den einzigen Neurotiker hälst, habe ich zu meinem großen Bedauern eine schlechte Nachricht für dich: Jeder Mensch ist in einem bestimmten Lebensbereich ein Woody Allen. Hier ist die Beispielantwort, die ich zu dieser Frage mitgeschickt habe, übernommen aus einem Live-Interview und für den Abdruck etwas überarbeitet:

> BEISPIELANTWORT von Cheryl Strayed, Bestsellerautorin von *Wild* (verfilmt mit Reese Witherspoon in der Hauptrolle): »Das hier ist meine umfassende Theorie über Sandwiches. Jeder Bissen sollte möglichst genauso sein wie der vorige. Kannst du mir folgen? Wenn es an der einen Stelle einen Klumpen Tomaten gibt und an der anderen Hummus, ist das nichts für mich – alles muss so einheitlich wie möglich sein. Jedes Sandwich, das ich bekomme, klappe ich deshalb sofort auf und arrangiere es komplett um.«

7. Welche Überzeugungen, Verhaltensweisen oder Gewohnheiten, die du dir in den letzten fünf Jahren angeeignet hast, haben dein Leben am meisten verbessert?

Das ist eine kurze, effektive und nicht besonders differenzierte Frage. Sie hat besondere Bedeutung für meine eigene Neueinschätzung zur Mitte meines Lebens. Ich bin überrascht, dass ich derlei Fragen nicht häufiger höre.

8. Welchen Rat würdest du einem intelligenten, motivierten Studenten für den Einstieg in die »echte Welt« geben? Welchen Rat sollte er ignorieren?

Der zweite Teil mit dem »Ignorieren« ist hier wesentlich. Wir neigen dazu, weniger oft zu fragen, »Was sollte ich nicht tun?« als »Was sollte ich tun?«. Aber weil das, was wir *nicht* tun, bestimmt, was wir sonst tun *können*, bin ich ein großer Freund von Not-to-do-Listen.

9. **Welche schlechten Ratschläge kursieren in deinem beruflichen Umfeld oder Fachgebiet?**

   Ein enger Verwandter der vorigen Frage. Viele Probleme der »Konzentration« lassen sich am besten dadurch lösen, dass man definiert, was man ignorieren sollte.

10. **Wozu kannst du heute leichter Nein sagen als vor fünf Jahren? Welche neuen Erkenntnisse und/oder Ansätze haben dir dabei geholfen? Irgendwelche weiteren Tipps?**

    Ja sagen ist einfach. Nein sagen ist schwierig. Ich wollte Hilfe beim zweiten Punkt, so wie viele andere Menschen in diesem Buch, und manche ihrer Antworten haben es wirklich in sich.

11. **Was tust du, wenn dir alles zu viel wird, du nicht mehr fokussiert bist oder deine Konzentration nachlässt? Welche Fragen stellst du dir?**

    Wenn dein Denken einen »Beachball« zeigt (eine kleine Anspielung unter Apple-Nerds auf das, was man sieht, wenn der Computer einfriert), spielt nichts anderes eine Rolle, bis dieses Problem gelöst ist. Auch hier ist die »Falls das hilft«-Ergänzung oft von großer Bedeutung.

Weil alles Großartige in diesem Buch von anderen Menschen stammt, kann ich getrost sagen, dass du irgendetwas darin lieben wirst, unabhängig davon, wo in deinem Leben du stehst. Ähnlich wirst du, wie sehr ich auch tobe und wüte, einen Teil des Inhalts langweilig, nutzlos oder scheinbar blödsinnig finden. Von den etwa 140 Porträts wirst du meiner Erwartung nach 70 mögen und 35 lieben, und vielleicht 17 werden dein Leben verändern. Interessanterweise werden aber die 70, die dir nicht gefallen, genau die 70 sein, die jemand anderes braucht.

Das Leben wäre langweilig, wenn wir alle genau denselben Regeln folgen würden. Also willst bestimmt auch du wählerisch sein und aussuchen können.

Das Überraschendere an all dem ist: *Tribe of Mentors* verändert sich *mit* dir. Wenn die Zeit vergeht und das Leben seinen Lauf nimmt, können Sachen, die du anfangs wie eine Ablenkung abgetan hast, ihre Tiefe zeigen und unglaublich wichtig für dich werden.

Das Klischee, das du ignoriert hast wie einen Wegwerf-Glückskeks? Plötzlich erkennst du seinen Sinn, und es kann Berge versetzen. Andersherum können sich Dinge, die du zunächst erleuchtend fandst, abnutzen wie ein wunderbarer Trainer auf dem Gymnasium, der dich an einen Trainer auf der Universität weiterreichen muss, damit Sie die nächste Stufe erreichen.

Für die Ratschläge in diesem Buch gibt es kein Verfallsdatum, denn sie stammen aus allen Altersgruppen. Auf den folgenden Seiten findest du Tipps von Wunderkindern Anfang 30 ebenso wie von erfahrenen Veteranen, die über 60 oder 70 Jahre alt sind. Meine Hoffnung ist ein Effekt ähnlich wie beim *I Ching* oder *Tao Te Ching*: Jedes Mal, wenn du dieses Buch in die Hand nimmst, soll etwas anderes darin dich ergreifen, deine Wahrnehmung der Realität erschüttern, deine Dummheiten zutage treten lassen, deine Intuition bestätigen oder deinen Kurs um das alles entscheidende eine Grad korrigieren.

Das gesamte Spektrum der menschlichen Emotion und Erfahrung ist in diesem Buch zu finden, vom Urkomischen bis zum Herzzerreißenden, vom Versagen bis zum Erfolg und von Leben bis Tod. Heiß das alles willkommen.

Zu Hause auf meinem Couchtisch liegt ein Stück Treibholz. Sein einziger Zweck ist, ein Zitat von Anaïs Nin zu präsentieren, das ich jeden Tag sehe:

»Das Leben schrumpft oder dehnt sich aus, proportional zum eigenen Mut.«

Es ist eine kurze Erinnerung daran, dass sich Erfolg meist an der Zahl der unangenehmen Gespräche messen lässt, die wir zu führen bereit sind, und an der Zahl der unangenehmen Tätigkeiten, die wir auf uns zu nehmen bereit sind.

Die erfülltesten und effektivsten Menschen, die ich kenne, sind weltberühmte Kreative, Milliardäre, Vordenker und andere. Du siehst ihren Lebensweg zu vielleicht 25 Prozent darin, sich selbst zu *finden*, und zu 75 Prozent darin, sich selbst zu *erschaffen*.

Dieses Buch ist nicht dazu gedacht, eine passive Erfahrung zu sein. Es soll ein Aufruf zum Handeln sein.

Du bist der Autor deines eigenen Lebens, und es ist nie zu spät dafür, zu verändern, welche Geschichten du dir selbst und der Welt erzählst. Es ist nie zu spät, um ein neues Kapitel zu beginnen, eine überraschende Wendung vorzunehmen oder in ein völlig anderes Genre zu wechseln.

Wie würde es aussehen, wenn es einfach wäre?

Ein Hoch darauf, mit einem Lächeln zum Stift zu greifen! Große Dinge werden geschehen ...

Es lebe das Leben,

Tim Ferriss
Austin, Texas
August 2017

Ein paar technische Hinweise, die vielleicht helfen

* An mehreren Stellen in diesem Buch findest du »Zitate, über die ich nachdenke«. Das sind Zitate, die in den vergangenen etwa zwei Jahren mein Denken und mein Verhalten verändert haben. Seit der Veröffentlichung von *Tools of Titans* vor ungefähr zwölf Monaten hatte ich das produktivste Jahr meines Lebens, und meine Buchauswahl spielt eine große Rolle dabei. Die »Zitate, über die ich nachdenke« (die meisten aus den erwähnten Büchern) habe ich jeden Freitag an die Abonnenten von 5-Bullet Friday geschickt (tim.blog/friday), das ist ein kostenloser Newsletter, in dem ich über die coolsten oder nützlichsten Fundstücke (Bücher, Artikel, Spielzeuge, Lebensmittel, Extras, Apps, Zitate etc.) berichte, die ich in der vorigen Woche entdeckt habe. Ich hoffe, du findest sie so inspirierend wie ich.

* Erinnerst du dich noch an die Briefe mit Absagen, die ich in der Einleitung erwähnt habe? Manche dieser höflichen Absagen waren so gut, dass ich sie in das Buch aufgenommen habe. Es gibt drei »Wie man Nein sagt«-Einschübe, die echte E-Mails wiedergeben.

* Wir haben bei jedem Porträt gekürzt und subjektiv die »besten« Antworten ausgewählt. Manchmal bedeutete das, Wiederholungen herauszustreichen oder sich auf Antworten zu konzentrieren, die detailliert genug sind, um sowohl konkret umsetzbar als auch nicht zu offensichtlich zu sein.

* Bei fast jedem Gastporträt gebe ich an, wie man am besten über soziale Medien mit ihm interagieren kann. TW steht für Twitter, FB für Facebook, IG für Instagram, LI für LinkedIn, SC für Snapchat und YT für YouTube.

* Bei der Kontaktaufnahme mit den Gästen habe ich stets dieselben Fragen in derselben Reihenfolge gestellt, aber auf den folgenden Seiten habe ich die Antworten zugunsten von Lesefluss, Lesbarkeit und Wirkung in vielen Fällen neu angeordnet.

* Ich habe auch einige Nichtantworten mit aufgenommen (zum Beispiel »Ich bin schrecklich schlecht darin, Nein zu sagen«), damit du dich besser fühlst, wenn du ähnliche Probleme hast. Niemand ist perfekt, und wir alle sind nie richtig fertig.

»Ein Ende muss kein Misserfolg sein, vor allem wenn man den Entschluss fasst, ein Projekt zu beenden oder ein Unternehmen zu schließen. … Selbst die besten Bühnenauftritte währen nicht ewig. Das sollten sie auch nicht.«

SAMIN NOSRAT
IG: @ciaosamin
FB: /samin.nosrat
saltfatacidheat.com

SAMIN NOSRAT ist Autorin, Lehrerin und Köchin. Die *New York Times* bezeichnet sie als »zuverlässige Quelle, um die besten Zutaten mit den richtigen Zubereitungstechniken zu kombinieren«, und die Radiosendung *All Things Considered* hält sie für die »nächste Julia Child«. Seit 2000, als sie zum ersten Mal in die Küche des Chez Panisse stolperte, betreibt Samin das Kochen hauptberuflich. Sie ist eine von fünf Kolumnistinnen für das Ressort Gastronomie des *New York Times Magazine*. Sie lebt, kocht, surft und gärtnert in Berkeley, Kalifornien, und hat den *New-York-Times*-Bestseller *Salt, Fat, Acid, Heat: Mastering the Elements of Good Cooking* geschrieben.

Welche Anschaffung von maximal 100 Dollar hat dein Leben in den letzten sechs Monaten (oder in letzter Zeit) besonders positiv beeinflusst?

»Host Defense My Community Mushroom Complex« von Paul Stamet ist das beste Nahrungsergänzungsmittel zur Stärkung des Immunsystems, das ich kenne (und ich habe schon viele ausprobiert!). Ganz gleich wie oft ich auf Reisen gehe, wie viele Hände ich schüttle oder wie erschöpft ich bin – solange ich dieses Supplement nehme, werde ich nicht krank.

Welcher (vermeintliche?) Misserfolg war die Voraussetzung für deinen späteren Erfolg? Hast du einen »Lieblingsmisserfolg«?

Ich bin schon oft grandios gescheitert, aber rückblickend erkenne ich, wie mich jeder Misserfolg ein klein wenig näher an mein eigentliches Ziel geführt hat. Jahre bevor ich dazu bereit war, ein eigenes Buch zu schreiben, vergab ich zwei Chancen, in Zusammenarbeit mit anderen Autoren ein Kochbuch zu verfassen. Diese verschenkten Chancen ließen mich nicht los, und ich war mir sicher, dass ich nie wieder die Gelegenheit bekäme, ein weiteres Buch zu schreiben. Aber ich wartete ab und blieb geduldig, und nach 17 Jahren schrieb ich endlich das Buch, das ich mir immer erträumt hatte.

2002 schaffte ich es bis in die Endrunde für die Auswahl eines Fulbright-Stipendiums, aber ich bekam es nicht und hatte das Gefühl, niemals nach Italien fahren zu können, um dort traditionelle Zubereitungsmethoden zu lernen. Aber es gelang mir doch, und ich konnte dort anderthalb Jahre kochen und arbeiten. Und jetzt, 15 Jahre später, arbeite ich an einem Dokumentarfilm, der mich nach Italien führt, um traditionelle Zubereitungsmethoden zu lernen!

Ich arbeitete in einem Restaurant – und leitete es nach einer Weile auch –, das während seines fünfjährigen Bestehens ständig in den roten Zahlen war. Es war eine harte Zeit, vor allem weil ich mich mit derselben Hingabe darum kümmerte, als würde es mir selbst gehören. Nach drei Jahren wusste ich, dass es um unsere Erfolgsaussichten schlecht stand, und war bereit zu gehen, aber der Inhaber, der zugleich mein Mentor war, wollte das Handtuch noch nicht werfen. So zog sich das Unvermeidliche weiter hin, und wir quälten uns noch zwei Jahre ab. Manchmal war es schier unerträglich. Als alles vorbei war, war ich erschöpft, traurig und maßlos unglücklich. Es ging uns allen so. Aber es hätte nicht so laufen müssen.

Diese Erfahrung hat mich gelehrt, meine berufliche Laufbahn aktiver zu gestalten. Ein Ende muss kein Misserfolg sein, vor allem wenn man den Entschluss fasst, ein Projekt zu beenden oder ein Unternehmen zu schließen. Kurz nach der Schließung des Restaurants startete ich als kleines Nebenprojekt einen Lebensmittelstand, der sehr erfolgreich wurde. Ich hatte mehr Presse und Kunden, als mir lieb war. Investoren schlugen sich darum, mich finanziell zu unterstützen. Aber ich wollte eigentlich nur schreiben. Ich wollte keinen Lebensmittelstand führen, aber weil er mein Namen trug, wollte ich ihn auch niemandem überlassen. Also beschloss ich, den Stand zu meinen eigenen Bedingungen zu schließen, und ich stellte sicher, dass jeder darüber Bescheid wusste. Das war ein positiver Kontrast zur bitteren Erfahrung der Restaurantschließung. Ich habe seither gelernt, mir vor jedem Projekt, das ich beginne, den idealen Ausgang vorzustellen – selbst die besten Bühnenauftritte währen nicht ewig. Das sollten sie auch nicht.

In einem viel kleineren Rahmen kann ich mich schon gar nicht mehr daran erinnern, wie viele Gerichte ich beim Kochen schon ruiniert habe. Aber das Schöne am Kochen ist, dass es ein vergleichsweise schneller Prozess ist, und man hat nicht viel Zeit, sich in seine Ergebnisse zu verlieben. Ob ein Gericht gelingt oder nicht – am nächsten Tag beginnt das Spiel doch wieder von vorne. Man hat keine Zeit, zu grübeln und sich in seinem Elend zu suhlen. Wichtig ist, dass man aus jedem Fehler lernt und versucht, ihn nicht noch einmal zu machen.

Was ist das beste oder lohnendste Investment, das du je getätigt hast (in Form von Geld, Zeit, Energie etc.)?

Als ich vor zehn Jahren ein Restaurant leitete, nahm ich mir die Zeit, am Graduiertenkolleg für Journalismus an der UC Berkeley als Gasthörerin einen Kurs unter der Leitung von Michael Pollan zu belegen. Es schien damals verrückt zu sein, einmal in der Woche das Restaurant für drei Stunden zu verlassen, um mich in einen Seminarraum zu setzen, nach einem 15-Stunden-Arbeitstag nach Hause zu gehen und die Bücher und Artikel zu lesen, die auf dem Lehrplan standen. Aber eine kleine Stimme in mir sagte, dass ich einen Weg finden musste, mir diese Zeit zu nehmen, und ich bin sehr froh, dass ich es getan habe. Dieser Kurs hat mein Leben verändert – er brachte mich mit Autoren, Journalisten und Dokumentarfilmern zusammen, die mich seither auf meinem turbulenten Lebensweg inspiriert und unterstützt haben. Ich lernte Michael kennen, der mir riet, mit dem Schreiben anzufangen. Er hat mich auch engagiert, um ihm das Kochen beizubringen, und im Laufe dieser Stunden ermunterte er mich dazu, meine Kochphilosophie in einen richtigen Lehrplan zu fassen, der Welt von meinem Konzept zu erzählen und es zu unterrichten, und so entstand das Buch *Salt, Fat, Acid, Heat: Mastering the Elements of Good Cooking*, das jetzt ein *New-York-Times*-Bestseller ist und auf dem besten Weg ist, eine Dokumentarfilmreihe zu werden. Völlig irre.

Was ist eine deiner – gern auch absurden – Eigenheiten, auf die du nicht verzichten möchtest?

Ich mag amerikanischen Käse. Ich esse ihn nicht oft, aber ich finde es sagenhaft, wie er auf einem Burger zerläuft.

Welche Überzeugungen, Verhaltensweisen oder Gewohnheiten, die du dir in den letzten fünf Jahren angeeignet hast, haben dein Leben am meisten verbessert?

Ich muss praktisch immer *an* sein, ob ich nun im stillen Kämmerlein sitze und meine Gedanken zu Papier bringe oder andere unterrichte und ihnen etwas über das Kochen erzähle. Beide Teile meiner Arbeit erfordern eine große Menge Energie.

In den letzten fünf Jahren habe ich angefangen, mehr auf mich zu achten und darauf, was gut für mich ist. Und ganz oben auf der Liste steht Schlaf. Ich brauche acht bis neun Stunden Schlaf, um am nächsten Tag fit zu sein, und ich habe angefangen, meinen Schlaf kompromisslos durchzusetzen. Ich verbringe mehr Abende zu Hause, und wenn ich einmal essen gehe, reserviere ich einen Tisch für den frühen Abend oder gehe zeitig. Ich gehe manchmal sogar schon zu Bett, während eine von mir ausgerichtete Party noch in vollem Gang ist. Meine Gäste sind zufrieden, ich auch, und alles ist gut. Meine Besessenheit mit Schlaf hat mein Leben enorm verbessert.

Welchen Rat würdest du einem intelligenten, motivierten Studenten für den Einstieg in die »echte Welt« geben?

Im Zweifelsfall solltest du dich von Güte und Mitgefühl leiten lassen. Und habe keine Angst davor zu scheitern.

Wozu kannst du heute leichter Nein sagen als vor fünf Jahren?

Wenn ich ehrlich bin, arbeite ich noch daran. Aber eins steht fest: Je mehr ich mir über meine Ziele im Klaren bin, umso leichter fällt es mir, Nein zu sagen. Ich schreibe seit zehn Jahren alle größeren und kleineren Ziele, die ich habe, in ein Notizbuch. Wenn ich mir die Zeit nehme und artikuliere, was ich eigentlich erreichen will, werfe ich einen Blick auf meine Liste und prüfe, ob mich eine Gelegenheit diesem Ziel näher bringt oder mich davon entfernt. Wenn ich nicht genau weiß, was ich will, fange ich an, zu allen möglichen Dingen Ja zu sagen. Und ich habe schon oft schlechte Entscheidungen getroffen aus Angst, etwas zu verpassen, um mittlerweile zu wissen, dass ich es im Nachhinein immer bereue, etwas aus den falschen Gründen zu tun.

Was tust du, wenn dir alles zu viel wird, du nicht mehr fokussiert bist oder deine Konzentration nachlässt?

Ich versuche, meinen Kopf auszuschalten und auf meinen Körper zu hören. An den Tagen, an denen ich schreibe, verlasse ich normalerweise den Schreibtisch und mache einen

Spaziergang durch Downtown Oakland. Manchmal lasse ich alles stehen und liegen und gehe schwimmen. Manchmal besuche ich auch den Bauernmarkt, um die frischen Produkte dort zu berühren, zu riechen und zu schmecken, und lasse mich bei der Frage, was ich fürs Abendessen kochen soll, von meinen Sinnen leiten.

Wenn ich koche oder andere körperliche Arbeit verrichte und mir alles zu viel wird, liegt das normalerweise daran, dass ich nicht achtsam mit mir umgehe, und deshalb lege ich dann eine Pause ein. Ich bereite mir einen Snack oder eine Tasse Tee zu. Oder ich trinke einfach ein Glas Wasser und setze mich für einige Minuten nach draußen. Das reicht normalerweise, um mich zu entspannen und die Dinge wieder etwas klarer zu sehen.

Aber was mir immer hilft, ist, im Meer zu schwimmen. Das war schon so, als ich ein Kind war. Ich habe das Meer immer geliebt, und jetzt versuche ich sooft wie möglich an den Strand zu gehen, um zu schwimmen, zu surfen oder mich einfach im Wasser treiben zu lassen. Nichts beruhigt mich so sehr wie das Meer.

»Die Krankheit unserer Zeit ist, dass wir an der Oberfläche leben. Wir sind wie der Platte River – eine Meile breit, aber nur ein paar Zentimeter tief.«

STEVEN PRESSFIELD
TW: @pressfield
stevenpressfield.com

STEVEN PRESSFIELD ist ein professioneller Autor in fünf verschiedenen Bereichen – Werbung, Drehbücher, Romane, erzählerische Sachbücher und Ratgeber. Von ihm stammen die Bestseller *The Legend of Bagger Vance, Gates of Fire, The Afghan Campaign* und *The Lion's Gate* sowie die Kultklassiker über Kreativität *The War of Art, Turning Pro* und *Do the Work*. Seine jeden Mittwoch erscheinende Kolumne auf stevenpressfield.com zählt zu den beliebtesten regelmäßigen Informationsquellen über das Schreiben, die im Web zu finden sind.

Was ist eine deiner – gern auch absurden – Eigenheiten, auf die du nicht verzichten möchtest?
Es wird sich verrückt anhören, aber es gibt bestimmte Orte, an die ich gehe, meistens alleine, weil sie mir frühere Zeiten meines Lebens in Erinnerung rufen. Zeit ist eine merkwürdige Sache. Manchmal kann man einen vergangenen Moment später besser würdigen als in der Zeit, in der er sich tatsächlich ereignet hat. Die Orte, die ich besuche, sind ganz

unterschiedlich und meistens banal, lächerlich banal. Eine Tankstelle. Eine Bank auf der Straße. Manchmal fliege ich quer durch die USA, nur um zu einem dieser Orte zu kommen. Manchmal mache ich das im Urlaub oder auf Geschäftsreisen, wenn ich mit meiner Familie oder anderen Menschen zusammen bin. Ich spreche mit ihnen nicht immer darüber, manchmal aber schon. Manchmal nehme ich gezielt jemanden mit, aber das funktioniert meistens nicht (wie könnte es auch?).

Welchen Rat würdest du einem intelligenten, motivierten Studenten für den Einstieg in die »echte Welt« geben? Welchen Rat sollte er ignorieren?

Ich bin wahrscheinlich hoffnungslos altmodisch, aber meine Empfehlung lautet, Erfahrung in der echten Welt zu sammeln. Sei ein Cowboy. Fahr einen Lastwagen. Geh zur Armee. Lass das hyperehrgeizige »life hack«-Denken hinter dir. Ich bin 74 Jahre alt. Glaub mir: Du hast alle Zeit der Welt. Du hast noch zehn Lebenszeiten vor dir. Mach dir keine Sorgen darüber, dass deine Freunde dich »übertreffen« oder es vor dir »zu etwas bringen« könnten. Geh raus in die echte schmutzige Welt und fang an zu scheitern. Warum sage ich das? Weil das Ziel ist, eine Verbindung mit deinem Selbst, deiner Seele aufzunehmen. Widrigkeiten. Jeder verbringt sein Leben mit dem Versuch, ihnen aus dem Weg zu gehen. Auch ich. Aber die besten Sachen, die mir je passiert sind, kamen in den Zeiten, als es wirklich übel aussah und ich nichts und niemanden hatte, um mir zu helfen. Wer bist du wirklich? Was willst du *wirklich*? Geh los, scheitere, und finde es heraus.

Welches Buch (welche Bücher) verschenkst du am liebsten? Warum? Welche ein bis drei Bücher haben dein Leben am stärksten beeinflusst?

Das eine Buch, das mich wahrscheinlich am stärksten beeinflusst hat, ist wahrscheinlich das letzte, das irgendjemand auf der Welt lesen möchte: *History of the Peloponnesian War* von Thukydides. Es ist dicht, schwierig, lang, voller Blut und Gedärm. Es wurde, wie der Autor gleich am Anfang erklärt, nicht geschrieben, damit es einfach oder unterhaltsam ist. Aber es steckt voller harter, zeitloser Wahrheiten, und die Geschichte, die es erzählt, sollte jeder Bürger in einer Demokratie kennen müssen.

Thukydides war ein Athener General, der früh in dem 27 Jahre währenden Flächenbrand, der als Peloponnesischer Krieg bekannt wurde, geschlagen und entehrt wurde. Er entschied, sich aus dem Kampf zurückzuziehen und den Konflikt stattdessen so detailliert, wie er nur konnte, zu dokumentieren – er war sich sicher, dass er zum größten und bedeutendsten Krieg werden würde, der zu dieser Zeit je gekämpft wurde. Und genau das tat er.

Hast du schon mal von der Grabrede für Perikles gehört? Thukydides war dabei und hat mitgeschrieben.

Er war auch bei den Debatten in der Athener Versammlung dabei, bei denen über den Umgang mit der Insel Melos gesprochen wurde, dem berühmten Melier-Dialog. Bei der Niederlage der Athener Flotte bei Syrakus oder beim Verrat von Athen durch Alkibiades war er nicht vor Ort, aber er kannte Personen, die dort waren, und er scheute keine Mühen, um festzuhalten, was sie ihm erzählten. Thukydides war, wie alle Griechen seiner Zeit, unbehindert von christlicher Theologie, marxistischen Lehren, Freud'scher Psychologie oder irgendeinem der anderen »-ismen«, die uns überzeugen wollen, dass der Mensch im Grunde gut ist oder vielleicht perfektionierbar. Meiner Meinung nach sah er die Dinge, wie sie waren. Es ist eine dunkle Vision, aber extrem anregend und stärkend, weil sie wahr ist. Auf der Insel Korsika, in ihrer Zeit eine starke Seemacht, nahm eine Gruppe von Bürgern ihre Nachbarn und Mitkorsen in einem Tempel gefangen. Vor den Augen der Gefangenen schlachteten sie im Freien deren Kinder ab, und als die Gefangenen aufgaben, nachdem man ihnen Milde versprochen und Eide vor den Göttern geschworen hatte, wurden auch sie massakriert. Dies war kein Krieg von Nation gegen Nation, sondern von Bruder gegen Bruder in der zivilisiertesten Stadt auf Erden. Wenn man Thukydides liest, sieht man die eigene Welt als Mikrokosmos. Das Buch ist ein Lehrstück darüber, wie Demokratien sich selbst zerstören, indem sie in verfeindete Fraktionen zerbrechen, die Vielen gegen die Wenigen. *Hoi polloi* bedeutet auf Griechisch »die Vielen«, *Oligoi* »die Wenigen«.

Zur Unterhaltung kann ich Thukydides nicht empfehlen. Aber wenn du dich einem überragenden Verstand aussetzen willst, der über die tiefsten Dinge schreibt, die man sich vorstellen kann, solltest du das Buch mal versuchen.

Welche Anschaffung von maximal 100 Dollar hat für dein Leben in den letzten sechs Monaten (oder in letzter Zeit) die größte positive Auswirkung gehabt?

Es hat deutlich mehr als 100 Dollar gekostet, aber ich habe ein Elektroauto gekauft, einen Kia Soul, und Solarmodule auf meinem Dach installieren lassen. Mit Sonnenstrom fahren macht ziemlich Spaß, glaub mir.

Welcher (vermeintliche?) Misserfolg war die Voraussetzung für deinen späteren Erfolg? Hast du einen »Lieblingsmisserfolg«?

Ich habe soeben das Buch *The Knowledge* geschrieben. Es handelt von meinem Lieblingsmisserfolg, und weißt du was? Es war selbst ein Misserfolg. Um ganz ehrlich zu sein: Als mein dritter Roman (der wie die ersten beiden nie veröffentlich wurde) auf peinliche Weise abstürzte, war ich

Taxifahrer in New York City. Zu dieser Zeit hatte ich seit 15 Jahren versucht, einen Verlag zu finden. Ich beschloss, aufzugeben und nach Hollywood zu ziehen, um zu sehen, ob ich dort Arbeit als Drehbuchautor für Filme finden konnte. Frag mich nicht, welche Filme ich geschrieben habe. Das werde ich nie verraten. Und wenn du es auf andere Weise herausfindest, SEI GEWARNT! Schau sie dir nicht an. Aber die Arbeit »in der Industrie« machte mich zum Profi und hat mir den Weg zu allen Erfolgen geebnet, die am Ende doch noch kamen.

Wenn du an einem beliebigen Ort ein riesiges Plakat mit beliebigem Inhalt aufhängen könntest, was wäre das und warum?

Ich möchte kein Plakat aufhängen, und ich würde alle Plakate abreißen, die irgendjemand anderes aufgehängt hat.

Was ist das beste oder lohnendste Investment, das du je getätigt hast (in Form von Geld, Zeit, Energie etc.)?

Ich habe nie an der Börse investiert und bin außer für mich selbst nie irgendwelche Risiken eingegangen. Ich habe vor langer Zeit beschlossen, nur auf mich selbst zu wetten. Ich riskiere gern zwei Jahre für ein Buch, das wahrscheinlich floppt. Das ist mir egal, immerhin habe ich es versucht. Es hat dann eben nicht funktioniert. Ich glaube daran, in das eigene Herz zu investieren. Das ist wirklich alles, was ich mache. Ich bin ein Sklave der Muse. Mein gesamtes Geld setze ich auf sie.

Welche Überzeugungen, Verhaltensweisen oder Gewohnheiten, die du dir in den letzten fünf Jahren angeeignet hast, haben dein Leben am meisten verbessert?

Ich war schon immer Fitness-Studio-Fan und Frühaufsteher. Aber vor ein paar Jahren wurde ich eingeladen, zusammen mit T. R. Goodman an einem Ort namens Pro Camp zu trainieren. Ja, das ist ein »System«, aber im Grunde ist das, was wir dort tun (definitiv eine *Gruppen-*Sache, weil drei oder vier von uns zusammen trainieren), einfach harte Arbeit. Ich hasse es, aber es ist großartig. Wenn wir nach dem Training aufbrechen, sagt T. R.: »Nichts, was euch heute passiert, wird härter sein als das, was ihr gerade gemacht habt«.

Wozu kannst du heute leichter Nein sagen als vor fünf Jahren? Welche neuen Erkenntnisse und/oder Ansätze haben dir dabei geholfen?

Vor ein paar Jahren hatte ich Gelegenheit, eine Sicherheitsfirma zu besuchen, also einen der Dienstleister, die Prominente bewachen und ihre Privatsphäre schützen. Die Person, die mich herumführte, erzählte mir, dass das Unternehmen jeden eintreffenden Brief, jede Einladung, jede E-Mail etc. überprüft und entscheidet, was davon an den Kunden weitergeleitet wird. »Wie viele kommen denn durch?«, fragte ich. »Fast nichts«, antwortete mein Freund. Ich beschloss, eingehende E-Mails in Zukunft so zu behandeln wie dieses Unternehmen. Wenn ich der Sicherheitsprofi wäre, der mich vor gefälschten, soziopathischen und hirnlosen Anfragen schützt, welche würde ich aussieben und in den Abfall werfen? Das hat ziemlich geholfen.

Was tust du, wenn dir alles zu viel wird, du nicht mehr fokussiert bist oder deine Konzentration nachlässt?

Ich habe einen Freund im Fitness-Studio, der Jack LaLanne (googel den Namen, falls er dir nichts sagt) kannte. Jack hat immer gesagt, es sei in Ordnung, einen Tag Pause mit dem Training zu machen. Aber an diesem Tag darf man nichts essen. Das ist die kurze Art zu sagen, dass man nicht seine Konzentration verlieren darf. Mach Urlaub. Sammel dich. Aber denk daran: Der einzige Grund dafür, dass du hier auf diesem Planeten bist, ist, dass du deinem Stern folgen und das tun sollst, was die Muse dir sagt. Es ist beeindruckend, wie ein guter Arbeitstag sofort dafür sorgt, dass du dich wieder fühlst, wie du selbst.

Welche schlechten Ratschläge kursieren in deinem beruflichen Umfeld oder Fachgebiet?

Eine sehr, sehr gute Frage. In der Welt des Schreibens will jeder *sofort* Erfolg haben, und zwar ohne Schmerzen und Anstrengung. Wirklich? Oder schreiben die Leute einfach lieber Bücher über das Schreiben von Büchern, statt wirklich etwas zu schreiben – ein Buch, das vielleicht wirklich von etwas handelt? Schlechte Ratschläge gibt es überall. Bau dir eine Fangemeinde auf. Entwickel eine Plattform. Lerne, wie du das System austricksen kannst. Mit anderen Worten: Mach all die oberflächlichen Dinge und nichts von der eigentlichen Arbeit, die es braucht, um wirklich etwas von Wert zu produzieren. Die Krankheit unserer Zeit ist, dass wir an der Oberfläche leben. Wir sind wie der Platte River, eine Meile breit und nur ein paar Zentimeter tief. »Wenn du Milliardär werden willst, erfinde etwas, das den Leuten die Möglichkeit gibt, in ihrer eigenen Trägheit zu baden«, sage ich immer. So etwas wurde *tatsächlich* erfunden. Es nennt sich Internet. Soziale Medien. Dieses Wunderland, in dem wir von einer oberflächlichen, hirnlosen Ablenkung zur nächsten schweifen können, immer an der Oberfläche bleiben und nie tiefer gehen als ein paar Zentimeter. Echte Arbeit und echte Befriedigung kommen vom Gegenteil von dem, was im Web zu finden ist. Sie stellen sich ein, wenn man sich tief mit etwas beschäftigt – mit einem Buch, das man schreibt, einem Album, einem Film – und lange, lange dabeibleibt.

»Es ging alles so wahnsinnig schnell – wie im Film. Mir schoss durch den Kopf, dass ich eigentlich schon immer Schriftstellerin werden wollte. Also fing ich noch am selben Abend an zu schreiben.«

SUSAN CAIN
TW: @susancain
FB: /authorsusancain
quietrev.com

SUSAN CAIN ist Mitgründerin von Quiet Revolution und Autorin der Bestseller *Quiet Power: The Secret Strengths of Introverted Kids* und *Quiet: The Power of Introverts in a World That Can't Stop Talking,* die in 40 Sprachen übersetzt wurden und über vier Jahre lang auf der Bestsellerliste der *New York Times* zu finden waren. *Quiet* wurde von der Zeitschrift *Fast Company* zum besten Buch des Jahres gekürt, und Susan unter die »Most Creative People in Business« gewählt. Susan ist Mitgründerin des Quiet Schools Network und des Quiet Leadership Institute. Sie schreibt für *The New York Times, The Atlantic, The Wall Street Journal* und andere Publikationen. Ihr TED Talk wurde über 17 Millionen Mal aufgerufen. Bill Gates bezeichnet ihn als einen seiner absoluten Favoriten.

Welcher (vermeintliche?) Misserfolg war die Voraussetzung für deinen späteren Erfolg? Hast du einen »Lieblingsmisserfolg«?

Vor langer Zeit war ich Wirtschaftsanwältin. Zu diesem Beruf hatte ich bestenfalls eine zwiespältige Einstellung, und jeder hätte dir sagen können, dass es für mich der falsche war. Dennoch: Ich wandte dafür eine Menge Zeit auf (genauer gesagt drei Jahre Jurastudium, ein Jahr Referendariat bei einem Bundesrichter und sechseinhalb Jahre bei einem Wall-Street-Unternehmen) und hatte viele enge Beziehungen zu Anwaltskollegen, die mir sehr wichtig waren. Ich sollte in Kürze in meiner Kanzlei Partnerin werden, als der Senior Partner in mein Büro kam und mir eröffnete, dass ich nicht wie geplant aufrücken würde. Bis heute weiß ich nicht, ob er mir sagen wollte, dass ich überhaupt keine Aussicht auf eine Partnerschaft mehr hatte oder dass ich später noch zum Zug kommen könnte. Ich weiß nur noch, dass ich peinlicherweise vor seinen Augen in Tränen ausbrach – und dann um Urlaub bat. Den trat ich noch am gleichen Nachmittag an, setzte mich auf mein Rad und drehte Runden im New Yorker Central Park. Ich hatte keine Ahnung, was ich nun anfangen sollte. Vielleicht würde ich wegfahren. Vielleicht auch nur eine Zeitlang die Wand anstarren.

Stattdessen – und das ging alles so wahnsinnig schnell, wie im Film – schoss mir durch den Kopf, dass ich eigentlich schon immer Schriftstellerin werden wollte. Also fing ich noch am selben Abend an zu schreiben. Am nächsten Tag meldete ich mich an der NYU zu einem Kurs in kreativem Schreiben für Sachbücher an. In der Woche darauf saß ich in der ersten Unterrichtsstunde und merkte sofort, dass ich endlich das Richtige für mich gefunden hatte. Damals rechnete ich nicht damit, je vom Schreiben leben zu können, doch mir war klar, dass sich für mich von nun an alles ums Schreiben drehen würde und dass ich künftig freiberuflich arbeiten wollte, um viel Zeit dafür zu haben.

Hätte ich »Erfolg« gehabt und wäre planmäßig Partnerin geworden, würde ich vielleicht immer noch unglücklich 16 Stunden am Tag Unternehmenstransaktionen aushandeln. Nicht dass ich vorher nie darüber nachgedacht hätte, was ich außer Jura sonst noch beruflich machen könnte, doch erst als ich die Zeit und die Gelegenheit hatte, über ein Leben außerhalb der hermetischen Kanzleikultur nachzudenken, konnte ich herausfinden, was ich wirklich machen wollte.

Was ist das beste oder lohnendste Investment, das du je getätigt hast (in Form von Geld, Zeit, Energie etc.)?

Die sieben Jahre, die ich in *Quiet* gesteckt habe. Es war mir egal, wie lange es dauerte, und obwohl ich mir natürlich wünschte, dass das Buch gut ankommen würde, war es für mich so oder so gut investierte Zeit – weil ich mir absolut sicher war, dass Schreiben ganz allgemein und dieses Buch im Besonderen für mich genau das Richtige waren.

Nach zwei Jahren legte ich eine erste Fassung vor, die meine Redakteurin (zu Recht) als Schrott bezeichnete. Sie formulierte es natürlich etwas freundlicher: »Nehmen Sie sich so viel Zeit wie nötig, fangen Sie noch einmal von vorne an und machen Sie es richtig.« Ich verließ ihr Büro mit einem Hochgefühl – weil ich ganz ihrer Meinung war. Ich wusste, dass ich noch Jahre brauchen würde, es richtig hinzukriegen (immerhin hatte ich vor *Quiet* ja noch nie etwas veröffentlicht – ich lernte quasi von der Pieke auf, wie man ein Buch schrieb), und ich freute mich, dass sie mir die Zeit ließ. Die meisten Verlage drängen mit halbgaren Büchern auf den Markt. Hätte sie das getan, gäbe es Quiet Revolution nicht.

Was ist eine deiner – gern auch absurden – Eigenheiten, auf die du nicht verzichten möchtest?

Ich mag gern traurige Musik in Moll. Ich finde sie erhebend, transzendent und gar nicht deprimierend. Das kommt vermutlich daher, dass solche Musik eigentlich von der Zerbrechlichkeit und damit der Kostbarkeit des Lebens und der Liebe handelt.

Mein Schutzpatron ist Leonard Cohen. Hör dir doch mal »Dance Me to the End of Love« oder »Famous Blue Raincoat« oder etwas anderes an, was er geschrieben hat – oder natürlich »Hallelujah«, seinen bekanntesten Song. Der ist aber wirklich nur die Spitze des Leonard-Eisbergs! Sehr schön ist auch »Hinach Yafah (You Are Beautiful)« von Idan Raichel – ein toller Song über die Sehnsucht nach dem geliebten Menschen – oder auch über die Sehnsucht ganz allgemein.

Mein Lieblingswort ist *saudade*, ein portugiesischer Begriff, der den Kern der brasilianischen und portugiesischen Kultur und Musik umschreibt. *Saudade* bedeutet so viel wie süßes Sehnen nach etwas oder jemandem, das oder den man liebt, aber wohl für immer verloren hat. Oder probier es mal mit der Musik von Madredeus oder Cesária Évora. Das ist (irgendwie) auch das Thema meines nächsten Buches!

Welchen Rat würdest du einem intelligenten, motivierten Studenten für den Einstieg in die »echte Welt« geben? Welchen Rat sollte er ignorieren?

Du wirst so viele Geschichten von Menschen hören, die alles aufs Spiel setzten, um ein bestimmtes – meist kreatives – Ziel zu erreichen. Ich glaube nicht, dass man kreative Bestleistungen erbringen kann, wenn man total gestresst ist, weil man vor dem Konkurs steht oder vor anderen persönlichen Katastrophen. Ganz im Gegenteil: Man sollte sich sein Leben so angenehm und schön wie möglich gestalten – und so, dass *trotzdem* Raum bleibt für kreative Tätigkeiten.

Ich habe mich oft gefragt, ob all die Jahre an der Wall Street verschwendete Zeit waren, wenn ich doch von Anfang an eigentlich dafür geschaffen war, die menschliche Psyche zu ergründen und darüber zu schreiben, wie das Leben wirklich ist. Die Antwort: Nein, es war keine Zeitverschwendung – und zwar aus mehreren Gründen. Erstens lernte ich dadurch viel über das sogenannte »wirkliche Leben«, was mir sonst immer verschlossen geblieben wäre. Zweitens ist ein Platz in der ersten Reihe bei einer Verhandlung an der Wall Street ein sehr guter Ausgangspunkt, um die gelegentliche Lächerlichkeit von Menschen zu studieren. Vor allem aber verdankte ich dieser Zeit ein Finanzpolster, das ich brauchte, als ich schließlich bereit war, kreativ tätig zu werden. Das Polster war nicht sehr dick, denn ich hatte nie viel gespart, aber es machte einen gewaltigen Unterschied. Auch als ich begonnen hatte zu schreiben, verbrachte ich noch viel Zeit damit, mir eine bescheidene freiberufliche Existenz aufzubauen (indem ich anderen Verhandlungskompetenz vermittelte). Damit wollte ich so lange wie nötig meinen Lebensunterhalt absichern. Als Schriftstellerin setzte ich mir zum Ziel, noch vor meinem 75. Lebensjahr etwas zu veröffentlichen. Schreiben sollte mir ein ständiger Quell der Freude sein, ohne jeden finanziellen Druck oder Leistungsdruck ganz allgemein.

Damit meine ich natürlich nicht, dass der clevere, engagierte Student erst zehn Jahre in der Finanzbranche arbeiten soll, bevor er sich kreativ betätigt! Aber er sollte sich genau überlegen, wie er zurechtkommt. Dann kann er sich in der Zeit, die er seinen kreativen Projekten widmet – ob 30 Minuten oder 10 Stunden am Tag –, ganz auf Fokus, Flow und die sporadischen Glücksmomente konzentrieren.

Was tust du, wenn dir alles zu viel wird, du nicht mehr fokussiert bist oder deine Konzentration nachlässt? Welche Fragen stellst du dir?

Ich liebe Espresso. Ich könnte den ganzen Tag Espresso trinken. Ich gestatte mir aber nur einen Latte am Tag, und den spare ich mir für meine kreative Zeit auf – zum Teil, weil er meinen Kopf wie durch Zauberei auf Hochtouren bringt, aber auch, weil ich mir dadurch – Pawlow lässt grüßen – antrainiert habe, das Schreiben mit Kaffeegenuss zu assoziieren.

»Der Gedanke darüber, was mich *glücklich* macht, verschafft mir nicht dieselbe Klarheit wie der Gedanke darüber, was mir *Freude* bereitet.«

KYLE MAYNARD
IG: @kylemaynard
FB: /kylemaynard.fanpage
kyle-maynard.com

KYLE MAYNARD ist Bestsellerautor, Unternehmer und MMA-Kämpfer, der für seine sportlichen Leistungen den ESPY Award erhalten hat. Außerdem gelang es ihm als erstem Menschen ohne Gliedmaßen, ohne Prothesen die Gipfel des Kilimandscharo und des Aconcagua zu besteigen. Oprah bezeichnete Kyle als »einen der inspirierendsten jungen Männer, die Ihnen jemals begegnen werden.« Arnold Schwarzenegger beschrieb ihn als »echte Kämpfernatur« und selbst Wayne Gretzky hat von Kyles »Größe« gesprochen. Kyle kam mit einer seltenen Fehlbildung auf die Welt, die dazu führte, dass seine Arme nur bis zu den Ellbogen reichen und seine Beine bis zu den Knien. Trotz dieser Einschränkung hat Kyle mit Hilfe seiner Familie als Kind gelernt, sein Leben unabhängig und ohne Prothesen zu führen. Kyle ist ein hervorragender Wrestler (der in die National Wrestling Hall of Fame aufgenommen wurde), CrossFit-Trainer, Inhaber des Fitness-Studios »No Excuses«, Rekordhalter im Gewichtheben und versierter Bergsteiger.

Welches Buch (welche Bücher) verschenkst du am liebsten? Warum? Welche ein bis drei Bücher haben dein Leben am stärksten beeinflusst?

Dune von Frank Herbert
The Stranger von Albert Camus
The Hero with a Thousand Faces von Joseph Campbell

Welcher (vermeintliche?) Misserfolg war die Voraussetzung für deinen späteren Erfolg? Hast du einen »Lieblingsmisserfolg«?

Es ist beinahe schwieriger, an eine Zeit zu denken, in der ein vermeintlicher Misserfolg *nicht* der Ausgangspunkt für einen späteren Erfolg war.

Ein Misserfolg, an den ich mich besonders gerne erinnere, zählt zu meinen frühesten Kindheitserinnerungen. Meine Großmutter Betty hatte eine dunkelgrüne Zuckerdose, und sie bat mich immer darum, Zucker daraus zu schöpfen. Der Haken an der Sache war, dass ich immer beide Arme benutzen muss, um Dinge zu fassen, ich aber nur mit einem Arm in die Dose kam. Ich saß stundenlang da und versuchte, die Zuckerschaufel auf einem Arm balancierend nach oben zu bugsieren. Ich schaffte es immer nur bis zum Dosenrand. Nach 50 weiteren Versuchen war die Schaufel fast ganz oben, bevor sie wieder herunterfiel. Schließlich gelang es mir aber – zu meinem größten Erstaunen. Diese Erfahrung half mir nicht nur, meine Geschicklichkeit zu verbessern, sondern auch meine Willensstärke. Mein Gefühl lässt sich am besten mit einem finnischen Wort beschreiben: *sisu* – die mentale Stärke, es immer wieder zu versuchen, auch wenn man das Gefühl hat, die Grenzen seiner Fähigkeiten erreicht zu haben. Ich denke nicht, dass Misserfolge hin und wieder zum Leben gehören – sie gehören *immer* dazu. Wenn man denkt, dass es nicht mehr weitergeht, muss man wissen, dass der Spaß gerade erst anfängt.

Wenn du an einem beliebigen Ort ein riesiges Plakat mit beliebigem Inhalt aufhängen könntest, was wäre das und warum? Gibt es Zitate, an die du häufig denkst oder nach denen du lebst?

Das Zitat, das ich verwenden würde, stammt von meinem Freund Richard Machowicz, einem ehemaligen Navy SEAL: »Not Dead, Can't Quit« (sinngemäß: Solange man am Leben ist, kann man nicht aufgeben). Manche Leute sagten, dass es schon beinahe an Kindesmisshandlung grenzte, als meine Eltern mich weiter ringen ließen, nachdem ich meine ersten 35 Kämpfe verloren hatte. Weniger als ein Jahrzehnt später sagten [dieselben Leute], dass ich körperbedingt einen unfairen Vorteil hatte. Meine Schwestern weinten, als sie Kommentare darüber lasen, dass es 20 Sekunden dauern würde, bevor mein Debüt als MMA-Kämpfer der erste live im Sportfernsehen übertragene Tod sein würde. Kleiner Hinweis am Rande – ich lebe noch. Manche Leute sagten, dass ich das Leben meines Teams auf dem Kilimandscharo und dem Aconcagua aufs Spiel setzen würde. Ich würde allerdings kein Geld darauf verwetten, dass die meisten dieser Kritiker so wie meine Freunde und ich diese Gipfel bestiegen haben. Aus diesem Grund liebe ich dieses Zitat. Es ist in den härtesten Momenten mein Mantra, auf das ich mich besinne. Richard verlor dieses Jahr seinen Kampf gegen den Krebs, aber er hat in diesem Leben mehr erlebt als die meisten Menschen in zehn Leben, und er hielt sich bis zu seinem letzten Atemzug an seine Maxime.

Was ist eine deiner – gern auch absurden – Eigenheiten, auf die du nicht verzichten möchtest?
Ich denke, dass mich mit Leid und Leiden eine seltsame Hassliebe verbindet. Leiden ist der größte Lehrmeister, den ich je hatte. Das Gefühl, anders als die anderen Kinder zu sein, weil ich ohne Arme und Beine auf die Welt gekommen bin, von größeren Jungs im Football umgerannt zu werden, mir beim Ringen mehrmals Nasenbrüche zuzuziehen, auf einem Berg vor Kälte zu zittern und körperlich am Ende zu sein, mir Sorgen darüber zu machen, ob mein Fitness-Studio profitabel ist – alle diese Erfahrungen machten nicht unbedingt Spaß, aber sie gehören trotzdem zu meinen schönsten Erinnerungen. Und ich liebe Menschen, die das Leiden so lieben wie ich. Mein bester Freund Jeff Gum musste das BUD/S dreimal wiederholen und überstand die Höllenwoche trotz Magen-Darm-Grippe und Rhabdomyolyse. Bei seinem zehnjährigen Jubiläum als Navy SEAL fragte ich ihn, welches Ereignis ihm am stärksten in Erinnerung geblieben sei. Er sagte, das war, als alles schiefging und er beobachtete, wie die Ausbilder alles in ihrer Macht Stehende taten, um ihn zum Aufgeben zu bewegen.

Welchen Rat würdest du einem intelligenten, motivierten Studenten für den Einstieg in die »echte Welt« geben? Welchen Rat sollte er ignorieren?
Seit ich Joseph Campbells Zitat gelesen habe, dass man »seiner Freude folgen« soll, wurde das mein großes Ziel, an dem ich mich orientiere. Es hilft mir in den Augenblicken, wenn ich stundenlang unter der Dusche stehe und vor mich hinstarre, als wäre ich hypnotisiert. Der Gedanke darüber, was mich *glücklich* macht, verschafft mir nicht dieselbe Klarheit wie der Gedanke darüber, was mir *Freude* bereitet. Für mich ist es die Freiheit, die ich spüre, wenn ich auf einem Berggipfel stehe, oder die Brise, die mich umspielt, wenn ich auf dem Ozean auf einem Katamaran liege. Solche Momente sind das Höchste der Gefühle. Wenn Glück nur knapp über dem Status quo liegt, ist Freude das, was einen spüren lässt, dass man

am Leben ist. Man muss damit rechnen, dass man Mut braucht, um seiner Freude zu folgen, und man muss damit rechnen, dass der Weg manchmal anstrengend ist. Man muss damit rechnen, Risiken einzugehen. Man muss damit rechnen, dass die eigenen Entscheidungen bei anderen auf Unverständnis stoßen. Und man muss auch damit rechnen, dass das, was einem heute Freude bereitet, morgen vielleicht uninteressant ist. Dann orientiert man sich einfach um und beginnt das Spiel von vorne.

Welche schlechten Ratschläge kursieren in deinem beruflichen Umfeld oder Fachgebiet?

Der schlechteste Rat, den ich jemals bekommen habe, war, kein höheres Honorar für einen Keynote-Vortrag zu verlangen. Mir wurde gesagt, dass ich mich damit ins Abseits stellen würde, in den Medien zu unbekannt sei, um mit anderen Referenten mitzuhalten, bla, bla, bla. Ich forderte trotzdem ein höheres Honorar – zuerst schrittweise, dann verdoppelte ich meine Gage. Jetzt habe ich doppelt so viele Anfragen, und die Leute verhandeln sogar weniger mit mir. Ich hätte das viel früher machen sollen. So bin ich freier. Während ich diesen Beitrag schreibe, verbringe ich eine Woche auf einer Jacht in Kroatien und reise den verbleibenden Sommer quer durch Europa. Zeit ist das Einzige, das wir nicht zurückbekommen. Wenn du das liest, hoffe ich, dass ich mein Honorar noch einmal verdoppelt haben werde.

Wozu kannst du heute leichter Nein sagen als vor fünf Jahren?

Mein größter Wandel vollzog sich, als ich dem Vortrag eines erfolgreichen Geschäftsführers zuhörte, der erklärte, welcher Philosophie er folgt, wenn er Mitarbeiter einstellt. Als seine Firma wuchs und er keine Zeit mehr hatte, sein Personal selbst auszuwählen, ließ er seine Angestellten die Bewerber auf einer Skala von 1 bis 10 bewerten. Die einzige Vorgabe war, dass sie keine 7 wählen durften. Dann dämmerte mir, wie viele Einladungen ich erhielt, die ich als 7 bewerten würde – Vorträge, Hochzeiten, Verabredungen auf eine Tasse Kaffee, selbst Dates. Wenn ich der Meinung war, dass etwas eine 7 war, war die Wahrscheinlichkeit sehr hoch, dass ich mich dazu verpflichtet fühlte. Aber wenn ich mich zwischen einer 6 oder einer 8 entscheiden muss, fällt mir eine Zu- oder Absage wesentlich leichter.

ZITATE, ÜBER DIE ICH NACHDENKE

(Tim Ferriss: 18. September bis 2. Oktober 2015)

»Die Leute glauben, Fokussierung bedeutet, Ja zu der Sache zu sagen, auf die man sich konzentrieren muss. Aber das stimmt ganz und gar nicht. Es bedeutet, Nein zu sagen zu den 100 anderen guten Ideen, die es sonst noch gibt. Man muss sorgfältig auswählen. Tatsächlich bin ich genauso stolz auf die Sachen, die wir nicht gemacht haben, wie auf die, die ich gemacht habe. Innovation bedeutet, zu tausend Sachen Nein zu sagen.«

– STEVE JOBS
Mitgründer und CEO von Apple

»Das, wonach du suchst, sucht dich.«

– RUMI
persischer Dichter und Sufi-Meister

»Jeder, der nach seinen Möglichkeiten lebt, leidet unter einem Mangel an Fantasie.«

– OSCAR WILDE
irischer Schriftsteller, Autor von *The Picture of Dorian Gray*

»Um zu ›haben‹, muss man ›tun‹, und um zu ›tun‹, muss man ›sein‹.«

TERRY CREWS
TW/IG: @terrycrews
FB: /realterrycrews
terrycrews.com

TERRY CREWS ist Schauspieler und ein ehemaliger NFL-Spieler (für die Los Angeles Rams, San Diego Chargers, Washington Redskins und Philadelphia Eagles). Er war unter anderem in Werbespots für Old Spice zu sehen, die mittlerweile Kultstatus genießen, trat in Fernsehserien wie *The Newsroom, Arrested Development* und *Everybody Hates Chris* auf sowie in Filmen wie *White Chicks, Expendables 1–3, Bridesmaids* und *The Longest Yard*. Jetzt wirkt er in der mehrfach mit dem Golden Globe ausgezeichneten Fox-Sitcom *Brooklyn Nine-Nine* mit. 2014 veröffentlichte Terry seine Autobiografie *Manhood: How to Be a Better Man – or Just Live with One*.

Welches Buch (welche Bücher) verschenkst du am liebsten? Warum? Welche ein bis drei Bücher haben dein Leben am stärksten beeinflusst?

The Master Key System von Charles F. Haanel. Ich habe Hunderte von Büchern über Persönlichkeitsentwicklung gelesen, aber dieses Buch hat mir am besten gezeigt, wie ich meine sehnlichsten Wünsche visualisiere, darüber nachdenke und mich darauf fokussiere. Es hat mir gezeigt, dass wir nur das bekommen, was wir uns am meisten wünschen, und dass ich meine ganze Aufmerksamkeit auf ein Ziel, eine Aufgabe oder ein Projekt konzentrieren muss. Um zu »haben«, muss man »tun«, und um zu »tun«, muss man »sein« – und dieser Prozess vollzieht sich augenblicklich. Obwohl es eine Weile dauert, bis sich diese Wünsche in unserer materiellen Welt manifestieren, *muss* man sich das, was man sich wünscht, als bereits abgeschlossen, fertig und existent vorstellen. Je besser man das kann, umso mehr kann man erreichen. Ich habe mehrere Exemplare dieses Buchs gekauft und es an Freunde und Familie verschenkt. Ich lese es etwa einmal im Monat, damit meine Erinnerung daran stets frisch bleibt.

Zwei andere Bücher sind das unglaubliche *Man's Search for Meaning* von Viktor E. Frankl und *You Are Not So Smart* von David McRaney. Beide Bücher sind für mich absolut essenziell, um im Lot zu bleiben – in einer Welt, die sich ständig verändert, ist das sehr wichtig.

Welcher (vermeintliche?) Misserfolg war die Voraussetzung für deinen späteren Erfolg? Hast du einen »Lieblingsmisserfolg«?

1986. Es war mein letztes Highschool-Jahr an der Flint Academy in Flint, Michigan. Ich war in der Startaufstellung der Center unseres Basketballteams, das in der C-Klasse spielte. Wir hatten in jenem Jahr eine tolle Mannschaft, und es wurde von uns erwartet, in den Michigan-Playoffs sehr weit zu kommen, im besten Fall sogar die Meisterschaft zu gewinnen. Im Bezirksfinale traten wir gegen Burton Atherton an und gingen davon aus, das gegnerische Team vernichtend zu schlagen, aber sie wendeten eine Taktik an, die uns fremd war. Sie spielten nicht. Sie brachten den Ball ans andere Ende des Spielfelds und passten ihn in hohem Tempo hin und her. Es gab keine Zeitregeln, also ging es ewig so weiter. Wir punkteten nur dann, wenn es uns gelang, ihnen den Ball abzunehmen. Aus irgendeinem Grund beschloss unser Coach, sie gewähren zu lassen. Ich erinnere mich, wie ich mit erhobenen Händen in der Verteidigungszone stand und zusah, wie sie den Ballbesitz hielten und nicht einmal versuchten, einen Korb zu werfen. Ich war frustriert, und jeder Versuch, den ich unternahm, um die Zone zu verlassen, wurde von meinem Coach beanstandet. Die Rechnung der gegnerischen Mannschaft ging auf, weil es mit nur fünf Sekunden Restspielzeit 47:45 für sie stand.

Einer ihrer Spieler machte einen Fehler und warf einen weiten Pass, den ich abfing. Ich versuchte verzweifelt, dribbelnd das Spielfeld zu überqueren. ... 5, 4, 3, 2, 1 ... unsere einzige Chance auf den Sieg. Ich warf – und verfehlte. Ihre Fans drehten durch, weil es die Sensation des Jahres war. Ich war ein Häufchen Elend und dachte, mein Leben sei zu Ende. Der Coach sagte anschließend vor versammelter Mannschaft, dass ich den entscheidenden Wurf erst gar nicht hätte probieren und den Ball an unseren Star hätte abgeben sollen. Am nächsten Tag stand in der Zeitung, dass ich versagt hatte, und ich wurde von meinen Mitschülern und Lehrern verspottet. Ich war am Boden zerstört. Ich machte mich für die Niederlage verantwortlich, die mich wie eine dunkle Wolke verfolgte.

Ich erinnere mich, wie ich einige Tage später, als ich wieder klarer denken konnte, ausnahmsweise alleine in meinem Zimmer war (das ich normalerweise mit meinem Bruder teilte). Als ich schweigend auf meinem Bett saß, zerschnitt ein Gedanke meine Trauer. »Ich habe die Chance ergriffen.« Das war erfrischend, sogar aufregend. »Hey, wenn alles auf dem Spiel steht, hast du deine Zukunft nicht von anderen abhängig gemacht, sondern DEINE CHANCE ERGRIFFEN.« Schlagartig fühlte ich mich frei und gelöst. Ich wusste mit einem Mal, dass ich den Mut aufbringen konnte, zu meinen eigenen Bedingungen zu scheitern. In jenem Augenblick beschloss ich, dass ich für alles in meinem Leben verantwortlich sein würde – und es damit an mir lag, ob ich erfolgreich bin oder nicht. Diese Erkenntnis veränderte mein Leben grundlegend.

Wenn du an einem beliebigen Ort ein riesiges Plakat mit beliebigem Inhalt aufhängen könntest, was wäre das und warum?

»Durch Feiglinge will Gott seine Werke nicht offenbar machen.« – Ralph Waldo Emerson

Ich liebe dieses Zitat, weil es eine Aufforderung ist, seine Angst zu besiegen. Jede große und außergewöhnliche Leistung der Menschheitsgeschichte war nur möglich, weil jemand den Mut dazu hatte. Verdammt, du wirst nicht einmal geboren, wenn deine Mutter nicht den Mut hat, dich auf die Welt zu bringen. Ich wiederhole diesen Satz, wenn ich nervös bin oder mir Sorgen mache. Ich frage mich, was das Schlimmste ist, das passieren kann. Normalerweise lautet die Antwort: »Du könntest dabei sterben.« Dann antworte ich: »Lieber sterbe ich dabei, etwas zu tun, das großartig und erstaunlich ist, als ein sicheres und bequemes Leben zu führen, das ich hasse.« Ich führe oft Selbstgespräche, und dieses Zitat hilft mir, meine Ängste bewusst zu machen und mich ihnen zu stellen. Je mehr man vor seinen Ängsten flieht, umso größer werden sie, aber je mehr man sich ihnen stellt, umso eher lösen sie sich in Wohlgefallen auf.

Welchen Rat würdest du einem intelligenten, motivierten Studenten für den Einstieg in die »echte Welt« geben? Welchen Rat sollte er ignorieren?

Es gibt einen großen Unterschied zwischen Intelligenz und Weisheit. Viele glauben irrigerweise, dass diese Begriffe ein und dasselbe bezeichnen, aber das stimmt nicht. Es gibt vielleicht intelligente, aber mit Sicherheit keine weisen Serienmörder. Intelligente Menschen stehen in der Gesellschaft in hohem Ansehen, und nur weil sie intelligent sind, schenkt man ihnen Gehör, aber ich finde diese Tendenz extrem gefährlich. Ich war früher, ebenso wie andere hochintelligente Menschen, in einer christlichen Sekte, aber rückblickend hätte ich – wenn ich weise gewesen wäre – erkannt, dass wir auf dem falschen Weg waren. Intelligenz ist, wenn man einem GPS folgt, geradewegs ins Meer fährt und ertrinkt. Weisheit betrachtet die vorgeschlagene Route, aber wenn diese ins Meer führt, beschließt sie, die Route zu verwerfen und einen neuen, besseren Weg zu finden. Weisheit ist deutlich überlegen.

Ignoriere jeden Rat, der dir sagt, dass du etwas im Leben verpasst. Jeder Fehler, den ich beruflich, in der Ehe oder in anderen persönlichen Belangen begangen habe, war auf meinen Gedanken zurückzuführen, dass ich jetzt *dies* tun oder mir zulegen müsse, um im Leben voranzukommen. Es ist wie in den meisten Clubs in L.A.: Es geht darum, am Eingang für eine möglichst lange Schlange zu sorgen, während der Club selbst leer ist. Die »Aura der Exklusivität« ist in Wirklichkeit nur ein Synonym für »schlechte Atmosphäre«. Man muss sich nicht auf die Suche machen – man hat schon alles, was man braucht, um das zu tun, was man will.

Welche schlechten Ratschläge kursieren in deinem beruflichen Umfeld oder Fachgebiet?

»Arbeite hart, um besser als die Konkurrenz zu sein.« In Wirklichkeit ist Konkurrenzdenken das *Gegenteil* von Kreativität. Wenn ich hart arbeite, um besser als die Konkurrenz zu sein, kann ich nicht kreativ denken, um alle Konzepte der Konkurrenz hinfällig zu machen. Als Footballspieler wurde mir gesagt, ich müsse hart arbeiten, um gegen das andere Team, eine wahrgenommene künftige Bedrohung (neue Mitspieler, das Älterwerden oder mögliche Verletzungen) und sogar meine gegenwärtigen Kollegen zu bestehen. Als Schauspieler hört man, dass man ein bestimmtes Aussehen haben oder bestimmte Dinge tun muss, die man vielleicht nicht billigt, um »konkurrenzfähig« zu bleiben. Diese Denkweise *zerstört* Menschen. Das ist die Taktik der verbrannten Erde, und jeder hat sich schon einmal verbrannt.

In Wahrheit braucht man den Erfolg jedes Einzelnen in seinem Feld, um selbst erfolgreich zu sein. Kreativität funktioniert ganz anders. Man arbeitet hart, weil man *Lust* darauf hat, nicht weil man muss. So macht die Arbeit Spaß, und man sprüht tagelang vor Energie, weil das Leben »kein Spiel für Jungspunde« ist. Es ist ein *Spiel für inspirierte Menschen.* Das

Heft hat jeder in der Hand, der inspiriert ist, und es gibt kein spezifisches Alter, biologisches oder wahrgenommenes Geschlecht oder einen bestimmten kulturellen Hintergrund, der das Monopol auf Inspiration hat. Wenn du kreativ bist, läuft die Konkurrenz ins Leere, weil du ein Unikat bist und *niemand* die Dinge so macht wie du. Du solltest dich also nicht über die Konkurrenz sorgen. Wenn du kreativ bist, kannst du sogar andere motivieren und dir dabei sicher sein, dass ihr Erfolg zweifellos auch dein eigener sein wird.

Wozu kannst du heute leichter Nein sagen als vor fünf Jahren? Welche neuen Erkenntnisse und/oder Ansätze haben dir dabei geholfen?

Ich habe erkannt, dass ich Menschen dauerhaft ziehen lassen musste. Jede Beziehung in meinem Leben, von Familie und Freunden bis hin zu Geschäftspartnern, muss auf freiwilliger Basis erfolgen. Meine Frau kann mich jederzeit verlassen, wenn sie das möchte. Familienangehörige können mich anrufen oder es bleiben lassen. Geschäftspartner können beschließen, nicht mehr mit mir zusammenzuarbeiten, und das alles ist völlig in Ordnung. Aber mir steht dasselbe Recht zu. Wenn ich sage, dass ich bereit bin, ein neues Kapitel in meinem Leben aufzuschlagen, und jemand akzeptiert das nicht, dann haben wir ein Problem. Ich erinnere mich, wie ich den Kontakt zu einem sehr guten Freund einstellte, weil ich mit einigen seiner Verhaltensweisen nicht klarkam. Kurze Zeit später erhielt ich ein Einschreiben, in dem er mir mit einer Millionenklage drohte, weil unsere »Freundschaft« zu Ende war. Das war lächerlich, und das ist es auch heute noch, und deshalb habe ich den Brief eingerahmt – als Mahnung daran, dass es manchmal notwendig ist, Menschen ziehen zu lassen und im Leben voranzuschreiten. Ein Ansatz, den ich benutze, sind imaginäre Enkel. Ich rede ständig mit ihnen. Ich frage sie, wenn ich wichtige Entscheidungen treffen muss und ob ich beispielsweise eine Beziehung fortsetzen soll oder nicht. »Opa, du solltest das nicht tun« oder »Lass diese Leute in Ruhe, sie wirken sich negativ auf uns aus – oder schlimmer noch: Wir werden erst gar nicht geboren.« Diese Augenblicke zeigen mir, dass diese ganze Sache größer ist als ich selbst. Es ist die Erkenntnis, dass es einen »Willen zur Lust«, einen »Willen zur Macht« und – mit den Worten Viktor Frankls – einen »Willen zum Sinn« gibt. Du wirst deinen Kopf für Lust oder Macht nicht hinhalten, sehr wohl aber für einen Sinn. Manchmal muss man seine Clique »ausdünnen«. Eine falsche Person in deinem Kreis kann deine ganze Zukunft zerstören. So wichtig ist das.

»Beschäftigt zu sein, ist eine Entscheidung.«

DEBBIE MILLMAN
TW/IG: @debbiemillman
debbiemillman.com

DEBBIE MILLMAN wurde von Graphic Design USA als »eine der einflussreichsten Designerinnen der heutigen Zeit« bezeichnet. Sie ist Gründerin und Moderatorin von *Design Matters*, dem weltweit ersten und am längsten bestehenden Podcast über Design, in dem sie fast 300 Design-Visionäre und Kulturexperten befragt hat, darunter Massimo Vignelli und Milton Glaser. Ihre Kunst wurde weltweit ausgestellt. Sie hat Objekte von Packpapier bis zu Strandhandtüchern entworfen, von Grußkarten bis Spielkarten, von Notebooks bis T-Shirts und von Star-Wars-Artikeln bis zu einer neuen Markengestaltung für Burger King weltweit. Millman ist President Emeritus des Design-Verbandes AIGA (als nur eine von fünf Frauen, die in der hundertjährigen Geschichte der Organisation diese Position besetzt haben), redaktionelle und künstlerische Leiterin des Magazins *Print* und Autorin von sechs Büchern. 2009 hat Millman (zusammen mit Steven Heller) den weltweit ersten Master-Studiengang in Markenführung an der School of Visual Art in New York City auf den Weg gebracht, der internationale Anerkennung fand.

Welches Buch (welche Bücher) verschenkst du am liebsten? Warum? Welche ein bis drei Bücher haben dein Leben am stärksten beeinflusst?

Ein Buch, das mein Leben beeinflusst hat und das ich immer wieder durchlese, ist die Anthologie *The Voice That Is Great Within Us: American Poetry of the 20th Century*. Sie wurde wunderschön, überlegt und sorgfältig zusammengestellt von Hyden Carruth und war Pflichtlektüre in der Sommer-Vorlesung am College, das ich in den frühen 1980er-Jahren besucht habe. Dieses merkwürdig aussehende Buch hat mich zu dem Gedicht gebracht, das mir am meisten am Herzen liegt und das ich tief fühle, »Maximus to Himself« von Charles Olson. Es ist seitdem zu einer Vorlage für mein Leben geworden, genau wie die Gedichte von Denise Levertov, Adrienne Rich, Ezra Pound, Wallace Stevens und so vielen anderen. Ich habe immer noch mein erstes Exemplar davon. Der Einband ist zwar weg, und der Rücken hat an vielen Stellen Risse, aber ich werde nie ein neues kaufen.

Welche Anschaffung von maximal 100 Dollar hat für dein Leben in den letzten sechs Monaten (oder in letzter Zeit) die größte positive Auswirkung gehabt?

Die Anschaffung, die mich in den vergangenen sechs Monaten am stärksten beeinflusst hat, war der Apple Pencil. Ich zeichne sooo viele meiner Kunstwerke mit der Hand, und jetzt gibt es ein Gerät, das zeichnet und sich anfühlt wie ein »echter« Stift, das ich aber elektronisch nutzen kann. Es hat die Art und Weise, wie ich arbeite, verändert.

Welcher (vermeintliche?) Misserfolg war die Voraussetzung für deinen späteren Erfolg? Hast du einen »Lieblingsmisserfolg«?

Anfang 2003 schickte mir ein guter Freund eine E-Mail mit der Betreffzeile »Vor dem Öffnen reichlich trinken«. Sie enthielt einen Link zu einem Blog mit dem Titel *Speak Up*, dem ersten Onlineforum über Grafikdesign und Markenführung weltweit. Plötzlich fand ich, direkt vor meinen Augen, einen Artikel, der meine gesamte Karriere herabwürdigte. Dieser Vorfall schickte mich, zusammen mit einer Reihe von früheren Zurückweisungen und Rückschlägen, in eine tiefe Depression, und ich dachte ernsthaft darüber nach, den Design-Beruf vollständig aufzugeben. Doch die 14 Jahre, die seitdem – seit diesem vollständigen Verriss von allem, was ich bis dahin getan hatte (und von allem, das ich selbst schon länger als vollständiges und totales Versagen angesehen hatte) – vergangen sind, wurden zur Grundlage von allem, was ich seitdem gemacht habe. *Alles*, was ich heute mache, hat seinen Ursprung in dieser Zeit. Wie sich also zeigte, wurde aus der schlimmsten beruflichen Erfahrung, mit der ich je konfrontiert war, die wichtigste und am stärksten prägende Erfahrung meines Lebens.

Wenn du an einem beliebigen Ort ein riesiges Plakat mit beliebigem Inhalt aufhängen könntest, was wäre das und warum?

Auf meinen Plakat würde stehen: »Beschäftigt zu sein, ist eine Entscheidung.« Der Grund dafür: Von den vielen, vielen Ausreden, die Leute dafür vorbringen, dass sie etwas nicht tun können, ist die Ausrede »Ich bin zu beschäftigt« nicht nur die unaufrichtigste, sondern auch die faulste. Ich glaube nicht an »zu beschäftigt«. Wie gesagt, beschäftigt zu sein, ist eine Entscheidung. Wir tun das, was wir tun wollen, fertig. Wenn wir sagen, dass wir zu beschäftigt sind, ist das eine andere Formulierung für »nicht interessant genug«. Es bedeutet, dass man lieber eine andere Sache machen möchte, die man für wichtiger hält. Diese »Sache« könnte schlafen sein, Sex haben oder *Game of Thrones* schauen. Wenn wir Beschäftigtsein als Ausrede verwenden, um etwas nicht zu tun, sagen wir in Wirklichkeit, dass wir es für nicht wichtig genug halten.

Einfach ausgedrückt: Man *findet* nicht die Zeit, um etwas zu tun, man *verschafft* sie sich.

Heute leben wir in einer Gesellschaft, die Beschäftigtsein als Auszeichnung ansieht. Es ist zu einem kulturellen Gütesiegel geworden, die Ausrede »Ich bin zu beschäftigt« als Grund dafür zu benutzen, nichts von dem zu tun, auf das wir keine Lust haben. Das Problem dabei ist: Wenn du dir die Freiheit gönnst, etwas aus einem *beliebigen* Grund nicht zu tun, dann wirst du es nie tun. Wenn du etwas tun willst, darfst du Beschäftigtsein dem nicht im Weg stehen lassen, nicht einmal, wenn du wirklich beschäftigt bist. Verschaff dir die Zeit, die du brauchst, um die Dinge zu tun, die du tun willst, und dann tu sie.

Was ist das beste oder lohnendste Investment, das du je getätigt hast (in Form von Geld, Zeit, Energie etc.)?

Meine beste Investition aller Zeiten war eine Psychotherapie. Als ich damit begann, war ich Anfang 30, und die Rechnungen dafür haben mich im Grunde ruiniert. Aber ich wusste, dass ich all die destruktiven Dinge, die ich tat, eingehend verstehen musste, wenn ich versuchen wollte, ein bemerkenswertes Leben zu führen, und das wollte ich mehr als alles andere. Über die Jahre habe ich die Rechnungen immer mal wieder als schmerzlich empfunden, aber nie daran gezweifelt, dass diese Investition grundlegenden Einfluss darauf hatte, wer ich geworden bin. Ich glaube zwar, dass ich immer noch etwas Arbeit vor mir habe, aber die Therapie hat mein Leben auf jede erdenkliche Weise erst verändert und dann gerettet.

Ich befinde mich in einer psychoanalytischen Psychotherapie (anders ausgedrückt: einer Psychoanalyse mit Schwerpunkt auf »Selbstpsychologie«). Für mich ist Gesprächstherapie die einzige Form, zu der ich mich je hingezogen gefühlt habe. Sachen wie EMDR (Augenbewegungs-Desensibilisierung) und Verhaltenstherapie haben für mich zu sehr Voodoo-Charakter.

Ein paar Sachen, die meiner ganz persönlichen Meinung nach bedacht werden sollten:

* Nur eine Therapiestunde pro Woche funktioniert nicht gut. Zweimal oder öfter sorgt für Kontinuität und gibt dir eine Chance zum Reifen, wie es bei nur einer Sitzung pro Woche nicht möglich ist. Außerdem fühlt sich einmal pro Woche wie »Nachholen« an.

* Therapien brauchen Zeit. Du brauchst Entschlossenheit, Durchhaltevermögen, Widerstandsfähigkeit, Hartnäckigkeit und Mut. Eine Therapie ist keine schnelle Lösung, aber sie hat mein Leben gerettet.

* Erzähle deinem Therapeuten alles. Wenn du etwas weglässt oder wenn du vorgibst, etwas zu sein, das du nicht bist, oder wenn du projizierst, wer du sein willst oder wie du gesehen werden willst, wirst du viel länger brauchen. Sei einfach du selbst. Wenn du Angst hast, dass dein Therapeut dich verurteilen könnte, sprich das aus. Es ist wichtig, über all diese Sachen zu reden.

* Es ist keine Schande, sich zu schämen. Fast jeder tut es, und die Therapie wird dir dabei helfen, das zu verstehen. Nichts ist wichtiger, als deine Motivationen und Unsicherheiten zu verstehen, denn das hilft dabei, diese Gefühle auf die gesündeste und authentischste Weise in deine Psyche zu integrieren.

* Ich würde nicht empfehlen, zu einem Therapeuten zu gehen, zu dem auch ein Freund von dir geht (die meisten guten Therapeuten beachten diese Regel inzwischen selbst). Ansonsten wird die Sache unscharf und die Abgrenzung schwierig.

* Ja, es wird viel Geld kosten. Aber was ist wertvoller, als zu verstehen, wer du bist, mit tief sitzenden schlechten Angewohnheiten zu brechen, einen Großteil deiner Probleme hinter sich zu lassen (oder zumindest zu verstehen, was es damit auf sich hat) und ganz allgemein ein glücklicheres, zufriedeneres und friedlicheres Leben zu führen?

* Jedem, der einen Therapeuten sucht, würde ich raten, einen ausgebildeten Arzt oder einen Diplom-Psychologen mit Zusatzqualifikation zu nehmen.

Was ist eine deiner – gern auch absurden – Eigenheiten, auf die du nicht verzichten möchtest?

Weil ich gern blödsinnige Lieder erfinde und dann bei allen möglichen absurden Situationen und Gelegenheiten singe, wurde mir gesagt, ich würde versuchen, mein Leben zu einem Hollywood-Musical zu machen. Da kann ich wahrscheinlich nicht widersprechen.

Welche Überzeugungen, Verhaltensweisen oder Gewohnheiten, die du dir in den letzten fünf Jahren angeeignet hast, haben dein Leben am meisten verbessert?

Nach einem Interview mit der großartigen Schriftstellerin Dani Shapiro für *Design Matters* haben wir angefangen, über die Bedeutung von Selbstvertrauen für den Erfolg zu sprechen. Sie hat irgendwann gesagt, dass sie das Gefühl hat, Selbstvertrauen werde deutlich überschätzt. Ich war sofort fasziniert. Wie sie erklärte, fand sie, dass die meisten übermäßig selbstsicheren Menschen wirklich unangenehm sind. Und die Menschen mit dem größten Selbstvertrauen seien normalerweise arrogant. Für sie war es ein sicheres Anzeichen, dass jemand irgendein inneres psychologisches Defizit kompensiert, wenn er vor Selbstvertrauen strotzt.

Mut sei wichtiger als Selbstvertrauen, erklärte Dani. Wenn man auf der Grundlage von Mut agiert, dann sagt man, dass man ein Risiko eingeht und einen Schritt in die Richtung von dem macht, was man will, ganz egal, was für ein Gefühl zu sich selbst man hat und was man als Ergebnis erwartet. Man wartet nicht darauf, dass sich auf mysteriöse Weise das nötige Selbstvertrauen einstellt. Inzwischen glaube ich, dass Selbstvertrauen durch wiederholte Erfolge bei verschiedensten Vorhaben entsteht. Je mehr man sich in etwas übt, desto besser wird man darin, und mit der Zeit wächst dann auch das Selbstvertrauen.

Welchen Rat würdest du einem intelligenten, motivierten Studenten für den Einstieg in die »echte Welt« geben? Welchen Rat sollte er ignorieren?

Seit ich als Dozentin arbeite, habe ich viele Meinungen darüber, welchen Rat man Studenten geben könnte. Ich glaube, einer der wichtigsten davon betrifft die Jobsuche. Wie bei allen anderen bedeutenden Angelegenheiten im Leben braucht es auch bei der Jobsuche Übung, um gut darin zu werden. Einen tollen Job findet man nicht einfach und *bekommt* ihn dann. Man findet einen Job und *gewinnt* ihn gegen einen Pool von sehr ernst zu nehmenden Bewerbern, die den Job vielleicht genau so gerne haben wollen wie man selbst oder vielleicht sogar noch lieber. Einen tollen Job zu finden und zu gewinnen, ist ein sportlicher Wettkampf, der so viel berufliche Sportlichkeit und Durchhaltevermögen erfordert wie eine Qualifikation für die Olympischen Spiele. Um zu gewinnen, muss man in seiner bestmöglichen Karriere-Form sein.

Glück spielt eine sehr geringe Rolle. Um einen Traumjob zu bekommen, braucht es Durchhaltevermögen, Biss, Genialität und das richtige Timing. Was dir wie Glück erscheinen kann, ist schlicht harte Arbeit, die sich auszahlt. Meinen Studenten sage ich, dass sie sich die folgenden Fragen selbst stellen sollen, wenn sie sich auf ihren Weg in die »echte« Welt machen:

* Verbringe ich genügend Zeit damit, einen tollen Job zu suchen, zu finden und daran zu arbeiten, ihn zu bekommen?

* Überarbeite und verbessere ich kontinuierlich meine Fähigkeiten? Wo kann ich noch besser und konkurrenzfähiger werden?

* Glaube ich, dass ich härter arbeite als alle anderen? Falls nicht, was kann ich noch tun?

* Was machen die Leute, mit denen ich konkurriere, das ich nicht mache?

* Tue ich alles, was ich kann, und zwar jeden einzelnen Tag, um in guter »Karriere-Form« zu bleiben? Falls nicht, was könnte ich noch machen?

Ein Ratschlag, den Studenten meiner Meinung nach ignorieren sollten, ist der angebliche Wert, ein »Menschen-Mensch« zu sein. *Niemand interessiert sich dafür, ob du ein geselliger Mensch bist.* Lieber solltest du einen Standpunkt haben und sinnvoll, überlegt und überzeugt darüber sprechen.

Welche schlechten Ratschläge kursieren in deinem beruflichen Umfeld oder Fachgebiet?

Ich glaube nicht an Work-Life-Balance. Was ich glaube, ist: Wenn du deine Arbeit als Berufung verstehst, ist sie eher eine Freude als eine Mühsal. Wenn deine Arbeit eine Berufung ist, erlebst du deine Arbeitsstunden nicht als schrecklich und zählst nicht die Minuten bis zum Wochenende. Deine Berufung kann zu einer lebensbejahenden Motivation werden, die ihr eigenes Gleichgewicht und spirituelle Nahrung mit sich bringt. Ironischerweise braucht es harte Arbeit, um an diesen Punkt zu kommen.

Wenn du 20 oder 30 Jahre alt bist und eine bemerkenswerte, erfüllende Karriere anstrebst, musst du hart arbeiten. Wenn du nicht härter arbeitest als alle anderen, kommst du nicht weiter. Und noch mehr: Wenn du mit 20 oder 30 Jahren nach Work-Life-Balance suchst, steckst du wahrscheinlich im falschen Beruf. Wenn du etwas tust, das du liebst, brauchst du keine Work-Life-Balance.

Was tust du, wenn dir alles zu viel wird, du nicht mehr fokussiert bist oder deine Konzentration nachlässt?

Als gebürtige New Yorkerin mit großer Klappe habe ich hinterher oft bereut, dass ich impulsiv gehandelt habe, wenn ich wütend oder frustriert war. Wenn ich heute diesen vertrauten Drang verspüre, mich zu rechtfertigen oder Dinge zu sagen, die ich nicht wirklich meine, oder eine beleidigte Antwort über E-Mail oder SMS loszujagen, *warte* ich einfach. Ich zwinge mich selbst, zu atmen, einen Schritt zurückzutreten und mit der Antwort zu *warten*. Schon eine oder zwei Stunden oder etwas Nachtruhe machen einen riesigen Unterschied. Und wenn sonst nichts mehr funktioniert, versuche ich, die Botschaft zu beachten, die ich in einem chinesischen Glückskeks gefunden habe (und die seitdem an meinem Laptop klebt): »Vermeide es, die Dinge zwanghaft schlechter zu machen.«

»Selbstachtung ist nichts anderes als der Ruf, den du bei dir selbst genießt. Damit musst du leben.«

NAVAL RAVIKANT
TW: @naval
startupboy.com

NAVAL RAVIKANT ist CEO und Mitgründer von AngelList. Davor war er Mitgründer von Vast.com und Epinions.com, die als Teil von Shopping.com an die Börse gingen. Als aktiver Angel-Investor hat er über 100 Unternehmen finanziert, darunter viele sogenannte »Einhörner«, also Megaerfolge. Unter anderem beteiligte er sich an Twitter, Uber, Yammer, Postmates, Wish, Thumbtack und OpenDNS. Seit Jahren ist er mein wichtigster Ansprechpartner, wenn ich Rat zu einem Start-up brauche.

Welches Buch (welche Bücher) verschenkst du am liebsten? Warum? Welche ein bis drei Bücher haben dein Leben am stärksten beeinflusst?

Total Freedom von Jiddu Krishnamurti. Der Ratgeber eines Rationalisten zu den Fallstricken des menschlichen Geistes. Zu diesem »spirituellen« Buch greife ich immer wieder.

Sapiens von Yuval Noah Harari (Seite 580). Eine Geschichte über die Spezies Mensch mit Beobachtungen, Systemen und Modellen, die den Blick auf die Geschichte und die Mitmenschen verändert.

Alles von Matt Ridley (Seite 58). Matt ist Wissenschaftler, Optimist und Zukunftsdenker. Ob *Genome, The Red Queen, The Origins of Virtue* oder *The Rational Optimist* – seine Bücher sind alle toll.

Welcher (vermeintliche?) Misserfolg war die Voraussetzung für deinen späteren Erfolg? Hast du einen »Lieblingsmisserfolg«?

Leid bringt einen Moment der Klarheit, wenn man eine Situation nicht länger verleugnen kann und sich einer unbequemen Wahrheit stellen muss. Ich bin sehr froh, dass ich nicht immer alles bekommen habe, was ich wollte – sonst säße ich vielleicht bis heute an meinem Studienort, hätte mich mit meinem ersten anständigen Job zufriedengegeben und meine Jugendliebe geheiratet. Dass ich als junger Mensch wenig Geld hatte, hat dazu geführt, dass ich in fortgeschrittenem Alter gut verdiene. Dass ich das Vertrauen in Vorgesetzte und Respektspersonen verlor, hat mich unabhängig gemacht und erwachsen werden lassen. Dass ich beinahe die Falsche geheiratet hätte, hat mich erkennen lassen, wer die Richtige ist. Dass ich krank geworden bin, hat mich gelehrt, auf meine Gesundheit zu achten. Und so weiter und so fort. Wer leidet, sorgt für Veränderungen.

Wenn du an einem beliebigen Ort ein riesiges Plakat mit beliebigem Inhalt aufhängen könntest, was wäre das und warum?

»Sehnsucht ist eine Abmachung mit dir selber, so lange unglücklich zu sein, bis du bekommst, was du willst.«

Sehnsucht ist ein Antrieb, eine Motivation. Wer sich ernsthaft und kompromisslos nach etwas sehnt, das ihm wichtiger ist als alles andere, der bekommt es meist auch. Doch jedes Urteil, jede Präferenz und jeder Rückschlag löst andere Sehnsüchte aus, in denen wir bald ertrinken. Jedes davon ist ein Problem, das gelöst werden muss, und wir leiden, bis die Sehnsucht befriedigt ist.

Glück oder zumindest Seelenfrieden ist das Gefühl, dass einem gerade nichts fehlt – dass man nicht von Sehnsüchten beherrscht wird. Es ist gut, welche zu haben. Aber such dir sorgfältig eine bedeutsame aus und vergiss alle anderen.

Was ist das beste oder lohnendste Investment, das du je getätigt hast (in Form von Geld, Zeit, Energie etc.)?

Jedes Buch, das ich aus eigenem Antrieb und ohne Hintergedanken gelesen habe.

Wer wirklich gern liest und das kultiviert, verfügt über eine Superkraft. Wir leben in einem alexandrinischen Zeitalter. Jedes Buch, jeder Wissensbaustein, der je niedergeschrieben wurde, steht uns auf Knopfdruck zur Verfügung. Es gibt unendlich viele Möglichkeiten zu lernen – doch die wenigsten wollen das. Kultiviere diesen Wunsch, indem du liest, was du möchtest – nicht, was du »lesen solltest«.

Welche Überzeugungen, Verhaltensweisen oder Gewohnheiten, die du dir in den letzten fünf Jahren angeeignet hast, haben dein Leben am meisten verbessert?

Glück ist eine persönliche Entscheidung und eine Kompetenz, die man entwickeln kann.

Der Geist ist so formbar wie der Körper. Wir wenden so viel Zeit und Mühe auf, um unsere Umwelt, andere und unseren Körper zu verändern, und finden uns gleichzeitig damit ab, wie wir in unserer Jugend programmiert wurden. Wir akzeptieren unsere innere Stimme als Quell aller Wahrheit. Doch all das ist veränderbar. Jeder Tag ist neu, und Erinnerungen und Identität sind Bürden aus der Vergangenheit, die uns davon abhalten, uns in der Gegenwart frei zu entfalten.

Welchen Rat würdest du einem intelligenten, motivierten Studenten für den Einstieg in die »echte Welt« geben?

Raten würde ich: Folge deiner intellektuellen Neugier. Richte dich nicht danach, was gerade »angesagt« ist. Sollte dich deine Neugier jemals dorthin führen, wohin dir die Gesellschaft irgendwann folgen will, dann wirst du extrem gut verdienen.

Geh an alle deine Vorhaben mit weniger Angst, weniger Leid und weniger Emotion heran. Alles braucht seine Zeit.

Abraten würde ich von: den Nachrichten. Meckerfritzen. Wutbürgern. Streithanseln. Jedem, der versucht, dich vor einer Gefahr zu warnen, die unklar und vage ist.

Tu nichts, was du als unmoralisch empfindest. Nicht, weil es jemand beobachten könnte – sondern weil du es siehst. Selbstachtung ist nichts anderes als der Ruf, den du bei dir selbst genießt. Damit musst du leben.

Vergiss Ungerechtigkeit. Es gibt keine Gerechtigkeit. Spiel das Blatt in deiner Hand, so gut du kannst. Menschen stimmen in hohem Maße überein. Irgendwann bekommst du, was du verdienst – und andere ebenfalls. Und am Ende steht für uns alle das Todesurteil.

Welche schlechten Ratschläge kursieren in deinem beruflichen Umfeld oder Fachgebiet?

»Du bist zu jung.« Es waren meist junge Menschen, die Geschichte geschrieben haben. Sie wurden aber erst dafür gewürdigt, als sie älter waren. Man kann eigentlich nur etwas lernen, indem man es tut. Ja, such dir Orientierung. Aber warte nicht ab.

Wozu kannst du heute leichter Nein sagen als vor fünf Jahren? Welche neuen Erkenntnisse und/oder Ansätze haben dir dabei geholfen?

Ich sage zu fast allem Nein. Ich mache viel weniger kurzfristige Kompromisse. Ich versuche, nur mit Menschen zu arbeiten, mit denen ich für alle Zeit zusammenarbeiten kann. Ich versuche, meine Zeit in Aktivitäten zu investieren, die mir Spaß machen, und mich auf lange Sicht zu konzentrieren.

Deshalb habe ich keine Zeit für kurzfristige Dinge wie mit Leuten essen zu gehen, die ich nie wiedersehen werde, für lästige Zeremonien, um lästigen Zeitgenossen zu gefallen oder für Reisen an Orte, wo ich nie meinen Urlaub verbringen würde.

Was tust du, wenn dir alles zu viel wird, du nicht mehr fokussiert bist oder deine Konzentration nachlässt? Welche Fragen stellst du dir?

Memento mori – »des Todes gedenken«. Alles hier ist vergänglich. Irgendwann wird alles wieder so sein wie vor der Geburt.

»Autarkie ist nur ein anderes Wort für Armut.«

MATT RIDLEY
TW: @mattwridley
mattridley.co.uk

MATT RIDLEY ist ein bekannter Autor, dessen Bücher sich über eine Million Mal verkauft haben, in 31 Sprachen übersetzt und mit zahlreichen Auszeichnungen prämiert worden sind. Dazu zählen *The Red Queen, The Origins of Virtue, Genome, Nature via Nurture, Francis Crick, The Rational Optimist,* eines der am häufigsten empfohlenen Bücher in diesem Buch) und *The Evolution of Everything*. Sein TED-Vortrag »Wenn Ideen Sex haben« wurde über zwei Millionen Mal aufgerufen. Er hat eine wöchentliche Kolumne in der Londoner *Times* und schreibt regelmäßig für das *Wall Street Journal*. Als Viscount Ridley wurde er im Februar 2013 ins Oberhaus des britischen Parlaments gewählt.

Welches Buch (welche Bücher) verschenkst du am liebsten? Warum? Welche ein bis drei Bücher haben dein Leben am stärksten beeinflusst?

Die beiden Bücher, die mein Leben enorm beeinflusst haben, sind *The Double Helix* von James D. Watson und *The Selfish Gene* von Richard Dawkins. Mich fasziniert an diesen Büchern, dass es den Autoren gelingt, wissenschaftliche Sachverhalte spannend zu erzählen, während sie gleichzeitig neue Forschungserkenntnisse über das Geheimnis des Lebens offenbaren. Wenn du diese beiden Bücher liest, bekommst du eine tolle Antwort auf die Frage, die die Menschheit schon seit Millionen von Jahren beschäftigt: Was ist das Leben? Watsons »nichtfiktionaler Roman« war eine bemerkenswerte literarische Leistung, die sich mit der größten wissenschaftlichen Entdeckung des 20. Jahrhundert beschäftigt. Dawkins' Argument, dass die Wahrheit »seltsamer als eine Fiktion« ist, stellte die Evolutionsbiologie auf den Kopf und liest sich wie ein spannender Krimi.

Welche Anschaffung von maximal 100 Dollar hat für dein Leben in den letzten sechs Monaten (oder in letzter Zeit) die größte positive Auswirkung gehabt?

SleepPhones. Es handelt sich dabei um ein Stirnband, das man sich über Augen und Ohren zieht und eingebaute Kopfhörer hat, damit man beim Einschlafen Hörbücher hören kann.

Welche Überzeugungen, Verhaltensweisen oder Gewohnheiten, die du dir in den letzten fünf Jahren angeeignet hast, haben dein Leben am meisten verbessert?

Die Gewohnheit, vor dem Einschlafen Hörbücher zu hören. Das hat meine manchmal recht schwere Schlaflosigkeit ohne stimmungsverändernde Medikamente oder vergebliche, kostspielige Psychotherapie geheilt und mir die Möglichkeit gegeben, noch mehr Bücher »zu lesen«. Indem ich den Timer einstelle und jedes Mal nach dem Aufwachen ein wenig zurückspule, verpasse ich fast gar nichts mehr in einem Buch.

Welchen Rat würdest du einem intelligenten, motivierten Studenten für den Einstieg in die »echte Welt« geben?

Lass dir keine Angst machen. In den meisten Berufen sind die Menschen, die erfolgreich sind, nicht klüger als du. In der Erwachsenenwelt gibt es keine Götter, sondern nur Leute, die sich bestimmte Fähigkeiten und Gewohnheiten erworben haben, die ihnen gute Dienste leisten. Und finde deine Nische – die größte menschliche Errungenschaft ist es, sich als Produzent von Gütern oder Dienstleistungen zu spezialisieren, damit man sich als Konsument diversifizieren kann. Autarkie ist nur ein anderes Wort für Armut.

»Wir beschweren uns viel zu oft darüber, wie die Dinge sind, und vergessen, dass wir die Macht haben, sie zu ändern.«

BOZOMA SAINT JOHN
TW/IG: @badassboz

BOZOMA SAINT JOHN ist Chief Brand Officer bei Uber. Bis Juni 2017 war sie Marketingmanagerin bei Apple Music, nachdem das Unternehmen Beats Music gekauft hat, wo sie für das globale Marketing verantwortlich war. *Billboard* kürte sie zum »Executive of the Year« 2016 und *Fortune* nahm sie in seine »40 under 40«-Liste auf. *Fast Company* führte Bozoma unter den »200 Most Creative People«. Bozoma stammt aus Ghana und wanderte mit 14 mit ihrer Familie nach Colorado Springs aus.

Welches Buch (welche Bücher) verschenkst du am liebsten?

Ich mag *Song of Solomon* von Toni Morrison. Sie schreibt unglaublich poetisch und dicht. Sie toleriert bei ihren Lesern keine Nachlässigkeit. Neben der unglaublichen Geschichte lernte ich aus diesem Buch, mir Zeit zu nehmen, um die Charaktere auf mich wirken zu lassen, und Passagen noch einmal zu lesen, wenn sie so gehaltvoll waren. Dieses Buch gab ich damals meinem mittlerweile verstorbenen Ehemann zu lesen, als er mich ansprach, weil er mich kennenlernen wollte. Unser erstes Date war quasi eine Buchbesprechung – und er bestand den Test mit fliegenden Fahnen. Zwei Monate später schenkte er mir zum Geburtstag ein Bild – seine gemalte Interpretation des Buches. Da wusste ich, dass ich ihn heiraten wollte. Wer sich auf meine Empfehlung hin die Zeit nahm, ein Werk von Toni Morrison zu lesen, zu begreifen und zu interpretieren, war auf jeden Fall ein Mensch, mit dem ich viel Zeit verbringen wollte. Diese Erfahrung lehrte mich: Wenn Menschen wirklich Interesse an dir haben, machen sie sich die Mühe, dich zu verstehen. Toni Morrison half mir, hohe Standards zu setzen.

Was ist eine deiner – gern auch absurden – Eigenheiten, auf die du nicht verzichten möchtest?
Ich beobachte gern Menschen. Wenn es darauf ankommt, auch den ganzen Tag. Es ist faszinierend, Passanten zuzuschauen. Man kann so viel über eine Kultur erfahren, wenn man nur beobachtet, wie die Menschen miteinander umgehen. Besonders gut eignen sich dafür Food Courts in amerikanischen Shopping-Malls, Straßencafés in Paris, der Markt von Accra ... Mode, Etikette, Zuneigungsbekundungen in der Öffentlichkeit ... das alles lernt man kennen und wird als Beobachter zum respektvolleren Teilnehmer dieser Kultur.

Was tust du, wenn dir alles zu viel wird, du nicht mehr fokussiert bist oder deine Konzentration nachlässt?
Ich schlafe. Oder vielmehr: Ich mache ein Nickerchen. Es gibt kein Dilemma, aus dem mir 20 Minuten Mittagsruhe nicht heraushelfen. Für mich ist das wie ein Aktualisierungsknopf. Ich wache mit klarerem Kopf auf und kann dann besser »aus dem Bauch heraus« entscheiden, weil ich aufgehört habe zu denken. Das Gefühl, mit dem ich aufwache, ist das Gefühl, nach dem ich mich richte.

Wenn du an einem beliebigen Ort ein riesiges Plakat mit beliebigem Inhalt aufhängen könntest, was wäre das und warum? Gibt es Zitate, an die du häufig denkst oder nach denen du lebst?
Das ist sicherlich: »Sei selbst die Veränderung, die du in der Welt sehen möchtest.« Wir beschweren uns viel zu oft darüber, wie die Dinge sind, und vergessen, dass wir die Macht haben, sie zu ändern. Und es gibt da noch ein Zitat: »I am starting with the man in the mirror« von Michael Jackson. Gleiche Botschaft, anders verpackt.

ZITATE, ÜBER DIE ICH NACHDENKE

(Tim Ferriss: 09. Oktober bis 30. Oktober 2015)

»Ein Experte ist eine Person, die alle Fehler gemacht hat, die man in einem sehr engen Feld machen kann.«

– NIELS BOHR
dänischer Physiker und Nobelpreisträger

»Was wir üblicherweise als unmöglich ansehen, sind schlicht technische Probleme … Es gibt kein Gesetz der Physik, das sie verhindern würde.«

– MICHIO KAKU
Physiker und Mitbegründer der Springfeldtheorie

»Diese Personen haben Reichtum so, wie wir sagen, dass wir ›Fieber haben‹, obwohl das Fieber in Wirklichkeit uns hat.«

– SENECA
römischer Stoiker-Philosoph und berühmter Dramatiker

»Ebenfalls denke ich an die scheinbar wohlhabende, aber in Wirklichkeit am schrecklichsten überhaupt verarmte Klasse der Menschen, die vieles angesammelt haben, aber nicht wissen, wie sie es benutzen oder loswerden können, und so ihre eigenen goldenen oder silbernen Fesseln geschmiedet haben.«

– HENRY DAVID THOREAU
amerikanischer Essayist und Philosoph, Autor von *Walden*

»Am Anfang habe ich mir vorgestellt, für ein Stadion voller Klone von mir selbst zu schreiben. Das machte es einfach, denn ich wusste genau, was für Themen sie interessieren, welchen Schreibstil sie mochten und worüber sie lachen konnten.«

TIM URBAN
TW/FB: @waitbutwhy
waitbutwhy.com

TIM URBAN ist Autor des Blogs *Wait But Why* und gehört mittlerweile zu den populärsten Onlineautoren. Laut *Fast Company* hat Tim »ein begeistertes Publikum, um das ihn selbst die großen Nachrichtenmedien beneiden.« Heute verbucht *Wait But Why* über 1,5 Millionen Besucher im Monat und hat mehr als 550.000 E-Mail-Abonnenten. Tim konnte auch etliche prominente Leser für sich gewinnen, wie die Autoren Sam Harris (Seite 388) und Susan Cain (Seite 33), Twitter-Mitgründer Evan Williams (Seite 424), TED-Kurator Chris Anderson (Seite 430) und Maria Popova von *Brain Pickings*. Tims Beitragsreihe nach seinem Gespräch mit Elon Musk wurde von David Roberts (*Vox*) als die »inhaltsreichsten, faszinierendsten und erfreulichsten Posts, die ich seit langer Zeit gelesen habe« bezeichnet. Der erste war »Elon Musk: The World's Raddest Man«. Tims TED Talk »Inside the Mind of a Master Procrastinator« wurde über 21 Millionen Mal aufgerufen.

Welches Buch (welche Bücher) verschenkst du am liebsten? Warum? Welche ein bis drei Bücher haben dein Leben am stärksten beeinflusst?

The Fountainhead von Ayn Rand – wegen der beiden Hauptfiguren des Buches, Howard Roark und Peter Keating. Beide ähneln keiner realen Person – dazu sind sie zu eindimensional und extrem. Doch in ihrer Kombination findet sich meines Erachtens einfach jeder wieder. Roark ist ein total eigenständiger Verstandesmensch. Er gründet seine Überlegungen auf ursprüngliche Prinzipien – fundamentale Fakten, die dem Leben zugrunde liegen, etwa die Grenzen der Physik und die Grenzen seiner eigenen Biologie – und verwendet diese Informationen lediglich als Bausteine für seine Logik, um zu Schlussfolgerungen und Entscheidungen zu gelangen und seinen Lebensweg daran zu orientieren. Ganz anders Keating: Er ist in seinem Denken vollkommen abhängig. Er richtet den Blick nach außen und nimmt die Werte seiner Zeit, soziale Akzeptanz und gängige Meinungen als zentrale Fakten wahr. Dann versucht er, das Spiel zu gewinnen, indem er sich nach diesen Regeln richtet. Seine Werte sind die der Gesellschaft, und sie diktieren seine Ziele. Wir alle sind manchmal wie Roark und manchmal wie Keating. Für mich liegt der Schlüssel zum Leben darin, herauszufinden, wann es sinnvoll ist, Geisteskraft zu sparen und wie Keating zu sein (ich bin beispielsweise bei der Auswahl meiner Kleidung ausgesprochen konformistisch, weil mir das nicht so wichtig ist), und wann es im Leben darauf ankommt, wie Roark zu sein und einen eigenen Kopf zu haben (bei der Berufswahl, der Wahl des Lebenspartners oder der Entscheidung, wie man seine Kinder erzieht etc.).

The Fountainhead hatte großen Einfluss auf meinen langen Blogbeitrag über die Gründe für Elon Musks großen Erfolg. Für mich ist er wie Roark – er beherrscht es meisterhaft, aus grundlegenden Prinzipien Schlussfolgerungen zu ziehen. In dem Post bezeichne ich solche Menschen als »Meisterköche« (die mit Zutaten experimentieren und neue Rezepte erfinden). Und Musk entspricht diesem Bild ungewöhnlich genau. Die meisten Menschen bringen ihr Leben als Keating zu – oder, wie ich es formuliere, als »Wald- und Wiesenkoch« (also jemand, der sich selbst keine Mühe macht und sich nach dem Rezept eines anderen richtet). Wir wären alle viel glücklicher und erfolgreicher, wenn wir lernen könnten, öfter mal Meisterkoch zu sein. Dazu muss man sich bewusst machen, wann man nur Wald- und Wiesenkoch ist. Und dass es gar nicht so schrecklich ist, unabhängig zu denken und danach zu handeln.

Anmerkung von Tim Ferriss: Ich bat Tim um ein paar amüsante Hintergrundinformationen dazu. Hier sind sie:

Anfang 2015 kam Elon auf mich zu und bat um ein Gespräch. Er hatte ein paar *Wait But Why*-Posts gelesen und wollte wissen, ob ich interessiert sei, über eine der Branchen zu schreiben, in denen er tätig war. Ich flog zu ihm nach Kalifornien, besichtigte die Tesla- und SpaceX-Fabrik und informierte mich beim Management beider Unternehmen genauer darüber, was dort gemacht wurde und warum. In den sechs Folgemonaten schrieb ich vier sehr lange Beiträge über Tesla und SpaceX und die Geschichte ihrer Branchen. (Die ganze Zeit über stand ich in regem telefonischem Kontakt mit Elon, um allen meinen Fragen auf den Grund zu gehen). In den ersten drei Posts versuchte ich die Frage zu beantworten: »Was treibt Elon an?« Im vierten und letzten Beitrag der Reihe nahm ich mir Elon selbst vor und versuchte, Folgendes herauszufinden: »Warum ist Elon so erfolgreich?« Das brachte mich darauf, mich mit all den Ideen rund um eine auf grundlegenden Prinzipien beruhende Logik zu beschäftigen (also dem »Meisterkoch«, der sich Rezepte ausdenkt) – im Gegensatz zur Logik durch Analogie (dem »Wald- und Wiesenkoch«, der nach fremden Rezepten kocht).

Welche Anschaffung von maximal 100 Dollar hat für dein Leben in den letzten sechs Monaten (oder in letzter Zeit) die größte positive Auswirkung gehabt?

Die Kreuzworträtsel-App der *New York Times*. Ich habe schon immer gern Kreuzworträtsel gelöst, war aber nie besonders gut. Seit ich die App habe, geht das immer besser (am Anfang habe ich meist nur von Montag bis Mittwoch gerätselt, doch jetzt löse ich jeden Tag eines). Das Kreuzworträtsel ist für mich ein tägliches Highlight. Ich mache gern gleich morgens nach dem Aufwachen das Kreuzworträtsel des Tages – im Bett, beim Frühstück, in der U-Bahn, in der Schlange im Coffeeshop. Aber ich muss aufpassen – je später in der Woche, desto länger brauche ich, und oft bringe ich nicht die nötige Disziplin auf, ein schwieriges

Rätsel aus der Hand zu legen, bevor ich es ganz gelöst habe. Das würfelt meinen Tagesplan manchmal ziemlich durcheinander, und dann ärgere ich mich über mich selbst. Manchmal öffne ich die App, um fünf Minuten Pause zu machen – und daraus werden dann 82 Minuten. Und wieder muss ich mich über mich selber ärgern. Inzwischen versuche ich deshalb, nur noch abends Kreuzworträtsel zu machen.

Welcher (vermeintliche?) Misserfolg war die Voraussetzung für deinen späteren Erfolg? Hast du einen »Lieblingsmisserfolg«?

In meinem letzten Collegejahr beschloss ich, mich als Komponist für das jährliche Studenten-Musical zu bewerben – *The Hasty Pudding*. Ich ging zur Einweisung für die Bewerber um die Komposition und stellte fest, dass diese Veranstaltung vom Leiter des Programms und einem Kommilitonen geleitet wurde, der für das Programm tätig war und dem Leiter beim Vorspielen assistierte. Der Leiter erklärte uns, wie man sich bewerben musste, und der Student setzte sich ans Klavier und spielte ein paar Melodien vor – Beispiele für die Art Musik, die gefragt war. Ich verließ die Veranstaltung total aufgeregt – ich wollte nach dem College Komponist werden und deshalb unbedingt den Zuschlag bekommen.

Noch am selben Tag erhielten alle Bewerber per E-Mail den Spielplan, der festlegte, wer dem Programmleiter wann seine Probestücke vorspielen sollte. Auf dem Plan stand nicht nur der Namen desjenigen, der die Musik für das letztjährige Musical geschrieben hatte (und ich wusste, dass derselbe Komponist oft mehrere Jahre zum Zuge kam), sondern *auch* der Name des Studenten, der uns die Beispielstücke vorgespielt hatte! Vollkommen entmutigt beschloss ich, mich gar nicht erst zu bewerben. Bestimmt würde entweder der Komponist des Vorjahres (den der Programmleiter bereits kannte) oder die studentische Hilfskraft den Job bekommen.

Ein paar Monate später tauchten auf dem Campus die ersten Werbeplakate für das Musical auf – und der Komponist war ... keiner von beiden. Ein anderer hatte das Rennen gemacht. Da bedauerte ich natürlich gewaltig, dass ich es gar nicht erst versucht hatte – und war entsprechend sauer auf mich. Aber das war mir eine wertvolle Lehre: Lass dich niemals von etwas abbringen, das dir wichtig ist – vor allem nicht durch potenziell haltlose Annahmen.

Wenn du an einem beliebigen Ort ein riesiges Plakat mit beliebigem Inhalt aufhängen könntest, was wäre das und warum?

Meine Plakatwand wäre eine Zauberwand, auf der für jeden, der sie anschaut, etwas anderes stünde. Sie könnte Gedanken lesen, herausfinden, welche Menschen der Betrachter besonders eindimensional beurteilt und im Kopf verteufelt und entmenschlicht. Das wären für den einen Trump-Wähler, für den anderen Muslime. Oder Schwarze, betuchte Weiße oder Sexualstraftäter. So oder so, der Betrachter würde einen Vertreter dieser Gruppe sehen, der etwas tut, was dem Zuschauer seine ganze dreidimensionale Menschlichkeit vor Augen führt – am Totenbett seiner Eltern sitzen, seinen Kindern bei den Hausaufgaben helfen oder ein albernes Hobby betreiben, das dem Betrachter ebenfalls Spaß macht.

Ich glaube, dass Menschen andere Menschen nur hassen können, wenn sie sie in ihrem Kopf entmenschlichen. Sobald jemand der Realität ausgesetzt und daran erinnert wird, dass der Gehasste ein richtiger Mensch ist, verpufft der Hass gewöhnlich, und Empathie setzt ein.

Was ist das beste oder lohnendste Investment, das du je getätigt hast (in Form von Geld, Zeit, Energie etc.)?

Im Jahr nach meinem Collegeabschluss gründete ich ein kleines Unternehmen, das Bewerber auf Tests vorbereitete (es bot Tutorenprogramme für SAT, ACT etc.). Ich widmete mich dann einen Großteil der nächsten neun Jahr dem Wachstum dieses Unternehmens. Mein Kompagnon und ich merkten schnell, dass es ein Vorteil war, dass wir beide alleinstehend, zwischen 20 und 30 waren und keine größeren finanziellen Verpflichtungen hatten. Auch als das Unternehmen größer wurde, behielten wir unseren Lebensstil ganz bewusst bei. Statt nach einem guten Jahr jedem 25.000 Dollar mehr zu genehmigen, beließen wir unsere Gehälter unverändert und stellten stattdessen für 50.000 US-Dollar einen Mitarbeiter ein. Lief es in einem Jahr besonders gut, verzichteten wir ebenfalls auf eine Gehaltserhöhung und stellten drei oder vier zusätzliche Kräfte ein.

Das ist vor allem meinem Mitgründer zu verdanken, denn er ist der Disziplinierte von uns beiden. Eine gute Strategie war es auf jeden Fall. Als ich 30 wurde, hatte die Firma 20 Beschäftigte und warf vermutlich das Zehnfache dessen ab, was wir erwirtschaftet hätten, wenn wir uns jedes Jahr unsere eigenen Bezüge erhöht hätten. Für uns war der Deal, dass uns ein bescheidenerer Lebensstil in den 20ern weit mehr Freiheit ab 30 bescherte. Und weil ich diese Freiheit hatte, konnte ich *Wait But Why* ins Leben rufen und mich ganz dem Schreiben widmen.

Was ist eine deiner – gern auch absurden – Eigenheiten, auf die du nicht verzichten möchtest?

Ich habe zu Hause eine Spielzeugkiste. Das heißt, eigentlich habe ich eine Menge Spielzeug, aber meine Verlobte war es leid, dass mein Zeug überall herumlag, und deshalb besorgte sie eine Kiste, in der ich meine Spielsachen jetzt aufbewahren muss. Es handelt sich dabei ausschließlich um mechanische, haptische Spielutensilien, die eine gewisse Geschicklichkeit erfordern – im Grunde alles, was mir schon mit fünf Jahren Spaß gemacht hat. Ich habe verschiedene

Magneten, eine ganze Knetgummisammlung, Fidget Spinners, Fidget Cubes, Flummis und dergleichen. Das ist aber nicht nur für das Kind in mir gedacht – nein, ich kann mich damit einfach besser konzentrieren. Ich bin ein kinetischer Denker – ein Mensch, der herumläuft, während er telefoniert. Und bei der Arbeit – beim Brainstorming, Recherchieren, Skizzieren und Schreiben – komme ich mit einem Spielzeug in der Hand viel besser voran. Sonst kaue ich an den Fingernägeln, bis sie bluten. Du merkst schon, ich bin nicht ganz einfach.

Welche Überzeugungen, Verhaltensweisen oder Gewohnheiten, die du dir in den letzten fünf Jahren angeeignet hast, haben dein Leben am meisten verbessert?

Wenn man ohne feste Arbeitszeiten schriftstellerisch tätig ist, erliegt man leicht der romantischen Vorstellung, dass gesellschaftliche Konventionen nur für andere gelten. Man sitzt zu Hause in der Unterwäsche am Schreibtisch, man ist nachts um drei am inspiriertesten, man stellt sich nie einen Wecker und so weiter. Ich war immer stolz darauf, unkonventionell zu sein, und außerdem bin ich von Natur aus faul. Deshalb kam mir das unkonventionelle Arbeitszeitmodell und -umfeld sehr entgegen.

Das Problem dabei war bloß, dass ich damit leider gar nicht gut zurechtkam. Ich erzielte Ergebnisse, wenn ein Termin drängte. Ansonsten war ich furchtbar unproduktiv. Außerdem war ich irgendwie *ständig* bei der Arbeit. Ich war zwar selten konzentriert bei der Sache, konnte aber auch kaum je richtig abschalten.

Es ist noch gar nicht so lange her, da wurde mir klar, dass so ein Achtstundentag im Büro durchaus seine Vorteile hat. Ich gewöhnte mir an, nicht mehr zu Hause zu arbeiten, sondern mich anzuziehen und in einem Coffeeshop zu schreiben. Ich ging zu einer christlicheren Zeit schlafen und stellte mir den Wecker. Und ich versuchte, klar zu trennen zwischen konzentrierter Arbeit bis zum Abend und komplett arbeitsfreier Zeit bis zum nächsten Morgen. Ich versuche, mir die Wochenenden (zumindest einen Tag) freizuhalten. Ich halte mich nicht immer strikt daran und habe ab und zu Rückfälle, aber wenn es mir gelingt, dann ist es für mich aus mehreren Gründen besser:

* Die meisten Menschen sind vormittags am produktivsten, und ich bin da keine Ausnahme.

* Wer abends lange arbeitet, hat kein Privatleben, denn das findet wochentags meist zwischen 19 und 23 Uhr und am Wochenende statt. Wer dann arbeitet, hat plötzlich keine Zeit mehr für Freunde – und das ist ausgesprochen kurzsichtig und unklug.

* Wie in meinem TED Talk geschildert, haben wir meiner Ansicht nach alle zwei Seelen in der Brust: einen rationalen Entscheider (den Erwachsenen) und einen auf sofortige Anerkennung gepolten Affen (das Kind, das sich keine Gedanken macht um die Folgen und nur den Augenblick möglichst intensiv genießen möchte). In mir ringen die beiden ständig miteinander, und meistens gewinnt der Affe. Ich habe aber Folgendes festgestellt: Wenn ich im Leben auf Yin und Yang achte – also »heute bis sechs arbeite und dann bis morgen frei habe« –, ist es viel leichter, den Affen in der Arbeitsphase unter Kontrolle zu halten. Wenn er weiß, dass er später noch Spaß haben darf, verhält er sich gleich viel kooperativer. Gegen mein früheres System hat er ständig rebelliert, weil er sich nie richtig ausleben konnte.

Welchen Rat würdest du einem intelligenten, motivierten Studenten für den Einstieg in die »echte Welt« geben? Welchen Rat sollte er ignorieren?

Alle Berufswege lassen sich im Grunde in zwei Hauptkategorien unterteilen – man wird selbst CEO oder man arbeitet für einen.

CEO wird man, wenn man ein Unternehmen gründet, sich in der Kunst einen Namen macht und Fans findet oder selbstständig tätig ist – wenn man also sein eigener Chef ist und freie Entscheidungen trifft.

Hat ein anderer das Sagen, dann ist er CEO und du arbeitest für ihn. Das gilt natürlich für alle Angestellten eines Unternehmens, aber auch für Berufsgruppen wie Ärzte oder Anwälte.

Die Gesellschaft verherrlicht gern die CEO-Karriere, sodass sich Menschen, die nicht ihr eigener Chef werden wollen, oft minderwertig fühlen. Dabei ist keiner dieser Berufswege als solcher besser oder schlechter als der andere. Das hängt ganz von der eigenen Persönlichkeit, den Zielen oder dem angestrebten Lebensstil ab. Es gibt superintelligente, fähige, besondere Menschen, die ihre Gaben am besten als CEO einsetzen können. Es gibt aber auch welche, die besser bedient sind, wenn ein anderer dafür sorgt, dass der Laden läuft, und sie den Kopf einziehen und in Ruhe ihre Arbeit machen können. Manche müssen CEO sein, um berufliche Erfüllung zu finden, für andere ist es eine Katastrophe, wenn sie von der Arbeit aufgefressen werden.

Manche Menschen haben ganz konkrete Bedürfnisse – etwa jemand, der *unbedingt* Liedermacher werden muss, um glücklich zu sein. Doch die meisten wissen nach der Schule nicht so richtig, was sie eigentlich werden wollen. All jenen empfehle ich, in jungen Jahren genau über die CEO-Geschichte nachzudenken und sich auszuprobieren, um zu erfahren, wie sich das eine und das andere anfühlt.

Welche schlechten Ratschläge kursieren in deinem beruflichen Umfeld oder Fachgebiet?

Ich bin ja Schriftsteller, und ich stelle fest, dass viele Ratschläge für junge Autoren – vor allem für solche, die sich online etablieren möchten – darauf abzielen, Leser zu überzeugen. Stellt man sich seine potenziellen Leser als Dübel vor, dann besagt dieser Rat, dass man zum richtigen Loch werden sollte – zu einem also, in das möglichst viele Leser passen oder das rasch eine Menge Leser aufnehmen kann –, eben als Mittel, die Schriftstellerkarriere in Gang zu bringen.

Meiner Ansicht nach sollte man sich lieber darüber Gedanken machen, wie man als Autor möglichst lustig, spannend und natürlich rüberkommt. Und genau das tun. Im Internet sind eine *Menge* Leute unterwegs, und sie alle können mit einem Tippen aufs Handy auf deine Texte zugreifen. Auch wenn also nur einer von tausend – 0,1 Prozent – zufällig ein Dübel ist, der genau in dein »Schreibloch« passt, dann sind das insgesamt eine Million Menschen, die ganz toll finden, was du machst.

Am Anfang habe ich mir vorgestellt, für ein Stadion voller Klone von mir selbst zu schreiben. Das machte es einfach, denn ich wusste genau, was für Themen sie interessieren, welchen Schreibstil sie mochten und worüber sie lachen konnten. Ich ignorierte die gängige Meinung, dass Onlineartikel kurz sein, häufig erscheinen und einheitlich gepostet werden sollten – schließlich wusste ich, dass das dem Stadion voller Tims schnuppe war –, und konzentrierte mich stattdessen ganz auf ein Thema. Und es klappte. Vier Jahre später haben eine Menge Menschen, die meine Schreibe mögen, zu mir gefunden.

Wenn du dich nach innen orientierst – also auf dich selbst als Autor – statt nach außen (auf das, was die Leser deiner Ansicht nach lesen wollen), dann produzierst du am Ende deine besten und einfallsreichsten Texte. Und der eine von tausend, dem du richtig gut gefällst, wird irgendwann den Weg zu dir finden.

Wozu kannst du heute leichter Nein sagen als vor fünf Jahren? Welche neuen Erkenntnisse und/oder Ansätze haben dir dabei geholfen?

Zum Erstellen meiner »Nein«-Liste habe ich bei meiner »Ja«-Liste angesetzt. Auf der »Ja«-Liste sollte alles stehen, was wichtig ist – doch wie lässt sich ein schwammiger Begriff wie »wichtig« genauer definieren? Ich verwende dafür ein paar einfache Lackmustests:

Bei der »Ja«-Liste für meine Arbeit ziehe ich einen Test heran, den man Grabstein-Test nennen könnte. Tut sich eine Chance auf, stelle ich mir die Frage, ob ich dieses Projekt gern auf meinem Grabstein stehen hätte. Wenn nicht, dann heißt das vermutlich, dass mir die Sache nicht so wichtig ist. Der Grabsteingedanke mag morbide sein, doch er bringt alles sehr schön auf den Punkt und zwingt mich, meine eigene Arbeit absolut distanziert zu betrachten. Dann erkennt man genau, was einem wirklich wichtig ist. Meine »Ja«-Liste erstelle ich also mit Hilfe des Grabstein-Tests. Auf Projekte, die ihn nicht bestehen, will ich meine Zeit nicht verschwenden. Sie landen auf der »Nein«-Liste. Der Grabstein-Test ist für mich gewöhnlich ein Fingerzeig, meine Zeit und Energie darauf zu konzentrieren, so gut, einfallsreich und kreativ wie möglich zu arbeiten.

Ein ganz ähnlicher Test, den ich für meine private »Ja«-Liste verwende, ist der Totenbett-Test. Wir haben alle schon mal von diesen Studien über Menschen gehört, die sich auf dem Totenbett überlegen, was sie am meisten bedauern. Dem Klischee zufolge bedauert niemand, dass er nicht mehr Zeit im Büro verbracht hat. Auf dem Totenbett gewinnen die Menschen eine absolute Klarheit, die wir im Alltag nur schwer erreichen. Und nur wenn uns diese Klarheit in der täglichen Hektik fehlt, kommen wir auf den Gedanken, dass es sinnvoll sein könnte, unsere wichtigsten persönlichen Beziehungen zu vernachlässigen. Der Totenbett-Test veranlasst mich zu den beiden folgenden Konsequenzen:

* Dafür zu sorgen, dass ich meine Zeit mit den richtigen Menschen verbringe. Dazu stelle ich mir die Frage: »Würde ich auf dem Totenbett an diesen Menschen denken?«

* Dafür zu sorgen, dass ich genügend »Quality Time« mit Menschen verbringe, die mir etwas bedeuten. Dazu stelle ich mir die Frage: »Wenn ich heute sterben müsste, wäre ich dann der Ansicht, ich hätte genug Zeit mit diesem Menschen verbracht?« Du kannst dir aber auch den anderen auf dem Totenbett vorstellen. »Wenn X heute sterben müsste, wäre ich dann der Ansicht, ich hätte genug Zeit mit ihm oder ihr verbracht?«

Die wichtigsten Menschen in deinem Leben konkurrieren ständig mit deiner Arbeit und anderen um deine Zeit. Der Totenbett-Test ist ein nützlicher Wink mit dem Zaunpfahl: Man kann nur dann genug Zeit mit den wichtigsten Menschen verbringen, wenn man zu vielen anderen Aktivitäten und Menschen »Nein« sagt.

Der Grabstein-Test und der Totenbett-Test machen Folgendes klar: Wenn wir sterben müssen und die Inschrift für unseren Grabstein entworfen wird, dann ist es zu spät, um Dinge zu ändern. Wir sollten also unser Möglichstes tun, um diese magische Lebensendklarheit zu gewinnen, bevor das Leben wirklich zu Ende geht.

Natürlich ist es nicht so einfach, sich auch tatsächlich an die »Nein«-Liste zu halten, aber ich arbeite daran – und ein paar gute Mechanismen, um festzulegen, was wirklich wichtig ist, helfen mir enorm dabei.

»Früher habe ich Hindernisse auf meinem Weg gehasst und gedacht: ›Wenn nur das nicht passiert wäre, wäre das Leben so gut.‹ Dann wurde mir plötzlich klar, die Hindernisse *sind* das Leben, es gibt keinen eigentlichen Weg.«

JANNA LEVIN
TW/IG: @jannalevin
jannalevin.com

JANNA LEVIN ist Professorin für Physik und Astronomie am Barnard College der Columbia University und hat Beiträge zum Verstehen von schwarzen Löchern, der Kosmologie von zusätzlichen Dimensionen und Gravitationswellen in der Form der Raumzeit geliefert. Außerdem ist sie wissenschaftliche Leiterin von Pioneer Works, einem Kulturzentrum, das fachübergreifenden Experimenten, Bildungsprojekten und Produktionen gewidmet ist. Zu ihren Büchern zählen *How The Universe Got Its Spots* und der Roman *A Madman Dreams of Turing Machines*, der mit dem PEN/Bingham-Preis ausgezeichnet wurde. Vor kurzem wurde Levin zur Guggenheim-Stipendiatin, eine Auszeichnung für Personen, »die außergewöhnliche Fähigkeiten bei produktiver Forschung gezeigt haben«. Ihr neuestes Buch *Black Hole Blues and Other Songs from Outer Space* ist ein Insider-Bericht über die Entdeckung des Jahrhunderts: die Klänge der Raumzeit, die durch die Kollision von zwei schwarzen Löchern vor mehr als einer Milliarde Jahren entstanden sind.

Welcher (vermeintliche?) Misserfolg war die Voraussetzung für deinen späteren Erfolg? Hast du einen »Lieblingsmisserfolg«?

Misserfolg wird hochgradig unterschätzt. Es gibt eine Anekdote über Einstein, auf die ich erst vor kurzem gestoßen bin. Im Jahr 1915 dachte er, dass Gravitationswellen – Wellen in der Form der Raumzeit – die wichtigste Konsequenz seiner allgemeinen Relativitätstheorie seien. Ein paar Jahre später korrigierte er sich selbst und behauptete, es gäbe sie gar nicht. Eine Zeitlang schwankte er zwischen diesen beiden Positionen hin und her. Mehrere Jahre später reichte er einen Fachaufsatz zur Veröffentlichung ein, in dem er behauptete, Gravitationswellen würden nicht existieren. Irgendwann zwischen Annahme und Drucklegung schmuggelte er ein vollkommen neues Manuskript herein, in dem es heißt, sie würden doch existieren. »Einstein, du musst vorsichtig sein«, warnte ihn ein Freund, »dein berühmter Name wird auf diesen Aufsätzen stehen.« Einstein hat gelacht – »Mein Name steht auf vielen falschen Aufsätzen«, sagte er. Im Jahr 1930 erklärte er, er wisse nicht, ob es Gravitationswellen gibt, aber das sei eine überaus wichtige Frage. 2015, 100 Jahre nachdem Einstein erstmals ihre Existenz angesprochen hatte, zeichnete ein riesiges, milliardenteures Experiment Gravitationswellen aus der Kollision zweier schwarzer Löcher vor mehr als einer Milliarde Jahren auf – Wellen, die entstanden, lange bevor Menschen auf der Erde erschienen. Wir scheuen Misserfolge, aber so verhindern wir auf subtile Weise auch Erfolg.

Mein persönlicher Lieblingsmisserfolg ist meine erste kosmologische Theorie. Als ich lernte, dass die Erde rund ist, glaubte ich, wir würden innerhalb der Sphäre leben. Als dann eine andere Möglichkeit in den Fokus rückte, war ich enttäuscht und gleichzeitig begeistert: Wir leben *auf* der Sphäre. Unglaublich. In der Wissenschaft geht es nicht darum, von vornherein richtig zu liegen oder die Antwort zu kennen. Wissenschaft ist motiviert vom menschlichen Drang, unter großen Mühen etwas zu entdecken.

Was ist das beste oder lohnendste Investment, das du je getätigt hast (in Form von Geld, Zeit, Energie etc.)?

Vor kurzem habe ich ungefähr 280 Quadratmeter bei Pioneer Works renoviert, einem spektakulären Kulturzentrum für Kunst, Musik, Film und jetzt auch Wissenschaft. Das Gebäude befindet sich in einer ehemaligen Eisenfabrik auf dem Wasser im Viertel Red Hook in Brooklyn. Wir hatten keinen Architekten für die Renovierung, keine Pläne, keine Zeichnungen, keine Maße. Ich habe mit dem Gründer Dustin Yellin und mit dem Leiter Gabriel Florenz zusammengestanden, und die meiste Zeit über haben wir geschrien und gelacht oder geschrien und gestritten. Irgendjemand sagte: Ich will dort einen Raum. Ich will nur Glas. Ich will kein Glas. Ich will Wände. Ich will keine Wände. Hier muss eine Tür hin. Und jeder von uns gab ab und zu den anderen nach, während der unglaublich talentierte Baumeister Willie Vantapool zuhörte, unsere Ideen zusammenführte und daraus etwas machte, das sich als überraschend zusammenhängende Gestaltung erwies. Für mich als sehr zum Theoretischen neigende Physikerin war das die körperlichste Arbeit bei irgendeinem kreativen Projekt, die ich je unternommen hatte, und eine der riskantesten Investitionen, über die ich je nachgedacht hatte. Während ich diese Fragen beantworte, sitze ich in den neuen Science Studios und bewundere das Ergebnis. Der Raum ist beeindruckend und einladend und inspirierend. Wir bauen die Welt, die wir bewohnen wollen, und dabei haben wir in einem unkonventionellen Umfeld einen bemerkenswerten, ungewöhnlichen Raum für die Wissenschaft geschaffen. Wissenschaft gehört in die Welt für alle, denn, wie ich mir zu sagen angewöhnt habe, sie ist ein Teil der Kultur.

Welche Überzeugungen, Verhaltensweisen oder Gewohnheiten, die du dir in den letzten fünf Jahren angeeignet hast, haben dein Leben am meisten verbessert?

Früher habe ich Hindernisse auf meinem Weg gehasst und gedacht: ›Wenn nur das nicht passiert wäre, wäre das Leben so gut.‹ Dann wurde mir plötzlich klar, die Hindernisse *sind* das Leben, es gibt keinen eigentlichen Weg. Unsere Aufgabe auf der Erde ist, besser darin zu werden, mit diesen Hindernissen zurechtzukommen. Ich bemühe mich darum, ruhige, angemessene Reaktionen zu finden und Hemmnisse als Gelegenheit zum Lösen von Problemen anzusehen. Häufig falle ich in alte Frustrationen zurück, aber dann erinnere ich mich daran, dass dies eine Gelegenheit ist, mich zu steigern. Ich kann Konflikte als Chance betrachten, mit Lösungen zu experimentieren.

Wozu kannst du heute leichter Nein sagen als vor fünf Jahren?

Ich bin schrecklich schlecht darin, Nein zu sagen. Wirklich schlecht. Ich werde mir die anderen Antworten durchlesen, um mir Ratschläge zu diesem Punkt zu holen.

»Wir brauchen eine neue Diversität – nicht auf der Grundlage von biologischen Eigenschaften und Identitätspolitik, sondern eine Diversität der Meinungen und Weltsichten.«

AYAAN HIRSI ALI
TW: @Ayaan
theahafoundation.org

AYAAN HIRSI ALI ist Frauenrechtlerin, Verteidigerin der Meinungsfreiheit und Bestsellerautorin. Als kleines Mädchen in Somalia wurde sie Opfer einer Genitalverstümmelung. Als ihr Vater sie zwang, einen entfernten Cousin zu heiraten, floh sie in die Niederlande und beantragte dort politisches Asyl; von der Putzfrau arbeitete sie sich dann zum gewählten Mitglied des niederländischen Parlaments hoch. Als Abgeordnete setzte sie sich für mehr Bewusstsein für Gewalt gegen Frauen wie Ehrenmorde und Genitalverstümmelungen ein – Praktiken, die Migranten wie ihr bis in die neue Heimat gefolgt waren. Im Jahr 2004 wurde Ali nach dem Mord an Theo van Gogh, der Regie bei ihrem Kurzfilm *Submission* über die Unterdrückung von Frauen im Islam geführt hatte, weltweit bekannt. Der Attentäter hinterließ auf der Brust von van Gogh eine Todesdrohung auch für sie. Über dieses tragische Ereignis berichtet sie in ihrem Bestsellerbuch *Infidel*. Außerdem hat Ali die Bücher *Caged Virgin, Nomad* und zuletzt den Bestseller *Heretic: Why Islam Needs a Reformation Now* geschrieben.

Welches Buch (welche Bücher) verschenkst du am liebsten? Warum? Welche ein bis drei Bücher haben dein Leben am stärksten beeinflusst?

The Open Society and Its Enemies von Karl Popper, erstmals veröffentlicht im Jahr 1945. Als ich noch in der Politik war, habe ich es oft meinen Politiker-Freunden gegeben, und heute gebe ich es Studenten. Eine der wichtigsten Lehren aus dem Buch ist für mich, dass sehr viele schlechte Ideen, die autoritäre Folgen haben, mit guten Absichten beginnen. Das ist eine zeitlose Erkenntnis.

Als ich in der niederländischen Politik aktiv war, war ich von Politikern mit wunderbaren Absichten umgeben. Sie wollten Gutes tun und den Staat mit immer umfangreicheren Programmen in jeden Bereich des Lebens involvieren, aber diese guten Absichten führten dazu, immer größere Teile vom Leben der Menschen zu kontrollieren. Wir haben darüber diskutiert, ob der Staat kostenlose Kinderbetreuung bereitstellen sollte. Das hört sich gut an und beruhte auf der guten Absicht, Eltern zu unterstützen, die ihre Karriere nicht unterbrechen wollen. Aber in der Praxis bedeutete es, dass die Regierung zum Ersatz für einen Partner wurde. Eltern mussten dem Staat gegenüber persönliche Informationen offenlegen, und es wurde diktiert, wie das Geld der Bürger ausgegeben wird und wie Kinder aufgezogen werden müssen. Der Preis dafür, die Autorität von Eltern an die Regierung abzugeben, war schlicht zu hoch. Das ist nur ein kleines Beispiel, aber es zeigt, wie sehr der Staat Kontrolle liebt. Popper hätte diese Vorstellung nicht gefallen.

Wenn du an einem beliebigen Ort ein riesiges Plakat mit beliebigem Inhalt aufhängen könntest, was wäre das und warum?

»Wir brauchen eine neue Diversität – nicht auf der Grundlage von biologischen Eigenschaften und Identitätspolitik, sondern eine Diversität der Meinungen und Weltsichten.«

Welchen Rat würdest du einem intelligenten, motivierten Studenten für den Einstieg in die »echte Welt« geben? Welchen Rat sollte er ignorieren?

Studenten sollten mit einem offenen Geist zur Universität gehen. Ich rate ihnen, all den Absolutismus um sie herum zu ignorieren, in Bezug auf Ideen wie auf Menschen. Wenn man ihnen sagt, dass bestimmte Ideen oder Menschen falsch, hasserfüllt oder beleidigend sind, sollte in ihrem Kopf eine Glühbirne aufleuchten. In diesem Moment sollte ihre Neugier angestachelt werden, für sich selbst herauszufinden, ob etwas wirklich »schlecht« ist. Sich eine Haltung des kritischen Denkens anzueignen, ist das Wichtigste überhaupt, wenn man irgendetwas lernen möchte.

Viele Studenten kommen voller wunderbarer Absichten zu mir und hoffen darauf, die Welt zu verändern. Sie wollen ihre Zeit damit verbringen, den Armen und Benachteiligten zu helfen. Ich sage ihnen, sie sollen erst einmal ihren Abschluss machen und viel Geld verdienen und sich erst dann überlegen, wie sie bedürftige Menschen am besten unterstützen können. Viel zu oft ist es so, dass Studenten benachteiligten Menschen nicht richtig helfen können, auch wenn es sich gut für sie anfühlt, wenn sie es versuchen. Ich habe sehr viele Studenten gesehen, die jetzt Ende 30 oder 40 sind und mit ihrem Geld kaum auskommen. Sie haben ihre Zeit auf der Universität damit verbracht, Gutes zu tun, statt an ihrer Karriere und ihrer Zukunft zu arbeiten. Heute warne ich sie, sorgfältig mit ihrer wertvollen Zeit umzugehen und sorgfältig darüber nachzudenken, wann die richtige Zeit zum Helfen ist. Es ist ein abgenutztes Klischee, aber man muss sich selbst helfen, bevor man anderen helfen kann. Bei idealistischen Studenten stößt das zu oft auf taube Ohren.

Häufig werde ich gefragt, ob man im privaten oder im öffentlichen Sektor arbeiten sollte. Ich rate immer zum privaten Sektor, und ich wünschte, ich hätte das getan, bevor ich in die Politik und den öffentlichen Sektor gegangen bin. Im privaten Sektor lernt man wichtige Fähigkeiten wie unternehmerisches Denken, die man später in jedem Arbeitsbereich nutzen kann.

»Für einen Buddhisten brennt in jedem Menschen ein Feuer. Es kann sehr schön sein, in sich zu gehen und es flackern zu sehen.«

GRAHAM DUNCAN
eastrockcap.com

GRAHAM DUNCAN ist Mitgründer von East Rock Capital, einer Investmentgesellschaft, die für eine kleine Gruppe von Familien und ihre wohltätigen Stiftungen 2 Milliarden US-Dollar verwaltet. Graham gründete East Rock vor zwölf Jahren. Davor arbeitete er bei zwei anderen Investmentfirmen. Er begann seine Karriere als Mitgründer des unabhängigen Wall-Street-Research-Unternehmens Medley Global Advisors. Graham hat einen BA-Abschluss in Ethik, Politik und Wirtschaft der Yale-Universität. Er ist Mitglied des Council on Foreign Relations und Co-Vorsitzender der Sohn Conference Foundation, die Forschung über Krebserkrankungen bei Kindern finanziert. Josh Waitzkin (Seite 218) bezeichnet Graham als »die Speerspitze im Bereich Talentsuche und Beurteilung von menschlichem Potenzial in höchsten geistigen Sphären«.

Was ist eine deiner – gern auch absurden – Eigenheiten, auf die du nicht verzichten möchtest?

In der U-Bahn auf dem Weg ins Büro und manchmal auch bei der Arbeit am Schreibtisch trage ich einen SubPac M2 – einen mobilen Vibrationsgenerator. Durch dessen taktile Audio-Technologie werden die Vibrationen der Musik auf den Körper übertragen. Sie wird vor allem von Musikproduzenten, Computerspielern und Gehörlosen genutzt. Für mich macht dieses Ganzkörper-Erleben von Musik aus dem rein intellektuellen Vorgang des Musikhörens oder Anhörens eines Podcasts eine immersivere somatische Erfahrung.

Wenn du an einem beliebigen Ort ein riesiges Plakat mit beliebigem Inhalt aufhängen könntest, was wäre das und warum? Gibt es Zitate, an die du häufig denkst oder nach denen du lebst?

Dazu fallen mir zwei Dinge ein:

Erstens: »Es kommt nicht darauf an, wie gut du spielst, sondern auf die Entscheidung, welches Spiel du spielen willst.« – Kwame Appiah. Dieses Zitat unterscheidet zwischen Strampeln und Strategie. Es führt mir vor Augen, dass ich mein eigenes Tun aus Makroperspektive betrachten sollte – wie bei einem Videospiel, aus dem man sich herauszoomen kann und plötzlich merkt, dass man die ganze Zeit nur in einem Winkel des Labyrinths im Kreis gelaufen ist. Dadurch distanziert man sich etwas vom Spiel und kann besser unterscheiden zwischen einem Ziel und dem eigenen Ehrgeiz – um sich ins Getümmel zu stürzen, ohne darin unterzugehen.

Zweitens: Der buddhistische Schriftsteller George Saunders sprach in einem Interview von seinem Bild des »Nektars« der Menschen »in bröckelnden Behältern«. Dieses Bild verfolgt mich. Kommt es mir morgens in den Sinn, kann ich förmlich sehen, wie die Buddha-Natur all diese netten, fehlerbehafteten, lebenden und langsam sterbenden Kreaturen durchströmt, denen wir jeden Tag begegnen. Das dreijährige Selbst meiner dreijährigen Tochter ist so vergänglich. Für einen Buddhisten brennt in jedem Menschen ein Feuer. Es kann sehr schön sein, in sich zu gehen und es flackern zu sehen.

Welches Buch (welche Bücher) verschenkst du am liebsten? Warum? Welche ein bis drei Bücher haben dein Leben am stärksten beeinflusst?

Sam Barondes' Buch *Making Sense of People* hat mich in meinem Denken stark beeinflusst. Manchmal verschenke ich es im Laufe des Einstellungsverfahrens an Bewerber oder auch an potenzielle Partner vor der Entscheidung für eine Zusammenarbeit. In meiner Funktion als Investor führe ich pro Jahr Gespräche mit 400 bis 500 Menschen, um zu entscheiden, ob ich sie einstellen oder in ihre jungen Unternehmen oder Fonds investieren möchte. Das brauchbarste persönlichkeitspsychologische Modell, um herauszufinden, wie andere ticken, wird meiner Erfahrung nach von Barondes in seinem Buch beschrieben. Er nennt es »Big Five« oder OCEAN-Modell – das Akronym aus dem Englischen open-minded, conscientious, extroverted, agreeable, neurotic, also offen, gewissenhaft, extravertiert, verträglich und neurotisch. Die Wissenschaftler, die das Modell entwickelt haben, erfassten alle englischen Adjektive, mit denen sich Menschen beschreiben ließen, in Kategorien und reduzierten diese auf die geringstmögliche Anzahl von Faktoren. Das Big-Five-Modell wird in der akademischen Persönlichkeitsliteratur als Pendant zur Schwerkraft erachtet. Es wurde in Tausenden von Studien verwendet und gilt als statistisch weit zutreffender als Alternativangebote wie der Myers-Briggs-Typenindikator. Die ideale Kombination sind hohe Werte bei aufgeschlossen und gewissenhaft und niedrige bei neurotisch.

Es gibt noch zwei psychologische Modelle, die stark prägen, wie ich über Menschen und Teams denke. Das erste ist das Modell zur Erwachsenenentwicklung von Harvard-Professor Robert Kegan. Kegan behauptet, Erwachsene entwickeln sich – und begreifen die Realität – in fünf Stufen. Diese Theorie präsentierte er 1994 in dem Buch *In Over Our Heads*. Der Titel beschreibt die Befindlichkeit der großen Mehrheit erwachsener Amerikaner im »sozialisierten« Entwicklungsstadium. Sie haben Probleme, die Dinge aus einem anderen Blickwinkel zu sehen und richten sich gewöhnlich nach Annahmen, die ihnen die Gesellschaft vorgibt (anstelle von Annahmen, für die sie sich nach eigenem Ermessen entscheiden). Allen, die gern mehr über das Modell erfahren möchten, lege ich das neuere und weniger akademische Buch *Changing on the Job* ans Herz, das Kegans Doktorandin Jennifer Garvey Berger geschrieben hat.

Das dritte psychologische Modell, das ich in letzter Zeit immer öfter empfehle, stammt nicht aus einem Buch, sondern von einer eher obskuren Website: workwithsource.com. Es basiert auf der Arbeit eines europäischen Managementberaters, der Hunderte von Start-ups analysiert und dabei festgestellt hat, dass es auch bei mehreren »Mitgründern« stets nur eine einzige »Quelle« gibt: der Mensch nämlich, der für eine neue Initiative das erste Risiko in Kauf nahm. Diese Quelle steht in einzigartiger Beziehung zur ursprünglichen Konzeptionierung und weiß intuitiv, welches der nächste richtige Schritt für die Initiative ist. Anderen, die später an Bord kommen, um die Ausführung mitzutragen, fehlt oft diese intuitive Verbindung zu den ursprünglichen Erkenntnissen des Gründers. Viele Spannungen und Machtkämpfe in Organisationen entstehen, weil nicht explizit anerkannt wird, wer die Quelle der Initiative ist. Ein prominenter Angel-Investor erklärte mir kürzlich, nach seiner Beobachtung holten viele Gründer Freunde als Mitgründer ins Boot – mehr um ihre eigenen Ängste in den frühen, sehr ambitionierten Tagen eines neuen Unternehmens zu beschwichtigen, als um bestimmte Funktionen zu übernehmen. Das kann gut funktionieren, solange allen klar ist, wer die Quelle ist. Die Verantwortung, die Rolle der Quelle ganz für sich zu beanspruchen, liegt zu einem großen Teil bei der Quelle selbst.

Es ist möglich, aber extrem schwierig, die Quellenfunktion für ein Vorhaben auf einen anderen zu übertragen – und es geht häufig schief. Eine Voraussetzung für einen erfolgreichen Übergang ist, dass die ursprüngliche Quelle auch wirklich weicht und dem Nachfolger Bewegungsfreiheit lässt. Ein Investmentmanager hat mir von einer Studie erzählt, die er über die Wertentwicklung von Aktien nach dem Ausscheiden des CEOs erstellt hatte, der das Unternehmen gegründet hatte: Entwickelten sich die Aktien im Anschluss positiv, so hing das stets damit zusammen, dass der Gründer ganz aus der Geschäftsleitung ausschied und nicht noch im Hintergrund als Mentor des nächsten CEOs die Fäden zog. Dass Gates während der Amtszeit von Ballmer noch im Verwaltungsrat von Microsoft saß, mag zu der unspektakulären Kursentwicklung der Microsoft-Aktie während dieser Zeit beigetragen haben. Dass sich Ballmer unlängst aus dem Verwaltungsrat zurückzog, ermöglicht es Satya Nadella, seine eigene kreative Vision umzusetzen. Diese Dynamik stelle ich auch bei der Verwaltung des Vermögens von Forbes-500-Familien fest, wenn die zweite und dritte Generation mitunter um ihre Beziehung zum ursprünglichen Patriarchen, der »Quelle« ihres Reichtums, ringt. Dabei trägt oft die Quelle selbst die Verantwortung dafür, das Feld zu räumen, um einen echten Generationswechsel zu ermöglichen. Diese Lektion erteilt auch George Washington in dem Musical *Hamilton*, als Washington Hamiltons Bitte ablehnt, für eine dritte Amtszeit zu kandidieren, wenn er singt: »We're going to teach them how to say good-bye.«

Welche Anschaffung von maximal 100 Dollar hat für dein Leben in den letzten sechs Monaten (oder in letzter Zeit) die größte positive Auswirkung gehabt?

Ich habe mir gerade die FINIS-Schwimmpaddel gekauft (keine 20 Dollar, Tipp aus dem Ben-Greenfield-Blog). Damit kann ich im Freistil viel weiter ausholen. Zusammen mit meinen Cressi-Flossen (29 Dollar) fühlt sich das an, als würde ich durchs Wasser fliegen.

Welcher (vermeintliche?) Misserfolg war die Voraussetzung für deinen späteren Erfolg? Hast du einen »Lieblingsmisserfolg«?

In meiner Funktion als Investor und Seed-Kapitalgeber für Investmentunternehmen nehme ich die Referenzen anderer sehr genau unter die Lupe, um den Prozess des Vertrauensaufbaus zu beschleunigen. Anfang 2008 stand ich kurz davor, mich in einem Unternehmen zu engagieren, und prüfte noch eine letzte Referenz des Investmentmanagers. Ich sprach mit seinem Ex-Chef, der sich über den ehemaligen Analysten recht negativ und skeptisch äußerte. Daraufhin investierte ich nicht weiter in das Projekt, das sich im Zuge der Finanzkrise aber gut bewähren sollte. Ich bedauerte das sehr, denn mir entging dadurch ein satter Gewinn. Wie sich später herausstellte, hatte der als Referenz angegebene Ex-Chef seine Gründe, das neue Unternehmen seines früheren Protegés zu sabotieren.

Fünf Jahre später überprüfte ich wieder einmal einen Investmentmanager, der als potenzieller Partner infrage kam. Ganz am Ende unseres Prüfprozesses ging von einer Referenzadresse eine zweideutige Auskunft ein. Damals gelang es mir aber schon besser, eine Situation gleichzeitig aus mehreren Blickwinkeln zu betrachten, ohne dass bei mir eine kognitive Dissonanz ausgelöst wurde – der Zustand »negativer Kapazität«, den Keats für Schriftsteller als nützlich bezeichnete. Diesmal veranlasste mich die unklare Datenlage lediglich zu weiteren Analysen, die mich noch stärker vom Charakter und der Kompetenz des Investmentmanagers überzeugten. Die Anlage erwies sich als eine meiner lukrativsten. Hätte ich mich im anderen Fall nicht so krass geirrt, wäre ich wohl kaum in der Lage gewesen, diese Situation richtig zu deuten. Egal mit wem ich heute über etwas spreche, ich versuche stets, dessen Perspektive einzunehmen – aber mit »leichter Hand«: in dem Wissen, dass wir alle nie die ganze Wahrheit erfassen.

Welche schlechten Ratschläge kursieren in deinem beruflichen Umfeld oder Fachgebiet?

Meiner Ansicht nach wird der Begriff »Hedgefonds« überstrapaziert. Meiner Ansicht sollten wir stattdessen »H-Struktur« verwenden, um das Konzept der leistungsorientierten Vergütung zu beschreiben. Meines Erachtens ist es wenig zielführend, von einem »Fonds« oder einem »Produkt« zu sprechen. Es handelt sich dabei im Grunde um befristete Zusammenschlüsse unvollkommener genialer Zeitgenossen, die in einem Jahr beschließen, die Fortsetzung zu dem Film zu drehen, den sie im Vorjahr produzierten. Das Produkt ist dabei die Gesamtheit künftiger Entscheidungen, die der Portfoliomanager trifft. Lebt er in Scheidung, leidet er unter Depressionen oder muss den Weggang seiner rechten Hand verkraften, verändert sich das »Produkt« total. Die Bezeichnung Produkt ignoriert, dass die einzige Stabilitätsquelle in Wirklichkeit darin besteht, wie robust (oder gar unerschütterlich) die geistige Befindlichkeit des Teamleiters ist. (Nassim Taleb spricht davon, dass Stabilität ohne Volatilität nicht zu haben ist).

Was ist das beste oder lohnendste Investment, das du je getätigt hast (in Form von Geld, Zeit, Energie etc.)?

Ich investiere einen unverhältnismäßigen Teil meines Einkommens in eine wachsende Zahl von Trainern und Coaches. Zwei Coaches, die in den letzten fünf Jahren enormen Einfluss auf mich hatten, waren Carolyn Coughlin von Cultivating Leadership und Jim Dethmer von Conscious Leadership. Carolyn ist die beste Zuhörerin, die ich kenne. Sie gräbt meine uneingestandenen Erwartungen aus – solche, die mich beherrschen statt umgekehrt – und bringt mir bei, immer bessere Fragen zu stellen. Jim Dethmer ist vielleicht einer der wenigen lebenden Bodhisattwas. Er hat mir geholfen, meine Kommunikationskompetenz zu verbessern und am Arbeitsplatz und in der Familie bewusstere Beziehungen zu entwickeln. In meinen Augen spielen Coaches wie Jim und Carolyn dieselbe Rolle wie die Zauberer in *Lord of the Rings*. Sie strahlen eine unterstützende, liebevolle Energie aus, die die Voraussetzungen dafür schafft, das Leben wie ein Abenteuer auf sicherem Boden zu empfinden, auf dem sich immer wieder neue Möglichkeiten auftun.

Wozu kannst du heute leichter Nein sagen als vor fünf Jahren?

Ich lasse Assistenten nach Bildern von Menschen googeln, mit denen ich in den nächsten zwei Wochen persönlich oder telefonisch sprechen möchte, und sie in eine Trello-Karte aufnehmen. Für mich sind Begegnungen mit Unbekannten eine Chance, eine Tür zu einer neuen Welt aufzustoßen, was mein oder ihr Leben verändern könnte. Die Bilder helfen mir, die Intentionen anderer zu visualisieren und kreativere Ideen dazu freizusetzen, worüber wir sprechen und wie ich ihnen weiterhelfen könnte. Ich kann dadurch auch leichter feststellen, ob mein ganzer Körper Ja sagt zu einer persönlichen Begegnung und zum Aufstoßen dieser neuen Tür. Wenn nicht, nehme ich sofort die Hand von der Klinke.

Was tust du, wenn dir alles zu viel wird, du nicht mehr fokussiert bist oder deine Konzentration nachlässt? Welche Fragen stellst du dir?

Ich frage mich: »Was ist das Schlimmste, das passieren kann?«, wenn die Dinge nicht so laufen, wie ich mir das vorstelle. Ich hatte mir angewöhnt, meinen Kindern diese Frage zu stellen, und kürzlich kehrte meine achtjährige Tochter den Spieß um. Ich bin ein sehr pünktlicher Mensch. Sie musste zur Schule, und wir waren spät dran. Ich wurde langsam ungeduldig. Da sagte sie: »Dad, was wäre denn das Schlimmste, das passieren kann, wenn wir zu spät kommen?« Sofort konnte ich alles viel lockerer sehen. Ich mag die Frage, weil sie oft uneingestandene Erwartungen offenbart.

Welche Überzeugungen, Verhaltensweisen oder Gewohnheiten, die du dir in den letzten fünf Jahren angeeignet hast, haben dein Leben am meisten verbessert?

Ich schwimme fast jeden Morgen, und das hat enormen Einfluss darauf, wie ich den restlichen Tag angehe. Schwimmer sprechen vom sogenannten »Water Feel« – das ist, als würde man ins Wasser greifen und seinen Körper an einem Punkt vorbeiziehen, statt mit der Hand durch das Wasser zu gleiten. Auch so kommt man vorwärts, doch lange nicht so effizient und elegant. Wie David Foster Wallace in seiner »This Is Water«-Rede sagte: Das Leben ist für uns oft wie Wasser – wir schwimmen darin, nehmen es aber nicht wahr, weil wir es entweder eilig haben oder unsere Umwelt nicht bewusst registrieren. Gelingt es mir, vor jedem Zug das Wasser wirklich zu spüren, dann verändert das mein ganzes Sein: Ich dresche nicht aufs Wasser ein, bis ich den Beckenrand erreicht habe, sondern es entsteht ein müheloser Fluss im Zusammenspiel mit der Realität, die mich umgibt.

Welchen Rat würdest du einem intelligenten, motivierten Studenten für den Einstieg in die »echte Welt« geben?

Ich stelle mir die berufliche Entwicklung eines Menschen gern anhand von Dan Siegels Metapher eines Flusses vor, der zwischen zwei Ufern fließt: Am einen herrscht absolutes Chaos, am anderen strikte Ordnung. Dan behauptet, dass alle Geisteskrankheiten am einen oder anderen Ufer zu finden sind: Schizophrenie ist Chaos, Zwangsneurosen übertriebene Ordnung. Ein gesunder, integrierter Mensch schwimmt mitten im Fluss. Die meisten Studenten haben ihr bisheriges Leben näher am Ufer der Ordnung verbracht und werden in ihrer beruflichen Laufbahn mit Ausflügen zur Flussmitte hin experimentieren. Ich stelle mir die Bahn am Ordnungsufer als geeignete konventionelle Route für junge Menschen zwischen 20 und 30 vor. Dort muss man lernen, »die Realität genauer zu betrachten«. Wer dort schwimmt, muss sich den Jargon einer Branche aneignen und von anderen lernen, um Urteilsvermögen zu entwickeln und herauszufinden, wo er brillieren kann.

In der mittleren Bahn schwimmen die Menschen meines Erachtens meist erst zwischen 30 und 50, also in einer Zeit, in der man als immer »ausdrucksstärkerer Dichter« allmählich seine eigene Sprache gefunden hat. Man beherrscht sein Fach und sieht sein Leben mehr als Selbstverwirklichung, nicht mehr so sehr im Ausfüllen der Rollen, die einem andere zuweisen. Ein winziger Prozentsatz der Schwimmer steuert dann die Bahn neben dem Chaosufer an, wo man Autoren wie Robert Pirsig und David Foster Wallace, Investoren wie Mike Burry oder Eddie Lampert oder Unternehmer wie Steve Jobs und Elon Musk antrifft. Ich erlebe sie als Menschen, die »Realität behaupten«, indem sie überzeugende Geschichten erzählen.

Dabei laufen sie ständig Gefahr, dass sich ihre Egos zu sehr aufblähen und ihr kreativer Narzissmus überhandnimmt. Es kann vorkommen, dass sie den Bezug zur Realität verlieren und am Chaosufer landen.

So betrachtet waren Pirsigs Kampf um seinen Verstand am Ende seines Lebens, Steve Jobs magische Gedanken über seine Krankheit und Eddie Lamperts Ayn-Rand-Einstellung zur Anlage in Sears womöglich allesamt Beispiele dafür, wie ausdrucksstarke Dichter das Gespür dafür verlieren, wann sie mythologisieren können, bis unsere kollektive Realität nachgibt, und ab welchem Punkt sie plötzlich verrückt wirken. Musk treibt meiner Ansicht nach die Hedgefondsmanager in den Wahnsinn. Die eine Hälfte wettet gegen seine Aktien, weil er mit seinen Ideen so aggressiv hausieren geht, die andere Hälfte setzt darauf, weil er tatsächlich auf 100 Jahre hinaus plant. Das kann einen schon verwirren.

Rückblickend hätte ich mir mit 21 vielleicht geraten, etwas geduldiger am Ordnungsufer entlang zu schwimmen, statt ständig in die unternehmerische und chaotische Seite des Flusses einzutauchen. Einmal – was für eine Schrecksekunde – gelang es mir, im letzten Moment zu kündigen, bevor mich mein Chef auf die Straße setzte, weil ich mich mehr um meine Angelegenheiten kümmerte als um seine. Man sollte aber auch nicht zu nah am Ordnungsufer ausharren, denn dann besteht die Gefahr, dass man sein Leben nach den Maßstäben anderer lebt. So oder so – man muss sich stets vor Augen halten, dass man den eigenen Kurs korrigieren und mehr auf Struktur oder stärker auf Chaos ausrichten kann, auf Abhängigkeit oder Freiheit – je nachdem, was man gerade braucht, welches Tempo oder welche Phase der eigenen Karriere man anstrebt, von welchem Ufer man kommt und wohin man will. Eltern, die wie ich an der Frage laborieren, wann und ob man Kinder wegschwimmen lassen sollte, empfehle ich wärmstens das Gedicht »For Julia, in the Deep Water« [von John N. Morris].

»Beim Ego geht es darum, wer Recht hat. Bei der Wahrheit darum, was richtig ist.«

MIKE MAPLES JR.
TW: @m2jr
floodgate.com

MIKE MAPLES JR. ist Partner von Floodgate, einem Wagniskapitalgeber, der auf Micro-Cap-Investitionen in Start-ups spezialisiert ist. Mike steht seit 2010 auf der Midas-Liste von *Forbes* und wurde von der Zeitschrift *Fortune* unter die »8 Rising Stars« gewählt. Mittlerweile ist er nur noch als Investor tätig. Zuvor war er als Gründer und Topmanager an Back-to-Back-Start-up-IPOs wie Tivoli Systems (IPO TIVS, von IBM übernommen) und Motive (IPO MOTV, von Alcatel-Lucent übernommen) beteiligt. Unter anderem engagierte sich Mike bei Twitter, Twitch.tv, ngmoco, Weebly, Chegg, Bazaarvoice, Spiceworks, Okta und Demandforce.

Welches Buch (welche Bücher) verschenkst du am liebsten? Warum? Welche ein bis drei Bücher haben dein Leben am stärksten beeinflusst?

The Top Five Regrets of the Dying von Bronnie Ware
Jonathan Livingston Seagull von Richard Bach
Hope for the Flowers von Trina Paulus
Living Forward von Michael Hyatt und Daniel Harkavy
How Will You Measure Your Life? von Clayton M. Christensen

Welcher (vermeintliche?) Misserfolg war die Voraussetzung für deinen späteren Erfolg? Hast du einen »Lieblingsmisserfolg«?

Im College wurde ich von den Studentenverbindungen, in die ich gern eingetreten wäre, abgelehnt. Am Ende gründete ich dann mit anderen selber eine. Die Verbindungen, die mich nicht haben wollten, sind inzwischen vom Campus verschwunden. Die von uns gegründete dagegen gehört inzwischen zu den Topadressen.

Nach meiner Rückkehr ins Silicon Valley boten mir die Wagniskapitalfirmen, bei denen ich am liebsten einsteigen wollte, keinen General-Partner-Posten an. Also gründete ich Floodgate. Das Unternehmen ist sehr erfolgreich, und ich bin jeden Tag dankbar dafür, dass ich damals nicht bekam, was ich wollte.

Dass Lieblingslied von Bill Campbell [auch »der Coach« genannt, berühmter Mentor von Tech-Ikonen wie Steve Jobs, Jeff Bezos und Larry Page] war »You Can't Always Get What You Want« von den Rolling Stones. Finde ich toll. Es steckt so viel Weisheit in diesem Song. Manchmal bekommt man nicht, was man will, doch am Ende das, was man braucht.

Wenn du an einem beliebigen Ort ein riesiges Plakat mit beliebigem Inhalt aufhängen könntest, was wäre das und warum?

»Integrität ist der einzige Weg, der nie in die Irre führt.«

Was ist das beste oder lohnendste Investment, das du je getätigt hast (in Form von Geld, Zeit, Energie etc.)?

* An meine Kinder zu glauben.
* Nach Kalifornien zu ziehen, um Wagniskapitalgeber zu werden, als alle fanden, das sei eine Schnapsidee.
* Ein Hund namens Stella (wirklich!).
* Zu lernen, wie man sich entschleunigt und mit einer manuellen Linse fotografiert.
* Ein paar Investitionen in Start-ups, die sich richtig lohnten.

Welche Überzeugungen, Verhaltensweisen oder Gewohnheiten, die du dir in den letzten fünf Jahren angeeignet hast, haben dein Leben am meisten verbessert?
Die Erkenntnis, dass sich große Wissenschaftler zwar nie zu sagen trauen: »Das ist die Wahrheit«, aber trotzdem leidenschaftlicher als alle anderen nach der Wahrheit suchen.

Welchen Rat würdest du einem intelligenten, motivierten Studenten für den Einstieg in die »echte Welt« geben?
Das Leben ist schneller vorbei, als du denkst. Die Versuchung ist groß, zu leben, um andere zu beeindrucken. Das ist aber der falsche Weg. Der richtige Weg: Begreife, dass das Leben kurz ist, dass jeder Tag ein Geschenk ist und dass *du* bestimmte Gaben hast.

Beim Glück geht es darum, zu erkennen, dass man das Geschenk des Lebens jeden Tag bejahen sollte, indem man der Welt die *eigenen* Gaben zur Verfügung stellt.

Richte dich bei deinen Prioritäten nicht nach einem von anderen gesetzten Dogma. Vor allem aber lass dich nicht aufhalten durch Selbstzweifel und Selbstkritik. Vermutlich bist du selbst dein schärfster Kritiker. Gehe nachsichtig mit dir um. Begegne dir selbst mit der gleichen Freundlichkeit, um die du dich im Umgang mit anderen bemühst.

Welche schlechten Ratschläge kursieren in deinem beruflichen Umfeld oder Fachgebiet?
»Mich hat das beruflich weitergebracht, also mach du es genauso.«

Den besten Rat erteilen meiner Erfahrung nach Menschen, die nicht versuchen, mir eine Antwort zu geben ... sondern mir stattdessen einen neuen Denkansatz zur gestellten Frage vermitteln, sodass ich sie selbst besser beantworten kann. Die meisten »schlechten« Ratschläge lassen sich meiner Ansicht nach auf »Ich hatte damit Erfolg, also mach es so wie ich« reduzieren. Der beste Rat hört sich eher so an: »Ich weiß auch nicht, aber vielleicht betrachtest du die Angelegenheit mal so.«

Jeder muss seinen eigenen Weg finden. Menschen, die wirklich gute Ratschläge geben, wissen, dass sie anderen auf ihrem persönlichen Weg weiterhelfen müssen. Schlechte Ratgeber versuchen häufig, ihren eigenen Ruhm wieder aufleben zu lassen.

Wozu kannst du heute leichter Nein sagen als vor fünf Jahren?

Zu Menschen, die zwar Einfluss haben, aber weder ehrlich noch gut sind.

Ich habe festgestellt, dass es Zeitverschwendung ist, sich mit solchen Menschen abzugeben. Deine Zeit ist begrenzt, also solltest du sie mit Menschen verbringen, die dir das Gefühl geben, deine Gaben heute optimal genutzt zu haben.

Was tust du, wenn dir alles zu viel wird, du nicht mehr fokussiert bist oder deine Konzentration nachlässt? Welche Fragen stellst du dir?

Ich lehne mich zurück ... entschleunige ... und stelle mir die fünf Warum-Fragen. Dann frage ich mich noch, ob ich vor etwas Angst habe, das vor lauter Angst aber nicht zugeben kann.

Wir lassen uns gern zu voreiligen Schlüssen verleiten. Dabei gibt es immer Dinge, die sich unserer Kenntnis entziehen. Ich weiß inzwischen, dass wir Methoden brauchen, um unserer Unwissenheit entgegenzuwirken.

Die fünf Warum-Fragen sind eine gute Methode, zu entschleunigen und die Entscheidungsqualität zu verbessern. Das Wichtigste dabei: Mir geht es dann nur noch darum, »was« richtig oder falsch ist – nicht mehr darum, »wer« Recht hat.

Ein Beispiel: Nehmen wir an, wir haben das Umsatzziel für ein Quartal verfehlt. Dann ist die Versuchung groß, den »Schuldigen« zu suchen: Hat der Vertrieb die Strategie nicht richtig umgesetzt? Haben wir ein Marketingproblem? Ist das Produkt nicht differenziert genug? Wenn du nicht aufpasst, trägst du zu einem Umfeld bei, in dem jeder mit dem Finger auf den anderen zeigt und keiner aus Fehlern wirklich lernt.

Ich finde es stattdessen hilfreich zu entschleunigen. Wenn ich alleine bin, schreibe ich mir die fünf Warum-Fragen auf einen Zettel. In der Gruppe notiere ich eine nach der anderen auf dem Whiteboard:

F: Warum haben wir das Umsatzziel von 1 Million Dollar in diesem Quartal verfehlt?
A: Wir haben weniger Kunden besucht als geplant.
F: Warum haben wir weniger Kunden besucht als geplant?
A: Wir hatten in diesem Monat weniger Leads.
F: Warum hatten wir in diesem Monat weniger Leads?
A: Wir haben weniger E-Mail-Kampagnen durchgeführt als geplant.
F: Warum haben wir weniger E-Mail-Kampagnen durchgeführt als geplant?
A: Wir hatten zu wenig Personal.
F: Warum hatten wir zu wenig Personal?
A: Wir hatten nicht eingeplant, dass zwei Leute Urlaub haben.

In diesem Beispiel wäre die Versuchung groß, oberflächlich zu antworten und nachzuforschen, ob ein »Vertriebsproblem«, ein »Marketingproblem« oder ein »Produktproblem« vorliegt. Ich finde es besser, sich auf die Wahrheitsfindung zu konzentrieren, statt einen Schuldigen zu ermitteln.

Es ist zweckdienlich, bei dieser Übung möglichst langsam vorzugehen. Dann können die Beteiligten ihr »Echsenhirn« und ihre Kampf-oder-Flucht-Instinkte abschalten und sich stattdessen auf rationales Denken und Problemlösung konzentrieren.

Generell stelle ich fest: Wenn es hektisch wird, trügt mich selten der Instinkt, abzubremsen und meine Gedanken zu ordnen. Unter dem Strich geht dann alles schneller, weil bessere Entscheidungen getroffen werden, die harmonischer mit dem Team abgestimmt sind. Muss ein Teammitglied ausgetauscht werden, weil es nicht die richtigen Kompetenzen mitbringt, sollten wir auch dieses Problem angehen – aber erst, wenn wir alles getan haben, um der Wahrheit auf die Spur zu kommen.

Beim Ego geht es darum, wer Recht hat. Bei der Wahrheit darum, was richtig ist.

ZITATE, ÜBER DIE ICH NACHDENKE

(Tim Ferriss: 6. November bis 4. Dezember 2015)

»Diversität in der Beratung, Einheit im Kommando.«

– KYROS DER GROSSE
Gründer der Achämeniden-Dynastie, bekannt als »König von Persien«

»Ich kann Ihnen keine bombensichere Erfolgsformel geben, aber eine Formel für Misserfolg: Versuchen Sie die ganze Zeit, jedem zu gefallen.«

– HERBERT BAYRAD SWOPE
amerikanischer Herausgeber und Journalist, erster Empfänger des Pulitzer-Preises

»Man gebrauche gewöhnliche Worte und sage ungewöhnliche Dinge.«

– ARTUR SCHOPENHAUER
bekannter deutscher Philosoph aus dem 19. Jahrhundert

»Wenn du durch etwas von außen in Not gerätst, ist der Schmerz nicht auf diese Sache selbst zurückzuführen, sondern auf ihre Einschätzung durch dich. Und du hast die Kraft, sie jederzeit zu widerrufen.«

– MARK AUREL
römischer Kaiser und Stoiker-Philosoph, Autor von *Meditations*

»Nur eine Stunde Trapez-Unterricht hat mir klargemacht, dass unterhalb des Geplappers meines Geistes mein Körper alles unter Kontrolle hat, wenn ich bereit bin, den Sprung zu wagen und zu fliegen.«

SOMAN CHAINANI
TW: @SomanChainani
IG: @somanc
somanchainani.net

SOMAN CHAINANI ist ein gründlicher Planer, Filmemacher und Autor, der es auf die Bestsellerliste der *New York Times* geschafft hat. Seine erste Buchreihe, *The School for Good and Evil*, wurde millionenfach verkauft, in mehr als 20 Sprachen auf sechs Kontinenten übersetzt und wird bald als Film von Universal Pictures veröffentlicht. Chainani ist Absolvent der Harvard University und des Film-Studiengangs MFA an der Columbia University. Er begann seine Karriere als Drehbuchautor und Regisseur, dessen Filme bei mehr als 150 Filmfestivals in aller Welt gezeigt wurden. Vor kurzem wurde er in die Out100-Liste des Magazins *Out* aufgenommen. Außerdem erhielt er den Shasha Grant in Höhe von 100.000 Dollar und die Sun Valley Writers' Fellowship, beides Auszeichnungen für Erstautoren.

Welches Buch (welche Bücher) verschenkst du am liebsten? Warum? Welche ein bis drei Bücher haben dein Leben am stärksten beeinflusst?

The War of Art von Steven Pressfield (S. 28). Dieses dünne kleine Buch lese ich vor jedem neuen kreativen Projekt, und es zündet eine Fackel in mir an. Das Problem bei jeder kreativen Arbeit ist, dass wir dafür der produktiven Stimme in uns vertrauen, aber gleichzeitig die negativen Stimmen zum Schweigen bringen müssen. Dabei kann es sehr leicht passieren, dass sich all die Stimmen vermischen, sodass wir unsere Ambitionen still und leise aufgeben (das war der Grund dafür, dass ich im Alter von 21 Jahren Pharmavertreter wurde und Viagra verkaufte, statt wie heute Fantasyromane zu schreiben). Pressfield ist halb Drillseargent, halb Zenmeister. Er hat mich aus meiner Erstarrung geholt und mir die Bedeutung von kreativer Disziplin beigebracht.

A Little Life von Hanya Yanagihara. Das ist der beste Roman, den ich je gelesen habe. Sein Motiv ist denkbar einfach: Jeder von uns trägt Belastungen, Wunden und Schmerzen mit sich herum. Aber diese Gemeinsamkeit aller Menschen anzuerkennen, ist das, was uns dabei hilft, diesen Schmerz zu überwinden.

Peter Pan von J. M. Barrie. Ich glaube, die beste Möglichkeit für Menschen, die feststecken, liegt darin, sich an das Lieblingsbuch aus ihrer Kindheit zu erinnern. Ein Buch, das man immer und immer wieder gelesen hat. Irgendwo in diesem Buch versteckt sich der Hinweis nicht nur darauf, was dich wirklich antreibt, sondern auch auf den Sinn deines Lebens. Bei mir war es *Peter Pan* mit seiner Hauptfigur, die gleichzeitig charmant und ein absolut narzisstischer, pathologischer Dämon ist. Es war dieser uneindeutige Bereich zwischen Gut und Böse, der mich als Kind fasziniert hat ... Und heute als Erwachsener schreibe ich Bücher darüber.

Welcher (vermeintliche?) Misserfolg war die Voraussetzung für deinen späteren Erfolg? Hast du einen »Lieblingsmisserfolg«?

Der größte Misserfolg, den ich je erlebt habe, war mein Abschlussfilm an der Filmhochschule der Columbia University – ich hatte all meine Ersparnisse (fast 25.000 Dollar) in den Film gesteckt und acht Monate daran gearbeitet. Einen Tag vor der endgültigen Aufführung an der Fakultät zeigte ich ihn einem Professor, der mir empfahl, ihn in Stücke zu zerlegen und komplett neu zu schneiden. In Panik befolgte ich diesen Rat und präsentierte der Fakultät am nächsten Tag die zusammengestückelte Version. Ich erntete dafür nichts als Ablehnung. Die gesamte Glaubwürdigkeit, die ich mir bei meinen Professoren in den drei Jahren zuvor erarbeitet hatte, war dahin. Ein paar Wochen später traf ich zufällig eines der enttäuschten Fakultätsmitglieder – er hatte meine Arbeit bis dahin enorm unterstützt und konnte mir jetzt kaum in die Augen sehen. Ich erzählte ihm die Geschichte vom Neuschnitt in letzter Minute. Er wollte die Originalversion sehen. Als ich sie ihm zeigte, leuchteten seine Augen auf: »Ah, jetzt kann ich Sie sehen.«

Das war die wertvollste Lektion, die ich je bekommen habe. Lass dich sich nicht vom Kurs abbringen, bevor du dein Ziel erreicht hast. Vertrau deiner Arbeit. Vertrau immer deiner Arbeit.

Welche Überzeugungen, Verhaltensweisen oder Gewohnheiten, die du dir in den letzten fünf Jahren angeeignet hast, haben dein Leben am meisten verbessert?

Es gibt eine umwerfende Kurzgeschichte von Ted Chiang mit dem Titel »Liking What You See«, die etwas in mir ausgelöst hat. In der Geschichte geht es darum, dass Schönheit zu einer Superdroge der modernen Zeit geworden ist. Gefilterte und technisch verschönerte soziale Medien, retuschierte Models in der Werbung und zügellose Pornografie überladen unsere Sinne, sodass unsere natürlichen Instinkte echte Schönheit nicht mehr erkennen oder darauf reagieren können. Das macht uns verwirrt und unglücklich, sowohl in der Beurteilung von uns selbst als auch von anderen. Diese kristallklare Warnung, dass Schönheit buchstäblich unser Leben ruiniert, hat mein Leben um den Faktor 10 verbessert, nur indem sie mich darauf aufmerksam gemacht hat (und dafür gesorgt hat, dass ich 90 Prozent von dem ignoriere, was auf Instagram zu finden ist).

Wenn du an einem beliebigen Ort ein riesiges Plakat mit beliebigem Inhalt aufhängen könntest, was wäre das und warum? Gibt es Zitate, an die du häufig denkst oder nach denen du lebst?

Wenn ich in Hollywood wäre, würde ich sagen: »Du lügst«. An allen anderen Orten würde ich sagen: »Wenn du es dir vorstellen kannst, ist es wahrscheinlich falsch«. Durch Meditation habe ich gelernt, dass die meisten Ideen, Meinungen, Regeln und festen Systeme, die ich in meinem Denken habe, nicht die eigentliche Wahrheit sind. Sie sind die Überbleibsel früherer Erlebnisse, an denen ich festgehalten habe. Ich habe gelernt, dass meine Seele absolut nicht in Gedanken spricht – sie spricht in Gefühlen, Bildern und Hinweisen.

Welche Anschaffung von maximal 100 Dollar hat für dein Leben in den letzten sechs Monaten (oder in letzter Zeit) die größte positive Auswirkung gehabt?

Mother Dirt: Es hat meine Akne- und Hautprobleme dauerhaft geheilt. Das ist ein Spray für 49 Dollar mit oxidierenden Bakterien, das man statt Seife verwendet, und es stellt das natürliche Gleichgewicht der Haut wieder her. Wenn ich das Mittel für jeden Teenager in den USA kaufen könnte, würde ich das tun.

Was ist eine deiner – gern auch absurden – Eigenheiten, auf die du nicht verzichten möchtest?

Ich habe das, glaube ich, noch nie jemandem erzählt, aber ich lese vor dem Schlafengehen alte Ausgaben von Archie-Comics. Das ist keine neue Angewohnheit: Ich habe schon als Kind Archie gelesen, bevor ich mich hingelegt habe. Riverdale wirkt in diesen Comics immer so frisch und hell und einladend (also wie das genaue Gegenteil meiner Schule, als ich älter wurde). Das gibt mir immer noch ein warmes, beruhigendes Gefühl, bevor ich in den Schlaf rutsche. Wichtiger ist aber: Den Tag zu beenden, indem ich das Gleiche lese wie als Kind, gibt meinem Leben den Anschein einer schönen Sinnhaftigkeit und Ordnung.

Was ist das beste oder lohnendste Investment, das du je getätigt hast (in Form von Geld, Zeit, Energie etc.)?

Trapez-Unterricht. Das ist wie eine Schocktherapie für die Seele. Wenn du in 15 Metern Höhe auf einem Trapez schwebst, gibt es nur noch dich selbst, deine Angst und deine Instinkte. Das war die intimste Erfahrung mit mir selbst, die ich je hatte. Nur eine Stunde Trapez-Unterricht hat mir klargemacht, dass unterhalb des Geplappers meines Geistes mein Körper alles unter Kontrolle hat, wenn ich bereit bin, den Sprung zu wagen und zu fliegen.

Welchen Rat würdest du einem intelligenten, motivierten Studenten für den Einstieg in die »echte Welt« geben? Welchen Rat sollte er ignorieren?

Ein Rat, den ich geben würde: Sorge dafür, dass du jeden Tag etwas hast, auf das du dich freuen kannst. Vielleicht ist es dein Job, vielleicht ist es ein Basketballspiel nach der Arbeit oder Gesangsunterricht oder deine Schreibgruppe, vielleicht eine Verabredung. Aber unternimm jeden Tag etwas, das dich erfreut. Es wird deine Seele hungrig darauf machen, mehr von diesen Momenten zu erleben.

Ein Rat, den man ignorieren sollte: Immer wenn jemand sagt, er habe einen Job als »Sprungbrett« für etwas anderes angenommen, stirbt ein kleiner Teil von mir, weil die Leute dann eindeutig nicht wirklich an ihrer aktuellen Tätigkeit interessiert sind. Man hat nur ein Leben zu leben. Zeit ist kostbar. Wenn du Sprungbretter benutzt, vertraust du wahrscheinlich auch auf den Weg oder die Definition für Erfolg von jemand anderem. Verlass dich lieber auf dich selbst.

Welche schlechten Ratschläge kursieren in deinem beruflichen Umfeld oder Fachgebiet?

Zu häufig setzen sich aufstrebende Künstler selbst unter Druck, ihre kreative Arbeit zu ihrer einzigen Einnahmequelle zu machen. Meiner Erfahrung nach ist das ein Weg ins Unglück. Wenn Kunst die einzige Einnahmequelle ist, liegt gnadenloser Druck auf dieser Kunst, und kommerzieller Druck ist der Feind der kreativen Elfen in dir, die versuchen, die Arbeit fertigzubekommen. Ein alternativer Einkommensstrom verringert den Druck auf deine kreative Maschine. Wenn aus deiner Kunst nichts wird, dann hast du immer noch einen absolut sicheren Plan dafür, wie du dich ernähren kannst. Als Folge davon fühlt sich deine kreative Seele leichter und frei dafür, ihr Bestes zu geben.

Ich praktiziere das auch selbst: Sogar nach drei Büchern und einem dicken Film-Deal betreue ich immer noch Jugendliche und helfe ihnen bei ihren Collegebewerbungen. Meine Freunde verstehen das nicht, aber für mich ist es die einzige Möglichkeit, schreiben zu können, ohne das Gefühl zu haben, dass es dabei um Leben und Tod geht.

Wozu kannst du heute leichter Nein sagen als vor fünf Jahren?

Ich bin mir sicher, dass Hollywood-Filme oft so schrecklich sind, weil jeder mit tausend Projekten gleichzeitig beschäftigt ist. Bei der Arbeit an *The School for Good and Evil* habe ich gelernt, geduldig zu sein. Wenn ich das Buch schreibe, arbeite ich an nichts anderem, und ich sage zu allem anderen Nein, egal, wie lukrativ es ist. Verpasse ich dadurch Gelegenheiten? Klar. Aber es bedeutet, dass auf den Seiten alles enthalten ist und dass ich mein absolut Bestes gegeben habe, wenn die Bücher in den Verkaufsregalen stehen. Das wiederum gibt ihnen die besten Chancen, längere Zeit zu überleben. Und außerdem ist es so, dass sich unweigerlich bessere Gelegenheiten ergeben als diejenigen, die ich nicht ergriffen habe, weil ich mich auf maximale Qualität festgelegt habe.

Was tust du, wenn dir alles zu viel wird, du nicht mehr fokussiert bist oder deine Konzentration nachlässt?

Wenn ich mich überfordert fühle, hat das normalerweise einen von zwei möglichen Gründen: Entweder steckt mir das Blut im Kopf fest und ich muss zum Sport gehen. Wahrscheinlicher ist aber, dass ich zu viele Zusagen gegeben habe und mein Gehirn weiß, dass ich unmöglich alles schaffen kann, was ich mir vorgenommen habe. Die Lösung ist dann meistens, tief durchzuatmen, den Kalender durchzugehen und Sachen abzusagen oder Deadlines zu verschieben, bis die Lähmung wieder verschwindet.

Wenn ich mich unkonzentriert fühle, bedeutet das dagegen normalerweise, dass ich mich noch nicht richtig auf das eingestellt habe, woran ich arbeite – ein Teil von mir denkt immer noch, ich könnte die Reißleine ziehen und abhauen. Das passiert meist in den ersten drei Monaten der Arbeit an einem neuen Buch. Letztlich ist ein Mangel an Konzentration meistens nur Angst: Angst, dass irgendein Projekt, an dem ich mich versuche, zu nichts führt oder kläglich scheitert. Früher hatte ich die Angewohnheit, dieser Angst nachzugeben. Vier Bücher später weiß ich, dass sie nur ein Geist ist, und ich kann einfach durch sie hindurchgehen, ohne zurückzublicken.

»Du kannst ein noch so saftiger, reifer Pfirsich sein, und es wird trotzdem immer jemanden geben, der keine Pfirsiche mag.«

DITA VON TEESE
TW/IG/FB: @DitaVonTeese
dita.net

DITA VON TEESE ist die weltweit bekannteste Burlesque-Tänzerin seit Gypsy Rose Lee (1911 geboren). Dita wird es zugeschrieben, dieser Kunstform wieder neues Leben eingehaucht zu haben. Sie ist bekannt für ihre mittlerweile legendäre Tanznummer im Martiniglas und glamouröse Haute-Couture-Stripteasekostüme, die mit Abertausenden von Swarovski-Kristallen geschmückt sind. Die »Superheldin der Burlesque« (Vanity Fair) wird von Modedesignern wie Marc Jacobs, Christian Louboutin, Louis Vuitton, Chopard und Cartier für wichtige Shows gebucht. Sie ist Autorin des *New-York-Times*-Bestsellers *Your Beauty Mark: The Ultimate Guide to Eccentric Glamour* und hat eine nach ihr benannte Dessouskollektion, die international im Handel erhältlich ist.

Wenn du an einem beliebigen Ort ein riesiges Plakat mit beliebigem Inhalt aufhängen könntest, was wäre das und warum?

»Du kannst ein noch so saftiger, reifer Pfirsich sein, und es wird trotzdem immer jemanden geben, der keine Pfirsiche mag.« Dieses Zitat gefiel mir auf Anhieb – ich habe es von einer Freundin, die es wiederum von ihrer Urgroßmutter hat. Als Burlesque-Star, der in der Öffentlichkeit steht, wurde ich gleichermaßen als brillant und dumm bezeichnet, als hässlich und schön. Ich habe versucht, Beleidigungen an mir abperlen zu lassen wie Wasser vom Rücken eines Schwans. Ich für meinen Teil habe festgestellt, dass die meisten Dinge, die von der breiten Masse akzeptiert werden, mittelmäßig und langweilig sind.

Welches Buch (welche Bücher) verschenkst du am liebsten? Warum? Welche ein bis drei Bücher haben dein Leben am stärksten beeinflusst?

On Sex, Health and ESP von Mae West ist ein sehr selten gewordenes Buch, aber immer wenn ich ein Exemplar finde, kaufe und verschenke ich es. Mae war eine unglaublich schlagfertige Frau. Sie schrieb jede Zeile selbst, die sie jemals in einem Film gesagt hat, und viele denkwürdige Zitate gehen auf sie zurück. Sie drehte ihren ersten Film im Alter von 40 Jahren und war das größte Sexsymbol ihrer Zeit. Als ich in Paris lebte, saßen meine Freunde und ich oft bei einem Glas Champagner und lasen uns gegenseitig aus diesem witzigen Buch vor.

Ich verschenke auch oft *It's Called a Breakup Because It's Broken* von Greg Behrendt und Amiira Ruotola-Behrendt, wenn jemand in meinem Freundeskreis gerade eine Trennung durchmacht. Es ist ein humorvolles, kluges Buch mit guten Tipps, wie man bei einer Trennung seine Würde bewahrt.

Natürlich verschenke ich auch oft mein eigenes Buch, *Your Beauty Mark*. Ich verschenke dieses Buch vor allem wegen der informativen Profile exzentrischer Personen, die in Sachen Schönheit gegen den Strom schwimmen. Sie teilen ihre inspirierenden Geschichten darüber, wie sie die Welt mit ihrer außergewöhnlichen Schönheit bereichern.

Welcher (vermeintliche?) Misserfolg war die Voraussetzung für deinen späteren Erfolg? Hast du einen »Lieblingsmisserfolg«?

Seit ich zurückdenken kann, wollte ich eine Ballerina sein. Als ich ein kleines Mädchen war, hatte ich eine Schallplatte aus den 1950er-Jahren, und darauf war eine Ballerina mit dramatisch geschwungenem Lidstrich, rotem Lippenstift, blassblauem Tutu, hautfarbenen Netzstrümpfen und blauen Spitzenschuhen zu sehen. Ich wollte so sein wie sie! Ich nahm mein Leben lang Ballettunterricht und putzte sogar die Toiletten im Tanzstudio, um mir zusätzliche Stunden leisten zu können. Als Teenagerin musste ich aber einsehen, dass ich niemals gut genug sein würde, um eine professionelle Ballerina zu werden, ganz gleich, wie sehr ich es wollte oder wie viel ich übte. Mein Ballettlehrer fand, dass ich eine tolle Bühnenpräsenz hatte, eine elegante Körperhaltung, schöne Füße und im Spitzentanz gut war ... aber ich konnte mir keine Choreografien merken, und ich hatte Probleme beim Springen oder wenn ich mich in bestimmte Richtungen drehen musste.

Im Alter von 19 Jahren fing ich an, einen geschwungenen Lidstrich zu ziehen, wie er in den 1950er-Jahren schick war, außerdem trug ich roten Lippenstift auf und kleidete mich im Vintage-Stil. Kurze Zeit später fing ich an, vintageartige Burlesque-Shows zu inszenieren. Vor einigen Jahren fragte mich jemand, ob es einen Traum gäbe, den ich niemals verwirklichen würde, und ich erwähnte meinen Kindheitstraum, Ballerina zu werden. Ich erkannte plötzlich, dass ich gewissermaßen *alle* meine Wünsche realisiert hatte. ... Ich wollte die Frau auf dem Albumcover sein.

Wenn ich ehrlich bin, lag mir das Tanzen an sich nie sonderlich *am Herzen*; ich fühlte mich eher zu dem hingezogen, wofür das Ballett stand. Ich liebte den Glamour, die Weiblichkeit, die Eleganz, das Drama, ganz zu schweigen von den funkelnden Kostümen und dem rosafarbenen Scheinwerferlicht. Das Showgeschäft. Genau das war es, was ich wollte. Wenn ich keine lausige Balletttänzerin gewesen wäre, hätte ich die obskure Vorstellung, eine Burlesque-Tänzerin im Stil der 1940er-Jahre zu werden, vielleicht gar nicht weiter verfolgt.

Ich glaube, dass unsere Misserfolge manchmal die Grundlage für große Erfolge bilden, weil diejenigen von uns, die ein brennendes Verlangen haben, aber denen das natürliche, gottgegebene Talent fehlt, andere Mittel und Wege finden, ihre Träume zu verwirklichen. Ich habe niemals damit gerechnet, für meine Federfächertänze oder das Bad im überdimensionalen Champagnerglas berühmt zu werden. Aber ich bin davon überzeugt, dass ich mit meiner Integrität und Leidenschaft für das Showgeschäft und den Burlesque-Tanz viel mehr erreicht habe, als mir als gute Ballerina möglich gewesen wäre.

Welche Anschaffung von maximal 100 Dollar hat für dein Leben in den letzten sechs Monaten (oder in letzter Zeit) die größte positive Auswirkung gehabt?

Mylola.com hat mein Leben verändert. ... Hygieneprodukte für Frauen aus 100 Prozent Biobaumwolle, die frau ganz nach ihren Bedürfnissen zusammenstellen kann und jeden Monat in einer dezenten, eleganten Verpackung geliefert bekommt. Sie spenden ihre Produkte auch finanziell unterprivilegierten und obdachlosen Frauen (und Mädchen) in den USA. Dieses Unternehmen und sein Ansatz haben mein Leben wie auch das Leben aller Frauen, die ich kenne und die ihre Produkte benutzen, grundlegend verändert.

Was ist das beste oder lohnendste Investment, das du je getätigt hast (in Form von Geld, Zeit, Energie etc.)?

Das Sammeln von Vintage-Objekten war eine gute Investition. Ich fing in den 1990er-Jahren an, mich im Vintage-Stil zu kleiden, weil ich mir keine Designerstücke leisten konnte, und jetzt ist dieser Kleidungsstil Mode geworden. Meine Sammlung ist seither enorm im Wert gestiegen. Ich gebe gerne Geld für Dinge aus, die mir Freude bereiten, sich aber auch leicht weiterverkaufen lassen, ob das nun Kunst, Vintage-Mode oder antike Möbel sind. Ich war immer in der Lage, die Antiquitäten, die ich sammle, gegen andere Dinge zu tauschen oder für den gleichen bzw. sogar höheren Wert weiterzuverkaufen. Meine Oldtimer sind im Wert deutlich gestiegen, und obwohl ich für den Alltag ein modernes Auto brauche, kontrolliere ich meine Kauflust und lege mir nur dann ein neues, modernes Auto zu, wenn es wirklich sein muss, also alle zehn bis 15 Jahre.

Ich habe vor einiger Zeit auch mehrere berühmte Pin-up-Gemälde aus den 1940er- und 1950er-Jahren gekauft, deren Wert seither gestiegen ist, außerdem Erinnerungsstücke aus der goldenen Ära der Film-, Burlesque- und Pin-up-Ikonen. Ich bin gerne die Hüterin solcher Schätze und weiß, dass sie ihren Nimbus und Wert behalten werden.

Ich saß einmal mit Richard Branson im Flugzeug, und er hatte eine Louis-Vuitton-Tasche, die er seit über 30 Jahren im Einsatz hat. Ich reise viel, und nachdem ich jahrelang Geld für preiswertes Gepäck ausgegeben habe, habe ich auf eine Louis-Vuitton-Tasche hingespart, die auch jetzt noch, nach 17 Jahren, bestens in Schuss ist. Ich kaufe normalerweise keine Taschen, nur weil sie von einer bekannten Marke sind, aber manche Dinge sind ihren Preis definitiv wert, wenn man sie sich leisten kann.

Was ist eine deiner – gern auch absurden – Eigenheiten, auf die du nicht verzichten möchtest?

Eigentlich bin ich von Natur aus blond, aber seit 20 Jahren färbe ich meine Haare schwarz und trage meinen typischen roten Lippenstift und geschwungenen Lidstrich. An Halloween verkleide ich mich, indem ich mich »ganz normal« kleide – mit beigefarbenem, leichtem Make-up, blonder Perücke und Jeanslook. Ich bin so unkenntlich, dass sich jeder, der mich kennt, königlich darüber amüsiert; abgesehen davon ist es ein echtes psychologisches Experiment! Mir fiel schnell auf, dass ich dann leicht übersehen werde, ich mich angreifbar fühle und mich die Sorte von Männern anspricht, die sich sonst *niemals* trauen würde, mit mir zu flirten. Es ist mein Lieblingshalloweenkostüm ... die Leute denken, dass ich die graue Maus bin, die sich nicht einmal die Mühe macht, sich für die Party zu verkleiden.

Welche Überzeugungen, Verhaltensweisen oder Gewohnheiten, die du dir in den letzten fünf Jahren angeeignet hast, haben dein Leben am meisten verbessert?

Ich kümmere mich mehr um meine geschäftlichen Angelegenheiten und achte mehr auf meine Finanzen. Ich erinnere mich, wie das Sexsymbol der 1950er-Jahre, Mamie Van Doren, einmal zu mir sagte: »Ich weiß, dass es keinen Spaß macht, aber Sie müssen Ihre Finanzen im Blick behalten, weil manche Menschen versuchen *werden*, Sie zu übervorteilen.« Ich würde sehr gerne nur den künstlerischen Teil meiner Arbeit übernehmen, und sie hat Recht – es macht wirklich keinen Spaß, die Zahlen durchzugehen, aber jetzt, da ich die finanzielle Seite meiner Showtouren und Verträge kenne, ist es mir möglich, sehr souveräne Geschäftsbesprechungen zu führen.

»Was würdest du tun, wenn du keine Angst hättest?«

JESSE WILLIAMS
TW/IG: @iJesseWilliams
jessehimself.tumblr.com

JESSE WILLIAMS ist Aktivist, Schauspieler, Unternehmer und ehemaliger Highschool-Lehrer. Er verkörperte Dr. Jackson Avery in der ABC-Erfolgsserie *Grey's Anatomy* und spielte in Filmen wie *The Butler, The Cabin in the Woods* und *Band Aid* mit. Er ist Mitbegründer des Unternehmens Ebroji und der gleichnamigen mobilen App, einer beliebten kulturellen Sprache und GIF-Tastatur. Er ist Partner und Vorstandsmitglied bei Scholly, einer mobilen App, die schon vielen Studenten dabei geholfen hat, Stipendienzuschüsse in Höhe von insgesamt über 70 Millionen Dollar zu erhalten. Er war Executive Producer des Dokumentarfilms *Stay Woke: The Black Lives Matter Movement*. Jesse ist Ko-Moderator des auf Sport- und Kulturthemen spezialisierten Podcasts *Open Run* auf Uninterrupted, ein Medienunternehmen, das von Lebron James und Maverick Carter gegründet wurde. Jesse hat die Produktionsfirma farWord Inc. gegründet und ist Executive Producer von »Question Bridge: Black Males«, einer Reihe medienübergreifender Kunstinstallationen. Jesses Rede anlässlich der Verleihung des BET Humanitarian Award brachte ihm 2016 internationale Aufmerksamkeit ein.

Welches Buch (welche Bücher) verschenkst du am liebsten? Warum? Welche ein bis drei Bücher haben dein Leben am stärksten beeinflusst?

Guns, Germs, and Steel von Jared Diamond: Dieses Buch half mir, die große Wissenslücke in dem von mir verstandenen Zusammenhang der Erfolge und Misserfolge antiker und moderner Zivilisationen zu schließen. Die vorherrschenden Machtverhältnisse wurden durch bestimmte Hilfsmittel und äußere Umstände möglich, die durch geografische oder klimatische Bedingungen begünstigt werden.

A Confederacy of Dunces von John Kennedy Toole: In der Phase meines Lebens, in der ich auf dieses Buch stieß, verschaffte es mir enorme, wie soll ich sagen, Schadenfreude! Es war wahnsinnig lustig, lebendig und abenteuerlustig. Manchmal ist das alles, was wir brauchen.

Song of Solomon von Toni Morrison: Die inneren Konflikte der Figuren haben mein Leben in der Highschool tief bewegt. Ich kaufte ein zweites Exemplar, »nur für den Fall«, und ich war so dankbar für die Klassengespräche, in denen wir die komplexe poetische Reise der Protagonisten durchgearbeitet haben.

The Souls of Black Folk von W. E. B. Du Bois: Ein Meilenstein der amerikanischen und afroamerikanischen Literatur. Du Bois, ein hervorragender Autor und Soziologe, führte Begriffe wie »doppeltes Bewusstsein« und »Schleier der Rassen« ein, während er untersuchte, was es bedeutet, sich sein Leben lang mit den Augen anderer Völker, Mächte und Kulturen zu sehen.

The Fountainhead von Ayn Rand: Die mutige Zuversicht und Weigerung des Protagonisten, seine künstlerische Vision zu kompromittieren – und damit sich selbst –, war eine faszinierende Erfahrung.

Welche Überzeugungen, Verhaltensweisen oder Gewohnheiten, die du dir in den letzten fünf Jahren angeeignet hast, haben dein Leben am meisten verbessert?

Ich hatte schon vor langem von Transzendentaler Meditation gehört, habe aber erst in diesem Jahr damit angefangen, und dieser Ansatz hat meine Fähigkeit verändert, in kurzer Zeit meinen Geist zur Ruhe zu bringen und neue Energie zu tanken. Die David-Lynch-Stiftung hat sie so leicht zugänglich gemacht und dabei auf die Strenge bzw. Elemente verzichtet, die viele von uns als abschreckend betrachten, die anfangen wollen, regelmäßig zu meditieren.

Meine Therapie hat mir aufgezeigt, wieso ich bestimmte Denk- und Verhaltensmuster habe. Ich kann mich und das Leben mit einer neuen Ehrlichkeit sehen und entsprechend handeln, und das hilft mir dabei, klarer mit mir selbst und mit anderen zu kommunizieren. Für mich zählt dies zu den wichtigeren Hilfsmitteln, um persönliche Freiheit zu erlangen.

Mein Therapeut arbeitet mit einer psychodynamischen/psychoanalytischen Ausrichtung. Er wendet im Rahmen seiner klinischen Konzeptualisierungen einen psychoanalytischen Ansatz an und hält seinen Ansatz für etwas exzentrisch. Weniger »Hausaufgaben« und eine stärkere Annäherung an die eigentliche Ursache des Problems, und mit der Zeit eine Neuausrichtung an einen Lebensansatz, mit dem man seinem »authentischen Selbst« näher kommt.

Was tust du, wenn dir alles zu viel wird, du nicht mehr fokussiert bist oder deine Konzentration nachlässt? Welche Fragen stellst du dir?

Ich verliere meinen Fokus in der Regel aus zwei Gründen: wenn ich müde oder abgelenkt bin. Oder beides gleichzeitig. Ich suche dann mein Heil in der Kälte: mit einem Spaziergang bei frischen Außentemperaturen, einem kalten Getränk, einer Dusche. Die Dusche muss nicht kalt sein; der Akt des Duschens an sich ist schon eine Art Reset-Knopf. Wenn ich müde bin, halte ich Mittagsschlaf oder meditiere neuerdings. Wenn das Problem nicht erschöpfungsbedingt ist, schnappe ich mir den Roman, den ich zurzeit lese, und gehe damit auf eine Fantasiereise. Kreative Lektüre stimuliert meine eigene Kreativität. Ich komme auf große Ideen, erinnere mich an etwas, auf das ich reagieren sollte – eine noch unerledigte Aufgabe oder eine Idee für eine eigene Geschichte.

Mein Freund Adepero stellt gerne die Frage: »Was würdest du tun, wenn du keine Angst hättest?« Eine gute Frage, finde ich.

»Dass schlimme Dinge passieren, können wir nicht verhindern. Aber es kommt darauf an, wie wir reagieren.«

DUSTIN MOSKOVITZ
TW: @moskov
asana.com

DUSTIN MOSKOVITZ ist Mitgründer von einem Unternehmen, das dir hilft, die Arbeit deines Teams zu verfolgen und Projekte zu managen. Vor Asana war Dustin Mitgründer von Facebook und dort tonangebend im technischen Team, zunächst in der Position des CTO und später als VP. Außerdem ist er Mitgründer von Good Ventures, einer philanthropischen Stiftung, die dem Wohl der Menschen dienen soll.

Welches Buch (welche Bücher) verschenkst du am liebsten? Warum? Welche ein bis drei Bücher haben dein Leben am stärksten beeinflusst?

The 15 Commitments of Conscious Leadership von Jim Dethmer und Diana Chapman. Die meisten Menschen suchen die Schuld bei anderen oder bei den Umständen, wenn sie mit ihrem Leben unzufrieden sind. Ein Buddhist glaubt dagegen, dass wir unser Leid selbst verursachen. Dass schlimme Dinge passieren, können wir nicht verhindern. Aber es kommt darauf an, wie wir reagieren – und *darauf* können wir Einfluss nehmen. Auch wenn du das nicht in jedem Fall wahrhaben willst, kann dir der Gedanke daran in Momenten des Unglücks oder der Angst einen neuen Blickwinkel oder ein bisschen Abstand zu einer negativen Geschichte vermitteln. Dieses Buch ist eine eingängige taktische Anleitung dazu. Was man daraus lernen kann, hat meinen Umgang mit schwierigen Situationen grundlegend verändert und mir viel Leid erspart – im Großen wie im Kleinen. Es ist zwar für Führungskräfte geschrieben, doch ich empfehle es jedem. Bei Asana bekommt es jeder neue Mitarbeiter.

Welche Anschaffung von maximal 100 Dollar hat für dein Leben in den letzten sechs Monaten (oder in letzter Zeit) die größte positive Auswirkung gehabt?

Der Back Buddy von der Body Back Company war einschränkungslos mein bester Kauf in den letzten fünf Jahren. Damit kannst du im Grunde deinen ganzen Rücken mit der Kraft von zwei Händen selbst massieren. Er hat aber noch viele andere Funktionen und Features, die ich über die Jahre kennen- und schätzen gelernt habe. Ich kann damit inzwischen sogar bestimmte chiropraktische Eingriffe selbst durchführen und baue ihn in meine Yogaübungen ein. Er kostet nur 30 Dollar, deshalb habe ich mir gleich mehrere angeschafft: einen fürs Wohnzimmer, einen für meinen Schreibtisch im Büro, einen faltbaren für unterwegs (obwohl ich gern die ausgewachsene Version mitnehme, wenn ich einen Rollkoffer aufgebe). Angesichts von 4500 Bewertungen mit durchschnittlich 4,5 Sternen auf Amazon bin ich längst nicht der Einzige, der dieses Produkt toll findet.

Wozu kannst du heute leichter Nein sagen als vor fünf Jahren?

Das erste Nein ist mit Abstand das einfachste und sauberste. Weil es schwer ist, Bitten abzulehnen, ist die Versuchung groß, herumzueiern, Entscheidungen hinauszuschieben oder eine Bitte zum Teil zu erfüllen – auch wenn man sicher ist, dass man sich besser ganz heraushalten sollte. Hat man einmal nachgegeben, ist davon auszugehen, dass zumindest noch ein weiteres Anliegen folgt, das man in Zukunft positiv oder negativ bescheiden muss. Man hat sich also keine Unannehmlichkeit erspart. Schlimmer noch, man hat eine psychologische

Grenze überschritten, indem man sich dem Bittsteller als Mensch präsentiert hat, der für solche Anliegen empfänglich ist. Studien belegen, dass uns erstaunlich viel daran gelegen ist, nach außen eine einheitliche Identität aufrechtzuerhalten, selbst wenn wir diese eingangs nur aus Höflichkeit etabliert haben. Der Bittsteller wird dies als Chance sehen, mehr Druck auszuüben oder in Zukunft mit ähnlichen Anliegen aufzutauchen. Diese abzulehnen ist aber wesentlich schwieriger, als gleich beim ersten Mal Nein zu sagen. Vielleicht wirst du ja bereits als potenzieller Ansprechpartner für andere Personen aus seinem Netzwerk gehandelt, sodass sich das Problem vervielfacht.

»Wenn man einen Schritt nach vorn machen möchte, muss man den hinteren Fuß anheben, ansonsten kommt man nicht voran.«

RICHA CHADHA
TW: @RichaChadha
IG: @therichachadha

RICHA CHADHA ist eine preisgekrönte indische Schauspielerin, die in Bollywood-Filmen zu sehen ist. Ihr Debüt hatte sie in der Komödie *Oye Lucky! Lucky Oye!,* den Durchbruch schaffte sie mit einer Nebenrolle in *Gangs of Wasseypur,* einem finsteren Gangsterfilm: Für ihre Rolle als kämpferische und mit einem extrem losen Mundwerk ausgestattete Ehefrau eines Gangsters wurde sie mit einem Filmfare Award ausgezeichnet, dem indischen Oscar-Äquivalent. Im Jahr 2015 hatte sie ihre erste Hauptrolle in dem Drama *Masaan,* das bei der Vorführung beim Filmfestival in Cannes mit stehendem Applaus gefeiert wurde.

Welches Buch (welche Bücher) verschenkst du am liebsten? Warum? Welche ein bis drei Bücher haben dein Leben am stärksten beeinflusst?

Das Buch, das ich am häufigsten verschenke, ist *Autobiography of a Yogi* (von Paramahansa Yogananda). Es erinnert mich daran, dass Menschen die einzige Spezies sind, die darauf konditioniert ist, an ihrem Überleben zu zweifeln. Pflanzen wachsen und vertrauen darauf, dass die Natur sie ernähren wird; Tiere leben trotz gefährlicher Bedingungen in der freien Wildbahn. Dieses Buch hat mich daran erinnert, auch an einem Tiefpunkt in meinem Leben Vertrauen zu haben, also gebe ich es sooft wie möglich weiter, um andere Menschen aus ihrem Unglück zu holen.

In meinen prägenden Jahren wurde ich sehr von *Alice's Adventures in Wonderland* beeinflusst. Ich lebe mein Leben noch heute mit großen, verwunderten Augen wie ein Kind. *Shame* von Salman Rushdie habe ich mit 15 Jahren gelesen. Es war in diesem Alter schwer für mich, hatte aber ebenfalls großen Einfluss. Und *No Logo* von Naomi Klein hat meinen Blick auf Konsumismus und Gier verändert.

Welche Anschaffung von maximal 100 Dollar hat für dein Leben in den letzten sechs Monaten (oder in letzter Zeit) die größte positive Auswirkung gehabt?

In meinem Fall war das wohl der Kauf eines Profi-Abonnements für mein Konto bei der IMDb (InternetMeineDatabase), damit Menschen aus der ganzen Welt mich leicht finden können.

Welcher (vermeintliche?) Misserfolg war die Voraussetzung für deinen späteren Erfolg? Hast du einen »Lieblingsmisserfolg«?

Ich wurde mit Tricks dazu gebracht, bei einem Film mitzumachen, in dem meine Rolle anschließend stark gekürzt wurde, sodass nur eine einzige Sprechszene für mich übrigblieb. Der Film war eine totale Katastrophe an den Kinokassen, aber er hat mir sehr geschadet. Meine Kollegen begannen zu glauben, dass ich aus Verzweiflung für kleinere, unbedeutende Auftritte zu haben war, was absolut nicht stimmte. Das hat mich um Jahre zurückgeworfen. Diese Art von offener Korruption ist in der indischen Filmindustrie zwar nichts Neues, aber trotzdem war ich geschockt und deprimiert.

Als die Kritiken erschienen, lobten sie meine Arbeit, und ich habe sie als versteckten Segen begriffen. Wenn eine einzige Szene solche Wirkung haben konnte, wie wäre es dann erst mit einem ganzen Film? Ein Jahr später ging es mir bestens. Ich gehörte zur Stammbesetzung für *Inside Edge*, die erste in Indien produzierte Serie, und mit einer Reihe von Produktionen aus Indien und aller Welt habe ich mir meine Glaubwürdigkeit zurückerarbeitet.

Wahrscheinlich habe ich diesen Schock gebraucht. In meinem Beruf oder auch in jedem anderen blind zu vertrauen, ist nie eine gute Idee. Die meisten Menschen sind von Eigeninteressen oder Gewinn getrieben, und wir dürfen sie dafür nicht verurteilen. Wir können aber klarmachen, dass wir uns nicht alles gefallen lassen, sodass die Leute wissen, dass wir nicht einfach tatenlos herumsitzen, wenn sie Ärger machen.

Wenn du an einem beliebigen Ort ein riesiges Plakat mit beliebigem Inhalt aufhängen könntest, was wäre das und warum?

»Sei so gut, dass sie dich nicht ignorieren können« ist das Motto, nach dem ich lebe. Ich beginne bei jedem Projekt ganz von vorn. Ich vergesse, wer ich bin, und meine früheren Erfolge. Das hält mich am Boden und sorgt dafür, dass ich härter arbeite.

In meiner Branche gibt es eine Menge Vetternwirtschaft. Wenn du googelst, wer die größten Stars sind, wirst du feststellen, dass die meisten von ihnen, vor allem die männlichen, in das Filmgeschäft hineingeboren wurden. Es dauert seine Zeit, aber wenn man konsistent gut ist in dem, was man macht, kann man den Erfolg irgendwann zumindest als seinen eigenen bezeichnen.

Was ist das beste oder lohnendste Investment, das du je getätigt hast (in Form von Geld, Zeit, Energie etc.)?

Mein Vater hat mir geraten, an einem Kurs mit dem Titel »Geld und Du« teilzunehmen, der auf den Ideen von Buckminster Fuller basierte. Er dauerte vier Tage und fand in Kuala Lumpur statt. An den ersten zwei Tagen ging es um Geld und an den nächsten beiden um das »Du«. Es war sehr ausgewogen, hat mir beigebracht, Geld anders zu betrachten, und mir in einem jungen Alter ein Gefühl für Unternehmertum gegeben. Ich habe 500 Dollar dafür bezahlt.

Was ist eine deiner – gern auch absurden – Eigenheiten, auf die du nicht verzichten möchtest?

Ich benutze für jeden Film ein neues Parfüm. Ich habe mir überlegt, dass ich von den insgesamt fünf Sinnen nur mit dem Geruchssinn spielen kann. Ich wähle das Parfüm nach der Welt und dem Milieu des Films und den Eigenschaften seiner Charaktere aus.

In dem Film *Gangs of Wasseypur* habe ich eine Dorfbewohnerin gespielt. Dafür habe ich Green Tea Lotus von Elizabeth Arden genommen. In *Fukrey* habe ich einen Gangster gespielt und Provocative Woman von Elizabeth Arden getragen. Für meine Amazon-Serie *Inside Edge* habe ich Chanel No. 5 benutzt, weil ich darin einen Filmstar spiele.

Das ist eine Marotte, die mir Spaß macht, weil ich sehr gerne gut rieche. Ich mache kein Method-Acting, aber das hilft mir dabei, leicht in die Rolle einer Figur zu schlüpfen. Wenn ich aus meinem Wohnwagen komme, wissen die Assistenten, dass ich es bin. Ich gehe schon in meiner Rolle zum Set.

Wahrscheinlich ist das ein ziemlich billiges Vergnügen.

Welche Überzeugungen, Verhaltensweisen oder Gewohnheiten, die du dir in den letzten fünf Jahren angeeignet hast, haben dein Leben am meisten verbessert?

Ich habe festgestellt, dass ich inzwischen stärker dazu neige, das Gesamtbild zu sehen.

Kino hat als Geschäftsmodell im Hindi-sprechenden Indien große Probleme. Es gibt nicht genügend Leinwände, um die Produktionen unterzubringen, die Steuern bei Unterhaltung verschlingen 51 Prozent, und mit Raubkopien wird dreimal so viel Umsatz gemacht wie mit legalen Filmen.

All das geschieht, während der digitale Vertrieb in einem beispiellosen Tempo wächst. Als ich beschlossen habe, bei einer Digital-Serie mitzumachen, dachten die Leute, das wäre ein Abstieg. Sie haben sich geirrt.

Wenn man das Gesamtbild betrachtet, bekommt man eine bessere Perspektive. Es ist so, wie wenn man mit dem Flugzeug abhebt: Man erkennt dann, wie klein der Kokon der eigenen Probleme in Wirklichkeit ist.

Welchen Rat würdest du einem intelligenten, motivierten Studenten für den Einstieg in die »echte Welt« geben? Welchen Rat sollte er ignorieren?

Das Bildungssystem bringt im Großen und Ganzen jeden dazu, sich an die festen Regeln einer Branche zu halten. Das ist zwar eine idiotensichere Methode, um einen Job zu bekommen und ein normales Leben zu führen. Aber nur sehr wenige Menschen schaffen es, aus dem Zyklus des Banalen auszubrechen und abenteuerlustig, erfinderisch und selbstlos zu werden. Das Sicherheitsnetz bei einem regulären Job ist einfach zu bequem.

Als ich meinen Eltern sagte, dass ich nicht vorhatte, meinen Abschluss in Journalismus zu nutzen, und stattdessen nach Mumbai ziehen wollte, um Schauspielerin zu werden, waren sie besorgt. Aber sie haben mich auch unterstützt.

Meine Mutter sagte zu mir: »Wenn man einen Schritt nach vorn machen möchte, muss man den hinteren Fuß anheben, ansonsten kommt man nicht voran.«

Welche schlechten Ratschläge kursieren in deinem beruflichen Umfeld oder Fachgebiet?

Ich hatte meine gesamte Laufbahn über mit »wohlmeinenden Menschen« und »Beratern« zu tun. Sie sagen mir, was ich nicht tun soll. Die Leute geben Empfehlungen auf der Grundlage von dem, was sie für am sichersten halten, oder auf der Grundlage ihrer Einschätzung, wer man ist und was man sein sollte. Damit definieren sie unsichtbare Grenzen für das, was man im Leben erreichen kann, und geben diese Grenzen unbeabsichtigt an andere weiter.

Mir wurde gesagt, ich solle keine Independent-Filme machen (dabei verdanke ich denen meine Karriere), ich solle mich kleiden wie andere (und so zu einem modebewussten homogenisierten

Klon ohne Identität werden), einen reichen Mann treffen oder heiraten (wieder das Sicherheitsnetz) und mich nicht zu deutlich zu politischen Themen äußern (egal, wo man ist, man muss einen Preis dafür bezahlen, dass man seine Ansichten vertritt, und ich war bereit dazu).

Diese Sachen sind einfach, aber vielleicht nicht immer leicht.

Wozu kannst du heute leichter Nein sagen als vor fünf Jahren?

Ich bin besser darin geworden, Nein zu Sachen und Menschen (einschließlich Freunden und Familie) zu sagen, die mir Energie rauben. Das ist nicht leicht, vor allem nicht, wenn man Menschen gern eine Freude macht.

Wenn ich direkt und ehrlich über meine Bedürfnisse spreche, stelle ich aber fest, dass niemand beleidigt ist, wenn ich Nein sage. Wer doch beleidigt ist, interessiert sich vielleicht nicht für meine Bedürfnisse.

Was tust du, wenn dir alles zu viel wird, du nicht mehr fokussiert bist oder deine Konzentration nachlässt?

Dafür habe ich verschiedene Ansätze. Erstens schreibe ich Tagebuch, das gibt mir Klarheit. Ich mache das, seit ich ungefähr zehn Jahre alt war. Wenn ich mir heute meine Aufzeichnungen aus der Schulzeit ansehe, habe ich große Freude daran, zu sehen, wie weit ich mich intellektuell und beruflich entwickelt habe. Ich lebe meinen Traum. Als Studentin habe ich später viel Tagebuch geschrieben. Es sah aus wie ein Sammelalbum, mit Bildern und Zitaten, die mich inspirierten. Heute schreibe ich mindestens dreimal pro Woche etwas auf, und wie viel Zeit ich dafür investiere, hängt direkt von meiner geistigen Verfassung ab. Wenn ich nachdenklich oder verwirrt bin, wird es meistens etwas mehr. Ich führe ein Tagebuch, in dem alles enthalten ist: meine To-do-Liste (die ich in persönlich und beruflich unterteile), Überlegungen, meine Gefühle über ein Ereignis, das mich berührt hat, und manchmal pure Dankbarkeit. Ich kaufe dafür immer interessante Bücher und bunte Stifte. Jetzt gerade nutze ich eines von Wonder Woman und Neon-Stifte. Das könnte man für kindisch halten, aber die unterschiedlichen Farben helfen mir, mehr festzuhalten und Spaß an der Sache zu haben.

Ich meditiere. Wenn es in meinem Kopf drunter und drüber geht, ist das eine Herausforderung. Meistens beginne ich, indem ich mich auf meine Atmung konzentriere. Ich zähle von 10 bis 1 herunter, während ich ausatme und in die Meditation rutsche. Es dauert ungefähr 20 Minuten, relativ frei von Gedanken zu werden. Manchmal fühlt es sich an, als würde ich schlafen, aber ich weiß, dass Wachträume Meditation sind. Das hilft immer. Es gab keine einzige Gelegenheit in meinem

Leben, bei der ich über etwas meditiert habe und das nichts genützt hat. Entweder meditiere ich gleich morgens oder, wenn ich bei anstrengenden Dreharbeiten bin, nach dem Mittagessen.

Ich spreche mit meinem Vater. Er ist mein Freund und Mentor, und als Lebenscoach und Verhaltenspsychologe hält er mich geerdet und auf der Spur.

Ich mache eine Pause. Ich befreie meine Katze von Zecken, liege lange in der Badewanne, gehe wandern, verbringe Zeit in der Natur, lese, esse leckere Sachen oder mache eine Entgiftung von Leben oder Karriere. Durch eine solche Auszeit kommen mir meistens mehrere Erkenntnisse. Das funktioniert immer. Bei einer Entgiftung vom Leben übergebe ich meine Pflichten eine Zeitlang an einen Assistenten oder Manager und bitte sie um Hilfe, bevor ich dann mein Telefon ausschalte, herumwandere, nachdenke und mich entspanne. Bei einer Karriere-Entgiftung schalte ich mein Telefon aus, lese nichts darüber, wie sich irgendwelche Filme/Sendungen/Theaterstücke entwickeln, und bin eine ganz normale Person.

Außerdem mache ich eine »Na und?«-Übung. Ich treffe eine Aussage und stelle mir danach selbst die Frage »Na und?«. Ein Beispiel:

X war unfreundlich.
Na und?
Ich habe mich nicht respektiert gefühlt.
Na und?
Ich mag dieses Gefühl nicht.
Na und?
Was ist, wenn mich niemand mehr respektiert?
Na und?
Ich werde dann allein sein und gemieden werden.
Na und?
Ich will nicht allein sein.
Na und?
Ich habe eine irrationale Angst vor dem Alleinsein.
Na und?
Sie ist irrational.
Na und?
Nichts na und. Alles in Ordnung.
Na und?
Nichts na und.

ZITATE, ÜBER DIE ICH NACHDENKE

(Tim Ferriss: 11. Dezember 2015 bis 1. Januar 2016)

»Missgunst ist für Menschen, die darauf bestehen, ihnen werde etwas geschuldet. Vergebung dagegen ist für die, die genügend Substanz haben, um weiterzumachen.«

– CRISS JAMI
amerikanischer Dichter und Autor von *Salomé: In Every Inch in Every Mile*

»Man akkumuliert nicht, sondern man eliminiert. Es geht nicht um täglich mehr, sondern um täglich weniger. Die Spitze der Kultiviertheit läuft immer auf Einfachheit hinaus.«

– BRUCE LEE
Kampfkünstler, Schauspieler und Autor von *Tao of Jeet Kune Do*

»Mit mehr zu tun, was mit weniger getan werden könnte, ist eitel.«

– WILLIAM OF OCKHAM
englischer Philosoph und Erfinder von »Ockhams Rasiermesser«

»Zu lernen, Dinge zu ignorieren, ist einer der großen Wege zu innerem Frieden.«

– ROBERT J. SAWYER
preisgekrönter Science-Fiction-Autor

»Wenn du dir nicht ganz sicher bist, dann ist es sicher.« – David Mamet, *Ronin*

MAX LEVCHIN
TW: @mlevchin
affirm.com

MAX LEVCHIN ist Mitgründer und CEO von Affirm, das mit moderner Technologie die Kernkomponenten der Finanzinfrastruktur von Grund auf neu erfindet und wiederaufbaut. Davor war Max Mitgründer und erster Chief Technology Officer von PayPal (das für 1,5 Milliarden US-Dollar von eBay übernommen wurde). Dann stieg er als Erstinvestor bei Yelp ein, wo er elf Jahre lang Chairman war. Außerdem war Max Gründer und CEO von Slide, das Google für 182 Millionen US-Dollar aufkaufte. Der *MIT Technologie Review* erklärte ihn 2002 zum »Innovator of the Year«. Damals war er 26 Jahre alt.

Welches Buch (welche Bücher) verschenkst du am liebsten? Warum? Welche ein bis drei Bücher haben dein Leben am stärksten beeinflusst?

The Master and Margarita von Michail Bulgakow (übersetzt von Pevear et alii), meines Erachtens einer der besten Romane des letzten Jahrhunderts. Er ist relativ kurz, besticht durch seinen außergewöhnlichen Tiefgang und berührt alle möglichen Themen, von den Grundlagen der christlichen Philosophie bis zur fantastischen (und zum Brüllen komischen) Satire auf den korrumpierenden sowjetischen Sozialismus des 20. Jahrhunderts. Ich kaufe gewöhnlich gleich fünf oder zehn Exemplare, die ich dann an neue Freunde verschenke. Auf meinem Schreibtisch in Büro liegen immer ein paar bereit, falls sich jemand eins ausleihen möchte.

An zweiter Stelle steht kein Buch, sondern ein Film: der Kurosawa-Klassiker *Seven Samurai,* den ich bestimmt über 100 Mal gesehen habe. Als Mentor habe ich früher DVDs der Criterion-Collection-Ausgabe an junge CEOs verschenkt. Ich liebe diesen Film (und bin überhaupt ein bisschen japanophil), doch frischgebackenen Managern und CEOs empfehle ich ihn vor allem deshalb, weil es darin im Grunde um Führung geht: Eine kleine Gruppe mutiger Führer riskiert alles, um eine zusammengewürfelte Truppe für einen Kampf auf Leben und Tod zu rüsten. Klingt vertraut? Für mich ist diese zeitlose Geschichte eine nahezu perfekte Metapher für Start-ups. Was würde Kambei Shimada tun?

Wenn du an einem beliebigen Ort ein riesiges Plakat mit beliebigem Inhalt aufhängen könntest, was wäre das und warum? Gibt es Zitate, an die du häufig denkst oder nach denen du lebst?
Da habe ich gleich mehrere Vorschläge:

»Wenn du dir nicht ganz sicher bist, dann ist es sicher.« Die Zeile stammt vom unvergleichlichen David Mamet aus *Ronin,* einem meiner absoluten Lieblingsfilme. Eine lakonische Ermahnung, im Krieg und im Geschäft stets entschlossen aufzutreten und auf ganz elementarer Ebene dem Bauchgefühl zu vertrauen. In meiner Branche bedeutet das oft auch, »schnell zu schießen«. Wenn man sich bei einem wichtigen Mitarbeiter oder einem Mitgründer nicht ganz sicher ist, stehen die Chancen, dass sich der Eindruck bessert, schlecht.

»Den Unterschied zwischen Sieg und Niederlage macht meist aus, dass man nicht aufgibt.« Dieser berühmte Satz von Walt Disney über die Willenskraft gilt für Unternehmer nicht minder. Das einzig Vorhersehbare bei Start-ups ist die Unvorhersehbarkeit. Um die Tiefpunkte der Start-up-Achterbahn unaufhaltsam zu durchlaufen, braucht man am Ende nur Mut – den eigenen und den des Teams.

Stünde meine Plakatwand in Marin County (oder einer anderen Radfahrhochburg), würde darauf stehen: »Wenn mir meine Beine weh tun, sage ich: ›Shut up legs! Ihr tut, was ich euch sage.‹« Dieser unbezahlbare Ausspruch stammt vom legendären Radprofi Jens Voigt, der dafür bekannt war, dass er für sein Team alles gab, ganz gleich, ob er erschöpft oder verletzt war.

Der Aufbau eines Start-ups erinnert stark an Ausdauersport, und der Radsport liefert immer wieder anregende Anekdoten, Zitate oder Metaphern. Ein weiteres Voigt-Zitat, das mir besonders gut gefällt: »Wenn es mir weh tut, muss es den anderen doppelt so weh tun.«

»Such dir einen Partner, den du täglich aufs Neue beeindrucken möchtest – und der dich beeindrucken möchte.« In den letzten Jahrzehnten habe ich festgestellt, dass die besten, beständigsten Partnerschaften im Geschäft (und im Leben) zwischen Menschen bestehen, die sich gemeinsam ständig weiterentwickeln. Versucht der Mensch, in dessen Abhängigkeit du dich begibst, laufend dazuzulernen und sich zu steigern, dann spornt das auch dich zu Höchstleistungen an, und keiner bekommt irgendwann das Gefühl, sich mit jemandem eingelassen zu haben, über den er hinausgewachsen ist.

Was ist eine deiner – gern auch absurden – Eigenheiten, auf die du nicht verzichten möchtest?
Genetische Algorithmus-Küche. Ich bin quasi besessen davon, herauszufinden, woraus bestimmte Speisen bestehen, und dann koche ich sie so lange nach und modle sie um, bis sie perfekt an meinen Geschmackssinn angepasst sind. Beim Kochen bin ich im Grunde nicht kreativ, aber einem ordentlichen Rezept kann ich ziemlich gut folgen. Es so zu verändern, dass es ganz meinem persönlichen Geschmack entspricht, macht mir Spaß und kommt meiner angeborenen Obsession entgegen. Ein Rezept ist für mich wie ein Genom, und jede Zutat und jeder Schritt im Prozess ein Gen, das ich auf der Grundlage der Ergebnisse früherer Versuche, aber auch ganz zufällig modifiziere. Das Ergebnis koste ich dann und »kreuze« die »Gene« der schmackhaftesten Resultate. Um die Änderungen vorzunehmen und nachvollziehen zu können, habe ich ein kleines Programm geschrieben, sodass es ein (einigermaßen) präzises Verfahren ist.

Es hat etwas Therapeutisches, wenn es auch gelegentlich bedeutet, dass man im Lauf einer Woche größere Mengen (leicht) unterschiedlicher Varianten von Kimchi, Kombucha oder Kefir verkosten muss. Fermentierte Lebensmittel (vor allem solche, die mit »K« anfangen), mag ich besonders gern, und sie eignen sich überdies besonders gut für solche Experimente.

Welche Überzeugungen, Verhaltensweisen oder Gewohnheiten, die du dir in den letzten fünf Jahren angeeignet hast, haben dein Leben am meisten verbessert?
Mich auf meine Stärken zu konzentrieren. Nach PayPal war mein wichtigstes »Karriereziel«, zu diversifizieren, etwas zu machen, das nichts mit Fintech, Zahlungsverkehr und Betrugsbekämpfung zu tun hatte, und auch mit nichts anderem, was mir bei meinem ersten erfolgreichen Projekt so viel Spaß gemacht hatte. Ich wollte meine Kompetenzen und Erfahrungen erweitern.

Die nächsten paar Start-ups machten mir zwar ebenfalls Spaß (und manche davon liefen richtig gut an), doch ein Start-up-»High« wie beim Aufbau von PayPal erlebte ich nie wieder. Jahrelang dachte ich, es läge daran, dass die Unternehmen, an deren Gründung ich mich nach PayPal beteiligte, keinen solchen Marktwert oder keine solche Verbreitung erreichten. Doch die Ursache lag tiefer.

Als wieder eine Unternehmensgründung anstand, wies mich meine Frau (die mich nach wie vor jeden Tag erneut beeindruckt!) darauf hin, dass ich am glücklichsten war, als ich am Aufbau von PayPal arbeitete – nicht beim Börsengang oder bei der Übernahme. Sie riet mir, mich auf meine unternehmerischen Wurzeln in der Finanzdienstleistungsbranche zurückzubesinnen. Nachdem ich dieser Sparte mehr als zehn Jahre lang ferngeblieben war, beteiligte ich mich an der Gründung von Affirm. Es ist ein ganz anderes Unternehmen als PayPal, doch es gab konzeptionelle Überschneidungen und ähnliche Herausforderungen.

Das Tagesgeschäft bei Affirm kann manchmal so anstrengend und heikel sein wie in meiner PayPal-Zeit, doch ich arbeite wieder in meinem »Sweet Spot«, und mir macht jede Minute Spaß.

Welchen Rat würdest du einem intelligenten, motivierten Studenten für den Einstieg in die »echte Welt« geben? Welchen Rat sollte er ignorieren?

[Mein Rat ist,] Risiken einzugehen, und zwar jetzt gleich. Studenten und Studienabsolventen haben den großen Vorteil ihrer Jugend und Energie. Sie tragen kaum nennenswerte Verantwortung, und vor allem spielt für sie das leibliche Wohl noch keine größere Rolle. Sie haben nichts zu verlieren und können alles gewinnen. Ein komfortabler Lebensstil hat Bremswirkung, wenn man sich im Berufsleben nicht zeitig angewöhnt, Risiken einzugehen.

Ich gründete mit Anfang 20 verschiedene Unternehmen, die allesamt scheiterten, doch ich dachte nie zweimal nach, bevor ich das nächste Projekt anpackte. Schon nach dem ersten wusste ich, dass ich das Gefühl liebte, etwas Neues anzufangen, und ich hatte ja sonst kaum Verpflichtungen. Schließlich schlug eines meiner Start-ups ein, doch ich hätte auf jeden Fall so lange weitergemacht, bis sich der Erfolg einstellte.

Wer sich nur um sich selbst kümmern muss, der kann seine Komfortzone verlassen und ein aufregendes riskantes Projekt starten oder sich daran beteiligen. Er kann alles liegen und stehen lassen, um Anteil an etwas wirklich Großem zu haben. Und wenn es schiefgeht? Dann kann man immer noch weiterstudieren, den Job bei der Investmentbank oder der Unternehmensberatung annehmen und in eine schönere Wohnung ziehen.

In den Wind schlagen sollte man (in bestimmten Situationen) den Rat, sich möglichst »ausgewogen« aufzustellen – also von Anfang an mehrere Stellen in verschiedenen Unternehmen zu durchlaufen und alle ein, zwei Jahre neue Erfahrungen zu sammeln. Im Abstrakten ist das nützlich, doch wenn dir in einem Unternehmen, mit dessen Mission du dich leidenschaftlich identifizieren kannst, deine Stärke (als Einzelner oder Teamleiter) bewusst wird, dann solltest du die Chance ergreifen – setze alles auf eine Karte, verdopple den Einsatz und geh deinen Weg nach oben. Vielleicht landest du schneller an der Spitze, als du denkst!

»Mehr lernen, weniger wissen.«

NEILL STRAUSS
TW: @neilstrauss
neilstrauss.com

NEIL STRAUSS ist ein Autor, der es achtmal in die Bestsellerliste der *New York Times* geschafft hat. Für seine Bücher *The Game* und *The Rules of the Game* recherchierte er undercover in einer Geheimgesellschaft von Aufreiß-Künstlern, was ihn zu einer internationalen Berühmtheit und zum zufälligen Helden für Männer in aller Welt gemacht hat. In dem Nachfolger-Buch *The Truth: An Uncomfortable Book About Relationships* taucht Strauss tief ein in die Welt von Sexsucht, Polygamie, Untreue und Intimität und erkundet die versteckten Kräfte, die Menschen dazu bringen, sich füreinander zu entscheiden, zusammenzubleiben oder sich zu trennen. Zuletzt hat er zusammen mit Kevin Hart das Buch *I Can't Make This Up: Life Lessons* geschrieben, das sofort auf Platz 1 der Bestsellerliste der *New York Times* landete.

Welches Buch (welche Bücher) verschenkst du am liebsten? Warum? Welche ein bis drei Bücher haben dein Leben am stärksten beeinflusst?

Das Buch, das mich am stärksten beeinflusst hat, ist *Ulysses* von James Joyce. Ich habe es in meinem letzten Jahr auf der Highschool gelesen, und es hat mir die Augen geöffnet für die Kraft und Möglichkeiten von Sprache. Es ist Hypertext, bevor es Hypertext gab. Ich lese es alle drei Jahre noch einmal, und jedes Mal ist es ein anderes Buch.

Das Buch, das ich am häufigsten verschenkt habe, ist *Under Saturn's Shadow* von James Hollis, einem Analytiker der Jung-Schule. Ich habe darin auf jeder einzelnen Seite etwas unterstrichen. Der Antrieb für dieses Buch in den Worten des Autors: »Das Leben von Männern wird ebenso sehr von Rollenerwartungen gesteuert wie das von Frauen. Das Problem dabei ist, dass diese Rollen die Bedürfnisse der Seelen dieser Männer nicht unterstützen, nicht bestätigen und nicht ansprechen.«

Das *Hörbuch*, das ich am häufigsten verschenkt habe, ist *Nonviolent Communication* von Marshall Rosenberg. Die Bezeichnung »gewaltfreie Kommunikation« (GFK) ist zwar etwas ungeschickt gewählt (in etwa so, als würde man zu Kuscheln »mordfreies Berühren« sagen), aber die zentrale Idee des Buches interessant: Ohne dass wir uns dessen bewusst sind, steckt viel Gewalt in unserer Art, mit anderen – und auch mit uns selbst – zu kommunizieren. Diese Gewalt kommt in Form von Schuldzuweisungen, Verurteilen, Kritisieren, Beleidigen, Vergleichen, Kategorisieren, Diagnostizieren und Bestrafen.

Wenn wir also auf eine gewisse Weise sprechen, werden wir nicht nur nicht gehört, sondern verärgern letztlich andere und uns selbst. *GFK* hat eine magische Wirkung darin, potenzielle Konflikte mit beliebigen Personen sofort zu entschärfen, ob mit Partnern, Kellnern, Freunden oder Kollegen. Eine der wunderbaren Grundannahmen dabei lautet, dass niemals die Bedürfnisse zweier Menschen in Konflikt miteinander stehen. Konflikte gibt es nur bei den Strategien dafür, diese Bedürfnisse zu erfüllen.

*Zur Klärung: Die richtige Version ist eine 5 Stunden und 9 Minuten lange Vorlesung. Du erkennst sie am Cover – eine Nahaufnahme einer Hand, die ein Peace-Zeichen zeigt. Der Anfang ist etwas langsam, aber dann wird es revolutionär. Kauf dir *nicht* irgendeine Version des gedruckten Buchs mit demselben Titel.*

Welche Anschaffung von maximal 100 Dollar hat für dein Leben in den letzten sechs Monaten (oder in letzter Zeit) die größte positive Auswirkung gehabt?

Der Schlüsselfinder Tile Mate auf Amazon. Er hat mir Stunden meines Lebens zurückgegeben, die ich früher damit verbracht habe, im Haus herumzuirren und meine Schlüssel zu suchen. Funktioniert auch sehr gut bei Haustieren!

Welcher (vermeintliche?) Misserfolg war die Voraussetzung für deinen späteren Erfolg? Hast du einen »Lieblingsmisserfolg«?

Das Beste, was mir je passiert ist, war, dass ich nicht an der Journalistenschule aufgenommen wurde. Aus diesem Grund wurde ich letztlich Reporter und Kolumnist bei der *New York Times*. Das hat mir die Möglichkeit gegeben, durch Erfahrung zu lernen statt akademisch, und einen Weg zu gehen, bei dem ich meiner Leidenschaft folgen konnte, statt mich an dem zu orientieren, »wie man es richtig macht«.

Aus diesem Grund wurde mir klar, dass das Ergebnis nicht das Ergebnis ist. Mit anderen Worten: Was wir als Endpunkte eines Ziels ansehen, sind in Wirklichkeit nur Gabelungen einer Straße, die sich immer weiter gabelt. Im großen Bild unseres Lebens können wir nicht wissen, ob ein bestimmter Erfolg oder Misserfolg uns tatsächlich hilft oder schadet. Also bewerte ich meine Bemühungen und Ziele jetzt anhand einer Frage: Habe ich mein Bestes gegeben, wenn man berücksichtigt, wer ich war und was ich zu dieser Zeit wusste? Und was kann ich aus dem Ergebnis lernen, damit mein Bestes das nächste Mal besser ist?

Man sollte bitte beachten, dass kritisiert zu werden kein Misserfolg ist. Wenn man nicht kritisiert wird, macht man wahrscheinlich nichts Außergewöhnliches.

Wenn du an einem beliebigen Ort ein riesiges Plakat mit beliebigem Inhalt aufhängen könntest, was wäre das?

»Mehr lernen, weniger wissen.«

Was ist das beste oder lohnendste Investment, das du je getätigt hast (in Form von Geld, Zeit, Energie etc.)?

Meine beste Investition war die Zeit, die ich als unbezahlter Praktikant bei *The Village Voice* in New York verbracht habe. Ich muss dort ein Jahr lang nur Briefe geöffnet und Spesenabrechnungen für andere gemacht haben, aber ich freute mich unglaublich, dort zu sein. Wahrscheinlich war ich dort mehrere Jahre lang Praktikant. Sie wurden mich einfach nicht los. Ich liebte das Schreiben, aber ich war anfangs nicht sehr gut darin. Aber durch den Umgang mit den Autoren und Redakteuren, die ich bewunderte, und weil ich meine gesamte Freizeit damit verbrachte, in den Archiven alte Ausgaben zu lesen, lernte ich, Autor, Kritiker und Reporter zu sein.

Bei einer anderen Frage habe ich erwähnt, dass mein liebster Misserfolg war, dass ich nicht auf die Journalistenschule kam. Meine Journalistenschule war dieses Praktikum.

Welche Überzeugungen, Verhaltensweisen oder Gewohnheiten, die du dir in den letzten fünf Jahren angeeignet hast, haben dein Leben am meisten verbessert?

Ohne Zweifel, dass ich hier in Malibu eine gesunde Gemeinschaft gefunden habe, mit der ich trainieren kann. Früher bin ich ins Fitness-Studio gegangen, um ein bestimmtes Gewichts- oder Muskelziel zu erreichen, und ich bin nie dabeigeblieben. Jetzt gehe ich hin, um meine Freunde zu treffen, und wir trainieren immer im Freien: am Strand, im Pool, auf der Wiese. Am Ende gibt es fast immer eine Sauna/Eiswasser-Session. Das ist das Highlight des Tages. Ich will damit kein bestimmtes Ergebnis erreichen, und ich war noch nie in meinem Leben besser in Form. Das hat mir geholfen zu verstehen, dass das Geheimnis für Veränderung und Wachstum nicht Willenskraft ist, sondern eine positive Gemeinschaft.

Wozu kannst du heute leichter Nein sagen als vor fünf Jahren?

Wir stehen in einem Wettrüsten gegen Ablenkungen. Unsere Geräte und unsere Technologien kennen uns inzwischen so gut, dass wir neue Geräte und Technologien brauchen, um uns vor ihnen zu schützen. Vor allem unsere Zeit. Beim Neinsagen zu Ablenkungen hat mir die App Freedom auf meinem Computer geholfen. Ich habe sie so eingestellt, dass sie 22 Stunden am Tag das Internet blockiert. Außerdem habe ich einen Safe mit Timer, in den ich mein Mobiltelefon einschließen kann.

Es gibt auch etwas, das mir dabei hilft, zu anderen Menschen Nein zu sagen: Ich frage mich zuerst, ob ich aus Schuld oder Angst Ja sagen würde. Wenn das so ist, ist meine Antwort ein freundliches Nein.

Was tust du, wenn dir alles zu viel wird, du nicht mehr fokussiert bist oder deine Konzentration nachlässt?

Überfordert und unkonzentriert hört sich nach zwei unterschiedlichen Problemen an. Bei Überforderung geht es meiner Meinung nach darum, mental damit zurechtzukommen, was von außen auf uns einwirkt; bei Unkonzentriertheit geht es darum, mental mit dem zurechtzukommen, was in einem selbst passiert.

Helfen würde in beiden Fällen, meinen Geist als einen Computer zu betrachten, dessen Arbeitsspeicher voll ist. Am besten ist es also, ihn eine Weile auszuschalten. Für mich bedeutet das, dass ich die Arbeit unterbreche, um irgendetwas anderes zu machen, von einer kalten Dusche über Surfen oder Meditieren bis zu einer Atemübung im Freien oder einem Gespräch mit jemanden, den ich sehr mag.

Alles Gesunde, das dich aus deinem Geist herausholt und dich in deinen Körper bringt, ist letztlich gut für deinen Geist.

Was ist eine deiner – gern auch absurden – Eigenheiten, auf die du nicht verzichten möchtest?

Kracie Fuwarinka (Beauty Rose) Candy, Calbee Honey Butter Chips, *Rick and Morty*, Richie's Plank Experience auf der HTC Vive spielen und dabei ein echtes Holzbrett auf dem Boden liegen haben, Crack Butter von healthybutter.org, Notzimmer, Tim-Tam-Gelage, Pickleback-Cocktails, Skittykitts spielen, das Verwenden von altersunangemessenen Worten wie »drauf«, so tun, als würde ich verstehen, was jemand sagt, obwohl das gar nicht stimmt, Sätze mit Präpositionen beenden, und ein Spiel spielen, das meine Frau und ich erfunden haben: Wir lassen zufällige Musik laufen und versuchen abwechselnd, uns Filmszenen auszudenken, zu denen sie als Soundtrack passen könnte. Etwas schwierig zu erklären. Am besten fährst du mal mit uns Auto.

»Ich hatte immer nur eine Devise: ›Fuck you, pay me.‹ … ›Exponierung‹, ›sich neues Publikum erschließen‹ oder ›eine tolle Erfahrung machen‹, das ist alles gut und schön, aber damit zahlt man keine Miete, und man stellt auch kein Essen auf den Tisch. Man muss wissen, was man wert ist.«

VERONICA BELMONT
TW/IG/FB: @veronica
veronicabelmont.com

VERONICA BELMONT ist eine bot-besessene Produktmanagerin. Sie arbeitet für Growbot daran, sicherzustellen, dass Mitarbeiter die Anerkennung bekommen, die sie in ihren Teams verdienen. Sie unterstützt auch die Administration von Botwiki.org und Botmakers.org, eine große Community von Bot-Entwicklern und -Fans. Als Autorin, Produzentin und Vortragsrednerin ist es ihr Hauptziel, ihre Zuhörer darüber aufzuklären, wie Technologie ihr Leben verbessern kann. Im Lauf der Jahre hat ihre Liebe zur Innovation dazu geführt, dass sie viele Start-ups hinsichtlich der Aspekte Produkte, Kommunikation und Marketing beraten hat, darunter Goodreads (von Amazon aufgekauft), about.me (von AOL aufgekauft), DailyDrip, SoundTracking (von Rhapsody aufgekauft), Milk (von Google aufgekauft), WeGame (von Tagged aufgekauft), Forge, Chic CEO und andere. Außerdem ist sie Podcasterin und Host von *IRL* für Mozilla und *Sword & Laser*.

Welches Buch (welche Bücher) verschenkst du am liebsten? Warum? Welche ein bis drei Bücher haben dein Leben am stärksten beeinflusst?

10% Happier von Dan Harris hat mich ganz neu über Achtsamkeit und Meditation nachdenken lassen. Für mich war das immer etwas für »andere«, doch Dans Erfahrungen mit Angst- und Panikattacken (vor allem vor der Kamera, womit ich beruflich ja ebenfalls zu tun hatte) machten mich sehr betroffen. Hinzu kam, dass er sich diesen Themen sehr skeptisch näherte, sodass bei mir nicht der Eindruck entstand, ich sollte angeworben oder bekehrt werden. Es ist einfach eine tolle Möglichkeit für eine Bestandsaufnahme der eigenen Gedanken und Stimmungen.

Welche Anschaffung von maximal 100 Dollar hat für dein Leben in den letzten sechs Monaten (oder in letzter Zeit) die größte positive Auswirkung gehabt?

Ich besorge mir Shampoo und Spülung neuerdings in der Drogerie. Ich stellte fest, das eine Flasche Pantene für 4 Dollar viel mehr bringt als das Zeug von Sephora für 25 Dollar. Nur weil etwas teuer ist, ist es nicht unbedingt besser.

Was ist eine deiner – gern auch absurden – Eigenheiten, auf die du nicht verzichten möchtest?

Ich fotografiere Hunde und poste die Bilder in der Dogspotting-Facebook-Gruppe. Dabei sind komplizierte Regeln zu beachten: Der Hund muss bis dato unbekannt sein, Menschen müssen möglichst ausgeblendet werden, »tiefhängende Früchte« (also Fotos von Hunden, die an Orten gemacht wurden, an denen mit Hunden zu rechnen ist – wie auf dem Hundeplatz) sind mit Vorsicht zu genießen, und dergleichen mehr. Für mich ist das eine seltsam kathartische Erfahrung – so sehr, dass ich auf Anchor.fm einen Mini-Podcast mit dem Titel *Dogs I've Seen Today* gestartet habe. Ist offenbar meine große Leidenschaft.

Wozu kannst du heute leichter Nein sagen als vor fünf Jahren?

Ich habe endlich begriffen, dass meine Freizeit genauso wertvoll ist wie meine Arbeitszeit, und dass ich sie entsprechend planen muss. Wenn ich früher freie Tage in meinem Kalender sah, fand ich es viel schwieriger, Projekte, Vortragstermine oder Verabredungen zum Kaffeetrinken abzulehnen. Inzwischen sehe ich solche Zeitblöcke und denke: »Oh, da wollte ich stundenlang Netflix-Filme schauen, tut mir leid.«

Welcher (vermeintliche?) Misserfolg war die Voraussetzung für deinen späteren Erfolg? Hast du einen »Lieblingsmisserfolg«?

Mein Lieblingsmisserfolg war mein Einsatz als Moderatorin bei der Premiere der sechsten Staffel von *Game of Thrones* für HBO. Eigentlich lief alles gut, doch dann machte ich den Fehler, danach online zu gehen und die Kommentare zu lesen. Ganz dumme Idee. Statt einen zauberhaften Abend zu verbringen, saß ich in meinem Hotelzimmer am Telefon und heulte meinem Mann die Ohren voll.

Doch dieses Erlebnis brachte mir Gewissheit: Ich hatte in den letzten sechs Monaten beiläufig an eine berufliche Veränderung gedacht, aber Angst davor gehabt, etwas auszuprobieren, was ich noch nie professionell betrieben hatte. Dort in meinem Hotelzimmer dachte ich: »Warum verschwende ich meine Zeit mit etwas, das mich unglücklich macht? Wieso nicht mal was riskieren?«

Und das tat ich. Ich nahm keine Aufträge mehr an, ließ meine Videoverträge auslaufen und verbrachte meine Zeit damit, mehr über Produktmanagement zu erfahren und herauszufinden, wo ich hingehörte. Es war ein schrecklicher Abend, aber er gab mir den Anstoß zu etwas vollkommen Neuem, Großartigem.

Wenn du an einem beliebigen Ort ein riesiges Plakat mit beliebigem Inhalt aufhängen könntest, was wäre das und warum?

Ich hatte immer nur eine Devise: »Fuck you, pay me.« ... Nachdem ich fast zehn Jahre lang selbstständig gewesen war, kannte ich so ziemlich jeden Trick, mit dem Leute versuchten, unbezahlt an meine Leistung zu kommen. »Exponierung«, »sich neues Publikum erschließen« oder »eine tolle Erfahrung machen«, das ist alles gut und schön, aber damit zahlt man keine Miete, und man stellt auch kein Essen auf den Tisch. Man muss wissen, was man wert ist.

Welche schlechten Ratschläge kursieren in deinem beruflichen Umfeld oder Fachgebiet?

Meiner Ansicht nach gehen die Leute davon aus, dass jedes Feedback zum eigenen Produkt zählt (ob es ein Podcast ist, eine App oder was auch immer). Doch Feedback entsteht ganz unterschiedlich, und nicht alle Ideen von Nutzern taugen etwas. Wer Feedback zu viel Wert beimisst, kann die Vision für das eigene Produkt so verfälschen, dass es sich plötzlich gar nicht mehr wie das eigene Produkt anfühlt.

Welchen Rat würdest du einem intelligenten, motivierten Studenten für den Einstieg in die »echte Welt« geben?

Warte nicht ab, bis du einen Job hast, um das zu tun, was du gern tust. In den meisten Berufen bekommt man leichter einen Fuß in die Tür, wenn man Eigeninitiative zeigt und sich bereits für Projekte engagiert, die mit der künftigen Tätigkeit zu tun haben. Willst du Schriftsteller oder Journalist werden, dann schreib einen Blog und aktualisiere ihn regelmäßig. Wenn du Programmierer werden willst, dann starte und betreue ein Projekt auf GitHub. Alles, worauf du in deinem LinkedIn-Profil verweisen kannst und das aussagt, dass du mit ganzem Herzen bei der Sache bist, ist gut.

Was tust du, wenn dir alles zu viel wird, du nicht mehr fokussiert bist oder deine Konzentration nachlässt?

Ich fühle mich sofort besser, wenn ich eine gute Liste gemacht habe. Ich finde es sehr befriedigend, etwas zu Papier zu bringen und dann Punkt für Punkt abzuhaken, wenn es erledigt ist. Ich kann mich dann besser auf das fokussieren, was ich kurzfristig leisten kann, und das allein fühlt sich schon an wie eine erledigte Aufgabe.

Wenn mir alles zu viel wird, hilft nichts besser als ein Hundespaziergang im Park. Das Laufen an der frischen Luft und die fröhlichen Hunde wirken Wunder. Außerdem ist es ein schönes Gefühl, dass einen der eigene Hund immer liebt – ganz gleich, wie gestresst man ist!

»Mein Lieblingsmisserfolg war jedes Mal, wenn ich auf der Bühne als Comedian total versagt habe. Weil ich am nächsten Tag aufgewacht bin und die Welt nicht untergegangen war.«

PATTON OSWALT
TW/FB: @pattonoswalt
pattonoswalt.com

PATTON OSWALT ist Stand-up-Comedian, Schauspieler, Stimmkünstler und Autor. Seit mindestens zwei Jahren höre ich im Auto immer wieder sein drittes Comedy-Special, *My Weakness Is Strong*. Sehr empfehlen kann ich die Stücke 8 und 9, »Ratten« und »Orgie«. Bekannt ist Oswalt auch für Rollen wie Spence Olchin in der Sitcom *The King of Queens*, als die Stimme von Remy im Film *Ratatouille* und als mehrere verschiedene Koenigs-Brüder in *Agents of S.H.I.E.L.D.* Er hat einen Primetime-Emmy für Outstanding Writing for a Variety Special und mit seinem Stand-up-Special *Patton Oswalt: Talking for Clapping* auf Netflix einen Grammy für das Best Comedy Album gewonnen. Oswalt ist Autor der zwei *New-York-Times*-Bestseller *Silver Screen Fiend: Learning About Life from an Addiction to Film* und *Zombie Spaceship Wasteland: A Book by Patton Oswalt.*

Welches Buch (welche Bücher) verschenkst du am liebsten? Warum?

Ich glaube, das Buch, das ich am häufigsten verschenkt habe, ist *The Enigma of Anger* von Garret Keizer. Es ist eine bemerkenswerte Meditation – andererseits ist das bei allem so, was Garret schreibt. Thema sind die Gefahren und Vorteile davon, die Beherrschung zu verlieren.

Das Buch hat mir durch einige Situationen geholfen, bei denen ich mich vor Zorn problemlos lebendig hätte aufessen können. Und ich vermute, es war ein Sicherheitsnetz für einige meiner, nun ja, leidenschaftlicheren Freunde.

Welche Anschaffung von maximal 100 Dollar hat für dein Leben in den letzten sechs Monaten (oder in letzter Zeit) die größte positive Auswirkung gehabt?

ChicoBags, wiederverwendbare Einkaufstaschen für Lebensmittel. Man schmeißt einfach ein paar davon hinten ins Auto. Sie sind superrobust, billig und prima dafür, alles Mögliche herumzutragen. Außerdem gutes Gewicht und Balance. Wenn man eine davon mit Dosen-Chili füllt, hat man eine hübsche Keule im Mittelalter-Stil.

Welcher (vermeintliche?) Misserfolg war die Voraussetzung für deinen späteren Erfolg? Hast du einen »Lieblingsmisserfolg«?

Mein Lieblingsmisserfolg war jedes Mal, wenn ich auf der Bühne als Comedian total versagt habe. Weil ich am nächsten Tag aufgewacht bin und die Welt nicht untergegangen war. Ich hatte die Möglichkeit, verdammt nochmal weiterzumachen und besser zu werden. Ich wünsche jedem, der sich in der Kunst versucht, wenigstens einen katastrophalen Misserfolg. Man bekommt dadurch Superkräfte.

Wenn du an einem beliebigen Ort ein riesiges Plakat mit beliebigem Inhalt aufhängen könntest, was wäre das?

»Die da gibt es nicht.«

Was ist das beste oder lohnendste Investment, das du je getätigt hast (in Form von Geld, Zeit, Energie etc.)?

Das Jahr, in dem ich am Existenzminimum gelebt und das Ersparte von drei Jahren (was sowieso nicht sehr viel war) aufgebraucht habe, von Sommer '92 bis Sommer '93 in San Francisco. Ich stand mindestens einmal pro Abend auf der Bühne und bin in einem Jahr als Comedian um zehn Jahre gewachsen. Ich habe jedes Sicherheitsnetz verbrannt, das ich hatte, während ich Erfahrungen sammelte. Wenn man das durchhält – und ich weiß, dass das vielen Leuten nicht gelingt – und man es irgendwie schafft, von nichts zu leben, dann zahlt sich das fast immer aus.

Was ist eine deiner – gern auch absurden – Eigenheiten, auf die du nicht verzichten möchtest?
Meditatives Beladen der Geschirrspülmaschine. Ich liebe es, den Geschirrspüler zu beladen, wenn ich ein Problem durchdenke. Das ist wie Tetris mit Geschirr und Besteck.

Welche Überzeugungen, Verhaltensweisen oder Gewohnheiten, die du dir in den letzten fünf Jahren angeeignet hast, haben dein Leben am meisten verbessert?
Jeden Tag meditieren, zweimal täglich. Einfach meinem Gehirn die Chance geben, sich zum Teufel nochmal auszuruhen und zu erfrischen. Das ist unheimlich hilfreich.

Welchen Rat würdest du einem intelligenten, motivierten Studenten für den Einstieg in die »echte Welt« geben? Welchen Rat sollte er ignorieren?
Lass dich eine Weile auf den Scheiß ein. Dein erster Job wird wahrscheinlich nerven, und deine Lebensumstände werden nicht viel besser sein. Genieß die unfertigen Jahre, denn sie werden dich viel schneller eigenständig machen. Ignoriere jeden, der dir sagt, du sollst lieber Sicherheit als Erfahrung suchen.

Welche schlechten Ratschläge kursieren in deinem beruflichen Umfeld oder Fachgebiet?
Zu Comedians heißt es oft, sie sollen versuchen, eher eine gesellschaftliche Antenne zu haben als einen moralischen oder kreativen Kompass. Aber wenn man versucht zu erraten, was die Massen akzeptieren oder ablehnen werden, führt das fast immer zu Stagnation.

Wozu kannst du heute leichter Nein sagen als vor fünf Jahren?
Ich bin bestimmt besser darin geworden, spontan Nein zu sagen, statt lange darüber nachzudenken und zu grübeln. Wenn mich etwas nicht direkt anspricht, dann ist es wahrscheinlich keine Beschäftigung wert. In meinen jüngeren Jahren war das ganz bestimmt noch nicht so. Aber ich werde älter und weiß, was richtig für mich ist und wo ich nichts beizutragen habe. Das muss nicht mal unbedingt heißen, dass etwas, zu dem *ich* Nein sage, die Beschäftigung damit nicht wert ist. Es heißt nur, dass es sich nicht lohnt, dass ausgerechnet ich mich damit beschäftige. Das ist ein Unterschied.

Was tust du, wenn dir alles zu viel wird, du nicht mehr fokussiert bist oder deine Konzentration nachlässt?
Ich meditiere. Ich setze mich 20 Minuten hin und meditiere. Das ist das Beste, was ich je gelernt habe.

»Es kommt vielleicht einmal eine Zeit, in der Zucker für mehr vorzeitige Todesfälle in Amerika verantwortlich sein wird als Zigaretten.«

LEWIS CANTLEY
cantleylab.weill.cornell.edu

LEWIS CANTLEY hat in der Krebsforschung gewaltige Fortschritte erzielt, die auf seine Entdeckung der Signalproteine Phosphoinositid-3-Kinasen (PI3K) zurückzuführen sind. Seine bahnbrechende Arbeit hat revolutionäre Behandlungsmethoden hervorgebracht, die mittlerweile bei Krebs, Diabetes und Autoimmunerkrankungen Anwendung finden. Er hat bislang über 400 wissenschaftliche Publikationen, über 50 Buchkapitel und zahlreiche Rezensionen verfasst. Seine Postdoktorandenforschung führte er in Harvard durch und war dort als Assistenzprofessor für Biochemie und Molekularbiologie tätig. Später erhielt er eine Professur für Physiologie an der Tufts University, kehrte aber als Professor für Zellbiologie an die Harvard Medical School zurück. Dort wurde er 2002 Leiter des neuen Instituts für Signaltransduktion und Gründungsmitglied des Lehrstuhls für Systembiologie.

Welches Buch (welche Bücher) verschenkst du am liebsten? Warum? Welche ein bis drei Bücher haben dein Leben am stärksten beeinflusst?

Ich lese alles Mögliche, aber ich lese selbst und schenke Freunden und Familienangehörigen besonders gerne die Bücher dreier zeitgenössischer Autoren: Richard Rhodes, Neal Stephenson und Philip Kerr.

The Making of the Atomic Bomb von Richard Rhodes ist ein Meisterwerk, das die Entwicklung der Atombombe chronologisch nachzeichnet und in einen historischen Kontext setzt. Während meines Studiums in Cornell befasste ich mich unter anderem mit theoretischer Physik und belegte Kurse bei Hans Bethe und anderen bekannten Forschern, deshalb hatte ich einige der Physiker, die in diesem Buch erwähnt werden, bereits persönlich kennengelernt. Und trotzdem lernte ich aus dem Buch mehr über Physik als in meinen Seminaren.

Neal Stephenson (Seite 493) ist ein unglaublicher Autor, dem es gelingt, fiktive Figuren zu erschaffen, die mit ihren Schrullen und Marotten ein Abbild echter Forscher und Mathematiker sind. Würde ich einen Kurs über Wissenschaftsgeschichte unterrichten, wäre der *The Baroque Cycle* Pflichtlektüre. Diese Romanserie schildert meisterhaft den Charakter Newtons und seiner Zeitgenossen. Die Wissenschaft wird manchmal (absichtlich) als Magie dargestellt, gelegentlich mit einer Prise Sex und Gewalt garniert, und deshalb ist das Buch viel zu spannend, um es wegzulegen.

Schließlich habe ich alles gelesen, was Philip Kerr über den fiktiven Berliner Polizisten Bernhard Gunther geschrieben hat, der sich durchs Leben schlägt, als die Nationalsozialisten in Deutschland die Macht ergreifen. Diese Bücher sind eine zeitgenössische Warnung an unsere eigene Zukunft in Amerika.

Welcher (vermeintliche?) Misserfolg war die Voraussetzung für deinen späteren Erfolg? Hast du einen »Lieblingsmisserfolg«?

Ein wichtiger Misserfolg war, als ich 1985 keine Festanstellung in Harvard erhielt. Als Assistent und außerordentlicher Professor am Institut für Biochemie und Molekularbiologie forschte ich zu den Proteinen und Lipiden, die die Trennschicht zwischen dem Inneren und Äußeren der Zellen bilden, und ging der Frage nach, wie sie an der Zellregulierung beteiligt sind. Diese Themen waren damals nicht sehr modern, jeder stürzte sich auf die Genforschung und Molekularbiologie. Mein Wechsel an die Tufts Medical School und später an die Harvard Medical School ermöglichte mir die Zusammenarbeit mit den an diesen Einrichtungen tätigen Wissenschaftlern, darunter Tom Roberts und Brian Schaffhausen, die die Bedeutung der biochemischen Pfade erkannten, die an der Entstehung von Krebs beteiligt sind.

Es war letztendlich die Arbeit in jenen Einrichtungen, die zur Entdeckung der PI3-Kinasen führte, eine Enzymfamilie, die eine wesentliche Rolle für das Zellwachstum spielen und sowohl an der Entstehung von Diabetes und Krebs mitwirken.

Was ist das beste oder lohnendste Investment, das du je getätigt hast (in Form von Geld, Zeit, Energie etc.)?

Meine beste Investition waren die acht Jahre Studium der Chemie und Biochemie. Während ich aktuell nach einer Heilung für Krebs forsche, stammt mein Wissen über die Entwicklung der verschiedenen Krebsformen und ihre Bekämpfung durch Medikamente von meinem Verständnis der Regeln, wie sie durch die Chemie und Biochemie vorgegeben werden. Diese Einsicht hat nicht nur zu bahnbrechenden Entdeckungen in meinem eigenen Labor geführt, sondern mir auch erlaubt, Firmen wie Agios und Petra zu gründen, die Medikamente für neuartige Krebstherapien entwickeln.

Was ist eine deiner – gern auch absurden – Eigenheiten, auf die du nicht verzichten möchtest?

Ich entspanne mich, indem ich auf meinem iPad Solitaire spiele. Ich versuche, Strategien zu finden, um den Regeln der Wahrscheinlichkeit ein Schnippchen zu schlagen, und das hilft mir, mich zu konzentrieren und an nichts anderes zu denken.

Noch verschrobener ist vielleicht meine [berufliche] Marotte, die Funktion von Proteinen aus ihrer linearen Aminosäurensequenz lesen zu wollen. Ein Protein ist ein Strang aus Aminosäuren mit ungefähr derselben Menge an Informationen, wie sie in etwa 500 Buchstaben enthalten ist, die üblicherweise einen Absatz in einem Buch ausmachen. Es gibt keinen Grund dafür, warum wir nicht in der Lage sein sollten, uns selbst beizubringen, diese Informationen in einem Protein zu »lesen« – so wie wir Absätze auf Englisch, Französisch oder Chinesisch lesen. Das Problem ist, die Regeln festzulegen. Mein Labor konzentriert sich darauf, das Protein in kurze Stränge von fünf oder zehn Aminosäuren aufzuteilen, die als »Motive« bezeichnet werden, die durch die Evolution konserviert worden und oft in multiplen Proteinen enthalten sind. Oft sind diese Motive ein Weg, den Proteine nutzen, um mit anderen Proteinen zu kommunizieren. Sobald wir die Funktion des Motivs kennen, können wir prognostizieren, wie das Protein mit anderen Proteinen in unserem Körper kommuniziert. Wenn mir jemand etwas über das Protein erzählt, das er/sie in Bezug auf eine Krankheit spannend findet, werfe ich sofort einen Blick auf die Sequenz und suche nach Motiven, die vielleicht eine Erklärung dafür liefern, wie das Protein mit der Krankheit in Zusammenhang steht. Dieser Ansatz ist für viele Entdeckungen verantwortlich, die in meinem Labor gemacht wurden.

Welche Überzeugungen, Verhaltensweisen oder Gewohnheiten, die du dir in den letzten fünf Jahren angeeignet hast, haben dein Leben am meisten verbessert?

Dadurch, dass ich von Cambridge nach New York City gezogen bin, brauche ich kein Auto mehr. Ich gehe zehn Minuten zu Fuß zur Arbeit, ungeachtet der Wetter- oder Verkehrslage. Ich muss keinen Schnee schaufeln, Eis von der Frontscheibe kratzen oder nach einem Parkplatz suchen. Das ist sagenhaft. So spare ich mindestens eine Stunde am Tag, und Gehen ist bekanntlich gesund.

Welchen Rat würdest du einem intelligenten, motivierten Studenten für den Einstieg in die »echte Welt« geben? Welchen Rat sollte er ignorieren?

Mein Rat ist, einen Beruf zu wählen, der dir leicht von der Hand geht und der es dir erlaubt, deiner Kreativität freien Lauf zu lassen. Wenn dir eine Tätigkeit leichtfällt, anderen aber nicht, musst du nicht zu hart arbeiten, um erfolgreich zu sein, und du wirst immer noch genügend Freizeit haben, um dein Leben zu genießen. Du wirst auch in der Lage sein, hin und wieder ein paar Überstunden zu machen, um die Konkurrenz hinter dir zu lassen, falls das nötig sein sollte. Wenn du allerdings die ganze Zeit Überstunden machen musst, nur um wettbewerbsfähig zu bleiben, wirst du ausbrennen und dein Leben nicht genießen können.

Du solltest keinen Beruf ergreifen, nur weil er während deiner Studienzeit beliebt oder lukrativ ist. Technologien und Infrastrukturen ändern sich in rasender Geschwindigkeit. Niemand kann vorhersagen, welcher Job in vier Jahren der beste sein wird. Wenn du dir nicht sicher bist, welche Talente du hast, dann solltest du dir ein breites Allgemeinwissen zulegen, mit dem du dir deine Optionen offenhältst. Die beste Fähigkeit ist, sich sowohl schriftlich als auch mündlich gut artikulieren zu können. Die beiden Collegekurse, die für meine Laufbahn vielleicht am wichtigsten waren, waren Seminare über Literaturtheorie und Logik (ein fortgeschrittener Kurs in Mathematik). Ich lernte in diesen Kursen, aus einem Bündel von Fakten die korrekte Schlussfolgerung zu ziehen und diese Schlussfolgerung einem breiten Publikum zu vermitteln.

Wenn du an einem beliebigen Ort ein riesiges Plakat mit beliebigem Inhalt aufhängen könntest, was wäre das und warum?

Meine Botschaft wäre: »Zucker ist giftig.« Zucker und andere natürliche oder künstliche Süßstoffe gehören zu den stärksten Suchtmitteln in unserer Umgebung. Wenn sie in einer Menge konsumiert werden, die den Stoffwechselumsatz im Muskel oder Gehirn überschreitet, wandelt sich Zucker in Fett, und das führt wiederum zu Insulinresistenz, Fettleibigkeit und einem höheren Risiko für viele andere Erkrankungen, darunter Krebs. Der Konsum von Fett und Protein kann ein Gefühl der Sättigung hervorrufen, aber der Konsum von Zucker löst binnen einer Stunde einen größeren Appetit auf mehr Zucker aus. Wir haben diese Sucht entwickelt, weil in der nicht allzu fernen Vergangenheit am Ende des Sommers, als die Früchte reif waren, die Aneignung von Winterspeck entscheidend war, um bis zur nächsten Ernte zu überleben. Aber heute ist Zucker ständig verfügbar und eines der billigsten Nahrungsmittel, die es gibt. Deshalb werden wir immer dicker. Es kommt vielleicht einmal eine Zeit, in der Zucker für mehr vorzeitige Tode in Amerika verantwortlich sein wird als Zigaretten. Ich habe in den letzten zehn Jahren ausführlich über dieses Thema geschrieben und Vorträge gehalten, weil sich in dieser kurzen Zeit unser Verständnis für die biochemisch bedingte Giftigkeit von Zucker, vor allem in Bezug auf Krebs, deutlich verbessert hat.

Welche schlechten Ratschläge kursieren in deinem beruflichen Umfeld oder Fachgebiet?

Die schlechteste Empfehlung ist, die eigenen Ideen und Daten für sich zu behalten, bis man in einer Fachzeitschrift einen Artikel veröffentlicht hat, in dem man diese Ergebnisse beschreibt. Immer wenn ich eine verrückte Idee habe oder auf ein unerwartetes Ergebnis stoße, rede ich mit meinen Kollegen darüber, um zu sehen, ob sie ähnliche Erfahrungen haben oder denken, dass meine Ideen verrückt sind. Das ist das, was an der Wissenschaft so Spaß macht. Mehrere Wissenschaftler mit unterschiedlichen Erfahrungen und Fachwissen können gemeinsam viel schneller auf die richtige Antwort kommen als ein einzelner Wissenschaftler für sich.

Was tust du, wenn dir alles zu viel wird, du nicht mehr fokussiert bist oder deine Konzentration nachlässt?

Ich spiele Solitaire, weil ich damit gut abschalten und besser einschlafen kann. Nach sechs Stunden wache ich oft spontan auf und alles scheint einfach und möglich zu sein.

Foto: WL000464/Photodisc/Thinkstock

BESTATTUNGEN
BRÄUNING GmbH

Hedelfinger Str. 25
73760 Ostfildern - Ruit
☎ 0711 412445
0171 1192050

Bei einem Todesfall sind wir für Sie da.
Wir erledigen sämtliche Formalitäten.

Foto: Zoonar RF/Zoonar/Getty Images Plus

Allmendinger GRABMALE
STEIN RAUM FORM

Würdige Gedenkstätte und individuelle Grabmale für Ihre Angehörigen

Einfühlsame und kostenlose Beratung mit umfangreicher Auswahl/Planung

Gestaltung in jeglicher Bearbeitungsart mit dem gewünschten Material

Telefon 0711 900 371-0 · info@allmendinger-gmbh.de
Allmendinger GmbH · Rudolf-Diesel-Straße 24 · 73760 Ostfildern (Nell.)
Filiale Köngen: Bahnhofstr. 9/1 · 73257 Köngen · Telefon 07024 9 675 675

Der Tod kann uns
von einem Menschen trennen,
der zu uns gehörte,
aber er kann uns nicht das nehmen,
was ihn mit uns verbindet.

TRAUER

Deine Tatkraft, Fürsorge und
Liebe werden uns fehlen.
Die Erinnerung an all das Schöne
mit dir wird in uns immer lebendig sein.

Ostfildern, im April 2025

Du hast uns geleitet und warst der Fels in der Brandung auf den man sich immer verlassen konnte. Deine Stärke und dein Optimismus haben uns bis zuletzt hoffen lassen. Wir werden dich nie vergessen.

Michael Dietrich

* 4. 6. 1960 † 25. 3. 2025

In Liebe
Deine Helga
Dein Sohn Kilian mit Jana
Dein Sohn Ortwin mit Lea
Deine Mama Rosina
Dein Bruder Erich mit Waltraut
Dein Bruder Erhard
und alle Angehörigen

Wir vermissen dich sehr und sind unendlich traurig, aber dankbar für die schöne gemeinsame Zeit voller Lebensfreude und die unvergesslichen Momente, die wir mit dir erleben durften.

Die Trauerfeier mit anschließender Urnenbeisetzung findet am Dienstag, 8. April 2025 um 13 Uhr auf dem Friedhof Hofäcker in Ostfildern-Nellingen statt.

AicheleBestattungen
Ostfildern-Nellingen | Burgstraße 5
Telefon 0711 / 34 01 29 99
info@aichele-bestattungen.de

Ostfildern-Ruit

Wolfgang Kolb

† 12.03.2025

Herzlichen Dank

sagen wir allen, die ihre Anteilnahme auf so vielfältige Weise ausgedrückt haben, für Blumen- und Geldzuwendungen

Es gibt etwas Trost zu spüren wie viele Menschen ihn geschätzt und geliebt haben.

Rita Kolb mit Angehörigen

ZITATE, ÜBER DIE ICH NACHDENKE

(Tim Ferriss: 8. Januar bis 29. Januar 2016)

»Die Leute sagen, das wir nichts anderes suchen als einen Sinn im Leben. Ich glaube nicht, dass das wirklich das ist, wonach wir suchen. Ich glaube, was wir suchen, ist die Erfahrung, am Leben zu sein.«

– JOSEPH CAMPBELL
amerikanischer Mythologe und Autor, bekannt für *The Hero with a Thousand Faces*

»Wenn du spielen musst, entscheide am Anfang über drei Dinge: die Regeln des Spiels, den Einsatz und wann du aufhörst.«

– CHINESISCHES SPRICHWORT

»Es gibt nichts, mit dem der beschäftigte Mann weniger beschäftigt ist als mit Leben. Nichts ist schwieriger zu lernen.«

– SENECA
römischer Stoiker-Philosoph, berühmter Dramatiker

»Erschaffen ist eine bessere Methode für Selbstentfaltung als Besitz. Durch Erschaffen, nicht durch Besitz, offenbart sich das Leben.«

– VIDA DUTTON SCUDDER
amerikanische Lehrerin und Sozialaktivistin

»Schwere Entscheidungen, einfaches Leben. Einfache Entscheidungen, schweres Leben.«

JERZY GREGOREK
FB: tim.blog/happybody (redirect)
thehappybody.com

JERZY GREGOREK wanderte mit seiner Frau Aniela (Seite 145) 1986 von Polen in die Vereinigten Staaten aus. Er wurde viermal Weltmeister im Gewichtheben und stellte einen Weltrekord auf. 2000 gründeten Jerzy und Aniela das Gewichtheberteam der UCLA. Als Mitbegründer des Happy Body Program hilft Jerzy seit über 30 Jahren Menschen dabei, in die Form ihres Lebens zu kommen. 1998 machte Jerzy am Vermont College of Fine Arts seinen Master in kreativem Schreiben. Seine Gedichte und Übersetzungen sind in zahlreichen Sammelwerken erschienen, unter anderem im *The American Poetry Review*. Sein Gedicht »Family Tree« gewann 1998 den Charles William Duke Long Poem Award der Zeitschrift *Amelia*.

Welches Buch (welche Bücher) verschenkst du am liebsten? Warum? Welche ein bis drei Bücher haben dein Leben am stärksten beeinflusst?

Nachdem ich diese Frage gelesen habe, musste ich mich umsehen und auf die Hunderte von Büchern blicken, die in meinem Arbeitszimmer stehen. Dann ging ich ins Wohnzimmer und sah dort die vielen anderen Bücher, dann die Stapel in meinem Schlafzimmer, in der Küche, im Kraftraum und im Meditationszimmer. Ich hatte das starke Gefühl, dass fast alle dazu beigetragen haben, mich zu der Person zu machen, die ich heute bin.

Ein Buch, das ich im Laufe meines Lebens immer wieder gelesen habe – es ist mit Notizen und Unterstreichungen mittlerweile richtig durchgearbeitet –, ist *The Doctor and the Soul* von Viktor E. Frankl. Frankl war ein Psychiater, der sechs Jahre in einem Konzentrationslager überlebt hat, und seine Arbeit befasst sich mit der Suche nach dem Sinn des Lebens, die er als sehr persönliche Aufgabe betrachtet. Dieses Buch half mir, schwere Entscheidungen zu treffen und meinen Glauben an eine bessere Zukunft zu bewahren.

The Tao of Power von R. L. Wing [eine Interpretation des *Tao Te Ching* von Laotse] half mir, die Beziehung zwischen »dem rechten Maß«, Gesundheit und Wohlstand zu sehen. Es begleitete mich auf einer 30 Jahre dauernden Reise, um das rechte Maß von Essen, Bewegung und Erholung zu finden; zu lernen, wie man sich zwischen »zu viel« und »zu wenig« bewegt, um ein vor Energie strotzendes, glücklicheres Leben zu führen.

Die *Letters from a Stoic* von Seneca lehrten mich die Arbeit an mir selbst: Mich ständig zu verbessern, damit ich für jede mögliche Katastrophe gewappnet bin. Ich lernte außerdem, dass das Eintreten einer Katastrophe gleichzeitig bedeutet, dass das Leben etwas von mir will. Es will, dass ich besser werde. Vor allem im Hinblick auf das Älterwerden breitet sich das ganze Szenario in aller Deutlichkeit vor mir aus. Ab dem 35. Lebensjahr bauen wir ab, egal was wir tun. Nachlassende Leistungen gehören zum Altern dazu, und infolgedessen werden viele depressiv. Aber wenn wir wie die Stoiker leben, wirkt sich das nicht negativ auf uns aus. Ein Stoiker ist stets bereit, jede Katastrophe anzunehmen und sie als Chance zu begreifen. Meine Frau fragte mich früher: »Warum freust du dich, wenn etwas Schlechtes passiert?« Ich freue mich nicht, ich bin deswegen nur nicht unglücklich. Ich konzentriere mich darauf, den störenden Faktor zu entfernen. Einmal verhielt sich ein Freund auf unethische Weise, weshalb ich ihm die Freundschaft kündigte, aber Aniela wollte wissen, warum ich mich nicht mehr aufregte. Ich antwortete, dass ich mich freue, weil ich nichts mehr mit dieser Person zu tun haben muss. Kannst du dir vorstellen, wie ich mich gefühlt hätte, wenn diese Sache fünf Jahre später passiert wäre? In jener Zeit hätte sich die Freundschaft vertieft, und der Bruch wäre mir noch viel schwerer gefallen.

Welche Anschaffung von maximal 100 Dollar hat für dein Leben in den letzten sechs Monaten (oder in letzter Zeit) die größte positive Auswirkung gehabt?

Als ich 19 Jahre alt war, war ich gerade erst Feuermann geworden und nahm zum ersten Mal an einem Einsatz teil, um einen Brand zu löschen, der in einem Apartment ausgebrochen war. Als unser Feuerwehrauto mit blinkenden Lichtern und heulenden Sirenen durch die Stadt fuhr, überkam mich ein überwältigendes Gefühl der Güte. Zum ersten Mal in meinem Leben hatte ich das Gefühl, dass mich jemand brauchte, und das gefiel mir. Seither habe ich mich weitergebildet und versucht, ein besserer Mensch zu werden, damit ich bedürftigen Menschen helfen kann und diese Güte immer wieder aufs Neue spüren kann.

Vor fünf Jahren beschloss ich, mein reaktives Verhalten zu verändern, aber zuerst funktionierte keiner meiner Tricks. Ich stellte philosophische und motivierende Zitate auf das Startmenü meines iPhone oder führte Tagebuch, aber die Sinnsprüche verloren mit der Zeit ihre Wirkung. Eines Tages sagte ich einer meiner Klientinnen, die ihrem Mann für alles die Schuld gab, dass sie zu 100 Prozent Verantwortung für ihren Teil ihrer Interaktionen übernehmen solle. »Auf diese Weise«, sagte ich, »werden Sie frei sein von dem Drang, ihn kontrollieren zu wollen, und Sie werden konstruktive Lösungen für Ihre Beziehung finden.« Als sie gegangen war, erkannte ich, dass mir derselbe Rat auch helfen würde. Wenn ich zu 100 Prozent persönliche Verantwortung übernähme, würde ich nicht mehr die Schuld bei anderen suchen und einen Zustand des Flows erreichen. Das würde mir in jedem Gespräch auch die nötige Klarheit geben, die richtigen Worte zu finden, um meinem Gegenüber zu helfen, eine schwere Entscheidung zu akzeptieren.

Am 8. März 2017 kaufte ich für 19,95 Dollar bei Amazon ein Armband mit dem Akronym IARFCDP: Nur ich weiß, was diese Buchstaben bedeuten, aber ich verrate sie jetzt. Sie sind der Schlüssel zu meinem persönlichen Leitspruch, der mein Bewusstsein schärft und mir hilft, durch meine eigenen emotionalen Stürme hindurchzusehen. Sie stehen für: »I Am Responsible For Calming Down People« (Ich bin dafür verantwortlich, Menschen zu beruhigen). Manchmal hilft es mir, anderen das beizubringen, was ich selbst lernen muss.

Ich lege es nie ab. Es erinnert mich im Laufe des Tages oft daran, wofür es steht, und ich spüre wieder die Güte in mir aufsteigen. Wenn ich manchmal auf einen verbalen Angriff kontern will, denke ich an das Armband und bremse mich, bevor ich den Punkt erreiche, an dem ich etwas Unbedachtes sage und mein Verhalten anschließend bereue. Dann erhasche ich für einen kurzen Augenblick den Flow.

Welcher (vermeintliche?) Misserfolg war die Voraussetzung für deinen späteren Erfolg? Hast du einen »Lieblingsmisserfolg«?

Ich wurde im Alter von 15 Jahren Alkoholiker, noch dazu von der übelsten Sorte. Nach sechs Monaten, die ich im Rausch mit Freunden verbrachte, wurde ich aus der Schule geworfen. In den nächsten drei Jahren hatte ich mehrere Filmrisse und konnte mich anschließend nicht mehr erinnern, wie ich die letzten zwei oder drei Tage verbracht hatte. Eines Tages erwähnte mein Freund Mirek, dass sein Vater seine alten Gewichthebersachen aus dem Haus schaffen wollte. »Du kannst sie bei mir lagern«, bot ich beiläufig an, weil ich nicht damit rechnete, dass er seinen Worten Taten folgen lassen würde. Am nächsten Tag erschien er mit seinen Hanteln und überredete mich, ein kurzes Workout zu machen, bevor wir ein Bier trinken gingen. Er war freundlich, aber auch hartnäckig, und ich merkte, dass er ein Gefühl der Zufriedenheit ausstrahlte, um das ich ihn beneidete. Nach sechs Monaten verbrachte ich meine Zeit überwiegend mit Mirek und anderen Gewichthebern und weniger mit meinen alten Freunden, den stadtbekannten Alkoholikern. Ein Jahr später war ich trocken und fühlte mich wie neugeboren.

Dieser große frühe Misserfolg half mir in vielerlei Hinsicht. Er zeigte mir, wie man mit beharrlicher Anstrengung sein Leben in einem Jahr von Grund auf verändern kann. Ich erkannte am eigenen Leib, wie wichtig ein Mentor in diesem Wandlungsprozess ist; deshalb ist Mentoring in unserer heutigen Arbeit so wichtig. Diese Zeit gab mir auch Einblicke in die Gedankenwelt eines Alkoholikers bzw. Abhängigen. Heute kann ich maßvoll trinken, ohne die Kontrolle zu verlieren. Aber wenn ich es nicht selbst erlebt hätte, bin ich mir nicht sicher, ob ich zur rechten Zeit die rechten Worte für die Alkoholiker gefunden hätte, die mein Verständnis brauchen.

Wenn du an einem beliebigen Ort ein riesiges Plakat mit beliebigem Inhalt aufhängen könntest, was wäre das und warum?

»Schwere Entscheidungen, einfaches Leben. Einfache Entscheidungen, schweres Leben.«

Nichts wirklich Bedeutsames oder Dauerhaftes wurde je in kurzer Zeit erschaffen. Wenn man die Geschichte hinter jedem großen Erfolg kennt, weiß man, wie viele Jahre vergangen sind und wie viele schwere Entscheidungen getroffen werden mussten, um ihn zu erreichen. Das Streben nach mehr ist nicht nur ein Akt des Ehrgeizes, es entstammt auch der Leidenschaft und Liebe. Mit einfachen Entscheidungen erreicht man nichts Substanzielles. Ich glaube, dass Menschen jede Mühsal überstehen können, wenn sie sinnvoll und konstruktiv ist. Schwere Entscheidungen bedeuten, dass man sich niemals auf seinen Lorbeeren ausruht, weil das Gehirn aktiv bleiben muss, um spontan neue Lösungen zu finden; es reicht nicht, sich auf alte Formeln zu verlassen. Schwere Entscheidungen machen uns weiser, klüger, stärker und reicher, während einfache Entscheidungen unseren Fortschritt aufhalten, weil wir unsere Energie auf Bequemlichkeit oder Vergnügen richten. In schweren Augenblicken muss man sich die Frage stellen, ob eine Entscheidung schwer oder einfach ist, und man wird sofort wissen, welche die richtige ist.

Was ist das beste oder lohnendste Investment, das du je getätigt hast (in Form von Geld, Zeit, Energie etc.)?
Nachdem ich meine Alkoholsucht überwunden hatte, erkannte ich, dass ich meine Bildung vernachlässigt hatte, und ich war entschlossen, die verlorene Zeit wieder aufzuholen. Ich fing an, 16 Stunden am Tag zu lernen, sieben Tage in der Woche, und einen medizinischen Beruf zu ergreifen. Die Studiengebühren überstiegen aber die finanziellen Mittel meiner Familie, deshalb schrieb ich mich an der Akademie für Brandschutz ein. Schon davor hatte ich Englisch gelernt. Obwohl es damals in Polen sehr unbeliebt war, wollte ich fließend Englisch sprechen können. Ich wusste zu jenem Zeitpunkt natürlich noch nicht, dass ich in einigen Jahren dazu gezwungen sein würde, Polen zu verlassen, um mein Leben zu retten, was dazu führte, dass ich als politischer Flüchtling in die USA kam.

Seit diesen Jugendjahren, als ich die Freude am Lernen entdeckte und beschloss, mich selbst weiterzubilden, war kontinuierliche Weiterbildung mein Weg zu persönlichem Erfolg und Glück. Als Aniela und ich Flüchtlinge in Europa waren, waren Bücher für uns wie Kleidung. Wir konnten nicht ohne sie sein. Wir haben es nie bereut, in unsere Bildung investiert zu haben. Als wir mit der Arbeit eines bezahlten Autoren nicht zufrieden waren, der *The Happy Body* für uns schreiben sollte, beschlossen wir, den Master in kreativem Schreiben zu machen, um unsere eigenen Geschichten und Ideen besser zu Papier zu bringen. Unsere Arbeit ist das Substrat aus den Tausenden von Büchern, die wir über die Jahre hinweg gelesen haben, und wir werden niemals aufhören zu lernen. Für uns sind Bücher das, was uns zu Menschen macht.

Was ist eine deiner – gern auch absurden – Eigenheiten, auf die du nicht verzichten möchtest?
Aniela und ich sind seit 38 Jahren verheiratet, und wir haben uns immer noch viel zu sagen. Wir haben ein Ritual: Zur Mittagszeit stellen wir die Arbeit ein und bereiten uns auf unser Date vor. Nachdem wir uns geduscht und unsere Lieblingskleidung angezogen haben, gehen wir in unser Stammlokal. Sobald wir eintreten, begrüßt uns die gesamte Belegschaft mit

einem warmen Lächeln, und wir werden vom Kellner an unseren Lieblingstisch begleitet. Er zeigt uns das Tagesmenü und öffnet eine Flasche Mineralwasser, während Aniela sich etwas aus der Speisekarte aussucht. Sie entscheidet sich jedes Mal für ein anderes Mittagsgericht, aber ich nehme immer dieselbe Vorspeise (Pommes frites), einen doppelten Wodka zum Hauptgericht sowie einen Teller Gemüse als Beilage. Ich liebe unsere Dates. Es gibt nichts Besseres, als nach 42 Jahren mit seiner Ehefrau gemeinsam am gedeckten Tisch zu sitzen und den Augenblick zu genießen.

Welche Überzeugungen, Verhaltensweisen oder Gewohnheiten, die du dir in den letzten fünf Jahren angeeignet hast, haben dein Leben am meisten verbessert?

Als ich 55 Jahre alt war, reiste ich nach Polen und erfuhr, dass alle fünf Brüder meiner Mutter mit Mitte fünfzig an Prostatakrebs gestorben waren. Als ich am Grab eines meiner Onkel stand, fiel mir auf, dass ich selbst 55 Jahre alt war. Nach meiner Rückkehr in die Staaten ging ich zu meiner Ärztin, die mir mitteilte, dass meine Prostata vergrößert war und eine Verhärtung aufwies. Sie testete meinen PSA-Wert, und nachdem das Ergebnis 9,5 war, schickte sie mich zum Urologen. Er war mit seiner Empfehlung sehr schnell und rigoros: Biopsie und bei Bedarf eine anschließende Operation. »Einen Moment«, sagte ich. »Ich muss erst darüber nachdenken.« Der Arzt drängte mich zu einer schnellen Entscheidung, aber ich wollte mich zuerst informieren. In der folgenden Woche las ich alles zu dem Thema, was ich in die Finger bekam, und beschloss, meine Ernährung umzustellen und mehr Gemüse zu essen, bevor ich einem medizinischen Eingriff zustimmte. Das Ergebnis? Nach sechs Monaten war mein PSA-Wert auf 5 gesunken, und nach weiteren sechs Monaten war er bei 1. Ein halbes Jahr später lag er bei 0,1, und daran hat sich bis heute nichts verändert.

Es ist ein Klischee, dass die wenigsten gerne Gemüse essen, aber in den letzten fünf Jahren habe ich viele kreative Zubereitungsarten entwickelt, die sehr schmackhaft sind. Jetzt fällt es mir leicht, viel Gemüse zu essen. Ich esse jeden Tag einen Teller Gemüsesuppe, trinke Gemüsesaft und esse ein Paté, das ich aus den Resten des entsafteten Gemüses zubereite, das ich mit Knoblauch, Zitronensaft, Grünkohl, Spinat und Avocado vermenge. Ich serviere es auf Bananen und anderen Früchten, damit es wie Sushi aussieht. Aber meine Lieblingskombination, die ich vor drei Jahren kreiert habe, besteht aus Kohl, Zwiebeln, Avocado und Birnen. Dieses Gericht ist schmackhaft, extrem gesund und lässt sich schnell zubereiten. Es verhalf mir auch zu einer Erkenntnis: Eine Steigerung in Sachen gesunder Ernährung ist völlig ausgeschlossen. Als ich erkannte, dass ich die besten Dinge aß, die es auf der Welt gibt, fühlte ich mich stolz und voller Energie. Niemand konnte besser essen als ich, höchstens genauso gut. Dann saß ich eines Tages mit einem Freund zusammen und unterhielt mich über Lebenserwartung und Gesundheit. Zum ersten Mal spürte ich keine tiefe Angst – sie war einfach weg. Ich wandte mich zu ihm und sagte: »Ich habe das Gefühl, dass ich noch eine ganze Weile leben werde«, und dann erzählte ich ihm meine Geschichte über die Angst. Er lächelte und sagte: »Ich hoffe, du bist ansteckend.«

Welchen Rat würdest du einem intelligenten, motivierten Studenten für den Einstieg in die »echte Welt« geben?
Als ich meine Ausbildung zum Brandschutzbeauftragten begann, hielt ein Professor eine Begrüßungsrede und sagte etwas wie: »Bis heute haben Sie fleißig gelernt und alles wiederholt, was die Welt Ihnen gesagt hat. Wenn wir erfolgreich sind, werden Sie etwas erschaffen, das die Welt noch nicht gesehen hat. Aber wenn uns das nicht gelingt, werden Sie einfach nur andere kopieren und wiederholen. Nehmen Sie meine Worte ernst: Lernen Sie fleißig, aber halten Sie Ihren Geist offen. Eines Tages werden Sie eine neue Welt gestalten, und ich hoffe, dass sie besser sein wird als die, in der wir heute leben.«

Welche schlechten Ratschläge kursieren in deinem beruflichen Umfeld oder Fachgebiet?
»Du musst Ausdauertraining machen.« In den 1990er-Jahren trainierte ich im Rahmen der Vorbereitung auf die Olympischen Spiele mit dem Gewichtheberteam am Gold's Gym in Venice. Dort war ein Trainer, der eingeladen wurde, sich dem Team anzuschließen. Als ich ihn fragte, warum er diese große Herausforderung annehmen wolle, sagte er, dass unsere Leistungen und die enormen Fähigkeiten des Nationalkaders großen Eindruck auf ihn machten. Er wollte unsere Techniken lernen, damit er sie später in sein Coaching einbauen konnte. Ich war einverstanden. Er schloss sich dem Team an, folgte dem Programm und nahm an allen unseren Trainingseinheiten teil. Eines Tages fing er mich ab und sagte: »Ich verstehe, was du tust und warum, aber ich trainiere Marathonläufer und Triathleten und glaube daher, dass Ausdauertraining sehr wichtig ist. Ich habe auch Feuerwehrleute in New York trainiert, die manchmal 40 Stockwerke treppauf rennen müssen, deshalb brauchen sie Ausdauertraining.« Ich sagte ihm, dass ich ihm eine Frage stellen wolle. Und wenn er danach immer noch dachte, dass Cardio wichtig sei, würde ich anfangen, es in mein Training einzubeziehen. Aber falls nicht, wäre die Diskussion ein für allemal erledigt. Er war einverstanden, und so fragte ich ihn: »Wenn ich die Ausrüstung eines Feuerwehrmanns nehmen und dem Olympiasieger im Marathon oder im 100-Meter-Sprint anlegen würde – wer wäre schneller?« Er starrte mich über eine Minute wortlos an. Dann sagte ich: »Jetzt weißt du, dass du die

New Yorker Feuerwehrleute langsamer gemacht hast, weil du ihre Ausdauer und nicht ihre Schnellkraft trainiert hast.« Er lächelte, und wir machten mit dem Training weiter.

Wozu kannst du heute leichter Nein sagen als vor fünf Jahren?

Ich habe endlich gelernt, zum Fatalisten in mir Nein zu sagen. Wenn der Fatalist gewinnt, bauen wir ab, und unsere Lebensqualität lässt nach. Es waren meine Klienten, die mich darauf aufmerksam machten, dass wir immer innere Dialoge zwischen dem Fatalisten und seinem Gegenüber, dem Herrn, führen [eine Anspielung auf Diderots Roman *Jacques der Fatalist und sein Herr*; A.d.Ü.]. Ganz gleich, was ich sagte oder tat, um sie zu motivieren und die Situationen zu überwinden, die sich ihnen in den Weg stellten, sie scheiterten trotzdem. Meine Klienten beobachteten sich einfach immer weiter dabei, wie sie Dinge taten, von denen sie wussten, dass sie nicht richtig waren, und trotzdem hatten sie nicht die Kraft, mit ihrem destruktiven Verhalten aufzuhören. Nachdem ich viel über dieses Problem nachgedacht hatte, erkannte ich, dass auch ich einen kleinen Fatalisten in mir hatte, und dass der Dialog zwischen dem Fatalisten und dem Herrn von selbst startet und ständig in meinem Kopf läuft. Der einzige Unterschied ist, dass mein Fatalist nicht mehr stark genug ist, um zu gewinnen. Er verliert um Haaresbreite – es können 49 Prozent Fatalist gegen 51 Prozent Herr sein. Ich verbrachte über ein Jahr damit, drei Notizbücher mit Dialogen zwischen dem Herrn und dem Fatalisten anzufertigen, und beobachtete dabei, dass der knappe Sieg des Herrn nur dann möglich ist, wenn er eine List anwendet. Indem ich eine Zeitlang die Dynamik beobachtete, war ich in der Lage, dem Herrn in mir das Heft in die Hand zu geben, und ich kann dem Fatalisten auf neue Weise den Weg versperren und mir einen größeren Vorsprung verschaffen – 5 oder sogar 10 Prozent –, was bedeutet, dass ich etwa einmal in der Woche scheitere statt wie früher mehrmals am Tag.

Was tust du, wenn dir alles zu viel wird, du nicht mehr fokussiert bist oder deine Konzentration nachlässt?

In den letzten 30 Jahren habe ich Hunderte von Gedichtbänden gelesen. Immer wenn ich ein Gedicht lese, das mir gefiel oder mich ansprach, nahm ich es in meine Sammlung auf, die ich »200 Gedichte gegen Depression« nenne. Immer, wenn ich mich überfordert fühle oder glaube, etwas falsch gemacht zu haben, gehe ich jetzt in mein Meditationszimmer, schlage eine beliebige Seite in meinem Gedichtordner auf und lese ein Gedicht laut. Normalerweise reichen zwei Gedichte aus, damit ich mich besser fühle und wieder Liebe in meinem Herzen spüre. Hier sind elf Lieblingsgedichte, die ich lese, wenn es mir nicht gut geht (11 ist die magische Zahl, die dem Herrn in mir Kraft gibt):

1. »The Fish« von Elizabeth Bishop
2. »Leaving One« von Ralph Angel
3. »A Cat in an Empty Apartment« von Wisława Szymborska
4. »Apples« von Deborah Digges
5. »Michiko Nogami (1946–1982)« von Jack Gilbert
6. »Eating Alone« von Li-Young Lee
7. »The Potter« von Peter Levitt
8. »Black Dog, Red Dog« von Stephen Dobyns
9. »The Word« von Mark Cox
10. »Death« von Maurycy Szymel
11. »This« von CzesŁaw MiŁosz

»Freundschaft entsteht in dem Augenblick, in dem der eine zum anderen sagt: ›Was? Du auch? Ich dachte, es geht nur mir so.‹«
– C. S. Lewis

ANIELA GREGOREK
FB: tim.blog/happybody (redirect)
thehappybody.com

ANIELA GREGOREK kam mit ihrem Mann Jerzy Gregorek (Seite 136) 1986 als politischer Flüchtling zur Zeit der Verfolgung der polnischen Solidarność-Bewegung in die Vereinigten Staaten. Als Profisportlerin errang sie fünf Weltmeistertitel und sechs Weltrekorde im Gewichtheben. 2000 gründeten Jerzy und Aniela das Gewichtheberteam der UCLA und wurden die Cheftrainer. Aniela machte an der Norwich University ihren Master in kreativem Schreiben. Sie schreibt und übersetzt Gedichte aus dem Polnischen ins Englische und aus dem Englischen ins Polnische. Ihre Gedichte und Übersetzungen sind bereits in bekannten Lyrikzeitschriften erschienen. Als Mitbegründerin des Happy Body Program hilft Aniela seit über 30 Jahren Menschen dabei, in die Form ihres Lebens zu kommen. Sie ist Co-Autorin von *The Happy Body: The Simple Science of Nutrition, Exercise, and Relaxation.*

Welches Buch (welche Bücher) verschenkst du am liebsten? Warum? Welche ein bis drei Bücher haben dein Leben am stärksten beeinflusst?

Das einzige Buch, das ich immer wieder lese ist *Man's Search for Meaning* von Viktor Frankl. Ich habe meine Gedanken, Gefühle und Kommentare schriftlich darin festgehalten. Es ist ein Buch, das ich schon sehr oft verschenkt habe, weil es die Art und Weise verändert, wie man über menschliches Leid und ein würdevolles Leben denkt.

Die meisten von uns versuchen, das Wunder des Lebens und das menschliche Dasein zu begreifen. Wir streben in unserer kurzen Zeit auf dieser Welt nach Bedeutung und etwas Höherem. Viktor Frankl fand seinen Lebenssinn. Seine Beobachtungen über die Reaktion oder das Verhalten in schwierigen Situationen versetzen mich immer wieder in Staunen – wie man sich für Güte und Gnade entscheiden kann oder für Egoismus und Selbstsucht. Nach der Lektüre seines Buches war ich tief ergriffen von den Widrigkeiten und Leiden in Konzentrations- und Arbeitslagern während des Zweiten Weltkriegs. Einer der Überlebenden sagte, dass »die besten von uns es nicht schafften«. *... trotzdem Ja zum Leben sagen* inspirierte mich dazu, mich am Vermont College mit den Werken jüdischer polnischer Dichter im Ersten und Zweiten Weltkrieg zu befassen. Sie gehörten einer verlorenen Generation von Dichtern an, und ich wollte ihr Leben und Werk ehren. Im Anschluss trug ich als Mitübersetzerin und Herausgeberin dazu bei, zwei Bände mit ausgewählten Gedichten dieser Autoren zu veröffentlichen.

Mein anderes Lieblingsbuch ist *Musicophilia: Tales of Music and the Brain* von Oliver Sacks, das mich daran erinnert, dass Musik heilsam ist und mit intensiven Erinnerungen verbunden sein kann. Ich entwickelte ein tieferes Verständnis dafür, dass Musik unsere Stimmung und unser Gehirn beeinflussen kann. Ich spürte den Einfluss der Musik auf die Erinnerungsfähigkeit nach dem Tod meines Bruders. Im Rahmen eines Vortrags für mein Studium des kreativen Schreibens hörte ich die Bachianas Brasileiras Nr. 5 und brach in Tränen aus. Der leise Gesang der Solistin versetzte mich in eine Zeit, in der ich vielleicht zwei oder drei Jahre alt war und meiner Mutter dabei zuhörte, wie sie beim Kochen oder Wäschewaschen auf genau dieselbe Weise sang.

Welcher (vermeintliche?) Misserfolg war die Voraussetzung für deinen späteren Erfolg? Hast du einen »Lieblingsmisserfolg«?

Als wir uns von unserem ersten Haus trennten, fühlte ich mich wie eine Versagerin. Wir hatten ein renoviertes Haus mit Geld gekauft, das wir nach mehreren Jahren mit zehn bis zwölf Arbeitsstunden pro Tag im Fitness-Studio gespart hatten.

Unser monatliches Budget für Essen und andere lebensnotwendige Dinge betrug magere 67 Dollar; wir hatten das Gefühl, den amerikanischen Traum zu leben. Und wir hatten das Haus von unten bis oben selbst renoviert. Unsere Klienten wussten immer, dass wir daran gearbeitet hatten, weil unsere Haare nach Farbe rochen oder noch Farbreste unter unseren Fingernägeln waren.

Acht Jahre später hatte das Northridge-Erdbeben unser Haus wie auch viele andere Häuser in unserer Straße beschädigt. Die Nachbarn zogen weg, die Gegend verwahrloste, der Wert unserer Immobilie sank drastisch. Etwa zur selben Zeit starb meine Mutter völlig unerwartet. Das veranlasste mich dazu, meine Prioritäten im Leben zu überdenken – ich wollte nicht mehr für materielle Dinge arbeiten. Ich dachte an meinen scheinbar unerreichbaren Kindheitstraum, Autorin zu werden und in der Nähe eines Gewässers zu leben.

Mein Mann und ich beschlossen, den finanziellen Verlust hinzunehmen, unser Traumhaus zu verlassen und ganz von vorne anzufangen. Wir zogen nach Marina del Rey, um ein kreativeres und zielgerichteteres Leben zu führen. Jahre später verstand ich, dass mein Ziel, ein Haus zu besitzen, mich nicht befriedigt hätte. In Wirklichkeit wollte ich ein spirituelles Zuhause, einen Ort in mir, an dem ich jederzeit ein Gefühl der Erfüllung erfahren konnte.

Wenn du an einem beliebigen Ort ein riesiges Plakat mit beliebigem Inhalt aufhängen könntest, was wäre das und warum? Gibt es Zitate, an die du häufig denkst oder nach denen du lebst?
Da habe ich einige:

> »Viel und oft zu lachen; die Achtung intelligenter Menschen und die Zuneigung von Kindern zu gewinnen … die Welt ein wenig besser zu verlassen … zu wissen, dass wenigstens das Leben eines Menschen leichter war, weil du gelebt hast; das bedeutet, nicht umsonst gelebt zu haben.« – Ralph Waldo Emerson

> »Manche Menschen sehen die Dinge, wie sie sind, und sagen: ›Warum?‹ Ich träume von Dingen, die es nie gab, und sage: ›Warum nicht?‹« – Robert Kennedy

> »Freundschaft entsteht in dem Augenblick, in dem der eine zum anderen sagt: ›Was? Du auch? Ich dachte, es geht nur mir so.‹« – C. S. Lewis

> »Es ist unmöglich zu leben, ohne bei etwas zu scheitern. Es sei denn, man lebt so vorsichtig, dass man genauso gut gar nicht gelebt haben bräuchte.« – J. K. Rowling

Was ist das beste oder lohnendste Investment, das du je getätigt hast (in Form von Geld, Zeit, Energie etc.)?

»Wenn wir die Menschen nur nehmen, wie sie sind, so machen wir sie schlechter; wenn wir sie behandeln, als wären sie, was sie sein sollten, so bringen wir sie dahin, wohin sie zu bringen sind.« – Johann Wolfgang von Goethe

Wenn ich in meiner Praxis zum ersten Mal einen Klienten sehe, sehe ich ihn als Endprodukt – wie er in Zukunft sein wird. Jeder Mensch ist wundervoll. Was zwischen ihm und der Person steht, die er sein will, ist seine Bereitschaft, feste Gewohnheiten und Denkweisen zu durchbrechen und eine neue Lebensweise anzunehmen. Ich unterstütze ihn in seinem Streben nach Veränderung und der Befreiung von unerwünschten Gewohnheiten.

Meine beste Investition war es, Geld für Mentoren und meine persönliche Weiterbildung auszugeben. Ich habe Zeit und Energie aufgewendet, um zu lernen, wie ich jeder Person effektiv helfen kann, die durch meine Tür schreitet.

Welche Anschaffung von maximal 100 Dollar hat für dein Leben in den letzten sechs Monaten (oder in letzter Zeit) die größte positive Auswirkung gehabt?

Ich habe einen possierlichen und neugierigen gelb-grünen Wellensittich gekauft, den unsere Tochter »Margarita« genannt hat. Der neue Vogel hat die zwölfjährige »gute Seele des Hauses« ersetzt (wie ich unsere Vögel gerne nenne), die leider verstorben ist.

Wozu kannst du heute leichter Nein sagen als vor fünf Jahren?

Ich wurde besser darin, Nein zu Negativität zu sagen. Das erste Anzeichen von Negativität ist Reizbarkeit. Wenn ich sie erkenne, erspare ich mir selbst und meinen Angehörigen viel Leid, indem ich eine Auszeit nehme. Tiefe Atemzüge helfen. Beim Ein- und Ausatmen komme ich zur Ruhe und kann beobachten, welche Gedanken gerade durch meinen Kopf gehen; außerdem sehe ich mein Gegenüber klarer.

Ich mache keine Schuldzuweisungen, beschwere mich nicht und lästere nicht. Ich bringe auch meiner Tochter diese Regeln bei. Wenn ich nichts Positives sagen kann, schweige ich. Das macht mein Leben leichter und glücklicher. In dem Augenblick, in dem ich auf destruktive Verhaltensweisen zurückgreife – Schuldzuweisungen, Beschwerden oder Lästern –, werde ich negativ. Das ist ein Zeichen dafür, dass ich vermeide, wofür ich verantwortlich bin: mein Leben. Negativität ist wie ein Gift. Es vergiftet den Geist und persönliche Beziehungen. Man verhält sich passiv. Wenn man konstruktive Kritik übt mit der Absicht, jemandem zu helfen, an sich zu arbeiten, dann ist man aktiv. Die Art und Weise, wie ich meine Botschaft vermittle, ist wichtig, weil ich ja nicht die Absicht habe, mein Gegenüber zu kränken oder persönlich anzugreifen. Wenn ich sehe, wie die Negativität durch jemanden durchbricht, mit dem ich interagiere, ob es nun ein Klient oder Freund ist, zeige ich dieser Person den Weg zu positiven Lösungen auf.

Was ist eine deiner – gern auch absurden – Eigenheiten, auf die du nicht verzichten möchtest?
Zuerst dachte ich ja, dass ich keine ausgefallenen Gewohnheiten habe. Also fragte ich meine Tochter Natalie, weil Kinder solche Dinge besser wissen als ihre Eltern. Sie sagte: »Mama, du bist die normalste Person, die ich kenne. Aber du machst manchmal seltsame Dinge, wie zum Beispiel die Sache mit den Gläsern.«

Sie bezieht sich auf unser Restaurantglas, Glücksglas und viele andere Gläser. Mein Mann, meine Tochter und ich sind sehr willensstarke Personen mit klaren Vorlieben, und das Restaurantglas entstand nach einem Streit. Immer wenn wir uns darüber unterhielten, wo wir essen gehen wollten, konnten wir uns nicht einigen und stritten so lange, bis uns der Appetit vergangen war. Das war nicht lustig. Dieselbe Situation trat ein, als wir uns für eine Wochenendbeschäftigung entscheiden mussten.

Ich rief meine Familie zusammen und gab jedem einen Stift und Post-it-Zettel, auf die wir unsere Ideen aufschrieben. Es machte Spaß zu sehen, was meiner Familie alles einfiel. Mein Mann und meine Tochter stellten fest, dass sie eigentlich dieselben Orte und Aktivitäten mochten. Normalerweise war ich diejenige, die neue Ideen einführte, die aber oft auf Widerstand stießen. Mit den Gläsern hatte ich nun also die Gelegenheit, Dinge und Aktivitäten einzuführen, mit denen ich gerne experimentieren und die ich gerne ausprobieren würde.

Mit den Gläsern verschwand die Notwendigkeit, Druck, Manipulation oder Überredungskunst anzuwenden. Heute verschwenden wir keine Zeit mehr damit, einfache Entscheidungen zu zerreden, wir ziehen einfach einen Zettel aus dem Glas, und alle sind mit der Entscheidung zufrieden (oder nehmen sie zumindest hin).

Das Glücksglas wurde eingeführt für jene Situationen, in denen wir als Familie eine schwere Zeit durchmachen. Wir dachten uns eine Reihe von Dingen aus, die uns allen Spaß bereiten – ganz einfache Dinge wie unsere Hündin Bella baden oder Kartoffel-Zucchini-Pfannkuchen backen.

Was tust du, wenn dir alles zu viel wird, du nicht mehr fokussiert bist oder deine Konzentration nachlässt?

Wenn ich mich unkonzentriert fühle, hilft es mir am meisten, in der Natur spazieren zu gehen. Wenn ich mich in der Nähe von Wasser aufhalte, hat das eine beruhigende Wirkung auf mein Nervensystem und der Rhythmus der wogenden Wellen entspannt mich. Zwischen Bäumen spazieren zu gehen hat eine ähnliche Wirkung. Im Japanischen gibt es den Begriff »im Wald baden«; das bedeutet, dass man zwischen Bäumen lustwandelt und sich mit der Kühle, dem Duft und der Stille der Natur umgibt. Ich fühle mich dann erfrischt, gereinigt und neu beseelt.

In der Natur erlebe ich das Gegenteil von dem, was mir bei der Sitzmeditation widerfährt. Manchmal versuche ich meinen Geist zu bändigen und mich auf meine Transzendentale Meditation zu konzentrieren, die ich seit vielen Jahren praktiziere, nur um dann festzustellen, dass die erzwungene Ruhe die innere Unruhe nur verschlimmert. Dann fühle ich mich müder und gestresster als zuvor – und wende mich der Natur zu. Ich habe das Gefühl, dass die Natur mich meditiert.

Welche Überzeugungen, Verhaltensweisen oder Gewohnheiten, die du dir in den letzten fünf Jahren angeeignet hast, haben dein Leben am meisten verbessert?

Ich habe vor kurzem meine Überzeugungen über das Älterwerden und Muttersein verändert. Mit 25 Jahren dachte ich bereits, dass ich alt sei und alles bergab gehe, aber dann nahm mein Leben einige unerwartete Wendungen. Ich emigrierte in die USA, lernte eine neue Sprache, fing mit dem olympischen Gewichtheben an, machte einen Master in kreativem Schreiben und wurde Autorin und Übersetzerin. Ich entwickelte das Happy Body Program, ein Konzept, das meine Lebensaufgabe und mein Lebenswerk geworden ist. Mit 45 Jahren hatte ich das große Glück, ein Kind zu bekommen. Der Schlafmangel und die nervliche Belastung, die die Kinderpflege mit sich bringt, noch dazu ohne Angehörige in meiner unmittelbaren Umgebung, ließ mich um Jahrzehnte altern. Als meine Tochter allerdings älter wurde, fing ich an, meine innere Mitte als Mutter zu entdecken, und lernte, wie ich mich nicht nur um sie, sondern auch um mich selbst kümmern konnte. Jetzt bin ich 58 Jahre alt, meine Tochter ist 13, und ich blicke voller Freude und Zuversicht in die Zukunft. Ich sehe das Älterwerden aus zwei Perspektiven, weil ich einerseits meiner Tochter dabei zusehe, wie sie zur Frau heranreift, während ich mit einem Lebensstil älter werde, der mich jung hält.

»Niemand schuldet dir etwas.«

AMELIA BOONE
TW: @ameliaboone
IG: @arboone11
ameliabooneracing.com

AMELIA BOONE ist viermalige Weltmeisterin im Hindernislauf und gilt allgemein als erfolgreichste Hindernisläuferin der Welt. Sie wurde als »weiblicher Michael Jordan des Hindernislaufs« bezeichnet und als »Königin der Schmerzen«. Sie gewann die Weltmeisterschaft im Spartan Race 2013 und ist die einzige dreimalige Siegerin des World's Toughest Mudder. Bei der Austragung im Jahr 2012, die über 24 Stunden ging (mit 145 km und ca. 300 Hindernissen) schloss sie bei über 1000 Teilnehmern, davon 80 Prozent Männer, als *zweite* ab. Der Sieger schlug sie mit einem Vorsprung von gerade einmal acht Minuten. Amelia ist auch dreimalige Finisherin des Death Race, erfolgreiche Ultramarathonläuferin und hat sich an die Spitze ihres Sports hochgearbeitet, während sie gleichzeitig als Vollzeit-Anwältin für ein Unternehmen gearbeitet hat. Sie wurde von *Sports Illustrated* unter die »50 Fittesten Frauen« gewählt.

Welche Anschaffung von maximal 100 Dollar hat für dein Leben in den letzten sechs Monaten (oder in letzter Zeit) die größte positive Auswirkung gehabt?

In einer schwierigen Lebensphase kaufte ich mir ein handgemachtes Armband auf Etsy mit der Gravur: »Der Kampf endet da, wo die Dankbarkeit beginnt« [ein Zitat, das Neale Donald Walsch zugeschrieben wird]. Ich trage es jeden Tag am Handgelenk als ständige Erinnerung daran, für alles in meinem Leben dankbar zu sein.

Wenn du an einem beliebigen Ort ein riesiges Plakat mit beliebigem Inhalt aufhängen könntest, was wäre das und warum?

»Niemand schuldet dir etwas.«

Wir leben in einer Welt, in der viele Leute der Überzeugung sind, dass ihnen mehr im Leben zusteht. Meine Eltern erzogen mich dazu, für mich selbst verantwortlich zu sein, und prägten mir ein, dass ich die einzige Person bin, auf die ich mich in meinem Leben verlassen kann. Wenn du etwas haben willst, musst du dafür arbeiten. Du kannst nicht erwarten, es geschenkt zu bekommen. Wenn andere dir helfen, ist das wunderbar, aber es ist ein Luxus, kein Anspruch, den man hat. Ich glaube, dass der Schlüssel zur Selbstständigkeit die Loslösung von der Vorstellung ist, dass irgendjemand irgendwo dir etwas schuldet oder zur Rettung eilen wird.

Was ist das beste oder lohnendste Investment, das du je getätigt hast (in Form von Geld, Zeit, Energie etc.)?

2011 bezahlte ich 450 Dollar, um am ersten World's Toughest Mudder teilzunehmen, einem damals neuen Hindernislauf, der über 24 Stunden ging. Ich hatte damals noch Schulden von meinem Jurastudium, das mich viel Geld gekostet hatte, und ich konnte mir nicht wirklich vorstellen, dass ich den Lauf beenden oder sogar daran teilnehmen konnte. Aber ich belegte den 11. Platz (von 1000 Teilnehmern), und das veränderte mein Leben, weil ich anschließend meine Karriere als Hindernisläuferin begann und mehrere Weltmeisterschaften gewann. Hätte ich damals nicht die Startgebühr für den Lauf bezahlt, wäre das alles nicht passiert.

Was ist eine deiner – gern auch absurden – Eigenheiten, auf die du nicht verzichten möchtest?

Jedes größere Ereignis in meinem Leben – von Wettkämpfen über neue Jobs bis hin zu Trennungen – verbinde ich mit einem Lied. Das ergibt sich normalerweise ganz von selbst: ein Songtext, den ich in einem bestimmten Augenblick in meinem Leben hörte, oder ein Lied, das ich während eines Laufs ständig vor mich her singe (eine Angewohnheit von mir). Ich habe diese Songs in einer Playlist in chronologischer Reihenfolge sortiert. Ich kann diese Playlist aufrufen, anhören und so die damit verbundenen Ereignisse in meinem Leben, die guten wie die schlechten, wieder in Erinnerung rufen. Das hat einen großen Einfluss auf mich und meine Fähigkeit, bestimmte Situationen oder Erlebnisse ins Gedächtnis zu rufen und neu zu erleben.

Beispiele:

* World's Toughest Mudder 2012: Macklemore, »Thrift Shop« (rappte ich vor mich hin, um sicherzugehen, dass ich mitten in der Nacht wach und ansprechbar war).
* Jurastudium und Abschlussprüfung: Augustana, »Sunday Best«

Oh, und ich esse vor jedem Lauf ein Pop-Tart. Die meisten Leute finden das merkwürdig.

Welches Buch (welche Bücher) verschenkst du am liebsten? Warum? Welche ein bis drei Bücher haben dein Leben am stärksten beeinflusst?

Atlas Shrugged von Ayn Rand. Von Überzeugungen und Gefühlen über Objektivismus einmal abgesehen: Als ich dieses Buch als Teenagerin las, war ich von der Hauptfigur Dagny Taggart fasziniert – noch nie hatte ich mich so mit einer Romanfigur identifizieren können. In jenen prägenden Jahren, in denen ich herauszufinden versuchte, was ich in meinem Leben erreichen will (teilweise arbeite ich immer noch daran), war dies ein einschneidendes Erlebnis.

A Tale of Two Cities von Charles Dickens. Das liegt nicht unbedingt an dem Buch selbst (obwohl es bis heute zu meinen Lieblingstiteln zählt), sondern an den äußeren Umständen, also wann und wo ich es las. Meine Lehrerin in der fünften Klasse merkte, dass mich die Schullektüre unterforderte, und deshalb gab sie mir das Buch als Zusatzaufgabe. Als Zehnjährige musste ich mich durch das Buch kämpfen, aber ich werde niemals das Gefühl des Triumphs vergessen, als ich die letzte Seite fertig gelesen hatte. Als ich es Jahre später erneut las, fiel mir auf, dass ich beim ersten Mal nicht einmal die Hälfte verstanden hatte, aber darum ging es damals nicht – es ging vielmehr darum, dass ich eine Lehrerin hatte, die mir dieses Buches zutraute, und das gab meinem zehnjährigen Ich ein enormes Selbstbewusstsein. Und seither habe ich jeden Roman von Dickens gelesen.

Brave Enough von Cheryl Strayed. Seit meiner frühen Kindheit sammle ich Zitate. Das Schöne an Zitaten ist, dass sie in verschiedenen Lebenssituationen unabhängig vom ursprünglichen Kontext eine völlig andere, neue Bedeutung haben können. Ich stieß auf das Buch in einer schwierigen Lebensphase und viele Zitate kleben immer noch an meinem Badezimmerspiegel.

Welche schlechten Ratschläge kursieren in deinem beruflichen Umfeld oder Fachgebiet?

»Wer rastet, der rostet.« So viele Athleten denken, dass sie mit der Einstellung »viel hilft viel« mehr erreichen, aber damit steuern sie geradewegs auf Burnout, Verletzungen, Übertraining und hormonelle Probleme wie Nebennierenschwäche zu. Diese Einstellung ist zwar unter Athleten weit verbreitet, aber auch bei anderen ehrgeizigen Menschen in anderen Lebensbereichen. Wachstum und Fortschritte stellen sich erst durch Ruhephasen ein, und dennoch gilt Ruhe in manchen Kreisen als verpönte Schwäche. Das muss sich ändern.

Was tust du, wenn dir alles zu viel wird, du nicht mehr fokussiert bist oder deine Konzentration nachlässt?

Das klingt vielleicht seltsam, aber ich fange dann in der Regel an, meine Badewanne zu schrubben oder den Kühlschrank auszuwischen. Wenn ich das Gefühl habe, nicht weiterzukommen und festzustecken, gibt mir profane Hausarbeit die nötige Disziplin, mich neu zu konzentrieren. Also entweder putze ich oder treibe Sport, am besten in Form eines Waldlaufs. Natur und Endorphine helfen immer.

Welchen Rat würdest du einem intelligenten, motivierten Studenten für den Einstieg in die »echte Welt« geben? Welchen Rat sollte er ignorieren?

Wenn du dir nicht sicher bist, in welche Richtung dein Leben gehen soll oder was dir Freude bereitet, dann achte auf Aktivitäten, Ideen und Bereiche, bei denen dir der Weg an sich Spaß macht und nicht nur das Ziel. Uns zieht es oft zu Aufgaben, deren Ergebnisse uns eine gewisse Bestätigung geben, aber ich habe gelernt, dass wahre Erfüllung daher rührt, dass man den Weg genießt. Suche nach etwas, bei dem dir die Ausführung an sich Spaß macht, und es werden sich Ergebnisse einstellen.

Welche Überzeugungen, Verhaltensweisen oder Gewohnheiten, die du dir in den letzten fünf Jahren angeeignet hast, haben dein Leben am meisten verbessert?

Ich bin von Natur aus nicht sehr risikofreudig, doch in den letzten fünf Jahren habe ich gelernt, mich der Angst zu stellen, statt sie zu meiden. Ich neige dazu, den bewährten Weg zu gehen, der weniger böse Überraschungen bietet. Aber indem ich mich dazu zwinge, mich dem Unbekannten zu stellen (wie Joe De Senas »Death Race«), und unangenehme Erfahrungen einfach hinnehme, habe ich festgestellt, dass ich in solchen Situationen eigentlich meine stärksten Eigenschaften ausspiele. Und dann ist alles möglich.

»Sei gut als Ehefrau/ Ehemann/Mutter/Vater/ Freund. Schau dir das Leben von Paul Newman an. Mach es so.«

SIR JOEL EDWARD McHALE, LORD OF WINTERFELL
TW/IG: @joelmchale
joelmchale.com

JOEL McHALE ist am bekanntesten als Moderator der Sendung *The Soup* auf E! Entertainment Television und für seine Hauptrolle in der beliebten Comedyserie *Community*. Zu seinen Auftritten in Filmen zählen *A Merry Friggin' Christmas, Deliver Us from Evil, Blended, Ted, What's Your Number?, The Big Year, Spy Kids 4: All the Time in the World* und *The Informant*! Außerdem tritt er in den ganzen USA vor ausverkauften Häusern als Comedian auf. Im Jahr 2014 war er Moderator beim jährlichen White House Correspondents' Association Dinner in Washington D.C. und 2015 bei der Vergabe der ESPY-Awards des Senders ABC. McHale wurde in Rom geboren, ist in Seattle aufgewachsen und hat Geschichte an der University of Washington studiert, wo er auch Mitglied des Footballteams war. Seinen Master of Fine Arts machte er im Professional Actor Training Program der Hochschule. McHale ist der Autor von *Thanks for the Money: How to Use My Life Story to Become the Best Joel McHale You Can Be.*

Welches Buch (welche Bücher) verschenkst du am liebsten? Warum? Welche ein bis drei Bücher haben dein Leben am stärksten beeinflusst?

Weil diese Frage so groß ist, lieber Tim (ich kann gar nicht glauben, dass ich kein Geld dafür bekomme), werde ich einfach fünf Bücher nennen, du Kasper. Mein eigenes Buch *How to Use My Life Story to Become the Best Joel McHale You Can Be* werde ich nicht empfehlen … denn das würde arrogant wirken. Jetzt erhältlich!

Jedenfalls, hier sind die Bücher:

The Road von Cormac McCarthy. Dieses Buch ist Poesie (nicht wirklich). Kein Roman hat je besser die Liebe erfasst, die ein Elternteil für sein Kind empfindet. Außerdem zeichnet er ein Bild, das dem, wie eine post-apokalyptische Welt aussehen könnte, so nahekommt, wie es nur geht. Sehr unterhaltsam!

The Blade Itself von Joe Abercrombie. Merke dir meine Worte: Joe Abercrombie wird in die Geschichte eingehen als einer der großartigsten Fantasyromanautoren aller Zeiten. Er steht auf einer Stufe mit Tolkien. Diese Bücher sind magisch, weil er aus dem Nichts eine Welt mit Figuren erschafft, die so gut gezeichnet sind, dass man meinen könnte, Joe würde diese magischen Orte selbst besuchen und die Leute dort befragen. Und obendrein hat er einen urkomischen Sinn für Humor.

The Book of Strange New Things von Michel Faber. Die Brillanz dieses Buches lässt sich schwer beschreiben. Wenn du es liest, denke daran, dass es von einem Atheisten geschrieben wurde.

How to Fly a Horse: The Secret History of Creation, Invention, and Discovery von Kevin Ashton. Dieses Buch ist so hervorragend. Unter den vielen, vielen Dingen, die es beleuchtet, ist mit die größte Offenbarung, dass Kreativität nicht nur eine besondere Eigenschaft von wenigen ausgewählten Menschen ist – sie steckt in unserer DNA, bei jedem.

Deep Survival: Who Lives, Who Dies, and Why von Laurence Gonzalez. Ich habe dieses Buch vor 13 Jahren gelesen, und ich denke immer noch fast jede Woche daran. Der Titel sagt genau, worum es darin geht, und das ist faszinierend. Dieses Buch hat mich gelehrt, nichts als sicher anzunehmen. Es hat mich gelehrt, was ich in stressigen und einfachen Situationen tun muss, in die ich gerate, und wie ich sie mit ruhigem Kopf bewerte. Es erklärt, wie die Dinge wirklich sind, statt wie wir sie gerne hätten, dass sie sind. Und das macht den Unterschied zwischen Leben und Tod aus (mysteriös!).

Welche Anschaffung von maximal 100 Dollar hat für dein Leben in den letzten sechs Monaten (oder in letzter Zeit) die größte positive Auswirkung gehabt?

Okay, es ist länger als sechs Monate her (was willst du dagegen tun, Tim Ferriss, mich verklagen? Na los. Ich werde dich vernichten), aber ich nehme Audible.com (ich bekomme kein Geld dafür, dass ich das schreibe. Und jetzt kauf bitte gleich heute den Swiffer WetJet, er kann zaubern!). Ich bin Legastheniker (Sih aoch? Dises Tim Feriris Buch dauer Mir ewik!), also hat sich mein Leben verändert, als Audible.com kam. Letztlich habe ich viel mehr ausgegeben als die 100 Dollar, die uns Tim aus irgendeinem gottverdammten Grund vorgibt. Jedes Buch kann dort irgendetwas zwischen 3 und 30 Dollar kosten. Das hat die Welt der Klassiker für mich geöffnet, und dafür danke ich Gott und den Nerds, die diese App entwickelt haben. In der Highschool musste ich ein Referat über *Crime and Punishment* von Dostojewski halten. Die Chance für mich, das ganze Ding zu lesen, war in dieser Zeit ungefähr so hoch wie die, dass mir ein Schwanz wachsen würde. Die ungekürzte Audible-Version hatte ich dann in ein paar Wochen durch (das ganze Buch dauert 36 Stunden). Es war so gut, dass ich schauderte (könnte aber auch an der Grippe gelegen haben). Wenn ich Auto fahre, trainiere, abwasche oder so etwas, benutze ich die App und verliere mich in den Geschichten der Welt (entweder dadurch oder weil das Ecstasy richtig reinhaut).

Welchen Rat würdest du einem intelligenten, motivierten Studenten für den Einstieg in die »echte Welt« geben? Welchen Rat sollte er ignorieren?

Hey intelligenter, motivierter Student …

Zuallererst, warum hänge ich mit dir rum? Ich habe früher nie mit Leuten wie dir rumgehangen. Hast du Lust, im Kino *Baby Driver* zu schauen? Ich verstehe, du bist beschäftigt, du bist motiviert. Macht es dir was aus, wenn ich ein paar Bier trinke, während ich Tims Frage beantworte? Alles klar, ich mach das einfach.

Mein Rat für einen Studenten, der vor dem Einstieg in die echte Welt steht, ist nicht besonders erhellend. Wahrscheinlich hörst du das ständig, aber ich sage es dir trotzdem – nochmal. Also: Verfolge den Traum oder die Träume, die schon in dir gepflanzt sind. Ja, ein paar von euch sagen, sie wissen nicht, was dieser Traum ist, aber – es gibt ihn. Glaub mir.

Das ist das Richtige für dich. DICH. Ich glaube, dass du deinen Träumen folgen musst. So als wäre es ein Befehl.

Mach nicht einfach nur das, was die Leute von dir erwarten, und setz nicht auf Geld. Das kann eine Weile funktionieren, aber wenn du über 40 bist, wirst du ziemlich unzufrieden sein, wenn du diesen Weg gehst. Ich sehe das andauernd. Es ist Mist. Und außerdem – und genauso wichtig: Hilf Leuten, die weniger Glück haben als du, und hilf dem Planeten. Ja [nimmt einen großen Schluck aus der Bierflasche]. Am Ende deines Lebens wirst du viel glücklicher und besser (besser ist wichtiger) sein, wenn du etwas gemacht hast, das nicht nur egoistisch war, auch wenn es natürlich in Ordnung war, so egoistisch zu sein, deinen Traum zu verfolgen.

Oh, und sei gut als Ehefrau/Ehemann/Mutter/Vater/Freund. Schau dir das Leben von Paul Newman an. Mach es so. Mach es so. Mach es so.

»Glaube niemandem, der dir sagt, er weiß, was er tut. Der Drehbuchautor William Goldman hat einmal geschrieben: ›Niemand weiß irgendetwas‹ im Filmgeschäft, und das stimmt. Ich weiß, dass ich nichts weiß.«

BEN STILLER
TW: @RedHourBen
FB: /BenStiller
thestillerfoundation.org

BEN STILLER war als Autor, Schauspieler, Regisseur oder Produzent an mehr als 50 Filmen beteiligt, darunter *The Secret Life of Walter Mitty, Zoolander, The Cable Guy, There's Something About Mary,* die Trilogie *Meet the Parents, DodgeBall, Tropic Thunder,* die Serie *Madagascar* und die Trilogie *Night at the Museum.* Er gehört zu einer Gruppe von Comedy-Schauspielern, die als das Frat Pack bezeichnet werden. Seine Filme haben in Kanada und den USA mehr als 2,6 Milliarden Dollar eingespielt, durchschnittlich 79 Millionen Dollar. In seiner ganzen Karriere hat Stiller viele Preise und Ehrungen bekommen, darunter einen Emmy Award, mehrere MTV Movie Awards und einen Teen Choice Award.

Was ist eine deiner – gern auch absurden – Eigenheiten, auf die du nicht verzichten möchtest?
Ich habe eine Menge ungewöhnlicher Angewohnheiten, über die ich mich hier wahrscheinlich nicht näher äußern sollte. Ich halte unheimlich gern am Straßenrand an, wenn ich eine Geschichtstafel sehe, und lese sie dann ganz durch. Manchmal schaue ich mir auch den Ort dazu an. Das ist nicht absurd, aber manchmal kann ich mich sehr in solchen Sachen verlieren, und dann gibt es große Abweichungen von meiner Planung.

Ich stecke morgens zum Wachwerden gern meinen Kopf in einen Eimer voll Eis. Ich glaube gar nicht, dass das eine therapeutische Wirkung hat, aber es ist definitiv erfrischend und sieht wahrscheinlich absurd aus.

Welches Buch (welche Bücher) verschenkst du am liebsten? Warum? Welche ein bis drei Bücher haben dein Leben am stärksten beeinflusst?
Als ich Teenager war, hat mir eine Freundin meiner älteren Schwester *The Second Tree from the Corner* gegeben, ein Buch mit Kurzgeschichten von E. B. White. Das war immer sehr inspirierend. Es ist ein einfacher innerer Monolog über einen Mann, der in der Praxis seines Psychiaters versucht, die Frage zu beantworten, was er vom Leben will. Das Buch ist einfach und beispiellos bewegend, weil es klarmacht, wie vergänglich und flüchtig Momente des Glücks sein können, und genau darin liegt das ganze Geheimnis, worum es im Leben geht. Der Humor und die Emotion der Geschichte haben mich in jungem Alter bewegt und sich mit etwas in mir verbunden, das ich vorher nicht artikulieren konnte.

Außerdem habe ich von meiner Mutter *Nine Stories* von Salinger bekommen. Die Geschichte »For Esmé – with Love and Squalor« hat mich tief berührt. Es ist eine einfache Geschichte über einen Soldaten, der unter einer posttraumatischen Belastungsstörung leidet (auch wenn das damals noch nicht so hieß); eine kurze Begegnung mit zwei Kindern während seiner Zeit im Krieg hilft ihm, als er wieder in der Heimat ist. Der Schlag in den Magen am Ende, in dem nicht viel mehr passiert, als dass ein Brief gelesen wird, hat mir die Macht des Geschichtenerzählens gezeigt. Sie steht für das Wesen von dem, was Kunst tun kann: Menschen bewegen, und das auf eine sehr einfache Weise. Die Geschichte handelt von menschlicher Freundlichkeit und davon, dass ein kleiner Akt sehr viel bedeuten kann. Diese Idee, die mir in einem prägenden Alter präsentiert wurde, hat meine Einstellung zu Kunst sehr beeinflusst.

The Jaws Log ist ein Buch von Carl Gottlieb, dem Drehbuchautor für den Film *Jaws*. Es ist eine Tag-für-Tag-Nacherzählung über die Entstehung des Films und steckt voller Details über die Dreharbeiten vor Ort. Für mich war das unglaublich inspirierend – ich wollte Regisseur werden, und *Jaws* kam heraus, als ich zehn Jahre alt war. Ich liebte Filme und war fasziniert von allem, was damit zu tun hatte. Ich saugte die Informationen auf, und das Buch wurde so etwas wie meine Bibel für das Filmemachen, als ich begann, Super-8-Filme mit meinen Freunden zu drehen. Ein Buch wie dieses zur richtigen Zeit, das deinen Wissensdrang über eine bestimmte Kunst nährt, die du gerade erlernst, kann prägend sein. Ich kann mich noch an die Struktur des ramponierten Taschenbuch-Einbands erinnern und wie ich mich darauf freute, es immer wieder zu lesen. Außerdem ist es heute, im neuen Zeitalter des digitalen Filmemachens, eine tolle Chronik darüber, wie Filme entstanden, als der Prozess dafür noch viel analoger war.

Welche Anschaffung von maximal 100 Dollar hat für dein Leben in den letzten sechs Monaten (oder in letzter Zeit) die größte positive Auswirkung gehabt?

Ich habe den richtigen Rucksack gefunden [Incase City Collection]. Der ist wirklich wichtig, weil er so etwas wie mein tragbares Büro mit Brieftasche ist. Wenn man als Mann keine »Handtasche« (Männer-Handtasche) mit sich trägt, ist ein Rucksack meiner Meinung nach unverzichtbar. Irgendwie ist er irgendwann immer überfüllt, und wenn das so ist, erinnere ich mich daran, dass ich nicht die ganze Zeit alles mit mir herumtragen muss. Man sollte einen Rucksack mit einem guten Außenfach für Portemonnaie, Schlüssel etc. nehmen, das macht das Leben wirklich leichter.

Welcher (vermeintliche?) Misserfolg war die Voraussetzung für deinen späteren Erfolg? Hast du einen »Lieblingsmisserfolg«?

Als die lehrreichste und inspirierendste Erfahrung würde ich im Rückblick den Misserfolg von *The Cable Guy* an den Kassen und bei den Kritikern ansehen. Die Produktion dieses Films war eine rein kreative Erfahrung. Wir haben im Prinzip gemacht, was wir wollten, und die Chance dazu bekamen wir dadurch, dass Jim Carrey mit dem Film ein Risiko eingehen konnte. Bei der Produktion fühlten wir uns also erfüllt und begeistert. Aber als er herauskam, hasste jeder den Film und niemand ging ins Kino. Das war ein ziemlicher Schock, hauptsächlich, weil ich noch nie erlebt hatte, dass ein so ambitioniertes Projekt keinen Erfolg hat. Das tat weh, so wie es bei Misserfolgen immer ist. Aber ich glaube, wenn man so etwas zum ersten Mal durchmacht, dann weiß man nicht, wie man wieder herauskommt. Und wenn man es am Ende doch schafft, bekommt man eine Sichtweise, die man ansonsten nie bekommen hätte. Man lernt einfach, dass die Leute auf Kunst oder Unterhaltung positiv reagieren oder eben nicht. Das bedeutet nicht, dass Ursache und Wirkung miteinander zusammenhängen. Mit anderen Worten: Man tut immer das Beste in einem bestimmten Moment, und dann funktioniert es oder es funktioniert nicht. Von da an war ich in Bezug auf diesen Punkt weniger unschuldig oder vielleicht naiv. Als ich dann anschließend etwas machte, das gut ankam, wurde ich immer von dem Wissen gebremst, dass das nicht hieß, dass das Projekt selbst besser oder schlechter wäre. Ich glaube, das war sehr hilfreich. Außerdem lernt man, dass das wahre Erfolgsmerkmal bei einem Film ist, wenn die Leute noch Jahre später eine Verbindung zu ihm haben, wenn er ein »Leben« hat. Bei *Cable Guy* hat sich gezeigt, dass das so ist, stärker als bei anderen Filmen von mir, die »erfolgreicher« waren. Wenn Leute mich darauf ansprechen, finde ich das sogar noch befriedigender.

Wenn du an einem beliebigen Ort ein riesiges Plakat mit beliebigem Inhalt aufhängen könntest, was wäre das und warum? Gibt es Zitate, an die du häufig denkst oder nach denen du lebst?

»SEI HIER. JETZT« (etwas, das ich ständig versuche, das mir aber nicht immer gelingt).

Weil das Leben kurz ist und wir immer nur den aktuellen Moment haben. Unsere Erinnerungen sind wertvoll, aber sie sind Vergangenheit, und die Zukunft ist noch nicht da. Ich werde älter, und ich versuche, voll in den Momenten mit Menschen zu leben, die ich liebe und schätze. Ich habe viele Jahre damit verbracht, mich immer auf die nächste Sache zu konzentrieren, und habe mich dabei unter Stress gesetzt mit Dingen, die letztlich keine Rolle spielen und nicht glücklich machen. Ich versuche auf gewisse Weise immer, mich in dem zu »entspannen«, wo ich jetzt bin, ob ich dort gerade sein möchte oder nicht.

Welche Überzeugungen, Verhaltensweisen oder Gewohnheiten, die du dir in den letzten fünf Jahren angeeignet hast, haben dein Leben am meisten verbessert?

Mir Zeit zum Durchatmen zu nehmen, wenn ich mich gestresst fühle. Ich versuche dann, nur zu atmen und mich auf meine Atmung zu konzentrieren. Ich finde das wirklich entspannend, und es hilft mir, mich wieder zu konzentrieren und neu zu starten.

Welche schlechten Ratschläge kursieren in deinem beruflichen Umfeld oder Fachgebiet?

Ich glaube, die Leute halten sich zu sehr mit dem Versuch auf, herauszufinden, was gerade »heiß« ist, und das nachzumachen. Letztlich muss man als Filmemacher oder sogar als Schauspieler seine eigene Stimme entwickeln. Das braucht Zeit. Zu den schlechten Ratschlägen: Glaube niemandem, der dir sagt, er weiß, was er tut. Der Drehbuchautor William Goldman hat einmal geschrieben: ›Niemand weiß irgendetwas‹ im Filmgeschäft, und das stimmt. Ich weiß, dass ich nichts weiß, dabei bin ich schon lange dabei. Man fängt jedes Mal ganz von vorne an.

Höre also auf niemanden, der dir sagen will, welche Art von Film du schreiben, wie du aussehen oder welche Art von Arbeit du machen solltest.

ZITATE, ÜBER DIE ICH NACHDENKE

(Tim Ferriss: 11. März bis 25. März 2016)

»Wie reich ein Mann ist, hängt von der Zahl der Dinge ab, bei denen er sich leisten kann, sie in Ruhe zu lassen.«

– HENRY DAVID THOREAU
amerikanischer Essayist und Autor von *Walden*

»Was sich messen lässt, lässt sich steuern.«

– PETER DRUCKER
gilt als »Begründer der modernen Managementtheorie«, Autor von *The Effective Executive*

»Sittlichkeit ist schlicht die Haltung, die wir gegenüber Menschen zeigen, die wir persönlich nicht mögen.«

– OSCAR WILDE
irischer Schriftsteller, Autor von *The Picture of Dorian Gray*

»Yoga und die Menschen, die ich dadurch kennenlernte, haben mir das Leben gerettet.«

ANNA HOLMES
TW/IG: @annaholmes
annaholmes.com

ANNA HOLMES ist preisgekrönte Autorin und Redakteurin und hat schon für viele Publikationen gearbeitet, unter anderem für *The Washington Post*, das Onlinemagazin von *The New Yorker* und *The New York Times*, bei der sie regelmäßig Beiträge für den *Sunday Book Review* schreibt. 2007 schuf sie als Reaktion auf ihre Arbeit für Zeitschriften wie *Glamour* und *Cosmopolitan* die beliebte Website Jezebel.com, die zur Revolutionierung des öffentlichen Diskurses über die Schnittstellen zwischen Gender, Rasse und Kultur beitrug. 2016 wurde sie bei First Look Media SVP of Editorial, wo sie die Lancierung von Topic.com leitete – eine verbraucherorientierte Sparte von Topic, dem Film-, Fernseh- und Digitalstudio des Unternehmens.

Welchen Rat würdest du einem intelligenten, motivierten Studenten für den Einstieg in die »echte Welt« geben? Welchen Rat sollte er ignorieren?

Nimm grundsätzlich keinen Rat von jemandem an, der dir erzählen will, wie die Zukunft aussieht. Das weiß niemand. Menschen haben Vorstellungen, und die sollte man zur Kenntnis nehmen und prüfen – nicht mehr. Ich weiß gar nicht, wie viele sogenannte Medien- oder Politikexperten schon erklärt haben, was im Journalismus und in der Unterhaltungsbranche – oder auch in der Politik – die nächste große Sache ist und wie krass und peinlich sie danebengelegen haben. Insgesamt gesehen wissen wir alle nichts. Oder vielmehr: Wir haben viel zu lernen. Und zwar ein Leben lang. Hinterfragt, was euch andere erzählen. Nutzt es, um euch eine eigene Meinung zu bilden – nicht, um anderen hinterherzulaufen.

Wenn du an einem beliebigen Ort ein riesiges Plakat mit beliebigem Inhalt aufhängen könntest, was wäre das und warum?

»Folge deiner Neugier, wo immer du sie findest.« Die eigene Neugier zuzulassen und ständig zu versuchen dazuzulernen – mehr über andere, über sich selbst, über die Welt und euren Platz darin zu erfahren, ist ein wichtiger Weg zur Selbstverwirklichung. Und es kostet nicht viel – oft sogar gar nichts!

Welcher (vermeintliche?) Misserfolg war die Voraussetzung für deinen späteren Erfolg? Hast du einen »Lieblingsmisserfolg«?

Ich bin eine absolute Versagerin, wenn es um Machtpolitik im Unternehmen geht. Vermutlich habe ich dafür einfach nicht die Nerven. Ich brauche ein teamorientiertes Umfeld, in dem alle, die hart und viel leisten, ordentlich bezahlt werden, ungeachtet der Person. Ich hasse Intrigen, strategische Schachzüge hinter den Kulissen und miese Tricks. An meinem ersten Arbeitsplatz nach dem College war das gang und gäbe. Ich kam damit nicht gut zurecht, was am Ende ein Segen war, denn es brachte mich dazu, mich in einer jüngeren, unkonventionelleren, weniger konservativen [nicht im politischen Sinn, sondern im Sinne von »taktierend, stets nach Vorschrift, so, wie wir das schon immer gemacht haben«] Umgebung auszuprobieren.

Welches Buch (welche Bücher) verschenkst du am liebsten? Warum? Welche ein bis drei Bücher haben dein Leben am stärksten beeinflusst?

Mein Lieblingskinderbuch, *Miss Rumphius*, von Barbara Cooney. Davon habe ich an die zehn Exemplare in der Wohnung, die ich an (alte und neue) Freunde verschenke, die Töchter haben. Es ist wunderschön illustriert und erzählt die Geschichte eines kleinen Mädchens von der Küste in Maine, das groß wird, die Welt bereist und seine Neugier über andere Länder und Menschen stillt. Als alte Frau kehrt sie nach Maine zurück, um die Welt zu verbessern. Ehe oder Mutterschaft werden mit keinem Wort erwähnt. Es ist einfach die Lebensgeschichte einer Frau, die Wert und Bedeutung darin findet, ihren Interessen nachzugehen – und die uns vor allem lehrt, wozu Frauen fähig sind.

Was ist eine deiner – gern auch absurden – Eigenheiten, auf die du nicht verzichten möchtest?
In den letzten Jahren fasziniert mich das Fliegen immer mehr – egal ob Vögel oder Flugzeuge. Vor ein paar Monaten betrieb ich ein bisschen Planespotting, als ich in einem Hotel nicht weit vom Flughafen Heathrow nächtigte. Ich spazierte auf den Parkplatz hinaus und schloss Bekanntschaft mit ein paar jungen Engländern, die auf einer kleinen Anhöhe die anfliegenden Maschinen beobachteten. Mal sehen, wie lange mich das fesseln wird. Meinem Eindruck nach ist das bei Frauen kein besonders häufiges Interesse.

Welche Überzeugungen, Verhaltensweisen oder Gewohnheiten, die du dir in den letzten fünf Jahren angeeignet hast, haben dein Leben am meisten verbessert?
Yoga. Vor allem das dynamische Vinyasa Yoga. Ich habe mich 2011 erstmals mit Yoga befasst, um meinen Körper und meine Gesundheit zu stärken und mit einer schwierigen Lebensphase zurande zu kommen – der Entfremdung von meinem Mann und der späteren Trennung und Scheidung. Ich hatte als Kind getanzt und ganz vergessen, wie sich das Gespür für den eigenen Körper und das Vertrauen in seine Fähigkeiten in Selbstachtung, Fokus, geistige und emotionale Ausgeglichenheit übersetzen. Yoga und die Menschen, die ich dadurch kennenlernte, haben mir das Leben gerettet.

Wozu kannst du heute leichter Nein sagen als vor fünf Jahren?
Ich kann heute viel leichter Nein sagen, wenn ich um Hilfe oder Rat gebeten werde. Klingt furchtbar! Aber vor ein paar Jahren kam ich an einen Punkt, an dem ich mehr Zeit damit zubrachte, Fragen von vollkommen Fremden zu beantworten, als mich darum zu kümmern, dass ich für die Menschen erreichbar und präsent war, die in meinem Leben eine Rolle spielen – meine Freunde und meine Familie. Vor einigen Jahren hielt ich die Abschlussrede für die Absolventinnen eines privaten Mädcheninternats im Bundesstaat New York. Was ich sagte, lief darauf hinaus, dass diese fähigen jungen Frauen lernen sollten, öfter Nein zu sagen. Frauen sind darauf sozialisiert, entgegenkommend, fürsorglich und harmoniestiftend zu

sein und andere wichtiger zu nehmen als sich selbst. Ich riet den Absolventinnen gar nicht mal, das zu vergessen, sondern vielmehr, daran zu arbeiten, das Unbehagen loszuwerden, das sie möglicherweise beschlich, wenn sie zu jemandem Nein sagten – ob zu einer Freundin, ihrem Partner, einem Arbeitskollegen oder sonst irgendwem.

Was tust du, wenn dir alles zu viel wird, du nicht mehr fokussiert bist oder deine Konzentration nachlässt?

Zweierlei: Ich versuche, tief durchzuatmen, und ich laufe – möglichst in der Natur, in einem Park, am Wasser in New York City ... wenn ich Glück habe, irgendwo außerhalb der Stadt, etwa auf den Wanderwegen von Maine, Großbritannien oder meinem geliebten Heimatstaat Kalifornien. Ich fahre auch gern Auto. Lange Fahrten helfen mir, die Dinge ins richtige Licht zu rücken, Probleme zu lösen und Dampf abzulassen. (Ich singe im Auto – und zwar laut.) Wenn ich mich durch die Welt bewege – ob zu Fuß oder auf vier Rädern –, bekomme ich einen anderen Blick auf die Dinge und empfinde auch für kleine Freuden große Dankbarkeit: eine Schäfchenwolke, ein Eichhörnchen, das über die Straße flitzt, einen Raubvogel auf einem Zaunpfahl, ein Grüppchen ausgelassener Teenager, die ihren Spaß haben.

»Nichts ist so toll oder so schlimm, wie es aussieht.«

ANDREW ROSS SORKIN
TW: @andrewrsorkin
andrewrosssorkin@com

ANDREW ROSS SORKIN ist Finanzkolumnist der *New York Times* und Gründer und Sonderredakteur von DealBook, einem von der *NYT* veröffentlichten täglichen Online-Finanzreport. Außerdem ist Andrew stellvertretender Redakteur für Wirtschafts- und Finanzmeldungen bei der *NYT* und trägt dazu bei, die Berichterstattung der Zeitung zu gestalten. Er ist Ko-Moderator von *Squawk Box*, der Flaggschiff-Morgensendung von CNBC, und Autor des *New-York-Times*-Bestsellers *Too Big to Fail: How Wall Street and Washington Fought to Save the Financial System – and Themselves*, einer Chronik der Ereignisse der Finanzkrise von 2008. Das Buch gewann 2010 den Gerald Loeb Award für das beste Wirtschaftsbuch und kam im selben Jahr in die engere Auswahl für den Samuel Johnson Prize und den Financial Times Business Book of the Year Award. Andrew war als Koproduzent an der Verfilmung des Buchs beteiligt, die für 11 Emmy Awards nominiert wurde. Er hatte 1995 einen ungewöhnlichen Einstieg als Autor für die *New York Times* – er hatte nämlich keinen Highschool-Abschluss.

Wenn du an einem beliebigen Ort ein riesiges Plakat mit beliebigem Inhalt aufhängen könntest, was wäre das und warum?

»Nichts ist so toll oder so schlimm, wie es aussieht.«

Welche Anschaffung von maximal 100 Dollar hat für dein Leben in den letzten sechs Monaten (oder in letzter Zeit) die größte positive Auswirkung gehabt?

Ohrstöpsel zum Schlafen. Ich habe schon alle ausprobiert. Am besten und bequemsten sind die Hearos Xtreme Protection NRR 33. Wer es noch weitertreiben und auch die Helligkeit unter Kontrolle haben möchte, der fährt mit der Lonfrote Deep Molded Sleep Mask am besten, ob im Flugzeug oder sonstwo.

Welchen Rat würdest du einem intelligenten, motivierten Studenten für den Einstieg in die »echte Welt« geben?

Ausdauer ist wichtiger als Begabung. Der Einserschüler hat keine Chance, wenn sein Nebenmann zwar nur Zweier geschrieben hat, aber mehr Leidenschaft mitbringt.

Was tust du, wenn dir alles zu viel wird, du nicht mehr fokussiert bist oder deine Konzentration nachlässt?

Wenn ich das Gefühl habe, ich muss die richtigen Prioritäten setzen oder eine bestimmte Situation, die mir Kopfschmerzen bereitet, neu überdenken, dann denke ich gern an den großartigen Austausch in dem Film *Bridge of Spies*. Tom Hanks spielt einen Anwalt und fragt seinen Mandanten, der der Spionage bezichtigt wird: »Machen Sie sich wirklich nie Sorgen?« Dessen Antwort: »Würde das helfen?« Ich denke immer: »Würde das helfen?« Das ist die entscheidende Frage, die ich mir jeden Tag stelle. Betrachtet man alles durch diese Linse, ist das eine erstaunlich effektive Methode, sich auf das Wesentliche zu konzentrieren.

»Ein guter Freund von mir hat einmal gesagt: ›Es ist wirklich einfach, zu sagen, was man nicht ist. Schwierig ist, zu sagen, was man ist.‹ (…) Darüber sprechen, warum etwas schlecht ist, kann jeder. Versuchen Sie lieber, etwas Gutes zu machen.«

JOSEPH GORDON-LEVITT
TW/IG: @hitrecordjoe
hitrecord.org

JOSEPH GORDON-LEVITT ist ein Schauspieler, dessen Karriere seit inzwischen drei Jahrzehnten anhält, mit Filmen für Fernsehen (*3rd Rock from the Sun*), Kunst (*Mysterious Skin, Brick*) bis zu Kino (*Inception, 500 Days of Summer, Snowden*). Sein Debüt als Drehbuchautor und Regisseur für einen Kinofilm hatte er mit *Don Jon* (nominiert für den Spirit Award für das beste erste Drehbuch). Außerdem ist Gordon-Levitt Gründer und Direktor von HITRECORD, einer Online-Community für Künstler, die mehr Wert auf Zusammenarbeit als auf Selbstvermarktung legen. Inzwischen ist HITRECORD zu einer »Community«-Produktionsfirma geworden, die Bücher und Musikalben veröffentlicht und Videos für Marken von LG bis zur Bürgerrechtsorganisation ACLU produziert. Mit seiner Fernsehshow *HitRecord on TV* hat Gordon-Levitt einen Emmy Award gewonnen.

Welches Buch (welche Bücher) verschenkst du am liebsten? Warum? Welche ein bis drei Bücher haben dein Leben am stärksten beeinflusst?

Remix: Making Art and Commerce Thrive in the Hybrid Economy von Lawrence Lessig. In dem Buch geht es darum, was es bedeutet, etwas zu nehmen, das jemand anderes erschaffen hat, und es sich zu eigen zu machen. Lessig ist Rechtswissenschaftler und schreibt über Gesetze zum geistigen Eigentum, Urheberrecht, zulässige Nutzungsarten etc., aber er hat auch viel über den kreativen Prozess allgemein zu sagen. Unsere Kultur legt größten Wert auf die Vorstellung von Originalität, aber wenn man sich fast beliebige »originelle« Gedanken oder Arbeiten genauer ansieht, wird man feststellen, dass sie aus früheren Einflüssen zusammengesetzt sind. Alles ist ein Remix. Natürlich kann es vorkommen, dass sich jemand auf übertriebene Weise an früheren Arbeiten bedient, aber allgemein finde ich Ehrlichkeit wichtiger als Originalität. Ich glaube, ich kann mehr leisten, wenn ich mich weniger darauf konzentriere, originell zu sein, und stärker darauf, ehrlich zu sein.

Welcher (vermeintliche?) Misserfolg war die Voraussetzung für deinen späteren Erfolg? Hast du einen »Lieblingsmisserfolg«?

Mit der Arbeit als Schauspieler habe ich begonnen, als ich sechs Jahre alt war. Mit 19 hörte ich damit auf, um aufs College zu gehen, und als ich wieder anfangen wollte, fand ich keinen Job. Ich habe ein Jahr damit verbracht, vorzusprechen und abgelehnt zu werden. Ich hatte Visionen, dass ich nie mehr eine Chance bekommen würde, was mir wirklich Angst gemacht hat.

Ich habe damals viel nachgedacht. Wovor genau hatte ich Angst? Was würde ich vermissen, wenn ich nie mehr einen Auftrag als Schauspieler bekommen würde? Den Glitzer und Glamour von Hollywood hatte ich nie richtig gemocht, also konnte es das nicht sein. Als ich anfangs noch im Geschäft war, hatte ich mich nicht einmal richtig dafür interessiert, was andere Leute von den Filmen und Fernsehsendungen hielten, in denen ich auftrat. Zum größten Teil machte mir die Arbeit einfach großen Spaß. Ich liebte den kreativen Prozess an sich, und mir wurde klar, dass ich meine Fähigkeit, kreativ zu sein, nicht davon abhängig machen konnte, ob jemand anderes entscheidet, mich einzustellen. Ich musste die Sache selbst in die Hand nehmen.

Ich habe mir mein eigenes kleines metaphorisches Mantra dafür ausgedacht, an das ich dachte, wenn ich etwas Aufmunterung brauchte, und das war »Hit Record«. Ich hatte früher immer mit den Videokameras meiner Familie herumgespielt, und der rote REC-Knopf wurde ein Symbol für meine Überzeugung, dass ich es allein schaffen konnte. Ich brachte mir selbst Videoschnitt bei und begann, kleine Kurzfilme, Songs und Geschichten zu produzieren.

Mein Bruder half mir dabei, eine winzige Website einzurichten, auf der ich meine Produktionen veröffentlichte, und wir nannten sie HITRECORD.ORG. Das war vor zwölf Jahren. Seitdem ist HITRECORD zu einer Community mit mehr als einer halben Million Künstlern aus aller Welt geworden. Zusammen haben wir alle möglichen unglaublichen Sachen gemacht, Leuten Millionen von Dollar ausgezahlt und angesehene Preise gewonnen. Für mich ist der Kern von all dem aber immer noch derselbe: die Liebe zur Kreativität um ihrer selbst willen. Das ist die Sache, die ich vor zwölf Jahren finden musste, als ich mitten in einem Misserfolg steckte, der Selbsthass weckte, mir die Energie raubte und mich schreien ließ, bis ich Halsschmerzen bekam.

Wenn du an einem beliebigen Ort ein riesiges Plakat mit beliebigem Inhalt aufhängen könntest, was wäre das und warum? Gibt es Zitate, an die du häufig denkst oder nach denen du lebst?

Ein guter Freund von mir hat einmal gesagt: »Es ist wirklich einfach, zu sagen, was man nicht ist. Schwierig ist, zu sagen, wer man ist.« Mit anderen Worten: Man kann den ganzen Tag damit verbringen, andere Leute zu kritisieren, aber selbst wenn man Recht damit hat – wen interessiert das? Darüber sprechen, warum etwas schlecht ist, kann jeder. Versuchen Sie lieber, etwas Gutes zu machen.

Was ist das beste oder lohnendste Investment, das du je getätigt hast (in Form von Geld, Zeit, Energie etc.)?

Ich glaube, dass ich aus meiner Heimatstadt weggezogen bin, war eine der fruchtbarsten Sachen, die ich je gemacht habe. Wir können nicht anders, als uns selbst danach zu definieren, wie andere uns sehen. Also konnte ich, als ich nur noch von neuen Menschen umgeben war, mich selbst neu definieren. Inzwischen bin ich wieder zurückgezogen, aber durch das Leben in der Fremde bin ich enorm gewachsen.

Was ist eine deiner – gern auch absurden – Eigenheiten, auf die du nicht verzichten möchtest?

Ich spreche gern mit mir selbst. Oft sogar laut.

Welche Überzeugungen, Verhaltensweisen oder Gewohnheiten, die du dir in den letzten fünf Jahren angeeignet hast, haben dein Leben am meisten verbessert?

Meine Frau hat mich für Google Scholar begeistert. Das ist wie Google, nur dass man dort nur nach akademischen und wissenschaftlichen Studien suchen kann. Wenn ich also etwas wirklich wissen und mich nicht mit sensationslüsternen Klick-Ködern aufhalten will, kann ich herausfinden, welche echten Fakten es gibt. Das dauert deutlich länger. Wissenschaftliche Studien sind keine leichte Lektüre. Tatsächlich brauche ich meistens Hilfe dabei, aber es ist die Mühe wert.

Welchen Rat würdest du einem intelligenten, motivierten Studenten für den Einstieg in die »echte Welt« geben?

Ich habe es oben schon angedeutet. Jedem da draußen, der das hier liest und Schauspieler oder Entertainer werden möchte, würde ich raten, sich zunächst eine Frage zu stellen: Warum? Versuche, dir ganz ehrlich selbst die Frage zu beantworten, was genau dein Ziel ist. Ruhm ist verführerisch. Jeder von uns hat die Filme über den jungen Außenseiter, der zum Star wird, gesehen und geliebt. Ich will nicht behaupten, dass ich absolut immun dagegen bin. Ich glaube, es ist sogar etwas Natürliches daran, berühmt sein zu wollen, wenn man die biologische Evolution betrachtet. Als unsere Vorfahren in der Wildnis lebten, war es wahrscheinlich hilfreich, wenn jeder einen kannte, denn dadurch bekam man Unterstützung dafür, in diesem harten Umfeld zurechtzukommen und seine Gene weiterzugeben. Ich will also nicht sagen, dass man ein schlechter Mensch ist, wenn man berühmt sein will. Ich sage nur, dass man sich damit vielleicht auf einen Weg begibt, der nicht zum Glück führt. Von den berühmten Menschen, die ich kenne, sind die Glücklichen nicht die, die wegen ihres Ruhms glücklich sind. Sie sind aus denselben Gründen glücklich wie jeder andere glückliche Mensch: Weil sie gesund sind, weil sie gute Menschen um sich herum haben und weil sie Befriedigung aus dem ziehen, was sie machen, ganz egal, wie viele Millionen Fremde ihnen dabei zusehen. Ich glaube, das gilt auch außerhalb von Schauspielerei und Unterhaltung. Auf jedem Gebiet gibt es irgendeine besondere Belohnung, die man bekommen soll, wenn einen jeder für erfolgreich hält. Aber meiner Erfahrung nach steckt viel mehr ehrliche Freude darin, einfach seine Arbeit an etwas zu genießen.

Was tust du, wenn dir alles zu viel wird, du nicht mehr fokussiert bist oder deine Konzentration nachlässt?

Ich schreibe gern. Ich habe unterschiedliche Phasen im Leben durchgemacht und dabei mehr oder weniger regelmäßig Tagebuch geführt. Aber ich mache das immer wieder, vor allem wenn ich versuche, mich durch etwas durchzuarbeiten, das mich quält. Ich setze mich hin und beschreibe meine Situation. Ich tippe. Ich schreibe vollständige Sätze. Wahrscheinlich schreibe ich, als wäre es für ein Publikum gedacht, auch wenn ich es nie jemandem zeige. Indem ich etwas einem »Leser« ohne Vorwissen erklären muss, bin ich gezwungen, alle Elemente und Feinheiten von dem, was sich wirklich abspielt, zu identifizieren und durchzugehen. Manchmal komme ich auf diese Weise zu neuen Antworten oder Schlussfolgerungen. Aber selbst wenn das nicht klappt, denke ich hinterher meistens klarer und kann wieder etwas lockerer atmen.

Wie man **Nein** sagt

WENDY MacNAUGHTON
TW/IG: @wendymac
wendymacnaughton.com

WENDY MacNAUGHTON ist Illustratorin und grafische Journalistin, die es auf die Bestsellerliste der *New York Times* geschafft hat. Von ihr stammen die Bücher *Meanwhile in San Francisco – The City in Its Own Words, Lost Cat: A True Story of Love, Desperation, and GPS Technology, Pen and Ink: Tattoos and the Stories Behind Them, Knives & Ink: Chefs and the Stories Behind Their Tattoos, The Essential Scratch & Sniff Guide to Becoming a Wine Expert, The Essential Scratch & Sniff Guide to Becoming a Whiskey Know-It-All* und das zuletzt veröffentlichte *Leave Me Alone with the Recipes: The Life, Art, and Cookbook of Cipe Pineles.* Außerdem schreibt MacNaughton die Schlusskolumne im *California Sunday Magazine* und ist Mitgründerin von Women Who Draw. Ihre Partnerin ist Caroline Paul (S. 419)

Anmerkung von Tim Ferriss: Mein schöner Leser, wie Sie gewiss schon gemerkt haben (weil Sie nicht nur schön, sondern auch brillant sind), gehört zu den von mir gern gestellten Fragen eine Variante von dieser hier: »In welchen Fällen (Ablenkungen, Einladungen etc.) sind Sie in den vergangenen fünf Jahren besser darin geworden, Nein zu sagen? Welche neuen Erkenntnisse und/oder Ansätze haben dir dabei geholfen?«.

Das Fantastische an dieser Frage ist, dass man kaum darum herumkommt, sie zu beantworten. Das stimmt selbst dann, oder sogar *erst recht*, wenn jemand sich weigert, sie zu beantworten. Als ich Wendy MacNaughton gefragt habe, ob sie zu diesem Buch beitragen würde, hat sie nach langem Nachdenken eine sehr überlegte und perfekte »Ich kann leider nicht«-Antwort geschickt. Die hat mir so gut gefallen, dass ich mit einer weiteren Frage antwortete: »Ich hätte noch eine vielleicht etwas merkwürdige Frage – wäre es okay, wenn ich deine sehr höfliche Absage-Mail in dem Buch abdrucken würde?«

Sie war einverstanden. Also können Sie hier die E-Mail lesen, mit der Wendy mir sagen wollte, dass sie nicht in diesem Buch erscheinen will:

> Hallo Tim,
> uff. Okay. Ich habe damit gekämpft, und hier ist der Deal: Nach fünf intensiven Jahren mit kreativen Produktionen und Promotionen, Interviews über persönliche Erfahrungen und die Quelle von Ideen, nach Jahren, in denen ich an einem Tag ein Projekt zu Ende gebracht und am nächsten ein neues angefangen habe, muss ich kürzertreten. Ich bin vor kurzem ziemlich zusammengebrochen, und um meiner Arbeit willen muss ich eine Pause machen. In den letzten Monaten habe ich Verträge gekündigt und Nein zu neuen Projekten und Interviews gesagt. Ich habe wieder angefangen, mir Raum zum Erkunden und Kritzeln zu schaffen. Zum Dasitzen und Nichtstun. Zum Herumlaufen und Tage verschwenden. Und zum ersten Mal seit fünf Jahren habe ich einen Zustand erreicht, in dem es nicht für jede Zeichnung einen Abgabetermin gibt. Keine Deadline für Ideen. Und das fühlt sich richtig gut an.
>
> Ich würde also wirklich gern mitmachen – ich respektiere dich und deine Arbeit, und ich fühle mich geehrt, dass du bei mir angefragt hast. Wahrscheinlich ist es professionell gesehen dumm mit großem D von mir, nicht mitzumachen, aber ich muss sagen, danke, aber es geht leider nicht. Ich bin zurzeit einfach nicht in der richtigen Situation, um über mich oder meine Arbeit zu sprechen (verrückt für ein hochgradig redseliges Einzelkind wie mich). Hoffentlich finden wir irgendwann später eine Gelegenheit zu sprechen – ich verspreche, dass ich dann viel interessantere Sachen zu sagen haben werde als das, was ich jetzt beitragen könnte.
>
> Ich hoffe, dass der Platz, der durch meine Absage entsteht, von einem der brillanten Menschen gefüllt wird, die ich in meiner vorigen E-Mail vorgeschlagen habe.
>
> Und wirklich, vielen Dank für dein Interesse!
>
> Ich werde mir selbst in den Hintern treten, wenn das Buch herauskommt.
>
> -W

»Ich möchte lieber eine unterschätzte gute Empfehlung geben: Sei interdisziplinär. Oft liegen strategischen und protokollarischen Entscheidungen die Interaktionen zwischen verschiedenen Fachgebieten zugrunde.«

VITALIK BUTERIN
TW: @VitalikButerin
Reddit: /u/vbuterin

VITALIK BUTERIN ist der Erfinder von Ethereum. Die Blockchain und Kryptowährungstechnologien entdeckte er 2011 durch Bitcoin. Die Technologie und ihr Potenzial begeisterten ihn sofort. Im September 2011 war er Mitgründer des Magazins *Bitcoin*. Als er sich zweieinhalb Jahre später anschaute, was die bestehende Blockchain-Technologie und ihre Anwendungen zu bieten hatten, verfasste er im November 2013 das Ethereum-Whitepaper. Heute leitet er das Forschungsteam von Ethereum und arbeitet an Zukunftsvisionen für das Ethereum-Protokoll. 2014 erhielt Vitalik die zweijährige Thiel Fellowship. Das Projekt des Tech-Milliardärs Peter Thiel fördert 20 vielversprechende Innovatoren unter 20 mit 100.000 US-Dollar, damit sie sich ihren Erfindungen widmen können statt einer tertiären Bildungseinrichtung.

Welche Überzeugungen, Verhaltensweisen oder Gewohnheiten, die du dir in den letzten fünf Jahren angeeignet hast, haben dein Leben am meisten verbessert?

Das war vermutlich zu verstehen, wie ich etwas zu interpretieren habe, was andere Menschen in Situationen sagen, in denen sich ihre Ziele nicht komplett mit meinen decken. Ein häufiger Anfängerfehler unerfahrener Mitarbeiter in Führungspositionen ist, stets dem letzten Gesprächspartner zuzustimmen. Man braucht eine Weile, bis man sich das abgewöhnt. Es geht aber ganz leicht, wenn man erst mit genügend Menschen zu tun hatte, die sich widersprechen. Eine gute Strategie dafür ist, kontrafaktisch zu argumentieren: Erzählt dir jemand, X ist richtig, dann frage dich – (i) was würde er sagen, wenn X wirklich richtig wäre und (ii), was würde er sagen, wenn X falsch wäre? Ist die Antwort auf (i) und (ii), »er würde wohl so ziemlich das Gleiche sagen«, dann ist der Informationsgewinn aus seiner Aussage gleich null. Generell gilt: Wenn es darauf ankommt, darf man nichts für bare Münze nehmen.

Welche Anschaffung von maximal 100 Dollar hat für dein Leben in den letzten sechs Monaten (oder in letzter Zeit) die größte positive Auswirkung gehabt?

Ein anständiger, rückenfreundlicher Reiserucksack. Ich schleppe gewöhnlich mein ganzes Zeug (rund 10 Kilo) überall auf Flugreisen mit und der Rucksack hat enorm dazu beigetragen, mir diese Erfahrung angenehmer zu machen.

Was ist eine deiner – gern auch absurden – Eigenheiten, auf die du nicht verzichten möchtest?

* Im Flugzeug sehe ich mir oft Filme an, aber immer in Sprachen, die ich noch nicht fließend spreche. Im Moment wechsle ich zwischen Französisch, Deutsch und Chinesisch.

* Dunkle Schokolade mit 90 Prozent Kakaogehalt. Unter 80 ist mir zu süß, 95 noch ein bisschen zu kräftig ... vorerst. Ich kaufe meist Lindt, weil es die überall gibt, aber hin und wieder greife ich auch zu anderen Marken. Das ist eher eine Frage der Verfügbarkeit als des persönlichen Geschmacks.

* Katzen.

Welche schlechten Ratschläge kursieren in deinem beruflichen Umfeld oder Fachgebiet?

Ich möchte lieber eine unterschätzte gute Empfehlung geben: Sei interdisziplinär. In meinem Fall führe ich diverse Untersuchungen in den Bereichen Informatik, Kryptografie, Mechanism Design, Wirtschaft, Politik und anderen Sozialwissenschaften durch. Oft liegen strategischen und protokollarischen Entscheidungen die Interaktionen zwischen verschiedenen Fachgebieten zugrunde.

Was tust du, wenn dir alles zu viel wird, du nicht mehr fokussiert bist oder deine Konzentration nachlässt?

Das kommt ganz auf die Situation an. Generell ist es immer gut, sich zwischendurch mal auf etwas anderes zu konzentrieren, vielleicht bei einem Spaziergang. Geht es um ein technisches Problem (also darum, wie sich Aufgabe X erledigen lässt), dann kommt man manchmal am besten aus einer Sackgasse heraus, indem man sich verschiedenen Situationen und Umgebungen aussetzt, um sich neue Anregungen zu holen. Soziale Situationen finde ich schwieriger. In dem Fall ist es wichtig, nicht in die Falle zu tappen, die Dinge von der Warte des letzten Gesprächspartners aus zu sehen – oder ganz allgemein von der Warte der Menschen, mit denen man mehr Zeit verbringt. Man muss eine Möglichkeit finden, die Situation neutral zu bewerten – und vielleicht mit anderen sprechen, die nicht dem Kreis angehören, der sich im Konflikt befindet.

ZITATE, ÜBER DIE ICH NACHDENKE

(Tim Ferriss: 12. Februar bis 4. März 2016)

»Denken Sie unabhängig. Seien Sie der Schachspieler, nicht die Figur.«

– RALPH CHARELL
Autor von *How to Make Things Go Your Way*

»Benannt sein muss deine Angst, bevor besiegen du sie kannst.«

– YODA
mächtiger Jedi-Meister

»Die beste Verteidigung ist ein guter Angriff.«

– DAN GABLE
Gewinner der olympischen Goldmedaille im Ringen, gilt als bester Ringer-Trainer aller Zeiten

»Viele falsche Schritte wurden durch Stehenbleiben gegangen.«

– GLÜCKSKEKS

»Die wichtigste Unterscheidung im Leben überhaupt ist die zwischen einer Gelegenheit, die man ergreifen sollte, und einer Versuchung, der man widerstehen sollte.«

RABBI LORD JONATHAN SACKS
TW/FB: @rabbisacks
rabbisacks.org

RABBI LORD JONATHAN SACKS ist internationaler Religionsführer, Philosoph, preisgekrönter Autor und eine angesehene moralische Autorität. Im Jahr 2016 bekam er als Anerkennung für seine »außergewöhnlichen Beiträge zur Bekräftigung der spirituellen Dimension des Lebens« den Templeton Prize. Rabbi Sacks wurde von seiner königlichen Hoheit, dem Prince of Wales, als »Licht, das auf diese Nation scheint« bezeichnet und vom früheren britischen Premierminister Tony Blair als »intellektueller Gigant«. Seit seinem Rücktritt als Oberrabbiner der United Hebrew Congregations of the Commonwealth – eine Position, die er 22 Jahre lang innehatte – war Rabbi Sacks Professor an verschiedenen akademischen Institutionen, darunter die Yeshiva University und das King's College London. Derzeit ist er der Ingeborg and Ira Rennert Global Distinguished Professor of Judaic Thought an der New York University. Rabbi Sacks hat mehr als 30 Bücher geschrieben. Das neueste, *Not in God's Name: Confronting Religious Violence*, wurde im Jahr 2015 mit einem National Jewish Book Award in America ausgezeichnet und kam in die Top Ten der Bestsellerliste der *Sunday Times*. Im Jahr 2005 wurde er von der britischen Königin geadelt und zum Peer auf Lebenszeit gemacht. Seinen Sitz im House of Lords nahm er im Oktober 2009 ein.

Welches Buch (welche Bücher) verschenkst du am liebsten? Warum? Welche ein bis drei Bücher haben dein Leben am stärksten beeinflusst?

Leadership on the Line von Ronald A. Heifetz und Marty Linsky. Es ist das ehrlichste Buch über Führung, das ich je gelesen habe, wie sich schon am Untertitel erkennen lässt: *Staying Alive Through the Dangers of Leading*. Das Buch ist zutiefst ehrlich, und ich schenke es jedem, damit er genau weiß, worauf er sich einlässt, wenn er eine Führungsposition anstrebt.

Welche Anschaffung von maximal 100 Dollar hat für dein Leben in den letzten sechs Monaten (oder in letzter Zeit) die größte positive Auswirkung gehabt?

Ohne den Hauch eines Zweifels war das der Kauf von [Bose-]Kopfhörern mit Geräuschunterdrückung. Das sind die religiösesten Objekte, denen ich je begegnet bin, denn ich definiere Glauben als die Fähigkeit, durch die Geräusche hindurch die Musik zu hören.

Welcher (vermeintliche?) Misserfolg war die Voraussetzung für deinen späteren Erfolg? Hast du einen »Lieblingsmisserfolg«?

Der Tiefpunkt meines Lebens war erreicht, als ich im Jahr 2002 – am 11. September, also dem ersten Jahrestag der Anschläge vom 11. September 2001 – ein Buch mit dem Titel *The Dignity of Difference* veröffentlichte.

Im Januar 2002 stand ich am Ground Zero. Das Weltwirtschaftsforum war in jenem Jahr von Davos nach New York verlegt worden, und der Erzbischof von Canterbury, Imame und Gurus von überall aus der Welt standen am Ground Zero, und wir haben zusammen gebetet.

Und plötzlich wurde mir klar, dass dies die große definierende Entscheidung war, vor der die Menschheit in der nächsten Generation stehen würde: Religion als Kraft für Koexistenz, Versöhnung und gegenseitigen Respekt oder Religion als Kraft für Hass, Terror und Gewalt.

Ich beschloss, dass ich eine persönliche Antwort auf 9/11 schreiben würde, die am ersten Jahrestag veröffentlicht werden sollte. Der Titel lautete *The Dignity of Difference*. Es war ein sehr starkes und sehr umstrittenes Buch. Mitglieder meiner eigenen Gemeinschaft fanden, dass ich schlicht zu weit gegangen war und dass ich mich sogar der Ketzerei schuldig gemacht hätte.

Das war Anfang 2002, und dann passierte etwas ziemlich Lustiges. Rowan Williams war gerade zum Erzbischof von Canterbury ernannt worden. In der Woche zuvor hatte er einen Druiden-Gottesdienst in Wales besucht, was von einigen in der Church of England als heidnischer Akt angesehen wurde.

Also gab es Schlagzeilen in den Zeitungen. Bei einer davon habe ich Zweifel, ob so etwas je zuvor geschrieben wurde und ob es jemals wieder geschrieben werden wird: »Erzbischof von Canterbury und Oberrabbiner der Ketzerei beschuldigt«.

Nun, wenn man ein Verteidiger des Glaubens ist, dann hat man gelinde gesagt damit zu kämpfen, wenn einem vorgeworfen wird, ein Häretiker zu sein. Es gab Rufe nach meinem Rücktritt. Ich hatte das Gefühl, dass viele meiner Rabbiner-Kollegen das Buch nicht verstanden und es sehr kritisch sahen.

Mir war zu diesem Zeitpunkt schlicht unklar, wie ich aus dieser Situation herauskommen konnte.

Ich konnte kein Szenario erkennen, das mir erlaubt hätte, mein Ansehen und meinen Ruf wiederherzustellen, meine Glaubwürdigkeit als jüdische Führungspersönlichkeit, und das hat mich in absolute Verzweiflung gestürzt. Wenn kein Licht am Ende des Tunnels zu sehen ist, sieht man nichts als den Tunnel. An diesem Punkt hatte ich das Gefühl, es gebe keinen Weg mehr nach vorn. Das Wichtigste, was ich tun konnte, war wahrscheinlich zurückzutreten.

Doch dann hörte ich eine Stimme. Ich will nicht sagen, dass Gott zu mir sprach, aber auf jeden Fall war es eine Stimme, die zu mir sagte: »Wenn du zurücktrittst, überlässt du deinen Gegnern den Sieg. Du hast dann zugelassen, dass du in der ersten Schlacht von etwas geschlagen wirst, das du als die wichtigste Herausforderung für die kommende Generation ansiehst.«

Das konnte ich nicht.

Trotz der Tatsache, dass ich fast unerträgliche persönliche Schmerzen verspürte, konnte ich nicht zurücktreten. Ich konnte nicht einfach meinen Feinden, meinen Gegnern, den Gegnern von religiöser Toleranz und Versöhnung, diesen Sieg überlassen.

An diesem Punkt wurde mir schlagartig klar, dass es gar nicht um mich ging. Es ging darum, Menschen nicht im Stich zu lassen, die auf mich vertrauten, und nicht die Ideale zu verraten, die mich dazu gebracht hatten, erst meine Aufgabe zu übernehmen und dann das Buch zu schreiben.

Das also war der Wendepunkt, und letztlich war nicht nur für mich wichtig, dass ich diese Phase überstand und stärker aus ihr herauskam, als ich hineingegangen war. Es war auch wichtig für all die anderen Rabbis, denn auch sie konnten sehen, dass man einen kontroversen Standpunkt vertreten und weithin dafür kritisiert werden kann, das aber überstehen und anschließend immer noch mit Sir Elton John »I'm Still Standing« singen kann.

Es gab eine Wende um 180 Grad, eine kopernikanische Wende, in der Art und Weise, wie ich das verstand, was ich tat. Nichts daran war persönlich, um mich ging es nicht. Es ging darum, wofür man steht, und um die Menschen, die einem am Herzen liegen. Von diesem Moment an wurde ich auf gewisse Weise unverwundbar, denn ich setzte mich nicht mehr selbst aufs Spiel.

Wenn du an einem beliebigen Ort ein riesiges Plakat mit beliebigem Inhalt aufhängen könntest, was wäre das und warum?
Ich würde drei Worte nehmen: »Leben. Geben. Vergeben.« Das sind mit weitem Abstand die wichtigsten Dinge im Leben.

Was ist das beste oder lohnendste Investment, das du je getätigt hast (in Form von Geld, Zeit, Energie etc.)?
Das ist lange her, 1979, vor 38 Jahren. Damals kauften meine Frau Elaine und ich ein Haus mit einem Spielzimmer am Ende des Gartens, aus dem ich ein Arbeitszimmer machen konnte. Bis dahin hatte ich große Mühe mit dem Schreiben meiner Doktorarbeit und meines ersten Buches, und ich kam absolut nicht weiter. Ich träumte immer davon, an einen Rückzugsort in den Bergen zu gehen oder in eine kleine Hütte auf dem Land, und plötzlich wurde es mir klar: »Hier ist ein Haus mit einem Platz am Ende des Gartens, und vielleicht werde ich dort Ruhe und Isolation finden.« Es funktionierte wie ein Traum, und in genau diesem Zimmer schrieb ich meine Doktorarbeit und meine ersten fünf Bücher. Das hat mein Leben vollkommen verändert. Das Haus war teuer, aber jeden Penny wert.

Was ist eine deiner – gern auch absurden – Eigenheiten, auf die du nicht verzichten möchtest?
Es gibt da eine total lächerliche Sache, die ich aber wirklich lebensverändernd finde: Wenn es in unserem Leben eine kleine Pause gibt oder wir eine Verjüngung brauchen, rufe ich Elaine an und wir sitzen oder stehen und holen einen Moment aus unserer Vergangenheit zurück, indem wir ein Musikvideo auf YouTube anschauen. Das ist wirklich außergewöhnlich. Wenn Proust YouTube gehabt hätte, hätte er *À la recherche du temps perdu* gar nicht schreiben müssen, denn dank YouTube geht nichts aus unserer Vergangenheit mehr verloren. Wir können es jederzeit wieder abrufen. Das ist unser *Back to the Future,* unser kleines Stück persönliche Zeitreise, zurück zu einer Zeit und einem Ort aus unserem früheren Leben voller Emotionen. Es funktioniert zauberhaft einfach und kostet fast keine Zeit.

Kannst du ein Beispiel dafür nennen, wie ein vergangener Moment und ein bestimmtes YouTube-Video zusammenpassen?

Nur ein Beispiel: Im Sommer 1968 sind mir zwei sehr wichtige Dinge passiert. Erstens reiste ich in die USA, wo ich einige lebensverändernde Begegnungen mit einigen der größten Rabbiner unserer Zeit hatte. Und zweitens lernte ich, als ich zurückkam, Elaine kennen, die damals am Krankenhaus in Cambridge eine Ausbildung machte. Ich studierte in Cambridge an der Universität, und schon bald waren wir verlobt und dann verheiratet.

Damals lief im Kino ein Film, den Elaine und ich uns ansahen, *The Graduate* mit Dustin Hoffman. Die Frau, in die er sich darin verliebte, hieß auch Elaine, und die Filmmusik war von Simon and Garfunkel. 1968 haben die beiden einen sehr bewegenden Song namens »America« veröffentlicht, der von jungen Männern und ihren Freundinnen und dem Zählen von Autos am New Jersey Turnpike handelte.

Immer wenn ich noch einmal die Zeit erleben möchte, in der Elaine und ich uns kennengelernt haben, als sich in meinem Leben neue Horizonte eröffneten und die größte Romanze unseres Lebens wahr wurde, gehe ich also einfach auf YouTube und höre und sehe mir dort an, wie Simon and Garfunkel »America« singen.

Welche Überzeugungen, Verhaltensweisen oder Gewohnheiten, die du dir in den letzten fünf Jahren angeeignet hast, haben dein Leben am meisten verbessert?

Vor dreieinhalb Jahren habe ich die Position als Oberrabbiner aufgegeben. Ich wollte etwas versuchen, was aus allen möglichen Gründen keiner meiner Vorgänger geschafft hatte, nämlich eine neue Karriere beginnen, eine andere Herausforderung. Mir wurde klar, dass auf einen Job, der so öffentlich und privilegiert war wie meiner, fast mit Sicherheit Entzugserscheinungen und die Gefahr von Depressionen folgen würden.

Also entschied ich bewusst, mich so sehr mit Terminen zu überladen, dass ich gar keine Zeit haben würde, depressiv zu werden. Das war auf magische Weise effektiv. Ich kann es jedem empfehlen.

Wozu kannst du heute leichter Nein sagen als vor fünf Jahren? Welche neuen Erkenntnisse und/oder Ansätze haben dir dabei geholfen?

Ganz einfach: Mein Team. Meine Frau und die zwei Menschen, die mein Büro verwalten, denn ich weiß, dass meine größte Schwäche darin liegt, dass ich nicht Nein sagen kann. Also delegiere ich das einfach weg von mir. Die Menschen, die diese Aufgabe übernehmen, sind viel besser im Neinsagen als ich. Ich kann auch das jedem empfehlen.

Welche schlechten Ratschläge kursieren in deinem beruflichen Umfeld oder Fachgebiet?
In meinem Tätigkeitsbereich, also Religion und öffentlicher Diskurs, ist das häufigste Problem wahrscheinlich Angst und als Folge davon eine Verteidigungshaltung. Das ist genau die falsche Art und Weise, die Zukunft anzugehen. Wende dich ihr voller Hoffnung zu, in dem Wissen, dass du jeder Herausforderung, die kommen mag, gewachsen bist, und verkünde eine Botschaft, die das genaue Gegenteil von Angst und Verteidigung ist.

Was tust du, wenn dir alles zu viel wird, du nicht mehr fokussiert bist oder deine Konzentration nachlässt?
Was habe ich in das Navigationssystem meines Lebens eingegeben [wo also will ich in zehn oder 20 Jahren sein]? Was ist mein letztliches Ziel? Darauf muss man sich jedes Mal besinnen, wenn man sich überfordert fühlt. Sich an das Ziel zu erinnern, wird dir dabei helfen. Die wichtigste Unterscheidung im Leben überhaupt ist die zwischen einer Gelegenheit, die man ergreifen sollte, und einer Versuchung, der man widerstehen sollte.

»Eine Ablenkung, die ich zu meiden gelernt habe, ist, Medien zu konsumieren, die mir nur sagen, was ich ohnehin schon weiß und gut finde.«

JULIA GALEF
TW: @juliagalef
FB: /julia.galef
juliagalef.com

JULIA GALEF ist Autorin und Vortragsrednerin, die sich auf die Frage fokussiert: »Wie lässt sich das menschliche Urteilsvermögen verbessern, vor allem bei komplexen Entscheidungen mit hohem Einsatz?« Julia ist Mitgründerin des Center for Applied Rationality, einer gemeinnützigen Organisation, die Workshops zur Verbesserung von logischem Denken und Entscheidungsprozessen anbietet. Seit 2010 ist sie Host des Podcasts *Rationally Speaking*, der alle zwei Wochen gesendet wird und sich um Gespräche mit Naturwissenschaftlern, Sozialwissenschaftlern und Philosophen dreht. Derzeit schreibt Julia Galef ein Buch über die Verbesserung des Urteilsvermögens durch Umformung unbewusster Motive. Ihr TED Talk »Why You Think You're Right – Even If You're Wrong« wurde über drei Millionen Mal aufgerufen.

Welche Überzeugungen, Verhaltensweisen oder Gewohnheiten, die du dir in den letzten fünf Jahren angeeignet hast, haben dein Leben am meisten verbessert?

Wenn etwas schiefläuft, gehe ich nicht mehr automatisch davon aus, dass ich etwas falsch gemacht habe. Stattdessen frage ich mich: »Welche Strategie verfolge ich, die dieses miserable Ergebnis hervorgebracht hat? Erwarte ich mir von dieser Strategie unter dem Strich immer noch das beste Ergebnis, auch wenn hin und wieder mal nichts dabei herauskommt?« Wenn ja, dann weiter so!

Diese Gewohnheit ist so wichtig, weil selbst die besten Strategien eine gewisse Fehlerquote aufweisen. Deshalb sollte man nicht davon abgehen (oder sich selbst zerfleischen), wenn es zu einer der unvermeidlichen Pannen kommt.

Nehmen wir an, du bist grundsätzlich gern 1 Stunde 20 Minuten vor Abflug am Flughafen. Eines Tages kostet dich ein Unfall auf der Autobahn so viel Zeit, dass du um ein Haar deinen Flug verpasst. Solltest du deshalb künftig mehr Zeit einplanen? Nicht unbedingt. Die Strategie, zwei Stunden vor Abflug am Flughafen zu sein, hätte dir in diesem speziellen Fall weitergeholfen, doch auch sie hätte ihren Preis – nämlich eine Menge Wartezeit an Flughäfen. 1 Stunde 20 Minuten könnte auch dann die beste Strategie sein, wenn du ab und zu – zum Beispiel heute – einen Flug verpasst.

Ebenso neige ich dazu, mich verrückt zu machen wegen jedes Fehlers, den ich in einem Blogbeitrag, bei einer Sitzung oder in einem Vortrag gemacht habe. Mir drängt sich dann immer der Satz auf: »Tja, hätte ich mich mal besser vorbereitet.« Manchmal stimmt das. In anderen Fällen sollte das Fazit lauten: »Nein, in Wirklichkeit lohnt es sich nicht, vor jedem Gespräch so viel Zeit aufzuwenden, um solche Fehler zu vermeiden.«

Ein anderes Beispiel: Kürzlich bin ich im Winter mit dem New-Jersey-Transit-Zug gefahren. Als ich aus dem Fenster schaute, sah ich ein Feuer auf den Schienen. Sonst schien sich keiner darum zu scheren, also dachte ich: »Vermutlich kein Grund zur Sorge.« Ich war aber nicht sicher, deshalb lief ich los, um einen Zugbegleiter zu suchen. Ich sagte ihm, was los war. Es stellte sich heraus, dass wirklich kein Grund zur Sorge bestand. Offenbar setzen die Eisenbahngesellschaften im Winter Feuer ein, um die Schienen zu enteisen. Mein erster Impuls war, mir dumm vorzukommen, weil ich mir ohne Grund Sorgen gemacht hatte. Doch als ich darüber nachdachte, wurde mir klar: »Nein, eigentlich finde ich, dass ich auch weiterhin Gefahren auf den Grund gehen sollte, die schlimme Folgen haben könnten, wenn mein Verdacht zutrifft. Auch wenn er sich in den meisten Fällen als unbegründet erweisen sollte.«

Welche schlechten Ratschläge kursieren in deinem beruflichen Umfeld oder Fachgebiet?

Ich glaube, die meisten Ratschläge sind schlecht, weil sie zu pauschal sind. »Geh mehr Risiken ein.« »Sei nicht so streng mit dir.« »Arbeite härter.« Das Problem ist, dass manche Menschen mehr Risiken eingehen sollten, andere aber weniger. Manche Menschen müssen nachsichtiger mit sich umgehen, andere üben sich zu sehr in Nachsicht. Manche Menschen sollten härter arbeiten, andere stehen schon kurz vor dem Burnout. Und so weiter.

Die nützlichsten Ratschläge sind meiner Ansicht nach folglich solche, die das Urteilsvermögen allgemein verbessern – deine Fähigkeit, die eigene Situation (selbst wenn die Wahrheit wenig schmeichelhaft oder angenehm ist), die möglichen Optionen und die damit verbundenen Kompromisse korrekt wahrzunehmen. Gutes Urteilsvermögen hat, wer bewerten kann, ob ein Rat für die eigene Situation geeignet ist oder nicht. Sonst kann man gar nicht zwischen einem guten und einem schlechten Rat unterscheiden.

Die Bücher *Superforecasting* (von Philip E. Tetlock und Dan Gardner) und *How to Measure Anything* (von Douglas W. Hubbard) liefern gute Tipps, wie man die eigene Fähigkeit verbessert, richtige Prognosen zu stellen. Und *Decisive* (von Chip Heath und Dan Heath) erklärt die vier größten Fehler bei der Urteilsbildung (Entscheidungen zu eng zu konzipieren oder sich dabei von flüchtigen Gefühlen leiten zu lassen) und verrät, wie man sie meiden kann.

Wozu kannst du heute leichter Nein sagen als vor fünf Jahren?

Eine Ablenkung, die ich zu meiden gelernt habe, ist, Medien zu konsumieren, die mir nur sagen, was ich ohnehin schon weiß und gut finde (etwa politisch). Das kann süchtig machen, weil man sich so schön bestätigt fühlt – als ob man mit einem Freund spricht. Man lernt aber nichts daraus, und ich glaube, wer diesem Impuls über längere Zeit nachgibt, kann andere Ansichten nicht mehr so gut tolerieren. Ich löste mich von dieser Sucht im Grunde dadurch, dass ich mir klarmachte, wie viel Zeit ich darauf verschwendete, nichts Neues zu erfahren.

Was tust du, wenn dir alles zu viel wird, du nicht mehr fokussiert bist oder deine Konzentration nachlässt?

Manchmal muss ich mich zwischen zwei Optionen entscheiden, und ich weiß, dass viel auf dem Spiel steht, kann aber beim besten Willen nicht sagen, welcher Weg der bessere ist. Also grüble ich und schwanke zwischen den beiden Optionen hin und her, ohne neue Informationen zu gewinnen.

Glücklicherweise erinnere ich mich irgendwann an folgenden Grundsatz: Ungewissheit über den Erwartungswert fließt in den Erwartungswert ein. Wenn ich also weiß, dass eine der beiden Optionen A oder B ganz toll ist, die andere dagegen eine Katastrophe, aber nicht, welche, dann haben beide denselben Erwartungswert.

Das eröffnet eine ganz neue Perspektive. Wenn du denkst, das eine ist toll, das andere furchtbar, aber nicht weißt, was ist was, dann lähmt das. Befreiend wirkt, wenn du denkst: »Beide Optionen haben denselben Erwartungswert.«

(Das setzt natürlich voraus, dass es dir nicht möglich ist, ohne größeren Aufwand weitere Informationen über A und B einzuholen, um die Ungewissheit in der Frage, was die bessere Lösung ist, zu verringern. Das solltest du natürlich, wenn es geht. Dieser Rat bezieht sich auf Situationen, in denen du alle zumutbaren Möglichkeiten ausgeschöpft hast, dich besser zu informieren, und nicht mehr weiterweißt.)

Nehmen wir an, du quälst dich mit der Entscheidung zwischen zwei Stellen, die dir angeboten wurden, und fühlst dich überfordert, weil du nicht ohne Weiteres sagen kannst, welche Entscheidung die bessere ist. Stelle A ist prestigeträchtiger und besser bezahlt, doch Stelle B bietet eine vorteilhaftere Kultur und mehr Freiheit bei der Auswahl deiner Projekte.

In diesem Fall solltest du dir die Frage stellen: »Kann ich mir irgendwie zusätzliche Informationen verschaffen, die mir bei der Entscheidung helfen?« Vielleicht kannst du mit Mitarbeitern der betreffenden Unternehmen sprechen und herausfinden, wie es ihnen dort gefällt. Oder feststellen, was ehemalige Mitarbeiter von A und B nach ihrem Ausscheiden getan haben.

Vielleicht hast du das alles ja schon gemacht, und die Antworten haben dir die Entscheidung nicht erleichtert. In diesem Fall – wenn keine weiteren Informationen verfügbar sind, die klarmachen, was für dich »das Richtige« ist – solltest du dich entspannen und dich einfach für eine Option entscheiden, ohne dir Gedanken zu machen. Ich weiß, dass das oft leichter gesagt als getan ist, aber wenn man nicht weiß, welche Entscheidung die bessere ist, dann sind eigentlich beide gleich gut.

»Als ich jünger war, war ich nicht ›undankbar‹, ich nahm mir nur nie die Zeit, darüber nachzudenken, was alles gut lief. Jetzt mache ich jeden Morgen eine Dankbarkeitsübung.«

TURIA PITT
TW/IG: @TuriaPitt
turiapitt.com

TURIA PITT ist eine der am meisten bewunderten und bekannten Persönlichkeiten Australiens. 2011 war Turia mit 24 Jahren ein Ex-Model, Fitnessjunkie und eine erfolgreiche Bergbau-Ingenieurin, als sie an einem 100-Kilometer-Ultramarathon in Westaustralien teilnahm und in ein Buschfeuer geriet. Sie war mehr tot als lebendig, als sie mit einem Hubschrauber aus der entlegenen Wüstenregion evakuiert wurde, und erlitt Verbrennungen dritten Grades, die 64 Prozent ihrer Körperoberfläche betrafen. Sie überlebte und kämpfte sich ins Leben zurück. Turia nahm Ende 2016 an der Ironman World Championship in Kona, Hawaii, teil und schrieb ihre Memoiren *Everything to Live For: The Inspirational Story of Turia Pitt*. Ihr beliebter TEDx-Vortrag »Unmask Your Potential« beschreibt ihren unglaublichen Triumph trotz überwältigender Widrigkeiten.

Welches Buch (welche Bücher) verschenkst du am liebsten? Warum? Welche ein bis drei Bücher haben dein Leben am stärksten beeinflusst?

Mein persönliches Lieblingsbuch ist *The Map That Changed the World* von Simon Winchester. Ein Kanalgräber (William Smith) zeichnete die erste geologische Karte von England und Wales. Man würde meinen, dass ihm dafür höchste Ehren und Anerkennung zuteilwurden, aber stattdessen wurde er als Ketzer beschimpft und ins Gefängnis geworfen. Die meisten Leute, die ich kenne, sind nicht so fasziniert von Geologie wie ich (ich war früher eine Bergbau-Ingenieurin), deshalb versuche ich Bücher zu verschenken, die auf die Interessen der entsprechenden Person zugeschnitten sind.

Wenn jemand am Laufen interessiert ist, schenke ich ihm *Born to Run* von Christopher McDougall. Wenn jemand seine Finanzen verbessern will, schenke ich ihm *The Barefoot Investor* von Scott Pape. Wenn jemand mehr über mich erfahren will, gebe ich ihm meine Autobiografie, und wenn er sich zu philosophischen Themen hingezogen fühlt, würde ich Viktor Frankls *Man's Search for Meaning* wählen.

Welche Anschaffung von maximal 100 Dollar hat für dein Leben in den letzten sechs Monaten (oder in letzter Zeit) die größte positive Auswirkung gehabt?

Es hat mich zwar mehr als 100 Dollar gekostet, hat mein Leben aber vollkommen verändert. Ich habe mir vor einigen Monaten am Flughafen Beats-Solo³-Kopfhörer gekauft. Sie sind klasse! Ich verwende sie gerne in Kombination mit der App Brain.fm – die mir hilft, mich zu sammeln und auf eine bevorstehende Aufgabe zu konzentrieren. Wenn ich mich an die »Maximal 100 Dollar«-Regel halte, schätze ich, dass die Brain.fm-App mein Leben ebenfalls verändert hat. Sie hilft mir dabei, mich auf meine Arbeit zu konzentrieren. Ich benutze sie täglich.

Welcher (vermeintliche?) Misserfolg war die Voraussetzung für deinen späteren Erfolg? Hast du einen »Lieblingsmisserfolg«?

Ich habe im Laufe meines Lebens schon viel Mist gebaut, ich kann schon gar nicht mehr mitzählen! Ich schuldete dem Finanzamt einmal viel Geld (das ich mittlerweile nachgezahlt habe). Ich habe einmal 10.000 Dollar für einen Vortragscoach ausgegeben und dann festgestellt, dass ich ihn gar nicht gebraucht hätte. Ich bin als Referentin zu Konferenzen geflogen ... und stellte vor Ort fest, dass ich in der falschen Stadt war. Ich schaute bei einer Gala einmal zu tief ins Glas und blamierte mich vor allen Anwesenden.

Keines dieser Ereignisse führte zu etwas Gutem, aber sie brachten mir bei, dass es in Ordnung ist, hin und wieder einmal einen Fehler zu machen. Denn weißt du was? Die Welt dreht sich trotzdem weiter. Misserfolge sind im Leben nützlicher als Erfolge. Ich habe nie etwas aus einem Erfolg gelernt. Das ist beinahe ... zu leicht. Fehler hingegen zeigen mir meine Schwächen auf. Aus dieser wertvollen Erfahrung kann man etwas lernen und sich verbessern.

Welche Überzeugungen, Verhaltensweisen oder Gewohnheiten, die du dir in den letzten fünf Jahren angeeignet hast, haben dein Leben am meisten verbessert?

Ich übe mich in Dankbarkeit. Als ich jünger war, war ich nicht »undankbar«, ich nahm mir nur nie die Zeit, darüber nachzudenken, was alles gut lief. Jetzt mache ich jeden Morgen eine Dankbarkeitsübung, täglich, und manchmal sogar mehrmals am Tag. Ich mache keine Wissenschaft daraus, ich weiß nur, dass ich mich dann besser fühle. Ich glaube nicht an Patentrezepte, aber ich weiß, dass das eine sehr effektive Methode ist, um seine Stimmungslage umgehend zu verändern.

[Und so sieht es aus:] Zunächst greife ich auf meine Dankbarkeits-Playlist bei Spotify zu und wähle ein Lied aus der Liste. Aktuell besteht sie aus neun Liedern:

1. »Breathturn« von Hammock
2. »Your Hand in Mine« von Explosions in the Sky
3. »Devi Prayer« von Craig Pruess und Ananda
4. »Horizon« von Tycho
5. »Recurring« von Bonobo
6. »Hanging On« von Active Child

7. »Long Time Sun« von Snatam Kaur
8. »Angels Prayer« von Ty Burhoe, James Hoskins, Cat McCarthy, Manorama und Janaki Kagel
9. »Twentytwofourteen« von The Album Leaf

Dann denke ich an drei Dinge, für dich ich zutiefst dankbar bin. Ich habe festgestellt, dass ich besser damit zurechtkomme, wenn ich sehr konkret bin. Statt für »meine Mutter« dankbar zu sein, danke ich ihr eher dafür, »dass sie mir gestern eine Spinatpastete gemacht hat«. Statt an »meinen Partner« zu denken, könnte ich zum Beispiel daran denken, »dass ich gestern mit meinem Partner laufen war«. Heute Morgen war ich dankbar für:

1. Meinen ungeborenen Sohn, der mir in den Bauch trat.
2. Kaffee.
3. Den Sonnenaufgang, dem ich zugesehen habe.

Wenn ich diese Übung konsequent und ernsthaft praktiziere (und sie nicht einfach nur gedanklich abspule – Musik hilft mir dabei, in die richtige Geistesverfassung zu kommen), weine ich normalerweise vor Dankbarkeit. Wenn ich im Laufe des Tages frustriert bin oder mich ärgere, wiederhole ich diese Übung manchmal, um mich zu erden.

»Wenn zwei extreme Meinungen aufeinandertreffen, liegt die Wahrheit meist irgendwo in der Mitte. Ohne Kontakt zur anderen Seite wird man automatisch in Richtung der Extreme und weg von der Wahrheit getrieben.«

ANNIE DUKE
TW/FB: @AnnieDuke
annieduke.com

ANNIE DUKE war zwei Jahrzehnte lang eine der besten Poker-Spielerinnen der Welt. Im Jahr 2004 setzte sie sich unter 234 Teilnehmern durch und gewann ihr erstes Armband in der World Series of Poker (WSOP). Im selben Jahr triumphierte sie auch beim mit 2 Millionen Dollar für den Sieger dotierten Tournament of Champions der WSOP nur für eingeladene Spieler. Bevor sie professionelle Poker-Spielerin wurde, bekam Duke für ein Studium der kognitiven Psychologie an der University of Pennsylvania ein Stipendium der National Science Foundation. In ihrem Blog *Annie's Analysis* schreibt sie regelmäßig über die Wissenschaft der intelligenten Entscheidungsfindung, und ihr Poker-Wissen hat sie in einer Reihe von Bestsellerbüchern weitergegeben, darunter *Decide to Play Great Poker* und *The Middle Zone: Mastering the Most Difficult Hands in Hold'em Poker* (beide geschrieben zusammen mit John Vorhaus). Ihr neuestes Buch, *Thinking in Bets: Making Smarter Decisions When You Don't Have All the Facts*, beschäftigt sich mit Strategien für gute Entscheidungen.

Welchen Rat würdest du einem intelligenten, motivierten Studenten für den Einstieg in die »echte Welt« geben?

Erstens: Suche nach abweichenden Meinungen. Versuche immer, Leute zu finden, die anderer Meinung sind, die ehrlich und produktiv den Advocatus Diaboli spielen können. Verlange von dir selbst, Menschen genau zuzuhören, die andere Ideen und Meinungen haben als du. Halte dich so gut wie möglich von politischen Blasen und Echokammern fern. Habe ein gutes Gefühl dabei, wirklich zuzuhören, wenn jemand eine andere Meinung hat als du. Versuche, jeden Tag deine Meinung über eine Sache zu ändern.

Tatsache ist: Wenn zwei extreme Meinungen aufeinandertreffen, liegt die Wahrheit meist irgendwo in der Mitte. Ohne Kontakt zur anderen Seite wird man automatisch in Richtung der Extreme und weg von der Wahrheit getrieben. Hab keine Angst davor, dich zu irren. Denn sich zu irren, ist nur eine Chance, mehr über die Wahrheit herauszufinden.

Zweitens: Bleib flexibel und offen für Gelegenheiten, die sich bieten. Die meisten erfolgreichen Menschen, die ich kenne, wussten direkt nach der Universität noch nicht genau, was sie machen wollten, und im Lauf ihrer Karrieren hat sich ihr Schwerpunkt verschoben. Sei offen für das, was die Welt dir bringt. Hab keine Angst vor einem Job- oder Karrierewechsel, egal wie viel Zeit du vorher in etwas investiert hast. Es ist nicht nötig, über alles Bescheid zu wissen. Und wenn man doch das Gefühl hat, über alles Bescheid zu wissen, kann man steckenbleiben und seine Offenheit für Veränderungen verlieren.

Wozu kannst du heute leichter Nein sagen als vor fünf Jahren?

Ich bin allgemein besser darin geworden, zu fast allem Nein zu sagen, vor allem aber bei Verpflichtungen, für die ich verreisen müsste. Die Strategie, die ich mir dafür überlegt habe, ist: Ich stelle mir vor, es wäre der Tag, an dem ich abreisen muss, und überlege, ob ich mich an diesem Tag glücklich oder traurig fühle. Dann stelle ich mir vor, es sei der Tag danach und ich sei wieder zu Hause, und frage mich, ob sich die Reise gelohnt hat. Bin ich froh, dass ich Ja gesagt und getan habe, was ich getan habe? Durch diese Art von »Zeitreise« kann ich mir besser die Nachteile der Sachen vorstellen, die ich nicht mag (weg von zu Hause sein, den Aufwand für das Reisen), und sie gegen die Vorteile von dem, über das ich nachdenke, abwägen (eine Keynote halten, die bei einem Publikum gut ankommen wird, an einer wohltätigen Veranstaltung teilnehmen und mich sehr über das eingesammelte Geld freuen).

Das Gleiche funktioniert, indem ich an ähnliche Angebote denke, die ich angenommen oder abgelehnt habe. Bin ich froh, dass ich das Angebot angenommen habe, oder froh, dass ich es abgelehnt habe? Das ist eine tolle Technik für das Nachdenken über alle möglichen Entscheidungen, ob kleine wie über eine Einladung zum Essen oder große wie über den Umzug in eine andere Stadt. Ein bisschen bewusstes Zeitreisen hilft dabei, den richtigen Blick zu bekommen.

Welcher (vermeintliche?) Misserfolg war die Voraussetzung für deinen späteren Erfolg? Hast du einen »Lieblingsmisserfolg«?

Im Poker gibt es viele Misserfolge, weil man viele Runden verliert. Man kann beim Poker auf zweierlei Weise Misserfolg haben. Erstens kann man ihn einfach als negatives Ergebnis definieren, wenn man zum Beispiel ein schlechtes Blatt hat. Aber eine der Lektionen, die man dabei lernt, ist, dass das eine unproduktive Definition ist, denn man kann beim Poker auch gewinnen, obwohl man sehr schlechte Entscheidungen trifft, und trotz sehr guter Entscheidungen verlieren. Man kann also bei einem mathematisch gesehen gewinnträchtigen Blatt sein gesamtes Geld setzen und trotzdem verlieren, weil der Rest der Karten, die man bekommt, nicht die richtigen sind.

Wenn man Misserfolg einfach als Verlieren definiert, wird man glauben, dass es dabei nur um das Ergebnis geht. Man versucht dann vielleicht, die eigene Spielweise anzupassen, um nicht zu verlieren, obwohl die Entscheidungen vorher sehr gut waren (oder man wiederholt schlechte Strategien, nur weil man einmal damit gewonnen hat). Das wäre das Gleiche wie zu glauben, es sei klug, rote Ampeln zu überfahren, nur weil das ein paarmal geklappt hat. Oder zu beschließen, nie mehr bei Grün zu fahren, weil man dabei einmal einen Unfall hatte.

Beim Pokern habe ich gelernt, dass ich Misserfolg vom Ergebnis trennen muss. Dass ich verliere, heißt nicht, dass ich versagt habe, und dass ich gewinne, heißt nicht, dass ich gut war – nicht wenn man Erfolg und Misserfolg danach definiert, ob man gute Entscheidungen trifft, die langfristig zum Sieg führen. Wichtig sind die Entscheidungen, die ich zwischendurch getroffen habe, und jede falsche Entscheidung ist eine Chance dafür, zu lernen und meine Strategie für die Zukunft anzupassen. Wenn man das tut, wird Verlieren zu einer weniger emotionalen Erfahrung und stärker zu einer Gelegenheit, zu erkunden und zu lernen.

»Jede intelligente und stabile Person, die ich kenne, geht spazieren und meditiert. Die App Headspace ist ein unterhaltsamer Anfang dafür. Probiere sie aus und mache das dann jeden Tag. Ich rate allerdings dazu, es nicht beim Spazierengehen zu versuchen … jedenfalls erstmal nicht.«

JIMMY FALLON
TW/IG: @jimmyfallon
tonightshow.com

JIMMY FALLON ist ein mit dem Emmy Award – und dem Grammy Award – ausgezeichneter Comedian. Bekannt wurde er als Mitglied des Teams für *Saturday Night Live* und als Moderator der Latenight-Talkshow *The Tonight Show Starring Jimmy Fallon*. Er hat mehrere Bücher geschrieben, darunter *Your Baby's First Word Will Be DADA* und zuletzt *Everything Is Mama*. Fallon lebt zusammen mit seiner Frau Nancy und den zwei Töchtern Winnie und Franny in New York. Wenn Sie sehen wollen, wie er auf meinen Füßen fliegt (wirklich!), werfen Sie einen Blick auf tim.blog/jimmy.

Welches Buch (welche Bücher) verschenkst du am liebsten? Warum? Welche ein bis drei Bücher haben dein Leben am stärksten beeinflusst?

Einem Erwachsenen würde ich *Man's Search for Meaning* von Viktor Frankl geben. Ich habe es gelesen, als ich zehn Tage auf der Intensivstation des Bellevue Hospital lag, wo man versuchte, mir einen Finger wieder anzunähen, den ich mir bei einem Ring-Unfall in meiner Küche abgerissen hatte. In dem Buch geht es um den Sinn des Lebens, und ich glaube, ich bin dadurch, dass ich es gelesen habe, zu einem besseren Menschen geworden. Gemerkt habe ich mir daraus: »Auf die Frage: ›Was ist der Sinn des Lebens?‹ gibt es keine genaue Antwort. Das wäre so, als würde man einen Schachmeister fragen, was der beste Zug der Welt ist. Alles hängt von der Situation ab, in der man sich befindet.« Außerdem hat es meinen Glauben daran gestärkt, dass mich alles, was mich nicht tötet, stärker macht. Wenn du das Buch liest, wirst du noch mehr davon bekommen.

Die Bücher, die ich zurzeit am häufigsten verschenke, sind Kinderbücher, weil ich immer mehr auf Partys für Kinder gehe (unsere Kinder sind zweieinhalb und vier Jahre alt). Ich denke an die Bücher, die ich selbst als Kind geliebt habe, die mir im Gedächtnis geblieben sind. Eines davon ist *The Monster at the End of This Book* von Jon Stone.

Ich weiß noch, wie ich darüber gelacht habe, dass Grobi, der Erzähler, sich total aufregt, wenn man die Seiten umblättert, weil am Ende ein Monster wartet. Ich habe trotzdem umgeblättert, und er bekam noch mehr Angst: »DU HAST UMGEBLÄTTERT!!?!???? HÖR AUF UMZUBLÄTTERN!!!!??« Und ich weiß nicht, ob ich mutig vor ihm sein wollte oder ob ich dachte, es werde schon nichts passieren, aber jedenfalls blätterte und las ich weiter, bis es auf der letzten Seite herauskam: ER ist das Monster am Ende des Buches! Liebenswerter, pelziger alter Grobi! Ich glaube, von diesem Buch habe ich gelernt, dass es nichts gibt, vor dem man Angst haben muss.

Welche Überzeugungen, Verhaltensweisen oder Gewohnheiten, die du dir in den letzten fünf Jahren angeeignet hast, haben dein Leben am meisten verbessert?
Die besten neuen Verhaltensweisen, die ich mir in den vergangenen fünf Jahren angewöhnt habe, müssen Spazierengehen und Meditieren sein (getrennt voneinander). Mein Freund Lorne Michaels geht sehr gern spazieren, und jedes Mal, wenn wir uns treffen, gehen wir und unterhalten uns, und wir haben gar keinen richtigen Grund dafür, dass wir gehen – es macht einfach Spaß. Einmal in London sind wir fast 15 Kilometer gegangen, ohne überhaupt daran zu denken. Meine Frau und meine Kinder gehen ebenfalls gern spazieren, und ich habe das Gefühl, ich könnte das ewig machen. Ich bin fast enttäuscht, dass ich so lange gebraucht habe, um zu merken, wie gut ich mich dabei fühle. Meditation? Das ist eine härtere Nuss, aber wenn man sein Gehirn darauf trainieren kann (so wie man alles mögliche andere lernt – Gitarre spielen, jemanden imitieren, mit Gangschaltung fahren), ist das eine sehr nützliche Fähigkeit. Man muss einfach üben. Jede intelligente und stabile Person, die ich kenne, geht spazieren und meditiert. Die App Headspace ist ein unterhaltsamer Anfang dafür. Probiere sie aus und mach das dann jeden Tag. Ich rate allerdings dazu, es nicht beim Spazierengehen zu versuchen … jedenfalls erstmal nicht.

ZITATE, ÜBER DIE ICH NACHDENKE

(Tim Ferriss: 1. April bis 15. April 2016)

»Genie ist nur eine überlegene Fähigkeit, zu sehen.«

– **JOHN RUSKIN**
viktorianischer Universalgelehrter, Kunstkritiker, Philanthrop und Denker

»Was die Methoden angeht, davon kann es eine Million geben und noch mehr, aber Grundsätze gibt es nur wenige. Der Mann, der Grundsätze begreift, kann mit Erfolg seine eigenen Methoden wählen. Der Mann, der Methoden ausprobiert und Grundsätze ignoriert, wird mit Sicherheit Schwierigkeiten haben.«

– **RALPH WALDO EMERSON**
amerikanischer Essayist, Führungsfigur der Transzendentalisten-Bewegung im 19. Jahrhundert

»Die erste Regel für jede in einem Unternehmen eingesetzte Technologie lautet: Wenn Automation in einem effizienten Betrieb eingesetzt wird, nimmt die Effizienz zu. Die zweite Regel: Automation, die in einem ineffizienten Betrieb eingesetzt wird, macht ihn noch ineffizienter.«

– **BILL GATES**
Mitgründer von Microsoft

»Es sind verschiedene Perspektiven nötig, um seine Persönlichkeit zu formen. Identität geht in beide Richtungen – sie entsteht von innen nach außen und von außen nach innen.«

ESTHER PEREL
IG: @estherperelofficial
FB: /esther.perel
estherperel.com

ESTHER PEREL gilt als wichtigste Koryphäe für Sexualität und Partnerschaft nach Dr. Ruth Westheimer. Ihre TED-Vorträge über das Geheimnis des Begehrens und das Überdenken der Untreue wurden über 17 Millionen Mal aufgerufen, und sie hat in den 34 Jahren, in denen sie ihre private therapeutische Praxis in New York City führt, praktisch alles gesehen und erprobt, was es gibt. Esther hat den internationalen Bestseller *Mating in Captivity* geschrieben, der in 26 Sprachen übersetzt worden ist. Die Belgierin spricht neun Sprachen fließend (ich habe sie selbst reden hören) und äußert ihre multikulturelle Sichtweise in ihrem neuen Buch *The State of Affairs: Rethinking Infidelity*. Sie richtet ihre kreative Energie zurzeit auf die Entwicklung und Gestaltung einer Interviewreihe, die bei Audible erhältlich ist und *Where Should We Begin?* heißt.

Welchen Rat würdest du einem intelligenten, motivierten Studenten für den Einstieg in die »echte Welt« geben? Welchen Rat sollte er ignorieren?

Das Leben wird dir viele unerwartete Gelegenheiten bieten, und du wirst nicht immer im Voraus wissen, welche Augenblicke die wichtigen sind. Darüber hinaus wird die Qualität deiner Beziehungen die Qualität deines Lebens bestimmen. Investiere in deine Beziehungen – selbst wenn sie dir unwichtig erscheinen.

Ein Freund von mir erzählte mir neulich eine Geschichte, die genau auf diesen Punkt abzielte. Er wollte sich mit seiner Tochter ein College ansehen und sie baten um eine Führung durch ein bestimmtes Forschungszentrum, das sie nach dem Schulabschluss eventuell besuchen wollte. Der Hausverwalter zeigte ihnen die Räumlichkeiten – das Büro des Direktors, den Mediensaal und sogar die Lagerräume. Die Tochter staunte über die ausführliche Führung und rollte mit den Augen, aber ihr Vater sagte nur: »Stelle Fragen. Du weißt nie, was passieren wird.« Als sie schließlich fertig waren, gab der Hausverwalter ihnen seine Visitenkarte. Mein Freund wies seine Tochter an, sich per E-Mail zu bedanken und zwei konkrete Dinge zu benennen, die ihr bei der Führung in Erinnerung geblieben waren.

Am nächsten Tag erhielt die Tochter einen Anruf vom Präsidenten des Zentrums. Der Hausverwalter hatte ihre E-Mail an ihn weitergeleitet mit der Nachricht: »Genau solche Studenten brauchen wir.« Du kannst dir denken, was dann geschah.

Nimm dir immer Zeit, die Leistung anderer Leute zu würdigen – und nicht nur dann, wenn du einen Vorteil davon hast. Wenn du an deinem Gegenüber interessiert bist, wird auch dein Gegenüber an dir interessiert sein. Die Menschen vergelten Güte mit Güte, Respekt mit Respekt. Beziehungen – selbst kurze – eröffnen viele Gelegenheiten.

Man sollte aber Ratschläge bzw. Fragen ignorieren wie: »Wie sieht dein Fünfjahresplan aus?«

Was ist das beste oder lohnendste Investment, das du je getätigt hast (in Form von Geld, Zeit, Energie etc.)?

Ich hatte von Anfang an einen Vorteil, weil ich in Belgien aufwuchs, in dem es drei Landessprachen gibt (Niederländisch, Französisch und Deutsch). Meine Eltern waren jüdische Flüchtlinge, die nach dem Zweiten Weltkrieg aus Polen eingewandert waren, und so kamen noch Polnisch, Hebräisch und Jiddisch dazu. Schon in sehr jungen Jahren verstand ich, dass Sprache ein Tor zu einer anderen Welt ist – zu einer anderen Kultur, Sensibilität, Ästhetik und einem anderen Humor. Das Gegenteil von einem Flüchtling ist ein Einheimischer, und Sprache war mein Weg, ein solcher zu werden. Je nach verwendeter Sprache werden unterschiedliche Teile in mir wach.

Ich lernte weitere Sprachen in der Schule (Englisch), auf Reisen (Spanisch), in einer Bossanova-Band (Portugiesisch) und per Hörbuch vor dem Einschlafen (Italienisch). Ich sah abends oft die Fernsehnachrichten in verschiedenen Sprachen. Zeitschriften waren auch hilfreich. Und Gespräche in Flugzeugen verbesserten mein Vokabular enorm. Ich spreche neun Sprachen und arbeite in mindestens sieben davon.

Die Zeit, die ich ins Sprachenlernen investierte, war für meine Karriere essenziell. Als ich in den USA eintraf, ohne Referenzen und einen beeindruckenden Abschluss, konnte ich mich nur durch meine Sprachfähigkeiten und die verschiedenen Perspektiven, die ich dadurch erlangte, von anderen Therapeuten abheben.

Ich achtete darauf, meinen Söhnen den linguistischen Imperativ zu vermitteln. Ich finde es seltsam, dass in den USA Zweisprachigkeit als Zeichen für einen niedrigeren sozialen Status gilt, und selbst im Kindergarten weigern sich viele Kinder oft, die Sprache ihrer Eltern zu verwenden. Also infizierte ich meine Kinder von klein auf mit dem Reisefieber. Wenn sie mit anderen Kindern in Europa, Israel oder Südamerika spielen wollten, mussten sie deren Sprache lernen.

Beruflich unterhalte ich mich mit Menschen, die aus aller Herren Länder stammen, über die persönlichsten Dinge. Kommunikation ist eine intime Angelegenheit, und es ist ausgeschlossen, dass ich meine Arbeit leisten könnte, wenn ich dafür einen Übersetzer bräuchte.

Was tust du, wenn dir alles zu viel wird, du nicht mehr fokussiert bist oder deine Konzentration nachlässt?

Ich suche die Nähe zu Menschen, die mir helfen, meine Konzentration, mein Selbstbewusstsein und meine innere Mitte wiederzuerlangen. Ich lebe mein Leben in einem Netzwerk aus Freunden, Familie, Kollegen, Fremden, Mentoren und Studenten. Wenn mir alles zu viel wird, verliere ich meine Orientierung und ich brauche ein menschliches GPS, das mir dabei hilft, die »Route neu zu berechnen« und wieder auf Kurs zu kommen.

In den Augenblicken, in denen man an sich zweifelt, braucht man andere, die an einen glauben. Sie richten dich auf, wenn du einmal stolperst, und fangen dich auf. Andere Menschen sehen dich anders als du dich selbst. Es sind verschiedene Perspektiven nötig, um seine Persönlichkeit zu formen. Identität geht in beide Richtungen – sie entsteht von innen nach außen und von außen nach innen.

Viele Menschen denken, dass sie zu sich selbst finden und die Welt ausblenden müssen, wenn sie sich überfordert fühlen oder ihre Mitte verlieren. Sie glauben, dass es edler und tugendhafter wäre, wenn sie die Dinge ohne fremde Hilfe klären. Bei mir funktioniert das nicht. Ich finde mich selbst und aktiviere meine größten kreativen Kräfte, wenn ich in Interaktion mit der wunderbaren Vielfalt anderer Menschen trete.

»Was einen Fluss so friedlich erscheinen lässt, ist, dass er nicht zweifelt – er ist sich sicher, dass er sein Ziel erreichen wird, und es zieht ihn auch an keinen anderen Ort.« –Hal Boyle

MARIA SCHARAPOWA
TW/IG: @MariaSharapova
MariaSharapova.com

MARIA SCHARAPOWA hat fünf Grand Slams und die Olympische Silbermedaille im Tennis gewonnen. Maria kam im russischen Njagan zur Welt und wurde im Alter von 14 Jahren Profisportlerin. Sie gehört zu einer kleinen Schar von Spielerinnen, die alle vier Grand Slams gewonnen haben – Wimbledon (2004), US Open (2006), Australian Open (2008) und das French Open (2012, 2014). Sie stand 21 Wochen an der Spitze der Tennis-Weltrangliste und erzielte in ihrer Laufbahn 35 Siege als Einzelspielerin. *Forbes* bezeichnete sie 2005 als bestbezahlte Sportlerin aller Zeiten – ein Titel, den sie 11 Jahre lang hielt. Sie schrieb eine Autobiografie mit dem Titel *Unstoppable: My Life So Far*.

Welches Buch (welche Bücher) verschenkst du am liebsten? Warum? Welche ein bis drei Bücher haben dein Leben am stärksten beeinflusst?

Ich verschenke gerne *The Beggar King and the Secret of Happiness: A True Story* von Joel ben Izzy. Heute gibt es viele Bücher, die Ratgeber oder Schritt-für-Schritt-Anleitungen sind, und obwohl die sehr praktisch sein können, läuft das Leben nicht immer so ab. Manchmal muss man erst den zehnten Schritt machen, bevor man den zweiten Schritt machen kann. Ich habe dieses Buch genossen, weil es keine Antworten bietet; es bringt den Leser vielmehr dazu, selbst auf die Antworten zu kommen.

Welcher (vermeintliche?) Misserfolg war die Voraussetzung für deinen späteren Erfolg? Hast du einen »Lieblingsmisserfolg«?

In meinem Beruf werden Niederlagen oft als Misserfolge betrachtet. Nicht diejenige zu sein, die den letzten Punkt macht und deshalb als Erste vom Platz gehen muss. Solche Dinge sind sichtbar. Aber unter der Oberfläche sind Niederlagen die Grundlage für Siege. Wenn man verliert, denkt man ganz anders als nach einem Sieg. Man fängt an, Fragen zu stellen, statt sich im Gefühl zu sonnen, bereits alle Antworten zu kennen. Fragen öffnen die Türen zu so vielen Möglichkeiten. Wenn eine Niederlage mich dazu bringt, schwierige Fragen zu stellen, dann bekomme ich die Antworten, die aus Niederlagen Siege werden lassen.

Wenn du an einem beliebigen Ort ein riesiges Plakat mit beliebigem Inhalt aufhängen könntest, was wäre das und warum?

»Sei authentisch.«

Das ist eine klare Ansage. Es bringt die Dinge auf den Punkt. Sei du selbst. Akzeptiere dich. Feiere dich. Wir werden immer durch äußere Ereignisse beeinflusst; durch Menschen, die uns nie im Leben begegnen, doch damit entfernen wir uns nur von uns selbst. Es ist wichtig, sich auf sich selbst zu besinnen – auf die Person, die man schon immer war, und die man auch sein sollte.

Was ist eine deiner – gern auch absurden – Eigenheiten, auf die du nicht verzichten möchtest?

Da gibt es einige Dinge. Ich ziehe immer zuerst meinen linken Schuh an. Nicht nur Tennisschuhe, alle Schuhe. Wenn ich in einem Schuhgeschäft bin und der Verkäufer mir einen rechten Schuh reicht, sage ich immer: »Verzeihung, ich mache die Schachtel gerne selbst noch einmal auf, aber ich möchte zuerst den linken Schuh anziehen.« Meist werde ich dann schief angesehen.

Wenn ich ein Match bestreite, trage ich nicht gerne dasselbe Outfit. Viele Sportler wechseln nicht gerne den Dress, wenn sie gut darin gespielt haben. Sie waschen die Kleidung, tragen sie dann aber wieder – vielleicht waschen sie sie nicht einmal. Ich mache das genaue Gegenteil. Ich ziehe etwas anderes an. Ich wechsle gerne ab. Ich will das gleiche Outfit kein zweites Mal tragen. Der Schnitt und das Zubehör können zwar gleich sein, aber ich benutze immer andere Kombinationen.

Mit welchen kulinarischen Leckerbissen oder anderen Dingen belohnst du dich, wenn du ein großes Turnier gewinnst?
Ich esse gerne Süßigkeiten. Zum Beispiel Dulce de leche. Es gibt eine russische Honigtorte, die *Medowik* heißt und aus mehreren Lagen besteht. Ich könnte sie jeden Tag morgens, mittags und abends essen. Wenn meine Oma Kirschmarmelade kocht, könnte ich sie pur löffeln. Das ist eine Kindheitserinnerung. Ich bin eine Naschkatze.

Welchen Rat würdest du einem intelligenten, motivierten Studenten für den Einstieg in die »echte Welt« geben? Welchen Rat sollte er ignorieren?
Du kannst die Worte »Bitte« und »Danke« nicht oft genug wiederholen. Und wenn du diesen Worten Taten folgen lässt, werden die Menschen in deiner Umgebung das Gefühl haben, dass deine Worte ehrlich gemeint sind und du hinter ihnen stehst. Dasselbe gilt für die Zeit, wenn dir der Durchbruch gelungen ist und du erfolgreich bist. Streiche diese Worte nicht aus deinem Vokabular.

Was tust du, wenn dir alles zu viel wird, du nicht mehr fokussiert bist oder deine Konzentration nachlässt?
Meine beste Freundin hat vor einigen Jahren ein kleines Zitat in die Geburtstagskarte gelegt, die sie mir schickte: »Was einen Fluss so friedlich erscheinen lässt, ist, dass er nicht zweifelt – er ist sich sicher, dass er sein Ziel erreichen wird, und es zieht ihn auch an keinen anderen Ort.« – Hal Boyle.

An manchen Tagen kann viel los sein, Aktivitäten und Ablenkungen können dazu führen, dass ich mich verzettele und meinen Blick auf das große Ganze verliere. Dieses Zitat bringt mich zurück an den Ort, an dem ich sein will. Es erdet mich.

»Das ›Problem‹ mit dem Meditieren war für mich, dass es nicht ›alltagstauglich‹ war. … Doch am Ende lernte ich, Meditation ganz anders zu betrachten – nämlich als Möglichkeit, die Kontrolle über mein Bewusstsein aufzugeben, damit mein wesentlich leistungsfähigeres Unterbewusstsein übernehmen konnte.«

ADAM ROBINSON
TW: @IAmAdamRobinson
robinsonglobalstrategies.com

ADAM ROBINSON studiert schon sein Leben lang, wie sich die Konkurrenz überflügeln und austricksen lässt. Er ist Schachmeister und erhielt einen Life-Master-Titel der United States Chess Federation. Als Teenager betreute ihn Bobby Fisher 18 Monate lang als Mentor, bevor er den Weltmeistertitel errang. Dann entwickelte Adam in seiner ersten Karriere einen revolutionären Ansatz zum Bestehen von Standardtests als einer der ursprünglichen Gründer von The Princeton Review. Sein bahnbrechendes Vorbereitungsbuch für Tests, *Cracking the System: The SAT* – ein sogenannter »Category Killer«, wie man in der Verlagsbranche sagt – ist das einzige Buch seiner Art, das es je auf die Bestsellerliste der *New York Times* schaffte. Nachdem er seine Anteile an The Princeton Review verkauft hatte, wandte Adam seine Aufmerksamkeit Anfang der 1990er-Jahre dem damals gerade entstehenden Fachgebiet der künstlichen Intelligenz zu. Er entwickelte ein Programm, mit dem man Texte analysieren und menschenähnliche Kommentare abgeben konnte. Später wurde er von einem bekannten Quant-Fonds angeworben, um statistische Handelsmodelle zu entwickeln. Seither hat er sich als unabhängiger Global-Macro-Berater für die CEOs eines ausgewählten Grüppchens der erfolgreichsten Hedgefonds der Welt und hochvermögender Family Offices etabliert.

Welches Buch (welche Bücher) verschenkst du am liebsten? Warum? Welche ein bis drei Bücher haben dein Leben am stärksten beeinflusst?

Unser Unterbewusstsein ist ständig aktiv und verarbeitet um ganze Größenordnungen mehr Informationen als unser Bewusstsein – und das erstaunlich leichter. Doch unser Bildungssystem und die westliche Philosophie überhaupt sind darauf ausgerichtet, unser bewusstes Denken und die diesbezüglichen Kapazitäten zu verbessern, nicht die unterbewussten.

Ich habe alles Mögliche gelesen, in Tausenden von Büchern. Fünf ganz unterschiedliche Bücher hatten auf mich den größten Einfluss, weil sie entweder bestätigten, was ich intuitiv vermutete, oder weil sie mir vielversprechende Ansätze lieferten, mein Unterbewusstsein besser zu verstehen – oder zu beherrschen –, um es bei Bedarf anzuzapfen, und es soweit wie möglich zu steuern.

Diese Bücher sind *Zen in the Art of Archery* von Eugen Herrigel, *Drawing on the Right Side of the Brain* von Betty Edwards, *The Crack in the Cosmic Egg* von Joseph Chilton Pearce, *The Act of Creation* von Arthur Koestler, und vor allem wohl *The Origins of Consciousness in the Breakdown of the Bicameral Mind* von Julian Jaynes. Diese Bücher waren für meine Überlegungen so fruchtbar, dass ich jedes mindestens dreimal von vorn bis hinten durchgelesen habe. Im Laufe der Jahre nehme ich sie immer mal wieder zur Hand und hole mir weitere Erkenntnisse oder Anregungen.

Was sie mir bestätigt haben und was auch meine eigene Erforschung des Unterbewusstseins ergab, ist, um mit Hamlet zu sprechen, dass es mehr Ding' im Unterbewusstsein gibt, als unsere Philosophie sich träumt.

Welche Überzeugungen, Verhaltensweisen oder Gewohnheiten, die du dir in den letzten fünf Jahren angeeignet hast, haben dein Leben am meisten verbessert?

Was ich in den letzten fünf Jahren verinnerlicht habe und was mein Leben ganz dramatisch verbessert hat, ist die Erkenntnis, welche Bedeutung andere haben – nicht nur, um die Welt zu verändern, sondern um sie zu genießen!

Ich bin von Natur aus eher introvertiert – so extrem, dass mir Schulfreunde Jahre später erzählt haben, manche unserer Klassenkameraden hätten mich nie ein Wort sprechen hören.

Nach meinem weiterführenden Studium – in Oxford, nachdem ich zunächst an der Wharton School der University of Pennsylvania studiert hatte – hatte ich meine innere Welt schon ein ganzes Stück weit verlassen, war aber auf einer Skala von 100 immer noch zu 95 Prozent introvertiert und zu 5 Prozent extravertiert. Ich war gern in Gesellschaft, aber nicht zu lange. Dann wurde mir alles zu viel, und ich musste mich zurückziehen, um mich zu regenerieren.

Nach dem College, im Berufsleben, verdankte ich meinen Erfolg meinen Erkenntnissen, meiner Fantasie und meinem Denken. Ich bewegte mich weit häufiger in der Welt der Gedanken als in der Welt der Menschen. Je mehr und je bessere Ideen ich hatte, desto größer wurde mein Erfolg.

Ich merkte daher erst relativ spät im Leben, nämlich im letzten Jahr, überrascht, dass man andere in die eigenen Pläne und Visionen einbeziehen muss, wenn man die Welt verändern möchte. Doch das war noch nicht alles: Da waren noch das große Vergnügen und die Befriedigung, die die Fokussierung auf andere vermittelt. Außerdem stellte ich verblüfft fest: Je mehr ich anderen gab – und das habe ich immer getan –, desto mehr gab mir das Universum zurück.

Wenn ich früher ausging und mich mit anderen traf, war ich stets geistig abwesend. Heute fokussiere ich mich nicht mehr auf mein Inneres – meine Ideen –, sondern nach außen, auf die Vernetzung mit anderen. Gesprochen habe ich über diese Erkenntnis erstmals in einem Live-Gruppen-Podcast mit Tim [Ferriss] im Dezember 2016. Kurz darauf hatte ich die Inspiration zu dem Buch *An Invitation to the Great Game: A Parable of Love, Magic, and Everyday Miracles*, in dem ich meine drei Leitlinien fürs Leben darlegte. Erstens: Vernetze dich so oft wie möglich mit anderen. Zweitens: Versuche stets, engagiert anderen Spaß und Freude zu bereiten. Und drittens: Erlebe jeden Moment in der Erwartung, dass etwas Wunderbares passiert.

Diese Entdeckung hat mein Leben so grundlegend verändert – und mir zum ersten Mal klargemacht, wozu ich auf der Welt bin –, dass ich es heute in zwei Perioden unterteile: die vor der

Entdeckung der »anderen«, und die danach. Heute freue ich mich jeden Tag so sehr darauf, aus dem Haus zu gehen, und frage mich, was ich in der Begegnung mit anderen wohl Wunderbares vollbringen werde, dass ich es kaum erwarten kann. Heute haben meine Tage einen natürlichen Rhythmus zwischen Introvertiertheit und Extravertiertheit, der ans Atmen erinnert. Wenn ich alleine bin, atme ich meine Ideen ein, in der Gegenwart anderer atme ich sie aus.

Die Anzahl außergewöhnlicher Menschen und glücklicher Zufälle und Erfolge, die in mein Leben getreten sind, seit ich mir dieses Bewusstsein für andere angeeignet habe – das sich rasch zu der reflexartigen Gewohnheit entwickelt hat, meine Aufmerksamkeit ganz anderen zuzuwenden, wenn ich nicht alleine bin –, war wirklich erstaunlich.

Was ist das beste oder lohnendste Investment, das du je getätigt hast (in Form von Geld, Zeit, Energie etc.)?

Ich habe im Leben schon viel investiert – an Geld, Zeit, Energie, Leidenschaft und Gefühlen. Am meisten gelohnt hat es sich für mich, meditieren zu lernen.

Ich war stets ein Getriebener, der die Welt ungeheuer aufregend fand. Deshalb jagt mein Verstand auch ständig mit Hochgeschwindigkeit der Beantwortung irgendeiner Frage hinterher – oder der Entwicklung eines Systems. Nonstop. Rund um die Uhr, 365 Tage im Jahr, und in Schaltjahren 366.

Natürlich setzt bei dieser unaufhörlichen geistigen und psychischen Stimulation irgendwann Erschöpfung ein. Und wer auf einem Gebiet Bestleistungen bringen will, der muss einen Weg finden, wie er sich von diesen Strapazen erholt. Ich wusste schon jahrelang, dass ich herausfinden musste, wie ich »abschalten« und einfach entspannen, genießen – und ich selbst sein – kann, aber es gelang mir nicht.

Ich habe alles versucht – Yoga, Sport, sogar Hypnose. Ich suchte mir den »besten« Hypnotiseur in New York, um meinen hyperaktiven Geist abzustellen, doch nach vier – extrem kostspieligen – Versuchen gab er auf. »Ihr Verstand ist zu aktiv, um sich der Hypnose hinzugeben.« »Vielen Dank auch, Herr Doktor«, entgegnete ich unverhohlen verärgert. »Genau deshalb bin ich doch zu Ihnen gekommen.«

Vor etwa zwei Jahren merkte mein bester Freund Josh Waitzkin (Seite 218), dass ich gar nicht mehr entspannen oder aufhören konnte, die Welt zu analysieren – insbesondere die Finanzwelt. Da riet er mir, zu meditieren.

»Das ist nichts für mich«, protestierte ich. »Ich kann gar nicht so lange stillsitzen, bis die positive Wirkung einsetzt.«

»Hast du es schon mal mit Herzfrequenzvariabilitäts-Training versucht? HRV?«, wollte er wissen.

Ich verneinte.

»Na, dann kann ich dir das nur dringend empfehlen«, riet er mir.

Von HRV hatte ich noch nie gehört. Er erklärte, dass man sich eigentlich nur auf die Atmung konzentrieren müsse und dabei Biofeedback eingesetzt werde, um die »Glätte« und die Amplitude – also die Variabilität – der Herzfrequenz zu messen. Das Herz registriert alle Emotionen und Belastungen in Echtzeit. Deshalb schlägt das Herz auch sehr unregelmäßig – allerdings in einer engen Spanne um einen Durchschnittswert herum. Das Ziel des Biofeedback-Trainings ist es, die eigene Herzfrequenz zu steuern, indem man sich auf die Atmung konzentriert und den »zackigen« Verlauf der Herzfrequenz zu einer Sinuskurve glättet und die Amplitude verlängert.

Das klang interessant, doch ich war erst bereit, mich darauf einzulassen, als sich mir ein ganz neuer Blick auf das Thema Meditation erschloss. Das »Problem« mit dem Meditieren war für mich, dass es nicht alltagstauglich war. Dass ich die Zeit, die ich mit Meditieren zubrachte, nicht zur Analyse der Welt verwenden konnte, kam erschwerend hinzu.

Doch am Ende lernte ich, Meditation ganz anders zu betrachten – nämlich als Möglichkeit, die Kontrolle über mein Bewusstsein aufzugeben, damit mein wesentlich leistungsfähigeres Unterbewusstsein übernehmen konnte, sodass ich die Welt noch besser analysieren konnte.

Davon motiviert, widmete ich mich begeistert dem Biofeedback-HRV-Training und lernte in wenigen Wochen, meinen Geist mit nur einem tiefen Zwerchfell-Bauch-Atemzug zu beruhigen – was mir die Fähigkeit vermittelte, auf Knopfdruck in einen Zen-artigen Ruhezustand zu geraten.

Wenn ich jetzt das Bedürfnis habe, auf Distanz zu gehen oder mich dem Alltagsstress zu entziehen und meinen Geist zur Ruhe kommen zu lassen, dann konzentriere ich mich einfach und praktiziere die Zwerchfellatmung. Das mache ich mehrmals am Tag, immer mal wieder eine oder mehrere Minuten lang. Mindestens einmal täglich »verschwende« ich einen größeren Block von 15 bis 20 Minuten darauf, so zu meditieren. In Wirklichkeit ist das aber keine verschwendete Zeit, denn die Steigerung der Kreativität und der Produktivität, die mir diese regenerierende Kurzsitzungen verschafft, ist viel mehr wert als die »unproduktiv« mit Meditieren verbrachte Zeit.

Meditieren gehört zu den praktischsten, wirkungsvollsten und am meisten die Produktivität steigernden Methoden, die es gibt – und es zu erlernen, war eine meiner besten Investitionen.

Welche Anschaffung von maximal 100 Dollar hat für dein Leben in den letzten sechs Monaten (oder in letzter Zeit) die größte positive Auswirkung gehabt?

Er hat zwar nicht unter 100 Dollar gekostet, sondern 159, aber ist damit noch so nah dran, dass ich ihn erwähnen muss: den Biofeedback-Monitor HeartMath Inner Balance nämlich.

Er zeichnet den Herzrhythmus punktgenau auf und schickt ihn als Grafik aufs Handy, was das HRV-Training erleichtert.

Welche schlechten Ratschläge kursieren in deinem beruflichen Umfeld oder Fachgebiet?

Praktisch allen Investoren wurde irgendwann einmal erzählt – oder sie haben es stillschweigend vorausgesetzt oder wurden implizit von den stereotypen Lehrplänen der von ihnen frequentierten Business Schools zu dieser Ansicht angehalten –, dass ihr Anlageerfolg zunimmt, je besser sie die Welt verstehen. Klingt vernünftig, oder? Je mehr Informationen wir uns verschaffen und auswerten, desto besser sind wir informiert, und desto fundierter unsere Entscheidungen. Das Sammeln von Informationen, um mehr zu wissen, ist auf vielen, wenn nicht den meisten Fachgebieten sicherlich vorteilhaft.

Nicht aber in der kontraintuitiven Investmentwelt, in der es den Anlageerfolg beeinträchtigen kann, wenn man mehr weiß.

1974 beschloss der weltberühmte Psychologe und Mitstreiter von Nobelpreisträger Daniel Kahneman Paul Slovic, die Effekte von Informationen auf den Entscheidungsprozess zu untersuchen. Diese Studie sollte eigentlich Gegenstand jedes wirtschaftswissenschaftlichen Studiums im Land sein. Slovic versammelte acht professionelle Pferde-Handicapper und erklärte: »Ich will sehen, wie gut Sie die Sieger von Pferderennen prognostizieren können.« Bei den Probanden handelte es sich durchweg um erfahrene Profis, die ihr Geld mit Wetten verdienten.

Slovic teilte ihnen mit, der Test würde aus Vorhersagen zu 40 Pferderennen in vier aufeinanderfolgenden Runden bestehen. In der ersten Runde würde jeder Proband fünf jeweils unterschiedliche Informationen seiner Wahl zu den einzelnen Pferden erhalten. Für den einen könnte zu den fünf wichtigsten Variablen zählen, wie viele Jahre Erfahrung der Jockey hat. Ein anderer interessierte sich dafür womöglich überhaupt nicht, sondern vielmehr für die Höchstgeschwindigkeit, die ein bestimmtes Pferd im letzten Jahr erreicht hat – oder für etwas anderes.

Slovic bat die Handicapper aber nicht nur, die Gewinner der einzelnen Rennen vorherzusagen, sondern wollte auch wissen, wie sehr sie ihren Prognosen vertrauten. Wie sich herausstellte, nahmen an jedem Rennen im Schnitt zehn Pferde teil, sodass davon auszugehen war, dass jeder Handicapper allein durch wildes Raten oder blinden Zufall in 10 Prozent der Fälle richtigliegen würde – und dass er sich eine Trefferquote von 10 Prozent ausrechnete.

In der ersten Runde mit nur fünf eingeholten Informationen lagen die Handicapper zu 17 Prozent richtig – was ziemlich gut war, nämlich um 70 Prozent besser als die 10-prozentige

Ausgangswahrscheinlichkeit, die ohne jede Information vorgelegen hatte. Interessanterweise schätzten sie ihre Trefferquote auf 19 Prozent – also fast richtig. Ihre Prognosen trafen zu 17 Prozent zu, und sie hatten zu 19 Prozent darauf vertraut.

In der zweiten Runde erhielten sie zehn Informationen, in der dritten 20 und in der vierten und letzten 40 – also wesentlich mehr als die 5 Informationen, die ihnen eingangs vorgelegen hatten. Erstaunlicherweise blieb ihre Trefferquote gleichmäßig bei 17 Prozent. Auch mit 35 zusätzlichen Informationen erhöhte sie sich nicht. Doch leider verdoppelte sich ihr Vertrauen in die eigenen Prognosen – auf 34 Prozent! Die zusätzlichen Informationen verbesserten also nicht ihre Erfolgsquote, steigerten aber ihr Selbstvertrauen. Infolgedessen hätten sie wohl mit höheren Einsätzen gewettet und Geld verloren.

Über eine bestimmte Menge hinaus sorgen zusätzliche Informationen also – neben den erheblichen Kosten und dem Zeitaufwand für ihre Beschaffung – für eine »Bestätigungsverzerrung«, wie es die Psychologen nennen. Neue Informationen, die im Widerspruch stehen zu unserer ursprünglichen Einschätzung oder Schlussfolgerung, ignorieren oder verwerfen wir gern, während Informationen, die unsere ursprüngliche Entscheidung bestätigen, uns in unserer Schlussfolgerung bestärken.

Um wieder auf die Kapitalanlage zurückzukommen: Das zweite Problem mit dem Verstehen der Welt ist, dass sie dafür viel zu komplex ist. Je verbissener wir versuchen, sie zu durchschauen, je krampfhafter wir die darin vorkommenden Ereignisse und Trends zu »erklären« versuchen, desto stärker hängen wir an unseren resultierenden Überzeugungen – die stets mehr oder minder falsch sind. Das macht uns blind für die Finanztrends, die sich in Wirklichkeit abspielen. Schlimmer noch, wir *bilden uns ein*, die Welt zu verstehen und vermitteln Anlegern falsche Sicherheit. Dabei sitzen wir stets mehr oder weniger großen *Miss*verständnissen auf.

Man hört immer wieder, auch von den versiertesten Investoren und Finanz*experten*, dass dieser oder jener Trend »keinen Sinn ergibt«. »Es ergibt keinen Sinn, dass der Dollar immer weiter fällt.« Oder: »Es ergibt keinen Sinn, dass diese Aktie immer höher steigt.« Sagt ein Investor, etwas ergibt keinen Sinn, dann hat er in Wirklichkeit ein Dutzend Gründe dafür, dass der Trend eigentlich in die andere Richtung laufen sollte … es aber nicht tut. Deshalb glaubt er, dass der Trend keinen Sinn ergibt. Dabei ist es seine Weltsicht, die keinen Sinn ergibt. Die Welt ergibt immer Sinn.

Weil Finanztrends global betrachtet immer mit menschlichem Verhalten und menschlichen Überzeugungen zusammenhängen, können die stärksten Trends erst Sinn ergeben, wenn es zu spät für uns ist, daraus Kapital zu schlagen. Bis ein Investor eine Anschauung formuliert hat, die ihm die nötige Sicherheit gibt, zu investieren, ist die Anlagegelegenheit längst vorüber.

Wenn ich also hochkarätige Investoren oder Finanzkommentatoren sagen höre, es ergebe keinen Sinn, dass Energieaktien immer weiter nachgeben, dann weiß ich, dass Energieaktien noch viel Spielraum nach unten haben. Dann liegen nämlich all diese Investoren falsch, verweigern sich der Realität und setzen vermutlich doppelt so überzeugt auf ihre ursprüngliche Entscheidung, Energieaktien zu kaufen. Irgendwann werfen sie dann das Handtuch und müssen ihre Aktien abstoßen – was die Kurse weiter drückt.

Was tust du, wenn dir alles zu viel wird, du nicht mehr fokussiert bist oder deine Konzentration nachlässt? Welche Fragen stellst du dir?

Wenn ich mich nicht mehr konzentrieren kann, dann stelle ich mir zu allererst die Frage: »Bringe ich volle Leistung?« Wenn nicht, frage ich mich, wie ich das ändern kann. Jeder Tag bietet uns 86.400 Sekunden und damit praktisch unzählige Gelegenheiten, noch einmal von vorne anzufangen, unser Gleichgewicht wiederzugewinnen und dann Bestleistungen zu bringen.

Wenn ich merke, dass meine Konzentration nachlässt – und vor allem, wenn ich negative Gefühle wahrnehme – frage ich mich: »Worauf sollte ich mich jetzt eigentlich fokussieren?«

Die Antwort ist meist: »Auf meine Mission.« Das rückt die Dinge fast immer zurecht.

Manchmal lade ich mir aber auch zu viel auf. Weil es mir schwerfällt, anderen, die unbedingt mit mir arbeiten wollen, eine Abfuhr zu erteilen, kommt es vor, dass ich zu viele Verpflichtungen eingehe und überlastet bin.

Passiert das, dann frage ich mich – statt zu versuchen, alles mehr schlecht als recht zu bewältigen: »Welche Aktivität oder Verpflichtung, die ich sofort streichen kann, verschafft mir am meisten Luft?« Das erinnert mich an einen Bericht über eine europäische Kleinstadt, den ich vor langer Zeit gelesen habe (ich werde nicht sagen, in welchem Land, um niemanden ohne Not zu verletzen). Dort hatten die Postzusteller Probleme, die Post pünktlich auszuliefern.

Montags bemühten sie sich nach Kräften, behielten aber ein paar Poststücke übrig, die sie dann auf den Stapel für Dienstag legten. Am Dienstag gerieten sie erwartungsgemäß weiter in Rückstand, und ebenso am Mittwoch und Donnerstag. Am Freitag hatte sich ein ganzer Haufen nicht zugestellter Post angesammelt, den sie dann verbrannten, damit sie am Montag »neu« anfangen konnten. Das wiederholte sich auch in der nächsten Woche, und Freitag für Freitag zündeten sie ein Feuerchen an, um ihre Postautos von der nicht zugestellten Ladung der Woche zu befreien.

Das war ein höchst zweifelhafter wöchentlicher »Neustart«, den ich nicht empfehlen kann. Doch die Idee, neu anzufangen, wenn einem alles über den Kopf wächst, ist grundsätzlich hervorragend. Nehmen wir an, ich liege an einem beliebigen Tag schon mittags nicht mehr im Plan. Es ist offensichtlich, dass die Dinge in Kürze aus dem Ruder laufen. Statt zu versuchen, alle meine Nachmittagstermine wahrzunehmen – mit immer größerer Verspätung –, schaue ich auf meinen Kalender und frage mich, welcher der nächste ist, den ich auf einen anderen Tag verschieben kann. Lieber vereinbare ich einen neuen Termin und erscheine zu den drei übrigen pünktlich, als zu allen vier Nachmittagsterminen zu spät und abgekämpft aufzutauchen.

Apropos – einen Tag halte ich jede Woche komplett frei und trage einen vorgeblichen Auswärtstermin ein, damit ich nicht in Versuchung gerate, ihn anderweitig zu verplanen – auch nicht mit Verabredungen mit Freunden oder anderen angenehmen Ablenkungen. Im Notfall oder wenn ich nicht fertig werde und am Rad drehe, weiß ich, ich habe einen »freien Tag«, den ich nach Gusto verwenden kann.

Wenn ich mich also übernehme und zu viele Eisen gleichzeitig im Feuer habe, frage ich mich, welche ein oder zwei davon ich – für den Moment – herausziehen und beiseitelegen kann, um die anderen ordentlich zu schmieden.

Was ist eine deiner – gern auch absurden – Eigenheiten, auf die du nicht verzichten möchtest?

In der alten Sendung *Candid Camera* – die von Ashton Kutchers (Seite 273) *Punk'd in* zuletzt wieder aufgegriffen wurde – werden nichtsahnende Menschen gefilmt, wie sie in Echtzeit mit verrückten arrangierten Situationen zurechtkommen – gewöhnlich zur großen Erheiterung der Zuschauer.

Mir macht es immer wieder riesigen Spaß, unbedarfte wildfremde Menschen mit netten Gesten zu überraschen. So drücke ich beispielsweise manchmal, wenn ich mir einen geeisten Latte bestelle, dem Barista bei Starbucks 20 Dollar in die Hand mit dem Auftrag, dem Übernächsten in der Schlange zu geben, was er sich bestellt – und das Wechselgeld obendrauf. Ich nehme nie den Nächsten, denn der könnte ja mitbekommen, dass ich der geheimnisvolle Wohltäter bin.

Dann nippe ich aus sicherer Entfernung meinem Latte und beobachte, wie der zufällig Begünstigte auf diese unerwartete Großzügigkeit zunächst verwirrt und dann erfreut reagiert. Manchmal gibt der Betreffende das Wechselgeld auch als Trinkgeld oder bezahlt seinem Hintermann den Kaffee. Er verlässt den Coffee Shop jedoch zuverlässig mit einem Lächeln auf den Lippen – und ich weiß dann, dass ich in seinem Umfeld und für jeden, dem er an diesem Tag begegnet, einen positiven Welleneffekt ausgelöst habe.

Magie, die um sich greift!

»Das Leben ist verdammt schön.«

JOSH WAITZKIN
joshwaitzkin.com

JOSH WAITZKIN war das Vorbild für das Buch und den Film *Searching for Bobby Fischer*. Er gilt als Schachgenie und hat Lernstrategien perfektioniert, die sich auf alles anwenden lassen, unter anderem auf seine große Leidenschaft, das Brazilian Jiu-Jitsu (er hat einen Schwarzgut unter Marcelo Garcia abgelegt, einem Star der BJJ-Szene) und Tai-Chi Push Hands (eine Disziplin, in der er Weltmeister war). Heutzutage verbringt er seine Zeit damit, die weltbesten Athleten und Investoren zu coachen, außerdem arbeitet er daran, die Schuldbildung zu verbessern und seine neue Leidenschaft in den Griff zu bekommen, das SUP-Surfen. Seine diesbezüglichen Versuche haben mich (Tim) schon mehrmals beinahe das Leben gekostet. Ich traf Josh zum ersten Mal vor vielen Jahren, nach meiner Lektüre seines Buches *The Art of Learning*.

Welches Buch (welche Bücher) verschenkst du am liebsten? Warum? Welche ein bis drei Bücher haben dein Leben am stärksten beeinflusst?

On the Road von Jack Kerouac: Dieses Buch öffnete mir als Teenager die Augen für die berauschende Schönheit der kleinen Augenblicke, die das Leben zu bieten hat.

Tao Te Ching von Laotse: Dieser philosophische Klassiker inspirierte mich dazu, mich mit Weichheit und Empfänglichkeit zu befassen, die das Gegenteil zu meinen wilden Leidenschaften sind.

Zen and the Art of Motorcycle Maintenance von Robert M. Pirsig: Inspirierte mich dazu, die dynamische Qualität als Lebensweise zu kultivieren.

Ernest Hemingway on Writing: Das wichtigste kleine Buch über die Weisheit hinter dem kreativen Schreibprozess, das mir bisher in die Finger gekommen ist.

Welche Anschaffung von maximal 100 Dollar hat für dein Leben in den letzten sechs Monaten (oder in letzter Zeit) die größte positive Auswirkung gehabt?

Die Big Wave SUP Leash von Stay Covered für 36 Dollar. Die Fußschlaufe reißt nicht, und dafür bin ich enorm dankbar, weil ich in großer Entfernung zum Strand mit meinem SUP-Brett schon in die eine oder andere haarige Situation geraten bin.

Welcher (vermeintliche?) Misserfolg war die Voraussetzung für deinen späteren Erfolg? Hast du einen »Lieblingsmisserfolg«?

Die schmerzhafteste Niederlage in meinem Leben war die letzte Runde der U-18-Weltmeisterschaft im Schach in Szeged, Ungarn. Mein Kontrahent im Finale war ein russischer Spieler, der mir schon früh ein Remis anbot. Ich lehnte ab, weil ich gewinnen wollte ... und verlor. Im entscheidenden Moment des Spiels musste ich eine Entscheidung treffen, die völlig außerhalb meiner üblichen Gewohnheiten lag. Ich fand erst drei Monate später, nach über einhundert Stunden Spielanalyse, die richtige Entscheidung. Ich hätte meine letzte den König schützende Figur opfern müssen, weil der gegnerische Angriff von meiner Verteidigung lebte und durch sie genährt wurde. Meine Verteidigungsfiguren standen eigentlich nur im Weg, und die Bauern hätten ausgereicht, um den König zu schützen und den Angriff ins Leere laufen zu lassen. Das Prinzip: die Macht der Leere – oder mit nichts auf eine Aggression zu reagieren. Diese Lektion fühlte sich wie ein vollständiger Paradigmenwechsel an, und ich widmete anschließend einen Großteil meiner Zeit diesem Ansatz.

Zwölf Jahre später nutzte ich ihn, um die Weltmeisterschaft im Tai-Chi Chuan Push Hands zu gewinnen. Die bitterste Niederlage im Schach lehrte mich somit eine der wichtigsten Lektionen meines Lebens und brachte mir über zehn Jahre später einen Weltmeistertitel ein. Es ist schön zu sehen, wie sich das Leben entwickelt, wenn man alles aufs Spiel setzt und seine Fühler ausgestreckt hält.

Wenn du an einem beliebigen Ort ein riesiges Plakat mit beliebigem Inhalt aufhängen könntest, was wäre das und warum?
»Das Leben ist verdammt schön.«

Was ist eine deiner – gern auch absurden – Eigenheiten, auf die du nicht verzichten möchtest?
Ich mag Regen, Stürme, raue Wetterbedingungen und Chaos, hinter denen sich Harmonien verbergen. Ist das ausgefallen genug?

Welche Überzeugungen, Verhaltensweisen oder Gewohnheiten, die du dir in den letzten fünf Jahren angeeignet hast, haben dein Leben am meisten verbessert?
Ich hatte zahlreiche »Misserfolge«. Tim hat viele auf unseren gemeinsamen Surfreisen miterlebt. Als ich noch jünger war und Wettkampfsport betrieb, dauerte es oft lange zwischen einer herben Niederlage und meiner Einsicht, wie wertvoll ihre Lektion gewesen war. Ich war immer ziemlich gut darin, eine technische Korrektur vorzunehmen, aber ich habe in den letzten Jahren zwei Dinge deutlich verbessert: die Ursache für den technischen Fehler zu finden und meine Konsequenzen daraus zu ziehen (wodurch sich meine Leistung enorm verbessert); und ein Gefühl dafür zu entwickeln, wie die Niederlage mich besser macht, obwohl ich mir nach dem Rückschlag natürlich trotzdem die Wunden lecke.

Welchen Rat würdest du einem intelligenten, motivierten Studenten für den Einstieg in die »echte Welt« geben?
Tu das, was du liebst, auf eine Art, die du liebst, und widme dich fortan mit Leib und Seele diesem Projekt. Lass dich nicht von der Trägheit übermannen. Hinterfrage deine Annahmen und die Annahmen derer in deiner Umgebung. Bemerke, wie du unbewusst alles daran setzt, dein altes Schema aufrechtzuerhalten, auch wenn es dich lähmt und dir im Weg steht. Stähle deinen Körper, um deinen Geist zu stärken.

Ein Rat, den er/sie ignorieren sollte: Folge dem ausgetretenen Pfad. Vermeide jedes Risiko. Spiele auf Nummer sicher. Trage einen Anzug.

Welche schlechten Ratschläge kursieren in deinem beruflichen Umfeld oder Fachgebiet?

So ziemlich alles, was von jemandem kommt, der nie richtig gelebt und sein Wissen in der Praxis getestet hat. Hüte dich vor Philosophologen.

Wozu kannst du heute leichter Nein sagen als vor fünf Jahren?

Ich sage zu fast allem Nein, was in der Öffentlichkeit spielt. Ich sage Nein zu mehr als 99 Prozent der beruflichen Angebote, die Leute mir machen. Ein Kernprinzip ist, dass es keine bessere Investition gibt als die Investition in den eigenen Lernprozess, und ich lasse mich nur auf Leute ein, die mich herausfordern und besser machen. Ich bin exponentiell besser, wenn ich mich zu 100 Prozent auf etwas einlasse, nicht nur zu 99 Prozent, und deshalb mache ich nur Dinge, die mich dazu motivieren, alles zu geben. Und ich lasse mich nur auf Leute ein, die ich achte oder von denen ich glaube, dass ich ihnen Achtung entgegenbringen kann.

Was tust du, wenn dir alles zu viel wird, du nicht mehr fokussiert bist oder deine Konzentration nachlässt?

Ich ändere meinen Aktivitätszustand. Wenn ich mich in der Nähe von Wellen aufhalte, reite ich auf ihnen. Oder ich mache ein kurzes, intensives Kettlebell-Workout, fahre Rad, schwimme, dusche kalt, springe in ein Eisloch, wobei ich nach der Wim-Hof-Methode atme, mit der sich die Frequenz des Herzrhythmus verändern lässt [siehe Adam Robinson, Seite 210, für eine ausführlichere Beschreibung]. Es ist erstaunlich, wie der Geist dem Körper folgt. Ganz ehrlich, ich denke, dass ein mangelndes Verständnis oder der fehlende Wunsch, diese einfache evolutionäre Realität zu verstehen, das ist, was viele Menschen davon abhält, ihr Leben deutlich zu verbessern.

»Das mag ein seltsamer Rat sein von jemandem, der im Hauptfach Elektrotechnik studiert und über mathematische Modelle der Computersicherheit promoviert hat, aber ich rate allen Collegestudenten, die mir über den Weg laufen, den Rest ihrer Zeit auf dem College darauf zu verwenden, sich den Kopf mit allen geisteswissenschaftlichen Fächern vollzustopfen, die ihre Schule anbietet.«

ANN MIURA-KO
TW: @annimaniac
IG: @amiura
floodgate.com

ANN MIURA-KO ist Partnerin bei der auf Micro-Cap-Investitionen in Start-ups spezialisierten Wagniskapitalgesellschaft Floodgate. Sie wurde von *Forbes* als »einflussreichste Frau in der Start-up-Sphäre« bezeichnet und ist Dozentin für Unternehmertum in Stanford. Als Kind eines Raketenforschers der NASA wurde Ann in Palo Alto geboren und wuchs schon als Teenager mit Technologie-Start-ups auf. Bevor sie Floodgate gründete, arbeitete sie bei Charles River Ventures und McKinsey and Company. Ann investierte unter anderem in Lyft, Ayasdi, Xamarin, Refinery29, Chloe and Isabel, Maker Media, Wanelo, TaskRabbit und Modcloth.

Welcher (vermeintliche?) Misserfolg war die Voraussetzung für deinen späteren Erfolg? Hast du einen »Lieblingsmisserfolg«?

Als Zwölfjährige stand ich neben meinem Bruder auf der Bühne, der selbstbewusst auf mich zeigte und ansagte: »Das ist Ann Miura. Sie spielt ein Chopin-Nocturne in cis-Moll.« Ich stand stumm neben ihm, ging zum Klavier und begann zu spielen. Auf dem Klavier konnte ich ohne Probleme vor vielen Menschen spielen, aber [mein Bruder musste die Ansage für mich machen, denn] ich hatte Panik davor, öffentlich zu sprechen. Erschwerend kam hinzu, dass ich zu Hause Japanisch sprach. Ich hatte zwar viel Vertrauen in meine Fähigkeiten in anderen Fächern, aber Englisch war nie meine starke Seite gewesen. Auf der Highschool beschloss ich, diese Schwächen energisch anzugehen und meldete mich für das Rede- und Debattierteam an. Diesem Projekt widmete ich fast meine gesamte unterrichtsfreie Zeit. Zwei Jahre später, nach meinem zweiten Highschool-Jahr, meinten meine Eltern, das sei wohl nichts gewesen. Während andere Mitglieder des Teams Trophäen und Auszeichnungen sammelten, war meine Erfolgsbilanz mau. Ich hatte nicht viel vorzuweisen für die ganze Zeit, die ich geopfert hatte. Meine Eltern befürchteten zu Recht, ich könnte alles auf eine – und obendrein ziemlich miese – Karte gesetzt haben, und schlugen vor, ich solle mich im nächsten Jahr lieber auf etwas anderes konzentrieren. »Wie wäre es denn mit Fechten?«, fragte meine Mutter in offensichtlicher Unkenntnis meiner absoluten Unsportlichkeit. »Wie ich höre, haben gute Fechter Aufnahmechancen in erstklassigen Colleges!«

Meine Eltern handelten in bester Absicht, hatten aber nicht auf der Rechnung, wie viel Spaß mir das Debattieren machte. Ich liebte den Wettbewerb. Ich legte mir gern Argumente zurecht. Ich genoss die Vorbereitungen. Ich mochte eigentlich alles daran, und meine schlechte Erfolgsbilanz tat meiner Leidenschaft noch keinen Abbruch. Ich bat mir einen Sommer Zeit aus, um mir einen neuen Ansatz zu überlegen. Meine Mutter bezeichnete mich als stur, doch ich verbrachte den ganzen Sommer zwischen meinem zweiten und dritten Highschool-Jahr in der örtlichen Bibliothek und befasste mich mit potenziellen Themen für die Debatten im nächsten Jahr. Ich verdoppelte und verdreifachte meinen bisherigen Einsatz, indem ich philosophische

Bücher, soziologische Texte und Artikel aus Fachblättern las – so ungefähr alles, was ich in die Finger bekommen konnte. Ich versprach meinen Eltern, ich würde das Debattieren aufgeben, wenn ich in den ersten beiden Wettbewerben keinen Spitzenplatz erreichen konnte.

Dieser Sommer war für mich ein richtiges Geschenk. Ich lernte mehr über mich und darüber, wie ich Erfolg haben konnte, als aus allen meinen bisherigen Erfahrungen mit klassischeren Erfolgsmaßstäben. Erstens: Es ist nicht schwer, sich einer Sache ganz und gar zu verschreiben, die einem wirklich großen Spaß macht. Und durch echten Einsatz und harte Arbeit kann man die Konkurrenz durch bessere Vorbereitung aus dem Feld schlagen. Bei der ersten Debattierrunde im Herbst meines dritten Highschool-Jahrs hatte ich schon gewonnen, bevor mein Kontrahent auch nur ein Wort gesagt hatte, so viel besser vorbereitet und durchgeplant war mein Auftritt. Auf jedes seiner Argumente hatte ich gleich mehrere Antworten parat. Keines davon überraschte mich. Zweitens lernte ich daraus, dass ich meine Fähigkeiten besser einschätzen kann als jeder andere. Es fällt den Menschen schwer, Schneid, Entschlossenheit, harte Arbeit und menschliches Potenzial zu bewerten. Wer die Gelegenheit bekommt, kann das alles an sich selbst klarer sehen als jeder andere. Wir müssen nur auf die innere Stimme lauschen und ihr zuhören. In meinem dritten Highschool-Jahr belegte ich schließlich den zweiten Platz in ganz Kalifornien, und im Abschlussjahr gewann ich das landesweite Tournament of Champions. Das hätte selbst ich mir in jenem Sommer nach dem zweiten Highschool-Jahr nicht vorstellen können.

Was ist eine deiner – gern auch absurden – Eigenheiten, auf die du nicht verzichten möchtest?
Ich habe ein absolutes Faible für Büromaterial. Meine Verwandtschaft mütterlicherseits hat einen kleinen Laden für Bürobedarf in Kanazawa in Japan, und dort half ich im Sommer als Kind oft aus. Es machte mir Spaß, die neuesten, tollsten Stifte und Füller zu vergleichen. Ich wusste, welches Federmäppchen die meisten Extras hatte – etwa einen eingebauten Spitzer, passende Lineale und Scheren oder Geheimfächer für Süßigkeiten oder Geld. Ich liebte den Geruch eines neuen Notizbuchs, dessen Seiten noch aneinanderklebten. Mir gefiel, dass die Menschen in Japan Stempel anstelle von Unterschriften verwendeten und in den Laden kamen, um sich einen neuen Stempel zu bestellen, wenn sie den alten verloren hatten. Meine immer noch vorhandene Obsession für die besten Stifte (Muji 0,38 mm Gelstifte und Pilot Juice Up 0,4 mm Gelstifte) und Notizbücher (Leuchtturm1917 Medium Hardcover) ist ein Widerhall jener heißen Sommertage, die ich im Schreibwarenladen meines Onkels verbrachte. Es ist mir nur ein bisschen peinlich, wie gern ich mit einem mir zur Verfügung stehenden unerschöpflichen Reservoir an Tinten- und Farbstiften Notizen auf Papier mache.

Welchen Rat würdest du einem intelligenten, motivierten Studenten für den Einstieg in die »echte Welt« geben?

Studenten im letzten Collegejahr rate ich gewöhnlich zweierlei. Das eine mag ein seltsamer Rat sein von jemandem, der im Hauptfach Elektrotechnik studiert und über mathematische Modelle der Computersicherheit promoviert hat, aber ich rate allen Collegestudenten, die mir über den Weg laufen, den Rest ihrer Zeit auf dem College darauf zu verwenden, sich den Kopf mit allen geisteswissenschaftlichen Fächern vollzustopfen, die ihre Schule anbietet. Die Kurse über digitale Schaltungen, die ich 1995 belegte, sind längst überholt, doch von den zeitlosen Lehren über die grundlegende Natur des Menschen (zum Beispiel von John Locke oder Thomas Hobbes), den Aufstieg und Niedergang großer Kulturen und die motivierenden Vorbilder echter Helden (wie Alexander Hamilton) aus den Literatur- und Geschichtskursen, die ich besuchte, zehre ich bis heute jeden Tag. In einer Welt, in der es so sehr um die Entwicklung neuer Produkte durch rasche Iteration und Experimente geht, vergessen wir oft, innezuhalten und sicherzustellen, dass die Zukunft, der wir mit Riesenschritten entgegeneilen, auch wirklich die Zukunft ist, die wir haben möchten. Die praktische Anwendung von Urteilsvermögen und Logik aus der Philosophie (zum Beispiel der kantischen Ethik), der Geschichte und der Literatur vermittelt Kompetenzen, die wir nicht nur weiterentwickeln sollten, wenn wir das College längst verlassen haben, sondern die wir nur schwer erwerben können, wenn wir nicht im College damit anfangen.

Der zweite Rat stammt von einem Vorgesetzten, und er erteilte ihn mir großzügig im ersten Monat nach meinem Arbeitsantritt in New York und bezeichnete ihn als sehr persönlich, aber ausgesprochen bedeutsam: Eigne dir eine Philosophie des Gebens an, sobald du in die Arbeitswelt eintrittst. Er riet mir, diese Philosophie zu entwickeln, solange ich außer meinem Studienkredit noch kaum Verpflichtungen hatte. Er empfahl mir, jedes Jahr einen bestimmten Prozentsatz meines Einkommens an gemeinnützige Organisationen meiner Wahl zu spenden. Was mir damals nicht klar war, aber im Laufe der Zeit bewusst wurde: Spenden ist ebenso Gewohnheit wie bewusstes Handeln. In einem bestimmten Moment mag es einem zwar so vorkommen, als gebe es zahllose andere Verwendungsmöglichkeiten für die kostbaren, für gemeinnützige Zwecke zur Seite gelegten Dollars, doch das Eingehen und Einhalten so einer persönlichen Verpflichtung kann enorme Sinnhaftigkeit erzeugen. Ich verpflichtete mich dazu, sobald ich nach dem College zu arbeiten anfing, und hielt mich auch in magereren Jahren, als ich weiterstudierte, daran. Mein Mann und ich haben diese Verpflichtung gemeinsam für unsere Zukunft erneuert.

»Die gerechtesten Regeln sind die, denen alle zustimmen würden, solange sie nicht wissen, wie viel Einfluss sie haben.« – John Rawls

JASON FRIED
TW: @jasonfried
basecamp.com

JASON FRIED ist Mitgründer und CEO von Basecamp (vormals 37signals), einer Softwareschmiede mit Sitz in Chicago. Das Flaggschiffprodukt des Unternehmens, Basecamp, ist eine Projektmanagement- und Teamkommunikationsanwendung, der Millionen Nutzer vertrauen. Jason Fried ist Koautor von *Getting Real: The Smarter, Faster, Easier Way to Build a Successful Web Application*, das kostenlos auf gettingreal.37signals.com heruntergeladen werden kann. Außerdem ist er Koautor der *New York Times*-Bestseller *Rework* and *Remote: Office Not Required*. Jason schreibt regelmäßig eine Kolumne für die Zeitschrift *Inc.* und verfasst häufig Beiträge zum beliebten Basecamp-Blog *Signal v. Noise*, der »klare Meinungen und Gedanken zu Design, Wirtschaft und Technologie äußert.«

Welches Buch (welche Bücher) verschenkst du am liebsten? Warum? Welche ein bis drei Bücher haben dein Leben am stärksten beeinflusst?

Ich glaube zwar, dass es vergriffen ist, empfehle aber trotzdem allen, es irgendwo aufzutreiben und zu lesen: *Seeking Wisdom: From Darwin to Munger* von Peter Bevelin. Ich halte jedes Buch für lesenswert, in dem es um die Ideen von Charlie Munger geht, und dieses ganz besonders, weil darin die Weisheit der klügsten Köpfe der Geschichte eingeflossen ist. Es schweift mitunter ein bisschen ab und ist nicht sehr dicht, aber das macht mir nichts aus.

Welcher (vermeintliche?) Misserfolg war die Voraussetzung für deinen späteren Erfolg? Hast du einen »Lieblingsmisserfolg«?

Als ich in den 1990er-Jahren als Webdesigner anfing, reichte ich meine Arbeiten auf einer Webseite ein, die Auszeichnungen vergab: HighFive.com. Das war damals das Nonplusultra. Wer einen High-Five-Award bekam, der hatte es geschafft.

Tja ... ich reichte meine Sachen also ein, und David Siegel, der die Website betrieb, meldete sich per E-Mail. Die Mail liegt mir im Wortlaut nicht mehr vor, doch der Tenor war, meine Arbeite tauge nichts, ich hätte in der Webdesign-Branche nichts verloren und sollte ihn nicht wieder belästigen.

Was diese Klatsche für ein Feuer in mir entfachte! Ich war nicht sauer, rachsüchtig oder enttäuscht. Ich brannte einfach. Ich wollte zeigen, was ich draufhatte, und ihm beweisen, dass er sich irrte.

Eine tolle Abfuhr. Ihr verdanke ich alles.

Wenn du an einem beliebigen Ort ein riesiges Plakat mit beliebigem Inhalt aufhängen könntest, was wäre das und warum? Gibt es Zitate, an die du häufig denkst oder nach denen Du lebst?

Zu den Zitaten gehören:

> »Wenn du glaubst, du bist zu klein, um effektiv zu sein, dann warst du noch nie mit einer Stechmücke im Dunkeln.« – Betty Reese

> »Jede gute Sache beginnt als eine Bewegung, wird zum Wirtschaftsunternehmen und degeneriert dann zum Spektakel.« – Eric Hoffer

> »Die gerechtesten Regeln sind die, denen alle zustimmen würden, solange sie nicht wissen, wie viel Einfluss sie haben.« – John Rawls

> »Theoretisch gibt es keinen Unterschied zwischen Theorie und Praxis, praktisch aber doch.« – Jan L. A. van de Snepscheut

> »Der Preis ist, was du zahlst. Der Wert ist, was du kriegst.« – Warren Buffett

> »Jeder ist jemand, doch niemand will er selber sein.« – Gnarls Barkley

»Das Leben fragt nicht, was wir uns wünschen. Es gibt uns Optionen.« – Thomas Sowell

»Schaut euch an, worauf ein Mensch zynisch reagiert, und ihr wisst, woran es ihm mangelt.« – George S. Patton

»Tu, was du kannst, mit dem, was du hast, wo immer du bist.« – Theodore Roosevelt

»Es ist nicht wichtig, was du betrachtest, sondern was du siehst.« – Henry David Thoreau

»Hüte dich vor Anlageentscheidungen, denen Beifall gezollt wird. Der ganz große Wurf erregt gewöhnlich nur ein Gähnen.« – Warren Buffett

»Loch und Flicken sollten zusammenpassen.« – Thomas Jefferson

»In allen Angelegenheiten ist es hin und wieder gesund, Dinge zu hinterfragen, die man lange für selbstverständlich gehalten hat.« – Bertrand Russell

»Bürokratie ist die Kunst, das Mögliche unmöglich zu machen.« – Javier Pascual Salcedo

»Es ist sehr wichtig, zu wissen, was man lassen sollte.« – Iggy Pop

»Achte nicht darauf, was über dich geschrieben wird – miss es nur in Zentimetern.« – Andy Warhol

»Wissen ist der Anfang der Praxis. Handeln ist die Perfektion des Wissens.« – Wang Yangming

»Nichts ist so unnütz, wie etwas effizient zu tun, das man lassen sollte.« – Peter Drucker

»In der Hoffnung, den Mond zu erreichen, vergisst der Mensch die Blumen, die zu seinen Füßen blühen.« – Albert Schweitzer

»Unsere Ängste sind immer zahlreicher als unsere Gefahren.« – Seneca der Jüngere

»Es ist erstaunlich, was man alles erreichen kann, wenn man sich nicht darum kümmert, wem es zugeschrieben wird.« – Harry Truman

»Mach dir keine Gedanken, dass jemand eine Idee stehlen könnte. Ist sie originell, musst du sie ihm in den Hals stopfen.«– Howard H. Aiken

»Schaff nicht erst einen Hund an und belle dann selbst.« – David Ogilvy

»Gute Arbeit geschieht stets trotz des Managements.« – Bob Woodward

»Stelle einen dummen Fuß vor den anderen und korrigiere deinen Kurs beim Gehen.« – Barry Diller

»Ein Zyniker ist ein Mensch, der von allem den Preis und von nichts den Wert kennt.« – Oscar Wilde

»Ein komplexes System, das funktioniert, hat sich unweigerlich aus einem einfachen System entwickelt, das funktioniert hat. Ein von Grund auf neu entwickeltes komplexes System funktioniert nie, und es kann auch nicht so nachgebessert werden, dass es funktioniert. Man muss von vorne anfangen, ausgehend von einem funktionierenden einfachen System.« – John Gall

»Mit einer schweren Aufgabe beauftrage ich stets einen faulen Menschen. Er findet bestimmt einen leichten Weg, sie zu erledigen.« – Walter Chrysler

»Nicht alles, was zählbar ist, zählt, und nicht alles, was zählt, ist zählbar.«
– William Bruce Cameron

»Sei selbst die Veränderung, die du dir wünschst für diese Welt.« – Mahatma Gandhi

»Die schönsten Orte der Welt wurden meist nicht von Architekten geschaffen, sondern von Menschen.« – Christopher Alexander

»Ich stelle bei Marketingmanagern einen zunehmenden Widerwillen fest, ihr Urteilsvermögen einzusetzen. Sie verlassen sich zu sehr auf die Forschung und verwenden sie wie ein Betrunkener einen Laternenpfahl: zum Festhalten und nicht zur Erleuchtung.« – David Ogilvy

»Verlierst du morgens eine Stunde, jagst du ihr den ganzen Tag hinterher.«
– Jüdisches Sprichwort, Autor unbekannt

»Kommunikation misslingt im Allgemeinen – außer durch Zufall.« – Osmo Wiio

Was ist das beste oder lohnendste Investment, das du je getätigt hast (in Form von Geld, Zeit, Energie etc.)?

Alles, was ich ohne Erwartung einer Gegenleistung gegeben habe. Geld, Zeit, Energie, ganz egal. Jede Investition, für die ich etwas erwartet habe, ging irgendwie daneben. Wenn ich aber etwas gegeben habe, nur um des Gebens, des Helfens, der Unterstützung, des Rückhalts oder der Ermutigung willen – ohne jede Erwartung irgendeiner Gegenleistung oder Verzinsung –, dann war das für mich total erfüllend.

Unlängst hat mein Freund Krys sein eigenes Personal-Training-Studio aufgemacht. Er war aus dem väterlichen Unternehmen ausgestiegen, das Geld war knapp und er war ein großes Risiko eingegangen. Ich hatte vollstes Vertrauen in ihn. Ich wusste, er würde Erfolg haben, und wollte ihm gern die eine oder andere Sorge abnehmen. Also habe ich die erste Jahresmiete für ihn gezahlt. Ohne Beteiligung, Rückzahlung oder finanzielles Interesse. Einfach als Geschenk. Sein Unternehmen floriert, und es macht mir so viel Freude, ihn und seine junge Familie (Frau und zwei Kinder) glücklich zu sehen. Ich könnte mich gar nicht mehr für sie freuen.

Welche Überzeugungen, Verhaltensweisen oder Gewohnheiten, die du dir in den letzten fünf Jahren angeeignet hast, haben dein Leben am meisten verbessert?

Ich mache nur noch zweimal die Woche Sport, statt dreimal. Das ist keine große Veränderung, doch es passiert enorm viel, wenn man weniger Sport treibt: Man merkt, dass man besser essen, besser schlafen und seine sportfreien Tage bewusster leben muss. Wer mehr Sport treibt, kann schlechte Angewohnheiten besser kaschieren. Bewegt man sich weniger, kommt es mehr auf die anderen Dinge an. Deshalb kann ich heute bessere Entscheidungen für meine Gesundheit treffen.

Welchen Rat würdest du einem intelligenten, motivierten Studenten für den Einstieg in die »echte Welt« geben?

Konzentriere dich auf deine Schreibkompetenz. Darauf kommt es meiner Erfahrung nach besonders an. Heute wird immer mehr schriftlich kommuniziert. Lerne, dich schriftlich besser zu präsentieren – und zwar ausschließlich schriftlich. Damit stichst du die meisten anderen aus.

Außerdem spielt vieles, worüber du dir Gedanken machst, gar keine Rolle. Du zerbrichst dir den Kopf über so viele Kleinigkeiten, die anderen ganz egal sind. Nicht, dass Details nicht wichtig wären – das sind sie, aber eben nur bestimmte. Überlege dir gut, wofür du deine Zeit investierst.

Zeit und Aufmerksamkeit sind zwei Paar Schuhe. Sie sind deine wertvollsten Ressourcen für die Zukunft. Wie man durch die Luft läuft und durchs Wasser schwimmt, so bewegt man sich auch durch die eigene Aufmerksamkeit. Sie ist das Arbeitsmedium. Die Menschen sagen oft, dass die Zeit nicht reicht. Dabei hat man grundsätzlich weniger Aufmerksamkeit als Zeit. Mit voller Aufmerksamkeit bringt man Bestleistungen. Und jeder versucht, Aufmerksamkeit zu beanspruchen. Schütze und erhalte sie.

Welche schlechten Ratschläge kursieren in deinem beruflichen Umfeld oder Fachgebiet?

Da gibt es viele. »Werde größer.« Tu das nicht. Fang klein an, und bleib so lange wie möglich klein. Wachse kontrolliert, nicht unkontrolliert.

»Wirb Kapital ein, um ein Software-/Dienstleistungsunternehmen zu gründen.« Hilf dir lieber selbst. Wie im wirklichen Leben formen sich auch im Geschäftsleben bestimmte Angewohnheiten frühzeitig aus. Wenn du dir Geld beschaffst, gewöhnst du dir an, es auszugeben. Hilfst du dir selbst, bist du gezwungen, dir anzugewöhnen, Geld zu verdienen. Und wenn es eine Verhaltensweise oder Kompetenz gibt, die ein Unternehmen beherrschen sollte, dann die. Also zwing dich dazu.

»Lang zeitig daneben, und oft.« Stimmt nicht. Was soll diese Fixierung auf Misserfolge in unserer Branche? Verstehe ich nicht. Natürlich bleiben die meisten Unternehmen auf der Strecke, doch die Vorstellung, dass Misserfolg die Voraussetzung für Erfolg ist, habe ich noch nie nachvollziehen können. Ich glaube nicht, dass man dadurch weiterkommt. Ein Misserfolg ist nur ein Misserfolg. Viele werden auch noch erzählen, dass man aus Fehlschlägen viel lernen kann. Vielleicht … Aber aus Erfolgen kann man noch viel mehr lernen. Durch einen Misserfolg erfährt man vielleicht, was man nicht noch einmal machen sollte, aber er hilft einem nicht, herauszufinden, was man das nächste Mal anders machen sollte. Ich würde mich lieber auf das fokussieren, was klappt, und das noch einmal versuchen, als Lehren aus fehlgeschlagenen Versuchen zu ziehen.

Wirklich, es gibt so viele schlechte Ratschläge. Ich weiß gar nicht, wo ich aufhören soll …

Wozu kannst du heute leichter Nein sagen als vor fünf Jahren?

Ich konnte schon immer ziemlich gut Nein sagen, aber seit ein paar Jahren halte ich mich an eine neue Regel: Werde ich um etwas gebeten, das eine Woche oder weiter in der Zukunft liegt, lehne ich grundsätzlich ab, egal, worum es sich handelt. Ausnahmen sind Familienangelegenheiten, um die ich mich kümmern muss, oder die eine oder andere Konferenz, bei der ich unbedingt sprechen möchte. Ansonsten gilt: Verpflichte ich mich mit einem »Ja« für eine Woche oder mehr in der Zukunft, sage ich fast immer Nein.

Mein Nein kommt dabei klar und direkt. Wenn keine besonderen Umstände vorliegen, erkläre ich immer, warum. Ich sage dann zum Beispiel: »Danke für die Einladung, aber ich kann erst ein oder zwei Tage vorher zusagen. Ich muss meinen Terminkalender für mich und die Menschen freihalten, mit denen ich dauernd zusammenarbeite. Am besten melden Sie sich ein oder zwei Tage vorher, wenn Sie mich sehen möchten. Wenn ich nichts vorhabe, können wir dann einen Termin vereinbaren.«

Damit orientiere ich mich vage an der Warren Buffett zugeschriebenen »Kann ich einen Termin mit Warren machen«-Strategie, über die ich in *Signal v. Noise* geschrieben habe.

Mir ist einfach aufgefallen: Je früher ich zusage, desto mehr bedaure ich das, wenn es soweit ist. Es ist leicht, etwas zuzusagen, was noch weit in der Zukunft liegt, weil man noch nicht weiß, worauf man dafür verzichten muss. Außerdem bedeutet das letztlich, dass man seinen Terminplan von der Vergangenheit kontrollieren lässt. Wenn es soweit ist, ist der Kalender dann voller bereits vereinbarter Termine. Das schränkt ein, was im betreffenden Moment möglich ist. Wenig macht mir so zu schaffen, wie wenn ich gern etwas ausmachen würde, aber nicht kann, weil ich vor Wochen oder Monaten schon etwas anderes zugesagt habe.

Was tust du, wenn dir alles zu viel wird, du nicht mehr fokussiert bist oder deine Konzentration nachlässt?

Ich gehe spazieren. Bevorzugt irgendwo, wo ich noch nie langgelaufen bin. Auf einem vertrauten Weg ignoriere ich meine Umgebung gern und denke wieder an das Thema, auf das ich mich nicht mehr richtig konzentrieren kann. Doch auf neuen Wegen fokussiere ich mich nach außen, und mein Kopf wird schnell frei. Offenbar brauche ich etwa 30 Minuten oder länger, damit das klappt, aber nichts wirkt auf mich so erfrischend wie ein Spaziergang in eine neue Richtung – irgendwohin, wo ich zuvor noch nie war.

ZITATE, ÜBER DIE ICH NACHDENKE

(Tim Ferriss: 22. April bis 13. Mai 2016)

»Handeln führt nicht immer zum Glück, aber ohne Handeln ist kein Glück möglich.«

– **BENJAMIN DISRAELI**
ehemaliger britischer Premierminister

»Am Anfang zu viel zu wissen, ist fatal. Die Langeweile erfasst den Reisenden, der seinen Weg kennt, so schnell wie den Romanautor, der sich seiner Handlung gewiss ist.«

– **PAUL THEROUX**
amerikanischer Schriftsteller, Reiseautor und Autor von *The Great Railway Bazaar*

»Ich bin lieber mir selbst gegenüber wahrhaftig, selbst auf die Gefahr des Spotts von anderen hin, als falsch zu sein und mich dafür selbst zu verachten.«

– **FREDERICK DOUGLASS**
afroamerikanischer Sozialreformer, Anführer der Abolitionisten-Bewegung

»Alle Handlungsmöglichkeiten sind riskant, also liegt Besonnenheit nicht darin, Gefahren aus dem Weg zu gehen (das ist unmöglich), sondern darin, das Risiko zu berechnen und entschlossen zu handeln. Mache Fehler der Ambition statt der Faulheit. Entwickle die Stärke, mutige Dinge zu tun, nicht die Stärke, Leid zu ertragen.«

– **NICCOLÒ MACHIAVELLI**
italienischer Philosoph im 16. Jahrhundert, gilt als »Vater der modernen Politikwissenschaft«, Autor von *The Prince*

»Ein Burn-out muss nicht der Preis für den Erfolg sein.«

ARIANNA HUFFINGTON
TW: @ariannahuff
thriveglobal.com

ARIANNA HUFFINGTON wurde für die Liste der 100 einflussreichsten Persönlichkeiten der Zeitschrift *Time* und für die *Forbes*-Liste der »einflussreichsten Frauen« nominiert. Sie stammt ursprünglich aus Griechenland, ging mit 16 nach England und absolvierte dort ein Wirtschaftsstudium an der Cambridge University mit Masterabschluss. Im Mai 2005 gründete sie *The Huffington Post*, eine Nachrichten- und Blog-Website, die sich rasch zur meistgelesenen, meistverlinkten und am häufigsten zitierten Medienmarke im Internet entwickelte und 2012 den Pulitzer-Preis in der Kategorie nationale Berichterstattung gewann. Im August 2016 lancierte sie Thrive Global mit der Mission, die Stress- und Burn-out-Epidemie zu beenden, indem Unternehmen und Einzelnen nachhaltige, wissenschaftlich begründete Angebote für ihr Wohlbefinden unterbreitet wurden. Arianna hat verschiedene Mandate in Unternehmensgremien, unter anderem bei Uber und The Center for Public Integrity, und ist Autorin von 15 Büchern, darunter neben ihrem neuesten, *Thrive: The Third Metric to Redefining Success and Creating a Life of Well-Being, Wisdom, and Wonder*, auch *The Sleep Revolution: Transforming Your Life, One Night at a Time*.

Welches Buch (welche Bücher) verschenkst du am liebsten? Warum? Welche ein bis drei Bücher haben dein Leben am stärksten beeinflusst?

Eins meiner Lieblingsbücher, das ich auch oft verschenke, ist *Meditations* von Mark Aurel. Er war 19 Jahre lang Kaiser des Römischen Reiches, sah sich dabei fast die ganze Zeit mit Kriegen konfrontiert, mit einer schrecklichen Pestepidemie, mit einem Putsch eines seiner engsten Verbündeten und mit einem unfähigen, gierigen Stiefbruder als Mitkaiser. Dennoch ist seinen Selbstbetrachtungen eines meiner Lieblingszitate zuzuschreiben: »Man sucht Zurückgezogenheit auf dem Lande, am Meeresufer, auf dem Gebirge. Es gibt für den Menschen keine geräuschlosere und ungestörtere Zufluchtsstätte als seine eigene Seele. ... Halte recht oft solche stille Einkehr und erneuere so dich selbst.« Stoizismus war, wie wir aus den fast täglich erscheinenden Artikeln über sein Wiederaufleben erkennen können, nie so wichtig wie heute. Ich finde das Buch so inspirierend und lehrreich, dass ich es immer auf dem Nachttisch liegen habe.

Ich mag aber auch *Memories, Dreams and Reflections* von Carl Gustav Jung. Das ist eine großartige Anleitung dazu, wie wichtig Träume als Tor zu unserer eigenen Intuition und Weisheit sind.

Welcher (vermeintliche?) Misserfolg war die Voraussetzung für deinen späteren Erfolg? Hast du einen »Lieblingsmisserfolg«?

Einer meiner »Lieblingsmisserfolge« war eigentlich eine ganze Reihe kleiner Misserfolge, als mein zweites Buch von 37 Verlagen abgelehnt wurde. Ich weiß noch, wie mir allmählich das Geld ausging und ich deprimiert die Londoner St. James Street entlanglief, in der ich damals wohnte. Als ich aufschaute, fiel mein Blick auf eine Filiale der Barclays Bank. Spontan beschloss ich, hineinzugehen, und bat um ein Gespräch mit dem Zweigstellenleiter. Ich beantragte einen Kredit, obwohl ich keine Sicherheiten hatte. Der Banker – er hieß übrigens Ian Bell – gab ihn mir. Es war keine hohe Summe, doch sie veränderte mein Leben, weil ich dadurch noch ein paar weitere Ablehnungen verkraften konnte, bis ich mein Buch nach Nummer 37 schließlich verlegt bekam. Bis heute schreibe ich Ian Bell aus dem Urlaub noch eine Ansichtskarte.

Meine Mutter brachte mir bei, dass ein Fehlschlag nicht das Gegenteil von Erfolg ist, sondern ein Schritt dorthin.

Was ist das beste oder lohnendste Investment, das du je getätigt hast (in Form von Geld, Zeit, Energie etc.)?

Eine meiner besten Investitionen war (wie es uns auf jedem Flug eingeschärft wird), als Erstes meine eigene Sauerstoffmaske aufzusetzen – nämlich durch ausreichenden Nachtschlaf, Meditation, Laufen, Sport, et cetera. 2007 hatte ich vor lauter Erschöpfung einen Zusammenbruch. Danach änderte ich mein Leben und befasse mich seither immer leidenschaftlicher mit dem Zusammenhang von Wohlbefinden und Produktivität. Viele Menschen glauben, sie haben nicht die Zeit, sich um sich selbst zu kümmern. Dabei ist das eine Investition, die sich in so vieler Hinsicht auszahlt.

Welche Überzeugungen, Verhaltensweisen oder Gewohnheiten, die du dir in den letzten fünf Jahren angeeignet hast, haben dein Leben am meisten verbessert?

Ich würde sagen, eine neue Einstellung zum Thema Zeit. Zuvor teilte ich meine Zeit in Arbeitszeit und arbeitsfreie Zeit auf. Mein Ziel war, möglichst viel Zeit mit Arbeit zu verbringen. Inzwischen weiß ich, dass man das nicht trennen kann. Auch Zeit, in der man Pause macht, spazieren geht, abschaltet, meditiert, ist Arbeitszeit – in dem Sinne, dass mich die Zeit, in der ich abschalte und auftanke, am Arbeitsplatz und im Leben effektiver und glücklicher macht.

Welchen Rat würdest du einem intelligenten, motivierten Studenten für den Einstieg in die »echte Welt« geben?

Ich würde ihm zu einem bewussteren, überlegteren Umgang mit Technik raten. Die Technik eröffnet erstaunliche Möglichkeiten, birgt aber Suchtpotenzial – und das ist durchaus beabsichtigt. Die Produktdesigner wissen, wie sie uns im Wettlauf um die Vormachtstellung in der Aufmerksamkeitswirtschaft abhängig machen können. Doch es ist möglich – wie es Tristan Harris formulierte, früher Design-Ethiker bei Google –, »sich seinen Kopf zurückzuerobern«.

Ein Tipp ist, Apps regelmäßig durcheinanderzuwürfeln. Dadurch unterbrechen wir die Konditionierung, der wir alle durch die Anordnung von Apps auf unseren Handys ausgesetzt sind. Indem wir dieses Muster aufbrechen, fällt es uns leichter, unsere Handys bewusster zu nutzen, und wir verschaffen uns den nötigen Spielraum und die Zeit, um zu entscheiden, ob wir wirklich zum Handy greifen müssen oder wir das nur aus Langeweile oder Gewohnheit tun.

Welche Anschaffung von maximal 100 Dollar hat für dein Leben in den letzten sechs Monaten (oder in letzter Zeit) die größte positive Auswirkung gehabt?

Das 100-Dollar-Produkt, das mein Leben in den letzten sechs Monaten am positivsten beeinflusst hat, ist das »Handybett« von Thrive Global. Ich weiß, ich weiß, das ist ein Produkt meiner eigenen Firma, und ich verstoße damit womöglich gegen irgendeine ungeschriebene Frage- und Antwortregel von Tim Ferriss, aber viele Menschen, die dieses Buch lesen, werden selbst wissen: Wenn man etwas auf dem Markt nicht bekommt, dann muss man es erfinden. Das Handybett steht auf meinem Schreibtisch, also nicht im Schlafzimmer, und sorgt dafür, dass es für mich zum Abendritual gehört, offline zu gehen. Es hat bis zu zwölf Anschlüsse, sodass ich Telefone und Tablets für die ganze Familie aufladen kann. Unsere Telefone sind in vieler Hinsicht äußerst nützlich, doch weil sie unsere To-do-Listen, unsere Ängste und Sorgen enthalten, sind sie definitiv keine guten Einschlafhilfen. Wir können es uns leichter machen, uns von unseren Handys zu trennen, indem wir ihnen ein eigenes Bett geben, wo sie sich außerhalb unseres Schlafzimmers aufladen können. So sagen wir Gute Nacht zu unserem Tag und verschaffen uns den Schlaf, den wir brauchen, um erholt aufzuwachen.

Was tust du, wenn dir alles zu viel wird, du nicht mehr fokussiert bist oder deine Konzentration nachlässt?

Ich nehme mir zwischendurch gern Zeit für eine kurze Meditation, und wenn es nur fünf Minuten sind. Das hilft mir, unter die Oberfläche abzutauchen und in mich zu gehen. Schon wenn ich mich nur wenige Augenblicke auf meine Atmung konzentriere, fühle ich mich neu zentriert.

Wenn du an einem beliebigen Ort ein riesiges Plakat mit beliebigem Inhalt aufhängen könntest, was wäre das und warum?

Ich würde darauf schreiben: »Ein Burn-out muss nicht der Preis für Erfolg sein.« Und ich hoffe, dass das Milliarden von Menschen lesen, denn so viele leben noch in dem kollektiven Irrglauben, sie müssten sich zwischen ihrem persönlichen Wohlbefinden und dem Erfolg entscheiden. Die Wissenschaft sagt etwas ganz anderes: Messen wir unserem Wohlbefinden größte Bedeutung bei, steigert sich unsere Leistung in allen Bereichen. Drei Viertel aller Start-ups scheitern, und wer ein Unternehmen führen will, muss Entscheidungen treffen. Die schlechtesten Entscheidungen treffen wir, wenn wir ausgebrannt sind.

»Auf lange Sicht Geduld, auf kurze Sicht Tempo.«

GARY VAYNERCHUK
TW/IG: @garyvee
garyvaynerchuk.com

GARY VAYNERCHUK ist Serienunternehmer und CEO und Mitgründer von VaynerMedia, einer digitalen Full-Service-Agentur, die Fortune-500-Kunden betreut. Gary wurde Ende der 1990er-Jahre bekannt, nachdem er eine der ersten E-Commerce-Seiten für Wein eingerichtet hatte, die Wine Library. Dadurch konnte sein Vater den Umsatz des Familienbetriebs von jährlich 4 auf 60 Millionen Dollar steigern. Er ist Wagniskapitalgeber, hat vier *New York Times*-Bestseller geschrieben und frühzeitig in Unternehmen wie Twitter, Tumblr, Venmo und Uber investiert. Gary wurde für die »40 Under 40«-Listen von *Crain* und *Fortune* nominiert. Derzeit ist Gary Thema der Online-Dokumentarreihe *DailyVee,* die zeigt, wie es ist, in der heutigen digitalen Welt CEO und öffentliche Person zu sein.

Welche Anschaffung von maximal 100 Dollar hat für dein Leben in den letzten sechs Monaten (oder in letzter Zeit) die größte positive Auswirkung gehabt?
Meine wilde Sammlung von Wrestling-T-Shirts aus den 1980er-Jahren.

Welcher (vermeintliche?) Misserfolg war die Voraussetzung für deinen späteren Erfolg? Hast du einen »Lieblingsmisserfolg«?
Ich bin nicht sehr groß, Immigrant, und habe mit zwölf noch ins Bett gemacht. Ich glaube, deshalb hatte ich die besten Voraussetzungen für den ganz großen Erfolg. In der Schule war ich schlecht und habe nichts zustande gebracht.

Ich glaube, die negativen Extreme, die ich in meiner Schulzeit erlebte, waren die Ausgangsbasis für die positiven Extreme im wirklichen Leben, denn der Markt – also meine Freunde, meine Eltern und die Lehrer, die mich ständig schikaniert, runtergeputzt und von mir erwartet haben, dass ich versage – hat mich gezwungen, besser zu werden.

[Im Internet schreiben die Leute] alles Mögliche über mich und vergleichen mich mit furchtbaren Menschen. Sie bezeichnen mich als Hochstapler und unsympathisch. Damit kommt ein anständiger Mensch ganz schwer zurecht. Aber mich trifft das überhaupt nicht, denn ich bin daran gewöhnt.

Dass ich in der Lage bin, meine Persönlichkeit in die Waagschale zu werfen, um mir die Tür zu geschäftlichem Erfolg zu öffnen, verdanke ich meiner Ansicht nach vor allem der Tatsache, dass ich so oft Schiffbruch erlitten habe. Es gibt da nicht die eine Schlüsselgeschichte. Ich glaube, ich war damals nach gängigen Maßstäben der Loser schlechthin, weil Kinder nur nach ihrer schulischen Leistung beurteilt wurden. Entweder musste man intellektuell brillieren oder beim Sport – und ich konnte beides nicht. Ich war in keiner Mannschaft, bekam keine Auszeichnungen und nur schlechte Noten. Ich entsprach dem Klischee des Verlierers im Schulsystem von 1982 bis 1994 schlechthin.

Und trotzdem ist was aus mir geworden.

Welchen Rat würdest du einem intelligenten, motivierten Studenten für den Einstieg in die »echte Welt« geben?

Auf lange Sicht Geduld, auf kurze Sicht Tempo. Die nächsten acht Jahre sind egal, aber auf die nächsten acht Tage kommt es an.

Langfristig sind die Menschen immer total ungeduldig, wie ich finde. Ich dagegen bin meiner Ansicht nach unglaublich geduldig, wenn es um Jahre und Jahrzehnte geht. Im Alltag bin ich aber ungeheuer sprunghaft und hyperaktiv. Bei den meisten anderen Menschen ist das, glaube ich, umgekehrt. Da werden Entscheidungen getroffen wie: »Was mache ich mit 25? Ich sollte lieber …« Mit Blick auf die nächsten Jahre kann es den Leuten nicht schnell genug gehen, und sie treffen unkluge Entscheidungen. Doch wenn es um den laufenden Tag geht, dann schauen sie sich verdammte Netflix-Serien an. Wenn sie 22 sind, zerbrechen sie sich den Kopf darüber, was sie mit 25 machen sollen, sitzen aber trotzdem jeden Donnerstag um 19 Uhr in der Kneipe. Spielen Madden. Schauen sich *House of Cards* an. Verbringen jeden Tag viereinhalb Stunden mit ihrem Instagram-Feed.

Das ist ein ganz wichtiger Punkt.

Auf lange Sicht ist jeder ungeduldig, auf kurze Sicht hat er alle Zeit der Welt und verschwendet seine Tage mit Sorgen um Jahre. Ich mache mir keine Gedanken, was in ein paar Jahren sein wird, weil ich aus jeder Sekunde herausquetsche, was geht – und erst recht aus jedem Tag. Das zahlt sich aus.

Welche Überzeugungen, Verhaltensweisen oder Gewohnheiten, die du dir in den letzten fünf Jahren angeeignet hast, haben dein Leben am meisten verbessert?

Mein Gesundheitsprogramm. Damit setze ich mich seit drei Jahren ernsthaft auseinander. Dabei sollte ich vielleicht vorausschicken: Ich habe dadurch null Energie gewonnen. Null. Es ist aber trotzdem richtig. Mit 41 habe ich heute weniger Energie als früher. Ich kann mein Gepäck und meine Kinder leichter heben. Ich bin kräftiger, aber ich habe kein Jota zusätzliche Energie – oder sonst irgendetwas von dem, was man den vollmundigen Behauptungen zufolge bekommt, wenn man Sport treibt. Es gibt aber keine Diskussion darüber, dass mir theoretisch mit 60, 70, 80 oder 90 sehr zugute kommen wird, was ich heute in meinen Körper investiere.

Eigentlich wollte ich nur besser aussehen, doch bald stellte sich mir die Frage: »Wie kann ich mich gut fühlen und mir auf lange Sicht etwas Gutes tun?« Inzwischen arbeite ich an sieben Tagen in der Woche mit einem Trainer. An drei oder vier Tagen trainiere ich im Wechsel meinen Ober- und Unterkörper. Die übrigen Work-outs sind auf Beweglichkeit und weiches Gewebe abgestellt. Ich mache viele Bewegungsübungen für meine Hüften, meinen Rücken und meinen Nacken. Ich fühle mich dadurch deutlich wohler. Im Moment konzentriere ich mich auf Muskelaufbau und darauf, eine gute Grundlage zu schaffen. Durch Kreuzheben, Bankdrücken, Kniebeugen und alles, was dazugehört. Ich will kein Muskelprotz werden. Ich will mich nur gut, stark, mobil und gesund fühlen.

So oft wie möglich schiebe ich 30 bis 60 Minuten Sport ein. Mein Personal Trainer Jordan begleitet mich oft auf Reisen. Meist trainiere ich morgens, bevor ich ins Büro gehe. Ich bin gewöhnlich um 6.15 Uhr im Studio und nach einer Stunde wieder draußen.

Wozu kannst du heute leichter Nein sagen als vor fünf Jahren?

Zu allem. Zunehmender Erfolg bringt das große Problem mit sich, dass man von den vielen Möglichkeiten gelähmt wird, die sich bieten. Öfter Nein zu sagen statt Ja, wird dann unabdingbar.

Andererseits kann ihnen Tyler oder eine meiner anderen Assistenzkräfte verraten, dass ich nach wie vor ein gesundes Gleichgewicht brauche, was sich in 20 Prozent Zustimmung zu

Projekten äußert, die nicht besonders klug erscheinen, weil ich an glückliche Zufälle glaube. Und damit haben viele Menschen Probleme.

Meines Erachtens tendieren die meisten Menschen, die das lesen, zu sehr zum einen oder anderen Extrem. Entweder werden sie superdiszipliniert, lehnen alles ab und glauben, ihre Zeit so sinnvoll zu verwenden, oder sie sagen zu allem Ja, ohne darüber nachzudenken oder eine bestimmte Strategie zu verfolgen.

Ich möchte es schaffen, öfter Nein zu sagen als Ja und meine Zeit produktiv zu nutzen. Ich halte es aber für gesund und ausgewogen, auch mal etwas auf Verdacht zu tun, was sich rein intuitiv auf den ersten Blick nicht rentieren dürfte, denn gewöhnlich ist unter diesen 20 Prozent mindestens ein lohnendes Projekt, sodass es sich unter dem Strich auszahlt.

Was tust du, wenn dir alles zu viel wird, du nicht mehr fokussiert bist oder deine Konzentration nachlässt?

Ich stelle mir vor, meine Familie wäre bei einem schrecklichen Unfall ums Leben gekommen. Ehrlich, das mache ich. Verglichen mit den anderen Antworten in diesem Buch hört sich das vielleicht verrückt an, aber mir hilft es. Ich denke ans Allerschlimmste, versetze mich richtig hinein und spüre den Schmerz in meinem Herzen. Dann wird mir schnell klar: Was auch immer gerade mein Problem ist, ist im Vergleich dazu eine Bagatelle. Und plötzlich bin ich dankbar, dass ich nur einen Kunden verloren, eine Chance verpasst oder mich der Lächerlichkeit preisgegeben habe.

»Geld ist für ein Unternehmen wie Benzin für ein Auto. Wenn man nicht aufpasst, bleibt man am Straßenrand liegen. Aber das Fahrziel ist trotzdem nicht die nächste Tankstelle.«

TIM O'REILLY
TW/FB: @timoreilly
LI: linkedin.com/in/timo3/
tim.oreilly.com

TIM O'REILLY ist Gründer und CEO von O'Reilly Media. Sein ursprünglicher Businessplan war einfach »interessante Arbeit für interessante Menschen«, und der ist offensichtlich aufgegangen. O'Reilly Media bietet Online-Kurse an, verlegt Bücher, veranstaltet Konferenzen, drängt Unternehmen, mehr Wert zu schaffen, als sie herausholen, und versucht, die Welt zu verändern durch Verbreitung und Verstärkung von Innovatoren-Wissen. Von der Zeitschrift *Wired* wurde er als »Trend Spotter« bezeichnet. Inzwischen beschäftigt sich Tim mit den potenziellen Folgen künstlicher Intelligenz, der On-Demand-Wirtschaft und anderen Technologien, die den Arbeitsmarkt wesentlich verändern und die Geschäftswelt der Zukunft gestalten. Das ist auch Thema seines neuen Buchs *WTF?: What's the Future and Why It's Up to Us.*

Welches Buch (welche Bücher) verschenkst du am liebsten? Warum? Welche ein bis drei Bücher haben dein Leben am stärksten beeinflusst?

Es fällt mir sehr schwer, mich auf drei Bücher zu beschränken, weil Bücher und die Ideen, auf die sie mich bringen, so ein maßgeblicher Teil meines geistigen Instrumentariums sind.

An erster Stelle steht für mich *The Meaning of Culture* von John Cowper Powys, weil es meine Beziehung zu Literatur (und den anderen schönen Künsten) erklärt. Powys beschreibt den Unterschied zwischen Bildung und Kultur folgendermaßen: Kultur bewirke, dass Musik, Kunst, Literatur und Philosophie nicht nur in die eigene Bibliothek oder den Lebenslauf einfließen, sondern in den Menschen. Er spricht vom Wechselspiel zwischen Kultur und Leben, davon, wie das, was wir lesen, unsere Erfahrungswelt bereichern kann – und das, was wir erfahren, unseren Lesestoff.

The Way of Life According to Lao Tzu, das Tao Te Ching in der Übersetzung von Witter Bynner. Dieses Buch steht im Mittelpunkt meiner persönlichen Religions- und Moralphilosophie. Es hebt die Richtigkeit all dessen hervor, was ist – wenn wir dies nur akzeptieren können. So gut wie alle, die mich kennen, haben mich schon aus diesem Buch zitieren hören. »Und hat das Netz des Himmels auch weite Maschen, entgeht ihm nicht einmal das leiseste Wispern.« »Ich bin gut zu den Menschen, die gut sind zu mir. Ich bin selbst gut zu denen, die mich hassen.«

Rissa Kerguelen von F. M. Busby. Diesen inzwischen weitgehend in Vergessenheit geratenen Science-Fiction-Roman las ich, als ich gerade mein Unternehmen gründete, und er hat mich enorm beeinflusst. Eine zentrale Idee ist die Rolle des Unternehmertums als »subversive Kraft«. In einer von Großkonzernen beherrschten Welt sind es die kleineren Unternehmen, die die Freiheit aufrechterhalten, und die Ökonomie ist zweifellos ein Kriegsschauplatz. Dieses Buch gab mir den Mut, mich auf die Details eines im Grunde trivialen Geschäfts (das Verfassen und Verlegen von Fachtexten) zu werfen und meine früheren Hoffnungen fahren zu lassen, tiefgründige Bücher zu schreiben, die die Welt verändern würden. Diese Hoffnungen sollten erst später wieder erwachen.

Die andere großartige Idee dieses Buches ist die »langfristige Perspektive«. Lange bevor die Long Now Foundation dieses Konzept populär machte, hängte Busby seine Handlung an dem Science-Fiction-Bild auf, dass in einer Welt, in der die Menschen fast mit Lichtgeschwindigkeit reisen können, die Zeit für alle, die mit nahezu relativistischem Tempo unterwegs sind, langsamer vergeht als für diejenigen, die zurückgelassen werden. Die Charaktere müssen Ereignisse in Gang setzen und dann aufbrechen, um sie Jahrzehnte später wieder einzuholen. Das war für mich eine nützliche Sichtweise, als ich im Begriff war, ein Unternehmen aufzubauen, das es mir erlauben würde, in Zukunft in einer Weise auf die Welt Einfluss zu nehmen, wie ich es als junger Unternehmer noch nicht konnte.

Wenn du an einem beliebigen Ort ein riesiges Plakat mit beliebigem Inhalt aufhängen könntest, was wäre das und warum?

Im Grunde habe ich solche Plakatwände. Sie stehen bloß online statt an der Straße. Das eine oder andere, was ich so von mir gegeben habe, ist zum Internet-Meme geworden, und zwar mit einer erstaunlichen Vielfalt an Bildmaterial (und mitunter verhackstücktem Text). Drei der populärsten sind:

> »Arbeite an wichtigen Dingen.«

> »Schaffe mehr Wert, als du herausholst.«

> »Geld ist für ein Unternehmen wie Benzin für ein Auto. Wenn man nicht aufpasst, bleibt man am Straßenrand liegen. Aber das Fahrziel ist trotzdem nicht die nächste Tankstelle.«

Wenn ich mich für eines entscheiden müsste, würde ich vermutlich nehmen »Schaffe mehr Wert, als du herausholst«, denn so vieles, was in unserer Wirtschaft falsch läuft, geht darauf zurück, dass das nicht beherzigt wird. In einer reichen Gesellschaft oder einem reichen, komplexen Ökosystem ... Diese Zeile fiel Brian Erwin ein, damals mein Marketing-VP. Das war auf einer Führungskräfteklausur um 2000, als ich trocken feststellte, dass mir mehr als ein Internetmilliardär gestanden habe, er hätte sein Unternehmen mit dem gegründet, was er aus einem O'Reilly-Buch gelernt hatte. Brian schlug vor, dieses Prinzip zu verinnerlichen, und das haben wir seither getan.

Ich habe einmal versucht, Eric Schmidt zu erklären, dass sich Google besser daran orientieren solle als an dem Motto »Don't be evil!« Es ist messbar – man kann tatsächlich gegenüberstellen, wie viel man selbst von einer Tätigkeit hat, und wie viel andere davon haben. Google nimmt solche Messungen sogar vor – im Jahresbericht über seine wirtschaftlichen Auswirkungen. Aber meiner Ansicht nach hätte das Unternehmen jetzt keine kartellrechtlichen Probleme, wenn es bei der Entwicklung neuer Dienste mehr an die Gesundheit des eigenen Ökosystems gedacht hätte. Es reicht nicht, nur an sich selbst und die eigenen Nutzer oder Kunden zu denken. Man muss das eigene Unternehmen als Teil des Lebensgefüges sehen – als Organismus in einem Ökosystem. Wer zu dominant wird, entzieht dem Ökosystem die ganze Lebenskraft. Es gerät aus dem Gleichgewicht, und am Ende leiden alle darunter, auch die Geschöpfe, die sich ganz an der Spitze in Sicherheit wähnen.

Was ist eine deiner – gern auch absurden – Eigenheiten, auf die du nicht verzichten möchtest?
Jeden Morgen versuche ich beim Joggen eine Blume zu fotografieren und auf Instagram zu teilen. Dazu hat mich eine Passage aus einem Buch von C. S. Lewis inspiriert, die ich vor vielen Jahren gelesen habe (ich glaube, es war *The Great Divorce*). Darin sieht ein Charakter die Blumen nach seinem Tod nur als Farbkleckse, und der Geist, der ihn leitet, sagt sinngemäß: »Das kommt, weil du sie dir zu Lebzeiten nie richtig angesehen hast.« Und eine Zeile aus *Hamilton* lautet: »Look around. Look around. How lucky we are to be alive right now!«

Welche Überzeugungen, Verhaltensweisen oder Gewohnheiten, die du dir in den letzten fünf Jahren angeeignet hast, haben dein Leben am meisten verbessert?
Wenn ich aus dem Bett steige, nehme ich erst mal zwei Minuten lang die Bretthaltung ein, gefolgt von zwei Minuten herabschauendem Hund und einer Reihe von Dehnübungen. Das bringt meinen Stoffwechsel in Schwung und erhöht die Wahrscheinlichkeit, dass ich mich noch zu ein paar anstrengenderen Übungen aufraffen kann. Früher habe ich als Erstes meinen Rechner eingeschaltet und mich oft so vereinnahmen lassen, dass es beim nächsten Aufschauen schon zu spät war, noch Sport zu treiben, bevor der Tag richtig begann.

Wozu kannst du heute leichter Nein sagen als vor fünf Jahren?
Ich habe sehr von Esther Dysons (Seite 266) Rat hinsichtlich der Zusage von Vortragsverpflichtungen profitiert. »Würdest du zusagen, wenn es nächsten Dienstag wäre?« Denn irgendwann *ist* es nächsten Dienstag, und dann sagt man sich: »Verdammt, wieso habe ich mich bloß dazu breitschlagen lassen?« Voraussicht ist eine Tugend. Vergiss nie: Eines Tages wird die ferne Zukunft zur Gegenwart, und die Entscheidungen, die wir heute treffen, legen fest, welche Wahlmöglichkeiten wir dann noch haben. Das lässt sich natürlich auch auf viele gesellschaftliche und ökologische Fragen übertragen (wie Klimawandel oder Einkommensgefälle).

Welche schlechten Ratschläge kursieren in deinem beruflichen Umfeld oder Fachgebiet?
»Sei disruptiv.« Als Clayton Christensen in seinem Wirtschaftsklassiker *The Innovator's Dilemma: When New Technologies Cause Great Firms to Fail* den Begriff »disruptive Technologie« prägte, hatte er etwas ganz anderes im Sinn als die Frage: »Wie kann ich mir Kapital verschaffen, indem ich Wagniskapitalgeber davon überzeuge, dass es einen riesigen Markt gibt, den ich auf den Kopf stellen kann?« Er wollte vielmehr wissen, warum bestehende Unternehmen neue Chancen nicht nutzen. Er stellte fest, dass bahnbrechende Technologien, die noch nicht

ausgereift sind, zunächst Erfolg haben, indem sie sich neue Märkte erschließen, und erst später bestehende Märkte in Aufruhr versetzen.

Bei disruptiven Technologien geht es nicht um den Markt oder die Mitbewerber, die vernichtet werden. Es geht um die neuen Märkte und neuen Möglichkeiten, die sie eröffnen. Wie beim Transistorradio oder dem frühen World Wide Web sind diese neuen Märkte oft zu klein, als dass sich etablierte Unternehmen dafür interessieren. Wenn diese aufwachen, hat sich ein Neuling in so einem jungen Segment bereits die Führungsposition gesichert.

Vor allem aber ist die Vorstellung, dass wir uns auf Disruption konzentrieren sollten statt auf einen neuen Wert, der Hauptgrund für die aktuelle Wirtschaftsmisere, das Einkommensgefälle und die politischen Unruhen. Das Geheimnis beim Aufbau einer besseren Zukunft ist, Technologie einzusetzen, um Dinge zu tun, die zuvor noch unmöglich waren. Das galt für die erste industrielle Revolution, und es gilt heute. Es ist nicht die Technologie, die Arbeitsplätze vernichtet. Es sind kurzsichtige Unternehmensentscheidungen, die Technologie nur einsetzen, um Kosten zu sparen und die Unternehmensgewinne in die Höhe zu treiben. Der Sinn von Technologie ist aber nicht, Geld zu verdienen, sondern Probleme zu lösen!

Das übergreifende Konzeptionsmuster für die Anwendung von Technologie lautet: Mehr tun. Dinge tun, die zuvor unvorstellbar waren.

Trotz des vielen Geredes über disruptive Phänomene steht auch das Silicon Valley oft im Bann des Finanzsystems. Der ultimative Härtetest ist für allzu viele Unternehmer nicht, wie sie die Welt verändern wollen, sondern was ihnen der »Exit«, also die Veräußerung oder der Börsengang, persönlich bringt, und was den Wagniskapitalgebern, die ihnen hohe Summen zur Verfügung gestellt haben. Viele sind schnell bei der Hand mit Schuldzuweisungen an die »Wall Street«, erkennen aber nicht, inwieweit sie selbst zum Problem beigetragen oder zumindest keine Lösung dafür gefunden haben.

Welchen Rat würdest du einem intelligenten, motivierten Studenten für den Einstieg in die »echte Welt« geben? Welchen Rat sollte er ignorieren?

»Wer sich der Gewalt bedient, wird bald ohne Macht dastehen – dies ist nicht der Weg.« – Laotse, *The Way of Life According to Lao Tzu.*

Wir setzen Cleverness und Getriebenheit mit Erfolgsgaranten gleich. Doch manchmal ist aufmerksame Wachsamkeit um einiges weiser und effektiver. Wer lernt, seiner Nase zu folgen und aus Neugier oder Interesse Fäden zu ziehen, der kommt manchmal weiter, als ihn Getriebenheit je bringen könnte.

Mein eigenes Leben war von glücklichen Zufällen geprägt. Ich hatte kaum den Collegeabschluss in der Tasche, als mich ein Freund bat, ein Buch über den Science-Fiction-Autor Frank Herbert zu schreiben. Ich hatte noch nie ein Buch geschrieben, doch Dick Riley, Redakteur einer neuen Buchreihe über Science-Fiction-Autoren, wusste, dass ich das Genre liebte und schreiben konnte. Ich weiß noch, wie ich meinen Betreuer aus Harvard, Zeph Stewart, fragte, mit dem ich befreundet war, ob mich das nicht »auf Abwege« führen würde. Er lachte und meinte: »Du bist erst 21. Wenn du mit 30 noch nicht weißt, was du tust, kannst du anfangen, dir Gedanken zu machen.«

Weil ich zusagte, sah ich mich irgendwann als Schriftsteller. Und weil ich mich als Schriftsteller sah, erklärte ich mich ein paar Jahre später bereit, einem Freund, einem Programmierer, zu helfen, ein Computerhandbuch zu schreiben (obwohl ich von Computern keine Ahnung hatte). Und dieser glückliche Umstand war es, der mich am Ende dazu brachte, den Grundstein für O'Reilly Media zu legen.

Auch später in meiner Karriere gab es immer wieder Gelegenheiten, bei denen es zum perfekten Ergebnis führte, auf den richtigen Moment zu warten. Ein Beispiel ist der »Freeware Summit«, den ich im April 1998 veranstaltete. Ich hatte den ganzen Herbst 1997 schon darüber nachgedacht, Leute aus der Linux-Community, der Perl-Community und dem Internet zusammenzubringen, doch irgendetwas hielt mich davon ab, Nägel mit Köpfen zu machen. Dann kündigte Netscape an, den eigenen Browser als Freeware zur Verfügung zu stellen, und als ich die Konferenz schließlich im April 1998 organisierte, war das genau der richtige Zeitpunkt. Erst Wochen zuvor hatte Christine Peterson den Begriff »quelloffene« Software geprägt. Hätte ich meine Veranstaltung im Herbst des Vorjahres abgehalten, hätte ich keine Chance gehabt, die versammelten Spitzenleute zu überreden, sich auf den neuen Namen zu einigen und ihn der anwesenden Presse zu präsentieren.

Hört auf eure innere Stimme. Sie sagt euch, wofür ihr euch entscheiden sollt. Sokrates nannte sie seinen »*Daimon*«. Laotse sagte über den wahren Herrscher: »Im Verlust liegt dein Gewinn, und im Erfolg dein Verlust.« Es ist die Fähigkeit, ruhig auf den richtigen Moment zu warten, statt ziellos vorzupreschen, der selbst ein ehrgeiziger Jäger mitunter seinen größten Jagderfolg verdankt.

»Exzellenz sind die nächsten fünf Minuten. … Vergiss das Langfristige. Sorg dafür, dass die nächsten fünf Minuten rocken.«

TOM PETERS
TW: @tom_peters
tompeters.com

TOM PETERS ist Koautor von *In Search of Excellence: Lessons from America's Best-Run Companies,* das oft als »bestes Wirtschaftsbuch aller Zeiten« bezeichnet wird. 16 Bücher und über 30 Jahre später steht er nach wie vor an der Spitze der »Management-Guru«-Branche, zu deren Erfindern er gehörte. Auf CNN hieß es: »Während die meisten Wirtschaftsgurus auf demselben Mantra herumreiten, solange es geht, erfindet sich die Ein-Mann-Marke Tom Peters immer wieder neu.« Sein aktuelles Buch heißt *The Little BIG Things: 163 Ways to Pursue Excellence.* Toms felsenfeste Überzeugung: »Ausführung ist Strategie. Dabei geht es nur um die Menschen und ihr Tun – nicht um die Theorien und was sie sagen.« Tom hat über 2.500 Vorträge gehalten, und sein Rede- und Textmaterial kann auf tompeters.com kostenlos abgerufen werden.

Welches Buch (welche Bücher) verschenkst du am liebsten? Warum? Welche ein bis drei Bücher haben dein Leben am stärksten beeinflusst?

Quiet: The Power of Introverts in a World That Can't Stop Talking von Susan Cain (Seite 33), *Wait: The Art and Science of Delay* von Frank Partnoy, *The Power of Nice: How to Conquer the Business World with Kindness* und *The Power of Small: Why Little Things Make All the Difference* von Linda Kaplan-Thaler und *Weapons of Math Destruction: How Big Data Increases Inequality and Threatens Democracy* von Cathy O'Neil.

Cains Buch hat mich peinlich berührt. Danach unterschätzen die meisten von uns introvertierte Menschen und verzichten damit auf das Potenzial von rund 40 Prozent der Bevölkerung. In Wirklichkeit sind introvertierte Menschen tiefgründiger und überlegter. Und dass sie Menschen nicht mögen, stimmt nicht – sie unterhalten zwar nicht so viele Beziehungen zu anderen wie Extravertierte, doch dafür tiefere.

Tempo ist alles! Korrekt? Frank Partnoy ... ist da ganz anderer Meinung. Dass wir innehalten und reflektieren können, unterscheidet uns von allen anderen Vertretern einer Spezies. Angesichts des Geschwindigkeitswahns ist »Entschleunigung« sicher kein schlechter Rat.

Und die Bücher von Frau Kaplan-Thaler ... Wow! Sie hat aus dem Nichts eine große Werbeagentur aufgebaut und ist in der Advertising Hall of Fame vertreten. Und zufällig glaube ich an die Regel vom »Netten« und vom »Kleinen«! Diese Ideen beleben mein Leben – und zwar nicht erst seit gestern. (Sie hält auch nicht viel vom Konzept der »Vision« – ihr geht es mehr um die Qualität der anstehenden Aufgabe.)

Und dann ist da noch das Buch von Cathy O'Neil: Sie versetzt »Big Data« den längst verdienten Schlag ins Gesicht. Bravo! Big Data können sehr wertvoll sein, aber auch unermesslichen Schaden anrichten. Und dieser Gefahr müssen wir uns noch viel bewusster werden.

Also gut, ein paar habe ich noch: Ich glaube zufällig, dass der wirtschaftliche Erfolg in den Händen der KMU liegt – der kleinen und mittleren Unternehmen. Vier Bücher über KMU, die ich gern verschenke, sind: *Retail Superstars: Inside the Twenty-five Best Independent Stores in America* von George Whalin (meine Lieblingszeile: »Man muss der Beste sein, das ist der einzige Markt, auf dem man nicht verdrängt werden kann.«), *Small Giants: Companies That Choose to Be Great Instead of Big* von Bo Burlingham, *Simply Brilliant: How Great Organizations Do Ordinary Things in Extraordinary Ways* von Bill Taylor und *Hidden Champions of the Twenty-first Century: The Success Strategies of Unknown World Market Leaders* von Hermann Simon.

Ich verschenke sehr gern Bücher! So verrückt sich das anhört, ich habe von jedem dieser Bücher bestimmt schon mindestens 25 bis 50 Exemplare verschenkt. Nebenbei bemerkt: Einer der größten Investoren der Welt hat einmal zu mir gesagt: »Tom, was ist deiner Ansicht nach die größte Schwäche von CEOs?« Nachdem ich eine Weile herumgedruckst hatte, sagte er: »*Sie lesen nicht genug.*«

Welche Anschaffung von maximal 100 Dollar hat für dein Leben in den letzten sechs Monaten (oder in letzter Zeit) die größte positive Auswirkung gehabt?

Ich rudere gern – schon seit meinem fünften Lebensjahr. Damit meine ich keine Regattas. Ich springe in ein Ruderboot und verbringe ein oder zwei Stunden auf einem Fluss. Ich bin am Fluss Severn aufgewachsen, nicht weit von Annapolis. Nach 60 Jahren Row-row-row-your-boat habe ich das Allergrößte entdeckt: Mein schlankes, leichtes 14-Fuß-Ruderboot (Kevlar) vom Typ Vermont Dory. Der Hersteller ist Adirondack Guide Boat aus North Ferrisburgh in Vermont.

(Übrigens: Das Teil hat einiges mehr gekostet als 100 Dollar ... aber es war mein bester Kauf seit Langem.)

Was ist das beste oder lohnendste Investment, das du je getätigt hast (in Form von Geld, Zeit, Energie etc.)?

Ich bilde mir gern ein, dass ich der Meute ein paar zig Jahre lang einen halben Schritt voraus war. Doch vor etwa vier Jahren kam es mir plötzlich so vor, als sei die Meute an mir vorbeigezogen – und zwar mit großem Vorsprung. Also nahm ich mir eine Auszeit – im Grunde ein ganzes Sabbatjahr – und las und las und las. Die Auswirkungen des technischen Wandels, zu denen ich meinen Bezug verloren geglaubt hatte, kann ich jetzt wieder sicherer einschätzen.

Was ist eine deiner – gern auch absurden – Eigenheiten, auf die du nicht verzichten möchtest?

Ich habe da eine nervige Angewohnheit, die meine Frau in den Wahnsinn treibt: Ich habe ja Bauingenieurwesen studiert, und wir Ingenieure lieben Redundanzen. Wir rechnen mit dem Schlimmsten, und so planen wir.

Ins wirkliche Leben übersetzt, sieht das folgendermaßen aus: Auch wenn ich nur kurz verreise, schleppe ich tonnenweise Gepäck mit. Ich habe alles doppelt und dreifach dabei. Wer meine Koffer klaut, der könnte ohne Weiteres sofort einen kleinen Elektronikshop aufmachen.

Welchen Rat würdest du einem intelligenten, motivierten Studenten für den Einstieg in die »echte Welt« geben? Welchen Rat sollte er ignorieren?

Alle möglichen Leute verkünden einem ungefragt diese oder jene Ansicht zum Job. Mein Rat ist ein ganz anderer: Gute Manieren zahlen sich immer aus. Dass du clever bist und Einsatz bringst, setze ich voraus. Doch wer höflich, anständig und umgänglich ist, legt damit nicht nur den Grundstein für beruflichen Erfolg, sondern auch für persönliche Erfüllung. (Und wenn euch jemand erzählt, das sei was für »Weicheier«, dann schickt ihn zu mir, damit ich ihm eine Abreibung verpassen kann.)

Oh, und dann sind da noch zwei Dinge. Erstens: Werde der Superstar unter den professionellen Zuhörern. Wie? Das muss man sich erarbeiten. Lies nach. Übe. Lass dich von einem Mentor benoten. Zweitens: Lies, lies, lies. Wer am meisten lernt, hat die Nase vorn – ob mit 21, 51 oder 101.

Welche schlechten Ratschläge kursieren in deinem beruflichen Umfeld oder Fachgebiet?

Es heißt immer: »Denke groß! Entwickle eine überzeugende Vision!« Ich sage: Denke klein. Sieh zu, dass du bis heute Abend etwas Tolles auf die Beine gestellt hast. Ich schreibe über »Exzellenz«. Die meisten sehen darin irgendein hehres Ziel. Falsch, ganz falsch. Mein Senf dazu: Exzellenz sind die nächsten fünf Minuten. Sonst nichts. Es geht um die Qualität des Gesprächs, das du in den nächsten fünf Minuten führst. Vergiss das Langfristige. Sorg dafür, dass die nächsten fünf Minuten rocken.

Was tust du, wenn dir alles zu viel wird, du nicht mehr fokussiert bist oder deine Konzentration nachlässt?

Laufen. Laufen. Laufen. Ein 30- (oder sogar 15-)minütiger Spaziergang außerhalb des Büros ohne technische Geräte macht meinen Kopf fast immer frei.

Das Thema für mein Buch *In Search of Excellence* entstand im Grunde aus einer einzigen Begegnung mit Hewlett-Packard-Chef John Young 1977. Er sagte, das HP-Mantra sei »MBWA« – Managing By Wandering Around. Das heißt übersetzt: Managen durch Herumlaufen und steht für Bodenständigkeit und Menschlichkeit – und für die Bereitschaft, von jedem zu lernen. Vor Jahren arbeitete ich mit der enorm erfolgreichen Leiterin einer Nordstrom-Filiale zusammen. Sie sagte (sinngemäß): »Wenn ich nicht mehr weiterkomme oder deprimiert bin, stehe ich vom Schreibtisch auf und laufe 30 Minuten lang durch den Betrieb. Habe ich mich nur ein paar Minuten lang mit Mitgliedern unseres Teams unterhalten, kann ich wieder klarer denken und fühle mich stets neu motiviert.«

»Das Gute, das Schmerzhafte – alles ist ein Privileg.«

BEAR GRYLLS
TW/IG: @BearGrylls
FB: /RealBearGrylls
beargrylls.com

BEAR GRYLLS ist eines der bekanntesten Gesichter für Outdoor-Survival und Abenteuer. Bear war drei Jahre beim britischen Militär und diente im 21 Special Air Service Regiment. Dort perfektionierte er viele Fertigkeiten, die er jetzt im Fernsehen demonstriert. Seine Emmy-nominierte Show *Man vs. Wild/Born Survivor* zählt mit geschätzten 1,2 Milliarden Zuschauern zu den beliebtesten TV-Programmen der Welt. In seiner NBC-Abenteuershow *Running Wild* nimmt er Prominente auf unglaubliche Abenteuerreisen mit, unter anderem den ehemaligen US-Präsidenten Barack Obama, Ben Stiller (Seite 160), Kate Winslet, Zac Efron und Channing Tatum. Bear hat 20 Bücher verfasst, darunter seine Bestseller-Autobiografie *Mud, Sweat, and Tears.*

Welches Buch (welche Bücher) verschenkst du am liebsten? Warum? Welche ein bis drei Bücher haben dein Leben am stärksten beeinflusst?

Rhinoceros Success von Scott Alexander. Ich habe dieses Buch im Alter von 13 Jahren gelesen, und darin steht im Grunde, dass das Leben hart ist und wie ein Dschungel und dass das Leben diejenigen Rhinozerosse belohnt, die ihre Ziele konsequent verfolgen und niemals aufgeben. Vor allem darf man nicht denen folgen, die ziellos umherstreifen und auf dem Lebensweg weder Sinn noch Freude kennen. Ich verschenke das Buch oft, wenn ich der Meinung bin, dass es der Person gut gefallen oder ihr gute Dienste leisten könnte.

Welcher (vermeintliche?) Misserfolg war die Voraussetzung für deinen späteren Erfolg? Hast du einen »Lieblingsmisserfolg«?

Ich fiel bei meiner ersten Bewerbung für die britische Spezialeinheit SAS durch, und das machte mich damals total fertig. Ich hatte noch nie so viel Herzblut in etwas gesteckt, und den Anforderungen nicht gerecht zu werden, das traf mich schwer. Aber ich ließ mich nicht unterkriegen, versuchte es erneut und schaffte es. In der Regel bestehen vier von 120 Bewerbern, und man sagt, dass die besten Soldaten erst beim zweiten Mal durchkommen. Der Spruch gefällt mir, denn das heißt, dass Hartnäckigkeit wichtiger ist als Talent, und in meinem Leben trifft das auf jeden Fall zu.

Für meinen zweiten Anlauf machte ich noch härtere Bergläufe und trainierte mit noch größerer Intensität. An einem typischen Tag machte ich entweder einen schnellen dreistündigen Berglauf mit 22 Kilogramm schwerem Marschgepäck oder 60 Minuten Zirkeltraining mit Ganzkörperübungen, die ich mit Bergläufen kombinierte. Ich steigerte mich total in meine Aufgabe hinein.

Misserfolg bedeutet Kampf, und durch das Kämpfen bin ich mit der Zeit immer stärker geworden.

Wenn du an einem beliebigen Ort ein riesiges Plakat mit beliebigem Inhalt aufhängen könntest, was wäre das und warum?

Diese Frage ist für mich leicht zu beantworten: »Stürme machen uns stärker«. Wenn ich jungen Leuten, deren Leben gerade erst beginnt, etwas mitgeben könnte, dann das. Habt keine Angst vor harten Zeiten. Packt sie an, beschreitet den weniger ausgetretenen Pfad, der voller Hindernisse ist, weil die meisten Leute beim ersten Anzeichen für Kampf die Flucht ergreifen. Die Stürme geben uns die Möglichkeit, uns selbst zu definieren, uns hervorzutun, und wir gehen immer gestärkt aus ihnen hervor.

Ein weiterer wichtiger Punkt ist, immer freundlich zu sein. Freundlichkeit ist auf dieser beschwerlichen Reise sehr wichtig. Sie macht den kleinen, aber feinen Unterschied zwischen gut und sehr gut aus.

Welche Überzeugungen, Verhaltensweisen oder Gewohnheiten, die du dir in den letzten fünf Jahren angeeignet hast, haben dein Leben am meisten verbessert?

Ich habe gelernt, den Weg zu genießen, statt immer nur aufs Ziel zu blicken. Im Dschungel oder in der Wüste versuche ich manchmal verzweifelt, mich durchzukämpfen, mein Bestes zu geben, effizient zu sein, schnell zu arbeiten, um wieder bei meiner Familie zu sein. Aber ich habe erkannt, dass ich so viel Zeit damit zugebracht habe, mir Sorgen vor dem zu machen, was noch vor mir liegt, oder mich an einen anderen Ort zu wünschen. Ich habe gelernt, den Augenblick zu genießen, und das hat viel bewegt. Das Gute, das Schmerzhafte – alles ist ein Privileg. Ich schätze, dass viele Menschen keine 30 Jahre alt werden, deshalb sind wir alle mit Glück gesegnet.

Was tust du, wenn dir alles zu viel wird, du nicht mehr fokussiert bist oder deine Konzentration nachlässt?

Ich bleibe am Ball, konzentriere mich, strenge mich an und gebe niemals auf. Diese Formel ist nicht kompliziert, aber es ist anstrengend, sich daran zu halten, und wenn das Leben hart wird, suchen die meisten Menschen nach einer Ausrede oder anderen Taktik. Oft muss man sich in solchen Situationen aber nur etwas mehr anstrengen und hartnäckig bleiben. Das Schöne daran ist: Wenn man diesen Punkt erreicht hat, steht man meist kurz vor dem Ziel! Dann fehlt nur noch eine große konzentrierte Anstrengung, Hingabe und Durchhaltevermögen, und man hat es geschafft. Wenn man sich umsieht, stellt man aber oft fest, dass die meisten Weggefährten nicht mehr da sind – sie haben bei der letzten Anstrengung aufgegeben.

»Mut vor Bequemlichkeit.«

BRENÉ BROWN
IG/FB: @brenebrown
brenebrown.com

DR. BRENÉ BROWN ist Forschungsprofessorin am Graduate College of Social Work der University of Houston. Ihre Rede über »Die Kraft der Verletzlichkeit« bei der Konferenz TEDx Houston im Jahr 2010 wurde mehr als 36 Millionen Mal abgerufen und gehört zu den fünf am häufigsten angesehenen TED-Reden der Welt. Die vergangenen 14 Jahre hat Brown damit verbracht, Verletzlichkeit, Mut, Ehrenhaftigkeit und Scham zu erforschen. Außerdem hat sie die *New York Times*-Bestseller *Daring Greatly, The Gifts of Imperfection, Rising Strong* und *Braving the Wilderness: The Quest for True Belonging and the Courage to Stand Alone* geschrieben.

Welches Buch (welche Bücher) verschenkst du am liebsten? Warum? Welche ein bis drei Bücher haben dein Leben am stärksten beeinflusst?

Ich verschenke sehr viele Bücher. Auf meiner Favoritenliste steht unter anderem *The Dance of Anger* von Harriet Lerner (sehr hilfreich für Paare, die sich in einem »Ich schreie und er/sie macht zu«-Zyklus befinden) und ihr neues Buch *Why Won't You Apologize?* (wie sich zeigt, sind die meisten von uns sehr schlecht darin, sich zu entschuldigen – mich hat das wirklich verändert). Sehr gut für junge Eltern finde ich die Positive-Disziplin-Serie von Jane Nelsen (sie hilft Kindern wie Eltern) und die Touchpoints-Serie von T. Berry Brazelton (man kann seine Kinder nicht wirklich anleiten, wenn man nicht versteht, was in ihrer Entwicklung passiert). Ich kaufe mehrmals im Jahr Bücher für jedes Mitglied meines Teams. Als Nächstes lesen wir *Stretch* von Scott Sonenshein und *Lead Yourself First* von Raymond Kethledge und Mike Erwin.

Wenn du an einem beliebigen Ort ein riesiges Plakat mit beliebigem Inhalt aufhängen könntest, was wäre das und warum?

»Mut vor Bequemlichkeit.« Nur eine einfache Erinnerung daran, dass nichts Bequemes daran ist, mutig zu sein. Jeder möchte kühn sein, aber niemand verletzlich.

Welche Anschaffung von maximal 100 Dollar hat für dein Leben in den letzten sechs Monaten (oder in letzter Zeit) die größte positive Auswirkung gehabt?

Das ist leicht: mein drei Meter langes iPhone-Ladekabel von Native Union und der Lippen-Pflegestift Fierce von Tata Harper.

Was ist das beste oder lohnendste Investment, das du je getätigt hast (in Form von Geld, Zeit, Energie etc.)?

Das Identifizieren von Problemen ist stets eine gute Investition von Zeit, Geld und Energie. »Wenn ich eine Stunde hätte, um ein Problem zu lösen, würde ich 55 Minuten über das Problem nachdenken und 5 Minuten über die Lösung«, hat Einstein einmal gesagt. Es fühlt sich unangenehm an, Zeit und Ressourcen aufzuwenden, um herauszufinden, was genau das Problem ist – wir wollen uns viel zu schnell an die Lösung machen. Die meisten von uns kämpfen damit, dass sie zu sehr zum Handeln neigen und sich wirklich schwer damit tun, bei der Problem-Identifikation zu bleiben. Ich habe festgestellt, dass es keine bessere Investition gibt, als sich darüber klar zu werden, was falsch läuft und warum das ein Problem ist. Das gilt im Privatleben wie bei der Arbeit.

Welche Überzeugungen, Verhaltensweisen oder Gewohnheiten, die du dir in den letzten fünf Jahren angeeignet hast, haben dein Leben am meisten verbessert?

Schlafen. Ernährung, Sport und Arbeitsmoral haben keine Chance gegen Schlafen, wenn es darum geht, grundlegend zu verändern, wie man lebt, liebt, sich um seine Kinder kümmert und Menschen führt.

Was tust du, wenn dir alles zu viel wird, du nicht mehr fokussiert bist oder deine Konzentration nachlässt? Welche Fragen stellst du dir?

Es sind immer dieselben Fragen:

1. Schlafen?
2. Trainieren?

3. Gesundes Essen?
4. Bin ich gereizt, weil ich eine Grenze nicht setze oder verteidige?

Welcher (vermeintliche?) Misserfolg war die Voraussetzung für deinen späteren Erfolg? Hast du einen »Lieblingsmisserfolg«?

Einer meiner größten Fehler war, dass ich nicht verstand oder im Griff hatte, wie sehr ich mich bei meinen geschäftlichen Aktivitäten selbst einbringen wollte oder musste. Ich habe mir frühzeitig die Überzeugung zugelegt, dass ich einfach »Ideen downloaden« konnte und dass unsere Super-Teams diese Ideen umsetzen würden, während ich verschwand, um mich um andere Sachen zu kümmern. Ich wollte das glauben, weil meine Zeit so knapp ist. Ich forsche, schreibe, halte Vorträge, organisiere Führungsprogramme, leite drei Unternehmen und verteidige unverhandelbare Grenzen für die Zeit mit meiner Familie. Das hat nicht funktioniert. Ich habe die besten Leute der Welt – sie sind engagiert, kreativ und intelligent. Aber Ideen herunterzuladen ist keine Führung. Die eigentliche Arbeit steckt in ständiger Wiederholung, im Berücksichtigen von Rückmeldungen von Kunden, im Lösen von Problemen, im Herausfinden, wann man nach vorn drängen und wann sich zurückziehen sollte, und darin, jedem dabei zu helfen, sich nach einem Rückschlag zu erholen und zu lernen. Ich will und muss an all dem beteiligt sein. Ich will darüber streiten, wie wir einen Karton packen und die Nachricht darin gestalten. Ich will die Fotos sehen, die wir auf der Website verwenden – finden sie emotional Anklang und sorgen sie für eine Verbindung? Dass ich oft abwesend war, führte zu unnötigen Frustrationen für uns alle und ironischerweise auch zu Mikromanagement in seiner schlimmsten Form durch mich. Heute verbringe ich am Anfang eines Projekts viel Zeit mit den Teams, um zu definieren, wie »fertig« aussieht, und einmal pro Woche nehme ich an ihren Treffen teil. Die Leiter der Teams können mich auf Slack kontaktieren. Außerdem hat unser Roundup-Team daran gearbeitet, dass es bei jedem Mitglied eine gute Übereinstimmung zwischen Verantwortung und Autorität gibt. Man kann diese Veränderung spüren. Wir werden produktiver und effektiver, als wir je zuvor waren, und wir haben Spaß dabei. Wichtigste Lektion: Magisches Denken ist unglaublich gefährlich und wird dich mehr Zeit, Geld und Energie kosten, als es je kosten wird, sich in etwas zu vertiefen.

ZITATE, ÜBER DIE ICH NACHDENKE

(Tim Ferriss: 27. Mai bis 16. Juni 2016)

»Die schlichte Bereitschaft, zu improvisieren, ist auf lange Sicht wichtiger als Recherchen.«

– ROLF POTTS
amerikanischer Reiseautor und Autor von *Vagabonding*

»Es gibt keinen Weg zum Glücklichsein – Glücklichsein ist der Weg.«

– THICH NHAT HANH
vietnamesischer Buddhisten-Mönch und Nobelpreis-Kandidat

»Der vernünftige Mann passt sich an die Welt an. Der unvernünftige besteht darauf, die Welt an sich anzupassen. Aus diesem Grund hängt jeglicher Fortschritt vom unvernünftigen Mann ab.«

– GEORGE BERNARD SHAW
irischer Dramatiker und Nobelpreisträger

»Perfektion ist nicht dann erreicht, wenn es nichts mehr hinzuzufügen gibt, sondern wenn man nichts mehr weglassen kann.«

– ANTOINE DE SAINT-EXUPÉRY
französischer Schriftsteller, Autor von *The Little Prince*

»Ich frage mich, was das Liebevollste ist, das ich in diesem Augenblick für mich und andere tun könnte. Und dann tue ich es einfach.«

LEO BABAUTA
TW: @zen_habits
zenhabits.net

LEO BABAUTA ist der Gründer der Webseite *Zen Habits,* die sich der Genügsamkeit und Achtsamkeit im Chaos des Alltags widmet. *Zen Habits* hat mehr als zwei Millionen Leser und das *Time Magazine* wählte die Seite zu einem der »25 wichtigsten Blogs« des Jahres 2009 und einer der »50 wichtigsten Webseiten« des Jahres 2011. Leo ist der Autor von *The Power of Less: The Fine Art of Limiting Yourself to the Essential ... in Business and in Life, Essential Zen Habits: Mastering the Art of Change, Briefly.*

Welche Anschaffung von maximal 100 Dollar hat für dein Leben in den letzten sechs Monaten (oder in letzter Zeit) die größte positive Auswirkung gehabt?

Ich habe mir eine schwarze Manduka PRO Yogamatte für etwa 100 Dollar gekauft (war im Angebot). Es ist eine schwere, gute Matte, die mich dazu motiviert, zu Hause zu üben, was beinahe an ein Wunder grenzt.

Welcher (vermeintliche?) Misserfolg war die Voraussetzung für deinen späteren Erfolg? Hast du einen »Lieblingsmisserfolg«?

2005 ging es mir nicht gut – ich hatte Schulden, Übergewicht, ernährte mich von Junk Food, hatte keine Zeit für meine Familie und konnte mich an keinen Trainingsplan halten. Ich hatte das Gefühl, zu nichts zu gebrauchen zu sein. Aber das veranlasste mich dazu, darüber nachzudenken, welche schlechten Gewohnheiten ich habe und wie ich sie ablegen kann, und ich steckte alle meine Energie in eine einzige Veränderung. Und dann in noch eine. Das führte dazu, dass ich mein ganzes Leben umkrempelte und schließlich sogar anderen dabei half, ihre Gewohnheiten zu ändern. Das war alles andere als ein Zuckerschlecken, zählt aber zu den erstaunlichsten Lektionen meines Lebens.

Zuerst hörte ich mit dem Rauchen auf. Diese Änderung fiel mir wahnsinnig schwer; deshalb kann ich nur jedem raten, erst gar nicht damit anzufangen. Aber ich brachte meine ganze Energie für dieses Ziel auf und lernte in dieser Zeit viel über die Änderung von Gewohnheiten. Dann fing ich mit dem Laufen an – um mit dem Stress des Nikotinentzugs umzugehen – und damit, gesünder zu werden. Dann wurde ich Vegetarier und begann zu meditieren.

Wenn du an einem beliebigen Ort ein riesiges Plakat mit beliebigem Inhalt aufhängen könntest, was wäre das und warum?

»So wie du bist, bist du gut genug. Atme und verweile im Augenblick.«

Was ist eine deiner – gern auch absurden – Eigenheiten, auf die du nicht verzichten möchtest?

Ich mag minimalistische Ästhetik. Ich freue mich beinahe kindlich über ein Zimmer, in dem nur ein Möbelstück und eine Pflanze stehen – sonst nichts. Manchmal stelle ich mir vor, wie es wäre, wenn ich nichts anderes besäße als ein leeres Zimmer!

Welche Überzeugungen, Verhaltensweisen oder Gewohnheiten, die du dir in den letzten fünf Jahren angeeignet hast, haben dein Leben am meisten verbessert?

Der Zen-Buddhismus hat mich stark beeinflusst – nicht nur die Meditation und Achtsamkeitsübungen, sondern auch der Glaube an die reine, unverstellte Erfahrung, meine Verbundenheit mit allen Lebewesen und mein Wunsch, mein Leben dem Ziel zu widmen, anderen zu helfen, glücklich zu sein. Ich helfe nun anderen dabei, ihr Leiden in Achtsamkeit, Offenheit und Glück zu verwandeln.

Das Buch, mit dem ich anfing, ist der Klassiker *Zen Mind, Beginner's Mind* von Shunryu Suzuki. Aber ich denke, das beste Buch für Anfänger ist *What Is Zen? Plain Talk for a Beginner's Mind* von Norman Fischer. Es ist eine hervorragende Einführung und beantwortet die meisten Fragen, die ich am Anfang hatte.

Welchen Rat würdest du einem intelligenten, motivierten Studenten für den Einstieg in die »echte Welt« geben?

Begrüße Ungewissheit, Unsicherheit und Angst als einen Ort, an dem du wirklich lernen und wachsen kannst. Suche diesen Ort und meide ihn nicht. Das wird dir helfen, Prokrastination und Ängste zu überwinden – beispielsweise vor sozialen Interaktionen, beruflicher Selbstständigkeit, dem Verfolgen lang gehegter Träume, Misserfolg oder öffentlicher Blamage. Die Ängste werden zwar noch da sein, aber du wirst merken, dass sie auch eine gewisse Schönheit in sich bergen.

Was tust du, wenn dir alles zu viel wird, du nicht mehr fokussiert bist oder deine Konzentration nachlässt?

Ich kehre zu meiner Atmung und den Empfindungen zurück, die ich in meinem Körper wahrnehme. Wenn ich mich überfordert fühle, frage ich mich, wie sich die Überforderung körperlich äußert. Keine lange, vage Geschichte über meine Gefühlslage, sondern klar benennbare Empfindungen, die ich in meinem Körper spüre. Ich versuche, so lange wie möglich bei diesen Empfindungen zu verweilen und ihnen mit Neugier und Offenheit zu begegnen. Sobald ich darüber meditiert habe, frage ich mich, was das Liebevollste ist, das ich in diesem Augenblick für mich und andere tun könnte. Und dann tue ich es einfach.

»Für mich ist Meditation ein hervorragender sicherer Ort, von dem aus ich tief in mein eigenes Trauma und Drama eintauchen kann, frei von Angst – ich kann dagegen anarbeiten, nur zu reagieren, und Platz dafür schaffen, proaktiv zu sein.«

MIKE D
IG: @miked
beastieboys.com

MICHAEL »MIKE D« DIAMOND ist Rapper, Musiker, Songwriter, Schlagzeuger und Modedesigner, am bekanntesten als Gründungsmitglied der revolutionären Hip-Hop-Band The Beastie Boys. Die Band wurde in die Liste der »Top 100 Greatest Artists of All Time« des *Rolling Stone* aufgenommen und hielt im April 2012 Einzug in die Rock and Roll Hall of Fame. »Es ist für jeden offensichtlich, welch großen Einfluss die Beastie Boys auf mich und sehr viele andere hatten«, hat Eminem einmal über sie gesagt. Nach dem Tod ihres Gründungsmitglieds Adam »MCA« Yauch lösten sich die Beastie Boys im Jahr 2012 auf. Mike D ist zurzeit Moderator einer Radiosendung auf Beats 1, *The Echo Chamber*.

Welcher (vermeintliche?) Misserfolg war die Voraussetzung für deinen späteren Erfolg? Hast du einen »Lieblingsmisserfolg«?

Wow, es gibt so viele Beispiele dafür, wie Sachen für uns als Band absolut nicht so liefen, wie wir wollten. Wir haben Ideen gehabt und nicht umgesetzt, wir hatten Auftritte, die ewig zu dauern schienen, weil nichts funktionierte. Aber der »befreiendste« Misserfolg, der mir einfällt, ist ein Album von uns: *Paul's Boutique*. Mit der Zeit zeigte sich, dass es gar kein solcher Misserfolg war, weil viele Leute sagen, dass sie es von unseren Alben am besten finden. Aber dann fragt man sich natürlich, was all diese Leute gemacht haben, als es herauskam. Auf jeden Fall haben sie es nicht in den Plattenladen geschafft (damals gab es ja noch echte CD-Läden), um dort 9,99 Dollar auszugeben.

Also, stellen wir das klar und schauen wir uns etwas Kontext an: *Paul's Boutique* war kommerziell gesehen eine riesige Enttäuschung. Wir sprechen hier über einen echten Flop. *Licensed to Ill* war millionen- über millionenfach verkauft worden, und die Songs und Videos waren monatelang ständig in den Medien. Eine Menge Menschen warteten darauf, dass wir verschwinden würden, um sich selbst und der Welt zu beweisen, dass wir nur einen Glückstreffer hatten. Andererseits gab es viele Leute bei einem großen Platten-Label, die sich von *Paul's Boutique* einen ordentlichen Gewinn erwarteten. Der Blitz sollte ein zweites Mal einschlagen. Hm, hat leider nicht geklappt. Leider gab es auf *Paul's Boutique* keine neuen Hymnen, Videos oder irgendwelche Songs, die auch nur entfernt so waren wie *Licensed To Ill*. Das Album war zu anders, außer für eine Kerngruppe von Freaks und Spinnern: unsere echten Fans. Zuerst konnten wir es irgendwie gar nicht glauben. Wir hatten hart gearbeitet und an das geglaubt, was wir machten, und ein paar Wochen nach der Veröffentlichung war so ziemlich alles vorbei. Keine großen Hit-Songs oder -Videos oder Stadion-Touren. Es war herzzerreißend, sich von etwas zu lösen, in das wir so viel Mühe und Zeit gesteckt hatten. So viele Worte geschrieben, so viele Stunden im Studio verbracht, um so viele Stimm-Spuren aufzunehmen, unzählige verschiedene Versionen von Songs, Stunden um Stunden an Aufregung über digitale Samples, von den vielen Tischtennis- und Airhockey-Matches ganz zu schweigen. Wir waren fertig.

Auf der positiven Seite kam das Album bei den Kritikern gut an. Seiner Popularität schien das aber nicht zu helfen. Nachdem ein paar von den obersten Managern bei Capitol Records gehen mussten, hauptsächlich wegen genau dieses Misserfolgs, gingen wir dorthin, um uns für unser Werk einzusetzen. Wir baten die Plattenfirma darum, sich weiter auf die Vermarktung unserer Platte zu konzentrieren. Nichts zu machen. Sie mussten sich um andere Dinge kümmern.

Warum also war das befreiend? Weil wir dadurch die Chance bekamen, uns vollkommen aus der Welt zurückzuziehen. Uns zu erholen und einfach Zeit zu verbringen. Herumhängen und sehr wenig zu tun haben. Aufwachen, frühstücken, Gras rauchen, ein paar Platten kaufen, diese Platten anhören und vielleicht ein bisschen Musik machen. Wir hatten jetzt totale künstlerische Freiheit. Niemand, auch nicht wir selbst, hatte noch irgendwelche kommerziellen Erwartungen. Das hat uns die kreative Freiheit gegeben, zu machen, was auch immer wir wollten, vollkommen frei von Angst und Erwartungen. Im Rückblick war das ein *riesiges* Geschenk.

Natürlich ist diese Story nicht ganz fair. Wie gesagt, *Paul's Boutique* kam nicht nur bei den Kritikern gut an. Mit der Zeit kamen die anderen Leute auf ihre eigene Weise und in ihrer eigenen Zeit dazu, und das Album wurde doch noch millionenfach verkauft, was immer noch enorm viel ist für drei weiße Jungs aus New York City, die eine Hardcore-Punkband waren und dann beschlossen, zu rappen.

Welche Überzeugungen, Verhaltensweisen oder Gewohnheiten, die du dir in den letzten fünf Jahren angeeignet hast, haben dein Leben am meisten verbessert?

Für mich ist Transzendentale Meditation das größte Geschenk, das immer weiter Freude macht. Je älter ich werde, desto mehr wird mir klar, dass man nie weiß, wann und von wo unterschiedliche Lektionen und Praktiken kommen werden. Ich war auf einer Surf-Reise auf einem Boot mitten im Indischen Ozean. Die Wellen waren spitze, und die Umstände hätten in vielerlei Hinsicht nicht besser sein können. Ich war superglücklich und dankbar dafür, sein zu können, wo ich war, aber ich machte zu der Zeit eine Menge emotionale Turbulenzen und Dramen durch. Zum Glück praktizierten die Teilnehmer dieser Reise Transzendentale Meditation. Ich spürte die Vorteile sofort, noch bevor ich eine richtige Initiation bekommen hatte. Sobald ich wieder zu Hause war, ging ich ins Studio, um an einer Platte zu arbeiten. Nicht nur ich habe gelernt und wurde eingeführt, sondern jeder, der an der Platte beteiligt war. Das machte es zu einer kraftvolleren gemeinsamen Erfahrung. Und praktisch gesehen war es dadurch einfacher, rechtzeitig zu üben, wenn ich lange im Studio arbeitete. Es ist bemerkenswert, was für ein guter »Neustart« TM sein kann. Die strukturellen Anforderungen von TM lassen sich leicht in den Alltag integrieren. Zwanzig Minuten nach dem Aufstehen und zwanzig Minuten gegen Ende des Tages, wenn wir sie sowieso wirklich brauchen. Für mich ist es ein toller sicherer Ort, von dem aus ich tief in mein eigenes Trauma und Drama eintauchen kann, frei von Angst – ich kann dagegen anarbeiten, nur zu reagieren, und Platz dafür schaffen, proaktiv zu sein. Davon profitieren meine Beziehungen zu allen. Manchmal fragen meine Kinder: »Papa, warum verbringst du Zeit mit Meditieren?«. Aber ich bin dadurch viel besser in meiner Beziehung zu ihnen als Vater. Ich bin in allen Beziehungen viel besser damit.

Was tust du, wenn dir alles zu viel wird, du nicht mehr fokussiert bist oder deine Konzentration nachlässt?

Interessante Frage. Mein erster Impuls ist weiterzumachen, vor allem, wenn ich an einem Song oder an Musik arbeite. Ich haue weiter meinen Kopf gegen die Wand und hoffe auf einen Durchbruch, selbst wenn mein armer Kopf wirklich sch…weh tut! *Aber* ich glaube, mit zunehmender Reife (obwohl ich mich kaum traue, zuzugeben, dass ich überhaupt so etwas habe) habe ich gelernt, dass ab und zu ein Neustart erforderlich ist. Der kann verschiedene Formen haben. Hier sind ein paar, die mir geholfen haben:

TM: siehe oben. Vor allem, wenn ich überfordert oder übermüdet bin oder irgendetwas einfach nicht gelöst bekomme und immer frustrierter werde, können mir 20 Minuten TM helfen, mich komplett neu zu konzentrieren und zu erholen. Oft schaffe ich es dadurch, die Dinge anders zu sehen und stundenlang produktiv zu sein, was eine gute Rendite auf meine Investition ist.

Surfen: Ich bin ein Glückspilz. Ich lebe in Malibu in Kalifornien und kann zu Fuß zu den Wellen gehen. Ich verbringe einen guten Teil meiner Zeit damit, zusammen mit meinen Kindern überall in der Welt zu surfen, und das ist jede verdammte Minute wert. Ich bin mir sehr im Klaren darüber, dass die meisten Leute nicht an der Küste leben und ihnen dieser Luxus nicht vergönnt ist, aber Surfen ermöglicht mir einen tollen Neustart. Ich werde dabei sofort so viel dankbarer und wertschätzender, und auf dem Spielplatz der Natur zu sein, gibt mir eine andere Perspektive. Das Meer und die Wellen haben die Kontrolle, nicht ich. Ich bin nur ein kleiner Fleck, der versucht, zu atmen und sich so gut zu halten, wie er kann.

Zeit mit den Kindern: Sie werden nicht ewig Kinder bleiben, das ist verdammt sicher! Manchmal brauche ich auch eine Pause von ihnen. Aber ich bin immer so dankbar, wenn wir tolle Erlebnisse oder Unterhaltungen zusammen haben. Das gibt einem wirklich einen anderen Blick. Bei einer Sache bin ich sehr dankbar, dass ich sie nachmachen kann: Ich wurde früher in die Gespräche meiner Eltern und ihrer erwachsenen Freunde einbezogen, bei meinen Kindern versuche ich dasselbe. Ich will ihre Ideen und Gedanken wertschätzen.

Mit den Hunden spazieren gehen: Meistens kann ich ein paar Sachen einfach dadurch in den Griff bekommen, dass ich eine Pause mache und mit meinen Hunden spazieren gehe.

»Frag dich: ›Würdest du zusagen, wenn es nächsten Dienstag wäre?‹ Man geht allzu leicht Verpflichtungen ein, die Wochen oder Monate in der Zukunft liegen, solange der Terminkalender noch leer wirkt.«

ESTHER DYSON
TW: @edyson
wellville.net

ESTHER DYSON ist Gründerin von HICCup und Vorsitzende von EDventure Holdings. Esther ist aktive Angel-Investorin, Bestsellerautorin, Verwaltungsratsmitglied und Beraterin mit Schwerpunkt auf Schwellenländern und Technologien, Weltraum und Gesundheit. Sie sitzt im Verwaltungsrat von 23andMe und Voxiva (txt4baby), und hat unter anderem in Crohnology, Eligible API, Keas, Omada Health, Sleepio, StartUp Health und Valkee investiert. Von Oktober 2008 bis März 2009 lebte sie in der Sternenstadt, dem russischen Raumfahrtzentrum außerhalb Moskaus, und ließ sich zur Reserve-Kosmonautin ausbilden.

Welches Buch (welche Bücher) verschenkst du am liebsten? Warum? Welche ein bis drei Bücher haben dein Leben am stärksten beeinflusst?

The Biology of Desire: Why Addiction Is Not a Disease von Marc Lewis. Sucht ist kurzfristiges Verlangen, Zielstrebigkeit langfristiges.

Scarcity: Why Having Too Little Means So Much von Sendhil Mullainathan und Eldar Shafir. Eine Erklärung des Mangels für reiche Intellektuelle, die aufzeigt, wie arme Menschen aus Geldmangel dumme Dinge tun, Reiche dagegen aus Zeitmangel.

From Bacteria to Bach and Back: The Evolution of Minds von Daniel C. Dennett. Wie das Bewusstsein entsteht, und wie sehr es vom Sinn für Vergangenheit, Gegenwart und Zukunft abhängt (und eine Menge weiterer interessanter Erkenntnisse).

Welcher (vermeintliche?) Misserfolg war die Voraussetzung für deinen späteren Erfolg? Hast du einen »Lieblingsmisserfolg«?

Da gab es im Laufe der Jahre mehr als einen. Zuletzt war eine der fünf Gemeinden, mit denen mein auf zehn Jahre konzipiertes gemeinnütziges Projekt Way to Wellville zusammenarbeitete, einfach nicht bei der Sache. Das ist, als würde jemand einen Personal Trainer engagieren, aber nie ins Studio gehen. Wir zogen uns höflich zurück und wählten eine andere Gemeinde aus. Das hatte nicht nur den gewünschten Erfolg, sondern machte auch allen Beteiligten klar – also den Gemeinden, den potenziellen Geldgebern und Partnern sowie allen anderen –, dass wir uns und andere in die Pflicht nehmen. Dadurch würdigten wir die Gemeinden, die bereit sind, Risiken einzugehen und Einsatz zu bringen, um etwas zu verändern.

Wenn du an einem beliebigen Ort ein riesiges Plakat mit beliebigem Inhalt aufhängen könntest, was wäre das und warum?

»Macht immer neue Fehler!« Für dieses Zitat kassiere ich tatsächlich jedes Jahr rund 50 Dollar Tantiemen von Quotable Quotes.

Was ist eine deiner – gern auch absurden – Eigenheiten, auf die du nicht verzichten möchtest?

Na ja, Reisen in den Weltraum. Aber das finde ich nicht absurd. Ich hoffe, ich kann meinen Ruhestand auf dem Mars verbringen – nur noch nicht so bald! Ich habe mich sechs Monate lang in der Sternenstadt in Russland als Reservistin für Reisen ins All ausbilden lassen.

Welche Überzeugungen, Verhaltensweisen oder Gewohnheiten, die du dir in den letzten fünf Jahren angeeignet hast, haben dein Leben am meisten verbessert?

Ich habe angefangen, Audible zu verwenden – und lese jetzt wieder regelmäßig Bücher. (Vielleicht sollten die 30 Jahre, die ich *keine* Bücher gelesen habe, in der Rubrik »Misserfolg« Erwähnung finden.) Selbst bei meinen Wellville-Einsätzen lese ich anspruchsvolle Bücher über Armut, Neurowissenschaft, Ernährung, komplexe Systeme, Sucht und dergleichen. Die beiden Betätigungsfelder – das Hochabstrakte und das Konkrete, ganz nah an den Menschen – ergänzen einander.

Welchen Rat würdest du einem intelligenten, motivierten Studenten für den Einstieg in die »echte Welt« geben?

Such dir immer Jobs, für die du eigentlich nicht qualifiziert bist. Auf diese Weise lernst du ständig dazu. Und brich das College nicht ab, wenn sich keine echte Alternative bietet. Der eine oder andere schafft es auch ohne Abschluss, aber für die meisten ist das ein ernsthaftes Hindernis.

Wozu kannst du heute leichter Nein sagen als vor fünf Jahren?

Ich schaffe es inzwischen besser, Konferenzen fernzubleiben, die mich zwar interessieren, aber nicht so viel bringen.

Mein Tipp: Frag dich: »Würdest du zusagen, wenn es nächsten Dienstag wäre?« Man geht allzu leicht Verpflichtungen ein, die Wochen oder Monate in der Zukunft liegen, solange der Terminkalender noch leer wirkt.

Was tust du, wenn dir alles zu viel wird, du nicht mehr fokussiert bist oder deine Konzentration nachlässt?

Wenn [mir] alles über den Kopf wächst, frage ich mich: »Was ist das Schlimmste, was passieren könnte?« Die Angst vor dem Unbekannten ist meist weit schlimmer als die Angst vor etwas ganz Bestimmtem. Wenn es nicht um dein Leben geht oder um das Leben der Menschen, für die du verantwortlich bist, dann gibt es vermutlich verschiedene Möglichkeiten, die du in Ruhe und vernünftig durchdenken solltest.

»Mein erstes Unternehmen habe ich mit 200 Dollar gestartet … Mit diesen 200 Dollar habe ich weitaus mehr über das Geschäftsleben gelernt als durch einen MBA, für den man sich verschulden muss.«

KEVIN KELLY
TW: @kevin2kelly
kk.org

KEVIN KELLY ist »oberster Zauberer« beim *Wired*-Magazin, das er im Jahr 1993 mitgegründet hat. Ebenfalls mitgegründet hat er die All Species Foundation, eine wohltätige Organisation mit dem Ziel, jede auf der Erde lebende Art zu katalogisieren und zu identifizieren, und das Rosetta Project, das ein Archiv aller dokumentierten menschlichen Sprachen aufbaut. In seiner übrigen Zeit schreibt er Bestseller-Bücher und sitzt im Rat der Long Now Foundation, wo er sich mit der Wiederbelebung und Wiederherstellung von ausgestorbenen Arten beschäftigt, darunter des Wollmammuts. Er könnte der »interessanteste Mann der Welt« in der realen Welt sein. Sein neuestes Buch heißt *The Inevitable: Understanding the 12 Technological Forces That Will Shape Our Future.*

Welches Buch (welche Bücher) verschenkst du am liebsten? Warum? Welche ein bis drei Bücher haben dein Leben am stärksten beeinflusst?

Hier sind die Bücher, die mein Verhalten geprägt, mein Denken verändert und meinen Lebensweg beeinflusst haben. Diese Bücher waren Hebel für mich (und andere). Ich nenne sie in der Reihenfolge, in der sie in mein Leben gekommen sind.

Childhood's End von Arthur C. Clarke: Als einem Jungen, der ohne Fernseher in einer langweiligen Vorstadt in den 50er- und frühen 60er-Jahren aufwuchs, hat Science-Fiction mir ein Universum eröffnet. Ich verschlang alles an Science-Fiction, was unsere öffentliche Bücherei zu bieten hatte. Vor allem die Geschichten von Arthur C. Clarke haben in mir ein lebenslanges Interesse an Wissenschaft und tiefen Respekt für die Kraft der Fantasie geweckt. Diese Geschichte von der Singularität ist mir immer als etwas erschienen, auf das man sich vorbereiten sollte.

The Whole Earth Catalogue von Stewart Brand (Seite 355): Als ich 17 Jahre alt war, gab mir dieser dicke Katalog die Freiheit, meine eigenen Ideen zu haben, meine eigenen Werkzeuge herzustellen und unerschrocken meiner Liebe zur Kunst und zur Wissenschaft zu folgen. Ich habe ihn benutzt, um mein eigenes Leben zu erfinden. Jahrzehnte später hatte ich beim *Catalogue* meinen ersten richtigen Job.

The Fountainhead von Ayn Rand: Ich wurde bei den Abschlussprüfungen nach meinem ersten Jahr auf dem College dazu verführt, dieses übertriebene Manifest für die Eigenständigkeit zu lesen. Am Ende des Buches beschloss ich, die Uni abzubrechen. Ich bin nie zurückgekehrt. Das war die beste Entscheidung meines Lebens.

Leaves of Grass von Walt Whitman: Als ich diese klassische poetische Ode an Amerika und die Möglichkeiten (»Ich bin vielfach«) gelesen habe, drehte ich durch, und ich wurde von einem unwiderstehlichen Drang zum Reisen erfasst. Ich legte das Buch weg und kaufte ein Ticket nach Asien. Dort bin acht Jahre lang immer wieder herumgereist. Das war meine Universität.

The Story of My Experiments with Truth von Mahatma Gandhi: Diese Gandhi-Autobiografie hat mich merkwürdigerweise zu Jesus geführt. Gandhis Haltung der radikalen Ehrlichkeit hat mich dazu gebracht, dasselbe zu versuchen. Das war der Auftakt zu meiner spirituellen Erweckung.

Die Bibel: Sie komplett zu lesen, von Anfang bis Ende, hat alle Erwartungen zerstört, die ich an einen so grundlegenden Text hatte. Sie war merkwürdiger, fremder, verstörender und kraftvoller, als mir beigebracht wurde, zu glauben. Ich habe sie anschließend noch mehrere Male gelesen, und jedes Mal schafft sie es, mich zu verstören, auf gute und auf schlechte Arten.

Gödel, Escher, Bach von Douglas R. Hofstadter: Als ich es las, war ich begeistert und beeindruckt von der Brillanz des Buches, aber erst einmal hat es mein Leben nicht verändert. Mit den Jahren aber stellte ich fest, dass ich mich immer wieder mit seinen Erkenntnissen beschäftigte, und jedes Mal kam ich ihnen auf einer tieferen Ebene näher. Inzwischen sehe ich diese Erkenntnisse als meine eigenen Gedanken, und ich habe festgestellt, dass ich die Welt durch eine ähnliche Brille betrachte.

The Ultimate Resource von Julian Simon: ein weiteres Buch, bei dem es eine Weile dauerte, bis ich seinen Einfluss erkannt habe. Simons erhellende Erkenntnis ist, dass Geist und Intelligenz jegliche physischen Beschränkungen überwinden können und deshalb die einzige knappe Ressource sind. Diese Erkenntnis ist zu einer großen Idee für mich geworden, in deren Kontext ich vieles von dem sehe, das ich heute beobachte.

Finite and Infinite Games von James P. Carse: Dieses kleine, kurze Buch hat mir ein Vokabular gegeben, mit dem ich über den Sinn des Lebens nachdenken kann – nicht nur meines Lebens, sondern allen Lebens! Es hat mir einen mathematischen Rahmen für meine eigene Spiritualität geliefert. Wie es darin heißt, besteht das Spiel darin, das Spiel für immer am Laufen zu halten, alle Kreaturen dazu zu bringen, unendliche Spiele zu spielen statt endliche (mit Gewinnern und Verlierern) und zu verstehen, dass es nur ein unendliches Spiel gibt.

Welche Anschaffung von maximal 100 Dollar hat für dein Leben in den letzten sechs Monaten (oder in letzter Zeit) die größte positive Auswirkung gehabt?

Ich habe vor kurzem ein Team/Familienabo für 1Password abgeschlossen, eine Software für Passwort-Management. Jetzt ist es total sicher, einfach und problemlos, mit meiner ganzen Familie und den Leuten, mit denen ich eng zusammenarbeite, ein gutes Passwort-System zu teilen. Wir können ohne Sicherheitsbedenken geeignete Passwörter gemeinsam nutzen.

Was ist das beste oder lohnendste Investment, das du je getätigt hast (in Form von Geld, Zeit, Energie etc.)?

Mein erstes Unternehmen habe ich mit 200 Dollar gestartet. Ich habe eine Anzeige hinten im *Rolling Stone*-Magazin gekauft, in der ich den Versand eines Katalogs mit Budget-Reiseführern für 1 Dollar anbot. Weder den Katalog noch die Bücher darin gab es vorher. Wenn ich nicht genügend Bestellungen bekommen hätte, hätte ich das ganze Geld zurückgezahlt, aber letztlich hat alles funktioniert. Mit diesen 200 Dollar habe ich weitaus mehr über das Geschäftsleben gelernt als durch ein BWL-Studium, für das man sich verschulden muss.

Wozu kannst du heute leichter Nein sagen als vor fünf Jahren?

Immer wenn ich versuche, zu entscheiden, ob ich eine Einladung annehme, tue ich einfach so, als würde sie für morgen früh anstehen. Es ist leicht, Ja zu sagen, wenn etwas erst in sechs Monaten passiert. Aber um mich dazu zu bringen, gleich morgen früh hinzugehen, muss es schon superfantastisch sein.

Welche Überzeugungen, Verhaltensweisen oder Gewohnheiten, die du dir in den letzten fünf Jahren angeeignet hast, haben dein Leben am meisten verbessert?

Ich versuche, nicht an Sachen zu arbeiten, die auch jemand anderes machen könnte, selbst wenn es mir Spaß macht und ich gut dafür bezahlt würde. Ich versuche, meine besten Ideen weiterzugeben, in der Hoffnung, dass jemand sie umsetzt, denn wenn das passiert, bedeutet es, dass ich nicht der Einzige war, der dazu in der Lage war. Aus demselben Grund ermutige ich auch Konkurrenten. Am Ende bleiben für mich die Projekte, die nur ich umsetzen kann, und das macht sie besonders und wertvoll.

Welchen Rat würdest du einem intelligenten, motivierten Studenten für den Einstieg in die »echte Welt« geben? Welchen Rat sollte er ignorieren?

Versuche nicht, deine Leidenschaft zu finden. Eigne dir stattdessen eine Fähigkeit oder Wissen an, das andere wertvoll finden. Am Anfang spielt fast keine Rolle, was das ist. Du musst es nicht lieben, du musst nur der Beste darin sein. Wenn du es beherrschst, wirst du mit neuen Gelegenheiten belohnt, die dir die Chance geben, dich von den Aufgaben, die du nicht magst, wegzubewegen und hin zu den Aufgaben, die dir Spaß machen. Wenn du dein Können immer weiter optimierst, wirst du irgendwann zu deiner Leidenschaft kommen.

»Sei höflich, sei pünktlich und arbeite wirklich verdammt hart, bis du talentiert genug bist, um schroff sein, dich etwas verspäten und Ferien machen zu können, aber sogar dann … sei höflich.«

ASHTON KUTCHER
FB: /Ashton
aplus.com

ASHTON KUTCHER ist ein bekannter Schauspieler, Investor und Unternehmer. Seine Schauspieler-Karriere begann mit der beliebten Sitcom *That '70s Show*, von der acht Staffeln ausgestrahlt wurden. Außerdem spielte er die Hauptrolle in dem Comedy-Kassenschlager *Dude, Where's My Car?* Zugleich ist Kutcher ein angesehener Technologie-Investor, der in Airbnb, Square, Skype, Uber, Foursquare, Duolingo und weitere Unternehmen investiert hat. Derzeit ist er Mitgründer und Chairman des Boards von A Plus, einem digitalen Medienunternehmen, das die Botschaft von positivem Journalismus verbreiten soll und dazu strategische Partnerschaften mit Marken und Einflussnehmern eingeht. Im Jahr 2009 hatte er als erster Twitter-Nutzer eine Million Follower, aus denen bis heute fast 20 Millionen geworden sind.

Welches Buch (welche Bücher) verschenkst du am liebsten? Warum? Welche ein bis drei Bücher haben dein Leben am stärksten beeinflusst?

The Happiest Baby on the Block von Harvey Karp. Wenn man sich als Eltern engagieren, aber gleichzeitig so etwas wie eine Karriere haben möchte, ist dieses Buch Gold wert. Meistens verschenke ich es zusammen mit einem anderen, *The Sleepeasy Solution*, geschrieben von Jenifer Waldburger und Jill Spivack.

Das Schlaumeier-Buch, das ich neuerdings offenbar am häufigsten weitergebe und lobe, ist *Sapiens* von Yuval Noah Harari (Seite 580). Je mehr ich mich damit beschäftige, wie Menschen und Systeme funktionieren, desto mehr wird mir klar, dass alles erfunden ist. Es ist einfach, Philosophien auszuspucken oder Bücher zu zitieren, bekannte Menschen oder Lehren, so als wären die irgendwie glaubwürdiger als andere. Aber je tiefer man vordringt, desto klarer wird, dass wir alle nur auf Stapeln kollektiver Fiktion stehen. Dieses Buch ist sehr gut darin, diesen Punkt zu veranschaulichen.

Welcher (vermeintliche?) Misserfolg war die Voraussetzung für deinen späteren Erfolg? Hast du einen »Lieblingsmisserfolg«?

Als ich 18 Jahre alt war, kam ich ins Gefängnis und wurde wegen Diebstahls dritten Grades angeklagt (zum Glück bekam ich Bewährung, sodass die Strafe aus meinem Register gelöscht wurde und ich weiterhin wählen und eine Schusswaffe besitzen durfte). Die Scham über dieses Ereignis brachte mich dazu, jedem, der mich beurteilte, zu beweisen, dass ich nicht *so ein Typ* war. Dadurch bin ich Risiken eingegangen, die ich ansonsten nie eingegangen wäre, weil ich wusste, dass der Tiefpunkt des Scheiterns nie so tief sein würde wie dieses Schamgefühl.

Wenn du an einem beliebigen Ort ein riesiges Plakat mit beliebigem Inhalt aufhängen könntest, was wäre das und warum?

»Scheiß oder geh vom Klo runter.« Zu viele Leute warten, bis der ganze Scheiß perfekt vorbereitet ist, bevor sie das tun, was sie tun wollen. Es wird Zeit.

Oder: »Darüber schreiben ist nicht etwas machen. Es ist nur wie Reden – billig!« Zu viele Leute glauben, dass sie eine Sache unterstützen, dabei tun sie nichts, als darüber in sozialen Medien zu schreiben. Etwas tun ist etwas tun, alles andere ist nur Gerede.

Welche Überzeugungen, Verhaltensweisen oder Gewohnheiten, die du dir in den letzten fünf Jahren angeeignet hast, haben dein Leben am meisten verbessert?

Ich habe endlich gelernt, Schlaf wertzuschätzen. Mit ist klar geworden, dass meine Leistung bei fast jedem Aspekt meines Lebens unter dem Optimalzustand liegt, wenn ich nicht vernünftig schlafe.

Was tust du, wenn dir alles zu viel wird, du nicht mehr fokussiert bist oder deine Konzentration nachlässt?

Spazieren gehen oder joggen. Sex. Oder essen. Dann mache ich Listen.

Im Allgemeinen liegt das Gegenmittel, wenn man sich überfordert fühlt, darin, einen Zustand der Wertschätzung zu erreichen. Spazierengehen hilft dabei, die Welt um sich herum wertzuschätzen. Joggen hilft dabei, Sauerstoff, Gesundheit und das Leben wertzuschätzen. Sex ... na ja, kommen Sie, das ist eben Sex. Essen ist eigentlich nur dazu da, dass man sich nicht hungrig fühlen muss. Und Listen machen bringt Ordnung in das Chaos und macht allgemein aus große Sachen kleine handhabbare.

Welchen Rat würdest du einem intelligenten, motivierten Studenten für den Einstieg in die »echte Welt« geben?

Sei höflich, sei pünktlich und arbeite wirklich verdammt hart, bis du talentiert genug bist, um schroff sein, dich etwas verspäten und Ferien machen zu können, aber sogar dann ... sei höflich.

ZITATE, ÜBER DIE ICH NACHDENKE

(Tim Ferriss: 24. Juni bis 15. Juli 2016)

»Liebe zur Geschäftigkeit ist kein Fleiß«

– **SENECA**
römischer Stoiker-Philosoph, berühmter Dramatiker

»Dienst an anderen ist die Miete, die man für seinen Platz hier auf der Erde bezahlt.«

– **MUHAMMAD ALI**
legendärer US-Profiboxer und Aktivist

»Es gibt viele Dinge, von denen ein weiser Mann nichts wissen möchte.«

– **RALPH WALDO EMERSON**
amerikanischer Essayist, Anführer der Transzendentalisten-Bewegung im 19. Jahrhundert

»Wenn man keine Fehler macht, arbeitet man nicht an ausreichend schwierigen Problemen. Und das ist ein großer Fehler.«

– **FRANK WILCZEK**
amerikanischer theoretischer Physiker, Nobelpreisträger

»Manchmal muss man dem Leben erlauben, einen davor zu bewahren, dass man das bekommt, was man möchte.«

BRANDON STANTON
IG: @humansofny
FB: /humansofny
humansofnewyork.com

BRANDON STANTON ist der Kopf hinter den Nummer-1-Bestsellern *Humans of New York, Humans of New York: Stories* und dem Kinderbuch *Little Humans of New York*. Im Jahr 2013 wurde er vom *Time-Magazine* in die Liste »30 Under 30 People Changing the World« aufgenommen. In Zusammenarbeit mit den Vereinten Nationen hat er Geschichten aus aller Welt erzählt, und er wurde eingeladen, Präsident Obama im Oval Office zu fotografieren. Stantons Fotografie- und Geschichten-Blog *Humans of New York* hat auf verschiedenen Social-Media-Plattformen mehr als 25 Millionen Follower. Er ist Absolvent der University of Georgia und lebt in New York City.

Welcher (vermeintliche?) Misserfolg war die Voraussetzung für deinen späteren Erfolg? Hast du einen »Lieblingsmisserfolg«?

Als ich aus meinem Job im Trading herausgeworfen wurde, war ich überzeugt, dass ich ein erfolgreicher Anleihenhändler sein wollte. Manchmal muss man dem Leben erlauben, einen davor zu bewahren, dass man das bekommt, was man möchte.

Welche Überzeugungen, Verhaltensweisen oder Gewohnheiten, die du dir in den letzten fünf Jahren angeeignet hast, haben dein Leben am meisten verbessert?

Man sollte sehr vorsichtig damit sein, die moralische Seite für sich zu beanspruchen. Es hilft beim Schlichten von Konflikten, wenn man sich bewusst macht, dass jeder unterschiedliche Moralvorstellungen hat und dass nur sehr wenige Menschen mit Absicht unmoralisch handeln. Chase Jarvis hat mir einmal gesagt: »Jeder möchte sich selbst als guten Menschen sehen.« Egal, wie schlimm ein Verbrechen ist, der Verbrecher hat meistens einen Grund dafür, es als moralisch akzeptabel anzusehen.

Welche schlechten Ratschläge kursieren in deinem beruflichen Umfeld oder Fachgebiet?

Die rätselhafteste Tendenz, die ich im Medienbereich kennengelernt habe, ist der Druck, »dem zu folgen, was funktioniert«. Meine Hauptmotivation als Künstler war schon immer, etwas anderes zu erschaffen. Ich glaube, das Höchste, was jeder von uns erreichen kann, besteht darin, eine Möglichkeit zu finden, etwas Neues zu sagen. Aber diese Denkweise wird nur selten belohnt, wenn es an das Veröffentlichen geht. Neuheit wird als Belastung verstanden. Die Verlage wollen etwas, das schon bewiesen hat, dass es funktioniert. Das bedeutet, dass die beste Kunst immer die riskanteste sein wird.

»Wenn deine Arbeit 99 Prozent deines Lebens ausmacht, dann verstehst du entweder dein Handwerk nicht oder dein übriges Leben ist total aus dem Gleichgewicht geraten. Und das ist kein Grund, stolz zu sein.«

JÉRÔME JARRE
TW/FB/SC/YT: @jeromejarre

JÉRÔME JARRE hat mit 19 sein Betriebswirtschaftsstudium abgebrochen und ging nach China. Nachdem er mit sechs Start-ups gescheitert war, fokussierte er seine Energie auf den Durchbruch in den sozialen Medien. Zwölf Monate später waren seine Videos über Glück und den Umgang mit Ängsten 1,5 Milliarden Mal aufgerufen worden, was ihn zum Pionier der mobilen Videobranche machte. 2013 fungierte Jérôme als Mitgründer der ersten mobilen Werbeagentur mit Gary Vaynerchuk (Seite 238) und beriet manche der größten Unternehmen der Welt, indem er Influencer mit Marken zusammenbrachte. Nachdem er lokale Nichtregierungsorganisationen in aller Welt unterstützt hatte, vereinte Jérôme 2017 50 der größten mobilen Influencer zur LOVE ARMY, die 2,7 Millionen US-Dollar aufbrachte, um die Folgen der Dürre in Somalia zu lindern. Jeder Cent davon kam Menschen direkt vor Ort zugute.

Welches Buch (welche Bücher) verschenkst du am liebsten? Warum? Welche ein bis drei Bücher haben dein Leben am stärksten beeinflusst?

Propaganda von Edward Bernays und die Dokumentation *The Century of the Self.* Dieses Buch hat mir die Augen für die Marketingindustrie geöffnet – zu einer Zeit, als ich darin blind meine Aufgabe erfüllt habe. Edward Bernays ist im Grunde der Urvater der gesamten Marketingwelt, der Papst aller Marketing-Gurus und Werbeagenturen. Ihn faszinierte Ende des letzten Jahrhunderts, was Hitlers Helfer geschaffen hatten – nämlich eine allumfassende Illusion, eine »Propaganda«, an die Millionen von Menschen in Europa glaubten. Da zog er nach New York und versuchte, dieselbe Methode im Geschäft anzuwenden. Und weil der Begriff »Propaganda« so negativ besetzt ist, prägte er dafür die Bezeichnung »Public Relations« und gründete die erste PR-Agentur Amerikas.

Zum Leidwesen der Menschen wählte er seine Kunden – wie heute 99,9 Prozent aller Agenturen – danach aus, wie viel sie zu zahlen bereit waren. Deshalb förderte er am Ende die Schweinefleischindustrie, indem er den Menschen einredete, dass Frühstücksspeck stark macht, und die Tabakindustrie, indem er die Zigarette zum Symbol der Frauenrechtsbewegung erkor.

Mich treibt Bernays Geschichte um, weil er alles falsch gemacht hat. Geld war ihm wichtiger als Sinnhaftigkeit, Ruhm wichtiger als Wirkung. Und auf dem Sterbebett hatte er viel zu bedauern. Ich habe gelesen, dass er kurz vor seinem Tod predigte, sich vom Tabak fernzuhalten. Mir ist klar, dass uns die Marketing- und PR-Branche erhalten bleiben wird. Es ist vermutlich zu spät, den Effekt, den dieser Typ und alle anderen Marketing-Gurus auf die Welt hatten, umzukehren. Aber ich hoffe, dass Bernays Bücher und der Dokumentarfilm über sein Leben irgendwann das Erste sein werden, was Studenten in betriebswirtschaftlichen Studiengängen lesen und sehen müssen. Zurzeit wird seine Geschichte noch weithin ignoriert – aus einem ganz bestimmten Grund: Der Blick in den Spiegel fällt schwer. Ich weiß noch, wie ich auf einer Marketingkonferenz in Deutschland über Bernays Leben und Vermächtnis sprach. Die Veranstalter waren stocksauer – sie hatten gehofft, ich würde ihnen Werkzeug an die Hand geben, um auf Snapchat Produkte an die Generation Y zu vertreiben.

Welche Anschaffung von maximal 100 Dollar hat für dein Leben in den letzten sechs Monaten (oder in letzter Zeit) die größte positive Auswirkung gehabt?

Ich habe vier Dollar für einen Parkplatz an einem herrlichen See in Oregon gezahlt. Ich ging schwimmen und hatte unbezahlbaren Badespaß.

Welcher (vermeintliche?) Misserfolg war die Voraussetzung für deinen späteren Erfolg? Hast du einen »Lieblingsmisserfolg«?

Fast alles, was ich anfange, scheint zunächst schiefzugehen. Als ich mein Studium schmiss, um mein erstes Start-up zu gründen, dachten 75 Prozent aller Menschen, die ich kannte, ich würde das mein Leben lang bereuen. Manche prophezeiten mir sogar, ich würde bestimmt auf der Straße landen. Als ich schließlich mein kriselndes junges Tech-Unternehmen aufgab, um Online-Videos zu machen, hielten das alle um mich herum für eine peinliche Flucht und für Zeitverschwendung. Als ich die Influencer-Marketingagentur verließ, die ich mit Gary Vaynerchuk gegründet hatte, um mich stattdessen mit der Nutzung sozialer Medien für gute Zwecke zu befassen, meinten alle, nun sei ich komplett verrückt geworden – und würde neben meinem Verstand auch noch eine kräftig sprudelnde Einnahmequelle und eine sichere Zukunft verlieren. Dabei waren das alles die besten Entscheidungen meines Lebens, denn jeder dieser schwierigen Entschlüsse, die (zunächst) wie Fehlschläge wirkten, brachte mich etwas näher zu mir selbst. Jeder stärkte mein wahres Ich. Und jeder weckte mich aus einer Illusion. Inzwischen erkenne ich ein eindeutiges Muster: Jedes Mal, wenn ich mich meinem wahren Ich nähere, werde ich zurückgestoßen. Wenn mir etwas wie ein Misserfolg vorkommt, dann ist das für mich inzwischen mehr Antrieb als Belastung.

Wenn du an einem beliebigen Ort ein riesiges Plakat mit beliebigem Inhalt aufhängen könntest, was wäre das und warum?

Ein Publikum in den sozialen Medien ist so etwas wie eine Plakatwand, an der täglich Millionen von Menschen vorbeikommen. Ich wünschte, das würden allmählich alle so sehen. Ich kenne viele, die gegen Trump waren und auf ihren sozialen Medien täglich über ihn gesprochen und ihn kritisiert haben. Aber wer würde denn auf die Idee kommen, für jemanden, den er nicht gewählt sehen möchte, eine Plakatwand aufzustellen? Wir Menschen verstehen nicht, wie soziale Medien funktionieren. Ein gutes Buch, das uns da weiterhelfen könnte, ist *Understanding Media* von Marshall McLuhan. Es sollte unsere Bibel für Online-Verhalten im 21. Jahrhundert sein. Wir alle verwenden diese Medien rund um die Uhr, haben uns aber nie näher damit auseinandergesetzt.

Zurück zu deiner Frage: Ich hätte gern zwei Plakatwände. Auf die eine würde ich schreiben, was ich mir sage, wenn ich eine schwierige Entscheidung treffen muss und die Erfolgsaussichten schlecht sind: »Mach dich stolz.« Ich glaube, wir verbringen viel zu viel Zeit damit, es allen anderen recht zu machen. Und wir vergessen darüber, dass wir alles Notwendige in uns tragen. Dein Instinkt, dein inneres Kind, deine Seele – sie wissen, was für dich und die Welt gut ist. Und zwar besser als die öffentliche Meinung deiner Online-Freunde.

Das zweite Zitat stammt von einem ganz besonderen Menschen: Christopher Carmichael. »Wenn du mit 99 auf dem Sterbebett die Chance bekämst, noch einmal zu genau diesem Moment zurückzuspulen – was würdest du tun?« Das hat mir bei vielen schwierigen Fragen gute Dienste geleistet. Als ich ihn vor sieben Jahren in China kennenlernte, sprach ich kein Englisch. Da gab er mir ein paar Bücher zu lesen, um die englische Sprache zu praktizieren und mich an sie zu gewöhnen. Eines der Bücher war *The 4-Hour Workweek*. Ich habe es zum Englischlernen so oft gelesen, dass ich eine Zeitlang ein bisschen wie du [Tim] gesprochen habe, glaube ich.

Was ist das beste oder lohnendste Investment, das du je getätigt hast (in Form von Geld, Zeit, Energie etc.)?

Vor vier Jahren, kurz bevor Vine richtig abhob, beschloss ich, mich nur noch damit zu beschäftigen. Aber um wirklich etwas zu erreichen, musste ich weg aus Toronto, wo ich damals lebte, und nach New York. New York ist eines der Hauptzentren für Marketing und Werbung, und ich wollte ja das erste mobile Influencer-Marketing-Unternehmen aufziehen. Also forderte ich einen Vertrauensvorschuss ein und fragte meine damaligen Geschäftspartner, wie viel Geld für meinen Umzug nach New York da wäre. Kein Cent. Aber einer unserer Partner sagte, er würde mir 400 Dollar leihen. Stellt euch das vor – mit 400 Dollar in der Tasche nach New York zu gehen. Ich kannte niemanden in den Vereinigten Staaten. Ich wusste nur, dass es mich dorthin zog, und dass ich auf meinen Bauch hören musste. Für 60 Dollar kaufte ich mir ein Busticket von Toronto nach New York. Dort schlief ich beim Freund eines Freundes von einem Freund auf dem Fußboden. Aber ich »lebte« in New York.

Innerhalb von sieben Tagen stellten Gary Vaynerchuk und ich GrapeStory auf die Beine, die erste rein mobile Influencer-Agentur. Ich war total abgebrannt, wollte aber nicht, dass Gary das mitbekam. Deshalb schlief ich im Büro seines Unternehmens VaynerMedia, duschte im Fitness-Studio nebenan und ernährte mich von dem, was seine Leute im Firmenkühlschrank vergessen hatten. New York inspirierte mich – so sehr, dass es mir nichts ausmachte, in einer so teuren Stadt pleite zu sein. Ich glaube, es hat ein Jahr gedauert, bis ich mir eine Wohnung leisten konnte. Mein Ziel war nie gewesen, ein großes Publikum zu erobern. Ich wollte lediglich die Anwendung in der Praxis studieren. Doch in New York fand ich irgendwie zu meinem Stil, und meine Inhalte kamen gut an. Im Juni 2013, wenige Wochen nach meinem Umzug nach New York, wuchs die Zahl meiner Follower innerhalb eines Monats von 20.000 auf eine Million an. Im selben Monat knackte unsere Agentur die Gewinnschwelle. Obwohl wir jetzt Geld verdienten, schlief ich weiter im Büro, weil ich im Grunde gar keine Zeit hatte, eine Wohnung zu suchen. Und irgendwie hat es mir eine Zeitlang wohl auch Spaß gemacht, in einem Büro an der Park Avenue South in New York auf dem Boden zu nächtigen. Damals hatte das seinen Charme. Als ich mein erstes Geld vom Unternehmen ausgezahlt bekam, kaufte ich mir das iPhone 5. Es war mein erstes neues iPhone, zuvor hatte ich immer gebrauchte gekauft. Für mich war das eine Investition in die Bildqualität meiner Vines – und zwar eine richtig gute.

Was ist eine deiner – gern auch absurden – Eigenheiten, auf die du nicht verzichten möchtest?
Es ist nicht absurd, aber ich mache das noch nicht sehr lange und kenne nicht viele, die es tun. Ich gehe deshalb davon aus, dass es ungewöhnlich sein könnte. Ich bete vor dem Essen. Nicht aus Frömmigkeit, sondern eher wegen der richtigen Einstellung. Ich versuche, für das Essen auf meinem Teller ehrlich dankbar zu sein – vor allem, wenn sich ein tierisches Produkt darauf verirrt hat, ein Ei vielleicht, oder ein Hühnchen. Die meiste Zeit ernähre ich mich überwiegend pflanzlich. Damit fühle ich mich am wohlsten und schade unserem Planeten und der Umwelt am wenigsten. Doch als ich rund vier Monate für unsere Love-Army-Mission in Somalia verbrachte, genossen wir nicht den Luxus, uns von pflanzlichen Produkten ernähren zu können. Wir mussten Hühnchen essen. Ich habe kein Problem damit, Tiere zu verzehren, wenn es nötig ist. Es sollte aber mit dem gebührenden Respekt geschehen. Dankbarkeit für das Leben des Tieres ist eine gute Methode, diesen Respekt zu zollen. Alles, was wir essen – ob eine Tomate oder ein Hühnchen – trägt Licht in sich. Dieses Licht nährt uns weit besser als die Kalorien oder Proteine. Wenn wir dieses Licht erkennen, das Göttliche in allem, was Mutter Natur geschaffen hat, dann können wir uns in zweierlei Hinsicht nähren.

Das ist wie bei einem Kind mit einem Plüschtier. Man sagt, Plüschtiere werden nur lebendig, wenn man daran glaubt. Dasselbe gilt für das Licht im Essen.

Welche Überzeugungen, Verhaltensweisen oder Gewohnheiten, die du dir in den letzten fünf Jahren angeeignet hast, haben dein Leben am meisten verbessert?

Eine Überzeugung – nämlich die, dass wir alle kleine Götter sind. Ich meine das im schöpferischen Sinne – nicht, um unser Ego zu bedienen, sondern unser Bewusstsein. Will heißen, das ganze Universum ist nicht nur um uns herum, sondern auch in uns. Wir haben grenzenlose Macht – die Macht, alle Probleme zu lösen, vor denen wir oder andere stehen. Wir können unsere Realität selbst gestalten. Das ist nur eine einfache, kleine Überzeugung, doch sie kann den Verlauf der Menschheitsgeschichte verändern. Minigott zu sein bedeutet, dass uns niemals etwas fehlt. Wir wissen, dass wir bereits alles haben. Wir brauchen keine Dollarmillionen. Wir brauchen keine Massen von Followern. Wir sind schon vollkommen. Wir sind ganz. So ganz, dass wir geben können, ohne nachzuzählen. Der Tag, an dem wir alle anfangen, uns wie Minigötter zu verhalten, ist der Tag, an dem Frieden auf Erden herrschen wird.

Welchen Rat würdest du einem intelligenten, motivierten Studenten für den Einstieg in die »echte Welt« geben? Welchen Rat sollte er ignorieren?

Vertrau keinem Guru, ob für Marketing oder andere Lebensfragen. Wer dir erzählt, er weiß es besser, der tut vor allem eines: Er entrechtet dich, weil er dich unter sich stellt und sich über dich. Der Guru trennt zwischen sich und anderen, und solche Trennungen sind Augenwischerei. In Wirklichkeit sind wir alle eins, alle gleich, alle Teil desselben größeren Ganzen – des Universums. Ich denke da vor allem an all die Online-Stars, die dir erzählen, dass du mehr arbeiten musst – und dass sie mehr arbeiten als jeder andere. Wenn deine Arbeit 99 Prozent deines Lebens ausmacht, dann verstehst du entweder dein Handwerk nicht oder dein übriges Leben ist total aus dem Gleichgewicht geraten. Und das ist kein Grund, stolz zu sein. Wenn dir jemand so etwas predigt, dann sollte dir bewusst sein: Das ist nur Schall und Rauch.

Mein zweiter Rat: Tritt so früh wie möglich ins wirkliche Leben ein. Und damit meine ich nicht, mach ein Praktikum bei einer Marketingfirma. Ich meine damit, lass die sozialen Medien und die großen Städte hinter dir und finde wieder Bezug zur Realität: zur Natur, zu deiner Seele, zu deinem inneren Kind. Achte dich. Der größte Teil der Welt schläft heute und spielt eine kleine Rolle in einer gigantischen Illusion. Das geht auch anders. Du kannst dich für ein anderes Leben entscheiden. Es ist alles in dir. Du wirst wissen, was zu tun ist, wenn du dir die Zeit nimmst, zu dir selbst zu finden und dir zu vertrauen. Studierst du BWL/PR/

Marketing, dann höre noch heute auf damit. Es gibt schon zu viele Marketingexperten und Betriebswirte auf der Welt. Sie braucht nicht noch mehr. Viel mehr braucht sie Heiler und Problemlöser, die mit dem Herzen bei der Sache sind. Dein Herz kann so viel mehr bewirken als dein Kopf.

Welche schlechten Ratschläge kursieren in deinem beruflichen Umfeld oder Fachgebiet?

Ich bin derzeit in zwei Branchen tätig, dem »Influencing« über soziale Medien und der humanitären Industrie. Der schlechteste Rat, den ich in der Influencer-Welt höre, stammt von Marketinggurus, die behaupten, wer sich ein Publikum aufbaut und diesem Marken ans Herz legt, kann extrem reich und erfolgreich werden. Hört sich gut an, aber denkt an Bernays. Für Geld unethische oder gesundheitsschädliche Unternehmen zu bewerben, ist kein Erfolg, sondern eigentlich »Korruption«. Nicht Korruption im politischen Sinne, wie der Begriff meist verwendet wird, sondern Korruption unseres Glaubenssystems. Korruption unseres Vermächtnisses. Ich kenne so viele »Influencer«, die für Produkte werben, die sie nie konsumieren würden. Doch wenn man für ein paar Instagram-Fotos eine halbe Million Dollar kriegt? Was würdet ihr an ihrer Stelle tun?

Ich war an ihrer Stelle, und ich kann mit Stolz behaupten, dass ich damals auf mich gehört habe. Das war vor zwei Jahren, als ich ernsthaft begann, die Werbebranche infrage zu stellen. Mir wurde ein Millionenvertrag für eine große Snapchat-Reihe für Sour Patch Kids angeboten. Ich erklärte den Leuten, ich würde solche Süßigkeiten nicht essen – und schon gar nicht vor einer Kamera. Das war okay für sie. Ich weiß noch, wie ich zu mir sagte: »Ich würde davon selbst dann nichts essen, wenn mich der Marketingleiter, der das Geschäft unter Dach und Fach bringen wollte, darum bitten würde.« An jenem Tag fand ein heikles Gefecht statt zwischen der Illusion, Geld zu brauchen, und der nicht korrumpierbaren inneren Stimme, die mir riet, es nicht zu tun. Ich lehnte den Millionenvertrag ab. Ich nahm das Gespräch sogar auf und postete es auf meinem YouTube-Kanal. Gary Vee war dabei. Er hatte die Verhandlungen geführt. Ich war damals stolz auf mich. Die schlechtesten Ratschläge, die jemand mit einem Online-Publikum je bekommen kann, stammen von Marketingexperten. Gary sagt selbst: »Die Marketingleute machen alles kaputt.«

Im humanitären Bereich ist der schlechteste Rat, den man bekommen kann: »Vertrau den großen Hilfsorganisationen. Sie wissen, was sie tun.« So traurig das klingt, humanitäre Hilfe ist zurzeit eine Riesenindustrie. Ich habe so viele Menschen Spenden für gute Sachen einwerben sehen, Hunderttausende von Dollar, manchmal sogar Millionen, in dem Gefühl, dass sie selbst Hilfseinsätze nicht so gut organisieren können. Sie glauben, wenn sie sich auf eine große, namhafte Nichtregierungsorganisation verlassen, dann sei alles gut. Natürlich ist das für den Betreffenden eine sichere Sache. Man spielt den Ball damit weiter und hat keine Arbeit mehr. Doch hilft das den Menschen, die Hilfe brauchen? Das ist nicht so sicher. Als wir Geld für Somalia sammelten, beschlossen wir, alles selbst zu organisieren. Wir baten lokale Hilfsorganisationen zwar um Rat, gaben den Ball aber nicht aus der Hand. Und deshalb war unser Einsatz auch einer der effektivsten seiner Art, die je in Somalia auf die Beine gestellt wurden. Obwohl wir, verglichen mit den großen Akteuren aus dieser Sparte, nur wenig Geld hatten, erzielten wir enorme Wirkung. Man wird euch erzählen, gute Absichten reichen nicht. Ich kann euch versprechen: Wer sich seine guten Absichten im Verlauf des gesamten Prozesses bewahrt, der lernt sehr schnell und kann Leben verändern – nicht nur durch seine Handlungen, sondern auch durch seine Absichten. Menschen, die Essen oder Wasser brauchen, sind trotzdem Menschen, und sie merken, ob die Hand, die sie füttert, respektvoll mit ihnen umgeht und ihnen Mitspracherecht einräumt, oder ob sie sie wie eine Ware behandelt. Die Organisationen, die schon seit Jahrzehnten aktiv sind, wissen, dass das humanitäre System krankt und dass es neue, effizientere Ansätze gibt.

So sind beispielsweise in vielen afrikanischen Ländern wie Somalia mobile Überweisungen gang und gäbe. Das bedeutet, man muss heutzutage nicht mehr Nahrung in die Dörfer bringen. Man kann das gesammelte Spendengeld einfach direkt auf die Handys der Menschen überweisen. Das geht schon seit fast zehn Jahren, wird aber von den Hilfsorganisationen und den Vereinten Nationen nicht laut gesagt, weil es ihnen Angst macht. Gibt es im humanitären Bereich ebenso disruptive Veränderungen wie in allen anderen Branchen, dann wird das drastischen Wandel für diese Organisationen und ihre Mitarbeiter mit sich bringen. Denkt nur daran, was Uber für die Taxiunternehmen bedeutet. Als wir feststellten, dass die Infrastruktur für dieses neue Modell bereits zur Verfügung stand, begannen mein Team und ich, das Geld per Handy direkt an die Menschen zu verteilen. Für diese war das weltbewegend. Sie konnten selbst entscheiden und sich Essen kaufen, wie jeder andere auch. Ich will damit sagen: Gebt euer Geld den Menschen, die es brauchen – nicht den gemeinnützigen Organisationen.

Wozu kannst du heute leichter Nein sagen als vor fünf Jahren?

Somalia war eine schwierige Zeit für mich, da ich meine Zeit aufteilen musste auf die Organisation unseres Hilfseinsatzes und die Information/Kommunikation mit unseren 95.000 Spendern. Ich musste gut mit meinen Kräften haushalten, und dabei veränderte sich meine Einstellung zu meinem Handy. Statt jede Nachricht, jede E-Mail als das Allerwichtigste im

Leben anzusehen, betrachtete ich sie unter dem Aspekt der Kraft. Bringt mir diese E-Mail Kraft oder kostet sie mich welche? Mir wurde klar: Meist galt, dass ich Kraft verlor. Denkt daran: Die meisten Menschen schlafen und vergessen ihre inneren Kräfte. Deshalb glauben sie, sie müssen anderen Kraft abzapfen, um sich zu versorgen. Zu solchen Anliegen kann ich inzwischen sehr gut Nein sagen.

Was tust du, wenn dir alles zu viel wird, du nicht mehr fokussiert bist oder deine Konzentration nachlässt?

Ich versuche, mich zu erden – und wer sich erden will, braucht Kontakt zur Realität. Das geht beim Schwimmen – Wasser ist real. Es geht aber auch beim Meditieren – das eigene Herz ist real. Oder durch Kontakt mit Tieren – Tiere sind real. Oder, indem man ganz allein ein leckeres Essen in der Sonne genießt. Ich esse gern allein. Durch langsames, bewusstes Essen habe ich einen viel feineren Geschmackssinn entwickelt als früher. Wenn ich esse, reagiere ich auf den Geschmack von Lebensmitteln äußerst emotional. Diese kleinen Realitätsmomente bringen mich wieder auf den Boden.

»Ob du denkst, du kannst es, oder du kannst es nicht – du wirst auf jeden Fall recht behalten.« – Henry Ford

FEDOR HOLZ
TW: @CrownUpGuy
IG: @fedoire
primedgroup.com

FEDOR HOLZ gilt weithin als bester Pokerspieler der Welt. Im Juli 2016 gewann er sein erstes World-Series-Armband im $111.111 High Roller for One Drop mit 4.981.775 US-Dollar. Von PocketFives wurde er 2014 und 2015 als bester Online-Turnierspieler bezeichnet. Durch Live-Events nahm er mehr als 23,3 Millionen US-Dollar ein. Fedor ist Mitgründer und CEO von Primed, einem Start-up und Investmentunternehmen mit Sitz in Wien. Sein erstes Produkt ist Primed Mind, eine Coaching-App, die dem Nutzer dieselben Visualisierungs- und Zielsetzungstechniken vermittelt, die zur Schulung der besten Poker-Phenoms der Welt eingesetzt werden.

Welches Buch (welche Bücher) verschenkst du am liebsten? Warum? Welche ein bis drei Bücher haben dein Leben am stärksten beeinflusst?

Man's Search for Meaning von Viktor E. Frankl. Wie er sein Leben in den Todeslagern der Nazis beschreibt, als alle Menschen, die er liebte, verschwanden, hat mich nachhaltig beeinflusst – vor allem im Hinblick darauf, wie ich meine Zeit verplane. Ich schlussfolgerte [daraus], dass wir Leid nicht vermeiden können, aber wir haben es in der Hand, wie wir damit umgehen – und wir brauchen unbedingt einen Sinn im Leben.

Welche Anschaffung von maximal 100 Dollar hat für dein Leben in den letzten sechs Monaten (oder in letzter Zeit) die größte positive Auswirkung gehabt?

Für mich war ein Original-Deuserband eine richtige Offenbarung. Vor allem, wenn ich stundenlang gesessen habe, fühlt es sich gut an, Arme und Rücken zu dehnen – und es verbessert die Haltung.

Welcher (vermeintliche?) Misserfolg war die Voraussetzung für deinen späteren Erfolg? Hast du einen »Lieblingsmisserfolg«?

Mein »Lieblingsmisserfolg« ist, dass ich mit 18 nach neun Monaten mein Studium geschmissen habe, um mich ganz aufs Pokern zu konzentrieren. Damals machten sich meine Familie und die meisten Menschen in meinem Umfeld große Sorgen um mich und meine Zukunft. Nachdem ich neun Monate lang halbherzig gespielt hatte, kündigte ich meine Wohnung, trennte mich von meinen Besitztümern und reiste um die Welt, um mich voll aufs Pokern zu fokussieren. Auf Reisen lernte ich zwei großartige Typen kennen, zog in Wien mit ihnen zusammen und verdiente in den nächsten neun Monaten mit Online-Poker meine erste Million.

Wenn du an einem beliebigen Ort ein riesiges Plakat mit beliebigem Inhalt aufhängen könntest, was wäre das und warum?

»Ob du denkst, du kannst es, oder du kannst es nicht – du wirst auf jeden Fall recht behalten.« – Henry Ford.

Das ist offen gestanden mein absolutes Lieblingszitat. Meine wichtigsten Werte im Leben sind eine positive Grundeinstellung, die Konzentration auf die eigenen Prioritäten und das leidenschaftliche, entschlossene Streben, Ziele zu erreichen.

Was ist das beste oder lohnendste Investment, das du je getätigt hast (in Form von Geld, Zeit, Energie etc.)?

Ich investiere nur in Menschen, an die ich wirklich glaube. Ich habe zigtausend Dollar in meine engsten Pokerfreunde investiert und Millionen daraus gemacht. Sie gehören inzwischen zu den Besten in der Branche.

Es gibt ganz verschiedene Deals und Strukturen. Generell hat man zwei Möglichkeiten: Erstens langfristige Einsätze: Das bedeutet, man finanziert jemanden und teilt den Gewinn 50/50. Man spielt solange, bis man im Plus ist. Zweitens Anteile kaufen: Dabei kauft man 50 Prozent der Action in einem Turnier für 50 Prozent plus x Prozent Bonus (»Markup« genannt) auf den Buy-in. Das habe ich oft gemacht und war sehr erfolgreich damit. Es ist vergleichbar mit einer

Sportwette. Man nimmt den ROI eines Spielers in einem Turnier an und muss den »Rake« einkalkulieren, also dem Spieler etwas mehr zu zahlen: das Markup. Die meisten Spieler verlangen ein Markup, weil sie davon ausgehen, dass sie gewinnen und diesen potenziellen Gewinn mit den Investoren teilen wollen. Ist er zu hoch, dann verliert man aber langfristig Geld, selbst wenn der Spieler gewinnt. Im Idealfall wird fair zwischen Spieler und Buyer geteilt. 50 Prozent waren ein Beispiel, es könnte aber auch ein beliebig anderer Betrag sein. Mein größter Gewinn war, als ich aus 2.500 Dollar in einem Turnier durch einen sehr guten Freund 750.000 Dollar gemacht habe.

Abgesehen davon habe ich immer viel Geld für alle möglichen Erfahrungen ausgegeben – und selten für materielle Dinge.

Was ist eine deiner – gern auch absurden – Eigenheiten, auf die du nicht verzichten möchtest?
Ich kann besser denken, wenn meine Hände etwas zu tun haben. Deshalb spiele ich ständig mit irgendetwas herum – einem Würfel, einem Spinner, einem Ball oder einem [kleinen, mit Mikroperlen gefüllten Nacken-]Kissen.

Welche Überzeugungen, Verhaltensweisen oder Gewohnheiten, die du dir in den letzten fünf Jahren angeeignet hast, haben dein Leben am meisten verbessert?
Vor allem in letzter Zeit merke ich verstärkt, wie wertvoll es ist, die *richtigen* Fragen zu stellen. Vielfach kratzen wir nur an der Oberfläche, indem wir Phrasen dreschen. Tiefer zu graben und herauszufinden, *warum* sich jemand so oder so verhält und was ihn oder sie motiviert, hat für mich immer mehr Bedeutung. Vor allem im Gespräch vermittelt es allen Beteiligten eine ganz andere Perspektive, wenn man jemanden fragt, wie er sich wirklich fühlt und warum er sich so oder so verhalten hat.

Welche schlechten Ratschläge kursieren in deinem beruflichen Umfeld oder Fachgebiet?
»Du musst nur immer weiterspielen.« Beim Pokern geht es um viel mehr als nur darum, dauernd zu spielen. Versuch, all die vielen Facetten zu begreifen und lass deinem Kopf Zeit, sich zu erholen, indem du dir frei nimmst und Dinge tust, die dir Spaß machen. Es geht dabei um viel Geld, deshalb muss man unbedingt frisch und ausgeruht sein. Übertreib es nicht.

Was tust du, wenn dir alles zu viel wird, du nicht mehr fokussiert bist oder deine Konzentration nachlässt?
Ich arbeite mit meinem Mental-Coach Elliot Roe und/oder ich verwende unsere App Primed Mind. Nach zehn Minuten bin ich dann wieder in Form, erholt und in der Verfassung, mich auf anstehende Herausforderungen zu fokussieren.

»Füge anderen keinen Schaden zu. Bleib ehrlich dir selbst gegenüber. Für mich liegt der Weg dazu, ein guter Mensch zu sein und echtes inneres Glück zu finden, in altruistischen Taten und darin, achtsam gegenüber anderen zu sein.«

ERIC RIPERT
TW/IG: @ericripert
TW/IF: @lebernardinny
le-bernadin.com

ERIC RIPERT gilt als einer der besten Köche der Welt. 1995, im Alter von erst 29 Jahren, bekam er eine Vier-Sterne-Bewertung von der *New York Times.* Zwanzig Jahre später erhielt Le Bernadin, das Restaurant, dessen Koch und Miteigentümer Ripert ist, erneut die Höchstbewertung von vier Sternen – zum fünften Mal in Folge, was es zum ersten Restaurant machte, das diesen überragenden Status über derart lange Zeit halten konnte. Im Jahr 1998 kürte ihn die James Beard Foundation zum besten Koch von New York City und 2003 zum herausragenden Koch des Jahres. Seine erste Fernsehsendung, *Avec Eric,* hatte ihr Debut im Jahr 2009, lief dann zwei Staffeln lang und wurde mit zwei Daytime Emmy Awards ausgezeichnet. Die dritte Staffel folgte 2015 im Cooking Channel. Außerdem war Ripert Moderator der YouTube-Sendung *On the Table,* die im Juli 2012 ihr Debüt hatte, und ist in Medien weltweit aufgetreten. Er ist der Autor von *32 Yolks: From My Mother's Table to Working the Line,* das es in die *New York Times*-Bestsellerliste geschafft hat, von *Avec Eric* sowie einer Reihe weiterer Bücher.

Welches Buch (welche Bücher) verschenkst du am liebsten? Warum? Welche ein bis drei Bücher haben dein Leben am stärksten beeinflusst?

Meine zwei Standard-Buchgeschenke sind *The Alchemist* von Paulo Coelho und *A Plea for the Animals* von dem Buddhisten-Mönch Matthieu Ricard. *The Alchemist* ist eine leichte Lektüre, die davon handelt, dass jeder ein ultimatives Ziel im Leben hat, die meisten aber zu viel Angst haben, um es zu verfolgen. Diese Ermutigung, Träume wahr zu machen, ist sehr inspirierend! *A Plea for the Animals* zu lesen, hat mich in viele persönliche Konflikte gestürzt. Als Buddhist war ich schon immer zerrissen zwischen der Wertschätzung von Fleisch und Fisch als Zutaten und der Verantwortung für den Tod einer anderen Kreatur. Die erschreckenden Fakten und die leidenschaftlichen Argumente von Matthieu Ricard haben mich emotional und intellektuell herausgefordert.

Zuletzt habe ich meine Memoiren verschenkt, *32 Yolks*. Es ist eine Ehre für mich, über meine Erfahrungen berichten zu dürfen, und ich hoffe, dass das Buch viele Lektionen für junge Köche enthält.

Welche Anschaffung von maximal 100 Dollar hat für dein Leben in den letzten sechs Monaten (oder in letzter Zeit) die größte positive Auswirkung gehabt?

Eine Kugel aus Schungit-Stein. Sie hat eine unglaubliche Schutz- und Heilwirkung – mental, emotional, spirituell und physisch –, die selbst die größten Skeptiker spüren können. Ein Vorteil, der für viele von uns heute relevant ist: Sie zerstreut negative Wellen von elektronischen Geräten.

Welcher (vermeintliche?) Misserfolg war die Voraussetzung für deinen späteren Erfolg? Hast du einen »Lieblingsmisserfolg«?

Als ich ungefähr 15 Jahre alt war, flog ich wegen schwacher Leistungen von der Schule, und mir wurde gesagt, ich würde nie eine Ausbildungsstelle finden. Ich weiß noch, wie ich neben meiner Mutter saß, uns gegenüber der Schuldirektor. Ich versuchte, traurig auszusehen, aber innerlich war ich hocherfreut. Schon von einem sehr frühen Alter an hatte ich eine Leidenschaft fürs Essen, entwickelt in der Küche meiner Mutter. Dieser »Misserfolg« führte dazu, dass ich endlich auf die Kochschule gehen konnte! Die Berufsschule führte dazu, dass ich bei einigen der besten Köche überhaupt lernen konnte, sodass ich selbst der Koch werden konnte, der ich heute bin, und meine Leidenschaft leben kann.

Wenn du an einem beliebigen Ort ein riesiges Plakat mit beliebigem Inhalt aufhängen könntest, was wäre das und warum?

Auf meinen Plakat würde stehen: »Füge anderen keinen Schaden zu. Bleib dir selbst treu.« Für mich liegt der Weg dazu, ein guter Mensch zu sein und echtes inneres Glück zu finden, in altruistischen Taten und darin, achtsam gegenüber anderen zu sein. Ich glaube, um Zufriedenheit zu empfinden und um im Frieden mit sich selbst zu sein, muss man einen positiven Einfluss auf jeden haben, mit dem man jeden Tag interagiert. Außerdem darf man nicht zulassen, von der negativen Energie anderer Menschen geschwächt oder verändert zu werden. Man muss seinen Überzeugungen treu bleiben.

Vor kurzem bin ich auf ein Zitat des Dalai Lama gestoßen, das viel mit mir und der Art und Weise, wie ich mein Leben führen möchte, zu tun hat: »Glück ist nichts, das man fertig vorfindet. Es entsteht durch unsere eigenen Taten.«

Was ist das beste oder lohnendste Investment, das du je getätigt hast (in Form von Geld, Zeit, Energie etc.)?

Anfang der 1990er-Jahre habe ich *Cent éléphants sur un brin d'herbe* vom Dalai Lama gelesen, also »100 Elefanten auf einem Grashalm«. Es beginnt mit seiner Nobelpreis-Rede. Ich war damals ein junger Mann auf der Suche nach Orientierung und Spiritualität. Für mich war das Buch eine Offenbarung und hat mich auf den Weg zum Buddhismus gebracht.

Was ist eine deiner – gern auch absurden – Eigenheiten, auf die du nicht verzichten möchtest?

Ich trage fast immer eine winzige Buddha-Kristallstatue oder einen Stein mit schützenden Eigenschaften in der Tasche mit mir herum.

Welche Überzeugungen, Verhaltensweisen oder Gewohnheiten, die du dir in den letzten fünf Jahren angeeignet hast, haben dein Leben am meisten verbessert?

Ich habe Diät-Limonade aufgegeben. Stattdessen trinke ich mehr Tee. Safran oder Lotus geben mir genau so viel Energie, aber ohne die negativen Auswirkungen auf die Gesundheit.

Was tust du, wenn dir alles zu viel wird, du nicht mehr fokussiert bist oder deine Konzentration nachlässt?

Um zu verhindern, dass ich mich überfordert oder unkonzentriert fühle, verbringe ich jeden Morgen ungefähr eine Stunde mit Meditieren. Dadurch habe ich gelernt, Platz für Glück und Ruhe in meinem Tag zu schaffen. In stressigen Momenten versuche ich, Abstand von der

Situation zu gewinnen und mir Zeit zum Nachdenken zu nehmen. Egal bei welchem Problem, normalerweise stelle ich mir selbst die Frage: »Kann ich jetzt sofort etwas ändern?«. Wenn ich keine deutliche Möglichkeit sehe, etwas Positives zu bewirken, denke ich weiter nach. Ich glaube, dass Geduld als Mittel zur Problemlösung oft unterschätzt wird.

[Erklärung von Cathy Sheary aus Eric Riperts Team: »Eric praktiziert unterschiedliche Arten von Meditation [meistens jeden Morgen], unter anderem Samatha, wo es um Konzentration geht, und Vipassana, eine geleitete Meditation, die stärker religiös sein kann und die er nutzt, um mit Ärger zurechtzukommen. Er kann das in fast allen Umgebungen machen, meistens geht er aber in sein Meditationszimmer. Manchmal meditiert er auch in seinem Büro oder bei einem Spaziergang.]

Wozu kannst du heute leichter Nein sagen als vor fünf Jahren?

Vor fünf oder sechs Jahren habe ich beschlossen, dass ich mein Leben in drei Teile unterteilen möchte – ein Drittel für mein Geschäft, ein Drittel für meine Familie, ein Drittel für mich selbst. Diese Unterscheidung und Priorisierung hilft mir dabei, in jedem der Bereiche Ausgeglichenheit und Zufriedenheit zu finden. Es ist sehr einfach für mich geworden, Nein zu sagen. Wenn etwas keine Bedeutung oder keinen Spaß für einen meiner drei Lebensbereiche verspricht, mache ich nicht mit.

Welche schlechten Ratschläge kursieren in deinem beruflichen Umfeld oder Fachgebiet?

Oft gibt es den Drang, möglichst schnell viele Restaurants zu eröffnen, was manche Leute mit Erfolg gleichsetzen. Der schwache Punkt bei jedem Restaurant ist Konsistenz – man kann nicht am einen Tag hervorragend kochen, am nächsten aber nur anständig. Der Versuch, sich um mehrere Lokale gleichzeitig zu kümmern und dabei denselben Standard bei Essen und Service zu halten, ist fast garantiert zum Scheitern verurteilt. Wir könnten nicht zwei Le Bernardins betreiben und beide gleich gut machen. Je mehr man seine Konzentration aufteilt, desto mehr kann jedes der Vorhaben unter einem Mangel an Aufmerksamkeit leiden.

»Du musst dir Liebe nicht verdienen. Du musst einfach nur existieren.«

SHARON SALZBERG
TW: @SharonSalzberg
sharonsalzberg.com

SHARON SALZBERG hat seit der Aufnahme ihrer Lehrtätigkeit im Jahr 1974 maßgeblich dazu beigetragen, der westlichen Mainstreamkultur Meditation und Achtsamkeitsübungen näherzubringen. Sie ist Mitbegründerin der Insight Meditation Society und hat zehn Bücher verfasst, darunter den *New-York-Times*-Bestseller *Real Happiness*, das wegweisende *Lovingkindness* und ihr neuestes Werk *Real Love: The Art of Mindful Connection*. Sharon ist für ihre bodenständige Lehrmethode bekannt und wendet einen unesoterischen, zeitgemäßen Ansatz an, um buddhistische Lehren leichter zugänglich zu machen. Sie schreibt regelmäßig Beiträge für Webseiten wie *On Being* und *The Huffington Post* und betreibt mit *Metta Hour* ihren eigenen Podcast.

Welcher (vermeintliche?) Misserfolg war die Voraussetzung für deinen späteren Erfolg? Hast du einen »Lieblingsmisserfolg«?

Zu Beginn meiner Lehrtätigkeit hatte ich große Angst davor, Vorträge zu halten. Unsere intensiven Meditationswochenenden sind so gestaltet, dass die Teilnehmer über den Tag verteilt Sitzmeditation praktizieren, aber auch an Frage-Antwort-Runden mitwirken, Gruppen- und Einzelgespräche mit ihren Lehrern führen und am Abend einen Vortrag hören. In den ersten Retreats, in denen ich in diesem Land als Kursleiterin unterrichtete, konnte ich keinen einzigen Vortrag halten – meine Kollegen mussten das für mich tun. Das blieb über ein Jahr lang so. Ich hatte Angst, mitten im Vortrag einen Aussetzer zu haben, wie ein hypnotisiertes Kaninchen dazusitzen und die Zuhörer zu enttäuschen. Nach einer Weile erkannte ich, dass die Anwesenden nicht auf der Lauer saßen und darauf warteten, ein Urteil über mich zu fällen. Sie erwarteten von mir auch kein tiefgreifendes Fachwissen. Mehr als alles andere sehnten sie sich nach einem Gefühl der Verbundenheit; und das war etwas, das ich ihnen bieten konnte –indem ich authentisch war und mich auf sie einließ. Ich erkannte, dass auch mir diese Verbindung wichtig war und ich dafür keine perfekte Rednerin sein musste. Wenn ich nicht am Anfang diese große Angst gehabt hätte, hätte ich vielleicht nicht tiefer gesucht und nicht so viel über Authentizität gelernt.

Welches Buch (welche Bücher) verschenkst du am liebsten? Warum? Welche ein bis drei Bücher haben dein Leben am stärksten beeinflusst?

Zen Mind, Beginners Mind von Shunryu Suzuki hat mein Leben maßgeblich geprägt. In dem Buch steht sinngemäß: »Wir üben nicht (die Meditation), um Buddhaschaft zu erlangen, sondern um ihr Ausdruck zu verleihen.« Obwohl ich dieses Buch zum ersten Mal vor über 40 Jahren gelesen habe, spüre ich immer noch ein Kribbeln in meinem Körper, wenn ich an diese Zeile denke. Ich habe oft gedacht, dass die beste Art des Lehrens ein Ausdruck des Wissens ist, das man nicht in Worte fassen kann, oder, wichtiger noch, der rechten Lebensführung. Als ich den Satz zum ersten Mal las, erkannte ich, dass es einen großen Unterschied macht, ob man übt, um einen Mangel auszugleichen, oder ob man übt, um seiner inneren Fülle Ausdruck zu verleihen.

Wenn du an einem beliebigen Ort ein riesiges Plakat mit beliebigem Inhalt aufhängen könntest, was wäre das und warum?

»Du bist ein liebenswürdiger Mensch. Du musst nichts tun, um das zu beweisen. Du musst dir Liebe nicht verdienen. Du musst einfach nur existieren.« Ich denke, viele von uns verwechseln wahre Selbstliebe mit Narzissmus oder Eitelkeit, aber das sind zwei völlig verschiedene Dinge. Statt der Trostlosigkeit oder inneren Leere, die Narzissmus zu verbergen versucht, entsteht wahre Selbstliebe aus einem Gefühl der Freude oder inneren Fülle heraus. Sie erwächst aus dem Gefühl der Ganzheit, das uns innewohnt und unter unserer Angst, kulturellen Konditionierung und Selbstkritik verborgen ist. Mann muss nicht Tennis spielen lernen, ein Video online stellen, das millionenfach angeklickt wird, oder ein Sternekoch sein, um sich die Liebe seiner Mitmenschen zu verdienen. Das sind zweifellos tolle Dinge, aber wir sind auch ohne sie im wahrsten Sinne des Wortes »liebenswürdig«.

Wozu kannst du heute leichter Nein sagen als vor fünf Jahren? Welche neuen Erkenntnisse und/oder Ansätze haben dir dabei geholfen?

Ich bin besser darin geworden, Einladungen auszuschlagen,, obwohl ich immer noch an mir arbeiten muss! Ich griff diesen Tipp von einer Freundin auf, die sich schwertat, Nein zu sagen, auch wenn es wirklich berechtigt war. In ihrer Meditation dachte sie an Augenblicke, in denen sie lieber Nein gesagt hätte, und beobachtete, was in ihrem Körper geschah, wenn sie die Situation nochmals durchlebte. Sie achtete auf das Unbehagen, das von ihrer Magengegend in die Brust aufstieg und ihre Atmung beeinträchtigte. Es war wie eine Panik, eine tiefsitzende Angst davor, dass »man mich dann vielleicht nicht mehr mögen wird«. Sie lernte, auf die Signale ihres Körpers zu hören. Als sie das nächste Mal auf der Arbeit oder zu Hause war und dieselbe Frage aufkam, merkte sie, wie dieselben Empfindungen in ihr hochkamen, und sie benutzte sie als Feedback, um mit »Ich muss erst einmal in Ruhe darüber nachdenken« zu antworten. Mit etwas zeitlichem Abstand fiel es ihr leichter, Nein zu sagen. Ein Bewusstsein für den emotionalen Ausdruck in ihrem Körper war entscheidend. Ich versuche, es ihr gleichzutun.

Was tust du, wenn dir alles zu viel wird, du nicht mehr fokussiert bist oder deine Konzentration nachlässt?

Ich halte inne und frage mich: »Was brauchst du jetzt in diesem Augenblick, um glücklich zu sein? Brauchst du etwas anderes als das, was jetzt in diesem Augenblick passiert?« So konzentriere ich mich sofort auf das, was mir wichtig ist. Ich versuche mich auch daran zu erinnern zu atmen. Ich habe festgestellt, dass meine Atmung sehr flach wird, wenn ich mich überfordert fühlte, und dann verkrampfe ich innerlich. Wenn in mir das Chaos tobt, sage ich mir selbst: »Atme tief ein und aus.« Oder ich richte meine Aufmerksamkeit auf den Kontakt der Fußsohlen zur Erde. Wir denken oft, dass unser Bewusstsein irgendwo im Kopf sitzt, hinter den Augen. Ich habe aber gelernt, dass ich meine Energie nach unten richten muss, damit ich meine Füße auch dort spüre – also in den Füßen. Probier es aus! Das ist zuerst etwas gewöhnungsbedürftig, aber Bewusstsein muss nicht auf den Kopf oder Geist begrenzt sein, der losgelöst vom Rest des Körpers auf die Welt herabschaut. Je mehr Bewusstsein durch meinen ganzen Körper fließen kann, umso mehr erinnere ich mich an meine Atmung, und umso konzentrierter werde ich.

ZITATE, ÜBER DIE ICH NACHDENKE

(Tim Ferriss: 22. Juli bis 12. August 2016)

»Alles, was man im großen Maßstab oder mit großer Leidenschaft aufbaut, lädt das Chaos ein.«

– FRANCIS FORD COPPOLA
preisgekrönter Regisseur, am bekanntesten für *Der Pate*

»Folge nicht den Fußstapfen der Weisen, sondern suche, was sie gesucht haben.«

– MATSUO BASHO
japanischer Dichter der Edo-Zeit

»Die Dinge, die du besitzt, werden am Ende dich besitzen.«

– CHUCK PALAHNIUK
amerikanischer Autor, bekannt für *Fight Club*

»Wenn man sich absurd hohe Ziele setzt und dann scheitert, ist dieses Scheitern mehr wert als der Erfolg von irgendjemand anderem.«

– JAMES CAMERON
renommierter kanadischer Regisseur, bekannt für *Titanic* und *Avatar*

»Die ersten 33 Jahre meines Lebens über habe ich aktiv versucht, Misserfolg zu vermeiden. Neuerdings mache ich mir weniger Sorgen über Misserfolge und mehr darüber, nicht genug davon zu riskieren. Denn ich bin mir relativ sicher, dass es keinen Misserfolg gibt, den ich nicht überleben würde.«

FRANKLIN LEONARD
TW: @franklinleonard
IG: @franklinjleonard
blcklst.com

FRANKLIN LEONARD wurde von *NBC News* als »der Mann hinter Hollywoods geheimer Drehbuch-Datenbank« bezeichnet. Im Jahr 2005 fragte er fast 100 Stoffentwickler aus der Filmbranche nach ihren liebsten Drehbüchern dieses Jahres, aus denen noch keine Kinofilme geworden waren. Seitdem ist der Pool der Teilnehmer auf mehr als 500 Filmmanager gewachsen, und mehr als 300 Drehbücher aus seiner Schwarzen Liste haben es ins Kino geschafft und an den Kassen weltweit zusammen mehr als 26 Milliarden Dollar eingespielt. Die Filme wurden für insgesamt 264 Oscars nominiert und haben 48 gewonnen. *Slumdog Millionaire, The King's Speech, Argo* und *Spotlight* wurden sämtlich als bester Film des Jahres ausgezeichnet, außerdem haben die Filme von Leonards Liste zehn der 20 letzten Drehbuch-Oscars gewonnen.

Welcher (vermeintliche?) Misserfolg war die Voraussetzung für deinen späteren Erfolg? Hast du einen »Lieblingsmisserfolg«?

Man könnte die ersten drei Jahre meiner Karriere als Reihe von gescheiterten Versuchen in Berufen ansehen, von denen ich dachte, dass sie mir gefallen könnten: Ich habe bei einem Kongress-Wahlkampf mitgeholfen, der sehr erfolglos war. Meine Artikel für die Zeitung *Trinidad Guardian* waren in Ordnung, aber nicht weiter bemerkenswert. Bei McKinsey and Company war ich ein mittelmäßiger Analyst. Diese Nicht-Erfolge führten dazu, dass ich es in Hollywood versuchte. Ironischerweise ist meine Arbeit an der Black List in vielerlei Hinsicht eine Synthese aus dem Anführen einer vom Schreiben angetriebenen Bewegung, die zugleich ein sehr genaues Verständnis von Systemen und Betrieb in Unternehmen erfordert.

Was ist eine deiner – gern auch absurden – Eigenheiten, auf die du nicht verzichten möchtest?

Ich bin nicht sicher, wie ungewöhnlich oder absurd das ist, aber ich bin ein hoffnungsloser Fußball-Fan. Ich spiele jeden Freitagabend selbst in Los Angeles. Samstags und sonntags stehe ich während der Saison um 4 Uhr morgens auf, um jedes Spiel der English Premier League zu sehen. Ich spiele fanatisch Fantasy Premier League, und oft plane ich internationale Reisen so, dass ich wichtige Spiele live sehen kann. Ich liebe diesen Sport von Herzen, aber er ist auch eine schamlose Loslösung von allem, was mit meinem Alltagsjob zu tun hat. Allerdings sind dadurch doch wieder eine Reihe von professionellen Beziehungen mit Leuten entstanden, die dasselbe Interesse haben.

Was tust du, wenn dir alles zu viel wird, du nicht mehr fokussiert bist oder deine Konzentration nachlässt?

Ich gönne mir einen Tag Pause (oder wenn ein ganzer Tag nicht möglich ist, ein paar Stunden oder auch nur Minuten) und erlaube mir, nicht an das zu denken, was mir gerade Probleme macht. Diese Tage gehen normalerweise mit etwas anstrengender körperlicher Tätigkeit und mit dem Anschauen mindestens eines meiner Lieblingsfilme einher (meistens *Amadeus* und *Being There* – beides sind, vielleicht nicht so überraschend, Filme darüber, wie Genie an ungewöhnlichen Orten zu finden ist).

Ich mache bei einem spontanen Fußballspiel mit, wann immer sich die Gelegenheit dazu bietet. Fitness-Studios lehne ich instinktiv ab, aber ich weiß, dass sie eine sowohl sinnvolle als auch wertvolle Möglichkeit bieten, fit zu bleiben und sich zur Ablenkung von den emotionalen Schmerzen, die man hat, wenn man überfordert oder unkonzentriert ist, in physischen Schmerzen zu verlieren. Außerdem habe ich das Glück, nur ein paar Ecken entfernt vom Griffith Park in Los Angeles zu leben, sodass ich problemlos einen langen Spaziergang in die Berge machen kann.

Welche Überzeugungen, Verhaltensweisen oder Gewohnheiten, die du dir in den letzten fünf Jahren angeeignet hast, haben dein Leben am meisten verbessert?

Davon gibt es wahrscheinlich zwei:

Die absolute Notwendigkeit, zu reisen. Ich war ein Armee-Kind. Bis ich neun Jahre alt war, habe ich nie mehr als zwölf Monate lang am selben Ort gelebt, und ich vermute, dass ich als Folge davon Wanderlust entwickelt habe. Der habe ich mindestens ein Jahrzehnt lang widerstanden und sehr intensiv versucht, mich auf meine Arbeit zu konzentrieren, die ich als Zeit im Büro und Herumkramen mit Papieren definierte. In den vergangenen drei Jahren habe ich versucht, Ja zu jeder Chance zum Reisen zu sagen, die sich bei meiner Arbeit bot; außerdem will ich pro Jahr mindestens einen Monat außerhalb der USA verbringen. Das hat sich außergewöhnlich positiv auf meine mentale Gesundheit und meine Fähigkeit ausgewirkt, einen guten Blick darauf zu behalten, was wichtig ist und was nicht, wenn ich dann wieder im Büro schufte.

Der zweite Punkt: Darauf vertrauen, dass ich fast alle Misserfolge aushalten kann, die mir widerfahren könnten. Die ersten 33 Jahre meines Lebens über habe ich aktiv versucht, Misserfolge zu vermeiden. Neuerdings mache ich mir weniger Sorgen über Misserfolge und mehr darüber, nicht genug zu riskieren. Denn ich bin mir relativ sicher, dass es keinen Misserfolg gibt, den ich nicht überleben würde. Selbst wenn mir die Black List morgen um die Ohren fliegt, bin ich sicher, dass irgendjemand mir einen Job anbieten wird.

Welche schlechten Ratschläge kursieren in deinem beruflichen Umfeld oder Fachgebiet?

Der schlechteste Ratschlag lautet, dass ein internationales Publikum keine Filme über farbige Menschen sehen will. Das ist besonders heimtückisch, aber es zeigt ein größeres Thema: Hollywood akzeptiert konventionelle Weisheiten, die eher konventionell sind als weise, ohne zu hinterfragen, ob es irgendwelche Belege für diese Annahmen gibt.

Welchen Rat würdest du einem intelligenten, motivierten Studenten für den Einstieg in die »echte Welt« geben?

Probier alles aus, von dem du glaubst, dass es ein guter Beruf für dich sein könnte, bevor du auf irgendeinen Reserve-Plan umsteigst, den du vielleicht im Hinterkopf hast, aber eigentlich viel lieber nicht umsetzen würdest.

»Wovor wir Angst haben, tritt in den allermeisten Fällen nicht ein. Deshalb sollten wir die Angst vor die Tür setzen. Lass nicht zu, dass sie sich mietfrei in deinem Kopf einnistet.«

PETER GUBER
TW: @PeterGuber
LinkedIn Influencer: peterguber
peterguber.com

PETER GUBER ist Chairman und CEO der Mandalay Entertainment Group. Davor war er Chairman und CEO von Sony Pictures Entertainment. Er war Producer beziehungsweise Executive Producer (persönlich oder über seine Unternehmen) von Filmen, die fünf Oscar-Nominierungen als bester Film erhielten (und mit *Rain Man*) einen bekamen. Darunter waren Kinoerfolge wie *The Color Purple, Midnight Express, Batman, Flashdance* und *The Kids Are All Right*. Peter ist außerdem Miteigentümer und Co-Executive Chairman der Golden State Warriors, die 2015 und 2017 NBA Champions waren, und Eigentümer der Los Angeles Dodgers sowie Eigner und Executive Chairman des Los Angeles Football Club (LAFC) der Fußball-Major-League. Peter ist ferner ein namhafter Autor. Geschrieben hat er unter anderem *Shootout: Surviving Fame and (Mis)Fortune in Hollywood* und sein neuestes Buch *Tell to Win: Connect, Persuade, and Triumph with the Hidden Power of Story*, das auf Anhieb Platz 1 der Bestsellerliste der *New York Times* belegte.

Welcher (vermeintliche?) Misserfolg war die Voraussetzung für deinen späteren Erfolg? Hast du einen »Lieblingsmisserfolg«?

In den 1970er-Jahren war ich Nachwuchsführungskraft bei Columbia Pictures. Die Firma kämpfte damals verzweifelt gegen den Ansturm der Videokassettenindustrie. Als Produzent und Vertreiber filmischer Inhalte an Kinos hielt sie durch diese neue Herausforderung damals ihren Status in der Filmbranche für bedroht. Ich vertrat die Ansicht, dies sei nur ein neuer Weg zum Publikum, das Inhalte jetzt frei in seinen Zeitplan integrieren konnte, und würde eine Wertsteigerung für unser Geschäft und für das Publikum bedeuten. Die Führungsriege hatte damals einen stark eingeengten Blick auf das eigene Angebot. Als sie letztlich bereit war, dessen Wert zu erkennen, merkte sie, dass das keine Zeitbombe war, sondern eine Goldgrube.

Später stürzten sich alle Studios eifrig auf das leicht verdiente Geld, das die Videoleute, die ihre Dominanz infrage gestellt hatten, für den Exklusivvertrieb der gesamten alten Archive am Ende der Kino- und Fernsehlaufzeit zahlten. Ich setzte mich vehement dafür ein, das Geld nicht zu nehmen und nicht zuzulassen, dass sie ohne uns ein äußerst werthaltiges Vertriebssystem aufbauten. Ich fand, wir sollten unsere Inhalte in diesem neuen Geschäft lieber selbst verwerten. Sie entschieden sich für das Geld und verzichteten auf ein Geschäft, das sich als goldene Gans erweisen sollte.

Ich habe nie vergessen, dass es mir nicht gelungen war, sie davon zu überzeugen, dass kurzfristiges Denken für einen Marathon nicht taugt. Die Ironie dabei: Über 20 Jahre später kaufte ich als CEO von Sony (das Columbia Pictures übernommen hatte), das Archiv mit allen Vertriebsrechten teuer zurück. Ich glaubte, die Kontrolle über die Inhalte und die Vertriebsrechte sei entscheidend für die Vitalität unserer Marke und unseres Unternehmens.

Wenn du an einem beliebigen Ort ein riesiges Plakat mit beliebigem Inhalt aufhängen könntest, was wäre das und warum?

Ich bräuchte gleich drei davon für:

> »Lass nicht zu, dass das Gewicht der Angst die Freude der Neugier erdrückt.« Angst ist in Wirklichkeit ein falsches Indiz, das nur echt erscheint.

> »Wovor wir Angst haben, tritt in den allermeisten Fällen nicht ein. Deshalb sollten wir die Angst vor die Tür setzen. Lass nicht zu, dass sie sich mietfrei in deinem Kopf einnistet.«

»Die richtige Einstellung ist wie Doping für die eigenen Fähigkeiten.« Das Auftreten ist zwar nichts Handfestes, gibt aber, wenn es drauf ankommt, oft den Ausschlag.

Welchen Rat würdest du einem intelligenten, motivierten Studenten für den Einstieg in die »echte Welt« geben?

Die grundlegende Veränderung im Geschäft gegenüber früher ist, dass ein junger Mensch die traditionelle Karrierepyramide heute anders sehen sollte. Markiere den Punkt ganz unten, an dem du heute stehst (also am Anfang deiner Karriere), und stelle dir die Zukunft als einen sich ständig erweiternden Horizont von Gelegenheiten vor, der es dir ermöglicht, dich auf der Suche nach immer mehr Karrierechancen lateral über das gesamte Spektrum zu bewegen. Betrachte die Welt als laufend wachsende Sammlung von Realitäten und nutze den Tag.

»Deine Träume sind die Blaupause für die Realität.«

GREG NORMAN
IG: @shark_gregnorman
FB: /thegreatwhiteshark
shark.com

GREG NORMAN, vielen als der »große weiße Hai« bekannt, hat weltweit über 90 Golfturniere gewonnen, darunter zwei Open Championships. Er konnte seinen ersten Platz in den globalen Golf-Rankings 331 Wochen lang halten. 2001 wurde er mit mehr Stimmen in die World Golf Hall of Fame aufgenommen als jeder andere in ihrer Geschichte. Derzeit amtiert er als Chairman und CEO der Greg Norman Company, die über ein breit gestreutes Portfolio etablierter Unternehmen verfügt, darunter lebensstilorientierte Konsumprodukte, Golfplatzdesign und forderungsgestützte Finanzierungen. Im Zuge seiner philanthropischen Aktivitäten sammelte er im Stillen über 12 Millionen US-Dollar für gemeinnützige Organisationen wie Cure-Search for Children's Cancer und das Environmental Institute for Golf, das sich für Nachhaltigkeit und Umweltverantwortung einsetzt.

Welches Buch (welche Bücher) verschenkst du am liebsten? Warum? Welche ein bis drei Bücher haben dein Leben am stärksten beeinflusst?

The Way of the Peaceful Warrior von Dan Millman, *Tools of Titans* von Tim Ferriss, *On China* von Henry Kissinger.

The Way of the Shark, denn das liefert eine sehr offene, ehrliche Perspektive zu den Umbrüchen in meinem Leben. Teil zwei erscheint in Kürze …

Wenn du an einem beliebigen Ort ein riesiges Plakat mit beliebigem Inhalt aufhängen könntest, was wäre das und warum?

»Deine Träume sind die Blaupause für die Realität.«

Was ist das beste oder lohnendste Investment, das du je getätigt hast (in Form von Geld, Zeit, Energie etc.)?

Die Investition in Cobra Anfang der 1990er-Jahre. Ich habe 1,8 Millionen Dollar investiert, und das hat mir 40 Millionen Dollar eingebracht, als das Unternehmen von Acushnet gekauft wurde. Den Gewinn habe ich in mein Unternehmen gesteckt. Diese Entscheidung fiel mir aus drei Gründen ganz leicht:

1. Mit meiner Investition erwarb ich 12 Prozent von Cobra, und mein Geld wurde für Forschung und Entwicklung verwendet. In dieser Zeit brachte Callaway als erster Anbieter einen Oversize Driver auf den Markt, kam aber dann nicht mit Oversize-Eisen hinterher. Wir/Cobra beschlossen, uns sofort auf diesen jungfräulichen Markt zu stürzen und Oversize-Eisen für Herren und Damen zu produzieren – und für Senioren, die bislang vernachlässigt worden waren. Diese Entscheidung war der Turbo für Cobras kräftiges Wachstum auf dem Markt.

2. Ich sollte Cobra als Spieler noch auf Jahre hinaus repräsentieren und erhielt dafür einen jährlichen Obolus, der meine ursprüngliche Anlage schnell wieder hereinbringen würde. Mein ROI war daher auf jeden Fall garantiert, und obendrauf bekam ich 12 Prozent eines Unternehmens mit Hyperwachstum.

3. In dieser glücklichen Zeit war ich die Nummer 1 auf der Welt – ein echter »Global Player«. Zu unserem Glück war ich der Impulsgeber für das Engagement in einem Sport, der in den 1980er-Jahren einen Boom erlebte, und hatte somit Produktwerbung und Bewusstsein in der Hand.

Was ist eine deiner – gern auch absurden – Eigenheiten, auf die du nicht verzichten möchtest?
Beim Zähneputzen stehe ich auf einem Bein – mal auf dem rechten, mal auf dem linken. Das ist gut für die Beine, die Rumpfmuskulatur und die Stabilität!

Welche Überzeugungen, Verhaltensweisen oder Gewohnheiten, die du dir in den letzten fünf Jahren angeeignet hast, haben dein Leben am meisten verbessert?
Die Reise nach Bhutan im Dezember 2016 und die Entdeckung des Buddhismus, der mehr ist als eine Religion – nämlich eine absolut erfüllende Lebensweise.

Welche schlechten Ratschläge kursieren in deinem beruflichen Umfeld oder Fachgebiet?
»Das geht nicht.«

Was tust du, wenn dir alles zu viel wird, du nicht mehr fokussiert bist oder deine Konzentration nachlässt?
Erst mal schreie ich »Fuck!«, so laut ich kann. Dann gehe ich systematisch nach dem DIN-und-DIP-Prinzip vor (DIN für »do it now«: sofort erledigen, DIP für »do it proper«: ordentlich machen).

Außerdem gehe ich ins Fitness-Studio, nehme mir dort Zeit für mich, um mich zu analysieren und Druck abzubauen, indem ich den Stress des Moments und des Tages hinter mir lasse.

Auf meiner Ranch mache ich lange Ausritte auf meinem Pferd Duke. Das wirkt ebenfalls sehr kathartisch, denn die Natur ist ein großartiger Therapeut.

»Wer etwas wagt, ist schon weiter als 99 Prozent aller anderen.«

DANIEL EK
TW/FB: @eldsjal
spotify.com

DANIEL EK ist Mitgründer und CEO von Spotify, der enorm populären Streaming-Plattform mit über 140 Millionen aktiven Nutzern pro Monat. Daniel wurde von der Zeitschrift *Forbes* als »einflussreichste Persönlichkeit im Musikgeschäft« bezeichnet. Als Teenager richtete er schon Webseiten für Unternehmen ein und betrieb in seinem Jugendzimmer einen Web-Hosting-Dienst. Er brach das College ab und arbeitete bei mehreren webbasierten Unternehmen, bevor er Advertigo gründete, eine Online-Marketingagentur, die er 2006 an das schwedische Unternehmen Tradedoubler verkaufte. Dann gründete er zusammen mit Tradedoubler-Mitgründer Martin Lorentzon Spotify und wurde CEO.

Welches Buch (welche Bücher) verschenkst du am liebsten? Warum? Welche ein bis drei Bücher haben dein Leben am stärksten beeinflusst?

Black Box Thinking: The Surprising Truth About Success von Matthew Syed. Seit ich dieses Buch gelesen habe, wende ich diesen Ansatz zur Problemlösung praktisch täglich an. Ich halte alle um mich herum dazu an, keine Angst vor Fehlschlägen zu haben, denn ich glaube, daraus kann man am meisten lernen.

The Alchemist von Paulo Coelho. Ich verbrachte einen sehr anregenden Abend mit Paulo in der Schweiz – etwa zu der Zeit, als wir Spotify in Brasilien lancierten. Es war faszinierend, mit ihm darüber zu sprechen, wie dieses Buch ein solcher Hit wurde – er blieb unbeirrt und ließ die Menschen das Buch sogar kostenlos lesen, damit im Anschluss der Umsatz stieg. Ganz ähnlich wurde ja auch Spotifys Freemium-Modell anfangs wahrgenommen.

The Minefield Girl von Sofia Ek. Meine Frau Sofia hat vor Kurzem ihr erstes Buch veröffentlicht. Ich bin unglaublich stolz darauf, wie viel Arbeit und Herzblut sie hineingesteckt hat. Ich weiß gar nicht, wie sie das schaffen konnte – und dabei unseren beiden Töchtern noch eine großartige Mutter war. Das Buch handelt von ihren Erfahrungen als junge Frau aus dem Westen, die in einer Diktatur lebt und arbeitet. Es ist eine Geschichte von Liebe und Chaos in einem Land, in dem nichts so ist, wie es scheint.

Poor Charlie's Almanack von Charles T. Munger. Seit Jahren höre ich mir begeistert Charlie Mungers Auslassungen im Internet an. Dieses Buch ist die ultimative Best-of-Sammlung. Als ich mir unlängst im Flieger *Becoming Warren Buffett* anschaute, wurde mir wieder klar, was für eine Legende Charlie ist.

Welche Überzeugungen, Verhaltensweisen oder Gewohnheiten, die du dir in den letzten fünf Jahren angeeignet hast, haben dein Leben am meisten verbessert?

Ich halte gern mindestens zwei Termine im »Walk and Talk«-Modus ab. Selbst wenn ich mit jemandem spreche, der sich physisch nicht am selben Ort aufhält, verwende ich ein Google Hangout und Kopfhörer für mein Handy und halte mir den Bildschirm beim Gehen vors Gesicht. Ich bin dann konzentrierter und inspirierter. Und gut für die Gesundheit ist es obendrein.

Welcher (vermeintliche?) Misserfolg war die Voraussetzung für deinen späteren Erfolg? Hast du einen »Lieblingsmisserfolg«?

Ich habe mein Studium abgebrochen, um mein eigenes Unternehmen zu gründen, das Websites für andere Unternehmen erstellte. Meine Freunde und meine Familie hielten mich damals für verrückt. Meine Mutter hat mir die nötige Sicherheit vermittelt, zu tun, was ich heute tue. Natürlich wäre ihr lieber gewesen, ich hätte studiert und mir durch Bildung eine solide Grundlage verschafft. Aber vor allem anderen sagte sie zu mir: »Tu, was dir dein Bauch sagt. Ich bin immer für dich da.« Vermutlich war es dieser Rückhalt, der mir das Gefühl gab, dass nichts auf der Welt unmöglich ist. Man muss sich nur trauen. Wer etwas wagt, ist schon weiter als 99 Prozent aller anderen.

Welche schlechten Ratschläge kursieren in deinem beruflichen Umfeld oder Fachgebiet?

»Gut Ding braucht Weile.« Hätte ich darauf gehört, wäre Spotify heute noch nur eine Idee. Wir hatten am Anfang so viele Rückschläge. Bono hat einmal zu mir gesagt: »Gut Ding braucht harte Arbeit und Durchhaltevermögen.« Das trifft es meiner Ansicht nach eher.

»Frag dich stets: Was übersehe ich? Und höre auf die Antwort.«

STRAUSS ZELNICK
IG: @strausszelnick
zmclp.com
take2games.com

STRAUSS ZELNICK gründete 2001 die Zelnick Media Group (ZMC), die auf Private-Equity-Anlagen in der Medien- und Kommunikationsbranche spezialisiert ist. Er ist amtierender CEO und Verwaltungsratsvorsitzender von Take-Two Interactive Software, Inc., ZMCs größter Beteiligung. Der Videospieleentwickler hat Blockbuster wie *Max Payne* und die *Grand Theft Auto*-Reihe oder *WWE 2K* herausgebracht. Strauss ist außerdem Verwaltungsratsmitglied der Education Networks of America, Inc. und von Alloy, LLC. Vor der Gründung von ZMC war er President und CEO von BMG Entertainment, damals eines der größten Musik- und Unterhaltungsunternehmen mit über 200 Plattenlabels und Niederlassungen in 54 Ländern. Strauss hat einen Bachelorabschluss der Wesleyan University und einen MBA der Harvard Business School und einen JD der Harvard Law School.

Welches Buch (welche Bücher) verschenkst du am liebsten? Warum? Welche ein bis drei Bücher haben dein Leben am stärksten beeinflusst?

How to Win Friends and Influence People von Dale Carnegie, dem Begründer der Selbsthilfebewegung der Wirtschaft. Von den vorsintflutlichen Verweisen und dem hochtrabenden Titel mal abgesehen, ist das ein toller Leitfaden für Führungskräfte und Vertrieb.

Wenn du an einem beliebigen Ort ein riesiges Plakat mit beliebigem Inhalt aufhängen könntest, was wäre das und warum?

»Frag dich stets: Was übersehe ich? Und höre auf die Antwort.«

Welche Überzeugungen, Verhaltensweisen oder Gewohnheiten, die du dir in den letzten fünf Jahren angeeignet hast, haben dein Leben am meisten verbessert?

Sieben bis zwölf Mal die Woche abwechslungsreich und diszipliniert Sport zu treiben, oft mit einer Gruppe Gleichgesinnter. Unser Team nennt sich #TheProgram. Das hat meine Einstellung zu Fitness verändert und mein Leben enorm verbessert.

Ich bin ein überzeugter Verfechter des langsamen Anfangens. Zeitschriften, die einen Waschbrettbauch in drei Wochen versprechen, wollen nur die Auflage steigern. Wer nicht in Topform ist, hat diesen Zustand nicht über Nacht erreicht. Und er sollte auch nicht glauben, dass er sich über Nacht rückgängig machen lässt. Ein guter, sanfter Einstieg in ein Sportprogramm sind zehnminütige Übungseinheiten dreimal die Woche: Liegestütze, Sit-ups, Hampelmann, Kniebeugen und dergleichen. Geh danach eine halbe Stunde flott spazieren. Nach ein paar Wochen kannst du dich in einem Fitness-Studio anmelden und einen Anfängerkurs belegen, dir einen Trainer suchen oder unter zahllosen Online-Programmen wählen. Bleib bei zwei bis drei Trainingseinheiten pro Woche, bis dein Körpergefühl mehr verlangt. Wenn du langsam anfängst und etwa drei Monate lang am Ball bleibst, hast du gute Chancen, dass es dir zur Gewohnheit wird.

Und nicht vergessen: Wer zu viel isst, kann das durch Sport nicht ausgleichen. Es gibt keine Wunderübungen. Marc Perrys BuiltLean-Programm gefällt mir sehr gut. Es ist für jeden geeignet und hocheffektiv – vor allem in Kombination mit seinen Ernährungstipps.

Welcher (vermeintliche?) Misserfolg war die Voraussetzung für deinen späteren Erfolg? Hast du einen »Lieblingsmisserfolg«?

Ich mache jeden Tag einen Haufen Fehler. Doch Fehler lassen sich sofort erkennen und beheben (oder zumindest in Angriff nehmen). Ein Misserfolg ist eine Ansammlung kleiner Fehler, die nicht umgehend erkannt oder korrigiert wurden. Mein »Lieblingsmisserfolg« war eine versehentliche ethische Entgleisung im Geschäft – dabei stützen sich mein persönlicher Ansatz und die Marke unseres Unternehmens zuvorderst auf Integrität. Es ging dabei konkret um ein Unternehmen, an dem meine Firma mit einem Partner beteiligt war. Unsere Vereinbarung schloss ein Engagement in einem konkurrierenden Unternehmen aus. Trotzdem interessierten wir uns ernsthaft für eine Transaktion, die zwar nicht gleichartig war, doch denselben Bereich betraf. Ich redete mir ein – vor allem, weil ich mein Unternehmen ausbauen wollte und keine Lust hatte, mich mit einer potenziell heiklen Situation auseinanderzusetzen –, dass der neue Deal eigentlich gar keinen Konfliktstoff barg. Als wir schließlich kurz vor dem Kauf des betreffenden Unternehmens standen, informierte ich meinen Partner darüber – der aus allen Wolken fiel. Was tat ich also? Ich übernahm persönlich und öffentlich die Verantwortung. Ich entschuldigte mich wortreich und mehrfach. Ich tat mein Bestes, um die Sache wieder in Ordnung zu bringen. Vor allem aber lernte ich daraus, was ich eigentlich schon wusste: Setze nie deine Integrität aufs Spiel. Sie ist alles, was du hast. Nebenbei: Das betreffende Unternehmen wurde am Ende gar nicht verkauft.

Sich zu entschuldigen, kann peinlich und unangenehm sein, doch es ist ein Zeichen für Reife und Charakterfestigkeit. Leider gibt es kein Patentrezept dafür. Tun Sie's einfach.

Was ist das beste oder lohnendste Investment, das du je getätigt hast (in Form von Geld, Zeit, Energie etc.)?

Ausbildung. Ich habe vier Jahre auf dem College und vier weitere an der Universität verbracht. Damals erschien mir das wie eine Ewigkeit, doch es hat sich gelohnt.

Welchen Rat würdest du einem intelligenten, motivierten Studenten für den Einstieg in die »echte Welt« geben?

Überlege dir gut, wie wichtig dir Erfolg ist. Übernimm nicht die Ansicht anderer oder die gängige Meinung. Schreib dir auf, wie für dich ein erfolgreiches Privat- und Berufsleben in 20 Jahren aussieht. Dreh die Uhr dann auf heute zurück und sorge dafür, dass deine Entscheidungen diesen Zielen dienen.

Mit Anfang 20 malte ich eine Art Aquarell davon, wie mein Leben Jahrzehnte später aussehen würde. Für mich bedeutete beruflicher Erfolg, eine größere Beteiligung an einem großen, diversifizierten Medien- und Unterhaltungsunternehmen zu halten, das ich kontrolliere. Privater Erfolg bedeutete, eine Frau und Kinder zu haben, die ich liebe, und komfortabel im Großraum New York zu leben. Und genau so sieht mein Leben heute aus. Es ist nicht vollkommen, und es ist nicht für jeden das Richtige, doch ich habe viel von dem erreicht, was mir vorschwebte. Und ich bin die meiste Zeit über glücklich.

Was tust du, wenn dir alles zu viel wird, du nicht mehr fokussiert bist oder deine Konzentration nachlässt?

Ich versuche, eine Pause zu machen und nicht zu kritisch mit mir zu sein. (Mehr) Sport zu treiben. Dann frage ich mich: Bin ich auf dem richtigen Weg und nur frustriert, weil heute nichts vorangegangen ist, oder muss ich meine Herangehensweise überdenken? Bringt mir das keine nützlichen Erkenntnisse, dann stelle ich dieselbe Frage Freunden, denen ich vertraue, oder meiner Frau. Hilft auch das nicht, versuche ich, 24 Stunden nicht daran zu denken. Mit einem Tag Abstand lüftet sich der Nebel gewöhnlich, und ich habe wieder Durchblick.

ZITATE, ÜBER DIE ICH NACHDENKE

(Tim Ferriss: 12. August bis 9. September 2016)

»Oft, wenn man glaubt, man sei am Ende von etwas, steht man am Anfang von etwas anderem.«

– FRED ROGERS
Entwickler der berühmten TV-Serie *Mister Rogers' Neighborhood*

»Wenn ich loslasse, was ich bin, werde ich das, was ich sein könnte.«

– LAOZI
chinesischer Philosoph, Autor des *Tao Te Ching*, Begründer des Taoismus

»Alles, was es wert ist, getan zu werden, ist es wert, langsam getan zu werden.«

– MAE WEST
einer der größten weiblichen Stars des klassischen amerikanischen Kinos

»Wenn man sich in einem fairen Kampf wiederfindet, hat man seine Mission nicht richtig geplant.«

– OBERST DAVID HACKWORTH
früherer Oberst der U.S. Army und bekannter Militär-Journalist

»Ein Hoch auf das kindliche Gemüt.«

STEVE JURVETSON
TW: @DFJsteve
FB: /jurvetson
dfj.com

STEVE JURVETSON ist Gesellschafter von DFJ (Draper Fisher Jurvetson), einem der führenden Wagniskapitalunternehmen im Silicon Valley. Er wurde vom Weltwirtschaftsforum als »Young Global Leader« gewürdigt und von Deloitte als »Venture Capitalist of the Year«. *Forbes* führte Steve mehrfach auf der Midas-Liste und bezeichnete ihn als einen von »Tech's Best Venture Investors«. 2016 bestellte ihn Präsident Barack Obama zum Presidential Ambassador for Global Entrepreneurship. Er sitzt im Verwaltungsrat von SpaceX, Tesla und anderen namhaften Unternehmen. Steve war weltweit der erste Besitzer eines Tesla Model S und der zweite Besitzer eines Tesla Model X – nach Elon Musk.

Welches Buch (welche Bücher) verschenkst du am liebsten? Warum? Welche ein bis drei Bücher haben dein Leben am stärksten beeinflusst?

Geschenk Nr. 1: *The Scientist in the Crib* von Alison Gopnik. Das schenke ich jedem Computerfreak in meinem Bekanntenkreis, der das erste Kind erwartet. Geschenk Nr. 2: *Ready Player One* von Ernest Cline. Das ist ein Geschenk für alle meine Apple][-Programmierfreunde aus der Highschool und meine Dungeons & Dragons-Mitstreiter. Die vielen Anspielungen auf die Frühzeit des PCs brachten mir Proust'sche 16-K-Rush-2112-Erinnerungen an den Trash-80 und an Spiele zurück, die mit Kassetten geladen wurden.

Am stärksten beeinflusst haben mich folgende Bücher:

Out of Control von Kevin Kelly (Seite 269). Einführung in die Macht von der Biologie inspirierter evolutionärer Algorithmen und Informationsnetze.

Age of Spiritual Machines von Ray Kurzweil. Was Moore im Bauch der frühen Integrierten-Schaltkreise (IC)-Branche beobachtete, war eine abgeleitete Kenngröße, ein gebrochenes Signal eines längerfristigen Trends – eines Trends, der verschiedene philosophische Fragen aufwirft und für die Zukunft Überwältigendes verheißt. Ray Kurzweils Abstraktion des Moore'schen Gesetzes zeigt Rechnerleistung in logarithmischer Skalierung und ermittelt eine Doppel-Exponenzial-Kurve, die über 110 Jahre anhält! Im Verlauf von fünf Paradigmenveränderungen – wie elektromechanischen Rechnern und Röhrenrechnern – hat sich die für 1.000 Dollar erhältliche Rechnerleistung alle zwei Jahre verdoppelt. Seit 30 Jahren verdoppelt sie sich jedes Jahr. Im modernen Zeitalter des beschleunigten Wandels in der Tech-Industrie ist es schon schwer, Trends zu ermitteln, die für fünf Jahre Prognosekraft besitzen – von Trends, die sich über Jahrhunderte erstrecken, ganz zu schweigen.

Die folgende Grafik pflege ich, seit ich Kurzweil gelesen habe, und gebe sie bei jedem Vortrag zum Besten, den ich halte. Hier die aktuelle Version:

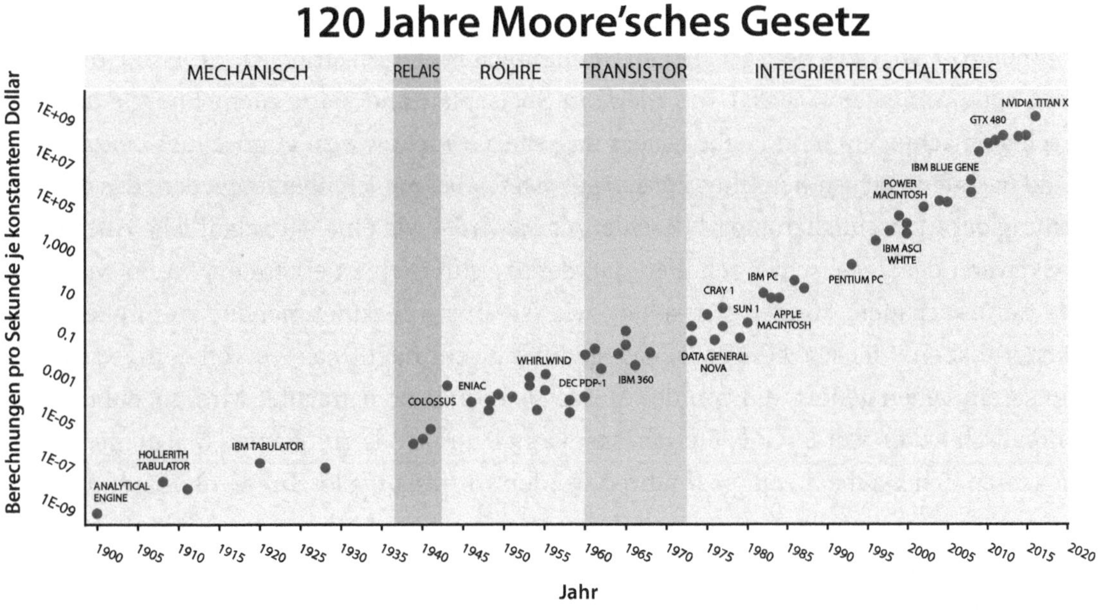

Quelle: Ray Kurzweil, DFJ

Ich würde sogar so weit gehen, zu behaupten, dass es sich dabei um die bedeutsamste Grafik aller Zeiten handelt. Jede Branche auf unserem Planeten wird zum Informationsgeschäft. Nimm die Landwirtschaft. Wenn du einen Bauern in 20 Jahren fragst, wie er sich gegen andere behauptet, wird das davon abhängen, wie er Informationen verwendet, von Satellitenbildern, die Roboter zur

Anbauoptimierung steuern, bis zum Code im Saatgut. Mit Handwerk oder Arbeit hat das nichts mehr zu tun. Und das wird in jeder Branche so sein, wenn IT die Wirtschaft innerviert.

Nichtlineare Veränderungen auf dem Markt sind auch Voraussetzung für Unternehmertum und effektiven Wandel. Das exponentielle Tempo des technischen Fortschritts ist der Hauptfaktor für fortgesetzte Marktdisruption und löst Welle um Welle neuer Chancen für Unternehmen aus. Ohne Disruption würde es keine Unternehmer geben.

Doch das Moore'sche Gesetz wirkt nicht nur von außen auf die Wirtschaft ein. Es ist die Ursache für Wirtschaftswachstum und beschleunigtes Entwicklungstempo. Bei DFJ nehmen wir das anhand der wachsenden Vielfalt und globalen Wirkung von unternehmerischen Ideen wahr, die uns jedes Jahr unterkommen. Die von der aktuellen Welle von Tech-Unternehmern beeinflussten Branchen sind vielfältiger und eine Größenordnung größer als die der 1990er-Jahre – von Autos und Luft- und Raumfahrt bis zu Energie und Chemie.

Welche Überzeugungen, Verhaltensweisen oder Gewohnheiten, die du dir in den letzten fünf Jahren angeeignet hast, haben dein Leben am meisten verbessert?

Die Whole30-Diät. Nach dem 30-tägigen Reinigungsprogramm strich ich Brot und [nicht natürlich vorkommenden] Zucker von meinem Speiseplan und spüre mehr Energie denn je. Ich schlafe nachts durch und habe wieder dasselbe Gewicht wie zu Highschool-Zeiten.

Und nachdem ich synthetisches Fleisch gekostet habe, bin ich überzeugt, dass das die Entwicklung der menschlichen Moral beschleunigen wird – wie eine wirtschaftliche Alternative zur Sklaverei der Gesellschaft geholfen hat, deren Schrecken zu erkennen. Wenn wir 2000 Jahre zurückschauen, können wir sehen, wie wir uns mit zunehmender kultureller Reife verändert haben. Viel schwieriger ist dagegen herauszufinden, was wir von dem, was heute zu unserem Leben gehört und von der Masse als moralisch betrachtet wird, in Zukunft für unmoralisch halten werden. Als Fleischesser kann ich mich da zum ersten Mal an die eigene Nase fassen. Ich glaube, in ein paar Jahren werden wir fassungslos auf die Barbarei und den enormen ökologischen Raubbau (durch Wasserverbrauch und Methanproduktion) der heutigen Fleischproduktion zurückschauen.

Unser Empathiehorizont erweitert sich mit der Zeit in aller Regel ... aber manchmal eben erst im vernunftgetragenen Rückblick. Die Fleischindustrie wird in der gepflegten Konversation gewöhnlich nicht angesprochen, weil wir uns vor der unvermeidlichen kognitiven Dissonanz scheuen (denn der Frühstücksspeck schmeckt nun mal so gut). Wir wollen gar nicht wissen, warum fast alle Fleischinspektoren der USDA Vegetarier werden. Ich glaube, das alles wird sich ändern, wenn Fleisch irgendwann wirtschaftlich aus Zellkulturen gewonnen wird, nicht mehr auf der Weide. Dann werden wir uns umstellen und verdammen, was früher war.

Was ist eine deiner – gern auch absurden – Eigenheiten, auf die du nicht verzichten möchtest?
Mit meinen Kindern große, selbstgebastelte Raketen starten zu lassen und Apollo-Weltraumartefakte zu sammeln. (Ich habe DFJ in ein Weltraummuseum verwandelt.)

Wenn du an einem beliebigen Ort ein riesiges Plakat mit beliebigem Inhalt aufhängen könntest, was wäre das und warum?
»Ein Hoch auf das kindliche Gemüt.« Soweit ich es beurteilen kann, bewahren sich die genialsten Wissenschaftler und Ingenieure ein kindliches Gemüt. Sie sind verspielt, aufgeschlossen und lassen sich nicht durch die innere Stimme der Vernunft, den kollektiven Zynismus oder die Angst vor dem Scheitern bremsen.

Was ist so toll an einem »kindlichen« Gemüt? Da kann ich jedem Nerd, der ein Kind erwartet, nur wieder wärmstens Alison Gopniks *Scientist in the Crib* empfehlen. Eine ihrer wesentlichen Schlussfolgerungen: »Babys sind schlicht und einfach intelligenter als wir – zumindest, wenn Intelligenz bedeutet, dazuzulernen. ... Sie denken, ziehen Schlüsse, stellen Prognosen, suchen nach Erklärungen und sie experimentieren sogar. ... In Wirklichkeit sind Wissenschaftler genau aus dem Grund erfolgreich, weil sie nachmachen, was Kinder von Natur aus tun.«

Die Gehirnleistung des Menschen geht zum großen Teil auf dessen enorme synaptische Vernetzung zurück. Geoffrey West vom Santa Fe Institute stellte fest, dass mit der Gehirnmasse speziesübergreifend auch der Fanout der Synapsen/Neuronen zunimmt.

Im Alter von zwei oder drei erreichen Kinder den Höhepunkt mit zehnmal so viel Synapsen und dem doppelten Energieverbrauch wie bei einem Erwachsenengehirn. Danach geht es bergab.

Das UCFS Memory and Aging Center hat die Geschwindigkeit des Abbaus der kognitiven Fähigkeiten grafisch dargestellt: Sie entwickeln sich zwischen 40 und 50 genauso schnell zurück wie zwischen 80 und 90. Wir stellen mit zunehmendem Alter nur den kumulierten Rückgang fest – vor allem, wenn wir erst einmal die Schwelle überschritten haben, nach der wir das Meiste vergessen, was wir uns merken wollen.

Doch wir können auf diese Entwicklung Einfluss nehmen. Professor Michael Merzenich von der UCSF hat festgestellt, dass es bei Erwachsenen nach wie vor neurale Plastizität gibt. Wir müssen unsere mentalen Fähigkeiten nur trainieren. Use it or lose it. Fazit: Stell dich auf lebenslanges Lernen ein. Befasse dich mit neuen Themen. Körperliches Training ist repetitiv, geistiges eklektisch.

»Skateboarden kann die Welt verändern. Viel Spaß dabei.«

TONY HAWK
TW/IG/FB: @tonyhawk
birdhouseskateboards.com

TONY HAWK ist wohl der bekannteste Skateboarder aller Zeiten. Er war der erste Skateboarder, dem »The 900« gelang – eine Drehung in der Luft um 900 Grad, die er bei den X Games 1999 vollbrachte. Das Videospiele-Label *Tony Hawk's Pro Skater* gehört zu den populärsten in der Geschichte und knackte die Umsatzmarke von 1,4 Milliarden US-Dollar. Zu Tonys weiteren Unternehmen zählen Birdhouse Skateboards, Hawk Clothing und Tony Hawk Signature Series (Sportartikel und Spielzeug). Die Tony Hawk Foundation hat US-weit über 5 Millionen US-Dollar Spenden für mehr als 500 Skate-Park-Projekte eingeworben, die jährlich über 4,8 Millionen jungen Menschen zugutekommen.

Welcher (vermeintliche?) Misserfolg war die Voraussetzung für deinen späteren Erfolg? Hast du einen »Lieblingsmisserfolg«?

Bei meinem ersten Anlauf, ein Videospiel über Skateboarden herauszubringen, verliefen Begegnungen mit mehreren Verlegern sehr enttäuschend. Manche waren richtiggehend feindselig. Statt Rückhalt für ein Spiel zu gewinnen, das auf einem Sport basierte, den ich liebte, fand ich mich stets in der Defensive wieder, was Skateboarden betraf. Rückblickend war das damals nicht der richtige Zeitpunkt. Ein paar Jahre später sprach mich Activision wegen eines Projekts an, aus dem später *THPS* [*Tony Hawk's Pro Skater*] werden sollte. Hätten meine ersten Sondierungsgespräche gefruchtet, hätten wir vermutlich ein Spiel für ein Publikum produziert, das sich nicht fürs Skaten interessierte … noch nicht. So vernichtend sich diese ersten Zurückweisungen anfühlten, sie lieferten mir genau die nötige Motivation, mich auf die richtige Gelegenheit vorzubereiten.

Wenn du an einem beliebigen Ort ein riesiges Plakat mit beliebigem Inhalt aufhängen könntest, was wäre das und warum?
»Skateboarden kann die Welt verändern. Viel Spaß dabei.«

Was ist eine deiner – gern auch absurden – Eigenheiten, auf die du nicht verzichten möchtest?
Flipper! Ich nehme alles Mögliche auf mich, um richtig gute alte Automaten auszuprobieren. Ich habe selbst ein paar zu Hause und im Büro.

Welche Überzeugungen, Verhaltensweisen oder Gewohnheiten, die du dir in den letzten fünf Jahren angeeignet hast, haben dein Leben am meisten verbessert?
Nicht zu beschäftigt zu sein, um nicht die kleinen, doch so wichtigen Momente mit meiner Familie zu verpassen. Präsenz zu zeigen und für meine Lieben da zu sein, statt jeder geschäftlichen Chance hinterherzuhecheln und mich ständig durch Arbeit, Skaten oder Reisen ablenken zu lassen. Wirkliche Nähe zu meiner Frau und meinen Kindern ist für mich eine ziemlich neue Erfahrung, hat meinem Leben jedoch mehr Sinn gegeben.

Welchen Rat würdest du einem intelligenten, motivierten Studenten für den Einstieg in die »echte Welt« geben? Welchen Rat sollte er ignorieren?
Erfolg sollte nicht am finanziellen Ertrag gemessen werden. Echter Erfolg ist, wenn man seinen Lebensunterhalt mit einer Tätigkeit verdient, die einem Spaß macht. Lerne alles über dein Spezialgebiet oder Handwerk, denn das verschafft dir Konkurrenzvorteile und eröffnet dir mehr – und oft bessere – berufliche Möglichkeiten.

Dein Rat – oder deine Warnung – für Unternehmer?
Wir haben mit verschiedenen großen Unternehmen zusammengearbeitet (McDonald's, Frito-Lay, Mattel und Ähnliche) und Lizenzvereinbarungen abgeschlossen. Jedes Mal musste ich dabei um das endgültige Absegnen der kreativen Leitung, der Werbung und der Produkte kämpfen. Manchmal verzögerte sich dadurch die Markteinführung eines Produkts oder der Start einer Kampagne, doch am Ende war es die Mühe wert, um die Integrität meiner Marken zu wahren. Mein Rat ist, unerbittlich an den eigenen Werten und der Produktausrichtung festzuhalten – vor allem in der Zusammenarbeit mit anderen Unternehmen.

Und wenn sich die Dinge schneller entwickeln als gedacht, sollte man unbedingt die Kontrolle über die eigene Marke (oder Idee) behalten.

»Die tatsächlichen Folgen deiner Taten sind viel wichtiger als die Taten selbst.«

LIV BOEREE
TW/IG: @liv_boeree
https://reg-charity.org

LIV BOEREE ist Poker-Spielerin, TV-Moderatorin und Autorin. Als Siegerin der European Poker Tour und der World Series of Poker hat sie mehr als 3,5 Millionen Dollar an Preisgeldern gewonnen und ist eines der bekanntesten Gesichter im internationalen Poker-Geschäft, in dem sie sich den Spitznamen »Iron Maiden« verdient hat. Boeree ist Mitglied im Team PokerStars Pro und hat viermal den Titel European Female Player of the Year gewonnen. Ihre größte Leidenschaft ist Wissenschaft, und sie hat einen Abschluss mit Auszeichnung in Physik mit Astrophysik von der University of Manchester. Boeree ist überzeugte Anhängerin der Bewegung Effective Altruism, in der es darum geht, mit Fakten und rationalen Entscheidungen möglichst viel Gutes zu bewirken. Im Jahr 2014 hat sie Raising for Effective Giving mitgegründet, eine wohltätige Organisation, die Spenden für die weltweit kosteneffektivsten und wirkungsvollsten Hilfsorganisationen sammelt.

Welches Buch (welche Bücher) verschenkst du am liebsten? Warum? Welche ein bis drei Bücher haben dein Leben am stärksten beeinflusst?

The Passion Trap: How to Right an Unbalanced Relationship von dem Paartherapeuten und Psychologen Dean C. Delis. Ein Freund hat es mir geschenkt, als ich ganz am Ende einer sehr schwierigen Beziehung stand, und es ist unglaublich erhellend. Der Autor beschreibt die psychologischen Faktoren hinter menschlicher Attraktion und erklärt die wichtigsten Treiber für Konflikte in intimen Beziehungen. Eine entscheidende Lehre ist, dass der Grund für eine schlechte Beziehung selten in einem bestimmten Partner liegt – eher besteht das Problem in unausgewogenen Dynamiken. Das Buch nennt viele Taktiken, um diese Ungleichgewichte zu überwinden, und ich würde es jedem empfehlen, egal, ob er Single ist, vor einer Trennung steht oder sich in einer perfekt glücklichen Beziehung befindet.

Map and Territory und *How to Actually Change Your Mind* von Eliezer Yudkowsky. Diese beiden Bücher liefern eindeutig die besten Einblicke in das moderne rationale Denken, die ich je gelesen habe, geschrieben von einem der (meiner Meinung nach) größten Denker unserer Zeit. Yudkowsky schafft es, dem Leser hochkomplexe philosophische und wissenschaftliche Konzepte auf bemerkenswert unterhaltsame und angenehme Weise zu erklären. Ich hatte anschließend das Gefühl, dass ich endlich die Werkzeuge gefunden hatte, die ich brauche, um mich und die Welt um mich herum zu verstehen. Die beiden Bücher sind in Wirklichkeit Teil 1 und 2 einer sechsteiligen Sammlung mit dem Titel *Rationality: From AI to Zombies*, zusammengestellt aus Blog-Beiträgen, die Yudkowsky im Lauf des vergangenen Jahrzehnts auf LessWrong.com veröffentlicht hat.

Welche Anschaffung von maximal 100 Dollar hat für dein Leben in den letzten sechs Monaten (oder in letzter Zeit) die größte positive Auswirkung gehabt?

Blinkist – eine App, die Sachbücher zu einer 15-Minuten-Lektüre zusammenfasst.

Was ist das beste oder lohnendste Investment, das du je getätigt hast (in Form von Geld, Zeit, Energie etc.)?

Das Lernen über moderne Rationalität – es hat, wie ich festgestellt habe, alle Bereiche meines Lebens bereichert.

Im Poker geht es darum, optimale Entscheidungen zu treffen, also habe ich auf dem harten Weg gelernt, wie teuer meine irrationalen Patzer sein können. Dadurch habe ich zusätzliche Motivation bekommen, meine angeborenen mentalen Schwächen genau zu identifizieren.

Rationalität (und Poker) lehrt einen, stärker quantitativ zu denken – wie man bessere Prognosen trifft und eigene Überzeugungen effektiver bewertet, um Ziele besser erreichen zu können. Außerdem lernt man dabei, die eigenen Emotionen besser zu kontrollieren und damit zu arbeiten. Ich habe bemerkt, dass das eine enorme Verbesserung für mein allgemeines Wohlbefinden gebracht hat.

Wenn du an einem beliebigen Ort ein riesiges Plakat mit beliebigem Inhalt aufhängen könntest, was wäre das und warum?

Auf meinem Plakat würde stehen: »Die tatsächlichen Folgen deiner Taten sind viel wichtiger als die Taten selbst.«

Einen meiner größten »Ach, na klar!«-Momente habe ich erlebt, als ein Philosophen-Freund mir den Unterschied zwischen deontologischem und konsequentialistischem Denken erklärte. Deontologen glauben, dass etwas einem vorgegebenen Katalog an moralischen Regeln und Ideologien entsprechen muss, um ethisch korrekt zu sein; wenn eine Tat diese Regeln verletzt, ist sie unmoralisch, unabhängig vom Ergebnis. Ein Konsequentialist dagegen glaubt, dass der moralische Wert einer Tat ausschließlich von ihrem Ergebnis abhängt – die Tat selbst hat keine moralische Dimension, und es kommt nur darauf an, ob ihre Folgen insgesamt gut oder schlecht sind.

Nehmen wir zum Beispiel einen Axt-Mörder, der eine Reihe von Opfern töten wird, wenn du ihn nicht vorher tötest. Ein strenger Deontologe würde hier sagen: »Einen Menschen zu töten, ist immer falsch, egal, was die Gründe dafür sind.« Ein Konsequentialist würde sagen, »Einen Menschen zu töten, ist falsch, weil die Folge davon normalerweise Leid ist. Es ist aber in Ordnung, wenn man dadurch eindeutig größeres Leid verhindern kann.« Die meisten von uns können sich leicht mit dieser zweiten Haltung identifizieren – wir alle sind mit der Vorstellung des übergeordneten Guten vertraut. Also kann man auch leicht den Wert von konsequentialistischem Denken erkennen.

Moralische Heuristiken (Daumenregeln) hatten gesellschaftliche Vorteile, vor allem in vorwissenschaftlichen Zeiten, als Aberglaube und unbelegte Überzeugungen die Norm waren und es kaum Bildung gab. Heute aber sind wissenschaftliche Daten problemlos verfügbar, und wir sind in der Lage, die Konsequenzen unseres Handelns genauer abzuschätzen als je zuvor. Aus diesem Grund sollten wir offener dafür sein, viele der ideologischen Daumenregeln kritisch zu hinterfragen, nach denen wir immer noch leben.

Was ist eine deiner – gern auch absurden – Eigenheiten, auf die du nicht verzichten möchtest?
Äh … Ich rasiere meine Beine nicht, sondern zupfe die Haare lieber eines nach dem anderen aus. Das ist seit vielen Jahren meine Lieblingsmeditation. Es dauert ewig, ist für mich aber die effektivste Möglichkeit, einen Zustand der geistigen Ruhe zu erreichen.

Wozu kannst du heute leichter Nein sagen als vor fünf Jahren?
Ich war früher gesellschaftlich ein absoluter Schmetterling – am liebsten war mir, bei Treffen so viele neue Gesichter zu sehen wie möglich. Wenn ein Dinner organisiert wurde, wollte ich jeden dabeihaben, der in der Nähe ist. Ich hasste die Vorstellung, dass irgendjemand, den ich kenne, nicht kommen kann oder die anderen nicht kennenlernt. Und ich habe es definitiv etwas zu sehr genossen, im Zentrum der Aufmerksamkeit zu stehen!

Heutzutage sage ich Nein zu den meisten Essen in großen Gruppen. Ich bevorzuge jetzt Situationen, in denen immer nur ein Gespräch nach dem anderen geführt wird. Bei mehr als fünf oder sechs Personen und Gesprächen kann es schnell zu einer Fragmentierung kommen und dazu, dass der Fluss verlorengeht. Ich habe festgestellt, dass ich inzwischen eher auf Qualität als auf Quantität achte – ich mag heute lieber mehr Zeit mit wenigen Menschen als weniger Zeit mit vielen.

Welche Überzeugungen, Verhaltensweisen oder Gewohnheiten, die du dir in den letzten fünf Jahren angeeignet hast, haben dein Leben am meisten verbessert?
Immer wenn ich eine Vorhersage über etwas Unsicheres machen muss – »Kriege ich den Flug noch?« oder »Wird mein Freund sauer sein, weil ich den Abwasch nicht gemacht habe?«, versuche ich inzwischen, unklaren Worten wie »vielleicht«, »manchmal«, »gelegentlich« oder »wahrscheinlich« eine numerische Wahrscheinlichkeit zuzuweisen. Wenn ich eines dieser Worte verwende, versuche ich, mir genau die Zahl dazu auf einer Skala von 0 bis 100 (von »nie« bis »immer«) vorzustellen. Zwar fühlen sich auch diese Zahlen oft sehr vage an, aber ich habe festgestellt, dass sich die Ergebnisse meiner Entscheidungen deutlich verbessert haben, seit ich mir das angewöhnt habe. Schließlich wird die physische Realität, in der wir leben, von Mathematik gesteuert, also hat es Sinn, unser Denken darauf zu trainieren, sich so weit wie möglich nach dieser Realität zu richten.

Welche schlechten Ratschläge kursieren in deinem beruflichen Umfeld oder Fachgebiet?

Der häufigste Fehler beim Poker ist, dass Spieler ihre Fähigkeit überschätzen, andere Menschen zu lesen – klassische schlechte Ratschläge sind »beobachte die Augen« (die meisten Menschen sind sich ihrer Augen sehr bewusst, wenn sie lügen) oder »er sieht nervös aus, er blufft wahrscheinlich (Nervosität und Freude können sehr ähnlich aussehen). Physische Hinweise sind weitaus weniger konsistent und zuverlässig, als behauptet wird. Um im Poker wirklich hervorragend zu werden, ist es viel wichtiger, ein solides Wissen über die mathematische Theorie hinter dem Spiel zu haben.

Was tust du, wenn dir alles zu viel wird, du nicht mehr fokussiert bist oder deine Konzentration nachlässt? Welche Fragen stellst du dir?

Entscheidend ist, dass man die eigentliche Ursache für den Verlust der Konzentration herausfindet – habe ich nur einen schlechten Tag oder finde ich die Aufgabe an sich schrecklich? Im ersten Fall und wenn es der Zeitdruck erlaubt, bin ich ein großer Freund davon, einfach einzupacken und etwas Interessanteres zu machen, bis meine Konzentration zurückkommt, auch wenn das bis zum nächsten Tag dauert. Im zweiten Fall muss ich wahrscheinlich herausfinden, warum ich mich so unmotiviert fühle. Ich weiß ja, welche Vorteile es hat, etwas fertigzubekommen. Dass ich mich so schwer damit tue, könnte also bedeuten, dass mehr passiert, als ich mir wirklich überlegt habe. Helfen kann dann, diese Gründe aufzulisten und zu schauen, ob ich eine Aufgabe auf eine andere Weise erledigen kann, bei der die lästigen Teile komplett wegfallen. Wenn das nicht möglich ist, kann ich zumindest eine effektivere Kosten-Nutzen-Analyse vornehmen und dann entscheiden, ob ich überhaupt weitermache. Wenn ich zu dem Schluss komme, dass sich der Einsatz immer noch lohnt, dann steigt die Wahrscheinlichkeit dafür, dass sich meine Motivation irgendwann von selbst wieder einstellt.

»Hinter der Athletin, die du geworden bist, den vielen Übungsstunden und den Trainern, die dich immer angetrieben haben, steht ein kleines Mädchen, das sich in das Spiel verliebt und nie zurückgeblickt hat. … tue es für sie.«

ANNÍE MIST ÞÓRISDÓTTIR
IG/FB: @AnnieThorisdottir
anniethorisdottir.com

ANNÍE MIST ÞÓRISDÓTTIR trat 2009 erstmals in der CrossFit-Szene in Erscheinung, als sie die CrossFit Games als Elfte abschloss. 2010 belegte sie einen sagenhaften zweiten Platz, bevor sie 2011 und 2012 als erste Athletin zweimal in Folge gewann und somit den Titel der »Fittesten Frau der Welt« für sich beanspruchen konnte. Nach einer schweren Rückenverletzung 2013 kehrte Anníe auf die große Bühne zurück und landete bei den CrossFit Games 2014 erneut auf dem zweiten Platz.

Welches Buch (welche Bücher) verschenkst du am liebsten? Warum? Welche ein bis drei Bücher haben dein Leben am stärksten beeinflusst?
Ich verschenke meistens Bücher über die Natur Islands: *Iceland Small World* von Sigurgeir Sigurjónsson oder *Iceland in All Its Splendour* von Unnur Jökulsdóttir, mit Fotos von Erlend und Orsolya Haarberg. Ich habe das Gefühl, dass meine Heimat ein wichtiger Teil meiner Persönlichkeit ist und meine Lebenseinstellung maßgeblich geprägt hat. Ich glaube an die Energie, Kraft und Freiheit, die mir die Natur spendet.

Welche Anschaffung von maximal 100 Dollar hat für dein Leben in den letzten sechs Monaten (oder in letzter Zeit) die größte positive Auswirkung gehabt?
Das *Five-Minute Journal* hilft mir dabei, mir jeden Tag bestimmte Dinge bewusst zu machen. Ich habe es mir bei Urban Outfitters gekauft. Und vielleicht auch der Spiralschneider. Damit wird der Salat abwechslungsreicher und interessanter.

Welcher (vermeintliche?) Misserfolg war die Voraussetzung für deinen späteren Erfolg? Hast du einen »Lieblingsmisserfolg«?
2013 zog ich mir eine Rückenverletzung zu, an der Bandscheibe zwischen L5 und S1, und erst dadurch wurde mir klar, wie gerne ich trainiere und mich mit anderen messe. Mir war bis dahin nicht bewusst gewesen, wie wichtig mir das ist.

Wenn du an einem beliebigen Ort ein riesiges Plakat mit beliebigem Inhalt aufhängen könntest, was wäre das und warum?
»Träume können wahr werden. Man muss nur bereit sein, für sie zu arbeiten.«

Was ist eine deiner – gern auch absurden – Eigenheiten, auf die du nicht verzichten möchtest?
Ich sehe mir gerne Zeichentrick- und Animationsfilme an. Ich gehe dafür sogar ins Kino. Das macht mich glücklich. Ich könnte mir *Despicable Me* ständig anschauen.

Welche Überzeugungen, Verhaltensweisen oder Gewohnheiten, die du dir in den letzten fünf Jahren angeeignet hast, haben dein Leben am meisten verbessert?
Ich versuche, mir nicht mehr so viele Sorgen über die Zukunft zu machen. Ich konzentriere mich darauf, jeden Tag optimal zu nutzen, weil ich daran glaube, dass mich diese Einstellung ans Ziel führt.

Welche Lieblingsübung (oder wertvolle Übung) vernachlässigen die meisten CrossFitter oder anderen Athleten?
Niedrigintensives Ausdauertraining. Die meisten CF-Workouts sind hochintensiv, aber wir vergessen leicht, alle Formen der Energiebereitstellung anzusprechen, die nötig sind, um die Ausdauer aufzubauen und die Regeneration zu beschleunigen.

Was tust du, wenn dir alles zu viel wird, du nicht mehr fokussiert bist oder deine Konzentration nachlässt?
Ich versuche meine Mitte zu finden, mich auf mich selbst zu besinnen und mich daran zu erinnern, warum ich das alles überhaupt mache. Mein Lieblingszitat ist: »Hinter der Athletin, die du geworden bist, den vielen Übungsstunden und den Trainern, die dich immer angetrieben haben, steht ein kleines Mädchen, das sich in das Spiel verliebt und nie zurückgeblickt hat. … tue es für sie.«

ZITATE, ÜBER DIE ICH NACHDENKE

(Tim Ferriss: 16. September bis 14. Oktober 2016)

»Ich nutze nicht nur alle Träume, die ich habe, sondern auch alle, die ich mir leihen kann.«

– WOODROW WILSON
28. Präsident der USA, Friedensnobelpreisträger

»Das Leben schrumpft oder dehnt sich aus, proportional zum eigenen Mut.«

– ANAÏS NIN
renommierte Roman- und Memoiren-Autorin, Autorin von *Delta of Venus*

»Ein Autor sollte sich nie dafür schämen, dass er starrt. Es gibt nichts, das nicht seine Aufmerksamkeit erfordern würde.«

– FLANNERY O'CONNOR
amerikanischer Autor, ausgezeichnet mit dem National Book Award for Fiction

»Wenn sich Schmerz öffentlich zeigt, sieht er oft aus wie Wut.«

– KRISTA TIPPETT
mit dem Peabody Award ausgezeichnete Moderatorin und Bestseller-Autorin

»Am stärksten wird man, wenn man optimal schwere und nicht maximal schwere Gewichte hebt.«

MARK BELL
IG: @marksmellybell
YT: supertraining06
HowMuchYaBench.net

MARK BELL ist der Gründer des Super Training Gym in Sacramento, das oft als »beste Kraftschmiede im Westen« bezeichnet wird. Vor der Eröffnung seines eigenen Studios lernte und trainierte er bei dem legendären Louie Simmons im Westside Barbell. Marks beste Ergebnisse »mit Zusatzausrüstung« sind 465 kg in der Kniebeuge, 377 kg im Bankdrücken und 335 kg im Kreuzheben. Mark ist ein erfolgreicher Unternehmer, der Millionenumsätze verzeichnet und den patentierten Sling Shot erfunden hat, der eine korrekte Technik beim Bankdrücken fördert und dabei gleichzeitig eine Erhöhung des Hantelgewichts und der Wiederholungszahl ermöglicht.

Welches Buch (welche Bücher) verschenkst du am liebsten? Warum? Welche ein bis drei Bücher haben dein Leben am stärksten beeinflusst?

Crush It! von Gary Vaynerchuk: Gary V. (Seite 238) hatte den Weitblick, die Bedeutung von Twitter und anderen neuen Technologien zu erkennen, die seinerzeit noch nicht voll ausgereift waren. Er redete darüber, wie die damals aktuellen Formen der Werbung schon bald der Vergangenheit angehören würden. Er prognostizierte auch, dass Profisportler und Prominente einen Marketingwandel vollziehen und sich zu medialen Einflussnehmern entwickeln würden. Dieses Buch half mir zu erkennen, dass mir genug zur Verfügung steht, um selbst von zu Hause aus ein Unternehmen zu gründen, weil jeder denselben Zugang zum Internet hat.

The 4-Hour Workweek von Tim Ferriss: Dieses Buch zeigte mir, wie ich meine Zeit besser einteilen kann und wie wichtig es ist, nicht ständig beschäftigt zu sein.

5/3/1 von Jim Wendler: Kraftaufbau kann so einfach oder kompliziert sein, wie man ihn machen will. Jim Wendler stellt in seinem Buch eine komprimierte, einfache, aber effektive Methode vor, wie man stärker wird.

Wenn du an einem beliebigen Ort ein riesiges Plakat mit beliebigem Inhalt aufhängen könntest, was wäre das und warum?

»Entweder du bist voll dabei oder du stehst im Weg.« Wir bemühen uns oft um Leute, die aus irgendwelchen Gründen nicht voll dabei sind und nicht in unser Leben oder unser Unternehmen passen. Wir verschwenden unsere Zeit mit ihnen, obwohl wir uns auf die Leute konzentrieren sollten, die voll dabei sind.

»Um zu wissen, wer man ist, muss man wissen, wer man nicht ist.« Dieses Zitat stammt von meinem Vater Mike Bell. Im Kraftdreikampf, wie in vielen anderen Wettkampfsportarten oder Lebensbereichen, ist es extrem schwer, die Nummer 1 zu sein. Der Kraftdreikampf war mein Leben, und ich hätte alles getan, um so stark zu werden wie Ed Coan (Seite 335). Mein Vater sagte diesen Satz im für mich richtigen Augenblick. Mir wurde dadurch klar, dass ich in der Geschichte des Kraftdreikampfs vielleicht eine ganz andere Rolle spielen würde als der größte Kraftdreikämpfer aller Zeiten.

Welcher (vermeintliche?) Misserfolg war die Voraussetzung für deinen späteren Erfolg? Hast du einen »Lieblingsmisserfolg«?

Gerissene Brustmuskeln. Ich bin ein Erfinder, der mit Stolz sagen kann, dass er sich für seine Patente die Muskeln gerissen hat. Sonst hätte ich den Sling Shot nicht erfunden, der sich bis heute über 500.000-mal verkauft hat. Der Sling Shot ist eine Stütze für den Oberkörper, die es dem Anwender erlaubt, trotz einer Verletzung weiterzutrainieren. Man kann damit seinen Körper gefahrlos mit mehr Gewicht belasten. Weil man mit dem Sling Shot schwerere Hanteln stemmen kann, wird man auch ohne das Hilfsmittel stärker. Es trägt zu einer guten Technik bei, die sich auf lange Sicht positiv auf das Bewegungsmuster auswirkt, das beim Bankdrücken und bei Liegestützen erforderlich ist.

Was ist das beste oder lohnendste Investment, das du je getätigt hast (in Form von Geld, Zeit, Energie etc.)?

Ich habe 1.200 Dollar ausgegeben, um zu lernen, wie man ein Profiwrestler wird. Man unterhält das Publikum mit Videos, die man in einem Studio oder bei einer Live-Veranstaltung dreht. Diese Form des öffentlichen Vortrags zählt zu den schwersten Dingen, zu denen ich mich jemals überwinden musste. Weil man vor anderen Wrestlern oder einem Live-Publikum spricht, muss man spontan sein und improvisieren können. Die Sache wird noch komplizierter, weil man nur eine bestimmte Anzahl von Sekunden reden darf, und man bekommt noch dazu Schlagwörter, die man in seine Promo einbauen muss. Profiwrestling hat mich auch gelehrt, meine innere Unruhe abzubauen, indem ich offen auf andere Leute zugehe, mich vorstelle und ein Gespräch mit ihnen anfange.

Welche Anschaffung von maximal 100 Dollar hat für dein Leben in den letzten sechs Monaten (oder in letzter Zeit) die größte positive Auswirkung gehabt?

Eine Groucho-Marx-Brille, die ich für 200 Yen [umgerechnet keine zwei US-Dollar oder Euro] in Japan gekauft habe. Die Zuschauer richteten ihre Aufmerksamkeit von meinen Konkurrenten auf mich. Was man nicht alles tut, um aufzufallen!

Was ist eine deiner – gern auch absurden – Eigenheiten, auf die du nicht verzichten möchtest?

Ich habe gerne Muskelkater. Ich mache mich in meinen Workouts gerne richtig fertig. Ich mag den Schmerz nicht unbedingt, aber ich mag die Ergebnisse, die ich langfristig dadurch erziele.

Ich notiere meine Ziele auf meinem Badezimmerspiegel. Ich habe zum Beispiel aufgeschrieben, wie viel ich wiegen will, wie viel ich im Bankdrücken schaffen will usw. Ich mache das jeden Tag, und so werden aus Träumen erreichbare Ziele.

Welche schlechten Ratschläge kursieren in deinem beruflichen Umfeld oder Fachgebiet?
In meinem Sport geht es darum, möglichst schwere Hanteln zu stemmen. Am stärksten wird man, wenn man optimal schwere und nicht maximal schwere Gewichte hebt. Kraftsportler neigen dazu, zu oft und zu hart zu trainieren. Ich schätze, dass es zur menschlichen Natur gehört, sich zu übernehmen. Aber um Fortschritte zu machen, muss man realistisch bleiben und entsprechend handeln. Jedes Mal, wenn man sich übernimmt, untergräbt man sein Fortkommen.

Welchen Rat würdest du einem intelligenten, motivierten Studenten für den Einstieg in die »echte Welt« geben? Welchen Rat sollte er ignorieren?
Ich würde sagen, dass er/sie Zeit in sich selbst investieren sollte, dass er/sie sich körperlich betätigen und sich gesund ernähren sollte. Denn wenn es um diese Punkte schlecht bestellt ist, können auch andere Dinge deutlich schwieriger werden.

Was man ignorieren sollte: Was andere Leute oder Unternehmen tun. Blickt man nicht auf das, was vor einem liegt, gerät man leicht ins Stolpern. Deswegen tragen Rennpferde Scheuklappen. Wenn sie nach links oder rechts sehen, verletzen sie nicht nur sich selbst, sondern auch andere.

»Ich liebe es, meine Routine zu haben und sie durch nichts stören zu lassen. Mein Vater sagte früher: ›Ich weiß, dass ich an keinem deiner Trainingstage sterben darf, und auch meine Totenwache oder Beerdigung sollte dann nicht stattfinden, weil du sonst nicht kommen würdest.‹«

ED COAN
IG: @eddycoan
FB: /EdCoanStrengthInc

ED COAN gilt gemeinhin als größter Kraftdreikämpfer aller Zeiten. Er hat in dieser Sportart über 71 Weltrekorde aufgestellt. Eds beste Leistungen mit Hebeanzug sind 462 kg in der Kniebeuge, 265 kg im Bankdrücken und 409 kg im Kreuzheben, womit er auf insgesamt 1.136 kg kommt. Die 409 kg im Kreuzheben erzielte er mit einem Körpergewicht von 100 kg. Ed wurde der leichteste Mensch in der Geschichte, der mehr als 1.100 Kilogramm im Kraftdreikampf schaffte, das heißt die 2.400-Pfund-Marke überschritt, die sich aus der Summe der drei Teildisziplinen Kreuzheben, Bankdrücken und Kniebeuge ergibt.

Anmerkung von Tim: Dieses Profil unterscheidet sich ein wenig von allen anderen. Ed ist ein Held meiner Jugend und einer der besten Gewichtheber, die es je gegeben hat. Ich konnte der Versuchung nicht widerstehen, ihm eine Reihe trainingsspezifischer Fragen zu stellen. Seine Antworten auf die üblichen Fragen sind ans Ende dieses Abschnitts gestellt.

Warst du schon immer gut im Sport?

Als Junge hatte ich keine Auge-Hand-Koordination. Wenn ich abends ans Illinois Institute of Technology ging, musste ich so etwas wie Scheuklappen tragen, weil ich nicht einmal dribbeln konnte. Ich war ziemlich schmächtig. Im ersten Highschool-Jahr war ich nur 1,50 Meter groß und wog 45 kg, deshalb versuchte ich nicht einmal, mich für die Baseball- oder Football-Mannschaft zu bewerben. Ich hatte Angst. Schließlich fing ich mit dem Ringen an, weil es in dieser Sportart eine Gewichtsklasse bis 45 kg gab. So kam ich zum Kraftsport.

Ich konnte ohne fremde Hilfe in diesen Sport eintauchen. Es gab nur mich und die Hanteln. Um Mitternacht ging ich ins Kellergeschoss, setzte mich auf die dort vorhandenen Kraftstationen mit leichten Gewichten und tobte mich aus, weil niemand da war, der mich beobachtete. Ich war ganz allein.

Bist du auf unerwartete oder überraschende Erkenntnisse gestoßen, als du die Notizen durchgegangen bist, die du im Laufe deiner 28 Trainingsjahre gemacht hast?

Als ich die Notizen schrieb, nein. Rückblickend allerdings schon. Die größte Überraschung war, dass ich mir Zeit ließ und vier- oder fünfmal im Jahr kleine Fortschritte machte. Über 28 Jahre hinweg summieren sich die zahlreichen kleinen Fortschritte zu großen Erfolgen. Ich dachte nie »Oh, ich muss X stemmen oder Y schaffen.« Ich dachte mir nur: »Ich werde besser werden, und dafür muss ich dieses oder jenes tun. Das sind meine Schwächen; ich sollte mich also daran machen, sie zu beseitigen.«

Was sind die typischen Anfängerfehler, die du im Kraftsport siehst?

Sie lassen sich keine Zeit. Sie achten nicht auf ihre langfristigen Ziele, auf das große Gesamtbild. Ich stelle den jungen Leute eine alte Frage, die jeder alte Typ stellt: »Wo willst du in fünf Jahren sein? Wo siehst du dich dann?« Wenn ich diese Frage in Bezug auf den Kraftdreikampf stelle, können viele Leute keine Antwort geben. Sie denken sich nur: »Wie weit komme ich in sechs Monaten?« Sie erkennen nicht, dass man den ganzen Körper über einen Zeitraum von nur drei Jahren in jeder Hinsicht stark machen und eine zuverlässige Maschine erschaffen kann, die widerstandsfähig ist, die nicht kaputt geht und an der man sein Leben lang Freude hat – weil man sich konsequent an einige Grundregeln gehalten hat.

Sie nehmen sich nicht die Zeit für den i-Punkt und den Querstrich beim t. Analog dazu können sie die beste Arbeit schreiben und einreichen, aber wegen zu vieler Rechtschreibfehler trotzdem eine schlechte Note bekommen. Sie nehmen sich nicht die Zeit, auf die kleinen

Dinge zu achten: Zusatz- und Hilfsübungen, Techniktraining, Ernährung, Prähabilitation [Verletzungsprävention] usw.

Ich hatte das Glück, introvertiert zu sein – ich wusste, wo meine Schwächen lagen. Ich bestritt nur zwei Wettkämpfe im Jahr, weil ich gerne besser werde und mir alle Zeit der Welt nehmen will, um meine Schwachpunkte zu beseitigen. Meine Stärken sind zum Beispiel der Rücken und die Hüften. In meiner langen Vorbereitungsphase (etwa von Dezember bis Mitte Juni) standen zum Beispiel Kniebeugen mit schmalem Stand und hoch angesetzter Hantel auf meinem Programm. Das Kreuzheben gestaltete ich schwieriger, indem ich die Bewegung ohne Gewichthebergürtel und mit einem Defizit [einer erhöhten Plattform] oder mit gestreckten Beinen ausführte.

In Bezug auf das Bankdrücken stellte ich mir die Frage: »Wie kann ich diese Übung schwerer machen, damit mein Lockout besser sitzt?« Ich hob dann meine Füße an, benutzte einen engeren Griff, machte Schrägbankdrücken, solche Sachen eben.

Wie kann ich mein Wissen einsetzen, um nicht nur allgemein stark zu werden, sondern auch in den Hauptdisziplinen [Kniebeuge, Kreuzheben, Bankdrücken] besser zu werden? Es spielt keine Rolle, ob der Bizeps gut aussieht, wenn er sonst nichts leisten kann.

Wann sollte man Maximalversuche machen?

Zweimal im Jahr im Wettkampf oder in der Meisterschaft.

Wenn jemand im Kraftraum einen Maximalversuch macht, steht er in der Regel unter Strom und kann das Endergebnis nicht abschätzen. Vor Jahren ging ich mit Fred Hatfield [der als erster Mensch im Wettkampf eine Kniebeuge von 430 kg schaffte] und einigen anderen Sportlern nach Russland. Das war noch vor der Perestroika, und die Sowjetunion war unglaublich stark. Ich trainierte in einer alten Turnhalle – so wie die, die man aus dem vierten *Rocky*-Film kennt. Als ich mich dort mit den Leuten unterhielt, sagten sie: »Man hat in seinem Leben nur eine begrenzte Anzahl von Maximalversuchen im Körper. Warum sollte man sie im Kraftraum verschwenden?« Dieser Meinung stimme ich grundsätzlich zu.

Gibt es bestimmte Übungen, die deiner Meinung nach vernachlässigt werden oder die man häufiger machen sollte?

Normalerweise sind es harte Sachen wie Sätze mit Kniebeugen, bei denen man in der unteren Endposition eine Pause macht. Man kann nicht so viel Gewicht benutzen, sie sind anstrengender, und oft macht man sie deshalb nicht. Wenn man unten kurz pausiert, gibt es nur eine Möglichkeit, wieder nach oben zu kommen, nämlich indem man mit dem ganzen

Körper im richtigen Augenblick synchron nach oben drückt. Bei einer schlechten Technik fällt man gleich nach vorne. Ich mache keine Box-Squats, also Kniebeugen, bei denen man sein Gesäß kurz auf einem Kasten absetzt ... ich habe mir beigebracht, wie ich mit Hantel die Körperspannung halte.

Was sind die gängigsten Fehler, die du bei der Ausübung einer Nackenkniebeuge siehst?

Viele betrachten den Körper nicht als Ganzes. Sie denken, dass sie nur ihre Beine benutzen müssen, und bringen das Argument vor: »Ich will mir den Rücken nicht verletzen, also benutze ich ihn nicht.« Aber die Beinkraft, die nach unten in den Boden drückt, muss durch eine gleich große aufwärtsgerichtete Kraft ausgeglichen werden, und zwar in Form des Rückens, der gegen die Hantel drückt. Diese duale Aktion wirkt wie ein Türscharnier und sorgt dafür, dass die Hüften aktiviert werden und nach vorne gehen. Wenn dieses Zusammenspiel nicht funktioniert, fällt man nach vorne. Also konzentriere ich mich darauf, alles richtig zu machen, mich mit den Beinen abzustoßen und den Rücken gerade nach oben in die Hantel zu pressen. Dann springen die Hüften an. Beim Kreuzheben gilt dasselbe.

Gibt es bestimmte Prehab-Übungen, die du (nicht) magst?

Layne Norton hat in den letzten vier Jahren Hüft- und Rückenverletzungen erlitten und sich immer wieder aufgerappelt. Er hat auf sein Instagram-Profil ein Tutorial mit Hüftübungen gestellt (@biolayne), die ihm wirklich geholfen haben. Ich habe sie ausprobiert, und sie funktionieren sagenhaft.

Ich mache auch Dehnübungen mit Gummibändern, die Kelly Starrett empfiehlt, um meine Mobilität zu verbessern, und benutze einen Lacrosse-Ball, um meine Brust-, Rautenmuskeln usw. zu lockern.

Für die Brustmuskeln stellt man sich zum Beispiel neben einen Türrahmen, legt den Lacrosseball direkt auf die Sehne des Brustmuskels und lehnt sich nach vorne. Wenn man den rechten Brustmuskel bearbeitet, würde man links versetzt vom Türrahmen stehen, den rechten Arm vor den Körper heben, also in den Durchgang hinein, und mit der rechten Brust (auf der Schulterinnenseite) den Ball in den Türrahmen pressen. Entscheidend ist, dass sich der Ball nicht bewegt. Stattdessen bleibt man nach vorne gelehnt, um den Druck auf den Ball aufrechtzuerhalten, und bewegt den Arm auf und ab, damit die Sehne über den Ball gleitet. Man verursacht den Schmerz selbst, was die Sache erträglicher macht.

Hast du in deiner Wettkampflaufbahn etwas Ungewöhnliches gefunden, das deine Regeneration beschleunigt?

Ich wurde viermal in der Woche von meinem Freund Dr. Bob Goldman chiropraktisch behandelt. Wenn ich zu ihm ging, fing er bei meinen Füßen an und arbeitete sich von dort aufwärts. Jetzt sieht man viele Leute wie Chris Duffin und Kelly Starrett, die die Fußsohlen ausrollen und die Fußgelenke mobilisieren. Damals benutzten wir etwas, das wie ein Rechenschieber aussah. Kurze Zeit später vertrat ich mir die Beine, und plötzlich taten mir Knie und Rücken nicht mehr weh. Heute benutze ich einen Lacrosseball.

Ich habe gehört, dass du niemals eine Wiederholung im Training abbrechen musstest, was selten ist. Wo hast du diesen Ansatz gelernt?

Ich bin mir ziemlich sicher, dass ich mir das selbst beigebracht habe. Als ich jünger war, las ich noch *Powerlifting USA*, aber mein Trainingsplan war eine einfache lineare Periodisierung, bei der ich mir viele Gedanken darüber machte, welche Hilfsübungen ich verwenden sollte. Ich ging ungefähr wie folgt vor: Wenn ich einen zwölfwöchigen Trainingszyklus hatte, würde ich mit der letzten Woche anfangen – Sätze, Wiederholungen, Hanteln – und mich bis zur ersten Woche zurückarbeiten. Ich würde für jede Übung jeden Satz, jede Wiederholung und jedes Gewicht genau kennen. Es spielte dann keine Rolle, ob Beincurls, Kniebeugen mit Pause, Schulterdrücken oder Rudern vorgebeugt anstanden – Hantelgewicht, Satz- und Wiederholungszahlen standen für den gesamten Trainingszyklus im Vorfeld fest.

Dann würde ich innehalten und meinen Plan ansehen, der natürlich mit Bleistift geschrieben war, und mir folgende Frage stellen: »Okay, ist jeder einzelne Punkt machbar?« Wenn man erst darüber nachdenken muss, muss man Änderungen vornehmen. Man muss sein Programm so gestalten, dass man mit absoluter Gewissheit sagen kann, dass es machbar ist. Diese Zuversicht hat eine große positive Wirkung auf das Training.

Ich war mir nie unsicher. Ich fühlte mich nie unter Druck gesetzt. Ich machte mir nie Sorgen, ob ich meine Ziele in der nächsten Woche erreichen würde. Ich wusste immer, dass ich sie schaffen würde.

Wenn du heute auf deine Wettkampfvorbereitung zurückblickst, wie sah deine wöchentliche Aufteilung damals aus?

Montags machte ich immer Kniebeugen und alle anderen Hilfsübungen für die Beine. Dienstags hatte ich trainingsfrei. Mittwochs standen Bankdrücken mit Unterstützung und viel Trizepstraining auf dem Programm. Nachdem ich den Trizeps am Mittwoch müde gemacht hatte, waren am Donnerstag die Schultern dran [Standardübung: Langhanteldrücken mit hinter dem Nacken gehaltener Hantel, Steigerung bis zu 181 kg]. Am Freitag stand mein Rückentraining an [mit leichten Kniebeugen zum Aufwärmen]. Samstag gab es zur Regeneration leichtes Bankdrücken mit breitem Griff, Flys usw., gelegentlich auch kleinere Übungen wie leichte Curls und Griffarbeit. Die Sonntage waren frei.

Wenn du an einem beliebigen Ort ein riesiges Plakat mit beliebigem Inhalt aufhängen könntest, was wäre das und warum?

»SEI NETT!«

So wütend und »fokussiert«, wie ich in meiner Jugend war, stellte ich fest, dass diese beiden Wörter mein Leben deutlich einfacher machten.

Ich verzog mein Gesicht, sobald irgendetwas auch nur ansatzweise von meinen Überzeugungen abwich. Ich weiß nicht, ob es mir wegen meiner introvertierten Persönlichkeit so schwerfiel, Dinge auszudrücken, oder ob ich einfach nur dämlich war. Meine Dämlichkeit hielt sich aber in überschaubaren Grenzen, weil ich mich nie zu unüberlegten Dingen hinreißen ließ.

Eines Tages war aber dieser Idiot im Kraftraum, der es wirklich schaffte, mich zur Weißglut zu bringen.

Ich atmete tief durch, ließ meine Wut verfliegen, ging zu ihm und sagte: »Hey, wie geht's? Du siehst echt fit aus. Glückwunsch zur bestandenen Prüfung.« Plötzlich dachte ich: »Heiliges Kanonenrohr! Das gibt's ja nicht!« Es war so, als hätte ich mich selbst befreit. Die Wut war weg. Selbst jetzt versuche ich mich zu entspannen und denke mir etwas wie: »Hey, wie geht's? Schön dich zu sehen.« Wenn ich etwas wirklich nicht mag oder nicht damit zurechtkomme, gehe ich einfach weg und rede mit jemandem, der positiver ist.

Das fällt mir an [den Kraftdreikämpfern] Mark und Stan Efferding oft auf. Sie lassen sich von nichts und niemandem provozieren. Es ist so, als würde Kritik einfach an ihnen abprallen.

Was tust du, wenn dir alles zu viel wird, du nicht mehr fokussiert bist oder deine Konzentration nachlässt?

Wenn ich reise und einige Stunden im Flugzeug sitze, gehe ich die letzten beiden Wochen durch: Was ich gemacht habe, was ich davon halte, was ich besser machen kann und künftig tun werde, damit mir dieselben Fehler nicht wieder unterlaufen. Stan Efferding gab mir den Tipp, Listen anzufertigen [dauert etwa 30 Minuten] … wenn ich die Punkte schriftlich festhalte, verlieren sie ihren emotionalen Gehalt, und das macht es mir leichter, mein Verhalten zu verändern.

Normalerweise halten mich Aufschieberitis und Angst davon ab, Sachen in Angriff zu nehmen. Ich neige dazu, die Dinge als großes Ganzes zu betrachten und mich davon erschlagen zu fühlen. Wenn ich eine Aufgabe in Einzelschritte aufteile, aufschreibe und meine Aufzeichnungen eine halbe Stunde später noch einmal ansehe, wirken die kleineren Punkte nicht mehr so groß und bedrohlich. Wenn ich meine Notizen mache, sieht alles plötzlich machbar aus, weil ich meine Angst externalisiert habe. Ich kann sie ansehen und erkennen, dass die Aufgabe nicht mehr furchteinflößend ist.

Welche Überzeugungen, Verhaltensweisen oder Gewohnheiten, die du dir in den letzten fünf Jahren angeeignet hast, haben dein Leben am meisten verbessert?

Seit einigen Jahren nehme ich an keinen Wettkämpfen mehr teil und habe mit JKD [Jeet Kune Do] Anti-Aggressionstraining angefangen – was mir großen Spaß macht. Das fällt mir spontan ein. Ich musste mir wieder beibringen, wie man sich bewegt, weil ich ein Athlet sein will und kein eindimensionaler Gorilla.

Welche Anschaffung von maximal 100 Dollar hat für dein Leben in den letzten sechs Monaten (oder in letzter Zeit) die größte positive Auswirkung gehabt?

Ein Bild meiner Eltern, das ich habe rahmen lassen. Ich habe nie gehört, wie meine Mutter und mein Vater jemals schlecht über eine andere Person geredet hätten. Wenn ich das Bild betrachte, denke ich immer darüber nach, wie ich jeden, der mir wichtig ist, behandeln sollte.

Das Bild wurde erst vor einigen Jahren aufgenommen, und darauf sind meine Eltern nebeneinander zu sehen – ein Porträtfoto. Sie haben nie gezeigt, wie viel sie füreinander empfinden. Ich sah mein ganzes Leben lang kaum Gefühlsbezeugungen, weil sie fünf Kinder und jetzt Enkelkinder haben. Sie hatten nie eine Chance, ihre Liebe zu zeigen. Sie sind jetzt um die 87 Jahre alt und haben gesundheitliche Probleme, sind aber insgesamt noch fit. Sie sind lebenslustig, lieben ihre Kinder und Enkelkinder, und das gibt ihnen die Kraft weiterzumachen.

Ich denke, dass sie mir ohne es zu wissen die Fähigkeit gegeben haben, die Welt zu beobachten. Auch heute noch denke ich, dass das etwas ist, was ich wirklich gut beherrsche: mich einfach nur zurückzulehnen und zu beobachten. Ich habe nie versucht, der Partylöwe zu sein oder mich in den Mittelpunkt zu stellen. Normalerweise sitze ich einfach da und beobachte meine Umgebung mit einem spöttischen Lächeln. Ich glaube nicht, dass man erkennt, wie viel die Eltern einem mitgegeben haben, bis man älter ist und darüber reflektieren kann.

Was ist eine deiner – gern auch absurden – Eigenheiten, auf die du nicht verzichten möchtest?
Ich liebe es, meine Routine zu haben und sie durch nichts stören zu lassen. Mein Vater sagte früher: »Ich weiß, dass ich an keinem deiner Trainingstage sterben darf, und auch meine Totenwache oder Beerdigung sollte dann nicht stattfinden, weil du sonst nicht kommen würdest.«

Ich halte auch seit meiner Kindheit jeden Tag Mittagsschlaf. Ich versuche auch heute noch, ihn nicht zu verpassen. Normalerweise dauert er 45 bis 60 Minuten, idealerweise zwischen 15:30 und 16:00 Uhr.

Was ist das beste oder lohnendste Investment, das du je getätigt hast (in Form von Geld, Zeit, Energie etc.)?
Vor nicht allzu langer Zeit kamen kurz nach einer OP der Lungenarzt und der Anästhesist in mein Zimmer, und ich kam mir vor wie in der TV-Sendung *Intervention.* »Was ist los? Sie lächeln ja gar nicht.« Sie sagten mir: »Wir müssen reden. Ihre OP dauerte wegen Ihrer Knochendichte und der Größe Ihrer Muskeln und Sehnen etwas länger als sonst.«

Das machte mir nichts aus. Und wenn schon. Dann sagten sie: »Während der OP war unser größtes Problem, Ihre Atmung aufrechtzuerhalten.« Im Anschluss daran meldete ich mich für eine Schlafstudie. Dabei wurde festgestellt, dass ich achtmal pro Minute aufhöre zu atmen, wenn ich in Seitenlage bin. In Rückenlage setzt die Atmung ganze 24-mal pro Minute aus.

Also bekam ich ein CPAP-Beatmungsgerät, das mein Leben verändert hat. Seit ich es benutze, hat sich meine Konzentration verbessert, ich habe weniger negative Gedanken, die teilweise schon fast an eine depressive Verstimmung reichten, und vieles mehr. Mein Blutdruck ist gesunken, meine Blutwerte haben sich verbessert, und alles das wurde nur mithilfe dieses Geräts möglich. Ich bin mir sicher, dass ich mein ganzes Leben lang Schlafprobleme hatte. Ich wusste es nur nicht.

Welche schlechten Ratschläge kursieren in deinem beruflichen Umfeld oder Fachgebiet?
»Die neuesten Trainingsideen sind die besten!« Das stimmt nicht. Bewährte Grundlagen bilden die Basis für alles, was wir inner- und außerhalb des Kraftraums tun.

Ich hoffe, die Frage klingt nicht provokant, aber warum schreibst du dich »Eddy«? Diese Schreibweise ist ziemlich ungewöhnlich.

Es gibt einen guten Grund, warum ich mich nicht E-D-D-I-E schreibe – das liegt an meinem allerersten Gastauftritt als Kraftdreikämpfer. Ich stellte als junger Mann meine Fähigkeiten im Kreuzheben in Pittsburgh, Pennsylvania, zur Schau. Das war zu allem Überfluss am St. Patrick's Day, und ich muss wohl wie ein irischer Gnom ausgesehen haben. Nachdem ich die Übung absolviert hatte, trat eine Frau mit einer Ausgabe von Bill Pearls *Keys to the Inner Universe* an mich heran, das ein riesiges Buch ist. Sie sagte: »Könnten Sie bitte das Buch signieren? Ich bin davon überzeugt, dass Sie eines Tages ein berühmter Kraftdreikämpfer sein werden.« »Gerne«, sagte ich, aber meine Hand zitterte noch von dem Adrenalin und dem schweren Deadlift. Ich trug immer noch den Gewichthebergürtel und hatte kreideverschmierte Hände. Ich signierte also das Buch, und heraus kam E-D-D-Y. Ich dachte mir damals: »Weißt du was? Du musst für den Rest deines Lebens mit E-D-D-Y unterschreiben, damit diese erste Unterschrift nicht hinfällig wird.«

»Denke für dich selbst und sei dabei radikal offen für Neues.«

RAY DALIO
TW: @RayDalio
bridgewater.com

RAY DALIO ist Gründer, Chairman und Co-Chief Investment Officer von Bridgewater Associates, einem global führenden Anbieter im Bereich der institutionellen Vermögensverwaltung und (mit einem Volumen von mehr als 150 Milliarden Dollar) der größte Hedgefonds der Welt. Bridgewater ist für seine Kultur der »radikalen Transparenz« bekannt, in der abweichende Meinungen gefördert, Unstimmigkeiten offen angesprochen und alle Meetings aufgezeichnet werden. Das Vermögen von Dalio selbst wird auf fast 17 Milliarden Dollar geschätzt. Neben Bill Gates und Warren Buffett hat auch er den »Giving Pledge« unterzeichnet, also versprochen, im Verlauf seines Lebens mindestens die Hälfte seines Vermögens für wohltätige Zwecke zu spenden, und dafür die Dalio Foundation gegründet. Dalio wurde in die Liste des Magazins *Time* mit den 100 »Most Influential People in the World« und in die Liste der »50 Most Influential People« von *Bloomberg Markets* aufgenommen. Zuletzt hat er das Buch *Principles: Life and Work* geschrieben, in denen er über die unkonventionellen Grundsätze berichtet, die er entwickelt, überarbeitet und in den vergangenen 40 Jahren eingesetzt hat, um beruflich wie privat außergewöhnliche Ergebnisse zu erzielen.

Welches Buch (welche Bücher) verschenkst du am liebsten? Warum? Welche ein bis drei Bücher haben dein Leben am stärksten beeinflusst?

The Hero With a Thousand Faces von Joseph Campbell, *The Lessons of History* von Will und Ariel Durant und *River Out of Eden* von Richard Dawkins.

Welche Anschaffung von maximal 100 Dollar hat für dein Leben in den letzten sechs Monaten (oder in letzter Zeit) die größte positive Auswirkung gehabt?

Ein kleines Notizbuch für die Jackentasche, in dem ich gute Ideen festhalten kann, wenn sie mir einfallen.

Welcher (vermeintliche?) Misserfolg war die Voraussetzung für deinen späteren Erfolg? Hast du einen »Lieblingsmisserfolg«?

Meine schmerzhaftesten Misserfolge waren meine besten Lehrer, weil mich der Schmerz dazu angetrieben hat, etwas zu verändern. Mein »Lieblingsmisserfolg« hat sich im Jahr 1982 ereignet. Damals habe ich in *Wall Street Week* (einer beliebten TV-Sendung) und vor dem US-Kongress eine wirtschaftliche Depression vorausgesagt – kurz vor einem großen Bullenmarkt und einem Boom in der Wirtschaft.

Wenn du an einem beliebigen Ort ein riesiges Plakat mit beliebigem Inhalt aufhängen könntest, was wäre das und warum?

»Denke für dich selbst und sei dabei radikal offen für Neues.«

Was ist das beste oder lohnendste Investment, das du je getätigt hast (in Form von Geld, Zeit, Energie etc.)?

Dass ich zu meditieren gelernt habe. Ich praktiziere konsequent Transzendentale Meditation, habe aber auch Interesse an anderen Arten der Meditation und probiere damit herum.

Was ist eine deiner – gern auch absurden – Eigenheiten, auf die du nicht verzichten möchtest?

Ich denke sehr gern über meine schmerzhaften Fehler nach und schreibe meine Gedanken dazu auf. Außerdem habe ich eine iPad-App entwickelt, die anderen Leuten dabei helfen soll, über Schmerzen nachzudenken, die sie erleben. Ich nenne sie Pain Button.

Welche Überzeugungen, Verhaltensweisen oder Gewohnheiten, die du dir in den letzten fünf Jahren angeeignet hast, haben dein Leben am meisten verbessert?

Die Überzeugung, dass ich ein Stadium meines Lebens erreicht habe, in dem ich nichts Wichtigeres tun kann, als andere Leute ohne mich erfolgreich zu machen.

Welchen Rat würdest du einem intelligenten, motivierten Studenten für den Einstieg in die »echte Welt« geben?

Liebe die Beschäftigung mit dem, was du nicht weißt, mit deinen Fehlern und deinen Schwächen. Denn sie zu verstehen, ist unverzichtbar dafür, das meiste aus deinem Leben herauszuholen.

Welche schlechten Ratschläge kursieren in deinem beruflichen Umfeld oder Fachgebiet?

»Märkte, die sich bislang gut entwickelt haben, sind gute Investitionen.« Mit anderen Worten: Wenn jemand sagt: »Kauf das hier, weil es sich gut entwickelt«, sollte man denken, »Vorsicht, denn es ist teurer geworden.«

Was tust du, wenn dir alles zu viel wird, du nicht mehr fokussiert bist oder deine Konzentration nachlässt?

Ich meditiere.

»Habe den moralischen Mut, im Grauen zu leben. (...) Lebe jetzt die Fragen. Vielleicht lebst du dann allmählich eines fernen Tages in die Antwort hinein.«

JACQUELINE NOVOGRATZ
TW: @jnovogratz
FB: Jacqueline Novogratz
acumen.org

JACQUELINE NOVOGRATZ ist Gründerin und CEO von Acumen, einem Unternehmen, das Spendengelder sammelt, um sie in Unternehmen, Führungspersönlichkeiten und Ideen zu investieren, die verändern, wie die Welt gegen Armut kämpft. Vorher hat sie den Philanthropy Workshop und das Next Generation Leadership-Programm bei der Rockefeller Foundation initiiert und geleitet. Außerdem ist Novogratz Mitgründerin von Duterimbere, einer Mikrofinanz-Institution in Ruanda. Zu Beginn ihrer Laufbahn im internationalen Bankgeschäft hat sie bei der Chase Manhattan Bank gearbeitet. Derzeit ist sie Mitglied des Boards von Sonen Capital und der Harvard School of Business Social Enterprise Initiative sowie des Stiftungsrats des Aspen Institute und des Boards von IDEO.org. Ebenfalls Mitglied ist sie im Council of Foreign Relations, im World Economic Forum und in der American Academy of Arts and Sciences. Vor kurzem bekam Novogratz den Forbes 400 Lifetime Achievement Award for Social Entrepreneurship verliehen.

Welches Buch (welche Bücher) verschenkst du am liebsten? Warum? Welche ein bis drei Bücher haben dein Leben am stärksten beeinflusst?

Invisible Man von Ralph Ellison. Ich habe es gelesen, als ich 22 Jahre alt war, und es hat mich tief zum Nachdenken darüber gebracht, warum die Gesellschaft so viele ihrer Mitglieder nicht »sieht«. Mich erinnert das immer noch daran, dass ich aufmerksam sein, Menschen wahrnehmen sollte, wenn ich an ihnen vorbeigehe, und Hallo sagen sollte. Das klingt so einfach. Und es ändert alles.

Things Fall Apart von Chinua Achebe. Das erste Buch von einem afrikanischen Autor, das ich gelesen habe. Achebe schreibt unerschrocken über die Herausforderungen des Wandels, Beziehungen aus dem Kolonialismus sowie über Macht und Machtlosigkeit. Das ist heute immer noch ausgesprochen relevant.

A Fine Balance von Rohinton Mistry ist ein Dickens-artiger Roman, der auf außergewöhnlich und zutiefst menschlich Weise die Essenz davon erfasst, was es heißt, als armer Mensch im urbanen Indien zu leben. Obwohl ich viele Sachbücher gelesen und mehrere Jahre in Indien gearbeitet habe, hat er mir neue Schichten des Verständnisses erschlossen.

Welcher (vermeintliche?) Misserfolg war die Voraussetzung für deinen späteren Erfolg? Hast du einen »Lieblingsmisserfolg«?

Als ich 25 Jahre war, wollte ich die Welt retten und dachte, ich fange mit dem afrikanischen Kontinent an. Ich gab eine Karriere an der Wall Street auf, weil ich glaubte, ich hätte so viel mitzuteilen und so viel zu geben. Bald aber stellte ich fest, dass die meisten Menschen gar nicht gerettet werden wollen. Was ich am dringendsten brauchte, war moralische Fantasie oder die Fähigkeit, mich in andere hineinzuversetzen, zuzuhören und zu erkennen, dass es nur wenige einfache Lösungen gibt, dass aber der Aufbau von Vertrauen ein mächtiger Weg zu mehr Möglichkeiten ist. Eine der wichtigsten Lektionen meines Lebens war, ein Gleichgewicht zu finden (und zu halten) zwischen der Kühnheit, von einer anderen Welt zu träumen, und der Bescheidenheit, mit der Welt so zu beginnen, wie sie eben ist. Dieses Gleichgewicht ist eine wesentliche Führungsqualität für jeden, der Wandel bewirken möchte. Und heutzutage muss das für jeden von uns gelten.

Wenn du an einem beliebigen Ort ein riesiges Plakat mit beliebigem Inhalt aufhängen könntest, was wäre das und warum?

Mit Gewinn als der einzigen Motivation ist unserer interdependenten Welt von heute nicht mehr gedient. Wir müssen von einer Fokussierung auf Aktionäre zu einer Fokussierung auf alle Beteiligten kommen, eine langfristige Perspektive einnehmen und das messen, worauf es ankommt, nicht nur das, was wir zählen können. Das ist viel leichter gesagt als getan. Also haben wir bei Acumen ein Manifest erstellt, einen moralischen Kompass als Orientierung für unsere Entscheidungen und Aktivitäten. Es ist ein ehrgeiziges Dokument. Ich denke jeden Tag daran, kann es aber nicht immer erfüllen. Für ein Plakat ist es etwas zu lang, aber wenn wir es am richtigen Ort aufhängen und die Menschen dazu bringen könnten, nur einen Moment dafür innezuhalten, wäre das keine schlechte Sache. Hier ist der Text:

> Es beginnt damit, bei den Armen zu stehen, auf die Stimmen der Ungehörten zu lauschen und Potenzial zu erkennen, wo andere nur Verzweiflung sehen. Es verlangt Investitionen als Mittel, nicht als Ziel, und den Wagemut, dorthin zu gehen, wo die Märkte versagt haben und die Hilfe nicht ausreicht. Es sorgt dafür, dass Kapital für uns arbeitet, statt uns zu kontrollieren. Es floriert durch moralische Fantasie: die Bescheidenheit, die Welt so zu sehen, wie sie ist, und den Wagemut, sich die Welt vorzustellen, wie sie sein könnte. Es geht um den Ehrgeiz, immer dazuzulernen, um die Klugheit, Scheitern einzugestehen, und um den Mut, von Neuem zu beginnen. Es erfordert Geduld und Freundlichkeit, Widerstandsfähigkeit und Durchhaltevermögen: eiserne Hoffnung. Es geht um Führung, die Selbstzufriedenheit ablehnt, Bürokratie durchbricht und Korruption angreift. Das Richtige tun, nicht das, was einfach ist. Es geht um die radikale Idee, Hoffnung in einer zynischen Welt zu schaffen. Darum, die Art und Weise zu verändern, wie die Welt mit Armut umgeht, und eine Welt aufzubauen, deren Basis Würde ist.

Alternativ könnte ich mir das wunderbare Mantra von Rilke ausleihen, »die Fragen zu leben« – eine einfache Erinnerung daran, den moralischen Mut zu haben, im Grauen zu leben, Unsicherheit auszuhalten, aber dabei nicht passiv zu sein. Lebe jetzt die Fragen. Vielleicht lebst du dann allmählich eines fernen Tages in die Antwort hinein …

Welchen Rat würdest du einem intelligenten, motivierten Studenten für den Einstieg in die »echte Welt« geben?

Mach dir nicht zu viele Gedanken über deinen ersten Job. Fang einfach an, und lass die Arbeit deinen Lehrer sein. Mit jedem Schritt wirst du mehr darüber entdecken, wer du sein und was du tun möchtest. Wenn du auf die perfekte Gelegenheit wartest und dir alle Optionen offen hältst, hast du am Ende womöglich nichts als Optionen. Also leg los.

Welche schlechten Ratschläge kursieren in deinem beruflichen Umfeld oder Fachgebiet?

»Sei gut, indem du Gutes tust.« Wer will gut sein, indem er Schlechtes tut? Wir müssen besser werden. Dieser Moment in der Geschichte verlangt, dass wir Sinn vor Gewinn stellen und dass wir die Tatsache ernster nehmen, dass wir über die Werkzeuge, die Vorstellungskraft und die Ressourcen verfügen, unsere schwierigsten Probleme zu lösen. Also ist es Zeit, damit anzufangen.

Was tust du, wenn dir alles zu viel wird, du nicht mehr fokussiert bist oder deine Konzentration nachlässt?

Ich gehe sehr lange joggen und erinnere mich selbst an die Schönheit der Welt, dass die Sonne auch morgen wieder aufgehen wird und daran, dass es darauf ankommt, die wichtigen Kämpfe zu kämpfen.

»Fast jeder Ratschlag, den Autoren von angeblichen Experten bekommen, ist falsch.«

BRIAN KOPPELMAN
TW/IG: @briankoppelman
briankoppelman.com

BRIAN KOPPELMAN ist Drehbuchautor, Schriftsteller, Regisseur und Produzent. Vor der von ihm entwickelten und produzierten (und mitverfassten) Hit-Fernsehserie *Billions* wurde er bekannt als Co-Autor von *Rounder's* und *Ocean's Thirteen* sowie als Produzent von *The Illusionist* und *The Lucky Ones*. Er hat bei Filmen wie *Solitary Man* mit Michael Douglas in der Hauptrolle Regie geführt. Außerdem ist Koppelman Moderator des Podcast *The Moment*. Eine meiner Lieblingsfolgen darin ist die mit John Hamburg, der unter anderem Drehbuchautor und Regisseur von *I Love You, Man* sowie der Drehbuchautor von *Meet the Parents* ist. Die Sendung ist wie eine Filmhochschule und ein Magisterstudium im Drehbuch-Schreiben, zusammengefasst in einem einzigen Gespräch.

Welches Buch (welche Bücher) verschenkst du am liebsten? Warum? Welche ein bis drei Bücher haben dein Leben am stärksten beeinflusst?

Die folgenden Bücher habe ich am häufigsten verschenkt oder empfohlen. Sie alle haben eine entscheidende Rolle in meinem Leben gespielt.

What I Talk About When I Talk About Running von Haruki Murakami
The Artist's Way von Julia Cameron
Awaken the Giant Within von Tony Robbins
City of Thieves von David Benioff

Ich weiß, das sind vier Bücher, aber es lohnt sich, über jedes davon ein wenig zu erzählen. Das Buch von Murakami ist die beste Zusammenfassung über die Konzentration, das Engagement und das Gefühl einer Mission, die man braucht, um ein hervorragender Künstler zu werden. Vordergründig schreibt er über sein Leben als Jogger – und er ist weithin als hervorragender Langstreckenläufer anerkannt. Eigentlich aber geht es in dem Buch darum, alles wegzulassen, was man nicht braucht, um sein Ziel zu erreichen. Es ist ein rigoroses, inspirierendes Buch, das den Leser herausfordert, sich zu steigern. Außerdem ist es ein hervorragendes Sachbuch von dem in meinen Augen besten Romanautor der Welt.

The Artist's Way enthält das beste Werkzeug zum Lösen von Blockaden, dem ich je begegnet bin. Wenn du tief in deinem Inneren das Gefühl hast, vor deinem eigentlichen Sinn davonzulaufen, wird dir dieses Buch beim Durchbruch helfen.

Die Bücher von Tony Robbins waren schon immer nützlich für mich. Das ist einer der Gründe dafür, warum mein kreativer Partner David Levien und ich *I am Not Your Guru* produziert haben, eine Dokumentation über Robbins. Dieses Buch war das erste, das ich von ihm gelesen habe, und es hat dazu geführt, dass ich mir entscheidende Fragen über die Geschichten stellte, die ich mir selbst erzählte und die mein Wachstum behinderten. Ich kenne niemanden, der nicht davon profitieren würde, ein bisschen Tony Robbins zu lesen.

Und zuletzt *City of Thieves* von Benioff. Dieses Buch ist eine reine Freude. Romane haben einen echten Nutzen, auch wenn Hochleister das immer wieder vergessen. Er liegt darin, dass sie den Leser innerlich aufrütteln, verunsichern und zwingen, sich mit etwas auseinanderzusetzen, für das es keine einfache Lösung gibt. Dieses Buch leistet all das und macht obendrein Spaß. Ich habe es schon 100 Leuten geschenkt. Alle haben mir dafür gedankt und es dann selbst mehrmals verschenkt.

Welcher (vermeintliche?) Misserfolg war die Voraussetzung für deinen späteren Erfolg? Hast du einen »Lieblingsmisserfolg«?

Eine Zeitlang haben wir pro Jahr eine Pilot-Idee an einen Premium-Kabelsender verkauft. Wir erzählten ihnen unsere Idee, bekamen Geld, um ein Drehbuch dafür zu schreiben, und lieferten es ab, nur um dann vom Sender zu hören, dass er derartige Serien nicht mehr produzieren wolle. Jedes Mal, wenn er eines von diesen Drehbüchern ablehnte, bin ich gestorben. Ich habe mich in jede der Serien verliebt und gesehen, wie man sie realisieren könnte, aber sie gehörten mir nicht mehr. Das letzte Mal, als das passierte, tat es auf eine andere Weise weh – so, dass man sich aufrichtet und sagt: nie wieder! Als wir also das nächste Mal eine Idee für eine tolle Serie hatten, beschlossen wir, das Drehbuch dafür gleich zu schreiben, statt sie im Voraus zu verkaufen. Die Idee dabei war, dass wir besser verhandeln könnten, wenn jemand das fertige Pilot-Skript kaufen möchte, und dass wir vielleicht auf einer Realisierung bestehen könnten. Wie sich zeigte, war diese nächste Idee dann *Billions*.

[Bei *Billions* spielten letztlich Paul Giamatti und Damian Lewis die Hauptrollen, ausgezeichnet mit den Film-Preisen Emmy und Golden Globe. Als Exklusiv-Programm auf dem Sender Showtime hatte die Serie das beste Debüt aller Zeiten, und vor kurzem wurde eine dritte Staffel in Auftrag gegeben.]

Was ist eine deiner – gern auch absurden – Eigenheiten, auf die du nicht verzichten möchtest?

Tischtennis. Ich liebe absolut alles an diesem Spiel. Das Gefühl, das es in mir auslöst, ist sehr gut in *Sizzling Chops and Devilish Spins* von Jerome Charyn beschrieben. Ich weiß, dass Tischtennis wie ein blödsinniger Sport wirken kann, aber wenn man dabei ist, erlebt man genau das Gegenteil. Man bewegt sich schnell, braucht eine gute Strategie, muss seine Angst kontrollieren, alles in seine Schläge legen und dann zurückspringen und bereit sein für den nächsten Schlag, sobald man den Ball getroffen hat. Ich spiele seit fast einem Jahr vier- oder fünfmal pro Woche, und ich würde mir nur wünschen, ich wäre schon vor Jahren so intensiv eingestiegen.

Welche Anschaffung von maximal 100 Dollar hat für dein Leben in den letzten sechs Monaten (oder in letzter Zeit) die größte positive Auswirkung gehabt?

Mein Tischtennis-Schläger, ein Butterfly Petr Korbel. Als ich ihn gekauft habe, wusste ich, dass ich mich wirklich auf das Tischtennis-Training stürzen wollte. Ich habe das Spiel schon immer geliebt und mir immer gesagt, dass ich eines Tages versuchen will, gut darin zu werden. Dass ich den Schläger gekauft habe, sagte mir, dass dieser Tag gekommen war.

Welche schlechten Ratschläge kursieren in deinem beruflichen Umfeld oder Fachgebiet?

Fast jeder Ratschlag, den Autoren von angeblichen Experten bekommen, ist falsch. Denn fast immer wird dem Nachwuchs gesagt, er solle irgendwelche Berechnungen zur Vermarktbarkeit anstellen, bevor er sich ans Schreiben macht. Bei Sachthemen kann das schon sinnvoll sein. Aber meine Sache ist das nicht. Für Künstler ist das Wichtigste totales Engagement. Also sage ich Autoren immer, dass sie ihrer Neugier, ihren Leidenschaften und dem folgen sollen, was sie fasziniert.

»Als ich 75 Jahre alt war (heute bin ich 78), ging ich in die nächste CrossFit-Box und war sofort begeistert davon, dass es dort weder Spiegel noch Kraftstationen gab, dafür aber freie Hanteln.«

STEWART BRAND
TW: @stewartbrand
reviverestore.org

STEWART BRAND ist der Präsident der Long Now Foundation, die gegründet wurde, um kreative Ansätze für eine zukunftsorientierte Denkweise und Verantwortungsbewusstsein zu fördern, das auf die nächsten 10.000 Jahre ausgerichtet ist. Er leitet ein Projekt mit dem Namen »Revive and Restore«, das sich die Aufgabe gesetzt hat, ausgestorbene Tierarten wie die Wandertaube und das Mammut wieder zum Leben zu erwecken. Stewart ist bekannt dafür, *The Whole Earth Catalog* (1968–85) konzipiert, lektoriert und veröffentlicht zu haben, das 1972 mit dem National Book Award ausgezeichnet wurde. Er ist der Mitbegründer von The WELL und Global Business Network und Autor von Büchern wie *Whole Earth Discipline, The Clock of the Long Now, How Buildings Learn* und *The Media Lab*. Er studierte Biologie in Stanford und diente als Infanterie-Offizier in der US Army.

Welches Buch (welche Bücher) verschenkst du am liebsten? Warum? Welche ein bis drei Bücher haben dein Leben am stärksten beeinflusst?
Vier Bücher:

Finite and Infinite Games: A Vision of Life as Play and Possibility von James P. Carse
One True God: Historical Consequences of Monotheism von Rodney Stark
The Idea of Decline in Western History von Arthur Herman
The Better Angels of Our Nature: Why Violence Has Declined von Steven Pinker (Seite 498)

Das sind wichtige Bücher, mit denen man unsere Zivilisation verstehen und ihr helfen kann. Hermans Buch zeigt, welche Folgen es hat, an die romantischen, tragischen Narrativen zu glauben, die Zivilisation sei dem Untergang geweiht, während *The Better Angels* skizziert, wie die Menschheit mit jedem Jahrtausend, Jahrhundert und Jahrzehnt weniger gewalttätig, grausam und ungerecht geworden ist. *One True God* beschreibt, wie tödlich wettbewerbsorientiert und reglementiert monotheistische Religionen im Laufe der Zeit zwangsläufig werden, während *Finite and Infinite Games* sich dafür ausspricht, sich von der Vorstellung zu lösen, die Spiele, auf die man sich im Leben einlässt, immer »gewinnen« zu müssen; stattdessen plädiert Carse dafür, die Regeln zu hinterfragen und mit ihnen zu brechen.

Welche Überzeugungen, Verhaltensweisen oder Gewohnheiten, die du dir in den letzten fünf Jahren angeeignet hast, haben dein Leben am meisten verbessert?
CrossFit. Geh rein, torkle heraus. Wiederhole das Ganze.

Als ich 75 Jahre alt war (heute bin ich 78), ging ich in die nächste CrossFit-Box und war sofort begeistert davon, dass es dort weder Spiegel noch Kraftstationen gab, dafür aber freie Hanteln. Etwa eine Stunde pro Workout, zweimal pro Woche, schalte ich in einem intensiven Workout ab, das jedes Mal völlig anders ist und meine Kraft, Ausdauer und Gewandtheit im sportlichen Wettbewerb mit anderen misst. Das Ergebnis? Im Laufe eines Jahres habe ich 13 kg abgenommen und mein altes Kampfgewicht von 70 kg wiedererlangt. Ich fühle mich toll, und das macht mich stolz, was mich wiederum glücklich macht.

Welchen Rat würdest du einem intelligenten, motivierten Studenten für den Einstieg in die »echte Welt« geben?

Ich weiß nur, was bei mir gut funktioniert hat. Nach dem College eignete ich mir in verschiedenen Kursen und Jobs zahlreiche Fähigkeiten an. Als ich 24 Jahre alt war, hätte ich meinen Lebensunterhalt als Holzfäller, Autor, Feldbiologe, Fotograf, Army-Offizier, Forscher für Museumsexponate oder Multimediakünstler verdienen können. Ich lernte auch, mit fast nichts glücklich zu sein. Ich blieb nicht bei diesen Dingen, aber die Fähigkeiten, die ich damals erwarb, halfen mir bei meinen späteren Aufgaben, wie dem *Whole Earth Catalog*.

Ich hatte das Glück, im College Naturwissenschaft (Biologie) studiert zu haben, aber ich wünschte, ich hätte mich auch mit Anthropologie und Theaterwissenschaften befasst (wir Introvertierten brauchen das). Ich lernte in meinen zwei Jahren als Offizier viel mehr als während des Studiums. Jede Form von Dienst (Friedenscorps usw.) ist ein Segen, sowohl für einen selbst wie auch für die Gesellschaft.

ZITATE, ÜBER DIE ICH NACHDENKE

(Tim Ferriss: 21. Oktober bis 18. November 2016)

»Das Privileg eines hohen Lebensalters ist, dass man ist, wer man ist.«

– JOSEPH CAMPBELL
amerikanischer Mythologe und Autor, bekannt für *The Hero with a Thousand Faces*

»Wenn du von unvermeidlichen Umständen geschüttelt wirst, besinne dich sofort auf dich selbst und verliere diesen Rhythmus nicht stärker, als du zulassen musst. Du wirst eine bessere Harmonie haben, wenn du immer wieder zu ihm zurückkehrst.«

– MARK AUREL
römischer Kaiser und Stoiker-Philosoph, Autor von *Meditations*

»Jeder möchte die Welt verändern, aber niemand sich selbst.«

– LEO TOLSTOI
einer der größten Schriftsteller Russlands, unter anderem Autor von *Anna Karenina* und *War and Peace*

»Warum geht man weg? Um zurückkommen zu können. Um den Ort, von dem man kam, mit neuen Augen und mehr Farben sehen zu können. Und auch die Leute dort sehen einen dann anders. Dorthin zurückzukehren, wo man begonnen hat, ist nicht das Gleiche wie nie wegzugehen.«

– TERRY PRATCHETT
britischer Fantasy-Autor, bekannt für seine Discworld-Reihe mit 41 Bänden

»Die Hauptsache ist, dass die Hauptsache die Hauptsache bleibt.«

SARAH ELIZABETH LEWIS
TW: @sarahelizalewis
IG: @sarahelizabethlewisl
sarahelizabethlewis.com

SARAH ELIZABETH LEWIS ist Assistant Professor für Kunstgeschichte und Architektur sowie afrikanische und afroamerikanische Studien an der Harvard University. Sie hat einen Bachelor-Abschluss aus Harvard, einen Magister der Philosophie von der Oxford University und einen Doktortitel in Kunstgeschichte von der Yale University. Vor ihrem Eintritt in die Fakultät in Harvard war sie Kuratorin im Museum of Modern Art in New York und in der Tate Modern in London sowie Dozentin an der Yale University School of Art. Als Gast-Herausgeberin hat sie die Sonderausgabe des Magazins *Aperture* zum Thema »Vision & Gerechtigkeit« gestaltet, die mit dem 2017 Infinity Award for Critical Writing and Research ausgezeichnet wurde. Außerdem hat sie den *Los Angeles Times*-Bestseller *The Rise: Creativity, the Gift of Failure, and the Search for Mastery* geschrieben. Lewis war Mitglied des Arts Policy Committee von Präsident Barack Obama und sitzt derzeit in den Boards der Andy Warhol Foundation for the Visual Arts, von Creative Time und des Graduate Center der City University of New York.

Welches Buch (welche Bücher) verschenkst du am liebsten? Warum? Welche ein bis drei Bücher haben dein Leben am stärksten beeinflusst?

Es gibt zwei Bücher, die ich sehr gern verschenke: *A Field Guide to Getting Lost* von Rebecca Solnit und die Aufsatz-Sammlung *The Price of the Ticket* von James Baldwin; einer der Essays darin mit dem Titel »Der kreative Prozess« sollte jedem Innovator als Orientierung dienen. Ich will nicht zu viel verraten, indem ich hier alles beschreibe, aber es ist von Baldwin. Es ist brillant. Jegliche Fragen, von denen du nicht wusstest, dass sie über den Sinn von kreativem Geist für die Gesellschaft hinausgehen, dürften darin beantwortet werden. Das Buch von Solnit ist perfekt für jemanden, der versucht, seine Leidenschaft zu befreien, und den Mut aufbringt, neue Wege zu beschreiten.

Welche Anschaffung von maximal 100 Dollar hat für dein Leben in den letzten sechs Monaten (oder in letzter Zeit) die größte positive Auswirkung gehabt?

Aus Studien ist bekannt, dass Ausgaben dann am meisten Glücksempfinden bringen, wenn man sich damit Erlebnisse kauft statt Dinge. Ich glaube, das stimmt. Aber ich gebe zu, dass ich einem guten sauberen Notizbuch ohne Linien von Moleskine nicht widerstehen kann.

Welcher (vermeintliche?) Misserfolg war die Voraussetzung für deinen späteren Erfolg? Hast du einen »Lieblingsmisserfolg«?

Ich persönliche erlebe Misserfolge eher in Zusammenhang mit Annahmen. Als farbige Frau, die bezahlt wird, damit sie denkt, lehrt und schreibt, werde ich von Menschen, die nichts von meiner Arbeit wissen, oft unterschätzt. Die Leute erwarten also, dass ich öfter Misserfolg habe, als es tatsächlich der Fall ist. Diese Wahrnehmung möglichen Versagens ist eine Art Antrieb für mich. Ich habe gelernt, dankbar dafür zu sein.

Ich habe *The Rise* geschrieben und in meiner TED-Rede darüber gesprochen, weil ich so fest an die Kraft des so genannten Misserfolgs oder der Annahme glaube, man werde Misserfolg haben. Denn sie bereitet den Weg zu bahnbrechenden Leistungen. Martin Luther King Jr. war ein guter Schüler, aber die schlechtesten Noten bekam er für öffentliches Sprechen. Wirklich. Zweimal C in zwei Jahren nacheinander. Es gibt noch mehr solcher Beispiele, und ich habe es geliebt, in dem Buch über sie alle zu schreiben. Die Misserfolge mit den größten Auswirkungen waren »Beinahe-Siege«, weil wir einen starken Anschub bekommen, wenn wir ein Ziel ganz knapp nicht erreichen. Aber eigentlich benutze ich das Wort »Misserfolg« gar nicht. Wenn man aus einer Erfahrung etwas gelernt hat, kann man sie kaum noch als Misserfolg bezeichnen, denn sie ist dann ja wertvoll geworden, hoffentlich jedenfalls.

Wenn du an einem beliebigen Ort ein riesiges Plakat mit beliebigem Inhalt aufhängen könntest, was wäre das und warum?

Das Zitat, mit ich das Plakat schmücken würde, lautet: »Die Hauptsache ist, dass die Hauptsache die Hauptsache bleibt.« Einfach. Und so wichtig. Ich glaube, wir lassen uns oft ablenken, von, na ja, dem Leben, sozialen Medien, was auch immer. Am Ende des Tages bemerken wir, dass wir nicht viel bewegt haben bei den Dingen, die uns wirklich am Herzen liegen. Vor allem die Frauen da draußen wissen, dass das stimmt. Wie erreicht man, dass die Hauptsache die Hauptsache bleibt? Für mich bedeutet es, dass ich meine Vormittage streng für die Zeit reserviere, die ich für Kreativität brauche. Andere Menschen haben andere Methoden. Aber für mich habe ich das Gefühl, dass ich eher eine Chance habe, mich auf meine wichtigsten Prioritäten zu konzentrieren, wenn ich sie gleich als Erstes auf die Tagesordnung setze.

Was ist das beste oder lohnendste Investment, das du je getätigt hast (in Form von Geld, Zeit, Energie etc.)?

Ich liebe es, regelmäßig zu meditieren und zu trainieren. Vor kurzem habe ich etwas Neues dazugenommen, eine Atemtechnik, die ich von Brian Mackenzie gelernt habe. Sie hilft mir wirklich dabei, mit Stress zurechtzukommen. Beeindruckend. Die Arbeit basiert auf präziser Wissenschaft. Brian macht eine Messung zur Bestimmung der emotionalen Reaktivität und der CO_2-Toleranz, mit der er eine individuelle Sequenz für das Atmen durch die Nase ausarbeitet. Die, die er für mich entworfen hat, fühlt sich an wie irgendeine Zauberei gegen Stress. Brian hat mir erklärt, dass man durch Luftanhalten einen stärkeren parasympathischen Tonus im Körper bekommt. Dadurch öffnen sich die Gefäße, und es kommt Stickoxid in den Körper. Nach den Atemübungen gehe ich für 15 oder 20 Minuten in die Meditation. Das ganze Programm dauert morgens ungefähr 35 Minuten.

Was ist eine deiner – gern auch absurden – Eigenheiten, auf die du nicht verzichten möchtest?

Privatsphäre, wenn ich an einem Höhepunkt meiner kreativen Arbeit stehe. In solchen Zeiten melde ich mich meist bei sozialen Medien ab und treffe mich allgemein nur mit wenigen Leuten. Das ist zwar im heutigen Klima ungewöhnlich, aber es ist sehr wichtig. Ein Gefühl der Privatsphäre bei der Arbeit ist eine der Möglichkeiten, sich eher an Risiken heranzuwagen. Soziale Medien abzuschalten, hilft unter anderem deswegen, weil man sich keine Gedanken mehr darüber macht, was wohl andere von der ungewöhnlichen Idee halten, mit der man sich gerade beschäftigt. Also bekommt sie eine Chance zum Wachsen und Reifen.

Wozu kannst du heute leichter Nein sagen als vor fünf Jahren?

Oh, das ist ein wichtiger Punkt. Wenn man zu viel aus einem Gefühl der Verpflichtung tut, kann das erschöpfend sein. Aufgaben, die man aus Leidenschaft übernimmt, geben dagegen mehr Energie. Wenn eine Anfrage eine neue Verantwortung für mich bedeutet, für die ich mich leidenschaftlich interessiere, dann sage ich zu. Wenn nicht, habe ich Möglichkeiten gefunden, Nein zu sagen. Meine Kollegin Robin Bernstein hat eine wunderbare Kolumne über geschickte Methoden zum Nein-Sagen mit dem Titel »The Art of ›No‹« geschrieben.

Was tust du, wenn dir alles zu viel wird, du nicht mehr fokussiert bist oder deine Konzentration nachlässt? Welche Fragen stellst du dir?

»Es gibt keinen Ausschuss für das Drehen der Erde.« Das hilft mir dabei, mich zu entspannen und daran zu denken, dass ich Teil von etwas Größerem bin, so wie wir alle. Größere Kräfte, die so präzise sind, dass wir wissen, wie viel vom Mond in einer bestimmten Nacht zu sehen sein wird, mit Sicherheit, selbst dann, wenn jemand seine To-do-Liste nicht ganz abgearbeitet hat. Wirklich, sogar dann! Was ich damit sagen will: Mit der Art und Weise, wie wir den Planeten behandeln, haben wir Einfluss auf die Gesetze der Natur, und wir können mit den Gesetzen der Natur arbeiten, um in unserer Welt etwas zu manifestieren (manchmal sogar ohne es zu wissen); aber wir können diese Gesetze nicht schaffen und nicht zerstören. Wir leben in einer Welt, die von ihnen gesteuert wird. Wenn ich überfordert bin, versuche ich deshalb, raus in die Natur zu kommen, an einen Ort, der mich an meine Umgebung aus einem Satz von Systemen und Gesetzen erinnert, der Bewegungen steuert. Wenn ich in der Stadt bin, schaue ich in die Luft und mache mich dann mit einem Gefühl der Entspannung und Unterstützung wieder an die Arbeit.

»›Einfach Nein sagen‹ (zu Drogen, Glücksspiel, Essen, Sex usw.) ist der nutzloseste Rat, den man jemandem geben kann, der einer Sucht verfallen ist. Wenn er Nein sagen könnte, würde er es tun.«

GABOR MATÉ
FB: /drgabormate

DR. GABOR MATÉ ist ein Arzt, der sich auf Neurologie, Psychiatrie und Psychologie spezialisiert hat. Er ist bekannt für seine Untersuchung und Behandlung von Suchtverhalten. Dr. Maté hat zahlreiche Besteller geschrieben, darunter das preisgekrönte *In the Realm of Hungry Ghosts: Close Encounters with Addiction.* Seine Werke wurden bereits in 20 Sprachen übersetzt. Dr. Maté erhielt den Hubert Evans Non-Fiction Prize, wurde von der University of Northern British Columbia mit der Ehrendoktorwürde ausgezeichnet und gewann 2012 den Martin Luther King Humanitarian Award der Mothers Against Teen Violence. Er ist außerordentlicher Professor an der Fakultät für Kriminologie an der Simon Fraser University in Burnaby, Kanada.

Welche Anschaffung von maximal 100 Dollar hat für dein Leben in den letzten sechs Monaten (oder in letzter Zeit) die größte positive Auswirkung gehabt?

Eine Version von Béla Bartóks Streichquartetten, die 1954 vom Végh-Quartett aufgenommen wurden. Vielleicht kommt mir das in den Sinn, weil ich beim Beantworten dieser Frage gerade die CD höre, aber die Bescheidenheit, Hingabe und Reinheit der Darbietung bewegt und inspiriert mich zutiefst.

Welches Buch (welche Bücher) verschenkst du am liebsten? Warum? Welche ein bis drei Bücher haben dein Leben am stärksten beeinflusst?

Das erste Buch, das mich stark beeinflusst hat, war *Winnie-The-Pooh* von A. A. Milne. Der Bär mit dem einfachen Gemüt war ein geliebter Gefährte meiner Kindheit in Budapest. (Ich glaube übrigens, dass die ungarische Übersetzung sogar lustiger und lebhafter als das englische Original ist, falls das überhaupt möglich ist.) Milnes kleiner Kosmos an Charakteren spricht das Kind in jedem von uns an; wir müssen zwar früher oder später aufwachsen und uns dem Leben stellen, aber hoffentlich bleiben uns der Humor und die unschuldige Weisheit des Bären erhalten.

Das zweite Buch war *The Scourge of the Swastika* von E. F. L. Russell, einem britischen Lord, Anwalt und Historiker. Das Buch war eines der ersten Bücher, das die Gräueltaten der Nazis dokumentierte, was mir mit zwölf Jahren einen erschütternden Einblick in die Vergangenheit bot, die meine Familie in der Zeit um meine Geburt durchmachen musste. (Ich verbrachte mein erstes Lebensjahr im von den Nazis besetzten Budapest; meine Großeltern wurden in Auschwitz ermordet. Dieser Hintergrund schärfte mein Bewusstsein für die Ungerechtigkeiten und die Grausamkeit, die in unserer Welt möglich sind, und dass völlig unschuldige Menschen leiden müssen – dieses Bewusstsein hat mich nie verlassen.

Das Dritte ist das *Dhammapada* mit den Weisheitslehren Buddhas. Es lehrt, dass wir unsere Aufmerksamkeit nach innen richten müssen, wenn wir die erlernten Vorurteile und

Einschränkungen des egozentrischen Geistes überwinden wollen. Mit anderen Worten: wenn wir das Leben klar sehen wollen. Es weist darauf hin, dass wir keinen Frieden in der Welt finden können, wenn wir ihn nicht in uns haben – eine Einsicht, die sich in meiner eigenen Erfahrung immer wieder bestätigt hat. In gewissem Sinn ist dieser kurze Text die Vorlage für die vielen späteren spirituellen und psychologischen Schriften, die mich beeinflusst und meine eigene Entwicklung vorangebracht haben.

Und weil ich mogle, füge ich noch ein viertes Buch hinzu: *The Drama of the Gifted Child* von Alice Miller, das erste Buch, das mir etwas über die destruktive, lebenslange Auswirkung von Kindheitstraumata beigebracht hat und wie man sie heilen und mit ihnen leben kann; Themen, die mit denen ich mich heute beruflich schwerpunktmäßig befasse. Außerdem möchte ich – man möge es mir verzeihen – noch *Don Quixote* erwähnen, der wunderbarste und normalste Wahnsinnige in der gesamten Weltliteratur.

Welcher (vermeintliche?) Misserfolg war die Voraussetzung für deinen späteren Erfolg? Hast du einen »Lieblingsmisserfolg«?

1997 verlor ich meinen Job als medizinischer Koordinator der Palliativstation am Vancouver Hospital. Ich liebte meine Arbeit, die Zusammenarbeit mit meinen motivierten Kollegen und Krankenschwestern, die sich alle hingebungsvoll um die Todkranken kümmerten – und trotzdem war die Entlassung, die ich zuerst als große Demütigung empfand, eines der besten Dinge, die mir jemals passiert sind. Nach dem ersten Schock, der Wut und dem Gefühl, ungerecht behandelt worden zu sein, wurde die Erfahrung ein wertvoller Lernimpuls. Ich konnte erkennen, wie mich mein Narzissmus für die Bedürfnisse und Belange der Menschen, mit denen ich zusammenarbeitete, blind gemacht hatte. Ich erkannte, dass ich ein schlechter Zuhörer und Kollege gewesen war. Und das öffnete mir unerwartet die Tür zu einer neuen und tiefgreifenden Berufung. Ich arbeitete anschließend mit traumatisierten Suchtkranken in der East Side von Downtown Vancouver, was mir die Erfahrung, Weitsicht und Inspiration für das aktuellste und vielleicht wichtigste Kapitel meiner beruflichen Laufbahn gab: über Sucht zu schreiben und darüber zu informieren.

Wenn du an einem beliebigen Ort ein riesiges Plakat mit beliebigem Inhalt aufhängen könntest, was wäre das und warum? Gibt es Zitate, an die du häufig denkst oder nach denen du lebst?

Auf der Anzeigentafel würden die Worte meines größten zeitgenössischen Lehrers stehen, A. H. Almaas: »Dein großes Geschenk an die Welt ist die Person, die du bist. Das ist sowohl dein Geschenk als auch deine Erfüllung.«

Was ist das beste oder lohnendste Investment, das du je getätigt hast (in Form von Geld, Zeit, Energie etc.)?

Die größte Zeitinvestition, die ich jemals gemacht habe, war die Teilnahme am Enlightenment-Intensive-Retreat, das ein enger Freund von mir, Murray Kennedy, vor vielen Jahrzehnten veranstaltet hat. Nicht, dass ich damals oder später erleuchtet wurde. Ich ärgerte mich damals sogar, dass mir eine spirituelle Erfahrung versagt geblieben war, die ich meiner Meinung nach unbedingt benötigte. Aber der Retreat eröffnete mir eine Welt der spirituellen Fragestellungen und zeigte mir, dass ich mein wahrgenommenes Selbst von meinem hektischen, getriebenen und chronisch unzufriedenen Ich differenzieren muss. Ich arbeite noch daran, und das ist auch gut so. Über die Jahre wurde mein Freund Murray ein Meisterlehrer und eine Inspiration für mich und viele andere, die auf dem Weg der Selbsterfahrung sind.

Was ist eine deiner – gern auch absurden – Eigenheiten, auf die du nicht verzichten möchtest?

Ich versuche, meine Frau mit einem ungarischen Akzent zu verführen. Die Verführung gelingt mir gelegentlich; beim Akzent hapert es allerdings.

Welche Überzeugungen, Verhaltensweisen oder Gewohnheiten, die du dir in den letzten fünf Jahren angeeignet hast, haben dein Leben am meisten verbessert?

Mein Leben lang war ich in Bezug auf Yoga ein Agnostiker/Zyniker – nach dem Motto: »Du wirst mich niemals Yoga machen sehen« –, aber mittlerweile übe ich fast täglich nach der Methode des indischen Yogi Sadhguru Jaggi Vasudev. Das war eine transformative Erfahrung, die mir Zugang zu einem Gefühl der inneren Weite und Leichtigkeit gewährte, die mir zuvor unbekannt war.

Welchen Rat würdest du einem intelligenten, motivierten Studenten für den Einstieg in die »echte Welt« geben? Welchen Rat sollte er ignorieren?

Wenn du wirklich klug bist, lässt du dein inneres Getriebensein fallen. Es spielt keine Rolle, was dich antreibt; wenn du ständig getrieben bist, bist du wie ein Fähnchen im Wind. Du bist nicht autonom. Du lässt dich leicht vom Kurs abbringen, auch wenn du das erreichst, was du für dein Ziel hältst. Und verwechsle inneres Getriebensein nicht mit der Energie, die du spürst, weil dich deine innere Berufung zur Tat ruft. Das eine zehrt dich aus und macht dich leer; das andere nährt deine Seele und lässt dein Herz strahlen.

Welche schlechten Ratschläge kursieren in deinem beruflichen Umfeld oder Fachgebiet?
»Einfach Nein sagen« (zu Drogen, Glücksspiel, Essen, Sex usw.) ist der nutzloseste Rat, den man jemandem geben kann, der einer Sucht verfallen ist. Wenn er Nein sagen könnte, würde er es tun. Es geht bei Sucht ja gerade darum, durch Leid, Trauma, innere Unruhe und seelischen Schmerz zu einem destruktiven Verhalten gezwungen zu werden. Wenn man jemandem helfen will, sollte man ihn fragen, warum sein Schmerz ihn dazu treibt (da haben wir das Wort wieder), die Flucht zu ergreifen, indem er bestimmte Substanzen einnimmt und sich dadurch selbst schadet. Dann sollte man ihn unterstützen, das Trauma zu heilen, das die Wurzel seiner Abhängigkeit ist; dieser Prozess beginnt immer mit wertneutraler Neugier und Mitgefühl.

Wozu kannst du heute leichter Nein sagen als vor fünf Jahren?
Nicht in den letzten fünf Jahren, sondern in den letzten fünf *Wochen* habe ich (endlich!) gelernt, dass ich nicht immer den Bedürfnissen anderer gerecht werden, meine Mitmenschen heilen und alle Einladungen annehmen muss, meine Arbeit zu unterrichten. Das zehrte an meinem inneren Frieden und an meiner Ehe. Es mag ironisch sein, aber ich musste schließlich meinen eigenen Ratschlägen folgen, die ich in meinem Buch *When the Body Says No* gebe, das von Stress und Krankheit handelt. Das ist alles sehr neu für mich, aber ich spüre, wie die Freude und Vitalität in mein Leben zurückkehren. Ich habe die dringend nötige Gelegenheit bekommen zu erkunden, wer ich bin, wenn ich einfach *bin*, ohne ständig etwas tun zu müssen.

Was tust du, wenn dir alles zu viel wird, du nicht mehr fokussiert bist oder deine Konzentration nachlässt? Welche Fragen stellst du dir?
Ich neige zu Hyperaktivität, und deshalb lasse ich mich leicht ablenken. Die Frage, die mir hilft, in den gegenwärtigen Augenblick zurückzukehren, lautet daher einfach: »Ist das, was ich tue, im Einklang mit meiner Lebensberufung?« Meine Berufung – das, was mir Freude schenkt und mich am meisten motiviert – ist Freiheit für jeden, also auch für mich: in politischer, sozialer, emotionaler und spiritueller Hinsicht. Wenn ich den Drang habe, mich von meiner inneren Unruhe abzulenken, bin ich nicht frei. Wenn ich mich allerdings wegen meiner leichten Ablenkbarkeit selbst kritisiere, bin ich auch nicht frei. Freiheit ergibt sich immer aus dem Bewusstsein, selbst entscheiden zu können: Ich entscheide, was ich tue und wie es mir geht, in jedem Augenblick.

»Ihr wisst ja: Babe Ruth war nicht nur Home-Run-König, sondern auch Strikeout-König.«

STEVE CASE
TW: @SteveCase
FB: /stevemcase
revolution.com

STEVE CASE ist einer der bekanntesten Unternehmer Amerikas und Chairman, CEO und Mitgründer der Investmentgesellschaft Revolution LLC. Er gehört zu den Pionieren, die das Internet in unserem Alltag integriert haben. Steves Unternehmerkarriere begann 1985 als Mitgründer von America Online (AOL). Unter seiner Leitung entwickelte sich AOL zum größten und wertvollsten Internetunternehmen der Welt. AOL ging als erste Internetgesellschaft an die Börse, die Aktie zählte in den 1990er Jahren zu den absoluten Topwerten und warf für die Aktionäre 11.616 Prozent Rendite ab. Steve ist Autor des *New York Times*-Bestsellers *The Third Wave: An Entrepreneur's Vision of the Future*. Außerdem ist er Vorsitzender der Case Foundation, die er 1997 mit seiner Frau Jean ins Leben gerufen hat. 2010 schlossen sich Steve und Jean The Giving Pledge an und bekräftigten öffentlich ihre Zusage, den Großteil ihres Vermögens für philanthropische Zwecke zu spenden.

Welches Buch (welche Bücher) verschenkst du am liebsten? Warum? Welche ein bis drei Bücher haben dein Leben am stärksten beeinflusst?

The Third Wave von Zukunftsforscher Alvin Toffler hat mein Leben enorm beeinflusst. Es war unter anderem seine Vision von einem globalen elektronischen Dorf, die mich dazu brachte, AOL mitzugründen. Ich las Tofflers *Third Wave* in meinem Abschlussjahr am College und fand die Vorstellung faszinierend, Menschen mit Hilfe eines digitalen Mediums zu vernetzen. Das Buch hatte so eine Wirkung auf mich, dass ich mir sogar den Titel auslieh, als ich selbst eins schrieb: *The Third Wave: An Entrepreneur's Vision of the Future*. Tofflers drei Wellen waren die landwirtschaftliche Revolution, die industrielle Revolution und die technologische Revolution. Ich fokussierte mich auf die drei Wellen des Internets: den Aufbau von Plattformen zur Vernetzung der Welt, die Entwicklung webbasierter Apps und schließlich die immer stärker um sich greifende, manchmal unsichtbare Integration des Internets in alle Lebensbereiche.

Welchen Rat würdest du einem intelligenten, motivierten Studenten für den Einstieg in die »echte Welt« geben?

Erstens, dass er sich auf die Zukunft konzentrieren und sich richtig aufstellen sollte für das, was als Nächstes kommt – nicht für das, was gerade passiert. Wayne Gretzky war ein großartiger Eishockeyspieler, weil er sich nicht darauf fokussierte, wo der Puck gerade war, sondern darauf, wo er gleich sein würde – und darauf, als Erster dort zu sein. So geht's!

Zweitens: Wenn ein Student – wie viele andere – einen geisteswissenschaftlichen Abschluss hat, sollte er stolz darauf sein und dazu stehen. Die gängige Meinung ist zwar, dass Programmieren der Schlüssel zum Erfolg ist, doch für die dritte Welle, wenn ganze Industriezweige in Umbruch geraten, dürfte das nicht mehr unbedingt so gelten wie für die zweite, als die Entwicklung von Apps im Mittelpunkt stand. Sicherlich wird das Programmieren auch weiterhin eine Rolle spielen, doch ebenso Kreativität und Zusammenarbeit. Lasst euch nicht verbiegen. Vertraut auf eure Fähigkeiten, denn sie sind entscheidend für eure weitere Entwicklung.

Drittens: Habt keine Angst. Ich weiß, dass das leichter gesagt ist, als getan – vor allem für eine Generation, die von hyperaktiven Helikoptereltern zu konventionellem Verhalten erzogen wurde – und in einer Welt, die von Arbeitsplatzverlusten und Terrorismus erschüttert wird. Doch trotz allem muss man die eigene Komfortzone verlassen und aufs Ganze gehen – in dem Bewusstsein, dass das auch schiefgehen kann. Ihr wisst ja: Babe Ruth war nicht nur Home-Run-König, sondern auch Strikeout-König. Wer Risiken eingeht, der gewinnt nicht immer, doch deshalb ist er noch lange kein Versager. Es bedeutet nur, dass er sich wieder aufrappeln und noch mehr anstrengen muss, wenn er Erfolg haben will.

Welche schlechten Ratschläge kursieren in deinem beruflichen Umfeld oder Fachgebiet?

Besonders besorgniserregend finde ich drei Binsenweisheiten, die man vor allem an Orten wie dem Silicon Valley hört. Die erste ist die Vorstellung, dass Naivität ein Wettbewerbsvorteil sei. Die Gründer von PayPal taten den berühmten Ausspruch, dass sie so gar nichts über die Kreditkartenbranche wussten, habe ihnen einen Ansatzpunkt geliefert, sie auf den Kopf zu stellen. In ihrem speziellen Fall war das so, doch inzwischen wird das verallgemeinert. Die Vorstellung, Ignoranz sei eine Stärke, dürfte in einem neuen Innovationszeitalter des Umbruchs für maßgebende Branchen zu Fehltritten führen. Wer zum Beispiel das Gesundheitswesen revolutionieren möchte, der muss sich nicht nur mit Software auskennen, sondern auch mit der Zusammenarbeit mit Ärzten, mit der Integration von Kliniken, mit der Erstattungspraxis von Versicherungen und mit den Vorschriften. Kenntnisse über das Gesundheitswesen dürften daher von Vorteil sein – oder gar unabdingbar –, wenn man herausfinden will, wohin die Reise gehen soll, und wenn man die nötige Glaubwürdigkeit mitbringen will, um Dinge zu bewegen. Auch auf dem Gebiet der AgTech [landwirtschaftliche Technologie] dürften Fachkenntnisse vonnöten sein. In Zukunft wird es darauf ankommen, die Kultur der Landwirtschaft zu verstehen. Gleiches gilt für EdTech [Technologie im Bildungswesen], wenn man sicher sein möchte, dass die eigenen Entwicklungen Schülern und Lehrern helfen. Im Endeffekt wird es auf Ausgewogenheit ankommen – zwischen fachlichen Kompetenzen und frischem, unkonventionellem Denken. Wer beides beherrscht, wird in der dritten Welle zu den Gewinnern zählen.

Zweitens finde ich die Vorstellung bedenklich, dass es besser ist, wenn einer alles alleine macht – also die Komplettlösung »aus einer Hand«. Das wird sicherlich manchmal funktionieren, doch wenn es um mehr geht als um eine App, wird ein Alleingang schwierig. Vermutlich werden Partner gebraucht oder sogar unverzichtbar sein. Es gibt da eine Redensart, die an Bedeutung gewinnen dürfte: »Willst du schnell vorankommen, geh allein. Willst du aber weit kommen, musst du dich mit anderen zusammentun.« Das könnte sich sehr gut als Mantra der dritten Welle erweisen.

Der dritte schlechte Rat ist, dass man Vorschriften am besten ignorieren und einfach weitermachen sollte. Sicher, Uber hatte Erfolg, indem es lokale Rechtsvorschriften missachtete. Statt auf Genehmigungen zu warten, die möglicherweise nie gekommen wären, preschte man voran und baute einen äußerst erfolgreichen werthaltigen doppelseitigen Markt für

Passagiere/Fahrer auf. Chapeau! Aber bei Uber hat das geklappt, weil es sich um lokale Vorschriften handelte, nicht um nationale. Für die meisten Innovationen in Sektoren wie Gesundheit gilt das nicht. Wer ohne Zulassung ein Medikament oder ein medizinisches Gerät auf den Markt bringen möchte, dem wird schnell das Handwerk gelegt. Und so wird es auch bei fahrerlosen Autos auf öffentlichen Straßen und Drohnen am Himmel sein, und mit SmartCities-Innovationen ebenfalls. Die Liste ist endlos. Unter dem Strich heißt das: Die Innovatoren der dritten Welle müssen sich wohl oder übel mit der Politik arrangieren, um echte Innovation herbeizuführen. Insgesamt gelten die Regeln, die für die zweite Welle funktionierten, als es hauptsächlich um die Entwicklung von Software und Diensten und um das Vorantreiben der viralen Verbreitung ging, für die dritte Welle eher nicht, wenn sich das Internet allmählich auf grundlegendere Aspekte unseres Lebens auswirkt.

»Wer *nicht* für verrückt erklärt wird, wenn er etwas Neues beginnt, der denkt zu kurz.«

LINDA ROTTENBERG
TW: @lindarottenberg
lindarottenberg.com

LINDA ROTTENBERG ist Mitgründerin und CEO von Endeavor Global, einer bahnbrechenden gemeinnützigen Organisation zur Unterstützung hochkarätiger Unternehmer weltweit. Sie wurde von *U.S. News & World Report* unter »America's Best Leaders« und von der Zeitschrift *Time* unter den »100 Innovators for the 21st Century« gelistet. Als Vortragsrednerin ist Linda häufiger Gast bei Fortune-500-Unternehmen und war Thema von vier Fallstudien der Harvard Business School und der Stanford Graduate School of Business. ABC und NPR haben sie als »Unternehmerflüsterin« bezeichnet, und Tom Friedman verlieh ihr den Spitznamen einer globalen »Mentor-Kapitalistin«. Sie ist Autorin des *New York Times*-Bestsellers *Crazy Is a Compliment: The Power of Zigging When Everyone Else Zags.*

Welcher (vermeintliche?) Misserfolg war die Voraussetzung für deinen späteren Erfolg? Hast du einen »Lieblingsmisserfolg«?

Endeavor stand kurz vor seinem zehnten Geburtstag, und ich dachte, wir hätten das Gröbste geschafft, als mich eine Katastrophe beinahe aus der Bahn warf. Bei meinem Mann, einem für seine Abenteuerreisen bekannten Bestsellerautor, wurde lebensbedrohlicher Knochenkrebs festgestellt, was mir meine Antriebskraft raubte. Ich konnte kein Flugzeug mehr besteigen und schaffte es kaum noch ins Büro. Ich wusste nicht, ob Bruce es schaffen würde – und ehrlich gestanden auch nicht, ob Endeavor überleben würde. Zum Glück sprang unser unglaubliches Team in die Bresche, und wir wuchsen schneller denn je. Vielleicht hatte das ja auch etwas damit zu tun, dass ich nicht da war und mich in jedes Detail einmischte! Doch ich lernte aus dieser Episode noch viel mehr. Als Bruce, wofür ich sehr dankbar bin, geheilt war und ich wieder an die Arbeit ging, hatte ich eine wertvolle Lektion als Führungskraft und als Mensch erhalten. Als weiblicher CEO hatte ich ganz bewusst mit Stärke und Selbstvertrauen geführt. ... Schließlich sollte keiner merken, wenn ich ins Schwitzen kam oder – noch schlimmer – Tränen vergoss. Nach meiner Rückkehr funktionierte diese harte Fassade nicht mehr. Meine Mitarbeiter wollten wissen, wie es Bruce, unseren Zwillingstöchtern und mir ging. Ich hatte keine Wahl, ich musste meine Abwehrmechanismen deaktivieren und mich zum ersten Mal verletzlich zeigen. Verblüfft stellte ich fest, dass das meine Mitarbeiter nicht etwa abstieß, sondern enger an mich band. Junge Teammitglieder gestanden mir im Vertrauen, sie hätten mich immer für »übermenschlich« gehalten – gleichbedeutend mit unnahbar. Nachdem ich mich von meiner menschlichen Seite gezeigt hatte, waren sie bereit, mir überall hin folgen. Die Lektion: Ich würde künftig lieber *weniger* »Übermensch« sein und dafür *mehr* »Mensch«.

Wenn du an einem beliebigen Ort ein riesiges Plakat mit beliebigem Inhalt aufhängen könntest, was wäre das und warum?

Auf meiner Plakatwand stünde: »Verrückt ist ein Kompliment!«

Als ich Endeavor gründete, wurde ich so oft als »la chica loca« (die Verrückte) bezeichnet, dass ich am Ende beschloss, mir das als Prädikat auf die Fahne zu schreiben. Hoffentlich tun das auch andere, denn wer etwas Neues ausprobiert – vor allem etwas, das den Status quo grundlegend verändert –, der sollte damit rechnen, für verrückt gehalten zu werden. Wer für Unruhe sorgt, gilt automatisch als nicht ganz sauber. Größter Aktivposten eines Unternehmers ist, dass er anders denkt als andere – dazu neigt, hüh zu schreien, wenn alle anderen hott rufen, und eine neue Richtung einzuschlagen. Viele trauen sich das nicht, weil sie Angst davor haben, andere könnten sie für verrückt halten. Ich sage nicht nur, verrückt ist ein Kompliment, sondern sogar: Wer *nicht* für verrückt erklärt wird, wenn er etwas Neues beginnt, der denkt zu kurz!

Was tust du, wenn dir alles zu viel wird, du nicht mehr fokussiert bist oder deine Konzentration nachlässt?

Meine Zwillingstöchter Tybee und Eden rücken die Dinge für mich zurecht. Sie haben meine persönliche und berufliche Entwicklung stark beeinflusst. Qua Geburt haben sie meinen ganzen Führungsstil verändert. Früher war ich Perfektionistin, Mikromanagerin und reiste dauernd um die Welt. Ich musste lernen, zu delegieren und auch mal Nein zu sagen, um Zeit für sie zu haben. Wie Eden es im reifen Alter von fünf Jahren so treffend auf den Punkt brachte: »Unternehmerin kannst du nur eine Zeitlang sein, Mama bist du für immer.«

Was ist eine deiner – gern auch absurden – Eigenheiten, auf die du nicht verzichten möchtest?

Meine vielleicht seltsamste Eigenheit: Ich stalke (aber im positiven Sinn). Meine »Stalking«-Fähigkeiten (bei Investoren, Verwaltungsratsmitgliedern, Unternehmern et cetera) leisteten mir in der Anfangszeit von Endeavor gute Dienste. Einmal habe ich einen potenziellen Mentor sogar vor der Herrentoilette abgepasst, um ihn ein paar Minuten unter vier Augen zu sprechen. [Mit dem Satz:] »Guten Tag, ich bin Linda und habe eine Organisation zur Unterstützung von Unternehmern in Schwellenländern gegründet. Ich würde gern kurz mit in Ihr Büro kommen, um Ihnen mehr darüber zu erzählen.«

Mach dir keine Gedanken darüber, ob man dich aggressiv finden könnte. Das müssen vor allem Frauen erst lernen. Estée Lauder gehörte zu den größten Stalkerinnen, und viele andere erfolgreiche Unternehmer hatten anfangs noch kein großes Netzwerk, sondern lediglich ein bisschen Chuzpe im richtigen Moment. Trau dich und wende dich an einen Mentor, den du bewunderst. Menschen reagieren positiv auf Engagement und klare Ansagen, warum du gerade sie ansprichst. Mein Stalking-Opfer tat das jedenfalls: Er erklärte sich am Ende bereit, den Kovorsitz des globalen Beirats von Endeavor zu übernehmen. Anders ausgedrückt: Stalking als Start-up-Strategie wird unterbewertet!

Welchen Rat würdest du einem intelligenten, motivierten Studenten für den Einstieg in die »echte Welt« geben? Welchen Rat sollte er ignorieren?

Studienabsolventen und angehenden Unternehmern wird oft erzählt, sie sollten sich alle Möglichkeiten offenhalten. »Schlagt keine Türen zu.« Doch das führt zu Lähmung oder gar zu Selbsttäuschung. Wie viele meiner früheren Studienkollegen, die »für ein paar Jahre« zu Goldman Sachs oder McKinsey gegangen sind, bevor sie sich ihrer eigentlichen Leidenschaft zuwenden wollten – dem Kochen oder der Gründung ihres Traumunternehmens –, sind heute Starköche oder Unternehmer? Die meisten sind nach wie vor Banker oder Berater und meinen, ihnen stünde noch alles offen. Mein Rat an alle Collegestudenten: *Schlagt Türen zu*.

Das Gleiche gilt auch für Unternehmer, die nur mit einem Bein im Geschäft sind. Am Anfang ist das okay (schließlich hat sogar Phil Knight von Nike jahrelang als Buchhalter gearbeitet, und Sara Blakely von Spanx hat Faxgeräte verkauft, bis sie sicher war, dass ihre Idee einschlug). Doch wenn die eigene Idee Fuß fasst, muss man das Sicherheitsnetz kappen. Man kann kein größeres Unternehmen aufbauen, wenn man nur einen Fuß im Geschäft hat. Unternehmer klammern sich oft an die Sicherheit ihrer bisherigen Beschäftigungsverhältnisse – mehr aus Angst als aus Notwendigkeit –, selbst wenn sie es sich schon leisten könnten, sich Vollzeit ihrem eigenen Betrieb zu widmen.

Mein Rat an Unternehmer: Sobald deine Idee greift, solltest du die Nabelschnur durchtrennen. Deine Ideen können keine Flügel bekommen, wenn sie noch im Nest sitzen.

»Es ist nie einfacher als heute, sich ohne Rücksicht auf Verluste seiner Leidenschaft zu widmen. Tu es.«

TOMMY VIETOR
TW: @Tvietor08, @PodSaveAmerica
crooked.com

TOMMY VIETOR ist Gründungspartner von Fenway Strategies, einer kreativen Agentur für strategische Kommunikation und Public Relations. Außerdem ist er Mitgründer von Crooked Media und Ko-Moderator des politischen Podcast *Pod Save America*. Fast zehn Jahre lang war Tommy Sprecher von Präsident Barack Obama. Von 2011 bis 2013 war er Sprecher des Nationalen Sicherheitsrats der USA und fungierte als Hauptansprechpartner für die Medien in allen außenpolitischen Angelegenheiten und Fragen der nationalen Sicherheit. 2004 schloss er sich dem Senatswahlkampf von Obama an und war Obamas Sprecher im US-Senat. Er war Visiting Fellow am University of Chicago Institute of Politics und wurde von der Zeitschrift *Campaigns and Elections* unter den besten zehn Kommunikationsexperten geführt.

Welches Buch (welche Bücher) verschenkst du am liebsten? Warum? Welche ein bis drei Bücher haben dein Leben am stärksten beeinflusst?

Wirklich beeinflusst hat mich das Buch *The Nightingale's Song* von Robert Timberg. Er verfolgt darin den Werdegang von fünf Absolventen der United States Naval Academy (John McCain, Bud McFarlane, Oliver North, John Poindexter und Jim Webb) im Vietnamkrieg und in der Politik. Es ist eine außergewöhnliche Geschichte über Mut und Opferbereitschaft und gleichzeitig eine Warnung, wie leicht man vom Weg abkommen und fehlgehen kann – selbst wenn man glaubt, im Dienste eines hehren Ziels zu handeln.

Welcher (vermeintliche?) Misserfolg war die Voraussetzung für deinen späteren Erfolg? Hast du einen »Lieblingsmisserfolg«?

Nach meinem Collegeabschluss ging ich 2002 nach Washington, um ein Praktikum bei Senator Ted Kennedy zu machen. Die Politik war meine Welt, und ich wusste gleich, dass ich mir damit meine Brötchen verdienen wollte. Nach dem Praktikum bewarb ich mich um jeden Job, der in Washington angeboten wurde. Dann verloren die Demokraten die Kongresswahlen, und die Hälfte der Jobs, um die ich mich beworben hatte, existierte nicht mehr. Also arbeitete ich weiter als unbezahlter Praktikant. Schließlich wurde im Front Office von Senator Kennedy eine Stelle frei: Jemand sollte den Telefondienst übernehmen und Besucher begrüßen. Ich war sicher, ich würde den Posten bekommen. Ich bewarb mich, ging zum Vorstellungsgespräch, verschiedene Leute legten ein gutes Wort für mich ein – doch ein anderer erhielt den Zuschlag. Ich war am Boden zerstört. Hätte ich den Job bekommen und wäre in Washington geblieben, hätte ich mich nie im Senatswahlkampf von Barack Obama engagiert, und mein Leben wäre ganz anders verlaufen. Dieser Fehlschlag war mein wichtigster Karriereschritt.

Was ist das beste oder lohnendste Investment, das du je getätigt hast (in Form von Geld, Zeit, Energie etc.)?

Meine klügsten Investitionen waren, wenn ich auf gut bezahlte Stellen verzichtet habe für Positionen, die mir unschätzbare Erfahrungen vermittelten. Ein Beispiel dafür war ein Job als Wahlkampfhelfer. Dabei verdient man nichts. Man arbeitet ohne Ende. Verliert die eigene Partei, ist man arbeitslos. Doch dieses kurzfristige Opfer zu bringen, war die klügste Entscheidung meines Lebens.

Zwei Jahre lang war ich pleite und schlief auf einer Luftmatratze. Sie begleitete mich durch drei Bundesstaaten (North Carolina, Illinois, Iowa). Jeden Morgen war die Hälfte der Luft entwichen und mein Hintern touchierte schon den Boden. Zahllose Male überzog ich mein Bankkonto (vielen Dank für die ganzen Überziehungszinsen, Bank of America!), doch die Erfahrung war mehr wert als jeder Gehaltsscheck davor oder danach.

Welchen Rat würdest du einem intelligenten, motivierten Studenten für den Einstieg in die »echte Welt« geben?

Mach dir keine Sorgen ums Geld. Mach dich nicht mit Plänen verrückt. Mach dir keine Gedanken ums Netzwerken oder um die richtige Positionierung für die Zukunft. Versuche mit aller Kraft, etwas zu finden, das dir Spaß macht, denn die deprimierende Wahrheit ist: Die wenigsten Menschen finden einen Beruf, für den sie sich begeistern. Für viele Menschen ist das wirkliche Leben eine Schinderei, und sie leben für die Wochenenden. Es ist nie einfacher als heute, sich ohne Rücksicht auf Verluste seiner Leidenschaft zu widmen. Tu es.

Was tust du, wenn dir alles zu viel wird, du nicht mehr fokussiert bist oder deine Konzentration nachlässt?

Ich werde dafür bezahlt, Nachrichten zu lesen und zu kommentieren, und trotzdem wache ich jeden Morgen auf und fühle mich überfordert von allem, was auf mich einstürmt. Ich spüre förmlich, wie mein Blutdruck steigt, wenn ich versuche, zu entscheiden, worauf ich mich zuerst konzentrieren soll. Ich schaffe das, weil ich mir bewusstmache, dass sich die Welt auch weiterdreht, wenn ich nicht alles gelesen habe. Auch am nächsten Morgen werden wieder Zeitungen erscheinen. Für mich ist es grundsätzlich besser, eine kleinere Menge hochwertiger Informationen zu konsumieren, als zu versuchen, alles aufzunehmen. Ich glaube, das gilt für viele Dinge im Leben. Ich halte es für sinnvoller, an einem bestimmten Abend intensiv Zeit mit einem Freund zu verbringen, als zu versuchen, alle unter einen Hut zu bekommen.

Wenn du an einem beliebigen Ort ein riesiges Plakat mit beliebigem Inhalt aufhängen könntest, was wäre das und warum?

Auf meiner Plakatwand stünde: »SCHAU NICHT DAUERND AUF DEIN HANDY« – sowohl als Botschaft an andere als auch als Mahnung an mich.

ZITATE, ÜBER DIE ICH NACHDENKE

(Tim Ferriss: 25. November bis 30. Dezember 2016)

»Glaube nicht alles, was du denkst.«

– BJ MILLER
Hospiz-Arzt, zitiert einen bekannten Buddhisten-Spruch

»Schmerzen zu vergessen, ist sehr schwierig, aber noch schwieriger ist es, sich an das Süße zu erinnern. Für Glück können wir keine Narbe vorzeigen. Von Frieden lernen wir sehr wenig.«

– CHUCK PALAHNIUK
amerikanischer Autor, bekannt für *Fight Club*

»Weniger reden, mehr zuhören.«

– BRENÉ BROWN
Forschungsprofessorin, Autorin von *Daring Greatly*

»Realität ist nur eine Illusion, aber eine sehr hartnäckige.«

– ALBERT EINSTEIN
deutscher theoretischer Physiker, Nobelpreisträger

»Du lernst das Geheimnis dieses Geschäfts, und es lautet, es gibt kein Geheimnis. Sei du selbst.«

LARRY KING
TW: @kingsthings
ora.tv/larrykingnow

LARRY KING wurde von *TV Guide* als »der bemerkenswerteste Talkshow-Moderator der Fernsehgeschichte« und vom *Time-Magazine* als »Meister des Mikrofons« bezeichnet. In mehr als einem halben Jahrhundert Fernsehen hat er mehr als 50.000 Interviews geführt, darunter exklusive Gespräche mit jedem US-Präsidenten seit Gerald Ford. *Larry King Live* hatte sein Debüt auf CNN im Jahr 1985 und lief dann 25 Jahre lang. King, auch als »Muhammad Ali des Fernseh-Interviews« bezeichnet, wurde in fünf der wichtigsten Rundfunk-Ruhmeshallen der USA aufgenommen und hat sowohl einen Emmy für seine Lebensleistung als auch den angesehenen Al Neuharth Award for Excellence in the Media erhalten. Mit seinen Radio- und Fernseh-Shows hat er außerdem den George Foster Peabody Award für Exzellenz im Rundfunk gewonnen. Er ist der Autor mehrerer Bücher, darunter seine Autobiografie *My Remarkable Journey*. Derzeit moderiert King die Sendung *Larry King Now*, produziert von Ora TV.

Anmerkung von Tim Ferriss: Mein Freund Cal Fussman (TW: @calfussman, calfussman.com) hat einen *New York Times*-Bestseller geschrieben und ist beim *Esquire*-Magazin der Hauptautor der Interview-Reihe »What I Learned«. Er hat Dutzende Menschen interviewt, die Einfluss auf die moderne Kultur hatten, darunter Michail Gorbatschow, Muhammad Ali, Jimmy Carter, Ted Kennedy, Jeff Bezos und Richard Branson. Außerdem frühstückt er fast jeden Morgen in L.A. zusammen mit Larry King. Weil der manchmal schwierig zu kriegen ist und ich ihn trotzdem unbedingt in diesem Buch haben wollte, war Cal so freundlich, ihn für mich zu befragen. Außerdem wollten wir uns auf einige der Geschichten von Larry King konzentrieren, also wirst du bemerken, dass das Format und die Fragen in diesem Fall etwas anders sind. Danke, Cal und Larry!

Larry Kings erster Morgen als Moderator:

Es ist Montagmorgen, der 1. Mai 1957. Ich fahre um etwa 6 Uhr morgens los, um 9 Uhr gehe ich auf Sendung. Mein Onkel umarmt und küsst mich. Es war ein warmer, schwüler, sonniger Morgen in Miami Beach. 41st Street Nr. 8, direkt gegenüber von der Polizeiwache. Die wollte ich vergangenes Jahr übrigens nochmal besuchen. Sie ist jetzt eine andere Wache.

Jedenfalls, ich gehe hinein, und gegen 8 Uhr kommt eine Sekretärin und sagt Hallo zum Nacht-Moderator und gibt mir einen Stapel Unterlagen. Ich bin bereit, und Marshall [Simmons, der Geschäftsführer] sagt, »Komm mal in mein Büro«, ungefähr um Viertel vor Neun.

Und er sagt, »Das ist dein erster Tag auf Sendung, ich wünsche dir alles Gute.« Und ich sage, »Danke«. »Welchen Namen willst du nehmen?«, fragt er mich. »Wovon sprichst du?« »Naja, Larry Zeiger« – so hieß ich – »wird nicht funktionieren.« Heute würde er funktionieren. Heute würde jeder Name funktionieren. Engelbert Humperdinck. Jeder Name würde funktionieren.

Er sagt also, er wird nicht funktionieren, er klingt etwas zu ethnisch. Und die Leute werden nicht wissen, wie man das ausspricht, und wir müssen deinen Namen ändern.

Ich sagte, »Ich gehe in zwölf Minuten auf Sendung.« Er sagte, »Nun ja ...« Vor ihm lag aufgeschlagen der *Miami Herald*, für den ich später eine Kolumne schrieb. All diese Sachen sind wie Wunder. Jedenfalls war in der Zeitung eine Anzeige für King's Wholesale Liquor auf der Washington Avenue. Er schaute drauf und sagte, »Wie wär's mit Larry King?«

Ich sagte, »Okay, das hört sich gut an.« So habe ich also einen neuen Namen bekommen. Kurz bevor ich auf Sendung ging.

9 Uhr.

Ich starte die Schallplatte, [summt] ich blende die Musik aus, schalte das Mikrofon an, und nichts kommt heraus.

CF: Nichts kommt aus deinem Mund?

LK: Nichts. Ich regle die Musik wieder hoch, runter, hoch, wieder runter, und ich bin in Panik. Ich schwitze. Ich schaue auf die Uhr und sage zu mir wortwörtlich, »Ich kann das nicht machen. Ich kann vieles machen, aber ich bin nervös, und vielleicht ist meine gesamte Karriere zu Ende.« Dann trat Marshall Simmons, er ruhe in Frieden, die Tür des Senderaum auf und sagte, »Das ist ein Kommunikationsunternehmen, verdammt nochmal. Los, kommuniziere!«

Er schloss die Tür. Ich regelte die Schallplatte runter, schaltete das Mikrofon an und sagte, »Guten Morgen, mein Name ist Larry King, und das ist das erste Mal, dass ich das je gesagt habe, denn ich habe diesen Namen eben erst bekommen, und lassen Sie mich Ihnen sagen, dass dies hier mein absolut erster Tag auf Sendung ist. Ich habe mein ganzes Leben davon geträumt. Als ich fünf Jahre alt war, habe ich Radio-Ansager nachgemacht.«

»Und ich bin nervös. Ich bin hier sehr nervös. Also haben Sie bitte Geduld mit mir.« Und ich spiele die Schallplatte ab und war anschließend *nie mehr* nervös.

Später im Leben habe ich diese Geschichte Arthur Godfrey, Jackie Gleason und anderen erzählt, und sie haben gesagt, »Du lernst das Geheimnis dieses Geschäfts, und es lautet, es gibt kein Geheimnis. Sei du selbst.« Ich hätte das nie gedacht, aber was ich an diesem Tag tat, hat mich anschließend 60 Jahre lang getragen. Ich war ich selbst. Hab' keine Angst davor, eine Frage zu stellen, hab' keine Angst davor, dich dumm anzuhören.

Cal Fussmans Lieblingsgeschichte über Larry King:

Ich hatte gerade beim Radio begonnen. Ich war seit zwei Monaten auf Sendung und arbeitete von 9 bis 12 Uhr, und ich liebte jede Sekunde davon.

Ich meine, ich konnte gar nicht erwarten, dorthin zu kommen. Ich konnte nicht erwarten, auf Sendung zu gehen. Gott, ich habe es geliebt.

Und dann ruft mich der Geschäftsführer Marshall Simmons zu sich und sagt, »Al Fox, der Nacht-Typ, ist heute krank. Kannst du die Nacht-Sendung übernehmen?«, und ich sagte, »klar«. Er sagte, »du wirst alleine hier sein, weißt du. Wir sind ein sehr kleiner Sender. Wir haben nachts keinen Techniker. Du musst einfach die Regler-Anzeigen beachten, Musik spielen und reden. Du bist von Mitternacht bis 6 Uhr auf Sendung. Und dann hängst du hier rum, gehst um 9 Uhr wieder auf Sendung und dann ruhst du dich ein bisschen aus.«

»Okay, Junge, klar, das geht schon.« Jetzt bin ich alleine im Sender, spiele Schallplatten und spreche mit Menschen über die Zeit und das Wetter und was sich in der Welt ereignet. Und das Telefon klingelt, ich nehme ab und sage, »W-A-H-R«.

Und die Stimme dieser Frau – ich sage dir die Wahrheit, Cal, ich kann sie fast heute noch hören.

Diese sexy Frauenstimme sagt, »Ich will dich.«

Denk dran, ich bin 22 Jahre alt. Ich glaube, die Pickel in meinem Gesicht kamen von Hershey-Schokoriegeln. Ich bin ein Jude in Hitze. Noch nie hat jemand zu mir »Ich will dich« gesagt.

Und plötzlich sagte ich zu mir selbst: Es gibt mehr als zwei Vorteile daran, in diesem Geschäft zu sein.

Also sagte ich, »Uiuiuiuiui. Was wollen Sie?« Sie sagt, »Komm rüber. Komm rüber in mein Haus.« Ich sagte, »ich bin auf Sendung. Ich bin um 6 Uhr fertig. Ich komme um 6 rüber.« »Ich wohne nur zehn Blocks entfernt. Ich muss um 6 Uhr zur Arbeit, das bedeutet jetzt oder nie. Hier ist meine Adresse. Versuch rüberzukommen.«

Jetzt stecke ich in einem moralischen Dilemma. Meine Karriere, mein Radio, aber noch nie hat jemand zu mir gesagt, »Ich will dich.« Also hat das Radiopublikum dann das hier gehört: »Ladys und Gentlemen, ich mache heute Abend hier nur Vertretung. Also möchte ich Ihnen eine besonders schöne Zeit bereiten. Ich spiele für Sie das gesamte Konzert von Harry Belafonte in der Carnegie Hall am Stück.«

Ich hatte 23 Minuten, was genau so viel war, wie ich brauchte, und so ist es auch heute noch.

Jedenfalls lege ich die Platte auf – Tonbänder hatten wir damals nicht. Ich renne raus zum Auto, fahre zu ihrem Haus, und dort steht das Auto, das sie beschrieben hat, in der Einfahrt. Ich fahre vor das Haus, über der Tür ist das Licht an. Ich gehe in einen dunklen kleinen Raum, und da ist diese Frau. Sie sitzt in einem weißen Negligee auf dem Sofa. Sie breitet die Arme aus, ich greife sie, ich halte sie, meine Backe berührt ihre, und sie hat das Radio an.

Und ich höre Harry Belafonte, und er singt »Jamaica Farewell«, er singt »where the nights, where the nights, where the nights ...«

Die Platte ist hängengeblieben. Ich setze die Frau wieder auf den Rand ihres Sofas, renne raus zu meinem Auto. In jüdischem Masochismus lasse ich den ganzen Weg zum Sender über das Radio an, »where the nights, where the nights, where the nights ...«

Ich gehe hinein, und alle Lichter leuchten, blinken, weil die Leute anrufen. Ich bin total verlegen. Ich gehe ans Telefon. Und ich entschuldige mich bei den Hörern, und der letzte Anrufer ist ein älterer jüdischer Mann. Ich sage einfach, »W-A-H-R, guten Morgen«, und dann höre ich nur, »where the nights, where the nights, where the nights ... Ich werde noch verrückt vor where the nights.« Ich sage, »Mensch, tut mir Leid, warum haben Sie nicht einfach den Sender gewechselt?« Und er sagt, »ich bin Invalide. Ich liege im Bett, und eine Krankenschwester kümmert sich um mich. Nachts geht sie und stellt das Radio auf Ihre Station. Das Radio ist oben auf dem Schreibtisch, aber ich komme nicht dran. Ich stecke fest.« Ich sage, »Mensch, kann ich irgendetwas für Sie tun?« Er sagt, »Klar, spielen Sie ›Hava Nagila‹.«

Welche ein bis drei Bücher haben dein Leben am stärksten beeinflusst?

The Catcher in the Rye wäre eines davon. Und *Lou Gehrig: A Quiet Hero* von Frank Graham.

Was ist eine deiner – gern auch absurden – Eigenheiten, auf die du nicht verzichten möchtest?

Ich versuche, die Buchstaben in einem Ausdruck oder Satz zu zählen und sie dann zu dividieren, um zu sehen, ob eine gerade Zahl herauskommt. »True Love« geteilt durch 2 ist 4. Vier Buchstaben auf jeder Seite. Ich will keine ungerade Zahl, ich will eine gerade. Ich mache das viel im Kopf.

Jeder macht kleine ungewöhnliche Sachen. Meine Pillen zum Beispiel – ich nehme viele Medikamente und Vitamine, und sie müssen ordentlich im Schrank liegen. Und wenn ich sie für den nächsten Tag hinlege, muss ich sie in derselben Reihenfolge einnehmen. Das ist eine Regel.

»Take it easy, ya azizi.«

MUNA ABUSULAYMAN
TW: @abusulayman
FB: /Muna.Abusulayman.Page
haute-elan.com

MUNA ABUSULAYMAN ist eine wichtige Medienpersönlichkeit im Nahen Osten. Sie war die Gründungsgeneralsekretärin der Alwaleed bin Talal Foundation, des philanthropischen Arms der Kingdom Holding Company von Prinz Alwaleed bin Talal, und Ko-Moderatorin einer der beliebtesten Talkshows auf MBC TV, *Kalam Nawaem* (»Sprache der Sanften«). Im Jahr 2004 wurde Abusulayman zu einem der »Young Global Leader« des Weltwirtschaftsforums. 2007 ernannte das Entwicklungsprogramm der Vereinten Nationen sie als erste Frau aus Saudi-Arabien zum Goodwill Ambassador. In den Jahren 2009 und 2010 stand Abusulayman auf der Liste der 500 einflussreichsten Muslime weltweit. 2011 wurde sie vom Magazin *Arabian Business* als 21. der Most Powerful Arab Women und als 131. der Most Influential Arabs in the World aufgeführt.

Welches Buch (welche Bücher) verschenkst du am liebsten? Warum? Welche ein bis drei Bücher haben dein Leben am stärksten beeinflusst?

In jeder Phase des Lebens entdeckt man Bücher, die einen ansprechen, die bei Veränderungen helfen und dabei, die Version von sich selbst zu sein, die man sein möchte. Es ist so unglaublich schwierig, nur *ein* Buch auszuwählen. Aber wenn ich muss, nehme ich *The Power of a Positive No* von William Ury.

Es hat mir geholfen, die Gründe dafür zu verstehen, dass ich Ja zu Sachen sagte, die ich nicht wollte. Und noch wichtiger: Es hat mir die Werkzeuge gegeben, um konsequent und ohne Schuldgefühle Nein sagen zu können.

Andere Bücher haben mir geholfen, mich selbst zu entdecken und mich zu Veränderungen anzuleiten. Aber ich hätte gar keine Zeit dafür gehabt, wenn ich nicht Nein zu zeitraubenden Aktivitäten gesagt hätte, bei denen ich vorher mitgemacht hätte.

Wenn du an einem beliebigen Ort ein riesiges Plakat mit beliebigem Inhalt aufhängen könntest, was wäre das und warum? Gibt es Zitate, an die du häufig denkst oder nach denen du lebst?

Es gibt zwei Sprichworte, nach denen ich lebe. Ich habe sie von meinem Vater gelernt, der wusste, dass ich immer die Beste sein wollte, egal was ich tat: »Man kann nur sein Bestes geben« und »Take it easy, ya azizi«. *Azizi* heißt auf Arabisch »meine Liebe«.

Gib dein Bestes, vertraue auf deine Fähigkeiten, und wenn etwas nicht klappt, dann »take it easy, ya azizi«. Das hat mir sehr geholfen an dunklen Tagen, an denen ich zu viele Verpflichtungen hatte, als ich versuchte, in allen Bereichen meines Lebens perfekte Ergebnisse zu liefern.

Außerdem hat es mich gelehrt, mir selbst gegenüber verantwortlicher zu sein. Gib dein Bestes, nimm es leicht und bleib am Leben, um morgen weiterkämpfen zu können.

Was ist eine deiner – gern auch absurden – Eigenheiten, auf die du nicht verzichten möchtest?

Ich muss in Ländern, die ich besuche, merkwürdige Eis-Sorten probieren. Ich liebe Eis. Es sollte eine eigene Lebensmittelkategorie sein. Den merkwürdigsten Geschmack hat wahrscheinlich Durian-Eis in Malaysia, hergestellt mit einer exotischen Frucht, die riecht wie Jauche, aber eine interessante Note hat, wenn man über den Gestank hinwegkommt. Am liebsten mag ich aber fast alle Fruchteis-Sorten von Venchi Gelato in Rom.

Was tust du, wenn dir alles zu viel wird, du nicht mehr fokussiert bist oder deine Konzentration nachlässt?

Ich habe gelernt, dass ich die Konzentration und die Lust auf die anstehende Arbeit verliere, wenn ich mich mit zu vielen Verpflichtungen überlade. Das ist der Grund dafür, dass es für mich sehr wichtig war, zu lernen, Nein zu sagen.

Manchmal ist mangelnde Konzentration allerdings ein Symptom von etwas anderem, nämlich dass man sich für seine Arbeit nicht wirklich interessiert. Das erfordert viel Nachdenken und Gespräche mit Mentoren, um herauszufinden, ob man eine Pause, einen Urlaub oder eine neue Karriere braucht.

Was ist das beste oder lohnendste Investment, das du je getätigt hast (in Form von Geld, Zeit, Energie etc.)?

Das Investieren in meine Kinder, als sie jung waren. Wegen meiner vollen Tage und langen Arbeitszeiten bedeutete das, dass ich ihnen fast jede freie Minute gewidmet habe, statt Zeit mit gesellschaftlichen Aktivitäten für Erwachsene zu verbringen. Das hat uns dabei geholfen, uns näherzukommen. Wir haben Gutenacht-Geschichten gelesen, zusammen Urlaub gemacht und Erinnerungen gesammelt.

Jetzt bin ich etablierter und habe mehr Zeit, und meine Kinder haben das Nest verlassen. Ich bin froh, dass ich mir wirklich fest vorgenommen hatte, ganz alltägliche Aktivitäten mit ihnen zu genießen. Denn wenn ich jetzt Zeit habe, haben sie keine mehr.

Ich habe meine Kinder auch mitgenommen, wenn ich beruflich auf Reisen war, die länger als drei Tage dauerten. Manchmal ist das wahnsinnig teuer, aber dadurch konnte ich mit ihnen Zeit verbringen und über Themen sprechen, die sich durch kulturelle Unterschiede ergaben.

Ich habe mir immer Zeit dafür genommen, mit den Kindern über jedes berufliche Telefonat zu sprechen, das ich in ihrer Anwesenheit geführt habe: worum es ging, worin das Problem lag, wie ich es zu lösen versucht habe. Erstens damit sie verstehen, was ihnen manchmal ihre Mama wegnimmt, aber auch damit sie die Welt, die sie eines Tages betreten würden, besser verstehen.

»Noch nie in der Geschichte der Menschheit gab es eine Gesellschaft, die darunter gelitten hat, dass ihre Bevölkerung zu vernünftig wurde.«

SAM HARRIS
TW: @SamHarrisOrg
samharris.org

SAM HARRIS hat einen Abschluss in Philosophie von der Stanford University und einen Doktortitel in Neurowissenschaften von der University of California in Los Angeles. Er ist Autor der Bestseller-Bücher *The End of Faith, Letter to a Christian Nation, The Moral Landscape, Free Will, Lying, Waking Up* und *Islam and the Future of Tolerance: A Dialogue* (mit Maajid Nawaz). Außerdem moderiert er den beliebten Podcast *Waking Up with Sam Harris*.

Welches Buch (welche Bücher) verschenkst du am liebsten? Warum? Welche ein bis drei Bücher haben dein Leben am stärksten beeinflusst?

The Beginning of Infinity von David Deutsch hat meinen Sinn für die potenzielle Kraft von menschlichem Wissen sehr vergrößert; *Superintelligence* von Nick Bostrom wiederum hat in mir die Sorge geweckt, dass maschinelles Wissen alles kaputtmachen könnte. Ich würde beide Bücher sehr empfehlen. Aber wenn du die Zukunft vergessen und dich einfach in einem Buch verlieren willst, das für immer verändert hat, wie wahre Geschichten erzählt werden können, dann nimm dir *In Cold Blood* von Truman Capote.

Welche Anschaffung von maximal 100 Dollar hat für dein Leben in den letzten sechs Monaten (oder in letzter Zeit) die größte positive Auswirkung gehabt?

Ich habe eine tolle Hülle für meinen Computer von WaterField Designs (MacBook SleeveCase, 69 Dollar) gefunden. Sie ist so hochwertig, dass ich meinen Computer jetzt viel mehr mit mir herumtrage als früher, und das hat mir einige sehr befriedigende Arbeitseinheiten an öffentlichen Orten ermöglicht.

Wenn du an einem beliebigen Ort ein riesiges Plakat mit beliebigem Inhalt aufhängen könntest, was wäre das und warum?

»Noch nie in der Geschichte der Menschheit gab es eine Gesellschaft, die darunter gelitten hat, dass ihre Bevölkerung zu vernünftig wurde.«

Als Spezies leben wir in einer ewigen Wahlmöglichkeit zwischen Gesprächen und Gewalt. Also ist es sehr wichtig, dass wir uns gegenseitig verstehen. Nur durch eine Festlegung auf ehrliche Vernunft sind wir in der Lage, mit Milliarden von Fremden dauerhaft zu kooperieren. Und das ist der Grund dafür, dass Dogmatismus und Unaufrichtigkeit nicht nur intellektuelle Probleme sind, sondern auch gesellschaftliche. Wenn wir es nicht schaffen, ehrlich zu denken, haben wir unsere Verbindung zur Welt und zueinander verloren.

Welche Überzeugungen, Verhaltensweisen oder Gewohnheiten, die du dir in den letzten fünf Jahren angeeignet hast, haben dein Leben am meisten verbessert?

Vor fünf Jahren wusste ich wahrscheinlich noch gar nicht, was ein »Podcast« ist. Heute veröffentliche ich mehr oder weniger jede Woche eine Folge meines Podcasts *Waking Up*. Das hat mir die Möglichkeit gegeben, Verbindung zu einer großen Bandbreite an faszinierenden Menschen aufzunehmen, die ich ansonsten nie getroffen hätte – und unsere Gespräche erreichen mehr Menschen, als es meine Bücher je schaffen werden. Ich bin extrem froh darüber, dass meine Karriere als Autor und Redner mit der Entstehung dieser Technologie zusammengefallen ist. Offenbar leben wir in einem neuen goldenen Zeitalter der Audio-Inhalte.

Welchen Rat würdest du einem intelligenten, motivierten Studenten für den Einstieg in die »echte Welt« geben?

Mach dir keine Gedanken darüber, was du mit dem Rest deines Lebens anfangen wirst. Finde einfach eine lohnende und interessante Beschäftigung für die nächsten drei bis fünf Jahre.

Wozu kannst du heute leichter Nein sagen als vor fünf Jahren?

Notwendigerweise bin ich sehr gut darin geworden, zu mehr oder wenigen allem Nein zu sagen. Vor allem lehne ich die meisten Anfragen in Zusammenhang mit meiner Arbeit ab – Einladungen zu gemeinsamen Projekten, Buch-Empfehlungen, Interviews, Konferenzen etc. Das wurde in dem Moment sehr einfach, in dem mir klar wurde, dass ich mich entscheiden musste: Ich konnte an einem meiner eigenen Projekte arbeiten (oder Zeit mit meiner Familie verbringen) oder für jemand anderen arbeiten (meistens kostenlos). Interviews für Dokumentarfilme sind für mich heutzutage besonders leicht abzulehnen. Nachdem ich ein paar Dutzend davon gegeben habe, wurde mir klar, dass die meisten dieser Filme sowieso nie das Licht der Welt erblicken.

Es ist nicht so, dass ich niemandem einen Gefallen tue. Tatsächlich treibe ich oft sogar ziemlichen Aufwand dafür. Aber in solchen Fällen geht es um etwas, das ich wirklich machen möchte. Die Unfähigkeit, Nein zu sagen, ist fast nie der Grund dafür.

Was tust du, wenn dir alles zu viel wird, du nicht mehr fokussiert bist oder deine Konzentration nachlässt?

Wenn ich mich überfordert fühle, beklage ich mich bei meiner Frau darüber. Sie hört mir ungefähr 30 Sekunden lang geduldig zu und sagt dann, ich solle endlich die Klappe halten. Dann gehe ich meditieren oder trainieren.

»Ich wache jeden Morgen mit der festen Überzeugung auf, dass ich mein volles Potenzial noch nicht einmal annähernd realisiert habe. ›Großartigkeit‹ ist ein Verb.«

MAURICE ASHLEY
TW: @MauriceAshley
mauriceashley.com

MAURICE ASHLEY ist der erste internationale Großmeister afroamerikanischer Abstammung in der Schach-Geschichte. Seine Liebe zu dem Spiel gibt er als dreimaliger Trainer für die nationalen Meisterschaften, Autor zweier Bücher, ESPN-Moderator, Entwickler einer iPhone-App, Erfinder eines Puzzles und Motivationsredner an andere weiter. In Anerkennung seiner enormen Beiträge wurde Ashley im Jahr 2016 in die Chess Hall of Fame aufgenommen. Sein Buch *Chess for Success: Using an Old Game to Build New Strengths in Children and Teens* zeigt die vielen Vorteile von Schach, vor allem für gefährdete junge Menschen. Seine TEDx-Rede mit dem Titel »Working Backwards to Solve Problems« wurde fast eine halbe Million mal angesehen. Zusammen mit unserem gemeinsamen Freund Josh Waitzkin (siehe S. 218) war er außerdem in der Folge von *The Tim Ferriss Experiment* über brasilianisches Jiu-Jitsu zu sehen.

Welches Buch (welche Bücher) verschenkst du am liebsten? Warum? Welche ein bis drei Bücher haben dein Leben am stärksten beeinflusst?

Es gibt eine ganz Reihe von Büchern, die grundlegende Veränderungen in meinem Dasein ausgelöst haben. Das erste, das mich noch heute bewegt, war aber *Passages* von Gail Sheehy. Ich habe es mit 18 Jahren gelesen, und es hat mir die Augen für die Erkenntnis geöffnet, dass ich in jeder Phase meines Lebens eine andere Person sein würde, die ganze Zeit über bis ins hohe Alter und am Ende dem Tod. Es hat mir klargemacht, dass ich versuchen sollte, mein Leben rückwärts zu leben; ich wollte mit der Weisheit älterer Menschen beginnen und dabei die Energie der Jugend nutzen. Das konnte ich nicht immer umsetzen, aber es hat mir sehr dabei geholfen, den richtigen Blick darauf zu behalten, auf was es ankommt und auf was nicht.

Erwähnen möchte ich außerdem *Sugar Blues* von William Dufty, denn es hat dafür gesorgt, dass ich meine Ernährung radikal zum Besseren umgestellt habe. *Mastery* von George Leonard hat mir die Herausforderungen dargelegt, mit denen wir alle auf dem Weg zu Könnerschaft auf egal welchem Gebiet konfrontiert sind. Und *The 4-Hour-Workweek* von Tim Ferriss hat dafür gesorgt, dass ich das durchschnittliche Leben aufgegeben und mich auf die Suche nach einem Leben mit völliger Flexibilität und der Freiheit gemacht habe, es auf meine eigene Art zu leben.

Welcher (vermeintliche?) Misserfolg war die Voraussetzung für deinen späteren Erfolg? Hast du einen »Lieblingsmisserfolg«?

Für einen Turnier-Schachspieler sind Misserfolge ein fester Bestandteil der Entwicklung. Meinen wichtigsten Misserfolg hatte ich bei einem Turnier in Bermuda, bei dem ich ein entscheidendes Spiel gewinnen musste, um endlich den Titel internationaler Großmeister zu bekommen, den höchsten und angesehensten Titel, den ein Schachspieler erreichen kann. Ich spielte gegen den Großmeister Michael Bezold aus Deutschland, und in einer bedeutenden Stellung musste ich entscheiden, ob ich eine seiner wichtigen Figuren schlagen sollte oder einen einfachen Bauern. Wie sich herausstellte, hätte ich alle meine Vorteile behalten, wenn ich den Bauern genommen hätte. Stattdessen war ich gierig und nahm seinen Turm, was dazu führte, dass meinem Angriff sofort wieder die Luft ausging. Nachdem ich das Spiel verloren hatte, erklärte mir Alexander Shabalov, ein Großmeister, der viermal den US-Titel gewonnen hatte, ganz ruhig meinen Fehler. Dann sagte er Worte, die ich nie vergessen werde: »Um Großmeister zu werden, musst du schon einer sein.« Ich verstand sofort, dass ich mich wieder an die Arbeit machen musste, mich selbst zu perfektionieren, bevor ich tatsächlich an das Gewinnen von Spielen denken konnte. Diese Überlegung hat dafür gesorgt, dass ich meine Augen seitdem stets stärker auf den Prozess richte als auf das Ergebnis.

Wenn du an einem beliebigen Ort ein riesiges Plakat mit beliebigem Inhalt aufhängen könntest, was wäre das und warum?

»Ich wache jeden Morgen mit der festen Überzeugung auf, dass ich mein volles Potenzial noch nicht einmal annähernd realisiert habe. ›Großartigkeit‹ ist ein Verb.«

Diese Worte sind mir eines Morgens in einem Blitz von Bewusstsein und Erkenntnis in den Sinn gekommen. Ich habe noch viele Meilen vor mir, also werde ich meine verbleibenden Jahre mit dem Versuch verbringen, Jahr für Jahr zu verbessern, wer ich bin. Großartigkeit ist kein Endziel, sondern eine Folge von kleinen Aktivitäten, die wir täglich unternehmen, um unsere Fähigkeiten beständig zu verjüngen und aufzufrischen, im ständigen Bemühen darum, eine bessere Version von uns selbst zu werden.

Welche Überzeugungen, Verhaltensweisen oder Gewohnheiten, die du dir in den letzten fünf Jahren angeeignet hast, haben dein Leben am meisten verbessert?

Ich habe vor kurzem an einem Selbsthilfe-Kurs namens Landmark teilgenommen und dabei gelernt, dass nichts wichtiger ist, als in meinen Beziehungen vollkommen offen und transparent zu sein. Das hat mit der Zeit zu weniger, aber hochwertigeren Beziehungen geführt und mich davon befreit, mir allzu viele Gedanken darüber zu machen, was andere Leute denken könnten. Inzwischen ist eines der wichtigsten Worte in meinem Vokabular »Authentizität«. Das ist mein Maßstab dafür, ob ich einen Haufen Mist erzähle oder ob ich die Wahrheiten ausspreche, die aus meiner Seele kommen.

Wie man Nein sagt

DANNY MEYER
TW: @dhmeyer
ushgnyc.com

DANNY MEYER ist Gründer und CEO der Union Square Hospitality Group (USHG), zu der einige der beliebtesten und gefeiertsten Restaurants von New York gehören, darunter die Gramercy Tavern, The Modern und das Maialino. Meyer und die USHG haben außerdem Shake Shack gegründet, eine moderne Hamburger-Restaurantkette, die im Jahr 2015 an die Börse gegangen ist. Sein Buch *Setting the Table: The Transforming Power of Hospitality in Business* kam auf die Bestseller-Liste der *New York Times.* Es enthält eine Sammlung von besonderen Prinzipien für Beruf und Privatleben, die sich in einer Vielzahl von Branchen anwenden lassen. Im Jahr 2015 stand Meyer auf der Liste der »100 Most Influential People« des *Time-Magazine.*

Anmerkung von Tim Ferriss: Für dein Lesevergnügen und zur Bedienung deiner Schadenfreude findest du hier eine weitere E-Mail mit einer »höflichen Absage«, dieses Mal von Danny Meyer.

Jeffrey [der Freund, der für mich angefragt hatte],

viele Grüße und danke, dass du mir geschrieben hast.

Ich bin dankbar für die Einladung, bei Tims nächstem Buch-Projekt mitzumachen. Allerdings komme ich im Moment kaum mit all den Sachen zurecht, die wir bei der USHG machen – unter anderem verschiebe ich ständig die Arbeit an meinen eigenen Schreib-Projekten.

Ich habe intensiv darüber nachgedacht, denn eindeutig wäre es eine wunderbare Gelegenheit. Aber ich muss absagen – mit bestem Dank.

Das Buch wird mit Sicherheit ein großer Erfolg!

Nochmal danke.

Danny

Union Square Hospitality Group

»In vielen Unternehmen regt man sich über kleine direkte Kosten auf, hat aber keine Probleme, überflüssig Personal in stundenlangen Besprechungen zu binden.«

JOHN ARNOLD
TW: @JohnArnoldFndtn
arnoldfoundation.org

JOHN ARNOLD ist Ko-Vorsitzender der Laura and John Arnold Foundation. Deren Hauptziel ist es, die Lebensbedingungen des Einzelnen zu verbessern durch Stärkung unseres Gesellschafts-, Regierungs- und Wirtschaftssystems. Bevor John 2012 die Wall Street mit seinem Rückzug schockierte, war er Gründer und CEO des milliardenschweren Energie-Rohstoff-Hedgefonds Centaurus Energy. Vor dessen Gründung bekleidete er verschiedene Positionen in der Großhandelssparte von Enron, unter anderem als Leiter für Erdgasderivate, und war unter dem Spitznamen »Erdgaskönig« bekannt. John hat einen BA-Abschluss der Vanderbilt University und ist Verwaltungsratsmitglied von Breakthrough Energy Ventures, einer investorengeführten Wagniskapitalgesellschaft, die sich auf die Finanzierung transformationaler Technologien spezialisiert hat, die globale Treibhausgasemissionen reduzieren.

Welches Buch (welche Bücher) verschenkst du am liebsten? Warum? Welche ein bis drei Bücher haben dein Leben am stärksten beeinflusst?

Die eigene Lebenseinstellung hängt stark davon ab, wie optimistisch man ist. Ein Optimist investiert mehr in sich selbst, da er mit einer höheren aufgeschobenen Rendite rechnet. Einem Pessimisten sind unmittelbare Erträge wichtiger als langfristige Ergebnisse. Doch der von den negativen Meldungen des Tages geprägte Nachrichtenzyklus ist wie der Wald, den man vor lauter Bäumen nicht sieht. Die Realität, besonders treffend geschildert in *The Rational Optimist* von Matt Ridley (Seite 58) und in *The Better Angels of Our Nature* von Steven Pinker (Seite 498), sieht jedoch so aus, dass der langfristige Trend nach fast jedem Maßstab eindeutig positiv ist. Optimismus ist ein Reflex, mit einer Kreisbeziehung zwischen Ursache und Wirkung. Je optimistischer eine Gesellschaft die Zukunft betrachtet, desto positiver fällt diese aus. Diese Bücher erinnern an die großen Fortschritte, die die Gesellschaft erzielt hat.

Welchen Rat würdest du einem intelligenten, motivierten Studenten für den Einstieg in die »echte Welt« geben? Welchen Rat sollte er ignorieren?

Die traurige Wahrheit ist, dass Ratschläge fast immer auf eigenen Erfahrungen beruhen und daher nur begrenzt Wert und Relevanz haben. Lies ein paar College-Abschlussreden, und du merkst schnell, dass jede Geschichte absolut einzigartig ist. Für jeden Unternehmer, der entschlossen jahrelang an *der einen* Idee gearbeitet hat, gibt es einen anderen, der hemmungslos alles Mögliche ausprobiert hat. Für jeden erfolgreichen Menschen, der einen systematischen Masterplan für sein Leben entworfen hat, gibt es einen, der ganz bewusst spontan agierte. Ignoriere alle Ratschläge, vor allem zu Beginn der Karriere. Es gibt kein Patentrezept für den Erfolg.

Wozu kannst du heute leichter Nein sagen als vor fünf Jahren?

Ich weiß die Maxime »Zeit ist Geld« noch nicht lange zu würdigen. Doch für alle, für die Zeit eine knappe Ressource ist, ist die Fähigkeit, Termine abzulehnen, unabdingbar. Unproduktive Besprechungen verursachen hohe Opportunitätskosten. Obwohl das so offensichtlich ist, haben viele Probleme, mit Zeit und Geld ausgewogen umzugehen. In vielen Unternehmen regt man sich über kleine direkte Kosten auf, hat aber keine Probleme, überflüssig Personal in stundenlangen Besprechungen zu binden. Mir gelingt es seit ein paar Jahren immer besser, die Opportunitätskosten vertaner Zeit einzuschätzen.

ZITATE, ÜBER DIE ICH NACHDENKE

(Tim Ferriss: 6. Januar bis 27. Januar 2017)

»Ein Terminkalender schützt vor Chaos und Willkür. Er ist ein Netz zum Fangen von Tagen.«

– ANNIE DILLARD
amerikanische Autorin und Professorin, für *Pilgrim at Tinker Creek* ausgezeichnet mit dem Pulitzer-Preis

»Wer es darauf anlegt, ›beleidigt‹ zu werden, wird mit Sicherheit irgendwo eine Provokation entdecken. Wir können uns nicht weit genug anpassen, um den Fanatikern gerecht zu werden, und das zu versuchen, ist entwürdigend.«

– CHRISTOPHER HITCHENS
Autor, Journalist und Gesellschaftskritiker

»Wer leicht zu schockieren ist, sollte öfter schockiert werden.«

– MAE WEST
einer der größten weiblichen Stars des klassischen amerikanischen Kinos

»Wenn eine Idee am Anfang nicht absurd klingt, dann gibt es keine Hoffnung für sie.«

– ALBERT EINSTEIN
deutscher theoretischer Physiker, Nobelpreisträger

»Voraussetzung für ein gutes Leben sind viele gute Tage. Man kann es also ruhig Tag für Tag angehen.«

MR. MONEY MUSTACHE
TW/FB: @mrmoneymustache
mrmoneymustache.com

MR. MONEY MUSTACHE (eigentlich Pete Adeney) wuchs in Kanada in einer Familie aus überwiegend exzentrischen Musikern auf. In den 1990er Jahren schloss er sein Computertechnikstudium ab und arbeitete für mehrere Tech-Unternehmen, bis er sich mit 30 zur Ruhe setzte. Pete lebt mit seiner Frau und ihrem mittlerweile elfjährigen Sohn bei Boulder, Colorado. Seit 2005 haben sie nicht mehr »richtig« gearbeitet. Stellt sich die Frage: Wie geht das? Im Wesentlichen konnten sie so früh in Ruhestand gehen, weil sie alle Aspekte ihrer Lebensweise auf möglichst viel Spaß zu möglichst niedrigen Kosten ausgerichtet haben – und durch banale Indexfondsanlagen. Ihre Ausgaben belaufen sich pro Jahr insgesamt auf nur 25.000 bis 27.000 Dollar. Dabei vermissen sie nichts. Seit 2005 widmen sie sich alle drei einem eher freien Leben, das aus interessanten Projekten, Nebenbeschäftigungen und Abenteuern besteht. 2011 begann Pete, im Blog *Mr. Money Mustache* über seine Philosophie zu schreiben. Dieser wurde seit seiner Gründung von 23 Millionen Menschen gelesen (und 300 Millionen Mal aufgerufen). Er ist zum globalen Kult-Phänomen mit einer sich selbst organisierenden Community geworden.

Was ist eine deiner – gern auch absurden – Eigenheiten, auf die du nicht verzichten möchtest?
Meine Wäsche zum Trocknen in der Sonne auf die Leine zu hängen, Feuerholz zu machen und nach einem heftigen Sturm massenweise Schnee zu schaufeln. Mir macht es Spaß, genussvolle Stunden mit solchen realen, traditionellen menschlichen Betätigungen zu verbringen, statt mich in den Strudel künstlicherer Ebenen des Geschäfts, des Geldes und des Internetgeplauders hineinziehen zu lassen.

Welche Überzeugungen, Verhaltensweisen oder Gewohnheiten, die du dir in den letzten fünf Jahren angeeignet hast, haben dein Leben am meisten verbessert?
Mit Abstand die wichtigste war die Erkenntnis, dass der echte Maßstab für ein gutes Leben folgender ist: »Wie glücklich und zufrieden bin ich mit meinem Leben gerade in diesem Moment?«

Das ist viel einfacher, als ihr denkt. Wir alle haben bessere und schlechtere Tage. Das Ziel ist also, möglichst viele gute Tage zu erleben und die Zahl der schlechten auf nahe null zu reduzieren.

Stellt man sich diese Frage am Ende eines gelungenen Tages, fällt die Antwort oft positiv aus. Nach einem schrecklichen Tag (oder gar mehreren) sagt man vermutlich eher, das Leben sei hart. Mir wurde irgendwann klar: Voraussetzung für ein gutes Leben sind viele gute Tage. Man kann es also ruhig Tag für Tag angehen.

Offenbar gibt es ein paar ganz einfache Knöpfe, auf die man drücken kann, um sich selbst einen schönen Tag zu verschaffen. Fangt damit an, ausgeschlafen aufzuwachen, euch gut zu ernähren, Telefon/Zeitung/Computer liegen und stehen zu lassen und aufzuschreiben, was den Tag für euch schönmachen würde. Ein paar Stunden körperliche Betätigung, ein bisschen harte Arbeit und eine Gelegenheit, mit anderen zu lachen und ihnen zu helfen – das reicht oft schon.

Auf längere Sicht besteht die Herausforderung also schlicht darin, das eigene Leben so zu gestalten, dass es mehr solche Erlebnisse bietet – und weniger andere. Fragt euch bei jeder Aktivität im Tagesablauf: »Trägt *das* wirklich dazu bei, meinen Tag zu verschönern – und zwar heute? Und wenn nicht: Hat es irgendjemand geschafft, diese Aktivität aus seinem Leben zu streichen und ist trotzdem erfolgreicher als ich?«

Welchen Rat würdest du einem intelligenten, motivierten Studenten für den Einstieg in die »echte Welt« geben? Welchen Rat sollte er ignorieren?

Der schlechteste gängige Rat ist im Grunde eher eine Annahme, die in der gesamten Mittelschicht vorherrscht: »Such dir eine hübsche, einträgliche 40-jährige Laufbahn, in der du absolut von deinem Arbeitgeber abhängig bist.«

Das passiert ganz automatisch, wenn man den konventionellen Weg geht, indem man 85 Prozent seines Einkommens ausgibt und sich einfach Geld leiht, wenn man etwas haben möchte, was man sich nicht leisten kann. Dann steht einem das Wasser finanziell das ganze Leben lang bis zum Hals – wenn alles gut geht.

Betrachte diese Geschichte lieber unter dem Aspekt der Freiheit: Du kannst alle Freiheiten im Leben genießen, wenn du das 25- bis 30-Fache deiner jährlichen Ausgaben beiseitegelegt und in Indexfonds mit niedrigen Gebühren oder andere eher langweilige Anlagen investiert hast.

Wer die üblichen 15 Prozent seines Einkommens anspart, erreicht diese Freiheit etwa mit 65. Wer seine Sparquote auf 65 Prozent hochschraubt, ist schon kurz nach seinem 30. Geburtstag frei – und dadurch am Ende viel glücklicher.

Es gibt natürlich noch andere Möglichkeiten, das Geldproblem zu lösen: Eigentümer eines gewinnbringenden Unternehmens zu sein oder eine Arbeit zu finden, die so viel Spaß macht, dass man sie sein Leben lang machen möchte. Doch selbst dann geht es viel schneller, wenn man nicht in die typische Mittelschichtfalle tappt, Geld zu verdienen, um Kredite aufzunehmen, um Geld auszugeben.

Auf eine Zeile reduziert: Eine hohe Sparquote (oder »Gewinnmarge aufs Leben«) ist mit Abstand die beste Strategie für ein schönes, kreatives Leben, denn sie ist das Ticket zur Freiheit. Und Freiheit ist der Treibstoff der Kreativität.

»Lerne Transzendentale Meditation, wie sie von Maharishi Mahesh Yogi gelehrt wird, und meditiere regelmäßig. Das wird dein Leiden beenden und dir Zufriedenheit und Erfüllung im Leben bringen. Hau rein!«

David Lynch
TW: @david_lynch
davidlynchfoundation.org

DAVID LYNCH ist ein preisgekrönter Regisseur, Autor und Produzent. Von *The Guardian* wurde er als »wichtigster Regisseur dieses Zeitalters« bezeichnet, zu seinen Werken zählen Kultfilme und bahnbrechende TV-Sendungen wie *Eraserhead, The Elephant Man, Blue Velvet, Wild at Heart, Twin Peaks, Lost Highway* und *Mulholland Drive.* Außerdem ist er Gründer und Vorsitzender des Stiftungsrats der David Lynch Foundation for Consciousness-Based Education and World Peace, die Erwachsene und Kinder weltweit in Transzendentaler Meditation unterrichtet. Lynch hat zweimal den französischen César Award für den besten ausländischen Film gewonnen, ebenso wie die Goldene Palme beim Filmfestival in Cannes und einen Goldenen Löwen für seine Lebensleistung bei den Filmfestspielen in Venedig.

Welches Buch (welche Bücher) verschenkst du am liebsten? Warum? Welche ein bis drei Bücher haben dein Leben am stärksten beeinflusst?

That Motel Weekend von James Donner, *The Srimad Devi Bhagavatam* und *The Metamorphosis* von Franz Kafka.

Welcher (vermeintliche?) Misserfolg war die Voraussetzung für deinen späteren Erfolg? Hast du einen »Lieblingsmisserfolg«?

Ein wirklich guter Misserfolg verschafft einem Menschen enorme Freiheit. Man kann nicht mehr tiefer fallen, also gibt es keine andere Richtung mehr als nach oben. Man hat nichts mehr zu verlieren. Also ist die Freiheit fast wie eine Euphorie, und die kann mentale Türen öffnen, die zu dem führen, was man wirklich machen möchte. Und wenn man dann macht, was man wirklich will, fühlt man dabei Freude gemischt mit dieser ungebundenen Freiheit, und es gibt keine Angst – einfach eine große Zufriedenheit. Mein Lieblingsmisserfolg war der Film *Dune.*

Welche Anschaffung von maximal 100 Dollar hat für dein Leben in den letzten sechs Monaten (oder in letzter Zeit) die größte positive Auswirkung gehabt?

Unbehandelte Hartholz-Dübel im Format 1/8 Zoll, ¼ Zoll und 5/16 Zoll mal 36 Zoll. Ich habe sie bei Amazon Prime bestellt und nach Hause geliefert bekommen. Verwendet habe ich sie für einen kleinen Tisch, den ich gebaut habe, und sie haben gut als Teile für Scharniere aus Holz funktioniert.

Welche Überzeugungen, Verhaltensweisen oder Gewohnheiten, die du dir in den letzten fünf Jahren angeeignet hast, haben dein Leben am meisten verbessert?
Festool-Technik für Präzision bei der Holzbearbeitung.

Wenn du an einem beliebigen Ort ein riesiges Plakat mit beliebigem Inhalt aufhängen könntest, was wäre das und warum?
»Lerne Transzendentale Meditation, wie sie von Maharishi Mahesh Yogi gelehrt wird, und meditiere regelmäßig. Das wird dein Leiden beenden und dir Zufriedenheit und Erfüllung im Leben bringen. Hau rein!«

Was ist das beste oder lohnendste Investment, das du je getätigt hast (in Form von Geld, Zeit, Energie etc.)?
35 Dollar – damals der Studenten-Preis für meine Anmeldung zur Transzendentalen Meditation am 1. Juli 1973.

Was ist eine deiner – gern auch absurden – Eigenheiten, auf die du nicht verzichten möchtest?
Zigaretten rauchen.

Wozu kannst du heute leichter Nein sagen als vor fünf Jahren?
Bei Fragebögen wie diesem hier. Wie du siehst, habe ich noch etwas Arbeit zu erledigen.

Welchen Rat würdest du einem intelligenten, motivierten Studenten für den Einstieg in die »echte Welt« geben? Welchen Rat sollte er ignorieren?
Lerne Transzendentale Meditation, wie sie von Maharishi Mahesh Yogi gelehrt wird, und meditiere regelmäßig. Ignoriere pessimistisches Denken und pessimistische Denker.

Welche schlechten Ratschläge kursieren in deinem beruflichen Umfeld oder Fachgebiet?
Mach' es für das Geld, auch wenn du keinen Spaß daran hast.

Was tust du, wenn dir alles zu viel wird, du nicht mehr fokussiert bist oder deine Konzentration nachlässt?
Ich meditiere und wünsche mir Ideen.

»Vertrauenswürdige Dritte sind Sicherheitslücken.«

NICK SZABO
TW: @NickSzabo4
unenumerated.blogspot.com

NICK SZABO ist ein Universalgelehrter. Die Breite und Tiefe seiner Interessen und Kenntnisse ist wirklich erstaunlich. Er ist Informatiker, Rechtsgelehrter und Kryptograf und vor allem für seine bahnbrechende Forschung zu digitalen Verträgen und Kryptowährungen bekannt. Der Begriff und das Konzept »intelligenter Verträge« wurden von Nick mit dem Ziel entwickelt, das herbeizuführen, was er als »hochentwickelte« Vertragsrechtspraktiken und Praktiken zur Konzeptionierung von Protokollen für den E-Commerce zwischen Fremden im Internet bezeichnet. Nick hat auch Bit Gold entwickelt, das viele für den Vorläufer von Bitcoin halten.

Welches Buch (welche Bücher) verschenkst du am liebsten? Warum? Welche ein bis drei Bücher haben dein Leben am stärksten beeinflusst?

The Selfish Gene von Richard Dawkins verrät mehr über das Leben (einschließlich des menschlichen Verhaltens und mich selbst) als alles, was ich sonst gelesen habe.

Welchen Rat würdest du einem intelligenten, motivierten Studenten für den Einstieg in die »echte Welt« geben?

Jeder sucht nach Bestätigung durch andere – ob nach netten Worten eines guten Freundes oder nach Online-Likes und Upvotes. Je weniger positives Feedback du für deine Ideen brauchst, desto originellere Design-Gebiete kannst du dir erschließen und desto kreativer und langfristig auch nützlicher für die Gesellschaft bist du. Es könnte aber sehr lange dauern, bis dich die Menschen dafür lieben (oder auch nur bezahlen). Je origineller deine Ideen, desto weniger werden sie von deinen Chefs und Kollegen verstanden – und was die Menschen nicht verstehen, das fürchten sie oder ignorieren es bestenfalls. Für mich war es seinerzeit aber sehr erfüllend, meine Ideen weiterzuentwickeln, auch wenn sie sich so überhaupt nicht als Gesprächsthemen für Cocktailpartys eigneten. Jahrzehnte später tragen sie mir jetzt mehr soziale Anerkennung ein, als ich verkraften kann.

Welche schlechten Ratschläge kursieren in deinem beruflichen Umfeld oder Fachgebiet?

Das Silicon-Valley-Mantra »Sei schnell und brich mit Konventionen« ist ein ganz schlechter Rat, wenn es um größere Summen geht!

Wenn du an einem beliebigen Ort ein riesiges Plakat mit beliebigem Inhalt aufhängen könntest, was wäre das und warum?

»Vertrauenswürdige Dritte sind Sicherheitslücken.«

Welche Anschaffung von maximal 100 Dollar hat für dein Leben in den letzten sechs Monaten (oder in letzter Zeit) die größte positive Auswirkung gehabt?

Nichts wirklich Weltbewegendes (beziehungsweise nichts, was ich nicht selbstverständlich finden würde). Diese kleinen Aufschäumer/Mixer für eine Tasse [Tim: wie der PowerLix Milk Frother) sind recht nett, um mir meinen Kakao, Kaffee et cetera ganz nach meinem Geschmack zuzubereiten. Ungeachtet der Selbstverständlichkeiten könnte es etwas heute so Profanes (doch noch vor gut 100 Jahren nicht Erhältliches) sein wie eine Tankfüllung Benzin, um für einen Podcast nach San Francisco zu fahren!

Welcher (vermeintliche?) Misserfolg war die Voraussetzung für deinen späteren Erfolg? Hast du einen »Lieblingsmisserfolg«?

[Mein Lieblingsmisserfolg] war, Arbeitslosigkeit kreativ zu gestalten und mir keinen Job zu suchen oder mit anderen herumzuhängen, weil »man das so macht«. Meine besten Ideen hatte ich, wenn ich nicht durch einen Job oder soziale Belange abgelenkt war, sondern die Freiheit hatte, groß und verrückt zu denken und dabei die Zeit, die Dinge wirklich zu Ende zu denken. Abgesehen davon waren auch eine gute Ausbildung (Informatik und Recht) und die Disziplin aus einer hochmotivierten Arbeitserfahrung (ich brauchte das Geld!) ebenfalls wesentliche Voraussetzungen.

Was ist das beste oder lohnendste Investment, das du je getätigt hast (in Form von Geld, Zeit, Energie etc.)?

Mich mit meinen eigenen Ideen zu beschäftigen statt mit den Ideen, mit denen ich mich eigentlich beschäftigen sollte – obwohl mir das kurzfristig Ärger eintrug. Etwa, wenn ich die Ideen meines Chefs ignorierte ... Anders formuliert: Ich räumte der Weiterentwicklung von Ideen, die ich gut fand, Priorität ein vor meinen sozialen Bedürfnissen und Konsumwünschen – indem ich diese Ideen auf neuartige und nützliche Weise kombinierte oder die Konsequenzen neuer technischer Möglichkeiten von oft sehr alten Ideen herausarbeitete.

Eine andere langfristige Investition war mein theoretisch ausgerichtetes Informatikstudium, das mir ermöglichte, großartige technische Kapazitäten zur Anwendung auf die großen Probleme zu erkennen, die ich lösen wollte. Außerdem brachte mir das auch praktische Vorteile, denn durch meinen Informatik-Account entdeckte ich schon früh das Internet und kam so in Kontakt mit den wenigen Menschen, die eine ähnliche Richtung einschlugen und denen ich im »wirklichen Leben« nie begegnet wäre.

Was ist eine deiner – gern auch absurden – Eigenheiten, auf die du nicht verzichten möchtest?

Die manuelle Nutzung von Druckerpapier! Ich weiß, du bist ein großer Fan von Evernote, aber selbst als Informatiker und Programmierer bringt es mir immer noch einen Kick und enormen Nutzen, wenn ich ein Stück Papier in Reichweite habe, auf dem ich herumkritzeln und meine letzten Geistesblitze festhalten kann.

Was tust du, wenn dir alles zu viel wird, du nicht mehr fokussiert bist oder deine Konzentration nachlässt?

Die Antwort auf diese Frage suche ich noch. Bin gespannt, was deine anderen Probanden beizutragen haben!

»Wenn du nicht darüber lachen kannst, verlierst du.«

JON CALL
IG/YT: jujimufu
acrobolix.com

JON CALL ist auch bekannt unter dem Namen Jujimufu, der anabole Akrobat. 2000 brachte er sich selbst das »Tricking« bei, eine ästhetische Kombination aus Saltos, Drehungen und Tritten. 2002 startete Jon trickstutorials.com, das er zwölf Jahre lang führte und das zu einer der größten Online-Gemeinden für Trickster wurde. Er wurde berühmt für virale Videos, in denen er zwischen zwei Stühlen in den Spagat geht und dabei mit Hantelscheiben beschwert ist oder eine Langhantel über dem Kopf hält; er trat außerdem in der TV-Show *America's Got Talent* auf. *Men's Health* schrieb, dass er »aussieht wie ein Strongman, sich wie ein Ninja bewegt und die verrücktesten Fitness-Stunts macht, die Sie jemals sehen werden«.

Welches Buch (welche Bücher) verschenkst du am liebsten? Warum? Welche ein bis drei Bücher haben dein Leben am stärksten beeinflusst?

Thinking Body, Dancing Mind von Chungliang Al Huang. Es ist ein Buch über Sportpsychologie, das auf den Lehren des Daoismus beruht. Es ist eine sehr außergewöhnliche Interpretation dieser Philosophie. Ich hatte das Glück, in einem Buchladen darauf zu stoßen, als ich 15 Jahre alt war. Damals ergänzte es mein Taekwondo-Training enorm. Bis heute lese ich immer noch gelegentlich in diesem Buch.

Welche Anschaffung von maximal 100 Dollar hat für dein Leben in den letzten sechs Monaten (oder in letzter Zeit) die größte positive Auswirkung gehabt?

Eine elektrische Herdplatte. Ich benutze das Modell Aroma Housewares AHP-303/CHP-303 mit einem Kochfeld. Es kostet keine 20 Dollar und eignet sich hervorragend, um eine Tasse Kaffee (oder auch drei) warm zu halten!

Welcher (vermeintliche?) Misserfolg war die Voraussetzung für deinen späteren Erfolg? Hast du einen »Lieblingsmisserfolg«?

Ich verstauchte mir im März 2012 beim Training das Fußgelenk. Es war eine Verstauchung zweiten Grades. Ich konnte sieben Monate lang keine akrobatischen Übungen machen. Ich erholte mich nur langsam, aber hier ist eine lustige Anekdote: Als mein Fußgelenk verstaucht war, beschloss ich, wie verrückt an den Turnerringen zu trainieren. Etwa ein halbes Jahr lang machte ich jeden zweiten Tag sehr harte Workouts an den Ringen. Auf diese Weise Muskelmasse zuzulegen ist nicht so einfach wie mit Hanteln, aber ich nahm trotzdem sieben Kilogramm zu! Das extrem hohe Volumen an den Turnerringen übertrug sich zwangsläufig auf meine akrobatischen Bewegungen, als mein Fußgelenk fast vollständig ausgeheilt war. Die Verstauchung löste eine gewaltige Transformation aus, die bis heute anhält. Hätte ich mir damals das Fußgelenk nicht verstaucht, hätte ich meinen Erfahrungsschatz nicht erweitern können und wäre der schmächtige Junge geblieben, der alleine im Park seine Kunststücke übt.

Wenn du an einem beliebigen Ort ein riesiges Plakat mit beliebigem Inhalt aufhängen könntest, was wäre das und warum?

»Wenn du nicht darüber lachen kannst, verlierst du.«

Diesen Spruch habe ich mir erst dieses Jahr ausgedacht – ich versuche mich mehr an dieses Zitat zu halten als an jedes andere, das ich kenne. Das Schöne daran ist, dass man durch die Ausnahmen von der Regel eine wichtige Lektion lernt. Man würde zum Beispiel nicht lachen, wenn jemand stirbt, vor allem eine nahestehende Person, aber das liegt daran, weil man im Leben nicht immer gewinnen kann. Manchmal verlieren wir eben! Aber wir sollten zwischen einem echten Verlust und einer Lappalie unterscheiden können. Den Autolack versehentlich zu zerkratzen oder zu vergessen, den Müll rechtzeitig an den Straßenrand zu stellen, sind lästige Dinge, über die man lieber früher als später lachen sollte. Je eher man lernt, darüber zu lachen, umso schneller kommt man im Leben voran. Je schneller man über sich selbst lachen kann, umso schneller wird man sein Leben wahrhaftig leben können.

Was ist eine deiner – gern auch absurden – Eigenheiten, auf die du nicht verzichten möchtest?

An Riechsalz schnuppern! Das tun Kraftdreikämpfer, bevor sie für einen Maximalversuch die Plattform betreten. Riechsalze sind chemische Verbindungen (normalerweise mit einer Form von Ammoniak), die benutzt werden, um den Geist in einen höheren Erregungszustand zu versetzen und/oder die Leistung zu verbessern.

Es gibt verschiedene Formen von Riechsalz, aber Ampullen lassen sich besser aufbewahren und haben eine gleichbleibend hohe Qualität. Eine Variante sind Riechampullen wie zum Beispiel »First Aid Only H5041-AMP Ammonia«. Ich finde es immer zum Schreien komisch, wenn jemand zum ersten Mal daran schnuppert – das tut richtig weh! Die meisten Leute benutzen Riechsalz für schwere Lifts, aber ich verwende es auch in anderen Situationen. Bist du müde, weil du schon so lange herumsitzt? *Riechsalz hilft!* Hast du Angst vor Sekundenschlaf beim Autofahren? *Riechsalz hilft!* Denkst du ständig an Sex, kannst dich aber nicht austoben? *Riechsalz hilft!*

Welche Überzeugungen, Verhaltensweisen oder Gewohnheiten, die du dir in den letzten fünf Jahren angeeignet hast, haben dein Leben am meisten verbessert?

Ich versuche, meine Präsenz in den sozialen Medien auszuweiten. Es gibt einen Unterschied zwischen dem passiven Konsum und der aktiven Gestaltung sozialer Medien. Letzteres bringt viel positive Publicity, aber mein Ziel war es, meinen Einfluss und meine Anhängerschaft zu vergrößern. Soziale Medien funktionieren am besten, wenn man dem Publikum einen massiven Mehrwert bietet. Ich wertete das Verhalten meiner User aus (Likes, Dislikes, Anzahl der Klicks usw.) und passte meine Beiträge den aktuellen Trends an (damit erzielte ich die besten Ergebnisse). Ich poste nichts, was ich nicht tun will oder gerne tue, und achte stets darauf, dass ich in meinen Videos authentisch bin, um maximalen Unterhaltungswert zu bieten. Seitdem ich mich darauf konzentriere, meinen Einfluss in den sozialen Medien zu vergrößern, habe ich das, was ich sowieso getan hätte, zu einer Karriere ausgebaut. Ich verdiene mein Geld damit, »ich selbst zu sein«, und diese Erfahrung ist sagenhaft. Und das ist alles darauf zurückzuführen, dass ich meine sozialen Medien gepflegt habe.

Welche schlechten Ratschläge kursieren in deinem beruflichen Umfeld oder Fachgebiet?

Viele Leute denken, dass sie beweglicher werden, wenn sie eine statische Dehnung über eine längere Zeitspanne hinweg halten. Ich finde, dass das eine schlechte Empfehlung ist. Es ist viel hilfreicher, wenn man die Dehndauer in Sätze mit Erholungsphasen aufteilt. Erholung ist für das Beweglichkeitstraining sehr wichtig. Auch wenn das Dehnen nicht anstrengend ist oder müde macht, braucht der Körper etwas Zeit, sich anzupassen. Man erzielt viel bessere Ergebnisse, wenn man sich dreimal eine Minute dehnt und drei Minuten erholt, als wenn man dieselbe Dehnung drei Minuten am Stück macht. Wenn man sich schon die Mühe macht, dann kann man es auch richtig machen. Sonst verschwendet man nur seine Zeit. Richtig heißt in diesem Zusammenhang: Sätze mit Pausen.

Wozu kannst du heute leichter Nein sagen als vor fünf Jahren?

Ich wurde besser darin, meinem Gehirn Einhalt zu gebieten, wenn es ein Gespräch mit einer »größeren« Geschichte in Verbindung setzen will. Ich meine damit, dass mir jemand vielleicht eine Anekdote erzählt und ich nur darauf warte, eine ähnliche Geschichte loszuwerden, mit der ich auftrumpfen kann, weil sie noch größer oder dramatischer klingt. Statt auf einen günstigen Augenblick zu warten, um meine Geschichte zu erzählen, lasse ich diesen Wunsch einfach los und stelle der Person mehr Fragen über ihr Erlebnis. Was ich dabei entdeckt habe, ist unglaublich: Der bewusste Verzicht auf die Gelegenheit, jemanden möglicherweise zu beeindrucken, wird deutlich überwogen durch das, was ich lerne, wenn ich neugierig meine Fragen stelle. Jede Geschichte hat etwas, das mich in Staunen versetzt. Man sollte nicht davon ausgehen, dass der Anfang einer Geschichte genauso spannend ist wie der Schluss! Stelle Fragen und bitte deinen Gegenüber darum, mehr über sich zu erzählen!

Was tust du, wenn dir alles zu viel wird, du nicht mehr fokussiert bist oder deine Konzentration nachlässt?

Wenn ich mich überfordert oder unkonzentriert fühle, rufe ich meine Mutter oder meinen Vater an. Sie sind seit über 40 Jahren verheiratet, und ich kenne niemanden, der geerdeter ist als sie. Sie leben noch in demselben Haus, in dem ich aufgewachsen bin! Wenn ich sie anrufe, bekomme ich das wohlige Gefühl, wieder ein kleiner Junge in ihrem Haus zu sein. Ich rede mit meinen Eltern darüber, was mich stresst, aber ich fühle mich auch schon besser, wenn mir mein Vater erzählt, an welchen Projekten er gerade wieder im Garten arbeitet, wie es dem Hund geht oder andere Dinge, die nichts mit mir und meinem Leben zu tun haben. Ich habe großes Glück, weil ich immer noch zu Hause anrufen kann.

ZITATE, ÜBER DIE ICH NACHDENKE

(Tim Ferriss: 3. Februar bis 24. Februar 2017)

»Das Leben ist entweder ein gewagtes Abenteuer oder gar nichts.«

– HELEN KELLER

erster taubblinder Mensch mit einem BA-Abschluss, Inspiration für den Film *The Miracle Worker*

»Vor langer Zeit war mir aufgefallen, dass Menschen, die etwas erreichen, sich nur selten zurücklehnen und zulassen, dass Dinge passieren. Sie gehen hinaus und passieren den Dingen.«

– LEONARDO DA VINCI

italienischer Renaissance-Universalgelehrter, Maler von *Mona Lisa* und *Das Abendmahl*

»Denke bloß nicht, dass es schlecht ist, ganz unten in der Hierarchie zu stehen ... es kann dann nur aufwärtsgehen.«

DARA TORRES
TW: @DaraTorres
IG: @swimdara
daratorres.com

DARA TORRES ist wohl die schnellste Schwimmerin der USA. Im Alter von 14 Jahren bestritt sie ihren ersten Schwimmwettbewerb und startete einige Jahre später, 1984, zum ersten Mal bei den Olympischen Spielen. 2008 in Peking wurde Dara mit 41 Jahren die älteste Schwimmerin, die jemals an den Spielen teilnahm, und gewann drei Silbermedaillen – unter anderem im berüchtigten 50-Meter-Freistil, in dem sie die Goldmedaille um eine Hundertstelsekunde verpasste. Dara nahm im Laufe ihrer Karriere an fünf Olympischen Spielen teil und gewann insgesamt 12 olympische Medaillen. Sie war die erste Sportlerin, die in der Bikini-Ausgabe der *Sports Illustrated* auf dem Titelblatt zu sehen war und erhielt 2009 die ESPY-Auszeichnung für das »Beste Comeback«. Dara wurde von *Sports Illustrated* auch unter die »Besten Sportlerinnen des Jahrzehnts« gewählt. Sie ist die Autorin von *Age Is Just a Number: Achieve Your Dreams at Any Stage in Your Life.*

Welchen Rat würdest du einem intelligenten, motivierten Studenten für den Einstieg in die »echte Welt« geben? Welchen Rat sollte er ignorieren?

Viele Leute haben sich von ganz unten nach oben hochgearbeitet – denke bloß nicht, dass es schlecht ist, ganz unten in der Hierarchie zu stehen … es kann dann nur aufwärtsgehen. Ignoriere Hörensagen und Gerüchte, bis du sie als Tatsachen verifizieren kannst.

Welche Anschaffung von maximal 100 Dollar hat für dein Leben in den letzten sechs Monaten (oder in letzter Zeit) die größte positive Auswirkung gehabt?

Körperpflegeprodukte der Marke Crepe Erase für meine sonnengeschädigte Haut.

Was ist eine deiner – gern auch absurden – Eigenheiten, auf die du nicht verzichten möchtest?

Wenn ich Magenprobleme habe, esse ich ungekochte Top Ramen.

Was tust du, wenn dir alles zu viel wird, du nicht mehr fokussiert bist oder deine Konzentration nachlässt?

Ich steige auf das Spinningrad, schwimme, boxe oder gehe an die Barre, um Stress abzubauen und mich neu zu fokussieren.

Wenn du an einem beliebigen Ort ein riesiges Plakat mit beliebigem Inhalt aufhängen könntest, was wäre das und warum? Gibt es Zitate, an die du häufig denkst oder nach denen du lebst?

Die Zukunft gehört denen, die an die Schönheit ihrer Träume glauben. – wird oft Eleanor Roosevelt zugeschrieben

»Ich liebe es zu schwitzen. Das ist für mich wie ein Reinigungsprozess. Ich transpiriere nicht gerne, aber ich *schwitze* gerne.«

DAN GABLE
TW: @dannygable
FB: /DanGableWrestler
dangable.com

DAN GABLE ist eine der legendärsten Gestalten in der Geschichte des Ringens. In der High School und am College erzielte Dan den unglaublichen Rekord von 181 Siegen zu einer Niederlage. Er war zweimal NCAA National Wrestling Champion, dreimal All-American und dreimal Big-Eight Champion. Seine einzige Niederlage im College trieb Dan dazu an, sieben Stunden täglich zu trainieren, sieben Tage in der Woche, und diese Mühe machte sich bei den Olympischen Spielen von München 1972 bezahlt, bei denen er die Goldmedaille gewann, ohne auch nur einen einzigen Punkt abzugeben. Er war von 1976 bis 1997 an der University of Iowa tätig und gilt dort als erfolgreichster Trainer aller Zeiten; unter seiner Leitung gewann das Ringerteam 15-mal die NCAA-Meisterschaften. Dan wurde von ESPN unter die besten Coaches des 20. Jahrhunderts gewählt und bei den Olympischen Spielen von London 2012 in die FILA Hall of Fame Legends of the Sport aufgenommen – als dritte Person weltweit. Dan wurde in verschiedene Halls of Fame aufgenommen, unter anderem in die National Wrestling Hall of Fame und die U.S. Olympic Hall of Fame. Er hat mehrere Bücher verfasst, unter anderem den Bestseller *A Wrestling Life*.

Welches Buch (welche Bücher) verschenkst du am liebsten? Warum? Welche ein bis drei Bücher haben dein Leben am stärksten beeinflusst?

The Heart of a Champion von Bob Richards war für mich sehr wichtig, weil es alle Fragen beantwortet. Ich kam genau zur rechten Zeit in meinem Leben damit in Berührung. Bob war in den 1950er Jahren ein bekannter olympischer Stabhochspringer, er machte sogar Werbung für Frühstücksflocken. Er war lange Zeit als Markenbotschafter aktiv.

Ich habe dieses Buch immer empfohlen und schrieb sogar das Vorwort zur aktuellen Auflage. ... Die Nummer zwei ist vermutlich ein Buch über Saunen, weil ich ein großer Sauna-Fan bin. Die heißen Anwendungen lindern eine Menge Stress, und allein das Lesen darüber hilft mir schon enorm.

Welche Anschaffung von maximal 100 Dollar hat für dein Leben in den letzten sechs Monaten (oder in letzter Zeit) die größte positive Auswirkung gehabt?

Schon als Jugendlicher hatte ich eine einfache Klimmzugstange, die über meiner Zimmertür hing, und daran hat sich nichts geändert – wenn ich ein neues Haus beziehe, bringe ich auch heute noch eine Stange über der Schlafzimmertür an. Sie kostet keine 100 Dollar und muss gut befestigt werden, damit sie hält. Ich benutze die Stange mittlerweile eher zum Dehnen, damit ich beweglich bleibe. Ich hänge mich jeden Tag als Warm-up einige Minuten daran, oder gleich nach dem Aufstehen. Wenn ich mich wirklich gut fühle, mache ich auch einige Klimmzüge.

Wenn du an einem beliebigen Ort ein riesiges Plakat mit beliebigem Inhalt aufhängen könntest, was wäre das und warum?

Auf meiner Werbetafel würde stehen: »Ringen ist nicht für jedermann, sollte es aber sein.« Weil man die Disziplin, die man sich durch das Ringen aneignet, nicht nur im Sport, sondern generell im Leben gut gebrauchen kann. Alles, was man lernen muss, um ein guter Ringer zu sein – Ernährung, Taktik, Umgang mit Stress –, wappnet einen für die Widrigkeiten des Lebens.

Was ist eine deiner – gern auch absurden – Eigenheiten, auf die du nicht verzichten möchtest?

Vielleicht ist es in Finnland nicht seltsam, aber für viele Leute hierzulande schon: Ich liebe es zu schwitzen. Das ist für mich wie ein Reinigungsprozess. Ich transpiriere nicht gerne, aber ich *schwitze* gerne. Man kann das natürlich auch durch Training erreichen, aber überall, wohin ich gehe, gibt es viele Saunen. Für mich ist das alltäglich, und wenn ich nicht jeden Tag schwitze, dann werde ich unruhig.

Welchen Rat würdest du einem intelligenten, motivierten Studenten für den Einstieg in die »echte Welt« geben?

Rechne nicht damit, gleich »im Lotto zu gewinnen«, weil das normalerweise nicht passiert. Wenn du deinen Job gut machst und allmählich deine Fähigkeiten aufbaust, ist das so ähnlich wie im Lotto gewinnen, nur langsamer. Du musst jeden Tag hart arbeiten, Fortschritte machen und Geld verdienen. Mit der Zeit wirst du eine gute Figur abgeben. Wenn dir das schon im ersten Jahr gelingt, werde ich der erste sein, der dir gratuliert – aber verlasse dich lieber nicht darauf, dass der Weg so einfach ist.

»Es könnte lächerlich klingen, aber ich glaube daran, dass wir einen Teil unserer kurzsichtigen Hybris verlieren, solange wir in den Nachthimmel blicken, uns klein fühlen, das Universum sehen und sagen, ›Oh, wow, all diese Rätsel‹.«

CAROLINE PAUL
TW: @carowriter
carolinepaul.com

CAROLINE PAUL hat vier Bücher geschrieben und veröffentlicht, zuletzt den *New York Times*-Bestseller *The Gutsy Girl: Escapades for Your Life of Epic Adventure.* Einst war sie eine Angsthäsin, kam dann aber zu dem Schluss, dass Angst dem Leben, wie sie es wollte, im Weg stand. Seitdem hat sie an olympischen Wettkämpfen der US-Nationalmannschaft im Rennrodeln teilgenommen und als eine der ersten Feuerwehrfrauen von San Francisco Brände bekämpft. Als Mitglied der Gruppe Rescue 2 wurde sie auch bei Tauchgängen (z.B. für die Suche nach Leichen), bei Abseil-Aktionen, bei Einsätzen wegen gefährlicher Stoffe und bei schwersten Auto- und Zugunfällen eingesetzt.

Welches Buch (welche Bücher) verschenkst du am liebsten? Warum? Welche ein bis drei Bücher haben dein Leben am stärksten beeinflusst?

The Stars von H. A. Rey. Ich habe schon immer den Nachthimmel geliebt, aber diese alten Sternbild-Karten habe ich als Kind nie verstanden. Für mich waren sie nur ein Haufen sinnloser Kringel mit Namen wie Ursa Major, Leo oder Orion. Aber Rey zieht die Linien zwischen den Sternen so, dass der Löwe wirklich wie ein Löwe aussieht und der große Bär wie ein großer Bär. Dieses Buch zu verschenken, ist für mich eine kleine Möglichkeit, Leute zu ermuntern, nach oben zu schauen, den Himmel zu verstehen und dabei vielleicht einen existenziellen Ruck zu spüren. Es könnte lächerlich klingen, aber ich glaube daran, dass wir einen Teil unserer kurzsichtigen Hybris verlieren, solange wir in den Nachthimmel blicken, uns klein fühlen, das Universum sehen und sagen, »Oh, wow, all diese Rätsel«. Vielleicht retten wir sogar den Planeten, bevor es zu spät ist. Ist das zu viel verlangt von einem Buch? Ich glaube, *The Stars* ist dieser Aufgabe gewachsen.

Was ist das beste oder lohnendste Investment, das du je getätigt hast (in Form von Geld, Zeit, Energie etc.)?

Autoren können kostenlos an ihrem Küchentisch schreiben oder für den Preis eines Kaffees in einem Café. Aber nach meinem ersten veröffentlichten Buch beschloss ich, dass es sich lohnte, die Miete für einen Büroplatz im San Francisco Writers Grotto zu bezahlen, nur um unter anderen leidenschaftlichen Schreibern zu sein. Es gibt keinen Ersatz für die Unterstützung durch Menschen, die das Gleiche tun wie man selbst: schwitzen, weinen und sich für etwas, das sich Buch nennt, die Haare ausreißen. Inzwischen habe ich vier weitere Bücher veröffentlicht und bin immer noch geistig gesund. Beides wäre mit Sicherheit anders, wenn ich entschieden hätten, für mich ganz allein zu schreiben.

Was ist eine deiner – gern auch absurden – Eigenheiten, auf die du nicht verzichten möchtest?
Ich liebe es, Halsketten zu entwirren. Ich bin früher mit Gleitschirmen geflogen, und dabei sehen die Seile zum Schirm, wenn man die Ausrüstung aus der Tasche holt, immer unrettbar verknotet aus. Aber man weiß auch, dass sie alle an beiden Enden an einem festen Punkt befestigt sind, also braucht man nur genügend Geduld, um herauszufinden, welches Seil über welchem liegt. Wendy [MacNaughton, ihre Partnerin, siehe S. 175] wirft ihre Halsbänder immer in Schubladen oder Taschen, und wenn sie dann wieder herauskommen, sind sie vollkommen durcheinander. Ich liebe das Gefühl, dass ich in das totale Chaos, das ich überreicht bekomme, mit Geduld und Vertrauen wieder Struktur bringen kann.

Welche Überzeugungen, Verhaltensweisen oder Gewohnheiten, die du dir in den letzten fünf Jahren angeeignet hast, haben dein Leben am meisten verbessert?
Ich habe früher Spazierengehen gehasst, weil ich Probleme mit den Knien hatte und es außerdem langweilig fand. Aber vor drei Jahren haben Wendy und ich einen Hund aus dem Tierheim adoptiert und mit Hunden muss man natürlich spazieren gehen. Und siehe da, heute *liebe* ich es. Es ist eine Gelegenheit, im Freien zu sein, und zwar nirgendwo sonst als genau dort mit dem Hund. Ich telefoniere nicht (was in Hundeparks sowieso verpönt ist, wer hätte das gedacht), und ich versuche nicht, schnell irgendwo hinzukommen. Das Lustige ist, dass meine Knie durch das Gehen sogar besser geworden sind. Ich freue mich auf die Stunde, in der ich nur einen Fuß vor den anderen setzen muss, herumschaue und atme. Das ist Meditation, mit ab und zu einer kleinen Pause zum Kacken.

»Originalität gibt es nur an den Rändern der Realität.«

DARREN ARONOFSKY
TW/IG: @darrenaronofsky
darrenaronofsky.com

DARREN ARONOFSKY ist der preisgekrönte Filmemacher hinter Kultklassikern wie *Pi, Requiem for a Dream* und *The Wrestler*. Sein erster Film, *Pi* aus dem Jahr 1998, brachte ihm frühe Anerkennung und einen Preis als Best Director beim Sundance Film Festival ein. Am bekanntesten ist er aber vielleicht für den Film *Black Swan*, der für fünf Oscars einschließlich bester Film und bester Regisseur nominiert wurde. Sein von der Bibel inspiriertes Epos *Noah* war in den USA der erfolgreichste Film des Start-Wochenendes und spielte weltweit mehr als 362 Millionen Dollar ein. Aronofskys neuester Film ist *mother!*, ein Psycho-Horrorfilm mit Jennifer Lawrence und Javier Bardem in den Hauptrollen.

Welches Buch (welche Bücher) verschenkst du am liebsten? Warum? Welche ein bis drei Bücher haben dein Leben am stärksten beeinflusst?

Als ich ein verschreckter Erstsemester war, ging ich durch die Bibliothek meiner Universität und sah im Augenwinkel das Wort *Brooklyn*. Ich kam ja aus Brooklyn und war zum ersten Mal für längere Zeit weit weg von meiner Heimatstadt, also war ich sofort interessiert. Ich nahm *Last Exit to Brooklyn* von Hubert Selby aus dem Regal und verschlang es in einer einzigen Nacht. Noch nie hatte ich gesehen, wie jemand Seiten so angeht wie er. Er hat mich tief zum Schreiben inspiriert, woraus letztlich meine Form des Geschichtenerzählens entstanden ist. Später habe ich aus *Requiem for a Dream*, einem anderen Buch von Selby, einen Film gemacht, und wir sind uns als liebe Freunde ziemlich nah gekommen.

Welcher (vermeintliche?) Misserfolg war die Voraussetzung für deinen späteren Erfolg? Hast du einen »Lieblingsmisserfolg«?

Jeder einzelne Film, den ich bisher gemacht habe, wurde anfangs mit einem Chor von »Neins« begrüßt. Mein damaliger Produzent hat sogar einen Spruch dazu erfunden: »Wenn alle Nein sagen, weiß du, dass du etwas richtig machst.« Ich glaube also, dass alle Erfolge mit heftiger Zurückweisung beginnen und dass es entscheidend ist, über diese Angriffe hinauszublicken.

Welche Anschaffung von maximal 100 Dollar hat für dein Leben in den letzten sechs Monaten (oder in letzter Zeit) die größte positive Auswirkung gehabt?

Ich habe einen richtig guten Pfannenwender gekauft. Es ist bemerkenswert, wie sehr sich das Frühstück durch das richtige Werkzeug verändern kann. [**Anmerkung von Tim:** Ich habe ein Foto von Darren Aronofskys Pfannenwender, und er sieht nach dem viel gelobten Winco TN719 Blade Hamburger Turner für weniger als 10 Dollar aus].

Welchen Rat würdest du einem intelligenten, motivierten Studenten für den Einstieg in die »echte Welt« geben?

Am wichtigsten in diesem Spiel ist Ausdauer. Sie ist die wichtigste Eigenschaft. Natürlich muss man Leistung bringen und alle Erwartungen übertreffen, wenn sich eine Gelegenheit bietet, aber die zu bekommen, ist der schwierigste Teil. Behalte also die Vision klar in deinem Kopf und trotze jeden Tag allen Hindernissen auf dem Weg zu deinem Ziel.

Was tust du, wenn dir alles zu viel wird, du nicht mehr fokussiert bist oder deine Konzentration nachlässt?

Ich war mit Eltern gesegnet, die zu mir immer sagten, »hab Spaß« oder »arbeite nicht zu hart«, wenn ich mich auf den Weg zur Arbeit machte. Das hat mir die Freiheit gegeben, mir selbst zu verzeihen, wenn einfach nichts läuft. Ich glaube, Prokrastination ist ein wichtiger Bestandteil des kreativen Weges. Wenn man glaubt, man würde nur Zeit verschwenden, lösen der Geist und der Körper in Wirklichkeit meistens Probleme, denen man sich nicht direkt stellen kann. Also ist es in Ordnung, lange spazieren zu gehen, sich in Buchläden zu verlieren, einen Film zu schauen oder schwimmen zu gehen (nur in seinem Telefon sollte man sich nicht verlieren).

Welche schlechten Ratschläge kursieren in deinem beruflichen Umfeld oder Fachgebiet?

Wenn man zehn Leute in einen Raum setzt und sie sich auf eine Eissorte einigen sollen, werden sie bei Vanille enden. Es gibt immer ständigen Druck zur Konformität. Originalität aber gibt es nur an den Rändern der Realität. Auf dieser Linie zu arbeiten, ist stets gefährlich, weil sie nur einen kleinen Schritt vom totalen Wahnsinn entfernt ist. Man muss also Versuchungen und Ratschlägen widerstehen, sich zur Mitte zu bewegen. Die beste Arbeit entsteht immer dann, wenn man die Grenzen weitertreibt.

»Die erfolgreichsten Geschäfte sind oft die, die man nicht macht.«

EVAN WILLIAMS
TW/Medium: @ev
medium.com

EVAN WILLIAMS ist Mitgründer von Blogger, Twitter und Medium. Im Januar 1999 war Evan Mitgründer von Pyra Labs, das den Blog-Service Blogger entwickelte (und den Begriff »Blogger« prägte) und Anfang 2003 von Google übernommen wurde. Später war er Mitgründer von Odeo und Obvious Corporation, aus denen 2006 Twitter entstand. Evan war Mitgründer, Lead Investor und CEO von Twitter. Zurzeit ist er CEO der Online-Verlagsplattform Medium. Evan wuchs auf einer Farm in Clarks im US-Bundesstaat Nebraska auf.

Welcher (vermeintliche?) Misserfolg war die Voraussetzung für deinen späteren Erfolg? Hast du einen »Lieblingsmisserfolg«?

Bei Blogger war es das Platzen der Dot-Com-Blase. Wir waren (wie viele andere) knapp bei Kasse und sahen uns nach sanften Landemöglichkeiten um. Wir bekamen ein kümmerliches Übernahmeangebot von einem anderen nicht börsennotierten Unternehmen für alle Aktien. Ich war nicht begeistert, aber mein Team war dafür (verständlicherweise, denn das bedeutete, dass sie ihre Jobs behalten und wir theoretisch an unserem Produkt weiterarbeiten konnten). Ich hätte nachgegeben, doch der Deal platzte, weil der Verwaltungsrat des Käufers nicht mitspielte. Ich musste Leute entlassen, doch wir kamen irgendwie durch und verkauften Blogger zwei Jahre später an Google. Der damalige Kaufinteressent machte später selber Pleite. Damals wurde mir klar, dass die erfolgreichsten Geschäfte oft die sind, die man nicht macht.

Welche Überzeugungen, Verhaltensweisen oder Gewohnheiten, die du dir in den letzten fünf Jahren angeeignet hast, haben dein Leben am meisten verbessert?

Achtsamkeitsmeditation, die ich seit rund fünf Jahren regelmäßig betreibe, hat mein Leben stärker verändert als jede andere Angewohnheit. Mir kommt es so vor, als hätte sie mein Gehirn neu verdrahtet (vermutlich, weil das so ist). Am Anfang spürte ich eine enorme Wirkung. Nach ein paar Jahren ist der Effekt nicht mehr so stark, aber ich brauche ihn. Setze ich ein paar Tage aus, fühle ich mich komisch. Ich wünschte, ich hätte Jahre früher damit angefangen.

Welchen Rat würdest du einem intelligenten, motivierten Studenten für den Einstieg in die »echte Welt« geben?

Sei hinterher, dazuzulernen – nicht, Bestätigung zu erhalten. In einem Team machst du einen viel besseren Eindruck, wenn es so aussieht, als ginge es dir gar nicht um dich. Es ist natürlich okay, wenn es dir um dich geht – jedem geht es um sich –, aber es soll nicht so aussehen. Wer es schafft, bescheidener aufzutreten, der bekommt am Ende oft mehr.

ZITATE, ÜBER DIE ICH NACHDENKE

(Tim Ferriss: 10. März bis 24. März 2017)

»Kuei-shan frage Yun-yen,
›Was ist der Sitz der Erleuchtung?‹
Yu-yen sagte,
›Freiheit von Künstlichkeit.‹«

– KHUEI-SHAN (771-854)
chinesischer Chan-Mönch und Begründer der Kuei-yang-Linie,
einem der fünf Häuser der Chan-Schule

»Zu wagen bedeutet, vorübergehend die eigene Grundlage zu verlieren. Nichts zu wagen bedeutet, sich selbst zu verlieren.«

– SÖREN KIERKEGAARD
dänischer Vielschreiber, gilt als der erste existenzialistische Philosoph

»Übung bedeutet, gegen Überraschungen gerüstet zu sein. Bildung bedeutet, auf Überraschungen vorbereitet zu sein.«

– JAMES P. CARSE
Professor emeritus für Geschichte und Religionsliteratur an der New York University,
Autor von *Finite and Infinite Games*

»Meide Zucker. Vor allem in Limonade und Saft. Alle anderen Ernährungstipps sind nur heiße Luft.«

BRAM COHEN
TW: @bramcohen
FB: /bram.cohen
Medium: @bramcohen

BRAM COHEN ist der Erfinder des Peer-to-Peer (P2P)-File-Sharing-Protokolls und der Gründer von BitTorrent, Inc. 2005 wurde er von *MIT Technology Review* unter den 35 führenden Innovatoren der Welt unter 35 gelistet.

Welcher (vermeintliche?) Misserfolg war die Voraussetzung für deinen späteren Erfolg? Hast du einen »Lieblingsmisserfolg«?

Bevor ich mich BitTorrent widmete, arbeitete ich an einem glücklosen Projekt namens Mojo Nation. Es gab eine lange Liste total cooler Features, die es haben sollte, doch aus Mangel an Fokus konnten wir nichts davon perfekt realisieren. Nach dieser Erfahrung (und weil ich zuvor schon an verschiedenen ähnlichen gescheiterten Software-Projekten beteiligt gewesen war) beschloss ich, ein Projekt zu starten, das nur eine Sache machte, aber richtig – und zum Ziel setzte ich mir anstelle des Erfolgs, nicht zu scheitern. Alles ist besser, als gar nicht zu liefern. Das Ergebnis war BitTorrent. Dieser Tage heißt das Schlagwort »Minimum Viable Product« (Produkt mit minimalen Anforderungen und Eigenschaften) – eine sehr klinische Bezeichnung für das Ethos, nicht an den großen Wurf zu denken, sondern stattdessen alle Kräfte darauf zu richten, nicht zu scheitern. Die meisten Softwareentwicklungsprojekte scheitern auf ganzer Länge.

Wenn du an einem beliebigen Ort ein riesiges Plakat mit beliebigem Inhalt aufhängen könntest, was wäre das und warum?

»Meide Zucker. Vor allem in Limonade und Saft. Alle anderen Ernährungstipps sind nur heiße Luft.«

Was ist eine deiner – gern auch absurden – Eigenheiten, auf die du nicht verzichten möchtest?

Ich erfinde mechanische Geduldsspiele, die sogar produziert werden. Das neueste ist in vielen Spielzeuggeschäften erhältlich und heißt Fidgitz. Solche Spiele beschäftigen den Geist und machen die Spieler klüger, wie ich hoffe. Wenn nicht, sind sie zumindest unterhaltsam.

Wozu kannst du heute leichter Nein sagen als vor fünf Jahren?

Eine Lebenslehre, die ich inzwischen widerstrebend akzeptiert habe: Man sollte auf keinen Fall mit Verrückten zusammenarbeiten. Es ist gut, Freunden aufgeschlossen und tolerant zu begegnen, doch im beruflichen Umfeld kann es zu einem echten Problem werden, wenn jemand, auf den man angewiesen ist, psychische Probleme hat.

Ein paar eklatant offensichtliche Dinge sind daher absolut tabu. Wenn jemand glaubt, jede Steuer sei Diebstahl, oder dass eine streng vegane Ernährung gesünder sei, dann zeigt er einen solchen Mangel an Urteilsvermögen, dass man sich gut überlegen sollte, ob man ihm schwerwiegende Entscheidungen überlassen möchte. Es ist löblich, privat und beruflich Beziehungen zu Menschen mit vielen verschiedenen politischen Meinungen und Lebensanschauungen zu unterhalten, und ich versuche das auch, aber an dem Punkt, an dem eine Meinung die Grenze zwischen »extrem« und »verrückt« überschreitet, ist es sehr wichtig, diesen Unterschied zu erkennen.

Im Vorstellungsgespräch sollte man auf offenkundigen Narzissmus achten. Erzählt ein Bewerber, die ausgeschriebene Position sei nicht die Richtige für ihn, er sollte besser gleich eine Stufe höher einsteigen, oder er sagt, ohne ihn ginge gar nichts, oder er hält Vorträge über das Geschäft wie ein Investor bei der Due-Diligence-Prüfung, dann spielt er schon schädliche politische Spielchen, noch bevor er überhaupt einen Fuß in der Tür hat. Solche Kandidaten lehnt man besser sofort ab. Denn entsprechendes Verhalten potenziert sich nur, wenn man den Betreffenden einstellt – und ihm von vornherein zu sagen, dass das nicht akzeptabel ist, ändert nichts.

Welche Überzeugungen, Verhaltensweisen oder Gewohnheiten, die du dir in den letzten fünf Jahren angeeignet hast, haben dein Leben am meisten verbessert?

Ich nehme meine Laktoseintoleranz in letzter Zeit viel ernster, was meine Lebensqualität deutlich verbessert hat. Ich bin ein besonders schwerer Fall, aber in den USA sind viele Menschen von Laktoseintoleranz betroffen, und häufig wird sie nie diagnostiziert. Deshalb reagieren die Betroffenen auch nicht entsprechend. Wenn ich nicht sehr gut aufpasse, habe ich chronische Schmerzen durch Blähungen, und ein paar einfache Maßnahmen schaffen spürbar Abhilfe – nämlich Folgende: 1) Ich versuche nach Kräften, Laktose zu vermeiden, auch Käse und Butter (und leider fast alle Schokolade. Steht auf der Verpackung »kann Spuren von Milch enthalten«, dann heißt das im Regelfall, dass Milch drin ist). 2) Ich nehme zweimal täglich Laktosepillen, selbst wenn mir nicht bewusst ist, dass ich laktosehaltige Nahrungsmittel zu mir genommen habe. Wenn man auswärts isst, weiß man nie so genau, was drin ist. 3) Ich nehme zweimal täglich Simeticon, weil das direkt Gase abbaut. Und scheut euch nicht, aufzustoßen, denn wenn Gase im Körper sind, müssen sie wieder raus – und es gibt nur zwei Ausgänge. Besser man lässt sie vorne raus, als dass sie sich bis nach hinten durchquälen müssen.

Es ist frustrierend, wie viele Menschen meist fälschlicherweise meinen, sie vertrügen kein Gluten, während eine Laktoseintoleranz nicht einmal abgeklärt wird. Umso mehr, als Milchsäurefermentation nicht viel kostet und durchgeführt werden könnte, bevor die Milch zu Butter oder Käse verarbeitet wird. Lebensmittel sollten grundsätzlich laktosefrei sein. Die meisten schwarzen und asiatisch stämmigen US-Amerikaner sind laktoseintolerant, und trotzdem sind Nahrungsmittel, die sie nicht verdauen können, zentraler Bestandteil des Essens in jeder Schulkantine.

Welchen Rat würdest du einem intelligenten, motivierten Studenten für den Einstieg in die »echte Welt« geben?

Sucht euch die ersten Jobs danach aus, wo ihr wertvolle Erfahrungen sammeln könnt. Wer Unternehmer werden will, sollte sich nicht direkt selbständig machen, sondern zunächst bei einem jungen Start-up anheuern, um sich einzuarbeiten und für seine Anfängerfehler bezahlt zu werden. Erst wenn man die nötigen Erfahrungen und Kenntnisse gesammelt hat, sollte man dann auf eigene Faust loslegen. So habe ich es gemacht, und auch wenn die Start-ups, für die ich tätig war, überwiegend gescheitert sind, hätte ich ohne diese Erfahrung kaum im Alleingang erfolgreich sein können.

»Viele Menschen möchten helfen oder sich einbringen. Das geht aber nicht, wenn sie die Zügel zu fest in der Hand halten.«

CHRIS ANDERSON
TW: @TEDChris
ted.com

CHRIS ANDERSON wurde 2002 zum Kurator der TED Conference und hat sie zu einer globalen Plattform zur Verbreitung von Ideen weiterentwickelt, die das wert sind. Chris stammt aus dem ländlichen Pakistan und ist in Indien, Pakistan, Afghanistan und England aufgewachsen. An der Oxford University machte er einen Abschluss in Philosophie und Politik und wurde Journalist. 1985 gründete er ein Start-up, um eine Computerzeitschrift herauszubringen. Der Erfolg hatte weitere Neugründungen zur Folge, und sein Unternehmen Future Publishing mit dem Slogan »media with passion« wuchs schnell. Chris expandierte 1994 in die Vereinigten Staaten, wo er Imagine Media aufbaute, das die Zeitschrift *Business 2.0* verlegte und die beliebte Spielewebsite IGN schuf. Zusammen brachten die Unternehmen über 100 Monatsschriften heraus und beschäftigten 2000 Mitarbeiter. 2001 kaufte Chris' gemeinnützige Stiftung, die Sapling Foundation, die TED Conference auf, und Chris verließ seine Unternehmen, um sich auf den Ausbau von TED zu konzentrieren. Unter seiner Leitung hat TED ihr Spektrum über Technologie, Unterhaltung und Design hinaus auch auf Wissenschaft, Politik, Wirtschaft, Kunst und globale Fragen erweitert. Seit 2006 stellt TED alle Gesprächsbeiträge kostenlos online zur Verfügung – inzwischen schon 2500.

Welches Buch (welche Bücher) verschenkst du am liebsten? Warum? Welche ein bis drei Bücher haben dein Leben am stärksten beeinflusst?

The Beginning of Infinity von David Deutsch – ein bemerkenswertes Plädoyer für die Macht des Wissens – nicht nur als menschliche Fähigkeit, sondern als Kraft, die das Universum gestaltet.

Alles von Steven Pinker (Seite 498). Er gehört zu den klarsichtigsten Denkern und Kommunikatoren unserer Zeit. Er hat mich unter vielem anderen davon überzeugt, dass ich mich nur selbst verstehen kann, wenn ich verstehe, wie sich die Menschen entwickelt haben.

Die Narnia-Reihe von C. S. Lewis. Daran entzündete sich als Kind meine Fantasie.

Wenn du an einem beliebigen Ort ein riesiges Plakat mit beliebigem Inhalt aufhängen könntest, was wäre das und warum?

»Lebe für etwas, das größer ist als du.« Seltsamerweise ist das einer der Schlüssel zu einem erfüllenden Leben – wenn auch nicht unbedingt zu einem leichteren.

Welche Überzeugungen, Verhaltensweisen oder Gewohnheiten, die du dir in den letzten fünf Jahren angeeignet hast, haben dein Leben am meisten verbessert?

Die Erkenntnis, dass man manche Dinge am besten erledigt, indem man sie loslässt. Es ist nämlich so: Viele Menschen möchten helfen oder sich einbringen. Das geht aber nicht, wenn sie die Zügel zu fest in der Hand halten. Je mehr sie loslassen, desto mehr Menschen werden sie überraschen. Das haben wir bei TED in den letzten Jahren immer wieder erlebt. Indem wir unsere Inhalte online gestellt haben, haben enthusiastische Interessenten sie im Internet verbreitet und damit die Reichweite von TED deutlich erhöht. Weil wir unsere Marke in Form kostenloser TEDx-Lizenzen hergeben, führen Tausende Freiwilliger weltweit TEDx-Veranstaltungen durch – zehn am Tag. Sie haben Ideen entwickelt, die uns nie eingefallen wären. In diesem kühnen neuen vernetzten Zeitalter haben sich die Regeln dafür, woran man festhalten und was man loslassen sollte, nachhaltig geändert. Durch eine großzügige Strategie verbreitet man seinen Ruf – und du wirst staunen, was da alles zurückkommt.

Welchen Rat würdest du einem intelligenten, motivierten Studenten für den Einstieg in die »echte Welt« geben? Welchen Rat sollte er ignorieren?

Viele glauben an das Klischee, dass man »seiner Leidenschaft nachgehen« sollte. Das ist für viele ein ganz schlechter Rat. Mit 20 weiß man vielleicht noch gar nicht, wofür man besonders geeignet ist oder wo man die größten Chancen hat. Man sollte daher besser nach Wissenserwerb, persönlicher Disziplin und Wachstum streben. Und versuchen, sich weltweit mit anderen Menschen zu vernetzen. Eine Zeitlang ist es in Ordnung, den Traum eines anderen zu verfolgen und zu unterstützen. Dadurch baut man wertvolle Beziehungen auf und erwirbt unschätzbares Wissen. Irgendwann meldet sich dann die eigene Leidenschaft zu Wort und flüstert euch ins Ohr: »Ich bin bereit.«

»Ich höre mit allem auf, das ich gerade sonst mache, weil es keine echte Arbeit ist, und dann lege ich los und schreibe etwas.«

NEIL GAIMAN
TW/IG: @neilhimself
FB: /neilgaiman
neilgaiman.com

NEIL GAIMAN ist im *Dictionary of Literary Biography* als einer zehn wichtigsten postmodernen Autoren aufgeführt, die noch am Leben sind. Er ist ein eifriger Schreiber in den Bereichen Prosa, Poesie, Film, Journalismus, Comics, Songtexte und Theater. Für seine Romane wurde er mit den Preisen Newbery, Carnegie, Hugo, Nebula, World Fantasy und Eisner ausgezeichnet. Ich selbst habe mich erstmals in den 1990er Jahren von seiner Vorstellungskraft in den Comic-Romanen der *Sandman*-Reihe faszinieren lassen, gefolgt von *Neverwhere* und *American Gods*. Weitere Bestseller von Gaiman sind *The View from the Cheap Seats: Selected Nonfiction, The Ocean at the End of the Lane, The Graveyard Book* (mein liebstes Hörbuch aller Zeiten) und *Coraline*. Seine Rede vor Universitätsabsolventen mit dem Titel »Macht gute Kunst« sollte sich jeder anhören, der auf lange Sicht kreativ erfolgreich sein möchte.

Was tust du, wenn dir alles zu viel wird, du nicht mehr fokussiert bist oder deine Konzentration nachlässt? Welche Fragen stellst du dir?

* Habe ich genug geschlafen?
* Habe ich gegessen?
* Wäre es vielleicht gut, ein bisschen spazieren zu gehen?

Diese Fragen beantworte ich oder reagiere darauf, aber vielleicht gibt es eine konkrete Situation, die mich überfordert:

* Kann ich irgendetwas tun, um sie zu bereinigen?
* Gibt es jemanden, der Informationen oder Empfehlungen dazu hat und den ich deswegen anrufen kann?

Wenn das Problem nicht in einer Situation liegt, sondern ich einfach traurig und launisch und unkonzentriert bin:

* Wie lang ist es her, dass ich wirklich etwas geschrieben habe?
* Ich höre mit allem auf, das ich gerade sonst mache, weil es keine echte Arbeit ist, und dann lege ich los und schreibe etwas.

Welche Anschaffung von maximal 100 Dollar hat für dein Leben in den letzten sechs Monaten (oder in letzter Zeit) die größte positive Auswirkung gehabt?
Die Käufe, die mich am glücklichsten gemacht haben, waren wahrscheinlich die Paco-Bücher aus Frankreich [von Magali Le Huche]: *Paco and the Orchestra, Paco and Jazz, Paco and Rock, Paco and Vivaldi, Paco and Mozart* … Wenn man bei diesen Büchern auf eine bestimmte Stelle drückt, ist ein Sound-Effekt oder Musik zu hören. Mein kleiner Sohn Ash liebt sie, und wenn ihn sonst nichts mehr trösten kann, hört und liest er glücklich ein Paco-Buch, und der Klang eines kurzen Stücks Musik macht alles wieder gut. Das macht mein Leben schön, weil es seines schön macht.

Welche Überzeugungen, Verhaltensweisen oder Gewohnheiten, die du dir in den letzten fünf Jahren angeeignet hast, haben dein Leben am meisten verbessert?
Die Entdeckung, dass man private Yoga-Stunden mit Einzelunterricht nehmen kann. Sobald unser Baby da war, wurde die Chance dafür, dass Amanda [Palmer, seine Ehefrau] und ich zusammen zum Yoga gehen könnten, unermesslich klein; ebenso gab es nur eine geringe Wahrscheinlichkeit dafür, dass Yoga im lokalen Studio in der Zeit angeboten würde, die mir dafür blieb. Aber ich weiß, wie sehr ich bereue, wenn ich mich nicht dehne und strecke und letztlich entspanne.

»Jeder Tag ist eine Gelegenheit, ein lebendiges Meisterwerk zu erschaffen.«

MICHAEL GERVAIS
TW/IG: @michaelgervais
findingmastery.net

DR. MICHAEL GERVAIS ist ein Sportpsychologe, der mit Olympiasiegern, Weltrekordhaltern und den Seattle Seahawks zusammengearbeitet hat, die mit seiner Hilfe Meditations- und Achtsamkeitstechniken in ihr Training integrierten und den Super Bowl gewannen. Er gründete (mit Coach Pete Carroll) die Organisation Compete to Create, die sich dem Ziel verschrieben hat, Menschen zu helfen, die beste Version ihrer selbst zu sein. Als Autor von Fachartikeln und anerkannter Referent ist Michael in den Medien ein gern gesehener Gast, der zu seiner Meinung über optimale Leistungsfähigkeit befragt wird. In seinem Podcast *Finding Mastery* führt er Interviews mit Spitzenathleten und analysiert mit ihnen, wie sich Spitzenleistung erreichen lässt.

Welches Buch (welche Bücher) verschenkst du am liebsten? Warum? Welche ein bis drei Bücher haben dein Leben am stärksten beeinflusst?

Man's Search for Meaning von Viktor E. Frankl. Er beschreibt darin seine Erlebnisse als KZ-Häftling im Zweiten Weltkrieg und die Erkenntnisse, die er in jener Zeit gewonnen hat. Er beschreibt Methoden, um die tiefe Bedeutung und den Sinn des Lebens zu entdecken.

Das *Tao Te Ching* von Laotse. Seine 81 Lehren bilden die Grundlage für den Taoismus und zielen darauf ab, den »Weg der Tugenden« zu verstehen. Laotses Lehren sind wegen ihrer kryptischen Sprache schwer verständlich und regen zum Nachdenken an.

Mind Gym von Gary Mack ist ein Buch, das der oft »schwammig« wirkenden angewandten Sportpsychologie mit einer nüchternen, sachlichen Perspektive begegnet. Gary beschreibt eine Reihe von Regeln, mit denen man seine innere Einstellung verbessern kann, und macht mentales Training damit leicht verständlich und umsetzbar.

Welche Anschaffung von maximal 100 Dollar hat für dein Leben in den letzten sechs Monaten (oder in letzter Zeit) die größte positive Auswirkung gehabt?

Ein Buch für meinen Sohn: *Inch and Miles* von Coach John Wooden. Wir lesen regelmäßig gemeinsam darin. Ich kann gar nicht in Worte fassen, wie sehr ich mich jedes Mal darüber freue, wenn ich höre, dass er sich gedanklich mit Coach Woodens Lehren auseinandersetzt und sie begreift.

Welcher (vermeintliche?) Misserfolg war die Voraussetzung für deinen späteren Erfolg? Hast du einen »Lieblingsmisserfolg«?

Meine erste Anstellung als Sportpsychologe im Profisport. Ein gemeinsamer Freund stellte mich dem Manager des Vereins vor. Wir führten ein konstruktives, anregendes Gespräch über die Zukunft des Teams und er bot mir einen Job an. Weil ich hochmotiviert war und es nicht besser wusste, sagte ich zu. Mir war damals aber nicht klar, dass es noch viele andere Personen gibt, die das Arbeitsklima und die Leistung eines Teams beeinflussen, beispielsweise der Cheftrainer (tja). Weil ich den Cheftrainer nicht kannte, hatte ich keine Ahnung, wie sich die Zusammenarbeit gestalten würde. Ich wusste nicht, dass er sich für Sportpsychologie nicht interessierte. Er sah sie sogar als potenzielle Bedrohung seines Führungsstils.

Es ist wohl klar, dass das erste Treffen mit dem Trainer eine Herausforderung war – für mich, versteht sich. Damals war ich ein Neuling, das wusste er auch, und er bereitete mein erstes Treffen mit den Spielern genau vor.

Am nächsten Tag war das Training außergewöhnlich lang, körperlich intensiv und fordernd. Gleich nach dem Training wies er die Spieler an, in die Umkleide zu gehen, sich aber noch nicht umzuziehen. Er rief mich zu einer kurzen Unterredung in sein Büro, die gerade lange genug dauerte, damit die Athleten zu frieren und sich über die verschwitzte Kleidung zu ärgern begannen. Er nickte kurz, als würde er einen Schalter umlegen, und sagte: »Okay. Was halten Sie davon, sich dem Team vorzustellen?«

Er begleitete mich in die Umkleide und sagte: »Hört mal her, Jungs. Das ist Mike Gervais, ein Sportpsychologe. Wenn ihr Psychoprobleme habt, könnt ihr mit ihm reden.« Dann rauschte er davon.

Dieses Erlebnis ist mir nachhaltig in Erinnerung geblieben, weil ich dadurch ein besseres Verständnis für die Leute bekommen habe, die Teil einer Organisation sind, bevor ich die Entscheidung treffe, mit ihnen zusammenzuarbeiten. Es ist also wichtig, rechtzeitig seine Hausaufgaben zu machen.

Wenn du an einem beliebigen Ort ein riesiges Plakat mit beliebigem Inhalt aufhängen könntest, was wäre das und warum?

»Jeder Tag ist eine Gelegenheit, ein lebendiges Meisterwerk zu erschaffen.«

Wir haben weit mehr Kontrolle über unser Leben, als vielen von uns bewusst ist. Wir erschaffen unsere Erfahrungen im Leben oder tragen zumindest dazu bei und haben jeden Tag eine neue Gelegenheit, im Hier und Jetzt präsent zu sein. Es ist dieser gegenwärtige Augenblick, in dem sich unser Potenzial offenbart und ausdrückt. Ein lebendiges Meisterwerk wird nicht auf Leinwand gemalt, in Stein gemeißelt oder auf Papier geschrieben. Es ist die Suche und der Ausdruck nach angewandter Erkenntnis und Weisheit.

Was ist das beste oder lohnendste Investment, das du je getätigt hast (in Form von Geld, Zeit, Energie etc.)?

Die Investition in das Wachstum anderer.

Wenn wir Augenkontakt herstellen (manchmal im wahrsten Sinne des Wortes, manchmal aber auch im übertragenen Sinne – durch den Blick aufs Wesentliche), stellen wir eine Verbindung her. Diese Verbindung kann so intensiv sein, dass wir unsere Zeit mit Ablenkungen und Geschäftigkeit vertrödeln: die moderne Sucht, das Unbehagen zu betäuben, das sich einstellt, wenn man eine emotionale intensive Situation aushalten muss. Durch die Beziehungen, die wir mit anderen haben, sind wir in der Lage, das Gute, Wahre und Schöne zu erfahren. Wenn wir uns in unserem Umfeld gut aufgehoben fühlen, spornt uns das zu Höchstleistungen an und wir setzen alles daran, unser Potenzial und unseren Lebenssinn zu realisieren.

Welche schlechten Ratschläge kursieren in deinem beruflichen Umfeld oder Fachgebiet?

»Du kannst alles schaffen, was du dir in den Kopf gesetzt hast.« Das stimmt nicht, und diese Aussage offenbart die Naivität der Person, die diesen Ratschlag erteilt.

Wozu kannst du heute leichter Nein sagen als vor fünf Jahren?

»Ich würde Ihnen gerne einige Fragen stellen, können wir telefonieren oder uns auf eine Tasse Kaffee treffen?« Nein. »Ich hätte Lust, dich zu treffen, hast du Zeit?« Nein. »Ich denke, ich erfülle Ihre Kriterien, um als Gast in Ihrem Podcast *Finding Mastery* aufzutreten – können wir einen Termin vereinbaren?« Nein.

Ich sage Nein zu Leitungswasser, das mir im Lokal angeboten wird.

Ich sage Nein zu öffentlich-rechtlichen und privaten Fernsehsendern.

Ich sage Nein zu Telefonaten, die ich nicht in meinem Auto führen kann (am besten ruft man mich also an, wenn ich gerade unterwegs bin).

Ich sage Nein zu neuen Projekten und Geschäftsideen.

Ich sage Nein zu unwichtigen oder belanglosen Interviews.

Ich sage Nein zu einer beruflichen Zusammenarbeit (und potenziellen Kunden), wenn die betreffende Person nicht gewillt oder interessiert ist, hart zu arbeiten, engagiert zu arbeiten und sich unbekannten Situationen anzupassen.

Ich sage Nein zu industriell hergestelltem Essen.

Was tust du, wenn dir alles zu viel wird, du nicht mehr fokussiert bist oder deine Konzentration nachlässt?

Tief atmen, wenn sich mein Körper in einem hohen Erregungszustand (interne Aktivierung) befindet.

Musik hören und mich bewegen (spazieren gehen), wenn meine geistige Aufmerksamkeit nachlässt.

Mein E-Mail-Postfach geschlossen halten, wenn ich das Gefühl habe, »auf dem Laufenden« bleiben zu müssen, und meine Produktivität darunter leidet.

»Hindernisse sind jene beängstigenden Dinge, die man sieht, wenn man sein Ziel nicht fest im Blick behält.« –Henry Ford

TEMPLE GRANDIN
IG: @templegrandinschool
FB: /drtemplegrandin
grandin.com

TEMPLE GRANDIN ist eine Autorin und Referentin über Autismus und das Verhalten von Tieren. Sie ist Professorin für Tierwissenschaften an der Colorado State University und erfolgreiche Beraterin für Tierwohl und die Gestaltung von Schlachthöfen. Die BBC widmete ihr eine Reportage mit dem Titel *The Woman Who Thinks Like a Cow* und ihr TED-Vortrag »The World Needs All Kinds of Minds« (2010) wurde mittlerweile fast fünf Millionen Mal aufgerufen. Artikel über sie erschienen bereits in *Time Magazine, New York Times, Discover Magazine, Forbes* und *USA Today*. HBO produzierte einen Emmy-prämierten Film über ihr Leben mit Claire Danes in der Hauptrolle. Grandin wurde 2016 in die American Academy of Arts and Sciences aufgenommen.

Welcher (vermeintliche?) Misserfolg war die Voraussetzung für deinen späteren Erfolg? Hast du einen »Lieblingsmisserfolg«?

Als ich anfing, Anlagen für die Viehhaltung und -schlachtung zu entwerfen, dachte ich irrtümlicherweise, dass sich jedes Problem technisch beheben ließ. Ich war davon überzeugt, dass jedes Problem, das etwas mit der Beförderung von Tieren zu tun hatte, durch ein geeignetes Design und geeignete Technik lösbar war. 1980 erhielt ich den Auftrag, ein Förderband zu entwickeln, mit dem Schweine in den zweiten Stock eines alten Schlachthofs in Cincinnati transportiert werden konnten. Die Schweine taten sich schwer, sich auf den langen Rampen zu bewegen. Ich nahm mich der Sache an und begann mit dem Entwurf einer Art Förderrinne. Die stellte sich allerdings als totale Fehlkonstruktion heraus. Die Schweine setzten sich auf die Hinterläufe und machten eine Rolle rückwärts. Nach einiger Beobachtung fiel auf, dass die meisten Schweine, die dieses Problem hatten, von einer bestimmten Farm stammten. Es wäre viel leichter und billiger gewesen, die Probleme auf jener Farm zu beheben, als das große Förderbandchaos zu verursachen. Eine genetische Veränderung der Schweine hätte die meisten Probleme auf einmal gelöst.

Mein großer Denkfehler war, dass ich versucht hatte, das Symptom zu beheben und nicht die Ursache. Seither achte ich darauf, genau zwischen Problemen zu unterscheiden, die sich mit neuer Ausrüstung beheben lassen, und Problemen, die andere Maßnahmen erfordern. Später in meiner Laufbahn stellte ich fest, dass viele Menschen es vorziehen, sich ein neues Wundermittel anzuschaffen, als ihre Problemlösungsansätze zu verbessern. Manager müssen genau bestimmen können, in welchem Bereich es Sinn macht, eine neue Technologie einzuführen, und in welchen Bereichen ein Managementansatz angeraten ist, der »zurück zu den Wurzeln« geht.

Was tust du, wenn dir alles zu viel wird, du nicht mehr fokussiert bist oder deine Konzentration nachlässt?

Als ich Mitte 20 war, schrieb jemand an die Mauer der Kunstfakultät meiner Universität: »Hindernisse sind jene fürchterlichen Dinge, die man sieht, wenn man sein Ziel nicht fest im Blick behält.« Ich habe seither erfahren, dass dieses Zitat von Henry Ford stammt und es im Original eigentlich »beängstigenden« und nicht »fürchterlichen« heißt. Im Laufe meiner Karriere habe ich viele Schlachthöfe für Fleischkonzerne entworfen. Bei diesen Projekten habe ich mit sehr guten, aber auch mit sehr schlechten Fabrikleitern zu tun gehabt. Um damit zurechtzukommen, habe ich das Konzept der »Loyalität zum Projekt« entwickelt. Ich betrachte es als meine Aufgabe, meine Arbeit gut zu machen und den Auftrag zu erfüllen. Ein schlechter Firmenleiter ist ein Hindernis, das ich überwinden muss. Das Konzept der Loyalität zum Projekt hat mir geholfen, auf Kurs zu bleiben und meine Projekte erfolgreich abzuschließen.

ZITATE, ÜBER DIE ICH NACHDENKE

(Tim Ferriss: 31. März bis 21. April 2017)

»Der wahre Soldat kämpft nicht, weil er hasst, was vor ihm ist, sondern weil er liebt, was hinter ihm steht.«

– G. K. CHESTERTON
britischer Philosoph, bekannt als der »Prinz des Paradoxes«

»Alles Glück hängt von einem gemütlichen Frühstück ab.«

– JOHN GUNTHER
amerikanischer Journalist, Autor von *Death Be Not Proud*

»Das Ansammeln von Reichtum war schon für viele Männer nicht das Ende, sondern nur eine Veränderung ihrer Mühen.«

– EPIKUR
griechischer Philosoph in der Antike, Begründer der Epikureischen Philosophie

»Um mit dir selbst zurechtzukommen, benutze den Kopf; um mit anderen zurechtzukommen, benutze dein Herz.«

– ELEANOR ROOSEVELT
langjährigste First Lady der USA, Diplomatin, Aktivistin

»Treffe deine eigenen Entscheidungen. Jeder Mensch hat seine eigene Vorstellung davon, wie die Dinge funktionieren und laufen, und deine ist so wertvoll wie die jeder anderen Person.«

KELLY SLATER
IG/FB/TW: @kellyslater
kswaveco.com

KELLY SLATER wurde von *Businessweek* als »bester und berühmtester Surfer der Welt« bezeichnet. Er ist der bislang einzige Surfer, der elfmal die Weltmeisterschaft der World Surf League gewann; zwischen 1994 und 1998 errang er fünf Titel in Folge. Er ist (mit 20 Jahren) der jüngste und (mit 39 Jahren) der älteste Surfweltmeister aller Zeiten. Kelly hat darüber hinaus 54 Siege in der World Championship Tour vorzuweisen. Sein Unternehmen, die Kelly Slater Wave Company, stellt die längsten von Menschenhand erzeugten Wellen her, die im Surftraining zum Einsatz kommen.

Welches Buch (welche Bücher) verschenkst du am liebsten? Warum? Welche ein bis drei Bücher haben dein Leben am stärksten beeinflusst?

The Tao of Health, Sex, and Longevity von Daniel Reid. Darin steckt so viel Wissen, es ist für mich beinahe wie eine persönliche Gesundheitsbibel mit konkreten Tipps, was ich in meinem Leben tun kann, um meine körperliche, mentale und emotionale Gesundheit zu verbessern. *The Prophet* von Khalil Gibran war eines der ersten »spirituellen« Bücher, die ich als Teenager las, und die kurzen, prägnanten Kapitel regten mich seinerzeit zum Nachdenken an. Manche Bücher können den Leser mit Details erschlagen, die er leicht vergisst. *The Prophet* half mir, meine eigene Sichtweise zu hinterfragen, und geht auf viele Themen ein, mit denen ich mich sonst vielleicht nicht befasst hätte.

Welcher (vermeintliche?) Misserfolg war die Voraussetzung für deinen späteren Erfolg? Hast du einen »Lieblingsmisserfolg«?

Ich verfehlte bei der Surfweltmeisterschaft 2003 nur knapp den ersten Platz, nachdem ich einen Monat zuvor den Sieg praktisch bereits in der Tasche hatte. Die Niederlage war damals schrecklich, trieb mich aber dazu an, einige meiner Einstellungen und Gewohnheiten zu überdenken, die mir im Leben im Weg standen ... über Liebe, Wahrheit, Familie und Arbeit, und das half mir dabei, in den folgenden Jahren fünf weitere WM-Titel zu gewinnen.

Welchen Rat würdest du einem intelligenten, motivierten Studenten für den Einstieg in die »echte Welt« geben?

Treffe deine eigenen Entscheidungen. Jeder Mensch hat seine eigene Vorstellung davon, wie die Dinge funktionieren und laufen, und deine ist so wertvoll wie die jeder anderen Person. Manchmal sind der Glaube an dich selbst, eine offene Einstellung anderen gegenüber und die Art und Weise, wie du sie vermittelst, das, was andere dazu bringt, dir zuzuhören.

Was ist das beste oder lohnendste Investment, das du je getätigt hast (in Form von Geld, Zeit, Energie etc.)?

Die Investition in Freunde ist mir sehr wichtig. Meine Clique von etwa 50 Freunden hat ein Haus, in dem wir aufwuchsen, und wir beschlossen, zusammenzulegen und die renovierungsbedürftige Bude auf Vordermann zu bringen. Nicht jeder konnte einen finanziellen Beitrag leisten, und die Koordination eines solchen Mammutprojekts ist vergleichbar damit, einen Sack Flöhe zu hüten. Weil es letztlich unsere Idee gewesen war, übernahm ich mit einem Freund den Großteil der Kosten für die Renovierungsarbeiten. Je bereitwilliger und freudiger ich mich einbrachte, umso schneller stellten sich Fortschritte ein – auch in anderen Bereichen. Ich sehe auf jeden Fall eine Verbindung zwischen der Freude, die mir dieses Projekt bereitete, und einigen glücklichen Zufällen, die mir kurze Zeit später in einem anderen Zusammenhang widerfahren sind.

»Ich habe festgestellt, dass ich nicht mehr tun kann als mein Bestes geben. Das ist für mich ein ›Sieg‹.«

KATRÍN TANJA DAVÍÐSDÓTTIR
IG: @katrintanja
FB: /katrindavidsdottir

KATRÍN TANJA DAVÍÐSDÓTTIR ist eine isländische CrossFit-Athletin. Sie gewann 2015 und 2016 die CrossFit Games, womit sie zur »Fittesten Frau der Welt« wurde. Katrín ist die zweite Frau, die den Titel zweimal in Folge gewann und tritt somit in die Fußstapfen ihrer Landsfrau Anníe Þórisdóttir (Seite 328).

Welches Buch (welche Bücher) verschenkst du am liebsten? Warum? Welche ein bis drei Bücher haben dein Leben am stärksten beeinflusst?

Wooden: A Lifetime of Observations and Reflections On and Off the Court von John Wooden gehört zu meinen absoluten Favoriten. Mein Opa war früher Basketballspieler und schenkte mir dieses Buch vor einigen Jahren. Woodens Trainingsansatz passt zu mir und meinem Coach, Ben Bergeron. Beim Lesen des Buches ertappte ich mich mehrfach dabei, wie ich zustimmend nickte. Seine Philosophie gilt nicht nur für Trainings- oder Wettkampfsituationen, sondern für das Leben an sich. Ich habe immer den Eindruck, dass der Sport ein Sinnbild für das Leben ist. In beiden Fällen gelten dieselben Regeln und Lehren, im Sport sind sie nur offensichtlicher. An diesem Buch gefällt mir besonders das Vorwort von Bill Walsh, der früher unter Wooden gespielt hat. Wie er über ihre Beziehung redet und was er von seinem Coach gelernt hat, ist wunderbar und mir daher in Erinnerung geblieben.

Das andere Buch ist *The Champion's Mind: How Champions Think, Train, and Thrive* von Jim Afremow. Das ist das erste Buch über Sportpsychologie, das ich jemals in die Hand genommen habe, und zwar im richtigen Augenblick. Das war im Sommer 2014, kurz nachdem ich die Qualifikation für die 14. CrossFit Games verpasst hatte. In jenem Sommer hätte ich leicht in eine negative Denkspirale fallen und mir Dinge einreden können wie »Ich gehöre nicht hierhin, ich bin nicht gut genug, ich habe versagt …«, aber das Buch zeigte mir eine bessere Perspektive auf. Ich hatte nicht versagt. Ich hatte nur in einem Wettbewerb keine optimale Leistung abrufen können. Nicht weniger und nicht mehr. Was konnte ich jetzt tun, um besser zu werden? Das brachte mich dazu, in jeder Situation mein absolut Bestes zu geben – und zwar ohne mich unter Druck zu setzen und mich ständig mit anderen zu vergleichen. Als ich dieses Buch las, fing ich gerade an, mit Coach Ben zusammenzuarbeiten, und er konzentriert sich auf dieselben Dinge. Er unterhielt sich vor und nach den Workouts mit mir, manchmal auch dazwischen, und alle Puzzleteile fügten sich zusammen. Mit dieser neuen Einstellung machten mir das Training und die Arbeit an mir selbst auch mehr Spaß.

Gibt es eine (wichtige) Übung, die die meisten CrossFitter oder Athleten vernachlässigen?

Auf jeden Fall Mentaltraining. Es ist leicht, sich in den körperlichen Aspekt des Sports hineinzusteigern, eine bessere Laufzeit, ein höheres Hantelgewicht, schnellere Thrusters oder mehr Klimmzüge zu erzielen … aber auf einem hohem Niveau, auf dem jeder Athlet fit und stark ist, macht die geistige Einstellung den Unterschied aus.

In Bezug auf körperliches Training würde ich »Grundfitness« sagen. Es geht darum, sich über einen längeren Zeitraum im Bereich der Laktatschwelle bewegen zu können – und das ist hart. Aber dann passieren erstaunliche Dinge. Es geht nicht darum, ein Workout abzuspulen oder ein bestimmtes Tempo zu halten. Es geht vielmehr darum, sich in einer Zone zu bewegen, in der man kurz davor steht nachzulassen, aber noch *gerade so* mithalten kann. Sobald die Grundfitness höher ist, verbessert sich auch die Erholungsfähigkeit zwischen den einzelnen Übungen und Events; das überträgt sich auf viele andere Dinge.

Welcher (vermeintliche?) Misserfolg war die Voraussetzung für deinen späteren Erfolg? Hast du einen »Lieblingsmisserfolg«?
Als ich mit CrossFit anfing, war ich auf Anhieb ziemlich »gut«. Nicht ausgezeichnet, nicht sehr gut, aber gut genug, um einen Fuß in die Tür zu stellen. Ich qualifizierte mich 2012 und 2013 für die CrossFit Games und war stolz auf meine Teilnahme – beinahe so, als würde ich mich nur darüber definieren. Während meiner Vorbereitung auf die Games war ich als Studentin am College eingeschrieben und arbeitete als Trainerin. Ich war immer sehr gewissenhaft, aber rückblickend ratterte ich meine Workouts damals einfach nur herunter. Ich arbeitete sie ab, weil ich sie eben abarbeiten musste.

Damals wusste ich ehrlich gesagt nicht, was ich mit meinem Studium erreichen wollte, und die Arbeit als Trainerin machte mir auch keinen großen Spaß. Aber das waren beides Dinge, die meiner Meinung nach zum »guten Ton« gehörten. Die CrossFit Games waren das einzige, was mich wirklich interessierte, und 2014 verpasste ich die Qualifikation. Das nahm ich damals als den größten Misserfolg in meinem Leben wahr. Es war schlimm, aber es stellte sich im Nachhinein als das Beste heraus, was mir jemals passiert ist.

Dadurch, dass ich in jenem Jahr aussetzen musste, wurde mir erst klar, wie viel mir die Teilnahme bedeutete ... und dass ich willens war, hart dafür zu arbeiten. Ich nahm mir den Sommer frei, las Bücher über Sportpsychologie, und als ich bereit war, wieder anzufangen, war ich wirklich zu einhundert Prozent bereit. Ich bat Ben darum, mein Coach zu werden, und traf später die Entscheidung, eine Auszeit vom Studium zu nehmen, meinen Trainerjob an den Nagel zu hängen und von Island nach Boston zu ziehen, damit ich mich mit Leib und Seele CrossFit verschreiben und meine Zusammenarbeit mit Ben vertiefen konnte. Ich blühte förmlich auf. Das war Anfang 2105. Wir gewannen im Juli jenes Jahres die CrossFit Games.

Mein Scheitern in der Qualifikation für die CrossFit Games 2014 war also das Beste, was mir hätte passieren können, und diese Erfahrung veränderte mein Leben von Grund auf.

Was ist das beste oder lohnendste Investment, das du je getätigt hast (in Form von Geld, Zeit, Energie etc.)?
Mein Flugticket von Island nach Boston Anfang 2014, um ein Trainingslager unter der Leitung von Ben im CrossFit New England zu besuchen. Es war fast mein gesamtes Erspartes, das ich damals auf dem Konto hatte, aber es war mir so wichtig, mit Ben und seinen Athleten zu arbeiten. Er war damals noch nicht mein Coach, aber das Trainingslager bildete die Grundlage für unsere anschließende Zusammenarbeit und einige enge Freundschaften.

Was tust du, wenn dir alles zu viel wird, du nicht mehr fokussiert bist oder deine Konzentration nachlässt?

Manchmal sind die Dinge nicht einfach oder lustig und es weht ein rauer Wind. Ich sage mir dann, dass das die Momente sind, die wirklich zählen! Jeder kann in den Kraftraum gehen und hart trainieren, wenn er Lust darauf hat. Aber wie sieht es aus, wenn einem mal nicht danach ist? Wenn man müde und erschöpft ist?

In dieser Situation hilft mir mein »Warum«. Mein »Warum« ist meine Oma und ihr Licht. Sie war meine größte Unterstützerin und beste Freundin. Als ich von Island nach Boston zog, um dauerhaft dort zu trainieren, sagten wir uns, dass wir trotzdem immer zusammen sein würden. Sie verstarb im April 2015, aber ich fühle und weiß, dass wir immer zusammen sein werden. Wenn die Dinge einmal nicht so glattlaufen, weiß ich, dass sie bei mir ist.

Welche Überzeugungen, Verhaltensweisen oder Gewohnheiten, die du dir in den letzten fünf Jahren angeeignet hast, haben dein Leben am meisten verbessert?

Die Überzeugung, dass mein Bestes völlig ausreicht. Man steigert sich leicht in die Vorstellung hinein, dass man immer außerordentliche Leistungen zeigen muss, um einen Wettkampf, einen Trainingstag oder eine Aufgabe zu bewältigen.

Ich habe festgestellt, dass ich nicht mehr tun kann als *mein* Bestes geben. Das ist für mich ein Sieg. Sein Bestes zu geben – das klingt einfach, ist es aber nicht. Man muss alles geben … nicht mehr und nicht weniger. Das Schöne daran ist, dass man für sich und sein Tun selbst verantwortlich ist. Man kann immer sein Bestes geben, ungeachtet der körperlichen Verfassung oder der äußeren Umstände. Das ist für mich immer ein Sieg.

»Wer ein besserer Sportler werden will, muss an *seinen* Schwächen arbeiten und nicht an den Schwächen derer, die erfolgreich sind.«

MATHEW FRASER
IG: @mathewfras

MATHEW FRASER gewann 2016 und 2017 die Reebok CrossFit Games und wurde somit zum »Fittesten Mann der Welt«. Er erhielt bei seinen ersten CrossFit Games 2014 die Auszeichnung »Rookie of the Year« und belegte 2014 und 2015 jeweils den zweiten Platz. Er begann seine CrossFit-Laufbahn 2012, nachdem er seine Karriere als Gewichtheber beendet hatte, in der er als Kandidat für eine Olympia-Medaille gehandelt wurde.

Welche Anschaffung von maximal 100 Dollar hat für dein Leben in den letzten sechs Monaten (oder in letzter Zeit) die größte positive Auswirkung gehabt?

Zweifellos mein Lichtwecker [Philips Wake-Up Light], der mich mit Licht und nicht mit einem akustischen Signal aufweckt. Man hat damit das Gefühl, als würde man ganz von selbst aufwachen, und fühlt sich nicht so benommen.

Welcher (vermeintliche?) Misserfolg war die Voraussetzung für deinen späteren Erfolg? Hast du einen »Lieblingsmisserfolg«?

Mein größter Misserfolg ist zugleich das, was mich bekannt gemacht hat: zwei Jahre in Folge in den CrossFit Games den zweiten Platz zu belegen. Im ersten Jahr war ich ein Anfänger und hatte keine Erwartungen, deshalb fühlte sich der zweite Platz wie ein Triumph an. Im Folgejahr trat der amtierende Champion nicht an und ich ruhte mich auf meinen Lorbeeren aus, weil ich dachte, dass mir der Titel diesmal sicher wäre. Ich wurde wieder Zweiter, und diesmal war es eine vernichtende Niederlage. Dieser Misserfolg veranlasste mich dazu, im nächsten Jahr härter als je zuvor zu arbeiten, und mein Ehrgeiz führte 2016 zum deutlichsten Sieg, der in den CrossFit Games je erzielt wurde. Rückblickend würde ich meine Wettkampfsaison 2015 nicht ändern wollen, weil sie mir etwas beigebracht hat, das mir für den Rest meines Lebens eine gute Lehre sein wird.

Welche Überzeugungen, Verhaltensweisen oder Gewohnheiten, die du dir in den letzten fünf Jahren angeeignet hast, haben dein Leben am meisten verbessert?

Ich habe erkannt, dass ich die Ergebnisse eines Prozesses mehr schätze, wenn ich mich wirklich anstrenge und, wichtiger noch, stolz auf mich bin.

Wenn ich zum Beispiel Probleme damit habe, in meinem Training einige Ruderintervalle zu schaffen, bei der meine hintere Kette jedes Mal brennt, wenn ich am Griff ziehe, wenn ich spüre, wie sich Schwielen an meinen Fingern bilden, und wenn mein Scheitel kribbelt, weil mein Körper versucht, mich zum Aufhören zu bewegen, sage ich mir zwischen jedem Ruderzug: »Bleib dran. Du wirst stolz auf dich sein, wenn du durchhältst.« Wenn ich ein Workout auf diese Weise beende, fühle ich mich für den Rest des Tages gut, weil ich weiß, dass ich alles getan habe, was in meiner Macht stand, um besser zu werden.

Welche schlechten Ratschläge kursieren in deinem beruflichen Umfeld oder Fachgebiet?

Ich höre ständig: »Wer zu den Besten gehören will, muss das tun, was die Besten tun.« Im CrossFit ist die Wahrheit allerdings ganz weit davon entfernt. Ich sehe so viele Menschen, die das Training einiger Spitzenathleten nachahmen. Aber wer ein besserer Sportler werden will, muss an seinen Schwächen arbeiten und nicht an den Schwächen derer, die erfolgreich sind.

Was tust du, wenn dir alles zu viel wird, du nicht mehr fokussiert bist oder deine Konzentration nachlässt?

Wenn mir alles zu viel wird, fertige ich Listen an. Das scheint einfach und albern zu sein, aber ich komme gut damit zurecht und mittlerweile habe ich immer einen Notizblock dabei. Ich neige dazu, mich überfordert zu fühlen, wenn ich an etwas denke, das aus zu vielen Schritten, Teilen oder Variablen besteht, die ich gedanklich nicht verarbeiten kann. Was ist also die Lösung? Ich schreibe alles auf. Manchmal fange ich am Ende an und arbeite mich zum Startpunkt vor, um zu sehen, welche Teilschritte und Etappenziele nötig sind. Manchmal reichen To-do-Listen aus, um meinen Tag zu organisieren.

Normalerweise erstelle ich jeden Morgen beim Kaffeetrinken eine Liste. Ich neige dazu, kleinere Dinge zu vergessen, deswegen schreibe ich sie gerne auf, bevor der Tag beginnt und ich abgelenkt werde. So bleibe ich gelassen und produktiv.

Eine ungewöhnlichere Liste fertigte ich nach den CrossFit Games 2015 an, die für mich schlecht liefen; 1200 Punkte waren möglich, und ich hatte 36 Punkte weniger als der Sieger. In einigen der 13 Disziplinen schnitt ich hervorragend ab, in anderen hingegen zählte ich zu den Schlusslichtern. Als der Wettbewerb zu Ende war, sah ich mir meine Ergebnisse an und machte Notizen, wie ich mich im nächsten Jahr verbessern könnte.

Eine Runde, in der ich schlecht abschloss, war der »Soccer Chipper«. Dabei muss man einen etwa 270 kg schweren Kühlschrank zwölfmal über ein Fußballfeld wälzen und ein sechs Meter langes Seil ohne Zuhilfenahme der Beine hochklettern. Zu behaupten, dass meine Kühlschrankwürfe schlecht waren, wäre eine Untertreibung. Also musste ich herausfinden, woran das lag. War der Schrank zu schwer? Meine Technik falsch? Mein Körper auf den Reiz nicht vorbereitet? Sobald ich den Grund identifiziert hatte, musste ich eine Lösung finden. Dann arbeitete ich mich vom erwünschten Ziel (die Bewegung zu beherrschen) zum aktuellen Ist-Zustand (die Bewegung überhaupt nicht zu beherrschen) zurück. Ich setzte mir zwischen dem Start- und Endpunkt mehrere Etappenziele, schrieb sie auf und fing langsam an, mich von einem zum nächsten zu arbeiten. So musste ich immer nur das nächste Teilziel im Blick behalten und nicht das große, abschreckend wirkende Endziel, das kaum erreichbar erschien.

»Vergiss das Konzept vom ›Du-selbst-Sein‹. Per definitionem ist das natürlich richtig, doch es ist auch eine Methode, sich der persönlichen Weiterentwicklung zu entziehen.«

ADAM FISHER

ADAM FISHER ist, Stand September 2017, Leiter der Bereiche Macro und Immobilien bei Soros Fund Management. Zuvor war er Mitgründer von CommonWealth Opportunity Capital, einem Global-Macro-Hedgefonds mit einem verwalteten Vermögen von rund 2,2 Milliarden US-Dollar. Adam gründete CommonWealth 2008 und fungierte als Chief Investment Officer, wobei er auf seiner umfassenden Erfahrung mit der Investition in und der Verwaltung von börsennotierten und nicht börsennotierten Unternehmen weltweit aufbaute. Vor CommonWealth war er 2006 Mitgründer der Orient Property Group, die sich auf Anlagen im asiatisch-pazifischen Raum fokussierte.

Welches Buch (welche Bücher) verschenkst du am liebsten? Warum? Welche ein bis drei Bücher haben dein Leben am stärksten beeinflusst?

The Rise of Superman von Steven Kotler. Das Buch inspiriert natürlich, und es ist leicht zu lesen, aber vor allem hat es mir zum ersten Mal den Zusammenhang zwischen Physiologie und Leistung bewusstgemacht. Es hat mir die Augen dafür geöffnet, dass ich synthetisieren muss, wie ich mich als Leistungsträger wirklich fühle, und dass ich trainieren muss, um eine möglichst optimale Physiologie zu gewährleisten.

Für mich geht das ideale Training meiner Physiologie mit der Aufrechterhaltung meiner Routine einher. Dazu gehören ausreichender Nachtschlaf, Herzfrequenzvariabilitäts-Training

(HRV), Meditation und ein paar konzentrierte Arbeitseinheiten pro Tag sowie etwas Sport. Wenn ich das alles in meinem Tagesablauf unterbringe, bin ich gut im Flow.

Welchen Rat würdest du einem intelligenten, motivierten Studenten für den Einstieg in die »echte Welt« geben? Welchen Rat sollte er ignorieren?

Sei bescheiden und deiner selbst bewusst. Vergiss das Konzept vom ›Du-selbst-Sein‹. Per definitionem ist das natürlich richtig, doch es ist auch eine Methode, sich der persönlichen Weiterentwicklung zu entziehen. Deiner Leidenschaft nachzugehen, ist in Ordnung.

Welcher (vermeintliche?) Misserfolg war die Voraussetzung für deinen späteren Erfolg? Hast du einen »Lieblingsmisserfolg«?

Vor meiner Zeit als Macro-Trader beschäftigte ich mich mit Immobilienanlagen. Schon beim Investieren in Immobilien verfolgte ich gern einen Top-down-Ansatz und gewann daraus, wenn alles klappte, mit Abstand die besten Erkenntnisse.

Die Top-down- (oder Macro-) Perspektive bedeutet, dass ich bei Entscheidungen erst auf Aspekte schaue, die das Gesamtbild betreffen, und dann auf die Details. Diese [Gesamtbild-] Fragen dominieren meine Präferenzen. Das bedeutet *nicht*, dass ich die kleinen Dinge ignoriere, denn sie sind notwendig – aber sie *dominieren* nicht. So investiere ich zum Beispiel dort in Immobilien, wo intelligente Menschen gerne leben. Ich könnte zwar auch in anderen Regionen des Landes Geld verdienen, doch langfristig wird sich diese Regel als lukrativ erweisen. Es gibt natürlich noch andere Faktoren, doch dieser eine ist die Grundvoraussetzung.

Mein Immobilienunternehmen hatte am Ende ein paar Fehlschläge zu verbuchen. Viele davon gingen darauf zurück, dass ich nicht das ganze Team von dieser Denkweise überzeugen konnte. Für mich war die globale Finanzkrise (beziehungsweise die Gefahr einer solchen) ziemlich offensichtlich, nicht aber für mein Team. Wären wir diesbezüglich einer Meinung gewesen, wären die Entscheidungen ganz anders ausgefallen.

Heute habe ich dafür gesorgt, dass die Plattform und die Menschen, die dazu gehören, mit dieser Philosophie konformgehen. Wäre ich zuvor nicht in diese missliche Lage geraten, hätte ich nicht gewusst, wie wichtig es ist, dass sich die Anlagephilosophien decken.

Welche Überzeugungen, Verhaltensweisen oder Gewohnheiten, die du dir in den letzten fünf Jahren angeeignet hast, haben dein Leben am meisten verbessert?

Keine Frage: die Meditation. Ich kann gar nicht alle Vorteile aufzählen, aber es sind enorm viele. Es kommt mir fast so vor, als habe mein Gehirn auf dem Sofa gesessen, bevor ich anfing zu meditieren. Ich meditiere jeden Morgen nach meinen HVR-Atemübungen. Ich ziehe mich dafür jeden Tag der Woche an denselben ruhigen Ort in meinem Haus zurück und widme mindestens zehn Minuten meiner Ein-Punkt-Meditation.

Was ist das beste oder lohnendste Investment, das du je getätigt hast (in Form von Geld, Zeit, Energie etc.)?

Meine beste Investition im letzten Jahr war die in einen Performance Coach. Das Konzept hat mich schon immer überzeugt, aber aus irgendeinem Grund habe ich lange gebraucht, es in meinem Leben umzusetzen.

Ich glaube fest daran, dass erstklassige Leistungsträger Coaching brauchen. Ich denke, für viele übernehmen Mentoren diese Rolle, doch ein Coach ist meines Erachtens noch etwas anderes.

[Ein Coach] konzentriert sich ganz auf dich. Ein Mentor konzentriert sich zu Recht in erster Linie auf sich und dann auf dich. Und schließlich entwickelt ein guter Coach ein Optimierungsprogramm für dich, [statt nur] Ratschläge zu erteilen wie ein Mentor.

Welche schlechten Ratschläge kursieren in deinem beruflichen Umfeld oder Fachgebiet?

»Such dir ein Fachgebiet.« Das klingt schon so komisch. Lerne lieber einfach lernen. Dann kannst du stets herausfinden, was du als Nächstes wissen oder können musst.

Wozu kannst du heute leichter Nein sagen als vor fünf Jahren? Welche neuen Erkenntnisse und/oder Ansätze haben dir dabei geholfen?

Für mich war das die Kalenderarchitektur. Dafür kämpfe ich wie ein Löwe und erwarte von allen um mich herum, das zu respektieren und mich dabei zu unterstützen. »Kalenderarchitektur« bedeutet, für jeden Tag einen wiederholbaren Ablauf zu entwickeln und umzusetzen. Für einen introvertierten Menschen wie mich ist dazu viel Zeit für mich alleine erforderlich, und alle um mich herum bilden dafür in meinem Tag ein Bollwerk. Es soll aber auch verhindern, dass sich mein Tag mit »Ungenießbarem« füllt.

Was tust du, wenn dir alles zu viel wird, du nicht mehr fokussiert bist oder deine Konzentration nachlässt?

HRV-Training. Zehn tiefe Atemzüge, und es geht wieder. Zehn tiefe Buddha-Atemzüge auf der Suche nach einem ruhigen Geist (ohne Worte).

»Man kannst nichts Großes leisten, ohne seine eigenen Grenzen rigoros in Frage zu stellen.«

AISHA TYLER
TW/FB: @aishatyler
couragea ndstone.com

AISHA TYLER ist eine Schauspielerin, Komikerin, Regisseurin, Autorin und Aktivistin. Sie ist am besten bekannt als Ko-Moderatorin der Emmy-prämierten Show *The Talk*, die Stimme von Lana Kane in der Zeichentrickserie *Archer*, Dr. Tara Lewis in *Criminal Minds* sowie ihre regelmäßigen Auftritte in *CSI: Crime Scene Investigation*, *Talk Soup* und *Friends*. Aisha moderiert außerdem die Comedy-Show *Whose Line Is It Anyway?* und schrieb das Buch *Self-Inflicted Wounds: Heartwarming Tales of Epic Humiliation*.

Wenn du an einem beliebigen Ort ein riesiges Plakat mit beliebigem Inhalt aufhängen könntest, was wäre das und warum? Gibt es Zitate, an die du häufig denkst oder nach denen du lebst?

Mir gefällt das Zitat von Jack Canfield: »Alles was du willst, ist auf der anderen Seite der Angst.« Wenn mir etwas Angst macht, renne ich normalerweise darauf zu, und damit kam ich beruflich wie privat bislang gut zurecht. Aber jeder bekommt es mit der Angst zu tun, und ich muss mich manchmal daran erinnern, mutig zu bleiben, wenn ich einem Ziel schon so nah bin, dass ich nicht mehr umkehren kann und der Boden langsam unter mir wegbricht.

Ich versuche in jedem Lebensbereich mutig zu sein: künstlerisch, beruflich, im Familien- und Freundeskreis. Mutig zu sein bedeutet, präsent zu sein und die Bereitschaft zu haben, sich voll und ganz auf eine Sache einzulassen, egal wie das Ergebnis letztlich ausfällt. Ich schreibe in die Bücher, die ich für meine Fans signiere, oft als Zusatz: »Sei mutig« – als Mahnung an sie und auch an mich selbst. Mutig zu bleiben hat mir geholfen, mich durch schwere Krisen und Selbstzweifel hindurch weiter auf meine Ziele zuzubewegen.

Welcher (vermeintliche?) Misserfolg war die Voraussetzung für deinen späteren Erfolg? Hast du einen »Lieblingsmisserfolg«?

Mein erster Kurzfilm war eine ziemliche Katastrophe. Das war vor Jahren. Ich hatte zuvor noch nie länger an einer echten Ein-Kamera-Produktion mitgewirkt, und obwohl ich sehr ehrgeizig war, hatte ich keine Erfahrung. Ich hatte viele Freunde, die mitmachten, sowohl vor als auch hinter der Kamera, und obwohl ich motiviert war, hatte ich keine Ahnung, wie man ein Set leitet. Das Ergebnis war ein buntes Potpourri aus Bildern, die aber nie zu einer zusammenhängenden Geschichte montiert wurden, und so schloss ich den Film nie ab. Das entmutigte mich aber nicht. Ich erkannte, dass ich mehr lernen musste – über das Schreiben, Produzieren, Vorbereiten, Planen, alles. Ich verbrachte das nächste Jahrzehnt damit, so viele Sets wie möglich zu besuchen, beobachtete jeden Regisseur, den ich kannte, und auch mehrere, die ich nicht kannte, um etwas über das Handwerk zu lernen, das mir so viel bedeutete. Und jeder Kurzfilm, den ich seither gemacht habe, ist eine außerordentliche Erfahrung. Zahlreiche meiner Kurzfilme gewannen Preise, und diese Erfolgserlebnisse führten zu meinem ersten Spielfilm, der ebenfalls Preise gewann. Mein erster Spielfilm war die bis dato faszinierendste und schönste kreative Erfahrung meiner Karriere und läutete eine neue Phase meines kreativen Schaffens ein.

Es gibt keine radikalen kreativen Entscheidungen, die nicht gleichzeitig das ebenso große Risiko eines radikalen Misserfolgs in sich bergen. Man kann nichts Großes leisten, ohne seine eigenen Grenzen rigoros in Frage zu stellen und seine Vorstellungskraft zu sprengen. Viele Dinge, die ich ausprobiert habe, haben nicht funktioniert – aber ich lernte dadurch, was möglich ist, was ich besser nicht wiederholen und was ich beim nächsten Mal besser machen sollte. Ich dachte so oft: »Wenn das nicht funktioniert, werde ich am Boden zerstört sein.« Aber gelegentlich gehen meine Ideen nicht auf, und deswegen stand ich am nächsten Morgen trotzdem auf, um etwas Neues zu schaffen. Es gibt nichts Besseres als einen Misserfolg, um zu erkennen, wozu man wirklich fähig ist. Wenn man Risiken aus dem Weg geht, um keine Misserfolge zu haben, unterbindet man seine kreative Entwicklung. Beides geht Hand in Hand.

Was ist das beste oder lohnendste Investment, das du je getätigt hast (in Form von Geld, Zeit, Energie etc.)?

Mein Concept II Rudergerät. Ich habe es mir 2001 gekauft, und es funktioniert noch wie am ersten Tag. Es fällt mir schwer, ins Fitness-Studio zu gehen oder Termine mit einem Coach zu vereinbaren, aber zu Hause bin ich flexibel und kann jederzeit rudern, ob Tag oder Nacht. Es ist ein gelenkschonendes Ganzkörpertraining, und die Ergebnisse sind erstaunlich.

Ich variiere mein Ruderworkout. Ich nahm viele Jahre lang an Laufwettbewerben teil, deshalb gleichen meine Workoutpläne einem typischen wöchentlichen Laufpensum: eine Mittelstreckendistanz von fünf Kilometern, kombiniert mit Zwei-Kilometer-Läufen mit kurzen, eingestreuten HIIT-Sprints, dazu noch ein- oder zweimal in der Woche eine längere Einheit über zehn Kilometer. Außerdem kann ich beim Rudern nach Herzenslust fernsehen, was ich sonst nicht tue.

Ich schaue mir vor allem Fernsehserien an, neulich zum Beispiel die letzte Staffel *Homeland*, und meine Lieblingsserien sind *The Walking Dead, Fear the Walking Dead, Game of Thrones, The Handmaid's Tale* und *House of Cards*. Obwohl ich hauptsächlich als Komikerin aktiv bin, schaue ich mir vor allem ernste Serien an. Es ist nämlich schwer, zu lachen und dabei am Rudergerät die 500 Meter in 1:55 Minuten zu schaffen.

Was ist eine deiner – gern auch absurden – Eigenheiten, auf die du nicht verzichten möchtest?

Ich habe einen Ordnungsfimmel. Aber ich würde das nicht unbedingt als Gewohnheit bezeichnen. Es ist mehr ein Zwang. Ich komme zum Beispiel nach einer langen Fernreise nach Hause und fange an, meinen Kühlschrank auszuräumen. Das ist nicht immer die beste Aktivität, vor allem wenn ich nachts nach Hause komme und am nächsten Morgen einen frühen Telefonanruf entgegennehmen muss. Aber das entspannt mich total. Nichts ist schöner als ein perfekt organisierter Bereich. Die Ordnung verschafft mir eine kindliche Freude, die die Zeit mehr als aufwiegt, die ich damit verbringe, die Etiketten der verschiedenen Lebensmittel in meinem Kühlschrank nach vorne zu drehen.

Welche Überzeugungen, Verhaltensweisen oder Gewohnheiten, die du dir in den letzten fünf Jahren angeeignet hast, haben dein Leben am meisten verbessert?

Keinen Zucker mehr zu essen. Das ist so Hollywood, ich weiß, aber ich war viele Jahre lang regelrecht zuckersüchtig, was mein ganzes Leben beeinträchtigte, von meinen Schlafgewohnheiten bis zu meiner Leistungsfähigkeit im Laufe des Tages. Ich war wie eine Drogenabhängige. Ich musste regelmäßig Zucker konsumieren, nur um halbwegs normal zu funktionieren. Nach meinem Entzug stabilisierte sich mein Blutzucker, ich hatte mehr Energie, trainierte effizienter, dachte klarer – alles wurde besser, als ich aufhörte, Zucker zu essen. Es war die vermutlich schwerste Ernährungsumstellung, die ich jemals durchgemacht habe, sie hat sich aber völlig gelohnt. Wenn ich heute Zucker esse, wird mir schlecht, und das macht es mir leicht, am Ende der Mahlzeit auf ein Dessert zu verzichten.

Ich wollte, es gäbe einen »Trick«, um Zucker zu reduzieren. Es war ein langer, langsamer Weg, der vor etwa 15 Jahren begann. Als ich Mitte 20 war, pflegte ich jeden Abend nach dem Abendessen einen großen Becher Frozen Jogurt zu essen (manchmal auch mehr). Ich war machtlos – wenn ich anfing, Süßigkeiten zu essen, konnte ich erst aufhören, wenn nichts mehr da war oder mir schon beinahe schlecht wurde. Ich machte aber keinen kalten Entzug. Ich fing langsam an, Dinge aus meiner Ernährung zu streichen – zuerst ersetzte ich den Frozen Jogurt durch dunkle Schokolade, dann aß ich auch davon weniger. Ich ließ den Zucker im nachmittäglichen Eiskaffee weg, dann den Süßstoff, bis ich ihn schließlich schwarz trank. Ich hörte auf, Süßstoffe zu nehmen, weil sie immer noch Gelüste auf Süßes in mir auslösen. Eine Strategie, die mir wirklich half, war, den Proteingehalt meiner Ernährung zu erhöhen; dadurch stabilisierte sich meinen Blutzucker. Ein anderer Ansatz war, Naturjogurt oder eine gebackene Süßkartoffel zu essen, wenn ich Lust auf Süßes bekam. Ich konzentriere mich auf proteinreiche Mahlzeiten mit einem hohen Anteil an gesunden Fetten, und das hilft. Aber ich esse immer noch dunkle Schokolade, wenn ich einen Schuss meiner alten Droge brauche. Ich bin ja auch nur ein Mensch.

Wozu kannst du heute leichter Nein sagen als vor fünf Jahren?

Zu fast allem. In den letzten Jahren habe ich versucht, zu allem Nein zu sagen, was mich in privater oder künstlerischer Hinsicht nicht inspiriert. Das ist unglaublich schwer, weil ich ein sehr hilfsbereiter Mensch bin, und in meiner Branche gibt es immer eine Spendenveranstaltung, die man unterstützen könnte. Aber mit der Zeit fressen diese Verpflichtungen meine kreative Zeit auf und halten mich davon ab, meine persönlichen Ziele zu erreichen. Das ist zwar schon besser geworden, aber ich bin noch weit davon entfernt, souverän Nein sagen zu können. Ich bitte jeden in meinem Umfeld, mir dabei zu helfen, kaltherziger zu werden, aber meine Entschlossenheit bröckelt im letzten Moment dann doch immer weg. Deshalb wende ich die Marie-Kondo-Methode an: »Sage Nein zu allem, was keine Freude in dir entfacht.« Dazu gehören auch persönliche Verpflichtungen. Ich arbeite noch daran.

Welche schlechten Ratschläge kursieren in deinem beruflichen Umfeld oder Fachgebiet?

Ich lasse alles stehen und liegen und gehe lange alleine spazieren. Ich mag lange Wanderungen, in denen ich genügend Zeit habe, um vor mich hinzuträumen und meinen Gedanken nachzuhängen – ohne die Möglichkeit zu haben, zum Schreibtisch zu rennen und über den kleinsten beruflichen Verpflichtungen zu brüten –, und so steigen Lösungen in mein Bewusstsein auf. Das ist zwar kein revolutionär neuer Ansatz, funktioniert bei mir aber immer. Ich muss ein Gerät mitnehmen, um bei meinen Spaziergängen Notizen machen zu können, weil die Ideen so schnell kommen, dass ich sie oft vergesse, wenn ich sie nicht gleich aufschreibe. Die Abgeschiedenheit verleiht mir neue Kraft. Es ist erstaunlich, wie wenig Zeit man tagsüber hat, um wirklich für sich zu sein. Dieser Rückzug tut gut.

ZITATE, ÜBER DIE ICH NACHDENKE

(Tim Ferriss: 28. April bis 12. Mai 2017)

»Strategie ohne Taktik ist der langsamste Weg zum Sieg. Taktik ohne Strategie ist das Rauschen vor der Niederlage.«

– SUN TZU

chinesischer Militärstratege und Autor von *The Art of War*

»Lass den ersten Impuls vorübergehen. Warte auf den zweiten.«

– BALTASAR GRACIÁN

spanischer Jesuit und Barock-Schriftsteller, gelobt von Schopenhauer und Nietzsche

»Leere ist das Fasten des Geistes.«

– ZHUANG ZHOU

chinesischer Philosoph aus dem 4. Jahrhundert v. Chr. und Autor des *Zhuangzi*, eines grundlegendes Texts des Taoismus

»Verbringe keine Zeit damit, eine richtige Antwort oder einen richtigen Weg zu jagen, sondern lieber damit, zu definieren, wie du deinen Weg angehen wirst, egal welchen du wählst.«

LAURA R. WALKER
TW: @lwalker
wnyc.org

LAURA R. WALKER ist President und CEO von New York Public Radio, der größten öffentlichen Radiostation der USA. Unter ihrer Führung hat der Sender die Zahl seiner monatlichen Zuhörer von 1 Million auf mehr als 26 Millionen gesteigert und mehr als 100 Millionen Dollar an langfristiger Finanzierung aufgenommen; Ken Doctor von *Nieman's Lab* schrieb dazu, er sei »im Innovations-Turbomodus«. Walker ist Trägerin des Edward R. Murrow Award der Corporation for Public Broadcasting, die höchste Auszeichnung der Branche. In einer Sonderausgabe von *Crain's New York Business* wurde sie als eine der »100 Most Influential Women in NYC Business« genannt, und sie war eine der »Power Women« des *Moves*-Magazins. Walker hat einen MBA von der Yale School of Management und einen BA in Geschichte von der Wesleyan University, die sie mit einem Stipendium der Olin Foundation besucht hat.

Welches Buch (welche Bücher) verschenkst du am liebsten? Warum? Welche ein bis drei Bücher haben dein Leben am stärksten beeinflusst?

Wenn ich ein Buch verschenke, versuche ich immer, etwas zu finden, das ich selbst geliebt habe. Noch wichtiger ist, dass es die Träume, Sehnsüchte oder Herausforderungen anspricht, mit denen der jeweilige Empfänger zu tun hat. Freunden, die Krebs haben oder hatten, schenke ich gern *The Emperor of All Maladies: A Biography of Cancer* von Siddharta Mukherjee. Das Buch ist schön geschrieben und eine elegante Verbindung von Wissenschaft und Erzählkunst, und es hat mir geholfen, Krebs zu verstehen, als mein Sohn davon betroffen war – seine Geschichte, seine Ursachen und innovative Behandlungsmöglichkeiten.

Neuen Köchen schenke ich *How to Cook Everything* von Mark Bittman, weil es genau hält, was der Titel verspricht.

Hoffnungslose Fans von New York – und ich kenne viele davon – bekommen von mir *Nonstop Metropolis* von Rebecca Solnit.

Ein hervorragender Roman ist *Anna Karenina* von Leo Tolstoi. Ich habe ihn schon dreimal gelesen.

Für junge Frauen kaufe ich *The Second Sex* von Simone de Beauvoir. Dieses Buch habe ich während meines Studiums in Paris gelesen. »Man wird nicht als Frau geboren, sondern man wird zu ihr.«

Und wer sich schwer tut, produktiv genug zu sein und sein Leben in die eigene Hand zu nehmen, dem schenke ich natürlich gern *The 4-Hour Workweek!*

Welche Anschaffung von maximal 100 Dollar hat für dein Leben in den letzten sechs Monaten (oder in letzter Zeit) die größte positive Auswirkung gehabt?

Ich bin ein kleiner Stift-Freak. Vor kurzem habe ich einen gefunden, den man wieder löschen kann – den FriXion von Pilot, in blau. Damit schreibt es sich ausgesprochen sanft, und dass ich etwas löschen kann, gibt mir ein Gefühl von Macht und Freude. Ich benutze ihn oft in Verbindung mit einem »intelligenten« Notizbuch (wie dem Rocketbook Everlast Smart Notebook), das sich mehrmals verwenden lässt.

Wozu kannst du heute leichter Nein sagen als vor fünf Jahren?

Als mein Sohn vor mehreren Jahren an Krebs erkrankte, habe ich mich von allen sonstigen Verpflichtungen außer der Arbeit freigemacht. Seitdem bin ich viel besser darin geworden, Einladungen abzulehnen, vor allem solche, bei denen meine Familie nicht dabei ist.

Was tust du, wenn dir alles zu viel wird, du nicht mehr fokussiert bist oder deine Konzentration nachlässt?

In schwierigen Situationen versuche ich, mich daran zu erinnern, dass Stress mich stärker machen kann – *wenn* ich glaube, dass das möglich ist. Ich atme tief und visualisiere und versuche, das Gefühl von Stress und Überforderung in positives, liebevolles Handeln umzufokussieren. Die Inspiration dazu kam, nachdem ich einige Arbeiten von Kelly McGonical von der Stanford University gelesen hatte.

Welchen Rat würdest du einem intelligenten, motivierten Studenten für den Einstieg in die »echte Welt« geben?

Komm aus deiner Komfortzone heraus, wenn du die Universität hinter dir hast. Frage dich selbst, worauf du wirklich neugierig bist, und erkunde es. Umarme die Uneindeutigkeit und die Widersprüche, die das Leben unweigerlich mit sich bringen wird, und entwickle Gewohnheiten, die dir dabei helfen – Sport, Gespräche mit Freunden oder Schreiben. Verbringe keine Zeit damit, eine richtige Antwort oder einen richtigen Weg zu jagen, sondern lieber damit, zu definieren, wie du deinen Weg angehen wirst, egal welchen du wählst. Welche Werte definieren dich am stärksten? Mit welchen Fragen willst du dich beschäftigen?

»Das Leben ist nicht darauf ausgelegt, uns Erfolg oder Befriedigung auf dem Silbertablett zu servieren, sondern stellt uns vielmehr vor Herausforderungen, an denen wir wachsen.«

TERRY LAUGHLIN
TW: @TISWIM
FB: Total Immersion Swimming
totalimmersion.net

TERRY LAUGHLIN ist der Gründer von Total Immersion, einer neuartigen, hocheffizienten Schwimmlehrmethode. Zwischen 1973 und 1988 betreute Terry drei College- und zwei US-Schwimmteams, steigerte die Leistung der Teams maßgeblich und führte 24 Athleten zu nationalen Titeln. 1989 gründete er Total Immersion und richtete seinen Schwerpunkt damit nicht mehr auf das Training junger, talentierter Leistungssportler, sondern vielmehr auf Erwachsene ohne viel Erfahrung oder Können. Er ist der Autor des Buchs *Total Immersion: The Revolutionary Way to Swim Better, Faster, and Easier*, und ich empfehle die Lektüre nach dem Betrachten der Videos *Freestyle: Made Easy*. Der Investor und Milliardär Chris Sacca brachte mich mit Terry und Total Immerson zusammen, und mit dieser Methode lernte ich im Alter von über 30 Jahren das Schwimmen. In weniger als zehn Tagen Einzeltraining schaffte ich es, mein Maximum von zwei Bahnen (in einem 25-Meter-Schwimmbad) auf 40 Bahnen pro Workout (aufgeteilt in Zweier- und Vierersätze) zu verlängern. Ich fand das unglaublich, und jetzt bereitet mir das Schwimmen Spaß. Das hat mein Leben verändert.

Welches Buch (welche Bücher) verschenkst du am liebsten? Warum? Welche ein bis drei Bücher haben dein Leben am stärksten beeinflusst?

Mastery von George Leonard. Ich las dieses Buch zum ersten Mal vor 20 Jahren, nachdem ich Leonards Artikel im *Esquire* gelesen hatte, der die Grundlage für das Buch bildet. Leonard schrieb das Buch, um seine Lektionen einem größeren Publikum zugänglich zu machen, nachdem er Aikido-Meister geworden war – obwohl er erst im vergleichsweise fortgeschrittenen Alter von 47 Jahren anfing, diese Kampfkunst zu lernen.

Ich verschlang die 170 Seiten förmlich, so sehr bestätigte das Buch unseren Lehransatz. Es half mir, Schwimmen als ideales Medium für die Prinzipien der Meisterschaft zu sehen, die mit unserer Vermittlung körperlicher Schwimmtechniken eng verflochten sind. Das Buch gefällt mir, weil es der meiner Meinung nach beste Ratgeber dafür ist, wie man ein gutes Leben führt.

Eine kurze Zusammenfassung: Das Leben ist nicht darauf ausgelegt, uns Erfolg oder Befriedigung auf dem Silbertablett zu servieren, sondern stellt uns vielmehr vor Herausforderungen, an denen wir wachsen. Meisterschaft ist der geheimnisvolle Vorgang, durch den diese Herausforderungen mithilfe von Übungen allmählich einfacher und befriedigender werden. Der Schlüssel zu dieser Befriedigung ist das Erreichen von Nirvana, und in diesem Zustand wird die Liebe zur Übung an sich, also zum Selbstzweck (intrinsisch), der das ursprüngliche Ziel (extrinsisch) als unseren Heiligen Gral ersetzt. Das Gegenteil von Meisterschaft ist die Suche nach Patentrezepten.

Meine fünf Schritte zur Meisterschaft:

1. Suche eine würdige und bedeutungsvolle Herausforderung.
2. Suche einen Sensei oder Meisterlehrer (wie George Leonard), der dir hilft, den rechten Weg zu finden und Prioritäten zu setzen.
3. Übe gewissenhaft, strebe stets danach, deine Schlüsselfertigkeiten zu verbessern und arbeite dich langsam, aber sicher auf ein neues Leistungsniveau hoch.
4. Lerne das Plateau schätzen. Jeder wirklich wichtige Fortschritt entsteht durch kurze, spannende Verbesserungen, auf die eine lange Durststrecke folgt, in der man meint, dass nichts vorangeht. Obwohl man das Gefühl hat, dass sich nichts tut, machen wir aus neuen Verhaltensweisen Gewohnheiten. Lernen setzt sich auf Zellebene fort ... wenn man guten Übungsprinzipien folgt.
5. Meisterschaft ist der Weg, nicht das Ziel. Ein echter Meister glaubt nie, dass er die Meisterschaft erlangt hat. Es gibt immer mehr zu lernen, und man kann seine Fertigkeiten immer noch verbessern.

Welcher (vermeintliche?) Misserfolg war die Voraussetzung für deinen späteren Erfolg? Hast du einen »Lieblingsmisserfolg«?

Ich begann meine Coaching-Karriere 1972 und war auf Anhieb erfolgreich. Zwischen 1975 und 1983 betreute ich 24 nationale Club- und College-Champions und brachte auch jedes Team, das ich trainierte, von einem mittleren auf ein hohes Leistungsniveau. Aber 1983 erlitt ich einen schweren Rückschlag, als ich wegen eines Machtkampfs mit einem kontrollwütigen Elternbeirat meinen Job verlor, kurz nachdem mein Team die Junioren-Nationalmeisterschaft gewonnen hatte.

Die Enttäuschung, nicht mehr mit einem vielversprechenden Team zusammenarbeiten zu können, nachdem ich fünf Jahre an ihrer Entwicklung mitgewirkt hatte, versetzte mich in einen Zustand, den ich damals nicht erkannte: tiefe Trauer. Im Laufe der nächsten fünf Jahre übernahm ich drei Posten als Cheftrainer und war jedes Mal erfolgreich, aber niemals wirklich glücklich oder zufrieden.

1987 erkannte ich schließlich, dass die unverarbeitete Trauer mich davon abhielt, wirklich Freude an meiner Arbeit zu haben, und dass nur eine Auszeit vom Coaching helfen würde. Außerdem hatte ich nach 16 Jahren Arbeit nicht viel Geld auf der Bank und sah mich mit der Tatsache konfrontiert, die Studiengebühren für meine drei Töchter zu bezahlen; in fünf Jahren würde es damit losgehen.

Widerstrebend gab ich meine Coaching-Tätigkeit auf – ohne mir sicher zu sein, ob ich zurückkäme –, um zu sehen, ob sich mein Wissen und meine Fähigkeiten in einem anderen Bereich bewähren würden. Ich arbeitete zwei Jahre im Marketingsektor, zuerst bei einer Technologiefirma, dann in einem Krankenhaus. Ich verdiente genug, um die Rechnungen zu bezahlen, konnte aber immer noch nichts auf die hohe Kante legen. Wichtiger noch, ich war nicht in der Lage, meiner Arbeit mit Freude nachzugehen.

Es wurde mir schnell klar, wo das Problem lag. Als Cheftrainer war ich jahrelang an allen wichtigen Entscheidungen beteiligt gewesen, die große Auswirkungen hatten. Der Erfolg oder Misserfolg eines Sportlers oder Teams hing hauptsächlich von meinem Engagement und Können ab. In der Geschäftswelt war ich nur ein kleines Rädchen im Getriebe: Es spielte nicht einmal eine große Rolle, ob ich zur Arbeit ging oder nicht, und dieses Gefühl war für mich unerträglich.

Im Frühjahr 1989 kündigte ich den Krankenhausjob und fing an, zwei einwöchige Sommercamps für ältere Einzelschwimmer zu konzipieren – die ersten Total-Immersion-Programme. Im Sommer 1990 hielt ich vier Trainingseinheiten ab, 1991 waren es schon sechs, zuzüglich einiger Workshops für Teams, die in der Altersklasse starteten. Damit konnte ich meine Familie aber nicht ernähren – das tat ich mich dem Schreiben von Zeitschriftenartikeln und Marketingtexten.

Ich hatte keine Ahnung, wohin mich dieser Weg führen würde, aber diejenigen, die ich trainierte, verbesserten sich enorm, und außerdem gefiel mir an meiner beruflichen Selbstständigkeit, dass meine Auftragslage ausschließlich von der Qualität meiner Arbeit abhängig war. Aus diesen bescheidenen Anfängen entwickelte sich der ungeahnte Erfolg von Total Immersion, das sich zu einem Netzwerk von über 300 Coaches in 30 Ländern ausgeweitet hat. Mein Ansatz gilt als Goldstandard für effektives Schwimmen.

Mein früherer Misserfolg und das kurze Intermezzo in anderen Berufszweigen zeigten mir, dass ich dazu geboren bin, zu coachen und Schwimmen zu unterrichten, aber auch, dass ich nicht dazu geschaffen bin, in einem Angestelltenverhältnis zu arbeiten. Ich muss für mein eigenes Schicksal verantwortlich sein.

Wozu kannst du heute leichter Nein sagen als vor fünf Jahren? Welche neuen Erkenntnisse und/oder Ansätze haben dir dabei geholfen?

Es war immer mein Lebensziel, der beste Schwimmcoach zu sein, zu dem ich fähig bin. Es war nie mein Ziel gewesen, ein Unternehmen zu gründen. Aber mit dem Wachstum von Total Immersion sah ich mich plötzlich – zwangsläufig – in der Rolle des Geschäftsführers. Ich gebe zu, dass ich am Anfang ein ziemlich mieser CEO war. Das lag teilweise daran, dass ich mich immer fürs Coaching entschied, wenn ich zwischen Coaching- und Managementaufgaben wählen musste. Ich steckte wesentlich mehr Energie in die Entwicklung meiner Fähigkeiten als Coach als in die Führung meines Unternehmens. Die schlechten Entscheidungen, die ich als Unternehmer traf, wirkten sich oft stärker auf das Wachstum von Total Immersion aus als die guten Entscheidungen, die ich als Coach fällte.

Vor zwei Jahren erhielt ich die Diagnose, unheilbaren Prostatakrebs im Stadium IV zu haben. Ich erkannte, dass die Behandlung zeitaufwändig war und mich viel Kraft kosten würde und dass ich nicht endlos viel Zeit hatte, um wichtige, noch offene Dinge zu erledigen. Deshalb übertrug ich einen Großteil meiner geschäftlichen Aufgaben zwei Kompagnons, die eine Generation jünger sind als ich, sich durch eine beeindruckende Loyalität und Intelligenz auszeichnen und ihrer Arbeit mit enormer Sorgfalt und Hingabe nachgehen. Seit dieser Entscheidung hat Total Immersion eine erstaunliche Wandlung erfahren und ist jetzt deutlich besser aufgestellt als zuvor, wodurch der langfristige Bestand – und Erfolg – viel wahrscheinlicher geworden ist.

Vielleicht genauso wichtig ist, dass ich in Bezug auf Total Immersion zurzeit in meiner produktivsten Phase bin und so den größten Mehrwert bieten kann – ich gestalte unsere Lern- und Lehrinhalte, den Lehrplan und baue unseren Trainerstab auf. Durch meine Arbeit und den Beitrag, den ich leiste, bin ich heute motivierter, energiegeladener und zufriedener als je zuvor. Die positive Atmosphäre, die dadurch entsteht, hilft mir enorm, gesund zu bleiben und besser auf meine Behandlung anzusprechen.

Welchen Rat würdest du einem intelligenten, motivierten Studenten für den Einstieg in die »echte Welt« geben? Welchen Rat sollte er ignorieren?

Ich würde einen klugen, motivierten Studenten fragen, wozu er sich hingezogen fühlt. Will er ein intrinsisches oder ein extrinsisches Ziel erreichen? Vor einigen Jahren las ich einen Artikel in der *New York Times*, die sich mit einer Studie befasste, in der 10.000 Kadetten der Militärakademie West Point 14 Jahre lang beobachtet wurden. Sie wurden im ersten Semester gefragt, welche Karriereziele sie verfolgten.

Diejenigen, die Ziele nannten, die für einen hervorragenden Offizier intrinsisch waren – gute Führungs- und Kommunikationsqualitäten zu entwickeln, von den Untergebenen respektiert zu werden –, wurden viel häufiger Offiziere, verlängerten ihre Dienstzeit über die Mindestdauer von fünf Jahren, wurden früher befördert und berichteten, dass ihnen der Militärdienst große Befriedigung bereitete.

Diejenigen, die extrinsische Ziele angaben – befördert zu werden und einen hohen Status zu erlangen –, kamen nicht nur seltener an ein Offizierspatent und frühe Beförderungen, sondern berichteten auch seltener von hoher Zufriedenheit, was dazu führte, dass sie nach den fünf Pflichtjahren häufiger aus dem Dienst ausschieden.

Dasselbe trifft auf jedes Berufsfeld zu. Wenn man das Ziel hat, kontinuierlich an sich zu arbeiten, wichtige Fertigkeiten zu erlernen und Kernkompetenzen zu entwickeln – und Anerkennung, Beförderungen und finanzielle Vorteile Folgen der Leistung sind, die sich durch den Erwerb der Kernkompetenzen quasi nebenher einstellen –, wirst du viel wahrscheinlicher erfolgreich und zufrieden sein und in deinem Feld eine Führungsrolle übernehmen. Schon vor über 40 Jahren, als ich mit dem Coachen anfing, war meine Grundmotivation als Schwimmtrainer:

* Kontinuierlich mein Wissen über Schwimmtechnik und Leistung zu verbessern. Ich war nie zufrieden, wenn ich das letzte Wort hatte, und war mir immer sicher, dass es noch weitere Dinge gab, die ich lernen konnte.

* Einen deutlichen positiven Einfluss auf diejenigen zu haben, die ich betreute.

* Die Welt des Schwimmcoachings nachhaltig zu verändern, um sie ein Stück besser zu machen. Mit 66 bin ich genauso motiviert und neugierig wie mit 21, wenn nicht sogar noch mehr, und ich habe noch lange nicht vor, in den Ruhestand zu treten. Ich kann mir nichts vorstellen, was mir größere Erfüllung beschert hätte.

»Nachdem ich bei Oracle angefangen hatte … bekam ich Larry Ellisons altes Büro, das er nicht komplett ausgeräumt hatte. Er hatte mir rund 40 Exemplare von *The Mythical Man-Month* hinterlassen.«

MARC BENIOFF
TW: @Benioff
salesforce.com

MARC BENIOFF ist Philanthrop, aber auch Chairman und CEO von Salesforce. Als Cloud-Computing-Pionier gründete Marc das Unternehmen 1999 mit der Vision, eine Unternehmenssoftwareschmiede mit einem cloudbasierten Technologiemodell, ein neues Pay-As-You-Go-Geschäftsmodell und ein neues integriertes Modell für Unternehmensphilanthropie aufzubauen. Unter seiner Leitung entwickelte sich Salesforce von einer Idee in ein Fortune-500-Unternehmen – zu einem der wachstumsstärksten fünf Software-Anbieter weltweit und zum globalen Marktführer für CRM. Er wurde unter den »World's 50 Greatest Leaders« (*Fortune*), den »50 Most Influential People« (*Bloomberg Business Week*), den 20 »Best-Performing CEOs« (*Harvard Business Review*), den »Best CEOs in the World« (*Barron's*) und als »Innovator of the Decade« (*Forbes*) geführt. Außerdem erhielt er den Innovation Award von *The Economist*. Marc gehört dem Board of Trustees des Weltwirtschaftsforums an und hat drei Bücher geschrieben, darunter der US-Bestseller *Behind the Cloud*, der schildert, wie er Salesforce von null zu einem Jahresumsatz von 1 Milliarde US-Dollar führte. Derzeit ist er einer von nur vier Unternehmern in der Geschichte, dem es gelang, ein Unternehmenssoftwareunternehmen aufzubauen, das im Jahr über 10 Milliarden US-Dollar Umsatz erwirtschaftet (die anderen drei sind Bill Gates von Microsoft, Larry Ellison von Oracle und Hasso Plattner von SAP).

Welches Buch (welche Bücher) verschenkst du am liebsten? Warum? Welche ein bis drei Bücher haben dein Leben am stärksten beeinflusst?

Eines der einflussreichsten Wirtschaftsbücher, das ich je gelesen habe, ist *Managing* von Harold Geneen, Ex-Chef von ITT. Es veränderte nicht nur mein Leben, sondern auch meine gesamte Herangehensweise ans Geschäft. Er ist ein Manager der alten Schule, und sein Buch eine Chronik seiner Führung bei ITT. Sehr viel, was wir bei Salesforce machen, basiert auf seinen Methoden – etwa unsere operativen Quartalsberichte, die uns heilig sind.

The Mythical Man-Month von Frederick P. Brooks, Jr. ist ein weiteres Buch, das mich stark beeinflusst hat. Nachdem ich bei Oracle angefangen hatte, wurde ich 1990 zum jüngsten Vice President befördert. Damals bekam ich Larry Ellisons altes Büro, das er nicht komplett ausgeräumt hatte. Er hatte mir rund 40 Exemplare von *The Mythical Man-Month* hinterlassen.

Larry hatte dieses Buch jeder Führungskraft in der Softwarebranche in die Hand gedrückt, der er im Unternehmen begegnete. In dem Büchlein steht, dass gute Software in kleinen Teams entwickelt werden sollte. Mit 100, 1000 oder gar 2000 Entwicklern klappt das nicht. Ironischerweise beschäftigte Oracle (damals unser Konkurrent), wie ich mich erinnern kann, als wir Salesforce gründeten und erste Erfolge verbuchten, 2000 CRM-Entwickler und stellte im Grunde die Frage in den Raum: »Wie könnte uns Salesforce je das Wasser reichen?« Ich würde sagen, wegen *The Mythical Man-Month.* Kleine Teams sind in der Softwarebranche immer stärker als große. Was für ein glücklicher Zufall, dass ich das Buch in Larrys Schublade fand.

Ein drittes bedeutsames Buch ist *The Good Heart* vom Dalai Lama. Für mich war das ein sehr wichtiges Buch, denn als ich es las, setzte ich mich gerade mit allen Weltreligionen auseinander. Der Untertitel »A Buddhist Perspective on the Teachings of Jesus« stimmte mich zunächst skeptisch. Doch dann war ich total begeistert. Am besten gefiel mir die Ansicht des Dalai Lama bezüglich der Konvertierung zum Buddhismus. Er schrieb, wer einer anderen Religion angehöre, solle bitte nicht zum Buddhismus konvertieren. Der schnellste Weg zu Erleuchtung und Seelenfrieden und dem eigenen guten Herzen sei die eigene Religion. Auf der Grundlage dieses Buches veränderte ich meine spirituelle Philosophie. Es war für mich wie ein Neustart in der Religion, in die ich hineingeboren wurde. Ich verschrieb mich stärker dem jüdischen Glauben und lotete diesen als meinen Hauptweg aus.

Welche Anschaffung von maximal 100 Dollar hat für dein Leben in den letzten sechs Monaten (oder in letzter Zeit) die größte positive Auswirkung gehabt?

Ganz besonders mag ich dieses Shirt, das ich mir bei Under Armour gekauft habe. Darauf steht das Motto des Basketballstars Stephen Curry: »I can do all things.« Auf den ersten Blick wirkt das wie ein Ego-Statement. Aber wusstest du, dass Curry, MVP der Golden State Warriors, ein religiöser Mensch ist? Er holte sich dieses Zitat aus der Bibel, aus Philipper, 4 Vers 13. Dort steht: »Ich vermag alles durch den, der mich mächtig macht.« Diesen Vers sagt Curry vor jedem Wurf im Court auf.

Er wurde zu einem seiner wichtigsten Leitsätze. Er steht auf seinen Schuhen und auf seinem Trikot. Es ist ein motivierendes, wirkungsvolles Motto, das einen Menschen nicht nur auf sich selbst ausrichtet, sondern auf etwas Größeres.

Die meisten Menschen denken vermutlich, wenn sie das Motto sehen, es ginge dabei nur um ihn. In Wirklichkeit geht es aber um seinen Glauben. Ich habe mir gleich mehrere Shirts gekauft, und sie gefallen mir richtig gut.

Welcher (vermeintliche?) Misserfolg war die Voraussetzung für deinen späteren Erfolg? Hast du einen »Lieblingsmisserfolg«?

Ich betrachte jeden Fehlschlag als Lernprozess und versuche, mich bewusst damit auseinanderzusetzen. Ich kaue eine Weile darauf herum, bis ich etwas Wertvolles finde, was ich daraus mitnehmen kann.

Ein Beispiel: Vor ein paar Jahren wurde unsere Niederlassung in Japan zu klein. Zufällig hatte ich damals einen Termin mit dem Chef der japanischen Post in Tokio. Er zeigte mir seinen Neubau, der am ursprünglichen Standort der Japan Post gleich neben dem Kaiserpalast und dem Tokioter Hauptbahnhof in einem ganz besonderen Viertel Tokios namens Marunouchi erbaut worden war. Er erklärte mir, er sei von Salesforce begeistert, hätte gern, dass wir in sein Hochhaus einziehen, und bot uns sogar an, es nach uns zu benennen. Geehrt und geschmeichelt fuhr ich mit dem Aufzug in Begleitung des Architekten auf und ab, um alle Etagen zu besichtigen. Der oberste Stock sagte mir nicht zu, denn nach dem jüngsten Erdbeben befürchtete ich, unsere Beschäftigten würden nicht gern dort arbeiten. Die menschlichen Proportionen der mittleren Stockwerke sprachen mich an. Also wählte ich vier Etagen in der Mitte aus. Nach dem Einzug merkte ich erst, dass der oberste Stock in Wirklichkeit der absolut coolste war – mit einer Dachterrasse. Ich hätte mich dafür *und* für ein paar Etagen weiter unten entscheiden können. Außerdem hatte ich abgelehnt, das Gebäude nach uns zu benennen.

Das machte mir ein paar Jahre zu schaffen. Später wurden wir Ankermieter in Bürogebäuden in aller Welt – in London, New York, San Francisco, München und Paris. Jedes der Gebäude heißt nicht nur Salesforce Tower, sondern wir belegten auch jeweils die oberste Etage – und ein paar weiter unten liegende. Ich lernte aus der Erfahrung in Japan, eine Immobilienstrategie für Salesforce zu entwickeln. Das ist ein Beispiel dafür, wie ich dazugelernt habe: Wenn mich etwas ärgert, sollte ich mich fragen, was ich daraus lernen kann. Vermutlich ergibt sich in Zukunft eine Gelegenheit, bei der ich es dann besser machen kann.

Die obersten Etagen in den Salesforce Towers nutzen wir als offenen Bereich. Wir nennen sie »Ohana«-Etagen. *Ohana* ist Hawaiianisch und steht für »Familie« – und für uns, also Beschäftigte, Kunden, Partner und die Community. Auf den Ohana-Etagen finden tagsüber Sitzungen, Veranstaltungen und Teamarbeit statt. Alle Beschäftigten können sie nutzen. Benötigt das Unternehmen die Ohana-Etage nicht selbst, wird sie NROs und gemeinnützigen Organisationen zur Verfügung gestellt. Die oberste Etage des Salesforce Tower San Francisco ist die höchste in der Stadt. Ein toller Ausblick!

Welche Überzeugung, Verhaltensweise oder Gewohnheit, die du dir in den letzten fünf Jahren angeeignet hast, hat dein Leben am meisten verbessert?

Ich habe meine Ernährung im Griff. Ich ernähre mich jetzt zuckerarm – nach dem, was Tim Ferris als Slow-Carb-Diät bezeichnet, die ich voll und ganz unterschreibe. Außerdem versuche ich, jede Woche einen Tag frei zu nehmen und zu fasten. Das hat mir viel gebracht.

Mein Freund, der Illusionist David Blaine, hat in einem Plexiglascontainer über der Londoner Innenstadt 44 Tage lang gefastet. Damals habe ich beschlossen, dass ich doch sicher wenigstens einen Tag pro Woche ohne Essen auskommen könnte.

Was ist eine deiner – gern auch absurden – Eigenheiten, auf die du nicht verzichten möchtest?

Ich liebe mein Peloton Bike. Ich setzte mich gern mal 45 Minuten drauf, um mir Bewegung zu verschaffen und soziale Kontakte zu Menschen aus aller Welt zu unterhalten, die zur gleichen Zeit trainieren. Mein Lieblingstrainer ist Cody Rigsby. Bei einem aktiven Work-out versuche ich, mich unter den besten 10 Prozent der Gruppe zu halten.

So bekomme ich ein ausgezeichnetes, hochintensives Intervalltraining, werde dabei musikalisch unterhalten und vom Trainer betreut. Ich erfahre mehr über meinen Körper und baue Stress ab – alles sehr wichtig für mich.

Wenn du an einem beliebigen Ort ein riesiges Plakat mit beliebigem Inhalt aufhängen könntest, was wäre das und warum?

»Werdet Paten einer K-12-Schule.« Nichts ist wichtiger als die Ausbildung unserer Kinder. Kinder ohne Primär- und Sekundärbildung haben keine Zukunftschancen – vor allem nicht in Jobs, die Kompetenzen in Kernfächern wie Mathematik und Schreiben erfordern. Ich bin Pate meiner örtlichen Schule, der Presidio Middle School in San Francisco. Dass ich die Schule wählte, die einst meine Mutter besuchte, erfuhr ich erst hinterher. Es war fast, als würde mich irgendetwas dorthin ziehen.

Als Schulpaten können wir mit relativ geringem Einsatz enorme, bleibende Effekte erzielen. Schulen haben heute oft gar keine Beziehungen zu den umliegenden Gemeinden, die örtliche Wirtschaft eingeschlossen. Du kannst das ändern, indem du einfach bei deiner nächstgelegenen Schule anklopfst und die Schulleitung fragst, wie du helfen kannst. Du wirst überrascht sein, wie einfach sich das Leben von Schülern positiv beeinflussen lässt. Natürlich kannst du dich auf konfessionelle Schulen oder Charter-Schulen und andere Schulen konzentrieren, doch die stellen in den USA nicht die große Mehrheit dar. Die 3,5 Millionen Lehrer an öffentlichen Schulen in den USA, die im Schnitt 38.000 Dollar im Jahr verdienen, brauchen unsere Hilfe und unsere Unterstützung, um unsere Kinder fit zu machen für die Zukunft. Das kann nur funktionieren, wenn wir alle mittun und Schulpaten werden.

Seit 2013 ist Salesforce Partner der Schulbezirke der Bay Area und engagiert sich dafür, den Informatikunterricht zu verbessern. Bisher hat Salesforce.org 22,5 Millionen Dollar an Schulbezirke in San Francisco und Oakland gespendet und Technologie und Infrastruktur zur Verfügung gestellt. Das Wichtigste ist dabei aber nicht das Geld, sondern die Zeit, die unsere Beschäftigten an diesen Schulen zugebracht haben, als Mentoren und Tutoren von Schülern, um in Erfahrung zu bringen, was dort gebraucht wird, und um die Probleme zu verstehen. Bisher haben unsere Beschäftigten ehrenamtlich 20.000 Stunden Schuldienst geleistet.

Was ist das beste oder lohnendste Investment, das du je getätigt hast (in Form von Geld, Zeit, Energie etc.)?

Eine meiner besten Investitionen war die in meine Meditationspraxis. In aller Regel bete und meditiere ich morgens 30 bis 60 Minuten. Ich gebe mittlerweile auch Meditationskurse in meiner Synagoge. Ich meditiere seit über 25 Jahren und halte das für eine entscheidende Voraussetzung für meinen Erfolg.

Auf diese Fertigkeit habe ich zurückgegriffen, wenn in meinem Leben nicht alles nach Plan lief. In schweren Zeiten – ob beim Tod meines Vaters, bei gesundheitlichen Problemen von Angehörigen oder extremer Belastung bei Salesforce oder Sorgen um die Zustände auf der Welt – fand ich stets Zuflucht und Stärke in meiner Meditations- und Gebetspraxis. Diese Investition zahlt sich immer wieder aus.

Besonders beeinflusst hat mich der Zenmeister Thich Nhat Hanh, der in Plum Village lebt, einem Kloster im Südwesten Frankreichs. [**Anmerkung von Tim:** Thich Nhat Hanhs Buch *Peace Is Every Step* hatte auch enormen Einfluss auf mein Leben.]

Als Thich Nhat Hanh 2014 einen Schlaganfall erlitt, zogen er und seine 30 führenden Ordensleute für sechs Rehabilitationsmonate bei mir ein. Mehr als jedes Buch hat mich die Erfahrung bewegt, mitzuerleben, wie sie leben.

Ein paar Dinge, die hängengeblieben sind: Sie praktizierten engagiert jeden Tag, hielten sich streng an ihre Gebote, reisten nur in der Gruppe und hielten immer zusammen.

»Tritt grundsätzlich auf, als würden alle nur auf dich warten, denn deine Energie schlägt alles, was du sagen könntest.«

MARIE FORLEO
TW/IG: @marieforleo
marieforleo.com

MARIE FORLEO wurde von Oprah Winfrey als »Vordenkerin für die nächste Generation« bezeichnet. Sie hat die preisgekrönte Sendung *MarieTV* erfunden und die B-School gegründet. *Forbes* führt ihre Website auf der Liste der »100 Best Websites für Entrepreneurs«. Marie war Mentorin junger Unternehmer an Richard Bransons Centre of Entrepreneurship und ist Autorin von *Make Every Man Want You: How to Be So Irresistible You'll Barely Keep from Dating Yourself!,* das in 16 Sprachen veröffentlicht wurde.

Welches Buch (welche Bücher) verschenkst du am liebsten? Warum? Welche ein bis drei Bücher haben dein Leben am stärksten beeinflusst?

Absolut *The War of Art* von Steven Pressfield (Seite 28). Dieses Buch hat eine magische, aktivierende Wirkung. Es ist die grundlegende, klare Anleitung für jeden, der an Selbstzweifeln leidet oder Probleme hat, ein wichtiges Projekt zum Laufen zu bringen. Ich lese es mindestens einmal im Jahr von vorne bis hinten. Es ist aber ein Buch, das man auch gut zwischendurch auf irgendeiner Seite aufschlagen, einen Absatz lesen und sich daraus die Inspiration holen kann, die man braucht, um weiterzumachen.

Wenn du an einem beliebigen Ort ein riesiges Plakat mit beliebigem Inhalt aufhängen könntest, was wäre das und warum?

Auf meiner Plakatwand stünde: »Es ist alles lösbar.« Das habe ich als Kind von meiner Mutter gelernt, und es hat mich in meinem Berufs- und Privatleben auf Schritt und Tritt vorangebracht. Bis heute.

Es soll schlicht heißen: Vor welchem Problem oder Hindernis du auch stehst, ob privat, beruflich oder global, es gibt eine Möglichkeit. Es ist alles lösbar. Wer nicht aufgibt, flexibel bleibt und proaktiv ist, der findet einen Weg – oder er bahnt ihn sich. Daran sollte man insbesondere dann denken, wenn etwas schiefgeht, denn statt Zeit und Kraft auf das Problem zu verschwenden, kann man dann gleich zur Lösungsfindung übergehen. Ich glaube ehrlich, dass man sich kaum eine praktischere und effektivere Überzeugung aneignen kann.

Was ist das beste oder lohnendste Investment, das du je getätigt hast (in Form von Geld, Zeit, Energie etc.)?

Ein Schreibblock für drei Dollar. Mit 25 gab ich Hip-Hop-Kurse und arbeitete hinter einer Bar, um meine Rechnungen zu bezahlen, während ich langsam mein Online-Geschäft aufbaute. Wenn ich unterrichtete oder Getränke ausschenkte, hatte ich immer meinen Block dabei, denn irgendjemand fragte immer: »Und was machst du, wenn du nicht Kurse gibst/an der Bar arbeitest?« Dann erzählte ich von meinem Online-Geschäft, drückte demjenigen einen Stift und meinen Block in die Hand und bat ihn, sich in meine E-Mail-Liste einzutragen.

Der Block und ein langfristiger Blick auf die Pflege meiner Abonnentenliste ist die Grundlage meiner ganzen Karriere. Das hat mir geholfen, mir im Leben ehrgeizige Ziele zu setzen und zu erreichen, ein globales Unternehmen aufzubauen und mit diesem über 75 Millionen US-Dollar Umsatz zu erzielen.

Was ist eine deiner – gern auch absurden – Eigenheiten, auf die du nicht verzichten möchtest?

Ich gehe gern alleine Lebensmittel einkaufen – vor allem ohne Zeitdruck. Ich liebe es, den Einkaufswagen zu schieben, durch die Gänge zu kurven und Posten von meinem Einkaufszettel zu streichen.

Welche Überzeugungen, Verhaltensweisen oder Gewohnheiten, die du dir in den letzten fünf Jahren angeeignet hast, haben dein Leben am meisten verbessert?

Ein Beziehungs-Kommunikations-Tool namens Imago Dialogue von Dr. Harville Hendrix und Dr. Helen LaKelly Hunt, das ich mir angeeignet habe und verwende. Es bietet eine strukturierte Möglichkeit, mit seinem Ehe- oder Lebenspartner zu sprechen – selbst im Streit. Erst fühlt es sich künstlich und total unnatürlich an, doch wenn man gelernt hat, wie es funktioniert, und es ernsthaft anwendet, dann wirkt es in intimen Beziehungen wahre Wunder.

Welchen Rat würdest du einem intelligenten, motivierten Studenten für den Einstieg in die »echte Welt« geben? Welchen Rat sollte er ignorieren?

[Mein Rat:] Befasse dich mit jedem Projekt, jeder Idee oder Branche, die dich begeistert – ganz gleich, ob die Ideen in Zusammenhang stehen oder wie unrealistisch eine langfristige Karriere in diesem Bereich erscheint. Die einzelnen Punkte kann man später verbinden. Arbeite wie ein Verrückter und erwirb dir den Ruf, immer alle Maßstäbe zu sprengen. Tu, was nötig ist, um genug Geld zu verdienen, damit du alle Erfahrungen und Lerngelegenheiten mitnehmen kannst, die dich in die Nähe der Menschen bringen, die du bewunderst – denn Nähe ist Macht. Tritt grundsätzlich auf, als würden alle nur auf dich warten, denn deine Energie schlägt alles, was du sagen könntest.

Höre nicht auf den Rat, dich auf eine Sache zu spezialisieren, wenn du nicht ganz sicher bist, dass das für dich das einzig Richtige ist. Mach dir nichts draus, was andere über deine Berufswahl oder über deine Arbeit denken – vor allem, wenn du dir damit deine Berufswahl finanzierst. Ignoriere den Impuls, deinen Enthusiasmus zu dämpfen aus Angst, er könne unprofessionell wirken. Und speziell für Frauen: Ignoriere den gesellschaftlichen und familiären Druck, zu heiraten und Kinder zu bekommen.

Welche schlechten Ratschläge kursieren in deinem beruflichen Umfeld oder Fachgebiet?

Beim Aufbau eines Onlinepublikums machen viele den Fehler, überall gleichzeitig sein zu wollen. Sie überschlagen sich, um tonnenweise mittelmäßige Inhalte zu produzieren, um die scheinbar endlosen Social Feeds und Onlineplattformen zu bedienen, was zu schlechten Ergebnissen führt.

Zu versuchen, jede Plattform zu erobern – vor allem als Einzelkämpfer –, ist keine gute Idee und auch kein effektiver Umgang mit seiner Zeit, seinen Fähigkeiten oder seiner Energie. Auch wenn du im Team arbeitest, empfehle ich trotzdem, zunächst mal eine Plattform auszuwählen, auf die ihr euch konzentriert. Bevor man sich dann den nächsten Content-Kanal oder eine andere soziale Plattform erschließt, sollte man sich die Frage stellen, was man dort erreichen will. Welche konkreten geschäftlichen Gründe gibt es, Zeit, Kraft und Ressourcen in regelmäßiges inhaltliches oder sonstiges Engagement in diesem Bereich zu investieren? Ist es in Anbetracht der anderen Verpflichtungen und übergeordneten Ziele wirklich sinnvoll?

Viele Unternehmer erkennen nicht, dass jede soziale Medienplattform, auf der man aktiv ist, zum offenen Kanal für die Kundenbetreuung wird. Menschen stellen dort Fragen, und sie beschweren sich dort auch. Denkt das sauber zu Ende. Richtet einen Prozess ein, bei dem einer aus dem Team die sozialen Kanäle regelmäßig abtastet, um euch nicht selbst einen Kundenbetreuungsalbtraum heranzuzüchten. Man sollte nicht auf jeder Plattform aktiv werden, nur weil man es kann.

Was tust du, wenn dir alles zu viel wird, du nicht mehr fokussiert bist oder deine Konzentration nachlässt?

Wenn ich unkonzentriert bin oder mit einer Frage nicht weiterkomme, dann treibe ich intensiv Sport. Dass kann ein Spin-Kurs sein oder ein Circuit Training zu guter, lauter Musik. Das Ziel ist, mit allen Sinnen ganz darin einzutauchen, was gleich mehrere wesentliche Zwecke erfüllt. Erstens leert es meinen geistigen und emotionalen Arbeitsspeicher. Vor allem aber öffnet es einen Kanal zu dem, was sich meines Erachtens am besten als innere Intelligenz beschreiben lässt, zu der ich, wenn überhaupt, dann nur selten durch fokussiertes Denken Zugang finde. Jedes Mal erhalte ich so eine Art spontanes Download, das zu einem klaren Aktionsplan führt, mit dem ich weitermachen kann. Für mich kommt Kreativität aus dem Körper, nicht aus dem Kopf.

»In den letzten Jahren ertappe ich mich dabei, wie ich alle meine wichtigen Beziehungen durch die Enneagramm-Linse betrachte. … Ich wünschte, ich wäre viel früher darauf gekommen.«

DREW HOUSTON
TW: @drewhouston
FB: /houston
dropbox.com

DREW HOUSTON ist CEO und Mitgründer von Dropbox. Nach seinem Abschluss am MIT 2006 verarbeitete er seinen Frust darüber, USB-Sticks mitschleppen und Dateien an sich selbst mailen zu müssen, zu einer Demoversion, aus der später Dropbox werden sollte. Anfang 2007 bewarben er und sein Mitgründer Arash Ferdowsi sich beim Tech-Förderer Y Combinator. Dropbox wurde zu einem der wachstumsstärksten Start-ups in der Geschichte von YC – mit derzeit über 500 Millionen registrierten Nutzern und mehr als 1500 Beschäftigten an 13 Standorten weltweit.

Welches Buch (welche Bücher) verschenkst du am liebsten? Warum? Welche ein bis drei Bücher haben dein Leben am stärksten beeinflusst?

Ich bewundere seit jeher die Klarheit der Gedanken von Warren Buffett und Charlie Munger – und wie sie es verstehen, komplexe Themen in einfachen Worten zu erklären. *Poor Charlie's Almanack* von Charlie Munger veranschaulicht das für mich mustergültig.

Als CEO eines Unternehmens und im Leben ganz allgemein steht man vor einer schwindelerregenden Fülle von Entscheidungen in Bereichen, von denen man wenig Ahnung hat – und das, während sich die Rahmenbedingungen ständig verändern. Wie findet man sich da zurecht? Wie kann man Urteilsvermögen und Weisheit entwickeln, ohne erst auf Lebenserfahrung zu warten?

Poor Charlie's Almanack ist eine gute Grundlage. Das Buch beschreibt, wie man in jeder Situation, auch bei vergleichsweise begrenztem geistigem Instrumentarium, gute Entscheidungen trifft: die großen, bleibenden Ideen der grundlegenden akademischen Disziplinen. Mit diesen Konzepten kommt in der Schule praktisch jeder in Berührung, doch nur wenige lernen, sie zu beherrschen oder im Alltag anzuwenden. Meiner Erfahrung nach ist es dieses grundlegende, prinzipienorientierte Denken, das ungewöhnliche Erkenntnisse und eine Überzeugung ermöglicht, die wirklich große Gründer von den lediglich guten unterscheiden.

Welche Überzeugungen, Verhaltensweisen oder Gewohnheiten, die du dir in den letzten fünf Jahren angeeignet hast, haben dein Leben am meisten verbessert?

Mich hat Enneagramm enorm weitergebracht. Auf den ersten Blick ist das ein Persönlichkeitstypisierungsinstrument à la Myers-Briggs. Es gibt neun Enneagramm-»Typen«, und einer davon ist bei jedem Menschen dominant. Weitaus nützlicher und prognosekräftiger fand ich aber, wie sich die Menschen tatsächlich verhalten.

Am Anfang war ich skeptisch, doch nachdem ich die Beschreibung für meinen Typ gelesen hatte, fand ich, dass sie geradezu unheimlich zutreffend wiedergab, wie ich ticke: was mich motiviert, wo meine natürlichen Stärken liegen und wo tendenziell meine blinden Flecken und so weiter. Das hat mir geholfen, meine Rolle und meinen Führungsstil auf meine Stärken zuzuschneiden.

Bei einem Team funktioniert das sogar noch besser. Alle unsere leitenden Führungskräfte haben sich selbst typisiert, und wir fordern alle Dropbox-Beschäftigten auf, sich damit zu befassen. (Kostenlose) Online-Tests und -Ressourcen sind leicht zu finden.

In den letzten Jahren ertappe ich mich dabei, wie ich alle meine wichtigen Beziehungen durch die Enneagramm-Linse betrachte. Das ist eine großartige Methode, mehr Empathie für die Menschen in seinem Leben zu entwickeln und besser zu verstehen, warum sie sind, wie sie sind. Ich wünschte, ich wäre viel früher darauf gekommen.

Welchen Rat würdest du einem intelligenten, motivierten Studenten für den Einstieg in die »echte Welt« geben? Welchen Rat sollte er ignorieren?

Darüber habe ich gründlich nachgedacht, als ich 2013 die Abschlussrede am MIT halten sollte. Damals sagte ich, wenn ich einen Spickzettel hätte, den ich mir selbst mit 22 zustecken könnte, stünden darauf drei Dinge: ein Tennisball, ein Kreis und die Zahl 30.000.

Der Tennisball steht dafür, etwas zu finden, für das man richtiggehend Besessenheit entwickeln kann – wie die Hündin, die ich als Kind hatte: Warf man für sie einen Tennisball, sah sie nichts anderes mehr. Die erfolgreichsten Menschen, die ich kenne, sind besessen davon, ein Problem zu lösen, das ihnen wirklich am Herzen liegt.

Der Kreis bezieht sich auf die Vorstellung, dass man selbst der Durchschnitt aus seinen fünf besten Freunden ist. Schaff dir ein Umfeld, das das Beste aus dir herausholt.

Dann kommt noch die Zahl 30.000. Mit 24 stolperte ich über eine Website, auf der stand, dass die meisten Menschen rund 30.000 Tage leben. Schockiert stellte ich fest, dass ich bereits 8.000 davon hinter mir hatte. Sorge also dafür, dass jeder Tag zählt.

Diesen Rat würde ich heute noch genauso geben. Ich würde aber klarstellen, dass es nicht nur um die eigene Leidenschaft geht, oder darum, Träume zu verwirklichen. Achte darauf, dass das Problem, das dir zur Obsession wird, eines ist, das gelöst werden muss und bei dem dein Beitrag wirklich etwas bewirkt. Wie es bei Y Combinator heißt: »Mach etwas, was die Leute brauchen.«

Wozu kannst du heute leichter Nein sagen als vor fünf Jahren? Welche neuen Erkenntnisse und/oder Ansätze haben dir dabei geholfen?

Das ist mir sehr schwer gefallen. Ich helfe anderen gern. Doch ich habe ein paar Dinge erkannt, die mich manches anders sehen ließen: Man hat weniger Zeit, als man denkt, und man verbringt sie anders, als man denkt.

Die folgende Analogie hat mir geholfen. Stell dir deine Lebenszeit als Gefäß vor, deine Prioritäten als Steine, und alles andere als Kiesel oder Sand. Wie lässt sich das Gefäß am besten füllen?

Auf den ersten Blick nicht so schwierig. Da sind sich alle einig: Man fängt mit den Steinen an, dann füllt man die Kiesel ein, und zum Schluss den Sand. Dachte ich auch. Als ich es das erste Mal ausprobierte (beim Lesen von *The Effective Executive* von Peter Drucker, meiner Ansicht nach eines der besten Managementbücher aller Zeiten), war ich überzeugt, dass ich mich die meiste Zeit der Einstellung neuer Mitarbeiter und der Arbeit an unserem Produkt widmete [den Steinen also].

Doch als ich dann ein paar Wochen lang stundengenau über meine Zeit Buch geführt hatte, stellte ich schockiert fest (wie jeder, der das einmal versucht hat), dass 1) mein Gefäß überwiegend mit Sand gefüllt war und 2) wirklich wichtige Steine auf den Boden gefallen waren.

Das half mir, Dinge, die von außen an mich herangetragen wurden, im richtigen Licht zu sehen. Erstens ist mein Gefäß nicht sehr groß. Fülle ich es mit meinen Steinen oder lasse ich zu, dass andere ihre Steine hineingeben? Ich habe sogar einen E-Mail-Ordner, der »OPP« heißt, um mich daran zu erinnern, dass diese Anfragen »other people's priorities« sind – die Prioritäten anderer. Ich überlege mir gut, bevor ich unaufgefordert eingehende Anliegen anderer vor meine Teamkollegen und Kunden stelle, die sich stillschweigend darauf verlassen, dass ich meinen eigentlichen Job mache. Wohlgemerkt soll das nicht heißen, dass man anderen nie helfen sollte. Man sollte sich lediglich über die Folgen der eigenen Entscheidungen im Klaren sein.

Noch ein paar Tipps: Blocke schon im Vorfeld konkrete Zeitfenster für deine Steine, damit du dir gar keine Gedanken darüber machen musst. Flüchte dich nicht in Wunschdenken (wie »Ich treibe eben Sport, wenn ich ein bisschen Zeit dafür finde.«) Wenn sich deine Steine nicht in deinem Terminkalender wiederfinden, ist das, als gäbe es sie gar nicht. Wenn du sie nicht vordringlich einträgst, wird das auch kein anderer tun.

Ich habe nicht nur gelernt, Nein zu sagen, sondern auch, dass man nicht jedem lange Erklärungen schuldet und dass man nicht jede E-Mail beantworten muss (vor allem, wenn sie unaufgefordert ins Haus flattert). Kurze einzeilige Antworten wie »Vielen Dank für die Einladung, aber ich kann nicht.« oder »Danke, dass Sie an mich gedacht haben – leider habe ich mit [meinem Unternehmen] alle Hände voll zu tun und daher keine Zeit für ein Treffen.« sind absolut ausreichend.

»An großen Chancen steht nie ›große Chance‹ dran.«

SCOTT BELSKY
TW/IG: @scottbelsky
scottbelsky.com

SCOTT BELSKY ist Unternehmer, Autor und Investor. Er ist Venture-Partner bei Benchmark, einem Wagniskapitalunternehmen aus San Francisco. Außerdem war er 2006 Mitgründer von Behance und dort CEO, bis Adobe die Firma 2012 kaufte. Millionen von Menschen verwenden Behance, um ihre Portfolios zu präsentieren, aber auch, um fähige Köpfe aus allen Kreativbranchen zu verfolgen und zu finden. Scott hat neben anderen wachstumsstarken Start-ups frühzeitig in Pinterest, Uber und Periscope investiert und sitzt dort in Beiräten.

Wenn du an einem beliebigen Ort ein riesiges Plakat mit beliebigem Inhalt aufhängen könntest, was wäre das und warum?

Auf der Plakatwand würde stehen: »An großen Chancen steht nie ›große Chance‹ dran.«

Ob du nach dem idealen neuen Job, Kunden, Partner oder nach einer neuen Geschäftschance suchst, sie werden sich dir kaum auf den ersten Blick offenbaren. Manchmal geht man über die besten Chancen zunächst achtlos hinweg. Großartige Chancen wirken oberflächlich betrachtet meist wenig attraktiv. Eine Chance ist dann interessant, wenn sie Aufwärtspotenzial bietet. Wäre das Aufwärtspotenzial offensichtlich, hätte sie schon jemand anderer wahrgenommen.

Bezeichne dich nicht als Visionär oder versuche, unverhältnismäßigen Einfluss auszuüben, wenn du alle deine Entscheidungen danach triffst, was du jetzt siehst und weißt. Ich bin immer wieder überrascht, wie träge die Menschen sind, wenn sie schwerwiegende Karriereentscheidungen treffen. Steig nicht deshalb in ein Team ein, weil du es toll findest, wie es ist, sondern weil du glaubst, dass daraus mit deiner Hilfe etwas Großartiges werden kann. Sei ein »Gründer« in dem Sinn, dass du bereit bist, selbst etwas auf die Beine zu stellen – und dich nicht nur einzureihen.

Chancen muss man ergreifen, wenn sie sich bieten – nicht, wenn sie bequem oder offensichtlich sind. Das eigene Glück kann man nur schmieden, wenn man flexibler ist (man muss für die richtige Chance auch etwas aufgeben), bescheidener (den Zeitpunkt hat man nicht in der Hand) und aufgeschlossener (wenn du eine Chance siehst, dann greif zu!). Die größten Chancen im Leben bieten sich, wann *sie* wollen. Sie richten sich nicht nach deinem Zeitplan.

Was ist eine deiner – gern auch absurden – Eigenheiten, auf die du nicht verzichten möchtest?
Seit mein Leben hektischer und stressiger geworden ist, behalte ich mir bestimmte Musikstücke und Snacks, die ich besonders gern mag, für bestimmte Arbeiten vor. Auf meinem Computer ist zum Beispiel eine Playlist fürs »Schreiben« – mit Stücken, die ich nur beim Schreiben höre, denn es kann besonders schwierig sein, sich Zeit zum Schreiben zu nehmen und diese auch einzuhalten. So mache ich Dinge, die ich mag, aber für selbstverständlich halte, zu etwas Besonderem – zu einer begehrten Belohnung. Meine fürs Schreiben/konzentrierte Arbeiten reservierte Playlist enthält unter anderem:

* »Everyday« von Carly Comando
* »The Aviators« von Helen Jane Long
* »Divenire« von Ludovico Einaudi
* »Mad World« von Michael Andrews und Gary Jules
* »Festival« von Sigur Rós

Zu den Snacks, die ich mir für längere Schreib- und Arbeitsphasen vorbehalte (die aber weniger wichtig sind als die geheiligte Playlist), zählen:

* Parmesan-Chips von Eli Zabar in NYC
* Brezeln mit weißer Schokolade

Dabei gönne ich mir die Leckereien nicht sofort – sondern erst, wenn deutlich wird, dass ich wirklich eine konzentrierte Arbeitsphase absolviere. Abgesehen von dieser Hürde gibt es dafür keine weiteren Regeln. Konzentriertes Arbeiten heißt für mich, dass ich mich nicht unterbrechen lasse oder zwischendurch weggehe. Konzentriertes Arbeiten ist, wenn man sich drei Stunden oder mehr einem Problem widmet, was ich in unserem ständig vernetzten Zeitalter besonders schwierig finde ... daher die kleinen Belohnungen und Anreize, die ich mir für diese Art von Arbeit vorbehalte.

Welchen Rat würdest du einem intelligenten, motivierten Studenten für den Einstieg in die »echte Welt« geben? Welchen Rat sollte er ignorieren?

Setze nicht auf den perfekten Job oder Titel. Verändere dich nicht, weil du dann unwesentlich mehr verdienst. Konzentriere dich lieber auf die beiden Dinge, auf die es ankommt.

Erstens: Am Anfang muss dich jeder Karriereschritt deinem eigentlichen Interesse ein Stückchen näher bringen. Der aussichtsreichste Weg zum Erfolg ist, seinen wahren Interessen nachzugehen und sich beiläufig die Beziehungen, Kooperationen und Erfahrungen anzueignen, die im Leben entscheidend sind. Setzt man sich für eine Herzensangelegenheit ein, zahlt sich das immer aus – nur eben nicht wie und wann man damit rechnet. Stell die Weichen für deinen Erfolg, indem du neue Aufgaben und Funktionen übernimmst, die dich dem näher bringen, was dich interessiert.

Zweitens: Das Wichtigste, was man am Anfang einer beruflichen Laufbahn lernt, betrifft andere Menschen – wie man mit ihnen zusammenarbeitet, wie man geführt wird, wie man ihre Erwartungen steuert und andere führt. Insofern stellen das Team, für das man sich entscheidet, und der Chef wesentliche Faktoren für den Wert erster Berufserfahrungen dar. Triff deine Wahl nach der Qualität der Menschen, mit denen du zusammenarbeiten wirst.

Welche schlechten Ratschläge kursieren in deinem beruflichen Umfeld oder Fachgebiet?

»In jeder Branche bestimmen die Experten, wo es langgeht.«

In unserer Branche werden die Experten vergöttert, doch darüber vergessen wir oft, dass es oft die Neulinge sind, die Branchen von Grund auf verändern. Die größten Umbrüche führen Außenseiter herbei – wie Uber im Transportwesen oder Airbnb bei den Beherbergungen. Vielleicht entspricht es den Spielregeln für den Wandel einer Branche, dass man zu Anfang genug Naivität mitbringen muss, um Grundannahmen infrage zu stellen, und dann lange genug durchhalten muss, um Fertigkeiten zum Einsatz zu bringen, die in dem Bereich, den man verändern möchte, einzigartig sind und Vorteile verschaffen. Vielleicht sind naive Begeisterung und pragmatische Kompetenz zu unterschiedlichen Zeiten gleich wichtig.

»Die Kunden wissen es besser.«

Bei Behance habe ich ganz am Anfang, 2007, eine einzige Fokusgruppe geleitet. Damals diskutierten wir verschiedene Ansätze für unsere Mission, »die kreative Welt zu organisieren.« Wir legten den Teilnehmern der Fokusgruppe fünf oder sechs verschiedene Ideen vor und baten sie dann, einen Fragebogen auszufüllen. Einhellig sagten alle Teilnehmer, das Letzte, was sie wollten, sei »noch ein soziales Netzwerk, um sich mit anderen Kreativen zu vernetzen.« Sie dachten, Myspace erfülle diesen Zweck bereits hinlänglich. Doch auf die Frage nach ihren größten Problemen sprachen die Befragten von den Kosten und den Ineffizienzen der Führung eines Online-Portfolios und davon, wie schwierig es sei, zu erreichen, dass einem die eigenen kreativen Werke auch zugeschrieben würden.

Das war ein klassisches Beispiel dafür, dass man Kunden nicht fragen sollte, was sie wollen, sondern lieber herausfinden sollte, was sie brauchen. Am Ende entwickelten wir ein soziales Netzwerk für kreative Berufsgruppen, das mit über 12 Millionen Mitgliedern inzwischen die führende professionelle Kreativ-Community der Welt ist – und sechs Jahre später von Adobe aufgekauft wurde.

Was tust du, wenn dir alles zu viel wird, du nicht mehr fokussiert bist oder deine Konzentration nachlässt?

Ich sage mir dann: »Scott, mach deinen verdammten Job.« Um uns herum und in uns geht so viel Dramatisches vor, dass man sich allzu leicht ablenken lässt – oder zu viel in eine Situation hineininterpretiert. Es lässt sich so einfach rechtfertigen, warum man zu beschäftigt ist oder warum man etwas nicht gleich tut, das erledigt werden muss. Ich bin sehr fürs Pragmatische. Wenn ich etwas Profanes zu erledigen habe oder etwas besonders Heikles – etwa eine schlechte Nachricht überbringen oder einen Mitarbeiter entlassen –, dann rufe ich mich bewusst zur Ordnung und sage mir: »Mach deinen verdammten Job.« Dieser persönlichen Direktive ist wenig entgegenzusetzen.

ZITATE, ÜBER DIE ICH NACHDENKE

(Tim Ferriss, 19. Mai bis 2. Juni 2017)

»In zehn Minuten kann man so viel schaffen. Zehn Minuten sind, wenn sie einmal vergangen sind, für immer vergangen. Unterteile dein Leben in Einheiten von zehn Minuten und verschwende so wenige davon wie möglich mit sinnlosen Aktivitäten.«

– INGVAR KAMPRAD

schwedischer Unternehmer, Gründer von Ikea

»Es wird eine Zeit kommen, in der du glaubst, alles ist beendet. Das wird der Anfang sein.«

– LOUIS L'AMOUR

extrem beliebter US-Autor von Western und Kurzgeschichten, hat mehr als 100 Bücher geschrieben

»Alle guten Sachen sind wild und frei.«

– HENRY DAVID THOREAU

amerikanischer Essayist und Philosoph, Autor von *Walden*

»Wir alle sollten ständig neu beurteilen, was wir denken und glauben – in der Politik, im Leben und in unseren Gedanken. Ansonsten werden wir zu starr.«

TIM McGRAW
TW/IG: @TheTimMcGraw
FB: /TimMcGraw
timmcgraw.com

TIM McGRAW hat mehr als 50 Millionen Schallplatten verkauft und mit 43 weltweiten Nummer-1-Hits die Charts dominiert. Zu seinen Auszeichnungen zählen 3 Grammy Awards, 16 Academy of Country Music Awards, 14 Country Music Association Awards, 11 American Music Awards, 3 People's Choice Awards und viele weitere. Einer der Höhepunkte seiner Karriere war, dass er von BDS Radio zum »am häufigsten gespielten Künstler des Jahrzehnts« in allen Musik-Genres gekürt wurde; auch der »am häufigsten gespielte Song des Jahrzehnts« aller Genres stammte von ihm. Die Country-Songs von McGraw sind seit seinem Debüt im Jahr 1992 ständig im Radio zu hören, und zwei seiner Singles standen mehr als zehn Wochen lang auf Platz 1 der Charts. Auch mit seinen Konzerten feierte er seine gesamte Karriere über Erfolge und stellte Rekorde auf, zum Beispiel mit der weltweiten Soul2Soul-Welttour zusammen mit seiner Frau Faith Hill. McGraw war der Star und Erzähler in dem erfolgreichen Film *The Shack*, außerdem war er in *Friday Night Lights* und *The Blind Side* zu sehen.

Welches Buch (welche Bücher) verschenkst du am liebsten? Warum? Welche ein bis drei Bücher haben dein Leben am stärksten beeinflusst?

Ich verschenke ständig *Jayber Crowe* (von Wendell Berry). Ein unglaubliches Buch! Es ist beruhigend und regt gleichzeitig zum Nachdenken an. Es gibt einem einen Blick auf das Leben, den man ansonsten vielleicht nicht haben würde. Hervorragende Kunst bewirkt, dass man Dinge neu beurteilt. Wir alle sollten ständig neu beurteilen, was wir denken und glauben – in der Politik, im Leben und in unseren Gedanken. Ansonsten werden wir zu starr.

Was tust du, wenn dir alles zu viel wird, du nicht mehr fokussiert bist oder deine Konzentration nachlässt?

Mir wird häufig eine ähnliche Frage gestellt: »Was ist der eine Faktor, der am stärksten Erfolg verhindert?« Für mich liegt die Antwort darauf immer in Konzentration oder im Mangel daran. Ich glaube, Konzentration ist der Schlüssel zu allem. Also denke ich viel darüber nach, wie ich meine Konzentration finde oder wiederbekomme. In meinem Fall hilft dabei mein Fitness-Studio. Wenn ich mit dem Training beginne, erkenne ich, ob ich die Konzentration verloren habe, und bis zum Ende des Training bemerke ich eine Veränderung. Die physische Aktivität macht meine Gedanken klarer und gibt mir die Möglichkeit, meine Konzentration auf das zu richten, was ich als Nächstes tun oder wohin ich als Nächstes kommen möchte. Das verändert alles bei mir – meinen Blick auf den Tag, meine mentale Stabilität und wie ich mich auf die anderen Dinge einstelle, die ich an diesem Tag vorhabe.

Welche Überzeugungen, Verhaltensweisen oder Gewohnheiten, die du dir in den letzten fünf Jahren angeeignet hast, haben dein Leben am meisten verbessert?

Fitness-Training hat mein Leben verändert. Ich glaube, dass es direkt zu längerem Erfolg in meinem Beruf geführt hat, aus einer Reihe von Gründen. Mit Sicherheit bin ich in einer Branche, in der das Aussehen wichtig ist. Aber das ist nicht alles, und letztlich geht es auch hier wieder um Konzentration. Das Training hat mir einen Ort gegeben, von dem ich Konzentration beziehen kann. Sich körperlich fit und gesund zu halten, könnte man leicht als eine triviale Angelegenheit betrachten. Aber langfristig braucht man das wirklich mehr als alles andere. Außerdem ist es nur ein kleiner Schritt, mit dem man Disziplin in anderen Bereichen lernt. Allerdings darf man sich nicht gleich am Anfang von solchen langfristigen Überlegungen erschrecken lassen. Als ich mit dem Training begonnen habe, dachte ich nicht, »Das muss ich jetzt ein Jahr lang machen« – ich habe lediglich gedacht, »Das mache ich heute eine Stunde lang«. Heute führt dann zu morgen, morgen zum nächsten Tag, und dann schaut man hoch, und plötzlich ist ein Jahr vorbei.

Am liebsten trainiere ich gleich am Morgen, weil mein Tag dann einfach besser anfängt. Das gibt mir mehr Energie, und den Rest des Tages über muss ich mich nicht mehr damit beschäftigen.

Wenn du in den kommenden sechs Monaten nur zwei bis fünf Fitness-Übungen machen dürftest, für welche würdest du dich entscheiden?

Als Erstes würde ich eine Übung nehmen, die als »Bar Complex« bezeichnet wird. Das sind zwölf Hantel-Übungen in einer bestimmten Reihenfolge. Ich mache fünf Durchgänge mit den zwölf Übungen. Beim ersten nehme ich nur die Stange (22,5 Kilogramm) und mache damit zehn Wiederholungen. Bei jedem weiteren Durchgang nehme ich dann 2,5 Kilogramm Gewicht dazu und verringere die Zahl der Wiederholungen um zwei. Das sieht dann so aus:

10 Wiederholungen mit Hantelstange (bei jeder der 12 Übungen; gilt auch für die übrigen Durchgänge)
8 Wiederholungen mit Hantelstange + 2,5 Kilogramm
6 Wiederholungen mit Hantelstange + 5 Kilogramm
4 Wiederholungen mit Hantelstange + 7,5 Kilogramm
und (am schwersten) 2 Wiederholungen mit Hantelstange + 10 Kilogramm

Dann drehe ich das Ganze um und nehme über fünf Durchgänge wieder jeweils 2,5 Kilogramm Gewicht herunter und mache zwei zusätzliche Wiederholungen. Am Ende bin ich dann wieder dort, wo ich angefangen habe: zehn Wiederholungen mit der Stange für jede der zwölf Übungen.

Die zweite Übung, die ich wählen würde, wäre ein Pool-Training, das ich von meinem Trainer Roger kenne: eine Serie von unterschiedlichen wiederholten Bewegungen aus dem Kampfsport, aber im Wasser.

Was ist eine deiner – gern auch absurden – Eigenheiten, auf die du nicht verzichten möchtest?

Ich liebe Speerfischen, auch wenn viele Leute davon noch nie gehört haben. Oder sie denken dabei an Taucherflaschen und Harpunen, aber so machen wir das nicht. Wir tauchen ohne Ausrüstung und benutzen eine so genannte Hawaii- oder Bahamas-Schleuder – wie eine Steinschleuder, nur für Speere. Ich mache das sehr gern, weil ich mich dabei vollkommen entspannt und zufrieden fühle. Es ist total ruhig, außer dass man sein Herz klopfen und Blut durch den Kopf rauschen hört. Man kommt auf eine merkwürdige Weise näher an sich selbst – und es ist gefährlich. Mir gefällt das.

Wenn du an einem beliebigen Ort ein riesiges Plakat mit beliebigem Inhalt aufhängen könntest, was wäre das und warum?

Auf meinem Plakat würde nur »DAD« stehen. Von der Mutter erwarten wir oft vieles: Mama sorgt dafür, dass alles funktioniert, Mama kann sich um dies und das kümmern. Aber insbesondere als Vater von Töchtern ist die Art und Weise, wie ich mit ihnen spreche und sie behandle, sehr wichtig dafür, wie sie sich selbst sehen. Indem ich mich daran erinnere, dass ich ein Vater bin, will ich der beste Elternteil sein, der ich für meine Kinder sein kann. Ich mache das nicht immer gut – glaub mir. Ich denke sogar, ich bin meistens ziemlich schrecklich. Aber einfach »DAD« auf einem Plakat wäre hervorragend, um uns alle daran zu erinnern, wie wichtig es ist, ein Vater zu sein.

»Wie viel würde ich wohl dafür zahlen, durch die Zeit zu reisen und diesen Moment noch einmal zu erleben, wenn ich alt bin?«

MUNEEB ALI
TW: @muneeb
muneebali.com

MUNEEB ALI ist Mitgründer von Blockstack, einem neuen dezentralen Internet, in dem die Nutzer die Kontrolle über ihre Daten haben und Apps ohne Remote Server laufen. Muneeb promovierte in Informatik an der Princeton University über dezentrale Systeme. Er wandte sich an Y Combinator – das als die absolute Eliteschmiede für Start-ups gilt – und hat mit der Systemforschungsgruppe in Princeton und PlanetLab zusammengearbeitet, dem weltweit ersten und größten Cloud-Computing-Versuchsstand. Muneeb wurde eine J. William Fulbright-Fellowship angetragen und er hält in Princeton Gastvorlesungen über Cloud Computing. Er hat eine breite Palette an Produktionssystemen entwickelt und wissenschaftliche Arbeiten veröffentlicht, die mehr als 900 Mal zitiert wurden.

Was ist das beste oder lohnendste Investment, das du je getätigt hast (in Form von Geld, Zeit, Energie etc.)?

Ich nahm einen Kredit von rund 1.000 US-Dollar (in pakistanischen Rupien) auf, um mir drei Monate unbezahlte Forschungsarbeit in Schweden zu finanzieren. In Pakistan gab es keine Spitzenforschung. Ich musste das Land verlassen und mit den besten Forschern auf meinem Gebiet in Europa oder den USA zusammenarbeiten, um meinen Zielen näherzukommen. Das Geld reichte nicht, um in Schweden drei Monate davon zu leben, doch ich kam zurecht, indem ich nur eine Mahlzeit am Tag aß und von dem Kaffee und den Snacks lebte, die es im Büro kostenlos gab. Diese Investition öffnete mir die Tür für die Zulassung zum Promotionsstudium in Princeton, und das wiederum ermöglichte mir mein heutiges Start-up, das bislang 5,1 Millionen US-Dollar an Wagniskapital eingeworben hat.

Welche Überzeugungen, Verhaltensweisen oder Gewohnheiten, die du dir in den letzten fünf Jahren angeeignet hast, haben dein Leben am meisten verbessert?

Mir die Frage zu stellen: »Wie viel würde ich wohl dafür zahlen, durch die Zeit zu reisen und diesen Moment noch einmal zu erleben, wenn ich alt bin?«

Wenn es sich bei dem fraglichen Moment darum handelt, dass ich meine sechs Monate alte Tochter in den Schlaf wiege, während sie sich an mich schmiegt, ist die Antwort: alles. Ich würde buchstäblich mein gesamtes Vermögen dafür geben, wenn ich, sagen wir, mit 70 die Chance hätte, diesen Moment noch einmal zu erleben. Diese einfache Frage rückt die Dinge in die richtige Perspektive und weckt Dankbarkeit für gegenwärtige Erfahrungen – statt sich in Gedanken um die Vergangenheit oder die Zukunft zu verlieren.

Wozu kannst du heute leichter Nein sagen als vor fünf Jahren? Welche neuen Erkenntnisse und/oder Ansätze haben dir dabei geholfen?

Für mich war das die Erkenntnis, dass ich mehr bewirken kann, wenn ich mich mit ein paar wenigen Dingen intensiv auseinandersetze, statt mich mit einer Fülle an Aktivitäten zu verzetteln. Für einen Start-up-Gründer wie mich gibt es immer irgendetwas zu tun. Hier ein paar Ansätze, die mir geholfen haben:

* Als Faustregel habe ich irgendwann alle Anfragen zu aushäusigen Terminen abgelehnt. Solche Termine sollten von mir initiiert werden (was nicht oft vorkommt), nicht von anderen.

* Alle Engagements, die nicht mein Start-up betrafen, abzulehnen – etwa als Berater für ein anderes Start-up oder Projekt oder als Investor oder Händler einer Kryptowährung, weil ich Sachkenntnisse habe, et cetera. Es gibt nur einen Job/eine Funktion, an den oder die ich denken kann. Ohne Ausnahme.

* Einladungen zu externen Terminen, Besuchen, Sitzungen, Veranstaltungen et cetera von anderen aus meinem Team wahrnehmen zu lassen. Anders ausgedrückt: Die Teammitglieder sind der Filter für alle Einladungen und Ablenkungen. Was wirklich wichtig ist, kommt irgendwie immer oben an. Man verpasst schon nichts.

Wie man **Nein** sagt

NEAL STEPHENSON
TW: @nealstephenson
FB: /TheNealStephenson
nealstephenson.com

NEAL STEPHENSON ist als Autor für seine spekulativen Romane bekannt, die mal als Science-Fiction, mal als historische Romane, mal als Maximalismus und mal als Cyberpunk bezeichnet werden. Unter anderem hat er die Bestseller *The Diamond Age, Cryptonomicon, The Baroque Cycle* und *Snow Crash*, der in die Liste der »Top 100 All-Time Best English-language Novels« aufgenommen wurde, geschrieben. Außerdem schreibt Stephenson Artikel über Technologie in Publikationen wie dem *Wired*-Magazin und hat in Teilzeit als Berater für Blue Origin gearbeitet, ein Unternehmen, das ein Trägersystem für bemannte Suborbital-Flüge entwickelt.

Anmerkung von Tim Ferriss: Inzwischen kennst du das ja – die Art von E-Mail, die mich gleichzeitig zum Weinen und zum Lächeln bringt. Hier könntest du ein reizend geschriebenes »später vielleicht« von einem meiner Idole lesen, dem Autor Neal Stephenson.

Hey Tim,

entschuldige die späte Antwort und danke, dass du bei dem Projekt an mich gedacht hast.

In letzter Zeit ist ziemlich offensichtlich geworden, dass ich mir zu viel auflade. Also habe ich ein Experiment angefangen: Ich nehme absolut nichts Neues mehr in meine To-do-Liste auf, damit sie nicht noch länger wird.

Das Ergebnis ist, dass die Sachen, die schon auf meiner Liste standen, beim Abarbeiten immer neue Sachen entstehen lassen. Also ist das ein bisschen wie der Kampf gegen eine Hydra. Ich hoffe, wenn ich gnadenlos effizient bin, werde ich eines Tages einen Punkt erreichen, ab dem die Liste wirklich kürzer wird statt immer nur länger.

Bis dahin bedeutet der »gnadenlos effizient«-Teil dieses Plans natürlich leider, dass ich Anfragen wie deine sozusagen automatisch ablehnen muss.

Nochmal danke, dass du an mich gedacht hast, und viel Glück mit dem Projekt!

»Es kommt auf effektive Kommunikation an. Gute Arbeit muss richtig wahrgenommen werden.«

CRAIG NEWMARK
TW/FB: @craignewmark
craigconnects.org

CRAIG NEWMARK ist Webpionier, Philanthrop und maßgeblicher Fürsprecher für seriösen Journalismus, für Veteranen und Soldatenfamilien sowie anderen Anliegen der Zivilgesellschaft oder der sozialen Gerechtigkeit. 1995 begann Craig, eine Liste von Kunst- und Technologieveranstaltungen in San Francisco zu kuratieren, die er an Freunde und Kollegen verschickte. Sie wurde bald nur noch als »Craig's List« bezeichnet. Als Craig daraus ein Unternehmen machte, verdiente er daran nicht viel, weil er sich für ein Geschäftsmodell entschieden hatte, bei dem »sich und anderen Gutes tun« Priorität hat. 2016 gründete er die Craig Newmark Foundation zur Förderung von Investitionen in Organisationen, die dem Gemeinwesen dienen und breites, staatsbürgerliches Engagement an der Basis vorantreiben. 2017 wurde er Gründungsinvestor und Mitglied der Geschäftsleitung der News Integrity Initiative, die von der CUNY Graduate School of Journalism verwaltet wird. Sie will Nachrichtenkompetenz steigern und das Vertrauen in den Journalismus stärken.

Welches Buch (welche Bücher) verschenkst du am liebsten? Warum? Welche ein bis drei Bücher haben dein Leben am stärksten beeinflusst?

Mein Rabbi ist Leonard Cohen, glaube ich – auch wenn ich kaum ein Wort herausgebracht habe, als ich ihm begegnet bin. Jedenfalls habe ich schon mehrere Exemplare seines *Book of Longing* verschenkt, denn daraus spricht ein Sinn für Mitgefühl und Spirituelles, wie ich ihn sonst noch nirgendwo gefunden habe. Sein Werk vermittelt mir mehr Gespür für das Göttliche – und das gilt offenbar auch für Millionen anderer Menschen weltweit.

Man könnte vielleicht eher sagen, seine gesammelten Gedichte und Songs stellen ein Buch im biblischen Sinne dar. Vermutlich habe ich schon mehr Cohen-CD-Sammlungen verschenkt als Bücher – als Streaming noch nicht so verbreitet war.

Für ihn ist der Kolibri eine Metapher für die Freiheit des Geistes, und während ich diese Zeilen schreibe, knabbert keine drei Meter von mir entfernt ein Annakolibri.

Welcher (vermeintliche?) Misserfolg war die Voraussetzung für deinen späteren Erfolg? Hast du einen »Lieblingsmisserfolg«?

In meiner Laufbahn hat mir sehr geschadet, dass ich erst so spät erkannt habe, wie wichtig es ist, effektiv zu kommunizieren. In den ersten 20 Jahren, bei IBM und Charles Schwab, verstärkte meine mangelnde Kommunikationskompetenz den Eindruck, ich sei kein Teamplayer. Ich habe – manchmal auch auf die harte Tour – gelernt, dass es Schaden anrichten kann, ungeschickt oder gar nicht zu kommunizieren.

Doch in den letzten Jahren habe ich begriffen, dass es auf effektive Kommunikation ankommt. Gute Arbeit muss richtig wahrgenommen werden. Sonst versiegen womöglich die nötigen Mittel, um diese Arbeit weiterzuführen. Oder – schlimmer noch – unerwünschte Akteure mischen sich in diese Arbeit ein, was dazu führen kann, dass menschliches Leid unnötig verlängert wird.

Heute engagiere ich mich bei vielen gemeinnützigen Organisationen in Bereichen wie Frauen im Tech-Sektor, Veteranen und ihre Angehörigen sowie seriöser, vertrauenswürdiger Journalismus. Meine Unterstützung und meine Förderaktivitäten zwingen die Empfänger, ihre Kommunikation auf Vordermann zu bringen, damit sie aus meinen Fehlern lernen können.

Das ist meine Vorstellung davon, wie sich mein Misserfolg nutzbringend einsetzen lässt.

Wenn du an einem beliebigen Ort ein riesiges Plakat mit beliebigem Inhalt aufhängen könntest, was wäre das und warum?

Offenbar kennen alle Religionen den Grundsatz, dass man »andere so behandeln sollte, wie man selbst behandelt werden möchte.« Die meisten Menschen vergessen das aber schon in ihrer Jugend. Bei meiner Arbeit stelle ich fest, dass schon eine kleine Auffrischung davon beitragen kann, dass die Menschen netter miteinander umgehen. Etwas zu wiederholen, ob auf einer Plakatwand im eigentlichen oder im übertragenen Sinne, kann viel bewirken – ganz gleich wie naiv es klingt.

Was ist eine deiner – gern auch absurden – Eigenheiten, auf die du nicht verzichten möchtest?
Mir macht es Freude, wenn mich Vögel besuchen. Um sie anzulocken, habe ich Vogelbäder und Futterstationen aufgestellt. Wenn meine Frau und ich das machen, dann kommen die Vögel und posieren für uns. Das ist der Deal. Und ich kann sie dann bequem von drinnen beobachten.

[Allen, die das gern selbst ausprobieren möchten] empfehle ich The Nuttery NT065 Classic Seed Feeder, Extra Large. Der eignet sich sehr gut, um eine ganze Reihe kleiner Vögel anzulocken wie Juncos, Meisen, Kleiber und Finken. Auch manche geschickten größeren Vögel wie Buschhäher (eine Art Blauhäher) oder die eine oder andere ambitionierte Taube holen sich dort Futter. Eichhörnchen werden abgehalten.

Inzwischen haben uns die Vögel dazu erzogen, sie zu füttern. Insbesondere ein bestimmter Häher hat meine Frau gut im Griff: Er lässt sich von ihr mit Talg füttern – ein besonderer Leckerbissen.

Von mir lassen sich ein paar Raben auf dem Weg zum Bahnhof mit Hundekeksen verwöhnen. (Offenbar wollen sie Nachrichten nach Winterfell bringen.)

Oh, und die Nachbarshunde kriegen natürlich auch etwas ab.

Außerdem spiele ich gern mit Babys – was meistens so aussieht, dass wir einander anschauen, lächeln und ein bisschen sabbern, was hoffentlich das Baby übernimmt.

»Wenn es schon Allgemeinwissen ist, ist es wahrscheinlich zu spät, um einen großen Beitrag zu leisten. Wenn man der Einzige ist, der von etwas begeistert ist, macht man sich möglicherweise etwas vor.«

STEVEN PINKER
TW: @sapinker
FB: /Stevenpinkerpage
stevenpinker.com

STEVEN PINKER ist ein Johnstone-Family-Professor im Fachbereich Psychologie an der Harvard University. Er forscht zu Sprache und Kognition, schreibt für die *New York Times* und *The Atlantic* und hat zehn Bücher verfasst, unter anderem *The Language Instinct, How the Mind Works, The Blank Slate, The Better Angels of Our Nature*; sein neuestes Werk ist *The Sense of Style: The Thinking Person's Guide to Writing in the 21st Century*. Er wurde von der American Humanist Association zum »Humanisten des Jahres« gewählt und gehört laut der Zeitschrift *Prospect* zu den »100 öffentlichen Intellektuellen« der Welt. Auch *Foreign Policy* und *Time Magazine* zählen ihn zu den wichtigsten »100 großen globalen Denken« bzw. »100 einflussreichsten Denkern der Welt«.

Welche Anschaffung von maximal 100 Dollar hat für dein Leben in den letzten sechs Monaten (oder in letzter Zeit) die größte positive Auswirkung gehabt?

Das Programm X1 Search: Es bietet eine schnelle, präzise Suche anhand unabhängiger Kriterien (und kein Google-artiger Suchbegriff-Gulasch), um meine Daten und E-Mails zu durchforsten, die teilweise bis in die 1980er Jahre zurückreichen. Mit der zunehmenden Fülle an Informationen und meinem nicht gleichzeitig besser werdenden Gedächtnis ist das ein echter Segen.

Wenn du an einem beliebigen Ort ein riesiges Plakat mit beliebigem Inhalt aufhängen könntest, was wäre das und warum? Gibt es Zitate, an die du häufig denkst oder nach denen du lebst?

»Wenn ich nicht für mich bin, wer ist dann für mich? Solange ich aber nur für mich selber bin, was bin ich? Und: Wenn nicht jetzt, wann sonst?« – Rabbi Hillel

Welchen Rat würdest du einem intelligenten, motivierten Studenten für den Einstieg in die »echte Welt« geben? Welchen Rat sollte er ignorieren?

1. Finde ein neues Thema, Gebiet oder Problem, das noch kein Mainstream-Trend oder Allgemeinwissen ist, sondern von einer kleinen Schar von Leuten bearbeitet wird, die dich schätzen. Wenn es schon Allgemeinwissen ist, ist es wahrscheinlich zu spät, um noch einen großen Beitrag zu leisten. Wenn man der Einzige ist, der von etwas begeistert ist, macht man sich möglicherweise etwas vor.

2. Ignoriere den Rat, deiner Intuition oder dem Bauchgefühl zu folgen, ohne darüber nachzudenken, ob ein weiteres Vorgehen produktiv und lohnenswert ist.

3. Achte auf Effektivität – was du mit deinen Aktionen erreichen wirst. Selbstverwirklichung und andere Arten, sich gut fühlen, sind in diesem Zusammenhang nebensächlich.

4. Denke nicht, dass die Kunst und andere sprachbezogene Berufe die einzigen angesehenen Berufe sind (was viele Enkel ehemaliger Arbeiter annehmen). Die sogenannten Eliten verspotten Handel und Gewerbe als niveaulos, aber sie geben den Menschen das, was sie wollen und brauchen, und sie finanzieren alles, unter anderem auch den Luxus der Kunst.

5. Überlege dir, welchen Beitrag zur Welt du leisten kannst. Einige lukrative Berufe (Ultra-High-Tech-Finanzen) sind höchst zweifelhafte Anwendungen menschlicher Geisteskraft.

Welches Buch (welche Bücher) verschenkst du am liebsten? Warum? Welche ein bis drei Bücher haben dein Leben am stärksten beeinflusst?

36 Arguments for the Existence of God: A Work of Fiction von Rebecca Newberger Goldstein (ich geb's ja zu, ich bin mit ihr verheiratet, aber das setzt mich umso stärker unter Druck, weil mein Urteil erst recht in Verruf geraten würde, wenn diese Buchempfehlung nicht gerechtfertigt wäre). Es ist die beste Untersuchung der Argumente, die für eine Existenz Gottes sprechen, die von der Hauptfigur, einem Religionspsychologen, als nichtfiktionaler Anhang verfasst sind. Es ist außerdem humorvoll, bewegend und betrachtet die Marotten heutiger Akademiker und Intellektueller mit einem Augenzwinkern.

Ich kann nicht behaupten, dass es ein Buch (oder auch drei Bücher) gibt, die meine Denkweise stark beeinflusst hätten – so funktioniert mein Geist nicht. Aber hier sind einige wichtige Bücher:

The Strategy of Conflict von Thomas C. Schelling
The Science of Words von George A. Miller
Retreat from Doomsday von John Mueller
The Nurture Assumption von Judith Rich Harris
The Evolution of Human Sexuality von Donald Symons
Knowledge and Decisions von Thomas Sowell
Clear and Simple as the Truth von Francis Noël-Thomas und Mark Turner

Welche Überzeugungen, Verhaltensweisen oder Gewohnheiten, die du dir in den letzten fünf Jahren angeeignet hast, haben dein Leben am meisten verbessert?

Ein langweiliges, stereotypes, aber notwendiges Verhalten: Alle meine Artikel, alle neuen Bücher außer jenen, die ich zum Vergnügen lese, in elektronischer Form zu speichern. Früher musste ich mich durch Berge von Papier kämpfen, und da ich mich oft an verschiedenen Orten aufhalte und viel auf Reisen bin, hatte ich das, was ich gerade dringend brauchte, oft nicht zur Hand. Elektronische Versionen haben nicht nur eine praktische Suchfunktion, sondern – da wir ohnehin viel zu viel »unnötigen Kram« besitzen – ich nehme an einer großen Entmaterialisierung des Lebens teil, die der Umwelt zugutekommt.

Wozu kannst du heute leichter Nein sagen als vor fünf Jahren?

E-Mails von Unbekannten oder entfernten Bekannten, die mich um einen zeitaufwändigen Gefallen bitten, weil sie denken, dass ich (fragwürdigen) Einfluss und Macht besäße. Es heißt, dass die Reichen und Schönen niemals wissen, wer ihre Freunde sind. Offenbar trifft diese Aussage auch auf Leute zu, die in einem Berufsfeld ein gewisses Standing haben.

Was tust du, wenn dir alles zu viel wird, du nicht mehr fokussiert bist oder deine Konzentration nachlässt?

Die oberflächliche, aber kurzfristig nützliche Strategie ist es, Oscar Wildes Ratschlag zu folgen: »Der einzige Weg, eine Versuchung loszuwerden, ist, ihr nachzugeben« (vorausgesetzt, dass sie für einen selbst oder andere nicht destruktiv ist). Manchmal beteilige ich mich an völlig unnötigen Online-Diskussionen über Kamerazubehör oder schaue mir YouTube-Videos von Rockmusik der 1960er Jahre an. Eine bessere Taktik ist vielleicht die Suche nach einer Antwort auf Fragen wie: »Was wird mir in sechs Monaten, einem Jahr, fünf Jahren wichtig sein? Was ist in Bezug auf meine Lebensprioritäten notwendig, was optional?«

»Ich bin in drei Buchclubs, in denen Kinderbücher besprochen werden (es sind keine Kinder anwesend), und ich habe in meiner Wohnung ein Zimmer, in dem ich meine heißgeliebten Bücher präsentiere.«

GRETCHEN RUBIN
TW/FB: @gretchenrubin
gretchenrubin.com

GRETCHEN RUBIN hat mehrere Bücher geschrieben, darunter die *New-York-Times* Bestseller *Better Than Before, The Happiness Project* und *Happier at Home*. Ihre Bücher sind an die drei Millionen Mal verkauft worden und in über 30 Sprachen übersetzt worden. In ihrem beliebten Podcast, *Happier with Gretchen Rubin*, spricht sie mit ihrer Schwester Elizabeth Craft über gute Gewohnheiten und Glück (was ihnen schon den Beinamen »Click und Clack der Podcaster« eingebracht hat). Ihr Podcast galt als einer der »Besten Podcasts 2015« und wurde von der Academy of Podcasters unter die »Besten Podcasts 2016« gewählt. Gretchen ist laut *Fast Company* einer der »Kreativsten Köpfen der Branche« und Mitglied von Oprahs »Super-Soul 100«.

Welches Buch (welche Bücher) verschenkst du am liebsten? Warum? Welche ein bis drei Bücher haben dein Leben am stärksten beeinflusst?

Ich verschenke gerne das Buch *A Pattern Language* von Christopher Alexander. Ich bin kein visueller Mensch, doch dieses Buch half mir, meine Umwelt auf völlig neue Weise zu sehen. Es ist eine brillante Art, Erfahrungen und Informationen zu analysieren. Wirklich faszinierend.

Was ist das beste oder lohnendste Investment, das du je getätigt hast (in Form von Geld, Zeit, Energie etc.)?

Ich habe drei Computermonitore gekauft. Ich hatte erst Angst, dass ich von mehr als einem Monitor überfordert sein und mich nicht mehr konzentrieren könnte, aber drei Monitore haben meine Konzentration und Arbeitseffizienz enorm verbessert. Ich kann jetzt beim Schreiben leicht etwas nachsehen oder Passagen aus dem Internet in einen Text integrieren oder eine E-Mail beantworten, wenn ich mich auf ein Dokument beziehe.

Welche Überzeugungen, Verhaltensweisen oder Gewohnheiten, die du dir in den letzten fünf Jahren angeeignet hast, haben dein Leben am meisten verbessert?

Ich bin mittlerweile eine strenge Low-Carb-Esserin. Ich verzichte auf Zucker oder kohlenhydratreiche Lebensmittel wie Mehl, Reis und stärkereiches Gemüse. Mein Appetit auf Süßes gehört der Vergangenheit an – zum Glück! Die Änderung dieser Gewohnheit hat sich enorm auf meine Gesundheit und mein Wohlbefinden ausgewirkt.

Ich ließ mich davon überzeugen, weniger Kohlenhydrate zu essen, als ich *Why We Get Fat* von Gary Taubes las. Die Lektüre dieses Buches änderte praktisch über Nacht meine gesamte Ernährungsweise. Heute besteht mein tägliches Frühstück aus Rührei (mit drei Eiern, inklusive der Dotter) und Fleisch (Speck, Pute, was gerade im Kühlschrank ist).

Was ist eine deiner – gern auch absurden – Eigenheiten, auf die du nicht verzichten möchtest?
Ich liebe Kinder- und Jugendbücher. Ich bin in drei Buchclubs, in denen Kinderbücher besprochen werden (es sind keine Kinder anwesend), und ich habe in meiner Wohnung ein Zimmer, in dem ich meine heißgeliebten Bücher präsentiere.

Ich habe eine Liste meiner 81 Lieblingskinderbücher erstellt – was mir großen Spaß bereitet hat! Wenn ich nur drei Bücher aufzählen müsste, würde ich schummeln und die Namen der drei Autoren aufzählen, die viele der Bücher geschrieben haben, die ich so liebe:

Die *Little House*-Reihe von Laura Ingalls Wilder; die *Narnia*-Bücher von C. S. Lewis; und die *His-Dark-Materials*-Reihe von Philip Pullman.

»Das Problem wird es in einem Jahr höchstwahrscheinlich gar nicht mehr geben, sehr wohl aber den Ruf, wie ich damit umgegangen bin.«

WHITNEY CUMMINGS
TW/IG: @whitneycummings
whitneycummings.com

WHITNEY CUMMINGS ist Comedian, Schauspielerin, Autorin und Produzentin und wohnt in Los Angeles. Sie ist Executive Producer der für einen Emmy nominierten CBS-Comedyserie *2 Broke Girls*, die sie, zusammen mit Michael Patrick King, auch konzipiert hat. Cummings selbst stand schon mit Comedians wie Sarah Silverman, Louis C.K., Amy Schumer, Aziz Ansari und vielen anderen auf der Bühne. Ihr erstes Standup-Special *Money Shot* hatte seine Premiere im Jahr 2010 auf Comedy Central und wurde für einen American Comedy Award nominiert. Ihr zweites Programm *I Love You* lief ab 2014 auf Comedy Central und das neueste, *I'm Your Girlfriend*, hatte seine Premiere im Jahr 2016 auf HBO. Außerdem hat sie das Buch *I'm Fine... and Other Lies* geschrieben.

Welches Buch (welche Bücher) verschenkst du am liebsten? Warum? Welche ein bis drei Bücher haben dein Leben am stärksten beeinflusst?

Getting the Love You Want von Harville Hendrix. Ich liebe das Buch und hasse seinen Titel. Es ist eine sehr erhellende Beschäftigung damit, warum wir von Menschen angezogen werden, obwohl sie dieselben schlechten Eigenschaften haben wie die Menschen, die sich zuerst um uns gekümmert haben. Mir hat es die Augen dafür geöffnet, wessen Nähe ich im beruflichen und privaten Leben suchte. Das Buch hat mir geholfen, bei Beziehungen und Einstellungen bessere Entscheidungen zu treffen, was mir letztlich viel Zeit erspart und dabei geholfen hat, viel effizienter mit meiner Zeit zu sein. Es hat meine Selbstwahrnehmung grundlegend verändert und dafür gesorgt, dass ich besser darin geworden bin, Mitarbeiter und Kollegen auszuwählen.

The Fantasy Bond von Robert W. Firestone. Dieses Buch hat mir dabei geholfen, zu verstehen, wie psychologische Verteidigungen funktionieren. Dadurch konnte ich meine eigenen entwaffnen und mir eine ehrlichere, produktivere Art und Weise angewöhnen, mit Konflikten umzugehen. Es hilft dabei, zu verhindern, dass die eigene Kindheit dem Leben als Erwachsener im Weg steht.

The Female Brain von Louann Brizendine. Dieses Buch hat mich so begeistert, dass ich einen Film darüber gemacht habe. Ich finde, jeder sollte verstehen, wie seine neurochemische Maschine funktioniert und warum wir eine Marionette unseres Urzeit-Gehirns sein können. Mir hat das Buch geholfen, mir Grundkenntnisse über die Funktionsweise von Chemie, Hormonen und der Amygdala anzueignen. Das wiederum hat dazu geführt, dass ich mehr Geduld mit mir und anderen habe. Wenn ich es mit schwierigen Entscheidungen oder Konflikten zu tun habe, ist das von unschätzbarem Wert. Außerdem gibt es mir ein Gefühl enormer Freiheit, wenn ich zwischen einer neurochemischen Reaktion und einem echten Gefühl unterscheiden kann.

Welche Anschaffung von maximal 100 Dollar hat für dein Leben in den letzten sechs Monaten (oder in letzter Zeit) die größte positive Auswirkung gehabt?

Eine Gewichtsdecke. Ich bin kein Experte für die Wissenschaft dahinter, aber die Methode »Deep Pressure Touch« unterstützt den Körper bei der Freisetzung von mehr Serotonin. Wenn ich ängstlich oder gestresst bin oder nicht schlafen kann, lege ich mich unter die Decke und fühle mich sofort ruhiger.

[Ein Modell, das Whitney Cummings gefällt, ist die große Gewichtsdecke von Weighted Blankets Plus LLC.]

Wenn du an einem beliebigen Ort ein riesiges Plakat mit beliebigem Inhalt aufhängen könntest, was wäre das und warum?

»Fliege hoch.« Ich kann in egal welcher Situation nichts beeinflussen außer meinen Umgang damit und meinen Beitrag, also hilft mir dieses Mantra dabei, mich nicht mit banalen Reaktionen auf Probleme zu erschöpfen. Das Problem wird es in einem Jahr höchstwahrscheinlich gar nicht mehr geben, sehr wohl aber den Ruf, wie ich damit umgegangen bin. Solange ich würdevoll mit etwas umgehen kann, setze ich mich am Ende meist durch und verschwende keine wertvolle Zeit und Energie damit, mich schuldig zu fühlen oder die Situation im Kopf immer wieder durchzuspielen. Bei meiner kreativen Arbeit ist »fliege hoch« eine Erinnerung daran, immer eine 1+ anzustreben, egal wie müde ich bin oder wie spät es ist. Wenn einem die Zeit davonläuft, muss man sich mehr verschaffen. Man darf sich nie mit »gut genug« zufriedengeben.

Was ist das beste oder lohnendste Investment, das du je getätigt hast (in Form von Geld, Zeit, Energie etc.)?

Ich habe ein Pferd und drei Hunde gerettet. Nachdem ich jahrelang mit Antidepressiva, Meditation, Hypnose und unterschiedlichen Therapiearten experimentiert hatte, wurde mir klar, dass Tiere mir am besten dabei helfen, mich ruhig, in meiner Mitte und präsent zu fühlen. Außerdem habe ich mit ihnen zahllose und unbezahlbare Lektionen über Grenzen, Konsistenz und Disziplin gelernt, die ich jeden Tag in meiner Arbeit und meinen Beziehungen anwende. Die Tiere sind das beste leistungssteigernde Medikament, das ich bislang gefunden habe.

Was ist eine deiner – gern auch absurden – Eigenheiten, auf die du nicht verzichten möchtest?

Mich in den Dreck legen. Das mache ich häufig mit meinem Pferd und meinen Hunden. Es hat etwas sehr Befreiendes, schmutzig zu sein, denn dann muss man sich keine Sorgen darum machen, dass man sich schmutzig machen könnte.

Welche Überzeugungen, Verhaltensweisen oder Gewohnheiten, die du dir in den letzten fünf Jahren angeeignet hast, haben dein Leben am meisten verbessert?

Pferdetherapie und Hunde-Training stehen weit oben, aber am wichtigsten waren wahrscheinlich Dankbarkeitslisten. Jeden Morgen sorge ich dafür, dass ich eine Dankbarkeitsliste schreibe, egal wie beschäftigt ich bin oder wie wenig Lust ich darauf habe. Manchmal kann sich das dumm und redundant anfühlen, aber es hat mein negatives Denken verkümmern lassen. Es hat den Muskel trainiert, der sich darauf konzentriert, was gut läuft und wie viel Glück ich habe, und das hilft mir dabei, produktiver, kreativer und konzentrierter zu sein. Es schafft eine Art mentale Freiheit, die schwer zu erklären ist. Früher hat Negativität mich in Beschlag genommen und erschöpft, also habe ich heute buchstäblich mehr Energie. Perfektionisten kann es sehr leicht passieren, dass sie sich auf das konzentrieren, was falsch ist. Schwächen zu finden, ist ein wichtiger Teil meines Berufes, aber im Gesamtbild betrachtet war negatives Denken eine bedeutende Hürde für meine Kreativität. Außerdem: weiße

Tattoos! Ich habe kleine Botschaften auf meine Arme tätowieren lassen, aber niemand außer mir kann sie sehen.

Welchen Rat würdest du einem intelligenten, motivierten Studenten für den Einstieg in die »echte Welt« geben? Welchen Rat sollte er ignorieren?

Mein Rat würde lauten: Suche irgendein wohltätiges Element in was auch immer du angehst – eine gut gemeinte Motivation dafür oder tatsächlich das direkte Spenden von Gewinnen, wie es Blake Mycoskie macht. Wenn du Bücher wie dieses hier liest, wirst du wahrscheinlich Erfolg haben. Aber ich habe festgestellt, dass sich das alles ziemlich sinnlos anfühlt, wenn man nicht auf irgendeine Weise Menschen hilft oder sich für die Menschheit einsetzt. Strebe nicht danach, CEO oder Entrepreneur zu sein, sondern danach, ein Held zu sein. Wir brauchen mehr von solchen Leuten.

Welche schlechten Ratschläge kursieren in deinem beruflichen Umfeld oder Fachgebiet?

»Networking ist wichtig.« Ich glaube, dass Networking in kreativen Bereichen in den meisten Fällen sogar schädlich ist. Man sollte keine Zeit bei Treffen mit Leuten verschwenden, von denen man glaubt, dass sie einem helfen könnten. Man muss einfach besser werden, und dann werden sich die Gelegenheiten von selbst ergeben, sobald man sie verdient. Fokussieren sollte man sich nur auf Sachen, die man kontrollieren kann. Und wenn man nicht weiß, welche Sachen das sind, muss man jemanden finden, der es einem erklären kann. Kein Networking, einfach Arbeiten reicht.

Wozu kannst du heute leichter Nein sagen als vor fünf Jahren?

Ich sage heutzutage zu fast allem Nein. Der Grund dafür ist, dass ich eine Therapie zu einem Problem namens Co-Abhängigkeit gemacht habe – eine neuronale Verschaltung, die dazu führt, dass man nicht in der Lage ist, Unbehagen oder wahrgenommenes Unbehagen bei anderen zu ertragen. Ich habe mein Gehirn größtenteils umgestellt, und als Folge davon mache ich nichts mehr wegen Schuldgefühlen, Druck oder Verpflichtungen. Außerdem habe ich daran gearbeitet, mich nicht mehr dafür zu schämen, wenn ich nicht »lustig« bin, und meinen »Angst, etwas zu verpassen«-Komplex zu überwinden, der mich viel Energie gekostet hat. Er hat mich dazu gezwungen, zu Veranstaltungen zu gehen, für die ich schlicht keine Zeit hatte und die mich nicht weitergebracht haben.

Eine offensichtliche Folge davon ist, dass ich soziale Medien nur noch sehr wenig nutze. Ich verwende die App Freedom, um die Zeit dafür zu beschränken. Soziale Medien sind nicht nur sehr ungesund und machen süchtig, sie haben meinem Reptilien-Hirn auch das Gefühl gegeben, dass ich irgendwie zurückgelassen oder ausgeschlossen werde, was tiefe Ängste geweckt hat. Und Angst ist offensichtlich lästig und anstrengend. Apropos lästig und anstrengend: Ich bin bei vielen guten Freunden und Kollegen von mir nicht mehr Follower in sozialen Medien, und dadurch sind unsere Beziehungen sogar noch viel enger beziehungsweise produktiver geworden.

Was tust du, wenn dir alles zu viel wird, du nicht mehr fokussiert bist oder deine Konzentration nachlässt?

Ich habe bei den Fotos auf meinem Telefon ein Album mit der Bezeichnung »Ruhe« angelegt. Darin sind Fotos von meinen Tieren, lustige Bilder, Meme, inspirierende Zitate, Artikel über Neurologie, Dankbarkeitslisten, alle möglichen Sachen, die mich zum Lächeln bringen und zu mir selbst zurückführen. Das ist so etwas wie mein persönliches digitales Zen-Museum. Wenn Hacker dieses Album veröffentlichen würden, wäre mir das wirklich viel peinlicher, als wenn jeder Nacktfotos von mir sehen könnte. Aber das Risiko nehme ich auf mich. Wenn ich aufgeregt, abgelenkt, emotional oder ängstlich bin, schaue ich mir das Album an, und es holt mich immer auf den Boden. Es erinnert mich daran, was wichtig ist und was nur vorübergehend. Das ist enorm hilfreich bei der Arbeit, denn ich kann es auch machen, wenn andere Leute dabei sind, wenn ich reise und wenn ich gerade nicht den Luxus eines ruhigen Zimmers oder Spaziergangs genießen kann. Oh, und ich stelle mein Telefon dann immer zuerst auf den Flugmodus, damit ich keine SMS und E-Mails bekomme, während ich nach zu vielen SMS und E-Mails versuche, meinen Frieden zu finden.

ZITATE, ÜBER DIE ICH NACHDENKE

(Tim Ferriss, 9. Juni bis 16. Juni 2017)

»Wenn du von deinem Trainingspartner im Faustkampf einen Kratzer oder Kopfstoß abbekommst, dann machst du kein Aufhebens darum, protestierst nicht und betrachtest ihn nicht mit Misstrauen oder denkst, er schmiede ein Komplott gegen dich. Aber du behältst ihn im Auge, nicht als Feind oder voller Misstrauen, sondern mit gesundem Abstand. (...) So solltest du bei allen Angelegenheiten des Lebens vorgehen. Den mit uns Übenden sollten wir viele Dinge durchgehen lassen. Denn wie ich gesagt habe: Man kann Abstand halten, ohne zu misstrauen oder zu hassen.«

– MARK AUREL

römischer Kaiser und Stoiker-Philosoph, Autor von *Meditations*

»Boxen ist ein Sport der Selbstkontrolle. Man muss Angst verstehen, damit man sie gezielt einsetzen kann. Angst ist wie Feuer. Man kann es für sich arbeiten lassen: Man kann sich im Winter daran wärmen, etwas kochen, wenn man hungrig ist, man bekommt Licht, wenn es dunkel ist, und es liefert Energie. Aber wenn es außer Kontrolle gerät, kann es dich verletzen oder sogar töten ... **Angst ist ein Freund außergewöhnlicher Menschen.**«

– CUS D' AMATO

legendärer amerikanischer Box-Trainer und -Manager
(u.a. für Mike Tyson, Floyd Patterson, José Torres)

»Nimm dir die Freiheit, alles zu probieren. Die besten Ideen sind revolutionär.«

RICK RUBIN

RICK RUBIN wurde vom Musiksender MTV als »der wichtigste Produzent der letzten 20 Jahre bezeichnet«. Auf seiner Liste steht so ziemlich jeder Künstler von Johnny Cash bis Jay-Z. Im Metal-Bereich hat er unter anderem mit Black Sabbath, Slayer, System of a Down, Metallica und Rage Against the Machine zusammengearbeitet, bei Pop mit Künstlern wie Shakira, Adele, Sheryl Crow, Lana Del Rey und Lady Gaga. Auch an der Musik von beliebten Stars im Hip-Hop wie LL Cool J, Beastie Boys, Jay-Z und Kanye West war Rubin beteiligt. Und ob du es glaubst oder nicht: Das war nur eine kleine Auswahl.

Welches Buch (welche Bücher) verschenkst du am liebsten? Warum?

Am häufigsten verschenke ich das *Tao Te Ching* in der Übersetzung von Stephen Mitchell: alte taoistische Weisheit, die sich auf alles anwenden lässt. Man kann sie in unterschiedlichen Phasen seines Lebens lesen, und jedes Mal ergeben sich vollkommen neue Bedeutungen.

Die Weisheit in dem Buch ist zeitlos: Es verrät, wie man eine gute Führungspersönlichkeit, ein guter Mensch, gute Eltern, ein guter Künstler sein kann – wie man gut in allem ist. Es ist eine schöne Lektüre, die bestimmte Bereiche des Gehirns auf eine wirklich angenehme Weise aufweckt.

Ein weiteres ist *Wherever You Go, There You Are* von Jon Kabat-Zinn, ein wunderbares Buch aus dem Jahr 1994. Das Schöne an ihm ist, dass es in Menschen, die noch nicht meditieren, den Wunsch dazu wecken kann. Aber auch wenn man schon sein ganzes Leben lang meditiert und es dann liest, kann man immer noch unheimlich viel daraus lernen. Dass ich jetzt daran denke, inspiriert mich, es noch einmal zu lesen.

Ein drittes Buch ist *The Paleo Solution* von Robb Wolf. Ich verschenke es immer noch an Freunde, weil es mir wirklich sehr geholfen hat, herauszufinden, wie ich gesund essen kann und wie unser Körper unterschiedliche Lebensmittel verarbeitet. Es gibt unglaublich viele Falschinformationen über Ernährung da draußen. Wegen dieser Informationen war ich zwei Jahrzehnte lang Veganer. Das Buch macht es einem leicht, die richtigen Entscheidungen zu treffen, indem es über die Gefahren vieler Lebensmittel aufklärt, die überall erhältlich sind und oft als gesund angepriesen werden. Es ist sehr klar und unterhaltsam geschrieben, und meine Erfahrung ist, dass es als Inspiration zu einem gesunden Leben wirkt.

Welche Anschaffung von maximal 100 Dollar hat für dein Leben in den letzten sechs Monaten (oder in letzter Zeit) die größte positive Auswirkung gehabt?

Eine Nasaline-Nasendusche. Das ist eine große Plastikspritze, wie für Bratensaft, die mit einer Salzlösung gefüllt wird. Meistens benutze ich sie beim Baden oder Duschen. Man spritzt Wasser in das eine Nasenloch, und es kommt zum anderen wieder heraus, und das wiederholt man immer wieder. Normalerweise braucht man ein Glas Wasser und einen Löffel von der Lösung, aber ich nehme zwei. Damit kriegt man nicht nur den ganzen Schleim heraus. Wenn man es jeden Tag oder mehrmals täglich macht, verkleinert es die Innenauskleidung der Nebenhöhlen, sodass man mehr Platz hat und besser atmen kann.

Ich hatte früher Schwierigkeiten beim Fliegen und beim Ausgleichen der Druckveränderungen, und in Räumen mit Unterdruck bekam ich Ohrenschmerzen. Aber seit ich die Nasendusche verwende, habe ich keine solchen Probleme mehr.

Achtung: Wenn du das Salz vergisst, tut es fürchterlich weh.

Ein weiteres Produkt ist der HumanCharger, der wahrscheinlich etwas mehr als 100 Dollar gekostet hat. Er schießt Licht in die Ohren, um Jet-Lag abzumildern (andere Geräte leuchten mit hellem Licht in die Augen, aber das kann unangenehm und sogar schädlich sein). Der HumanCharger lässt sich auch für andere Sachen wie zum Beispiel Meditation nutzen. Wenn man wach sein muss für ein Meeting, eine Verabredung oder eine Trainingseinheit, kann man ihn auf dem Weg dorthin tragen.

Welcher (vermeintliche?) Misserfolg war die Voraussetzung für deinen späteren Erfolg? Hast du einen »Lieblingsmisserfolg«?

Das Erste, was mir dazu einfällt, ist: Die ersten Alben, die ich gemacht habe, waren sehr, sehr erfolgreich. Nach diesen frühen Erfolgen und weil ich jung war, ging ich davon aus, dass das jedes Mal so sein würde. Dann kam das erste Album, das weniger Erfolg hatte, und das war wirklich traumatisch.

Ich brauchte dann einige weitere erfolgreiche Alben und auch noch ein paar nicht erfolgreiche, um zu verstehen, dass der Erfolg eines Projekts oft sehr wenig mit der Qualität zu tun hat. Manchmal sind wirklich gute Projekte kommerziell ein Misserfolg. Und manchmal haben Projekte, die künstlerisch nicht so gut gelungen sind, wie ich mir das gewünscht hätte, großen kommerziellen Erfolg.

Unglaublich viele Elemente haben einen Anteil daran, ob etwas erfolgreich wird – und keines davon kann man selbst kontrollieren. Kontrollieren kann man, dass ein Projekt so gut wird, wie es für *einen selbst* möglich ist. Aber das, was anschließend passiert, kann man nicht beeinflussen. Selbst wenn man auch bei Marketing und Promotion sein Bestes gibt, kann man nicht kontrollieren, wie die Leute darauf reagieren.

Durch die Erfahrung, dass ein Album, das für mein Gefühl sehr gut gelungen war, kommerziell keinen Erfolg hatte, habe ich die Realität der Höhen und Tiefen von ernst gemeinter Arbeit kennengelernt. Seit dieser Zeit profitiere ich davon.

Wenn du an einem beliebigen Ort ein riesiges Plakat mit beliebigem Inhalt aufhängen könntest, was wäre das?

»Wähle den Frieden.«

Was ist das beste oder lohnendste Investment, das du je getätigt hast (in Form von Geld, Zeit, Energie etc.)?

Als ich 14 Jahre alt war, hatte ich Nackenschmerzen, und mein Kinderarzt hat als Gegenmittel Transzendentale Meditation vorgeschlagen. Die Zeit, die ich seitdem mit Meditieren verbracht habe, war meine lohnendste Investition.

Dass ich in einem Alter, in dem ich noch viel mehr Zeit zur Verfügung hatte, diesen Speicher aufgebaut habe, hat mein Leben deutlich zum Besseren verändert. Es spielt eine große Rolle dafür, wer ich bin, und für alles, was ich mache.

Zu den konkreten Auswirkungen auf mein Leben zählt die Fähigkeit, mich zu konzentrieren – nur eine Sache zu machen. Außerdem habe ich gelernt, mir nicht mehr selbst im Weg zu stehen und die Dinge als das zu sehen, was sie sind, ohne die Erzählungen, die wir um sie herum stellen.

Als ich auf dem College war, hörte ich mit Meditieren auf und fing dann wieder an, kurz nachdem ich nach Kalifornien gezogen war. In diesem Moment realisierte ich, welch großen

Einfluss Meditation auf mich gehabt hatte. Als ich wieder anfing, kam es mir so vertraut vor. Ich war wie eine Pflanze, die nicht wusste, dass sie Wasser braucht, aber die Nährstoffe dann einfach aufsaugt, wenn sie gegossen wird. Es fühlte sich so richtig und wichtig für mein Leben an. Und es war wirklich Glück, dass ich überhaupt mit Meditieren angefangen hatte.

Was ist eine deiner – gern auch absurden – Eigenheiten, auf die du nicht verzichten möchtest?
Ich war schon immer ein großer Fan von Profi-Wrestling und bin es heute noch. Das ist eine absurde Performance-Kunst, nicht unähnlich zu der von Steve Martin, Andy Kaufman und Monty Python. Wrestling nutzt das Drumherum von Sportereignissen, um viel bedeutendere Aussagen über Existenz und das menschliche Herz zu machen.

Welche Überzeugungen, Verhaltensweisen oder Gewohnheiten, die du dir in den letzten fünf Jahren angeeignet hast, haben dein Leben am meisten verbessert?
Es ist etwas länger her als fünf Jahre, aber Bewegung und Sport haben mein Leben stark verbessert. Vorher habe ich immer nur gesessen, aber inzwischen habe ich mit Standup-Paddling, Gewichtstraining, Übungen am Strand, Pool-Training, Sauna- und Eis-Gängen und verschiedenen körperlichen Erfahrungen begonnen. Das hat mir geholfen, mich in meinem Körper zu befinden statt nur in meinem Kopf. [**Anmerkung von Tim Ferriss:** Rick Rubin hat seit seinem Höchstgewicht mehr als 50 Kilo abgenommen. Er trainiert oft in derselben Gruppe wie Neil Strauss (siehe S. 119).]

Welchen Rat würdest du einem intelligenten, motivierten Studenten für den Einstieg in die »echte Welt« geben? Welchen Rat sollte er ignorieren?
Ich würde fast alles, was man auf der Schule lernt, und alle akzeptierten Standards ignorieren. Nimm dir die Freiheit, alles zu probieren. Die besten Ideen sind revolutionär.

Wenn du nach Weisheit suchst, versuche sie eher bei Menschen zu finden, die sie praktizieren, als bei Menschen, die sie nur lehren. Stelle viele Fragen.

Konzentriere dich außerdem auf etwas, das du liebst, denn wenn du etwas machst, das du liebst, hast du eine viel größere Chance, Erfolg damit zu haben; und unabhängig davon, ob du Erfolg hast oder nicht, wird dein Leben dadurch besser sein. Also kannst du eigentlich nichts verlieren, wenn du dich etwas widmest, das du liebst.

Und: Arbeite unermüdlich. Ich fühle mich sehr glücklich und zufrieden, und ich weiß, dass der Grund dafür ist, dass ich vollkommen in das eingetaucht bin, was ich mache. Ich habe jede wache Stunde und jeden Tag damit verbracht, das zu genießen und es wirklich zu leben. Auf gewisse Weise war das gar kein Job, denn es war mein gesamtes Leben. Im Rückblick habe ich dadurch wahrscheinlich viel vom Leben verpasst, aber das war eben der Preis dafür.

Wenn ich darüber nachdenke: Um etwas zu beginnen, muss man wahrscheinlich so vorgehen, aber nicht unbedingt, um etwas am Laufen zu halten. Wenn man neu anfängt, ist es in Ordnung, es auf eine nicht nachhaltige Weise zu betreiben. Später kann man sich dann Gedanken darüber machen, wie es von Dauer werden kann. Das sind zwei unterschiedliche Skripte.

Welche schlechten Ratschläge kursieren in deinem beruflichen Umfeld oder Fachgebiet?

Alles, was mit kommerziellem Erfolg zu tun hat. Alles, was mit Tests, Umfragen oder dem Abfragen von öffentlichen Meinungen über die eigene Arbeit zu tun hat, um Änderungen daran vorzunehmen. Alles, was einen sicheren Weg verspricht, und alles, was eine stabile Situation verspricht, vor allem am Anfang.

Wenn man etwas Neues beginnt, betritt man wahrscheinlich Neuland, und dann ist es gut, Leuten aus der Branche viele Fragen zu stellen und von ihnen zu lernen. Dabei sollte man aber nicht vergessen: Die Grundlage für jeden Ratschlag, den man bekommt, sind die speziellen Fähigkeiten, Erfahrungen und Blickweisen der Personen, die ihn geben. Wenn man Tipps von Experten bekommt, sollte man also daran denken, dass sie von ihrer eigenen Reise berichten, und jede Reise ist unterschiedlich.

Das bedeutet nicht, dass man nicht auf die Weisheit von anderen hören sollte. Aber man sollte sie wirklich anprobieren und sich fragen, ob sie mental und körperlich passt. Manche Menschen machen hässliche Sachen durch, um das zu bekommen, was sie zu brauchen glauben, und können dabei ihre Seele verlieren.

Jeder Mensch, der sich auf eine Reise macht, nimmt einen anderen Weg – niemand sagt einem, »weiter bis zur nächsten Kreuzung und dann links«. Tatsächlich stimmt etwas nicht, wenn man sich auf exakt demselben Weg befindet wie jemand anderes. Es soll gar nicht derselbe Weg sein. Um zu wissen, was für einen persönlich funktioniert, muss man sich auf sich selbst besinnen.

Wozu kannst du heute leichter Nein sagen als vor fünf Jahren?

Ich weiß nicht, ob ich diese Frage beantworten kann. Ich bin wahrscheinlich nicht besonders gut darin, Nein zu sagen.

Was tust du, wenn dir alles zu viel wird, du nicht mehr fokussiert bist oder deine Konzentration nachlässt?

Ich versuche, eine Pause zu machen. Ich mache einen Spaziergang oder etwas anderes, um meinen Kopf frei zu bekommen. Das kann tiefes Atmen sein, abwechselndes Atmen durch beide Nasenlöcher, Meditieren oder etwas Körperliches. Ich denke nicht immer an diese Sachen, aber wenn ich es tue, helfen sie sehr.

Das Wichtigste, an das ich mich erinnern muss, wenn ich überfordert bin, ist wahrscheinlich, nicht das Gefühl zu haben, dass ich weitermachen und mich durchkämpfen muss. Das wäre nicht einmal unbedingt hilfreich für das, woran ich gerade arbeite. Es ist fast immer besser, eine Pause zu machen.

»Lebe in der Gegenwart.«

RYAN SHEA
TW: @ryanshea
shea.io

RYAN SHEA ist Miterfinder von Blockstack, einem neuen dezentralen Internet, in dem die Nutzer die Kontrolle über ihre Daten haben und Apps ohne Remote Server laufen. Mit Hilfe seines Mitgründers Muneeb Ali (Seite 491) warb Blockstack Gelder von Spitzeninvestoren wie Union Square Ventures und Naval Ravikant (Seite 54) ein. Ryan studierte im Hauptfach Maschinenbau und Luft- und Raumfahrttechnik in Princeton – und im Nebenfach Informatik. Nach seinem Abschluss arbeitete Ryan bei verschiedenen Tech-Start-ups, schaffte es auf die »30 Under 30«-Liste von *Forbes*, kam bei Y Combinator an und war Autor mehrerer populärer Open-Source-Bibliotheken für Kryptografie und Blockchain-Technologie.

Welches Buch (welche Bücher) verschenkst du am liebsten? Warum? Welche ein bis drei Bücher haben dein Leben am stärksten beeinflusst?

Sapiens von Yuval Noah Harari (Seite 580)
The Alchemist von Paulo Coelho
Snow Crash von Neal Stephenson (Seite 493)
The Sovereign Individual von James Dale Davidson und Lord William Rees-Mogg

Wenn du an einem beliebigen Ort ein riesiges Plakat mit beliebigem Inhalt aufhängen könntest, was wäre das und warum?

»Lebe in der Gegenwart.« Das fällt uns allen schwer, und manchmal brauchen wir eine kleine Gedächtnisstütze. Ob wir im Hier und Jetzt leben oder mit der Vergangenheit oder der Zukunft beschäftigt sind, kann sich enorm auf unser Lebensglück auswirken.

Was tust du, wenn dir alles zu viel wird, du nicht mehr fokussiert bist oder deine Konzentration nachlässt?

Hartes Training mit Gewichten, Laufen, mich massieren lassen, ein Buch lesen oder einen Film anschauen.

Mein Work-out hat gewöhnlich drei Phasen: Erst kommen drei oder vier Durchgänge Bankdrücken, Kniebeugen oder Kreuzheben. Bei jedem visiere ich sechs bis zehn Wiederholungen an, jeweils mit zwischen 70 und 85 Prozent meines Maximalgewichts. Dann folgen drei oder vier Durchgänge mit entweder (a) 15 bis 20 Klimmzügen, (b) zehn Bizeps-Curls und Trizeps-Extensionen oder (c) zehnmal Schulterpressen, Seit- und Frontheben. Daran schließt sich mein Programm zur Kernstabilisierung an, das aus entweder (a) vier einminütigen Durchgängen in Bretthaltung im Wechsel mit Situps, Beinheben, Suitcases und Ab Bikes oder (b) jeweils einem Durchgang Situps, Brett, Seitbrett und Knieziehen auf dem Ball, gefolgt von drei Durchgängen Seitbeugen besteht.

Was ist das beste oder lohnendste Investment, das du je getätigt hast (in Form von Geld, Zeit, Energie etc.)?

2016 begann ich mit guten Vorsätzen am Monatsanfang [statt zum neuen Jahr]. Hier ein paar davon:

Juli: jeden Tag lesen
August: kein Fernsehen, keine Filme
September: keine Milchprodukte
Oktober: kein Gluten
November: täglich meditieren
Dezember: keine Nachrichten oder Social-Media-Feeds

Wie ihr seht, habe ich in manchen Monaten auf Dinge verzichtet, in anderen ein bestimmtes Verhalten in meinen täglichen Ablauf eingebaut. Die Verzichtsmonate waren deshalb besonders interessant, weil ich festgestellt habe, dass ich am Ende nicht mehr so abhängig von dem war, worauf ich verzichtet hatte. Ich habe meinen Fernseh- und Filmkonsum reduziert, esse weniger Brot und Gluten und blockiere nach wie vor den Nachrichtenstrom und meine Social-Media-Feeds. Nur Milchprodukte esse ich wieder – weil ich mich bewusst dazu entschlossen habe.

Die verhaltensbezogenen Monate waren interessant, weil ich dadurch den Einstieg fand, mir bestimmte Dinge anzugewöhnen. Ich meditiere immer noch täglich. Beim Lesen gelingt mir das nicht ganz, aber fast.

Meine Lieblingsexperimente waren bisher, auf Nachrichten und Social-Media-Feeds zu verzichten, jeden Tag Sport zu treiben, keine Fernsehsendungen oder Filme zu schauen, täglich zu lesen und jeden Tag um 7.30 Uhr aufzuwachen.

»Ich versuche, ein realistischer Optimist zu sein: Unseren heutigen Stand beurteile ich ausgesprochen objektiv, doch unsere künftigen Leistungen äußerst optimistisch.«

BEN SILBERMANN
PI/TW: @8en
pinterest.com

BEN SILBERMANN hilft als Mitgründer und CEO von Pinterest Millionen von Menschen, Dinge zu sammeln, die ihnen am Herzen liegen. Ben ist in Iowa aufgewachsen und hat viel Zeit damit verbracht, Insekten zu sammeln. Passt also. Vor Pinterest, das im März 2010 online ging, arbeitete Ben in der Online-Werbungs-Gruppe bei Google. 2003 machte er in Yale seinen Abschluss in Politikwissenschaft. Er lebt mit Frau und Sohn in Palo Alto in Kalifornien.

Was ist eine deiner – gern auch absurden – Eigenheiten, auf die du nicht verzichten möchtest?
Hast du schon mal den Blog *Wait But Why?* [von Tim Urban, Seite 64] gesehen? Dort gibt es eine Grafik mit den Wochen des Lebens.

Ich habe eine Schautafel mit einem Kästchen für jedes Jahr meines Lebens: waagerecht zehn Jahre, senkrecht neun Zeilen. Darin sind auch andere Informationen eingetragen wie die durchschnittliche Lebenserwartung in den USA. Mich hat das sofort angesprochen, weil es Zeit visuell darstellt – und ich bin ein visueller Mensch. Auch in der Firma führe ich der Belegschaft die laufende Woche visuell vor Augen – um sie daran zu erinnern, dass es auf jede Woche ankommt. Ich habe meine Schautafel nie für kurios gehalten, doch im Januar habe ich sie meinem Team gezeigt, weil ich dachte, alle würden sie anregend und motivierend finden. Aber die Menschen reagieren sehr unterschiedlich auf die Sterblichkeit. Es war die schlimmste Sitzung meines Lebens.

Ich glaube, sie haben nicht kapiert, was ich ihnen sagen wollte. Manche Menschen fassen es so auf: »Hey, jedes Jahr ist wirklich spannend und wertvoll.« Andere reagieren mit: »Ach so, ich muss ja sterben.« Es kam nicht gut an, deshalb zeige ich die Tafel keinem mehr.

Experiment gescheitert.

Welcher (vermeintliche?) Misserfolg war die Voraussetzung für deinen späteren Erfolg?

Dazu sage ich Folgendes, wobei das keine richtige Antwort auf deine Frage ist, aber meine Denkweise prägt: Meine Eltern, meine beiden Schwestern und viele meiner Freunde sind Ärzte. Es hat mich schon immer beeindruckt, dass es mindestens zwölf Jahre dauert, Arzt zu werden – und dann ist man immer noch ein kleines Licht in der Medizin. Wo ich jetzt lebe [im Silicon Valley], ist das anders. Hier legen die Menschen generell sehr kurze Zeitmaßstäbe an – ein oder zwei Jahre. In vielen Berufen wird vorausgesetzt, dass man acht bis zehn Jahre braucht, bis man das Mindestkompetenzniveau erreicht hat, um zu praktizieren.

Das erdet einen bei Projekten, denn es geht immer wieder viel daneben, doch wenn man zugrunde legt, dass es fünf bis zehn Jahre dauert, etwas Lohnenswertes auf die Beine zu stellen, dann ist das gleich nicht mehr so schlimm.

So bin ich zum Beispiel 2008 von Google weggegangen, um ein Unternehmen zu gründen, und die ersten zwei oder drei Projekte brachten nicht den gewünschten Erfolg. 2010 kam dann Pinterest. Auch da dauerte es ein oder zwei Jahre, bis dynamisches Wachstum einsetzte – richtig durchgestartet sind wir etwa 2012. Das waren vier Jahre, in denen es nicht gerade gut lief. Aber ich dachte: »Das ist doch gar nicht so lang. Das ist wie ein Medizinstudium bis zum Assistenzarzt.«

Welches Buch (welche Bücher) verschenkst du am liebsten? Warum? Welche ein bis drei Bücher haben dein Leben am stärksten beeinflusst?

The Better Angels of Our Nature von Steven Pinker (Seite 498). Die meisten Nachrichten sind schlecht. Das kann demotivieren und den Menschen das Gefühl geben, sie könnten nichts tun. Dieses Buch wählt einen langfristigen Blickwinkel und zeigt, wie die Gewalt auf lange Sicht zurückgegangen ist.

Salt, Fat, Acid, Heat: Mastering the Elements of Good Cooking von Samin Nosrat (Seite 23). Ich koche gern, und dieses Buch hat mir viele Grundlagen über Aromen und Garverfahren vermittelt. Danach habe ich mich eher getraut, von Rezepten abzuweichen.

Was ist das beste oder lohnendste Investment, das du je getätigt hast (in Form von Geld, Zeit, Energie etc.)?

Ich gehe erst seit zwei Jahren ins Fitness-Studio. Das lag zum Teil an persönlicher Faulheit, aber auch daran, dass ich mich nicht traute.

Den Moment des Durchbruchs gab es nicht. Mir drängte sich nur die Frage auf: »Bin ich jemand, der *sein Leben lang* keinen Sport treibt? Oder nicht? Wenn nicht, warum dann nicht gleich?« Das waren meine Überlegungen. Es gab keine medizinische Krise oder so etwas. Es war einfach so eine Sache, die ich ständig vor mir herschob. Dann ging ich hin und stellte fest, dass ich nicht wusste, wie ich anfangen sollte. Deshalb engagierte ich einen Trainer und bezahlte ein Jahr lang dafür. Ich ging einfach ins Studio und fragte: »Kann man bei euch einen Trainer buchen?« Wer, war mir egal. Der Vorteil: Sobald ich angemeldet war und zahlte, fiel es mir leichter, hinzugehen als wegzubleiben.

Das Geld war sowieso futsch. Und dann musste ich dem Trainer mitteilen: »Ich komme heute nicht.« Ich fühlte mich irgendwie in der Pflicht. Das half mir, die erste Hürde für regelmäßige sportliche Betätigung zu nehmen. Könnte man sie in Flaschen füllen, sie wäre ein echtes Wundermittel. So ziemlich alles im Leben wird besser, wenn man sich die Zeit nimmt, sich regelmäßig zu bewegen.

Im Silicon Valley leben viele ihr Leben in Episoden, wie ich finde. Sie denken sich: »Erst gehe ich aufs College. Dann gründe ich ein Start-up. Dann verdiene ich Geld. Dann mache ich X.« Dieser [Ansatz] hat sicherlich etwas für sich, doch viele sehr wichtige Dinge müssen zeitgleich berücksichtig werden, wie Beziehungen und Gesundheit. Das kann man nicht nachholen. Man kann seine Frau nicht vier Jahre lang vernachlässigen und dann sagen: »Gut, die nächsten Jahre gehören ihr.« So funktionieren Beziehungen nicht – und Gesundheit und Fitness ebenso wenig. ... Man muss sich unbedingt ein System ausdenken, das alles, was laufend erledigt werden muss, berücksichtigt – auch wenn man einer bestimmten Sache vielleicht unverhältnismäßig viel Aufmerksamkeit widmet. Sonst steht man irgendwann einsam und krank da.

Welche Anschaffung von maximal 100 Dollar hat für dein Leben in den letzten sechs Monaten (oder in letzter Zeit) die größte positive Auswirkung gehabt?
Das ist nicht sehr originell, aber die Apple AirPods-Kopfhörer mag ich richtig gern. Sie sind kabellos und der Akku hält ewig. Ich hätte nicht gedacht, dass ich sie so gut finden würde.

Welche schlechten Ratschläge kursieren in deinem beruflichen Umfeld oder Fachgebiet?
Die Vorstellung, dass man aus Fehlschlägen am meisten lernt, ist falsch. Man kann das ruhig sagen, damit sich die Menschen besser fühlen, doch wer lernen will, etwas richtig zu machen, der sollte Menschen über die Schulter schauen, die es gut können. Man analysiert ja auch nicht die vielen erfolglosen Sprinter, um zu lernen, wie man schnell läuft. Man schaut sich die Schnellsten an. Es gibt viele Gründe, warum etwas schiefgehen kann, doch deine Aufgabe ist, dafür zu sorgen, dass das nicht passiert.

Dabei ist das keine Entweder-oder-Frage. Wenn etwas nicht geklappt hat, sollte man natürlich das Beste daraus machen und sich überlegen, was besser gewesen wäre. Was man daraus lernt, hat eine ganz andere emotionale Tragweite. Das liegt an unserer Einstellung. Die meisten Menschen haben eine starke emotionale Abneigung gegen das Versagen.

Es ist gut, den Menschen die nötige Sicherheit zu vermitteln, um Risiken einzugehen. Doch wer glaubt, er sollte nur aus Fehlschlägen lernen – nicht von Menschen, die Erfolg haben –, der hat etwas falsch verstanden.

[Dieser übersteigerte Fokus auf Misserfolgen] schlägt auf alles durch. Ich muss meinen Führungskräften erklären: Ihr müsst unbedingt Zeit mit euren Leistungsträgern verbringen, nicht nur mit allen euren Problemen.

Wozu kannst du heute leichter Nein sagen als vor fünf Jahren? Welche neuen Erkenntnisse und/oder Ansätze haben dir dabei geholfen?
Das kann ich immer noch nicht so gut. Ich weiß, dass Zeit eigentlich eine Nullsumme ist – die eine Sache, von der niemand mehr produzieren kann.

Ich habe dafür kein festes Repertoire. Ich bin möglichst ehrlich und stoße damit auf überraschend viel Verständnis. Ich sage Dinge wie: »Ich würde wirklich gern, aber ich versuche gerade, mich auf [das Projekt XYZ] zu konzentrieren. Das verstehst du hoffentlich. Ich würde mich sehr freuen, wenn es ein andermal klappt.« Vielleicht sagen sie mir ja auch einfach nicht, dass [sie verärgert sind], aber die Menschen haben oft mehr Verständnis, als man denkt. Manchmal entstehen vor meinem inneren Auge Bilder von Leuten, die wutentbrannt ihren Rechner zuklappen und »Der Arsch!« brüllen. Aber eigentlich glaube ich, sie verstehen das.

Was tust du, wenn dir alles zu viel wird, du nicht mehr fokussiert bist oder deine Konzentration nachlässt?

Zwei Dinge: Ich laufe gewöhnlich ein paar Schritte und ich versuche, alles aufzuschreiben, was vor sich geht. So kriege ich es aus dem Kopf und kann es analysieren. Manchmal drehen sich unsere Gedanken im Kreis, und wir kommen nicht weiter. Mir hilft es, alles zu Papier zu bringen und zu visualisieren, was wirklich wichtig ist.

Dabei gehe ich nicht supersystematisch vor. Ich könnte zum Beispiel schreiben: »Folgendes bereitet mir Kopfzerbrechen ...« und das dann notieren. Anschließend lehne ich mich zurück und frage: »Also gut, was passiert hier eigentlich, und worauf kommt es an?« Lehrreich ist dabei, wie Unternehmen ihre Ziele in verschiedener Zeitauflösung formulieren: was diese Woche ansteht, diesen Monat, dieses Jahr und in zehn Jahren. ... Ich glaube, wenn kurzfristige Anliegen verdrängen, was man mittel- oder langfristig erledigen möchte, verliert man gewöhnlich den Überblick.

Was willst du auf längere Sicht unbedingt erreichen? Wenn du diese Frage beantwortet hast, kannst du die Sache dann von hinten aufrollen.

Welche Überzeugungen, Verhaltensweisen oder Gewohnheiten, die du dir in den letzten fünf Jahren angeeignet hast, haben dein Leben am meisten verbessert?

Das hört sich jetzt vielleicht ein bisschen kitschig an, aber ich habe angefangen, ein Dankbarkeitstagebuch zu führen. Wer [sich angewöhnt], niederzuschreiben, wofür er dankbar ist, der achtet unwillkürlich mehr auf solche Dinge und fühlt sich besser. Das ist beinahe absurd einfach.

Irgendwann im Laufe des Tages schreibe ich eine Sache auf. Manchmal lasse ich auch einen Tag aus, ich bin da kein Perfektionist. Ich erzähle meinem Team ständig, dass ich versuche, ein realistischer Optimist zu sein: Unseren heutigen Stand beurteile ich ausgesprochen objektiv, doch unsere künftigen Leistungen äußerst optimistisch. Ich bin der festen Überzeugung, dass man dem Team Zuversicht vermitteln muss, statt sich nur auf die Probleme zu konzentrieren. Jemand hat mir mal gesagt: »Wer mit anderen nur über Probleme spricht, wird für sie bald selbst zum Problem.« Ganz meine Meinung. Deshalb versuche ich heute, mir die Freiheit und die Zeit zu nehmen, auch zu sagen »Richtig gut läuft zum Beispiel ...«. In meiner Anfangszeit als Führungskraft hörte sich das eher so an: »Was müssen wir heute in Ordnung bringen?«

Ich verwende da ein kleines Notizbuch, das ich mir bei Office Depot oder sonstwo gekauft habe. Das ist nicht besonders cool, aber es geht dabei ja auch mehr um das Ritual. Allerdings hätte ich schon gern einen dieser kultigen japanischen Planer, den alle Designer verwenden – ein Hobonichi Techo. So etwas können die Japaner: ein Notizbuch zur hohen Kunst stilisieren. Na, vielleicht nächstes Jahr ...

»Niemand darf dir vorschreiben, wie du die Welt erlebst.«

VLAD ZAMFIR
TW: @VladZamfir
Medium: @vlad_zamfir
vladzamfir.com

VLAD ZAMFIR ist Blockchain-Architekt und Forscher bei Ethereum, wo er an der Effizienz und der Skalierung der Blockchain arbeitet. Vlad interessiert sich für Governance- und Datenschutz-Lösungen und ist der Mensch, der mich zum ersten Mal mit dem Absurdismus in Berührung brachte. Er schreibt häufig Beiträge für Medium und lebt in der Antarktis (oder will uns das zumindest weismachen).

Welches Buch (welche Bücher) verschenkst du am liebsten? Warum? Welche ein bis drei Bücher haben dein Leben am stärksten beeinflusst?

Introduction to Mathematical Philosophy von Bertrand Russell
Complexity and Chaos von Dr. Roger White
The Lily: Evolution, Play, and the Power of a Free Society von Daniel Cloud

Wenn du an einem beliebigen Ort ein riesiges Plakat mit beliebigem Inhalt aufhängen könntest, was wäre das und warum?

»Niemand darf dir vorschreiben, wie du die Welt erlebst.« Das hilft Menschen meines Erachtens besser als alles andere, eigenständig zu denken. Warum, weiß ich nicht genau. Das Zitat stammt übrigens von meinem Freund Tom.

Was ist eine deiner – gern auch absurden – Eigenheiten, auf die du nicht verzichten möchtest?

Ich bin ausgesprochen pedantisch, was den Gebrauch des Begriffs »absurd« angeht. Du meinst mit absurd beispielsweise »lächerlich«, nicht »kontraproduktiv« oder »sinnlos«. Ich verwende das Wort gewöhnlich nur im letztgenannten Sinn und habe die »ungewöhnliche« Angewohnheit, jeden darauf hinzuweisen, der es gedankenlos benutzt.

Welcher (vermeintliche?) Misserfolg war die Voraussetzung für deinen späteren Erfolg? Hast du einen »Lieblingsmisserfolg«?

Mein »Lieblingsmisserfolg« war es, der mich den Absurdismus entdecken ließ. Ich beging den Fehler, die Dinge zu ernst zu nehmen, und am Ende verletzte ich dadurch jemanden, der mir viel bedeutete.

Vielleicht sollte ich dazusagen, dass »Absurdität« und »Vernunft« keine binären Fragen sind, und auch keine quantitativen. Es entspricht vielmehr einem präzisen Bezug zur Realität, welche Verhaltensweisen und Absichten in einem bestimmten Kontext vernünftig oder absurd sind. Dennoch kann es sehr nützlich sein, sie binär oder quantitativ zu betrachten.

Der Absurdismus liefert eine klare Versagensphilosophie: Entweder war die Absicht absurd, oder die Strategie war nicht vernünftig, oder sie war vernünftig, wurde aber nicht richtig umgesetzt.

Es ist oft schwer zu sagen, ob ich das Unmögliche versuche, ob es vernünftige Herangehensweisen gibt, an die ich noch nicht gedacht habe, oder ob ich die richtige Herangehensweise gefunden habe, aber nicht kompetent genug praktiziere.

Gelange ich zu dem Schluss, dass meine Absicht absurd ist, gebe ich auf – und zwar ganz gezielt, wenn es sein muss. Halte ich sie nicht für absurd, probiere ich weiter Strategien aus, die mir vernünftig erscheinen. Dabei verlege ich mich auf die Strategien, die ich für die vernünftigsten halte, wenn ich meiner Absicht unbedingt folgen möchte.

Absurdismus ist nicht nur ein Werkzeug, das Menschen zu mehr Vernunft verhilft. Er ist gleichzeitig eine Kritik des Rationalismus. Er besagt, dass unter bestimmten Umständen schon die Absicht absurd sein kann. Dass Rationalität absurd sein kann und deshalb kein

Maßstab ist. Unter solchen Bedingungen ist es nicht sinnvoll, Entscheidungen über das weitere Vorgehen oder die eigene Zeitplanung zu treffen, wenn das bedeutet, »ein Ziel auszuwählen, das man erreichen will«.

Welche Überzeugungen, Verhaltensweisen oder Gewohnheiten, die du dir in den letzten fünf Jahren angeeignet hast, haben dein Leben am meisten verbessert?

Der Absurdismus! Er ist mit nichts zu vergleichen.

Ich habe festgestellt, dass er unverhältnismäßig effektiv ist in der Mathematik, in der Pflege von Beziehungen, im Umgang mit Ignoranz, bei ethischen Überlegungen, im Umgang mit Depressionen und für das Lebensglück im Allgemeinen. Wenn ich nicht weiterweiß, lasse ich mich vom Absurdismus leiten.

Mit »unverhältnismäßig effektiv« meine ich übrigens etwas ganz Bestimmtes. Unverhältnismäßig effektiv ist etwas, wenn es den zu erwartenden Nutzen übersteigt – also den Kontext sprengt, in dem/für den es entwickelt wurde.

Mathematik ist unverhältnismäßig effektiv, weil sie sich auf viele Bereiche anwenden lässt, die nichts mit Mathematik oder dem Kontext zu tun haben, in dem Mathematik entwickelt wird.

Wirtschaftswissenschaft ist unverhältnismäßig effektiv, weil sie Nutzen bringt, obwohl die zugrundeliegenden Annahmen häufig offensichtlich falsch sind: Annahmen wie Rationalität, quadratischer Nutzen, Effizienz und Preise, die der Brown'schen Molekularbewegung folgen.

Statistik ist unverhältnismäßig effektiv, weil sie auch noch Nutzen zu bringen scheint, wenn wir offensichtlich falsche Annahmen treffen – wenn wir etwa von einer Normalverteilung ausgehen, obwohl keine vorliegt –, aber auch, weil sie offenbar selbst dann gut funktioniert, wenn wir bewährte Praktiken eklatant missachten (etwa durch Änderungen unserer Methoden oder Hypothesen nach der Beobachtung von Daten und ihrer anschließenden Überprüfung).

Sich unverhältnismäßig effektiver Theorien zu bedienen, ist (meiner Ansicht nach) durchaus vertretbar, wenn uns keine besseren Strategien zur Verfügung stehen. Dafür kann es viele Gründe geben, etwa Informationsmangel, mangelnde Rechenleistung oder mangelnde Vereinbarkeit mit anderen Ideen oder auch schlicht Bequemlichkeit oder bestimmte Interessen.

Absurdismus ist unverhältnismäßig effektiv, weil er offenbar sehr wenig mit irgendeiner bestimmten Situation zu tun hat, doch (wie ich behaupte) am Ende in der Praxis in vielen Situationen hilfreich ist. Das fällt mir ganz besonders auf, wenn ich nicht weiterweiß.

Ein gutes Beispiel sind Depressionen. Bei mir entstehen sie gewöhnlich, weil ich bestimmte Absichten habe, sie aber aus irgendeinem Grund nicht ausleben kann (oder es einfach nicht tue, vielleicht weil mir die Motivation fehlt). Gleiten meine Bemühungen ins Absurde ab, bemühe ich mich nach Kräften, sie einzustellen.

Ich nehme mir häufig etwas – oder sogar eine ganze Menge – vor und zerfleische mich dann, weil ich es nicht schaffe – oft so sehr, dass es mich depressiv macht. Ich werde nur deshalb depressiv, weil ich nicht tue, was ich meiner Meinung nach tun sollte.

Ich habe festgestellt, dass es mir sehr hilft, einfach mit allem aufzuhören, was ich eigentlich tun wollte – wenn auch nur vorübergehend (wenn es mir möglich ist, meine Absichten klar zu erkennen und davon Abstand zu nehmen, was nicht immer der Fall ist). Sobald ich aufgegeben und beschlossen habe, nichts vom dem zu tun, was ich mir vorgenommen hatte, verflüchtigt sich meine depressive Verstimmung fast immer. Manchmal reicht das schon aus, damit ich mich wieder den Dingen zuwenden kann, die ich eigentlich erledigen wollte. Manchmal aber nicht, und dann muss ich erst etwas ganz anderes machen, bis ich dazu bereit bin. Oft stelle ich am Ende fest, dass das alles gar nicht so wichtig ist, und dann lasse ich ein für alle Mal die Finger davon.

Was ist das beste oder lohnendste Investment, das du je getätigt hast (in Form von Geld, Zeit, Energie etc.)?

Die viele Zeit, die ich mit Mathematik und Philosophie zugebracht habe, zahlte sich aus – was (fast) ohne jeden Zweifel auch so bleiben dürfte.

Die Infragestellung der Grundlagen der Bayes'schen Statistik war ein ausgesprochen wertvoller Prozess – ebenso wie die Überarbeitung der Definitionen und der Unmöglichkeitsergebnisse aus der Konsensliteratur.

Welche Anschaffung von maximal 100 Dollar hat für dein Leben in den letzten sechs Monaten (oder in letzter Zeit) die größte positive Auswirkung gehabt?

Eine Audio-Vortragsreihe über Institutionenökonomie mit dem Titel »International Economic Institutions: Globalism vs. Nationalism«. Für mich war sie interessant/wichtig, weil ich mir dadurch zum ersten Mal wirklich Wissen über Institutionsdesign angeeignet habe. Ich glaube jetzt, da ich mehr über das Wesen der Institutionen weiß, verstehe ich viel besser, »wie die Gesellschaft funktioniert«. Wenn ich auch nicht behaupten kann, dass ich viel davon verstehe! Ich habe versucht, manche meiner Erkenntnisse zu »kristallisieren«, doch das ist mir nicht sehr gut gelungen.

In der Praxis habe ich jetzt aber eine viel klarere Vorstellung von Blockchain-Governance. Mir ist bewusst, dass wir bereits eine Handvoll entstehender Blockchain-Governance-Institutionen haben! Ich weiß, was es für eine Institution bedeutet, ob sie offiziell oder weniger offiziell beziehungsweise implizit/ad hoc oder weniger implizit/ad hoc ist. Ich bin jetzt absolut aufgeschlossen für die Möglichkeit, dass eine Institutionalisierung ein vernünftiger Prozess sein kann – nicht nur einer, der unweigerlich auf Hybris beruht.

Was tust du, wenn dir alles zu viel wird, du nicht mehr fokussiert bist oder deine Konzentration nachlässt?

Ich mache ein Nickerchen. Ich versuche, keine Kohlenhydrate zu mir zu nehmen.

Ich versuche, jeden Tag drei bis vier Stunden Zeit für mich zu haben. Das geht aber nicht immer. Ich versuche, offline zu arbeiten. Manchmal meditiere ich auch.

Ich plane nach Möglichkeit so, dass ich alles entspannter angehen und meine Zeit auf wichtigere Dinge konzentrieren kann. Ich versuche, mein Leben nicht unnötig kompliziert zu gestalten. Das bedeutet, dass ich viele Termine absage, doch das ist es wert.

Und ich kann das immer besser!

»Seit ein paar Jahren folge ich dem Beispiel meiner Ex-Frau Amber O'Hearn und esse nichts Pflanzliches mehr.«

ZOOKO WILCOX
TW: @zooko
z.cash
ketotic.org

ZOOKO WILCOX ist Gründer und CEO der Kryptowährung Zcash, die Datenschutz und gezielte Transparenz von Transaktionen bietet. Zooko hat über 20 Jahre Erfahrung mit offenen dezentralen Systemen, Kryptografie, Datensicherheit und Start-ups. Anerkennung fand seine Arbeit bei DigiCash, MojoNation, ZRTP, »Zooko's Triangle«, Tahoe-LAFS, BLAKE2 und SPHINCS. Er ist auch Gründer von Least Authority, dem Anbieter einer bezahlbaren, ethischen, nutzbaren und dauerhaften Lösung zur Datenspeicherung.

Welches Buch (welche Bücher) verschenkst du am liebsten? Warum? Welche ein bis drei Bücher haben dein Leben am stärksten beeinflusst?

Good Calories, Bad Calories von Gary Taubes. Als es vor zehn Jahren erschien, war es die maßgebliche Studie über die menschliche Ernährung im 20. Jahrhundert. Es befasste sich nicht nur mit historischen Fragen, sondern schrieb selbst Geschichte, da in der Folge eine ganze Generation von Ernährungswissenschaftlern Partei für oder gegen die in diesem Buch vertretenen Thesen ergreifen musste.

Leider konnten die meisten Menschen, an die ich es verschenkt habe, nicht viel damit anfangen. Das waren weder Historiker noch Wissenschaftler, sondern ganz normale Menschen, die entscheiden mussten, was sie heute essen sollen. Sie brauchten keine dichte Sammlung von Fakten und wissenschaftlichen Argumenten. Ich lernte daraus, dass man die Menschen dort abholen muss, wo sie stehen, wenn man mit ihnen kommunizieren möchte.

Welcher (vermeintliche?) Misserfolg war die Voraussetzung für deinen späteren Erfolg? Hast du einen »Lieblingsmisserfolg«?

Ich war nicht sehr erfolgreich in meinem Bachelorstudium. Ich war chaotisch, abgelenkt, deprimiert, und meine Noten reichten gerade so – wenn überhaupt. Ich trödelte und schwänzte Kurse. Ich schlief unregelmäßig, trieb keinen Sport und ernährte mich abgrundtief schlecht.

Doch da gab es diese neue Technologie, die mich faszinierte. Ein Start-up hatte sie erfunden, und wenn ich mich überhaupt auf irgendetwas konzentrieren konnte, dann las ich darüber und arbeitete in Eigenregie an Programmen, die damit zusammenhingen.

Aus meinen Kursen lernte ich wenig, und am Ende wurde ich exmatrikuliert, weil ich so viele Prüfungen nicht bestand. Ich bat um eine zweite Chance, und der Dekan erlaubte widerstrebend, dass ich mich wieder immatrikulierte. Rückblickend wäre es besser für mich gewesen, er hätte das abgelehnt.

Doch ich dachte damals, es sei ein wichtiges Ziel – quasi eine Pflicht –, meinen Abschluss zu machen, also blieb ich bei der Stange. Als ich die Gelegenheit bekam, einen Hiwi-Job bei genau dem Start-up anzunehmen, für das ich mich so begeisterte, sagte ich bedauernd ab, weil ich erst mein Studium beenden wollte.

Dann rief ich meinen besten Freund an und erzählte ihm aufgeregt, dass mich diese Firma zum Vorstellungsgespräch eingeladen hatte. »Und, was hast du gesagt?«, wollte er wissen.

Betrübt entgegnete ich: »Naja, ich habe gesagt, ich müsste erst mein Studium zu Ende bringen.«

»Nur eine Frage«, sagte er da. »Ist das nicht genau die Chance, auf die du gewartet hast?«

»Stimmt«, sagte ich, legte auf und rief umgehend bei der Firma an.

Das Studium abzubrechen, gehört zu den besten Entscheidungen meines Lebens. Ich schlug dadurch nicht nur einen beruflichen Werdegang ein, der mich ohne Umwege zu meinem heutigen großen Erfolg führte, sondern, und das ist ungleich wichtiger: Als ich in meinem neuen Job Erfolg hatte, gewann ich Selbstachtung.

Die Technologie und das Start-up heißen DigiCash, ein Vorläufer moderner Digitalgeldtechnologien wie Bitcoin und Zcash. Der Eintritt in dieses Start-up führte (über 20 Jahre) direkt zu Zcash.

Welche Überzeugungen, Verhaltensweisen oder Gewohnheiten, die du dir in den letzten fünf Jahren angeeignet hast, haben dein Leben am meisten verbessert?

Seit ein paar Jahren folge ich dem Beispiel meiner Ex-Frau Amber O'Hearn und esse nichts Pflanzliches mehr. Zuvor hatte ich es mit Low-Carb-Diäten unterschiedlicher Art versucht, konnte das aber nie konsequent durchhalten. Ich war kohlenhydratsüchtig und konnte das trotz jahrelanger Versuche mit Low-Carb-Programmen nie loswerden. Außerdem litt ich unter verschiedenen mysteriösen Beschwerden, die sich zunehmend verschlimmerten. Die 15 überflüssigen Kilos, die mir über den Gürtel hingen (und mehr wurden), waren lediglich das offensichtlichste meiner zahlreichen Gesundheitsprobleme.

Der große Durchbruch kam, als ich nicht mehr versuchte, »alles in Maßen« zu mir zu nehmen, sondern stattdessen nicht nur Kohlenhydrate komplett von meinem Speiseplan strich, sondern generell sämtliche pflanzlichen Nahrungsmittel. Wie Amber begann ich, nur noch fettes Fleisch zu essen (durchwachsene Hochrippe, Rinderhack, Schweinekoteletts, saftigen Lachs et cetera). An den ersten vier Tagen litt ich schrecklich unter »Kohlenhydratentzug« und Heißhunger, doch am fünften Tag wachte ich mit einem ganz neuen Gefühl auf: Ich war absolut frei von sämtlichen Gelüsten.

Zum ersten Mal konnte ich mein Essverhalten kontrollieren. Mein Übergewicht baute sich schnell und mühelos ab, und alle meine anderen gesundheitlichen Probleme verschwanden über die nächsten Monate. Ich hatte mehr Energie, meine Stimmung hob sich und ich konnte mich besser konzentrieren.

Damit begann die produktivste und erfolgreichste Zeit meines Lebens – und Ambers und meiner Forschungsarbeit über die Wissenschaft von der menschlichen Ernährung und Evolution.

Wozu kannst du heute leichter Nein sagen als vor fünf Jahren?

Ich kann Anliegen besser ablehnen – Bitten um Anstellung in meiner Firma, Anfragen zur Übernahme von Beratungsfunktionen bei anderen Unternehmen, Einladungen zu Veranstaltungen und auch Versuche der Kontaktaufnahme wie E-Mails oder Nachrichten über soziale Medien von Unbekannten nach dem Motto: »Hey, kann ich mal mit dir über dies oder jenes sprechen?« Dabei hat mir die Erkenntnis geholfen, dass es für die Betroffenen in so einem Fall am höflichsten und besten ist, wenn ich schnell, kategorisch und unmissverständlich »Nein« sage.

Fühle ich mich versucht, widerstrebend »Ja« zu sagen (und das passiert oft) oder die Entscheidung aufzuschieben, führe ich mir vor Augen, dass es dem Fragesteller gegenüber nicht sehr nett ist, dieser Versuchung nachzugeben.

»Alles, was du willst, ist auf der anderen Seite der Angst.«

STEPHANIE McMAHON
TW: @StephMcMahon
FB: /stephmcmahonWWE
corporate.wwe.com

STEPHANIE McMAHON ist Chief Branding Officer von World Wrestling Entertainment, Inc. (WWE) und internationale Markenbotschafterin des Unternehmens. Sie ist Sprecherin für die gemeinnützigen Initiativen der WWE, darunter die Special Olympics, Susan G. Komen for the Cure (Brustkrebsstiftung) und Be a STAR, das von der WWE initiierte Programm gegen Mobbing an Schulen. 2014 gründeten Stephanie und ihr Mann, Paul »Triple H« Levesque, die Stiftung Connor's Cure, die sich dem Kampf gegen Krebs bei Kindern widmet. Stephanie erscheint regelmäßig bei wichtigen Veranstaltungen der WWE. Sie wurde in den letzten fünf Jahren von der Zeitschrift *CableFAX* zu einer der »Einflussreichsten Frauen im Kabel-TV« ernannt. *Adweek* zählte Stephanie in den letzten beiden Jahren zu den »Einflussreichsten Frauen im Sport«. Vor kurzem erhielt Stephanie bei den ESPN Sports Humanitarian of the Year Awards 2017 den Stuart Scott ENSPIRE Award.

Welche Anschaffung von maximal 100 Dollar hat für dein Leben in den letzten sechs Monaten (oder in letzter Zeit) die größte positive Auswirkung gehabt?

Mein Kissen von Bucky. Ich bin ständig auf Reisen und kann mich unterwegs oft nicht gut ausruhen, deshalb ist es für mich wichtig, gut zu schlafen, wenn ich die Gelegenheit dazu habe. Das Bucky-Kissen ist rechteckig und passt sich perfekt an meinen Kopf an, wenn ich im Flugzeug sitze. Ich mag keine Nackenhörnchen, weil ich einen erbsengroßen Kopf habe (Iren haben entweder riesige oder winzige Köpfe; ich gehöre der zweiten Kategorie an) und sie rutschen zu weit hoch. Das Bucky-Kissen bleibt genau an Ort und Stelle und gibt mir den Komfort, den ich beim Fliegen brauche.

Wenn du an einem beliebigen Ort ein riesiges Plakat mit beliebigem Inhalt aufhängen könntest, was wäre das und warum? Gibt es Zitate, an die du häufig denkst oder nach denen du lebst?

»Tu jeden Tag etwas, das dir Angst macht« – ein Satz, der oft Eleanor Roosevelt zugeschrieben wird.

Ich versuche, mich im Leben danach zu richten und habe in den letzten Jahren immer wieder verschiedene Varianten davon gehört, zuletzt »Alles, was du willst, ist auf der anderen Seite der Angst«. Vor nicht allzu langer Zeit war ich bei WrestleMania (der Super Bowl der WWE) und sollte im AT&T Stadion vor einem sagenhaft großen Publikum von über 100.000 Zuschauern auftreten. Es war die Veranstaltung, die mein Vater ins Leben gerufen hatte, und ich sollte anlässlich des 20-jährigen Bühnenjubiläums meines Mannes an einer Showeinlage mitwirken; meine Kinder und Neffen saßen in der ersten Reihe. John Cena und The Rock verließen den Ring, die Arena wurde dunkel. Ich sollte auf meinen Thron steigen, der mitten in der Luft zu schweben schien, und den Einmarsch von Triple H ankündigen. Gemeinsam waren wir als »The Authority« bekannt und jeder sollte sich vor uns verneigen.

In dem Augenblick, in dem mich die Dunkelheit umgab, erstarrte ich. Ich vergaß jedes Wort, das ich sagen wollte. Ich konnte hören, wie mein Herz in den Ohren pochte und mein Hals wie zugeschnürt war. Ich hatte das Gefühl zu implodieren. Dann fiel mir das Zitat von Eleanor Roosevelt ein. Wenn ich nicht auf die Bühne ging, würde ich es für den Rest meines Lebens bereuen. Wie viele Menschen bekommen schon die Gelegenheit, das zu tun, was ich gleich tun würde? Und mir flog die Chance praktisch zu. Ich holte tief Luft und saugte alles auf – die Gefühle und die gesamte Energie des Publikums. Dieser Augenblick gehörte mir. Das war der Höhepunkt in meiner Karriere als Wrestlerin.

Meine jüngste Tochter ist sieben Jahre alt, und erst gestern überwand sie ihre Angst vor der Seilrutsche, die es im Hochseilgarten in der Nähe unseres Hauses gibt. Sie war schon einmal oben und bereit, nach unten zu rutschen, machte im letzten Moment aber einen Rückzieher. Diesmal sagte sie jedoch, dass sie dazu bereit sei. Sie machte sich Mut, indem sie »Am I Evil« von Metallica hörte (kein Witz, sie fand das Lied auf der Playlist ihres Vaters und spielte es auf der gesamten 20-minütigen Fahrt als Endlosschleife), und stieg dann die Leiter zur Seilrutsche hinauf, die etwa 10 Meter hoch war. Sie wurde am Stahlseil befestigt und stellte sich an den Rand der Plattform. Dann haderte sie mit sich und trat einige Schritte zurück … bevor ein Ruck durch sie ging; sie summte einige Takte des Lieds und ging dann wieder vorwärts. Diesmal fing der Countdown an: »3-2-1«, und sie sprang! Als es vorbei war, rief sie: »Noch mal, Mama!« und: »Ich hab's gemacht! Ich hab mich getraut!« Ich hoffe, sie wird sich für immer an dieses Gefühl erinnern.

Welches Buch (welche Bücher) verschenkst du am liebsten? Warum? Welche ein bis drei Bücher haben dein Leben am stärksten beeinflusst?
Tools of Titans von Tim Ferriss.

Was ist eine deiner – gern auch absurden – Eigenheiten, auf die du nicht verzichten möchtest?
Ich trinke meine Wasserflasche auf einmal leer; nur so bleibe ich hydriert! Wer nippt schon gerne an einer Wasserflasche? Ich nippe den ganzen Tag an einem Kaffeebecher (einen Venti-Becher Star Bucks Cold Brew mit zwei Shots Espresso und zwei Tüten Stevia, wer es genau wissen will), aber wenn ich auch nur ein klein wenig Durst verspüre, trinke ich die ganze Flasche in einem Zug aus.

Was ist das beste oder lohnendste Investment, das du je getätigt hast (in Form von Geld, Zeit, Energie etc.)?
Neuerdings: Mehr Zeit mit meiner Großmutter zu verbringen. Meine Oma ist eine bemerkenswerte Frau. Sie ist 90 Jahre alt, stammt ursprünglich aus North Carolina, arbeitete in den 1940er Jahren als Buchhalterin, trinkt mit Vorliebe Wodka Tonic, raucht Zigaretten und zensiert nichts von dem, was sie sagt. Sie brach sich über Weihnachten die Hüfte, erholte sich von dem Unfall vollständig, hatte einige Monate später eine Bandscheibenoperation im Halswirbelbereich und bekam erst heute die Nachricht, dass ihr Lungenkrebs wieder zurückgekehrt ist (den sie zuvor besiegt hatte). Trotz allem saß sie aufrecht da, als ich sie besuchte, und ihre blau-grünen Augen funkelten lebenslustig. Seit ihrer Wirbelsäulenoperation habe ich sie häufiger besucht und wenn ich die Mädchen in der Schule abgesetzt habe, treffe ich mich mit ihr, statt mein morgendliches Ausdauertraining zu machen. Ich bin für unsere gemeinsame Zeit unendlich dankbar. Sie kümmert sich stets um das, was im Leben am wichtigsten ist (nämlich die Menschen, die man liebt), und erinnert mich immer wieder daran, mich von niemandem schlecht behandeln zu lassen. »Du musst dich behaupten, Steph«, sagt sie dann. »Niemand hat mir gesagt, wie das geht, aber das hielt mich nicht davon ab, und ich kam gut zurecht. Und bringe den Mädchen (meinen Töchtern) dasselbe bei.«

Welche Überzeugungen, Verhaltensweisen oder Gewohnheiten, die du dir in den letzten fünf Jahren angeeignet hast, haben dein Leben am meisten verbessert?
Ich bin nicht so gläubig, wie ich es gerne wäre, aber bevor ich nachts ins Bett gehe, versuche ich, an drei Dinge zu denken, die mich im Laufe des Tages *glücklich* gemacht haben. Früher habe ich versucht, an drei Dinge zu denken, für die ich *dankbar* bin. Ich stellte fest, dass

ich ein schlechtes Gewissen bekam, wenn ich bestimmte Dinge wegließ, und so fielen mir letztendlich immer wieder dieselben Dinge ein. An die Dinge zu denken, die mich *glücklich* gemacht haben, hilft mir, all den Ballast abzuwerfen, den ich im Laufe des Tages auf mich geladen habe, und das hilft mir wiederum dabei, mich auf das zu konzentrieren, was mir wirklich wichtig ist – zum Beispiel mit meinen drei Töchtern in den Lake Winnipesaukee zu springen oder von meinem Mann eine SMS zu bekommen, in der er mir sagt, dass ich schön bin. Eine Kollegin gab mir die Anregung und sagte, dass sie die Idee von Sheryl Sandberg hat. Ich weiß, dass ich diese Dinge aufschreiben sollte (und das ist eine wichtige Übung), aber ich habe drei Kinder im Alter von sieben, neun und elf Jahren, außerdem trainiere ich um Mitternacht, also gebe ich einfach nur mein Bestes.

Wozu kannst du heute leichter Nein sagen als vor fünf Jahren? Welche neuen Erkenntnisse und/oder Ansätze haben dir dabei geholfen?

Es fiel mir ehrlich gesagt schwer, überhaupt zu etwas Nein zu sagen. Im WWE sagt jeder immer »Wird erledigt« oder »Ja«. Ein Nein gibt es praktisch nicht. Vielleicht gibt es ein »Ja, wir schaffen das, aber es könnte problematisch sein, wenn wir ...«, aber ich kann mir wirklich nicht vorstellen, etwas zu sagen wie: »Nein, Vince« (Vince McMahon, Vorsitzender und Geschäftsführer der WWE, der zufällig auch mein Vater ist), tut mir leid, aber das geht nicht.«

Ich lernte allerdings, dass es sehr viel Kraft geben kann, in der richtigen Situation Nein zu sagen. Vor einigen Jahren forderte ich mich selbst zu stark. Ich reiste nicht nur jede Woche als Wrestlerin für unsere Live-Shows durchs Land, ich war auch in meiner Funktion als Chief Branding Officer ständig unterwegs. Als ich endlich einmal einige Tage frei hatte, die ich zu Hause mit meinen Töchtern verbringen wollte, erhielt ich die Nachricht, dass sich eine »Redegelegenheit« aufgetan habe, die für das Unternehmen gut sei. Jemand in meinem Team kümmerte sich wirklich gut um mich und sagte: »Weißt du was, Steph, das wäre wirklich eine gute Gelegenheit für die WWE, aber ist es ein Muss oder eher ein schöner Zusatz?« Ich erkannte, dass letzteres der Fall war, und sagte ab. Dieses Nein verschaffte mir eine dringend benötigte Auszeit mit meiner Familie, die mir half, wieder mit neuem Schwung an die Arbeit zu gehen.

ZITATE, ÜBER DIE ICH NACHDENKE

(Tim Ferriss, 23. Juni bis 7. Juli 2017)

»Wer leidet, bevor es nötig ist, leidet mehr als nötig.«

– **SENECA**
römischer Stoiker-Philosoph, berühmter Dramatiker

»Wir versuchen, eher davon zu profitieren, dass wir immer an das Offensichtliche denken, als davon, dass wir Esoterisches begreifen. Es ist bemerkenswert, welche langfristigen Vorteile Menschen wie wir dadurch gewonnen haben, dass wir versuchen, konsistent nicht dumm zu sein statt besonders intelligent.«

– **CHARLIE MUNGER**
Anlage-Partner von Warren Buffett, Vice-Chairman von Berkshire Hathaway

»Der, dessen Geist eins ist mit der Himmelsleere, schreitet in einen Frühlingsnebel und glaubt, er könne tatsächlich diese Welt verlassen.«*

– **SAIGY**
berühmter japanischer Poet der späten Heian- und frühen Kamakura-Zeit

---

* Dieses sehr merkwürdige Zitat ist vielleicht leichter verständlich, wenn du die psychedelischen Ausführungen im Kapitel über James Fadiman in *Tools of Titans* liest.

»Sobald du aufhörst, dir Gedanken darüber zu machen, wie du von der Welt wahrgenommen wirst … hörst du schlagartig auf, deine Zeit und Energie damit zu verschwenden, andere Leute von deiner Sichtweise zu überzeugen.«

PETER ATTIA
TW/IG: @PeterAttiaMD
peterattiamd.com

DR. PETER ATTIA ist ein ehemaliger Ultra-Ausdauersportler (Freiwasserschwimmen über 40 km), geradezu zwanghaft zu Selbstversuchen hingezogen und einer der faszinierendsten Menschen, die ich kenne. Er gehört zu den Ärzten, die ich aufsuche, wenn ich wissen will, wie ich meine Leistung oder Lebenserwartung verbessern kann. Peter promovierte an der Stanford University und machte seinen Bachelor of Science in Maschinenbau und angewandter Mathematik an der Queen's University in Kingston, Ontario. Seine ärztliche Weiterbildung absolvierte er an der chirurgischen Abteilung des Johns Hopkins Hospitals, darüber hinaus forschte er am National Cancer Institute unter der Leitung von Dr. Steven Rosenberg. Dort befasste sich Peter mit der Rolle regulatorischer T-Zellen bei der Rückbildung von Krebs und anderen immunbasierten Krebstherapien.

Welches Buch (welche Bücher) verschenkst du am liebsten? Warum? Welche ein bis drei Bücher haben dein Leben am stärksten beeinflusst?

Folgende Bücher haben mich am stärksten beeinflusst:

The Transformed Cell von Steven A. Rosenberg
Mistakes Were Made (but Not by Me) von Carol Tavris und Elliot Aronson
Surely You're Joking, Mr. Feynman! von Richard P. Feynman

Wenn du an einem beliebigen Ort ein riesiges Plakat mit beliebigem Inhalt aufhängen könntest, was wäre das und warum? Gibt es Zitate, an die du häufig denkst oder nach denen du lebst?

Wenn es eine wirklich große Anzeigentafel ist, würde ich für Folgendes plädieren:

»Die fundamentale Ursache für Ärger ist, dass sich in der modernen Welt die Dummen absolut sicher sind, während die Intelligenten voller Zweifel sind.«
– Bertrand Russell

»Der größte Feind der Wahrheit ist nicht die Lüge – absichtsvoll, künstlich, unehrlich –, sondern der Mythos – fortdauernd, verführerisch und unrealistisch. Allzu oft klammern wir uns an die Klischees unserer Vorfahren. Wir zwängen alle Fakten in ein vorgefertigtes Interpretationsschema. Wir genießen die Bequemlichkeit der Meinung ohne die Unbequemlichkeit des Denkens.«
– John F. Kennedy

»Kein Problem kann auf derselben Bewusstseinsebene gelöst werden, auf der es geschaffen wurde.«
– Albert Einstein

»Wenn man sich ein Ziel setzt, sollte es die folgenden beiden Bedingungen erfüllen: 1) Es muss relevant sein. 2) Man soll das Ergebnis beeinflussen können.« – Peter Attia

Welche Überzeugungen, Verhaltensweisen oder Gewohnheiten, die du dir in den letzten fünf Jahren angeeignet hast, haben dein Leben am meisten verbessert?

Mein Verständnis für den Einsatz von Hormonersatztherapie (HET) bei Männern und Frauen hat sich enorm weiterentwickelt. Das Zitat von JFK war für mich wirklich ein Schlag ins

Gesicht. Ich hatte lange einfach vorausgesetzt, dass HET »schlecht« sei, weil ich das, nun ja, im Studium so gelernt hatte und einige Koryphäen diese Meinung vertraten. Ich will damit nicht sagen, dass jeder von uns ab sofort Hormone nehmen soll – das endokrine System ist hochkomplex und ich verstehe nicht einmal die pauschalen Behauptungen, die in diesem Zusammenhang gemacht werden –, aber es stört mich mittlerweile gewaltig, dass ich nicht einmal bereit war, diese Therapie in Erwägung zu ziehen, ohne sie mir genau anzusehen und mich mit der Fachliteratur zu befassen. Außerdem frage ich mich, wie ich diese Frage wohl in fünf Jahren beantworten werde.

Was ist das beste oder lohnendste Investment, das du je getätigt hast (in Form von Geld, Zeit, Energie etc.)?

Vermutlich dass ich mit dem Boxen angefangen habe, obwohl ich diesbezüglich gemischte Gefühle habe, weil infolge der vielen Schläge mein IQ mit Sicherheit um 10 bis 20 Punkte gesunken ist. Ich habe den Sport viele Jahre ausgeübt, weil ich Profiboxer werden wollte. Dieses Ziel bildete die Grundlage für die Arbeitseinstellung und Disziplin, die mein weiteres Leben bestimmen sollten, als ich mit 18 Jahren beschloss, Mathematik und Maschinenbau zu studieren. Es gab mir auch ein großes Selbstbewusstsein, das sich seltsamerweise bis heute gehalten hat (obwohl ich mich selbst durch einen Sommerschlussverkauf kaum durchschlagen könnte). Ich erinnere mich, dass ich damals sehr zuversichtlich war, mich selbst oder eine andere Person verteidigen zu können. Deshalb hatte ich überhaupt kein Bedürfnis nach Konfrontationen und amüsierte mich sogar insgeheim, wenn jemand (ein pseudoharter Kerl) dachte, ich hätte Angst vor ihm. Das war nicht der Fall, aber der Punkt ist, dass ich erkannte, dass die Fähigkeit an sich ausreichte; ich musste sie nicht anwenden oder zur Schau stellen.

Was ist eine deiner – gern auch absurden – Eigenheiten, auf die du nicht verzichten möchtest?

Egg-Boxing – das Aneinanderschlagen zweier Eier, um zu sehen, welches von beiden siegreich aus dem Kampf hervorgeht. Ich bin davon überzeugt, dass Egg-Boxing das Zeug dazu hat, ein international anerkannter Sport und sogar eine olympische Disziplin zu werden, wenn die Welt nur mehr darüber wüsste – allerdings wäre es dann keine ausgefallene Gewohnheit mehr. [**Anmerkung von Tim:** Egg-Boxing verdient zweifellos ein eigenes Kapitel, würde den Rahmen dieses Buches aber sprengen. Ein Video von Peter beim Egg-Boxing findet sich auf tim.blog/eggboxing.]

Welchen Rat würdest du einem intelligenten, motivierten Studenten für den Einstieg in die »echte Welt« geben? Welchen Rat sollte er ignorieren?

Mein Ratschlag: Bleib so authentisch wie möglich. Verstelle dich nicht. Meiner Meinung nach ist es besser, offen kaltherzig zu sein als anderen ein mitfühlendes Wesen vorzugaukeln. Wenn du wirklich an einer Gruppe von anderen Leuten interessiert bist, die durchaus klein sein kann, wirst du mit der Zeit bedeutungsvolle Beziehungen entwickeln. Mit zunehmendem Alter glaube ich, dass belanglose Beziehungen im Berufs- und Privatleben immer kräftezehrender werden, deshalb sollte man seine Energie nur in völlig aufrichtige Interaktionen stecken.

Ein zweiter Ratschlag wäre, sich konsequent und ungeniert auf die Suche nach Mentoren zu machen (und sich auch anderen als Mentor zur Verfügung zu stellen). Hierfür muss man sich natürlich an den ersten Punkt halten und mutig sein, denn man begibt sich in eine exponierte Position, in der man angreifbar ist – sowohl als Schüler, aber auch als Lehrer. Deshalb ist es wichtig, beide Positionen zu kennen.

Ein Ratschlag, den man ignorieren sollte: Ich höre sehr oft, wie jemand einen Rat erhält, der dem Denkfehler der irreversiblen Kosten entspricht: »Du hast X Jahre damit zugebracht, Y zu lernen, deshalb kannst jetzt nicht einfach aufhören und auf einmal Z machen«, heißt es dann. Ich finde diesen Ratschlag schlecht, weil er der Vergangenheit zu große Bedeutung beimisst, die sich sowieso nicht ändern lässt, und die Zukunft vernachlässigt, die noch vor einem liegt und somit völlig formbar ist.

Als ich zum Beispiel beschloss, aufs College zu gehen, wollte ich als Hauptfach Raumfahrt studieren, und deshalb schrieb ich mich für ein Programm ein, in dem ich im Grundstudium Maschinenbau und Mathematik parallel studieren konnte, um später meinen Doktor in Raumfahrt mit Schwerpunkt Kontrolltheorie zu machen (also alles Mathematik). Unabhängig davon verbrachte ich im Studium nebenher auch viel Zeit als ehrenamtlicher Helfer, der einerseits mit sexuell missbrauchten Kindern arbeitete und andererseits mit krebskranken Kindern, die gerade in Behandlung waren. In meinem letzten Studienjahr war ich mir nicht mehr so sicher, ob ich meinen Doktor in Maschinenbau noch machen wollte. Ich fühlte mich in eine völlig andere Richtung gezogen, wusste aber nicht genau, wohin mich dieser Weg führen würde. Nach viel Denken und Grübeln erkannte ich, dass die Medizin besser zu mir passte, obwohl es viele Gründe dafür gab, beim Ingenieurwesen zu bleiben (z. B. eine Auswahl an Stipendien für die besten Promotionsprogramme des Landes). Die Menschen, die ich respektierte – meine Professoren, Familie und Freunde –, dachten, ich wäre verrückt geworden. Ich hatte so hart gearbeitet, um an den Punkt zu kommen, an dem ich gerade war.

Aber ich gönnte mir ein weiteres Studienjahr, machte einen zweiten Bachelor und bewarb mich für ein Medizinstudium.

Zehn Jahre später befand ich mich wieder an einem Punkt, an dem ich das Undenkbare in Erwägung zog – so ließ ich nach zehn Jahren medizinischer Ausbildung die Medizin hinter mir, um mich einer Beratungsfirma anzuschließen und an der Modellierung von Kreditrisiken zu arbeiten. Das nächste Jahrzehnt brachte zwei weitere seismische Karrierewechsel mit sich. Vielleicht rationalisiere ich nur mein eigenes Verhalten, aber ich habe nie auf meine verschlungene Laufbahn zurückgesehen und bereut a) Zeit damit verbracht zu haben, mich in zuvor interessante Themen einzuarbeiten und darin ein hohes Maß an Kompetenz zu erlangen (Maschinenbau, Medizin), oder b) einen Karrierewechsel vorzunehmen, auch wenn mich dieser vor große Herausforderungen stellte.

Welche schlechten Ratschläge kursieren in deinem beruflichen Umfeld oder Fachgebiet?
In meinem Forschungsbereich stelle ich immer wieder fest, dass eine starke Betonung darauf liegt, wie Menschen aussehen (halbwegs wichtig) und sich fühlen (definitiv wichtig); es wird aber nur sehr wenig daran gearbeitet, den Ausbruch chronischer Erkrankungen zu verzögern, was beinahe dem mathematischen Äquivalent gleichkommt, die Lebenserwartung zu verlängern und die Lebensqualität zu verbessern. Ich staune immer wieder darüber, wie wenig die Experten in diesem Feld Ansätze unterstützen, den Ausbruch von Herzinsuffizienz, Krebs, neurodegenerativen Erkrankungen und Unfalltod zu verzögern.

Wozu kannst du heute leichter Nein sagen als vor fünf Jahren?
Ich muss nicht mehr auf meiner Meinung beharren oder das Gefühl haben, jeden Punkt zu diskutieren und auf jede Kritik zu reagieren. Mittlerweile ist mein Pendel schon eher ins andere Extrem ausgeschlagen und mein Verhalten grenzt beinahe schon an Apathie. Sobald du aufhörst, dir Gedanken darüber zu machen, wie du von der Welt wahrgenommen wirst – und dich damit zufrieden gibst, dass du selbst und ein kleiner Personenkreis weiß, dass du recht hast –, dann hörst du schlagartig auf, deine Zeit und Energie damit zu verschwenden, andere Leute von deiner Sichtweise zu überzeugen.

»Mir ist klargeworden, dass man Trends nicht folgen sollte. Man sollte sie erkennen, ohne ihnen zu folgen.«

STEVE AOKI
IG/FB: @steveaoki
steveaoki.com

STEVE AOKI ist ein zweimal für einen Grammy nominierter Produzent/DJ, Entrepreneur, Gründer von Dim Mak Records und Designer der modernen Menswear-Linie Dim Mak Collection. Spring Mak Records, gegründet 1996, ist zum Sprungbrett für Bands wie The Chainsmokers, Bloc Party, The Bloody Beetroots und Gossip geworden. Als Solo-Künstler lebt Aoki auf der Straße – er absolviert 250 Tour-Aufritte pro Jahr. Sein 2016 auf Netflix Original veröffentlichter Dokumentarfilm *I'll Sleep When I'm Dead* wurde für einen Grammy nominiert. Aoki ist bekannt für seine genreübergreifenden Produktionen. Unter anderem hat er mit Linkin Park, Snoop Dogg und Fall Out Boy zusammengearbeitet. Seine Hits »Just Hold On« mit Louis Tomlinson von One Direction und »Delirious (Boneless)« mit Kid Ink haben jeweils Gold-Status erreicht, das neueste Album *Kolony* stieg auf Platz 1 in die Charts für elektronische Musik ein. *Kolony* ist Aokis erste konsequente Rap-Produktion, unterstützt von Lil Yachty, Migos, 2 Chainz, Gucci Mane, T-Pain und weiteren Künstlern.

Welche Anschaffung von maximal 100 Dollar hat für dein Leben in den letzten sechs Monaten (oder in letzter Zeit) die größte positive Auswirkung gehabt?

Die iMask Sleep Eye Mask ist auf Tour ein absoluter Segen; ich habe sie immer dabei. Weil wir ständig reisen und die Terminplanung sehr stressig ist, muss ich immer schlafen können, wenn es mal ruhig ist. Das ist nicht immer zu Zeiten, in denen die anderen Leute schlafen. Ich schlafe, wenn ich mit einem DJ-Auftritt fertig bin, oder im Auto. Dann setze ich meine iMask auf und bekomme meine 15 Minuten Schlaf. Im Sommer sind unsere Wochenenden oft vollgepackt – wir sind manchmal an zwei Tagen in fünf Ländern. Da muss ich jederzeit schlafen können. Das kann im Auto sein, im Flugzeug, auf dem Weg vom Hotel zur Veranstaltung oder von der Veranstaltung zum Flughafen. Ich habe die iMask dabei und setze sie auf, um zu schlafen oder Transzendentale Meditation zu machen, bei der ich manchmal auch einschlafe. Ich mag die Maske, weil sie mich von allem abschirmt. Auf Tour ist sie absolut unverzichtbar, damit ich meinen Schlaf bekomme.

Wenn du an einem beliebigen Ort ein riesiges Plakat mit beliebigem Inhalt aufhängen könntest, was wäre das und warum? Gibt es Zitate, an die du häufig denkst oder nach denen du lebst?

Ich lebe nach dem Zitat »unbedingt notwendig«. Es stammt von Malcolm X. Als ich auf dem College war, habe ich *The Autobiography of Malcom X* gelesen, und seine Entschlossenheit und sein Einsatz für seine Leute und den Kampf gegen ein System, das nicht dafür da war, ihm oder seinen Leuten zu helfen, haben mich umgehauen. Er hat wirklich viel dazu beigetragen, dass Bürgerrechte ins Bewusstsein der amerikanischen Bürger gerückt sind. Das Buch war sehr bewegend, und ich weiß noch, dass ich es mehrere Male gelesen habe.

Als ich mein Label gegründet habe, wollte ich einen Slogan aus diesem Konzept kreieren, und ich wollte diese Idee von »unbedingt notwendig« als Lebenseinstellung benutzen. Als wir im Jahr 1996 mit Dim Mak begannen, hatte ich kein Geld für das Label, weil ich nur 400 Dollar besaß. Also musste ich irgendwelche Möglichkeiten finden, trotzdem Platten zu veröffentlichen. Ich tat, was immer ich konnte, mit den Werkzeugen, die ich hatte, und ohne Ausreden und Klagen. Man muss eine Möglichkeit finden, sein Projekt zu realisieren. Man muss jenseits ausgetretener Pfade denken.

Mein Team lebt und arbeitet ebenfalls nach dem Motto »unbedingt notwendig«. Aus diesem Grund schaffen wir Sachen, die andere vielleicht nicht schaffen würden. Ich bin froh, dass ich so ein tolles Team habe, das diese Lebenseinstellung mit mir teilt.

Welcher (vermeintliche?) Misserfolg war die Voraussetzung für deinen späteren Erfolg? Hast du einen »Lieblingsmisserfolg«?

Es gab eine Zeit, in der ich bei jedem Auftritt getrunken habe, und ich war viel als DJ unterwegs, vielleicht an vier Abenden pro Woche bei lokalen Shows in Los Angeles. Ich veranstaltete ein paar Dim-Mak-Partys, und wir standen an der Spitze der Welt. Wir hatten den Markt mit unserem Sound und unserer Kultur in die Tasche gesteckt, und ich wurde links und rechts gebucht. Ich war der Botschafter einer neuen Kultur in der elektronischen Musik namens »Electro«, und mein Ego wurde ziemlich groß. Ich trank und hatte Spaß. Das war ein tolles Gefühl, aber dann vergisst man die wichtigsten Dinge im Leben, weil man in einem Nebel der Selbstgefälligkeit steckt.

Dann hatte ich meine Mutter zu Besuch, die sonst nie mit dem Flugzeug kommt. Dieses Mal war eine der wenigen Ausnahmen, und ich sollte sie am Morgen abholen. Die Nacht davor war intensiv – wir feierten eine Party, ich trank und blieb superlange wach. Meine Mutter landete ungefähr um 7 Uhr, und ich habe verschlafen. Ich bin gegen 10 Uhr aufgewacht, also ungefähr drei schreckliche Stunden zu spät. Ich sah eine Text-Nachricht von meiner Mutter – dabei weiß sie kaum, wie man sowas schreibt. Ich weiß nicht warum, aber sie hat drei Stunden am Flughafen gewartet, draußen auf einer Bank. Meine arme Mutter.

Als ich dann eine Stunde später am Flughafen war, insgesamt also vier Stunden nach ihrer Ankunft, saß sie einfach ganz unschuldig auf dieser Bank, und ich bin zusammengebrochen. Sie war immer noch total lieb. Genau in diesem Moment fühlte ich, dass dieses ganze Leben mit Feiern und Trinken totaler Schwachsinn war, vor allem wenn man es nicht schafft, die richtigen Prioritäten zu behalten und seine Familie wertzuschätzen und sich um sie zu kümmern.

Das war ein Versagen, das ich nie vergessen werde. Danach habe ich aufgehört, in der Hollywood-Blase gefangen zu sein, in der jeder absolut jede Nacht ausgeht und trinkt. Man kann in dieser Blase leben und die Realitäten seiner Familie und der Beziehungen außerhalb der Blase vergessen. Aber diese Beziehungen sind entscheidend dafür, wer man ist, und wichtig für das Leben. Am Ende habe ich mit dem Trinken aufgehört, und ich bin ziemlich froh darüber, unter anderem wegen dieses großen Versagens.

Gibt es eine interessante Routine, die du auf Touren pflegst?

Das viele Reisen auf Tour kann einen herunterziehen, und es gibt viel schlechtes Essen. Man kann unterwegs nicht alle Variablen um sich herum kontrollieren. Zu Hause hat man seine Saftbar, sein Fitness-Studio und den Markt, auf dem man jeden Tag einkaufen kann, sodass man gute Lebensmittel essen und sein Leben im Gleichgewicht halten kann.

Eine Sache, die ich unterwegs mache, ist das »Aoki Bootcamp«. Wir kontrollieren uns sozusagen gegenseitig, um dafür zu sorgen, dass wir jeden Tag ein bestimmtes Ziel erreichen. Für jeden Tag legen wir eine bestimmte Anzahl Wiederholungen fest, für Liegestütze, Sit-ups und so weiter. Wir haben sogar eine WhatsApp-Gruppe, auf der wir uns Beweise dafür zeigen, dass wir die Übungen gemacht haben. Abgesehen von Training spielt dabei auch Essen eine Rolle, denn es geht ja nicht nur um Sport, sondern auch darum, wie man sich ernährt. Wir haben eine Liste von Lebensmitteln, die wir nicht essen dürfen, und wer das doch tut, muss zum Ausgleich 15 zusätzliche Wiederholungen im Training machen. Wir tun also jeden Tag unser Bestes, um anständig zu essen, zu trainieren und unsere Ziele zu erreichen. Das ist die grundlegende Philosophie beim Aoki Bootcamp: die Verantwortung gegenüber der Gruppe nutzen, um diese Ziele zu Lebensmitteln, Ernährung und Training zu erreichen.

Wenn man die Ziele bis zu einer bestimmten Zeit nicht erreicht hat, bis Mitternacht, muss man eine Strafe zahlen. Dieses Geld fließt dann über die Aoki Foundation in nicht-gewinnorientierte Organisationen für Gehirnforschung.

Welches Buch (welche Bücher) verschenkst du am liebsten? Warum? Welche ein bis drei Bücher haben dein Leben am stärksten beeinflusst?

Dafür müssen wir einen Sprung in meine College-Zeit machen, nachdem mein Vater gestorben war. Damals begann ich, mich über Krebs zu informieren, weil ich wissen wollte, was ihn getötet hatte. Das hat mir die Augen geöffnet. Es hat dazu geführt, dass ich mich damit beschäftigte, wie die Wissenschaft der Zukunft Heilungsmöglichkeiten für andere Krankheiten finden würde. Damit lief alles auf *The Singularity Is Near* von Ray Kurzweil hinaus. Das Buch hat mich für die Vorstellung geöffnet, dass aus Science-Fiction wissenschaftliche Fakten werden können. Als ich kleiner war, habe ich Comics gelesen und Science-Fiction und Anime geliebt. *Ghost in the Shell* war mein Lieblings-Anime. Außerdem mochte ich auch *Armitage III* gern, in dem es um die Idee von Robotern mit Bewusstsein geht.

Ich habe auch die anderen Bücher von Kurzweil gelesen. Sie handeln von radikalen Konzepten für die Zukunft der Wissenschaft, und das hat mir gezeigt, dass einige dieser Ideen wirklich umsetzbar sind – nicht irgendwann in ferner Zukunft, sondern noch in unserer Lebenszeit! Wenn man sich überlegt, dass manche dieser fantasievollen Ideen wie ewiges Leben oder Menschen als Roboter wirklich Realität werden können, ist das unglaublich. In dem Buch *Ending Aging* zum Beispiel schreibt Dr. Aubrey de Grey über seine Forschung an der Frage, wie man die Degeneration von Zellen stoppen kann, was auf eine Verlängerung des Lebens hinausläuft.

Ray Kurzweil schreibt über das Gesetz des sich beschleunigenden Nutzens. Es sagt aus, dass grundlegende Kennzahlen in der Informationstechnologie einer vorhersagbaren und exponentiellen Kurve folgen. In den 1970er-Jahren zum Beispiel hatten wir Computer, die so groß waren wie ein ganzes Zimmer und 250.000 Dollar kosteten; heute passen sie in meine Hand und haben viel mehr Rechenleistung. Letztlich geht es nicht darum, dass nur reiche Leute neue Technologien haben. Es geht darum, sie in die Masse zu bringen, damit jeder daran teilhaben kann.

Man weiß nie, was passieren kann. Aber dieses Buch hat mir das Gefühl gegeben, dass es eine futuristische Hoffnung gibt, eine hoffnungsfrohe utopische Zukunft, in der wir Technologie nutzen, um unser Leben zu verbessern, unsere Kreativität zu steigern und länger, glücklicher und gesünder zu leben, ohne uns mit Krankheiten zu quälen, und in der wir unsere Ressourcen so nutzen, dass der Planet nicht zerstört wird. Auf diese Zukunft hoffe ich. *The Singularity Is Near* hat auch meine Musik geprägt – ich habe ein Album so genannt, und 2012 habe ich eine Single mit dem Titel »Singularity« geschrieben. Ich habe Ray Kurzweil sogar in das Video dazu bekommen.

Später habe ich beschlossen, eine Konzeptalbum-Reihe mit dem Titel *Neon Future* zu produzieren. In dieses Konzept wollte ich nicht nur alle meine musikalischen Kooperationen einfließen lassen, sondern auch mit einem Wissenschaftler zusammenarbeiten. Ray Kurzweil war bereit mitzumachen. Ich habe ihn in seiner Wohnung in San Francisco befragt und außerdem noch weitere Personen, die mich inspirierten.

Für *Neon Future II* habe ich diese Gespräche mit unterschiedlichen Leuten und Nicht-Wissenschaftlern wie J. J. Abrams und Kip Thorne fortgesetzt. Mit *Neon Future III* läuft dieses Projekt weiter, also passiert noch mehr, und das hat enormen Einfluss auf mein Leben gehabt.

Welche Überzeugungen, Verhaltensweisen oder Gewohnheiten, die du dir in den letzten fünf Jahren angeeignet hast, haben dein Leben am meisten verbessert?

Die eine Sache, die ich über Musik und Kooperationen gelernt habe, ist, dass Musik ein zyklischer Trend ist und dass Unterhaltung allgemein zyklisch ist. Mir ist klargeworden, dass man Trends nicht folgen sollte. Man sollte sie erkennen, ohne ihnen zu folgen. Trends zu erkennen, ist gut, aber wenn man ihnen folgt, wird man von ihnen aufgesaugt und geht dann auch zusammen mit ihnen unter.

Mein unabhängiges Label gibt es seit inzwischen 20 Jahren. Wir haben die Kugeln überlebt, die uns hätten niederstrecken sollen, als wir unseren eigenen Weg gingen und neue Bewegungen mit Sounds und Künstlern ins Leben riefen. Wir haben bestimmte Trends geschaffen und waren Teil davon, aber wir haben den Tod dieser Trends überlebt. Wie ich gelernt habe, können die Leute mich in bestimmten Trends positionieren, aber mir gelingt es irgendwie, wieder aufzutauchen, wenn der Trend vorbei ist. Ich schaffe es, dauerhaft über dem Auf-und-Ab-Zyklus zu schweben.

Ich konzentriere mich auf die Energie meiner Musik, nicht auf den Trend. Die Energie selbst hat keinen Namen. Für sie geht es nicht um die Frage, ob sie cool ist oder nicht. Letztlich ist das Wichtigste von allem das Gefühl, denn die Energie, die meine Musik ausstrahlen und anziehen wird, ist ein sehr menschliches Gefühl.

Musik ist im Wesentlichen unser Werkzeug, um uns mit unseren Gefühlen auseinanderzusetzen. Ich will dafür sorgen, dass ich immer die kulturellen Reize mit aufnehme, die mich gerade inspirieren – egal mit wem ich arbeite und wie ich meine Musik mache. Das kann mit Trends zusammenhängen, aber ich sorge immer dafür, dass die Energie der Musik im Vordergrund steht und die deutlichste Stimme in der Mischung ist. Ich denke immer daran, nicht in die Achterbahn zu steigen. Ich weiß, dass es diese Achterbahn gibt, aber ich setze nicht alles auf sie. Halte dich vom Trend fern! Identifiziere ihn und erkenne ihn an, aber halte dich fern.

Was tust du, wenn dir alles zu viel wird, du nicht mehr fokussiert bist oder deine Konzentration nachlässt?

Wenn ich im Studio bin und in einen Zustand gerate, in dem ich meine Ideen nicht mehr vermitteln kann und anfange, mit dem Kopf in den Computer zu rammen, muss ich da weg. Dasselbe gilt, wenn ich versuche, ein Projekt zu Ende zu bringen, und einfach gegen eine Wand laufe. Man muss dann den Raum wechseln, um neu anfangen zu können.

Allgemein versuche ich als Erstes Meditation, um alles zurückzusetzen – mein Gehirn und meine Energie. Ich glaube an die Fähigkeit, in einen Flow zu kommen, und wenn man diesen Zustand erreicht, kann man Projekte wirklich schnell fertig bekommen. Ein Beispiel: The Clash haben für eines der besten Alben der Rock-Geschichte, *London Calling*, nur drei Wochen gebraucht. Meiner Meinung nach ging das so schnell, weil die Band in einem Flow-Zustand war. In solchen Phasen ist man extrem produktiv und kreativ.

Wenn ich in diesem Zustand bin, bleibe ich so lange darin, wie ich nur kann. Denn wenn man ihn erst einmal verloren hat, ist es schwierig, wieder hineinzukommen. Wenn man gegen eine Wand läuft oder wütend auf sich selbst wird und nicht zu Inspiration und Kreativität zurückfindet, muss man neu starten und sich auf die Grundlagen besinnen. Das ist der Grund dafür, warum einige der Künstler, mit denen ich am liebsten arbeite, auf keinen Fall in ein großes Studio gehen wollen. Sie wollen zurück zu den Anfängen und in irgendwelchen kleinen Drecksloch- Studios arbeiten. Dadurch kann man zurück zu der Seele von dem kommen, warum man tut, was man tut. Und am wichtigsten: Es geht nicht darum, wie viel Geld man in ein Projekt stecken kann, und auch nicht darum, wie viele Leute man dafür gewinnt. Entscheidend ist das gute Gefühl, und man findet es mitten in den Gründen dafür, warum man mit so etwas überhaupt angefangen hat.

An diesen Ort muss man einfach zurückfinden. Wenn man dadurch glücklich wird, dann kann man aus dieser Zufriedenheit in einen Flow-Zustand kommen, und der Rest ist Geschichte!

»Um im Leben zu wachsen, muss ich mich auf die Suche nach Stress machen.«

JIM LOEHR
Corporateathlete.com

DR. JIM LOEHR ist ein international anerkannter Leistungspsychologe und Mitbegründer des Johnson & Johnson Human Performance Institute. Er hat bisher 16 Bücher geschrieben, darunter sein aktuellstes Werk *The Only Way to Win: How Building Character Drives Higher Achievement and Greater Fulfillment in Business and Life*. Jim hat mit Hunderten von Profis aus den verschiedensten Berufszweigen zusammengearbeitet, darunter Spitzensportler, FBI-Geiselrettungsteams, polizeiliche und militärische Spezialeinheiten, Manager von Fortune-100-Unternehmen. Er betreute Athleten wie die Golfer Mark O'Meara und Justin Rose; die Tennisspieler Jim Courier, Monica Seles und Arantxa Sánchez Vicario; den Boxer Ray Mancini; die Eishockeyspieler Eric Lindros and Mike Richter; und Dan Jansen, Olympiasieger im Eisschnelllauf. Jims wissenschaftlich fundiertes Trainingssystem, das auf einer optimalen Balance zwischen Belastung und Erholung der Energiereserven beruht, hat weltweit für Aufsehen gesorgt und wurde unter anderem in *Harvard Business Review, Fortune, Time, U.S. News & World Report, Success* und *Fast Company* vorgestellt.

Welches Buch (welche Bücher) verschenkst du am liebsten? Warum? Welche ein bis drei Bücher haben dein Leben am stärksten beeinflusst?

Das Buch, das ich am häufigsten verschenke und selbst immer wieder aufs Neue lese, ist *Man's Search for Meaning* von Viktor Frankl. Seine brillante Schilderung der Bedeutung und Kraft eines Lebenssinns bewegt mich tief. Ich bin nach wie vor fasziniert von seiner scheinbar grenzenlosen Fähigkeit, Mitgefühl und Liebe für die anderen Häftlinge im Konzentrationslager wie auch für die Aufseher aufzubringen, die die Gräueltaten überhaupt erst möglich gemacht haben. Frankl war sogar in der Lage, Mitgefühl zu empfinden, als er selbst dem Tode immer näher kam.

Welche Anschaffung von maximal 100 Dollar hat für dein Leben in den letzten sechs Monaten (oder in letzter Zeit) die größte positive Auswirkung gehabt?

Für unter 100 Dollar eine Packung Collins Stretch Tape von Collins Sports Medicine ist meiner Meinung nach die beste Investition für aktive Sportler. Ich brauche für mich selbst mehrere Rollen im Jahr. Unsere Athleten waren von diesem Produkt auf Anhieb begeistert. Das Tape ist selbstklebend, elastisch und eignet sich perfekt, um Füße, Hände, Arme und Beine zu stabilisieren und zu schützen. In jeder Hinsicht empfehlenswert!

Welcher (vermeintliche?) Misserfolg war die Voraussetzung für deinen späteren Erfolg? Hast du einen »Lieblingsmisserfolg«?

In meiner beruflichen Karriere wurde ich dreimal von Menschen, denen ich vertraut habe – sehr sogar –, um Geld und geistiges Eigentum betrogen. Das passierte mir gleich zweimal zu Beginn meines unternehmerischen Daseins, als Geld ein sehr, sehr knappes Gut war. Ich hatte damals das Gefühl, und das habe ich auch heute noch, dass diese Situationen nur dadurch möglich wurden, dass ich mich im Charakter der anderen Personen massiv getäuscht habe. Ich hatte auch das Gefühl, dass ich meine »Investition« nicht gründlich genug geprüft hatte (obwohl in dem einen Fall sogar ein hochrangiger Vertreter der US-Notenbank für eine der an diesem Projekt beteiligten Personen gebürgt hat). Ich war von diesen Leuten maßlos enttäuscht und wollte niemandem mehr vertrauen. Ich betrachtete diese Vorfälle als Ausdruck für die Verdorbenheit der Menschen und war eine Zeitlang sehr verbittert.

Nach Jahren der Zusammenarbeit mit Menschen aus ganz verschiedenen Bevölkerungsgruppen habe ich gelernt, dass praktisch jeder im Laufe seines Lebens solche Erfahrungen macht. Wenn man sicherstellen will, dass einem keine solchen Enttäuschungen widerfahren, muss man eine Mauer bauen, die so dick und hoch ist, dass niemand mehr an einen herankommt. Die Kosten einer lebenslangen emotionalen Abschottung übersteigen allerdings den Schmerz des gelegentlichen Hintergangenwerdens. Die Wahrheit ist, dass der Schmerz des missbrauchten Vertrauens und Hintergangenwerdens einfach der Preis dafür ist, dass man sich um andere kümmert und eine tiefe Verbindung zu ihnen eingeht. Ich schloss meinen Frieden damit, indem ich darüber schrieb und nach Wegen suchte, wie ich meinen Schmerz in etwas Positives und Konstruktives verwandeln konnte. Für mich ging es darum, den Betrug zu nutzen, um meine Resilienz zu stärken und ein besseres Urteilsvermögen zu entwickeln ... und Vergebung zu lernen.

Resilienz war eine sehr starke Kraft, die mir half, mehr als ein Dutzend Bücher zu schreiben (mit vielen Rückschlägen, langen Nächten und langen Tagen), während ich gleichzeitig das Human Performance Institute gründete und aufbaute. Wenn ich nicht gelernt hätte, meine anfänglichen Fehler zu überwinden, hätte ich möglicherweise nicht den Mut und die Entschlossenheit aufgebracht, mich den Risiken zu stellen und dieses Unternehmen zu entwickeln. Vergebung ist natürlich ein doppeltes Geschenk. Ich habe gelernt, mir selbst zu verzeihen und aufzuhören, mir wegen meiner falschen Einschätzungen Selbstvorwürfe zu machen. Vergebung hat mir ermöglicht, die unproduktive Wut loszulassen und durch Dankbarkeit und Hoffnung zu ersetzen. Ich erkannte schließlich, dass mein Schmerz den Personen, die mein Vertrauen missbraucht haben, völlig gleichgültig war – sie verbrachten deswegen keine schlaflosen Nächte!

Nach vielen Jahren habe ich Folgendes gelernt: Misserfolge lassen sich nicht vermeiden und sollten als Gelegenheit betrachtet werden, seine Resilienz aufzubauen, sich selbst und anderen zu vergeben und seine Lehren daraus zu ziehen.

Wenn du an einem beliebigen Ort ein riesiges Plakat mit beliebigem Inhalt aufhängen könntest, was wäre das und warum?

»ÜBT EUCH IN GÜTE.«

Man muss mutig sein, um wahrhaft gütig zu sein. Ich habe Navy-SEAL-Kommandanten kennengelernt, die den ganzen Tag Klimmzüge machen und die kältesten, heimtückischsten Gewässer in lebensgefährlichen Missionen überqueren können, und als sich unsere Wege wieder trennten, blieb mir an diesen Männern aus Stahl in erster Linie ihre unglaubliche, aufrichtige Güte und Bescheidenheit in Erinnerung. Ich habe auch Spitzenathleten erlebt, die einen berauschenden Sieg erzielten, der ihnen ein Preisgeld in Millionenhöhe einbrachte, und als sie mit ihren Trainern und Freunden essen gingen, um ihren Sieg zu feiern, weigern sie sich, etwas zu bezahlen ... selbst ihre eigene Mahlzeit. Die Haupterkenntnis für mich ist nicht, dass diese Leute

Gewinner sind ... sondern vielmehr, dass ihre Egozentrik, Undankbarkeit und mangelnde Güte anderen gegenüber niemals gerechtfertigt werden kann, schon gar nicht mit dem Argument, dass sie eben Champions oder Prominente sind.

Eines meiner Lieblingszitate stammt von Ralph Waldo Emerson: »Viel und oft zu lachen; die Achtung intelligenter Menschen und die Zuneigung von Kindern zu gewinnen ... die Welt ein wenig besser zu verlassen ... zu wissen, dass wenigstens das Leben eines Menschen leichter war, weil du gelebt hast; das bedeutet, nicht umsonst gelebt zu haben.«

Welche Überzeugungen, Verhaltensweisen oder Gewohnheiten, die du dir in den letzten fünf Jahren angeeignet hast, haben dein Leben am meisten verbessert?

Täglich Tagebuch zu führen ist ein erstaunliches Hilfsmittel, um sicher durch die Stürme des Lebens zu segeln und die beste Version zu sein, die man sein kann. Das tägliche Ritual der Selbstreflexion hat mir viele unbezahlbare Einblicke in mein Leben verschafft. Das tägliche Schreiben erhöht mein persönliches Bewusstsein auf nahezu magische Weise. Dadurch sehe, fühle und erlebe ich Dinge wesentlich lebhafter. Mein hektisches Leben wird ausgeglichener und erträglicher, wenn ich bewusst Zeit einplane, um über mich selbst nachzudenken. Ich bin in der Lage, in allem, was ich tue, präsenter zu sein, und aus irgendeinem Grund akzeptiere ich meine Fehler auch viel leichter.

Das Führen eines Tagebuchs kann eine kathartische, heilende Wirkung haben oder zum persönlichen Wachstum und Ausbau der Fähigkeiten beitragen. Die Tagebucheinträge können kurz und in einer Minute fertig geschrieben sein, oder man lässt sich dafür so lange Zeit, wie man will. Normalerweise dauert es zwei bis vier Wochen, bis man die ersten positiven Ergebnisse sehen und spüren kann. Im Idealfall sind die Einträge handgeschrieben und nicht am Computer getippt.

Meine ersten Erfahrungen mit dem Führen eines Tagebuchs sammelte ich in meiner frühen Arbeit mit Athleten. Jeder Athlet sollte täglich ausführlich Trainingstagebuch führen. Im Laufe der Jahre habe ich die wichtige Erkenntnis gewonnen, dass alles, was man regelmäßig quantifiziert und überprüft, besser wird (Schlafdauer, ausreichendes Trinken, Häufigkeit des Dehnens, Essgewohnheiten usw.). Die Quantifizierung von Verhaltensweisen schärft das Bewusstsein und verkürzt normalerweise die Dauer, die erforderlich ist, um das Verhalten zu verinnerlichen. Wir wenden dieses Verständnis schließlich auch auf mentales und emotionales Training an. Die Verwendung von Tagebucheinträgen zur Quantifizierung positiver bzw. negativer Gedanken, hundertprozentiger Einsatz im Training, Motivation, Ton und Aussagen der inneren Stimme, das Umgehen mit Wut usw. brachten ähnlich aufschlussreiche

Ergebnisse. Deswegen beschloss ich, selbst Tagebuch zu führen. Nach nur einigen Wochen bereute ich nur, nicht schon viel früher damit angefangen zu haben.

Welche schlechten Ratschläge kursieren in deinem beruflichen Umfeld oder Fachgebiet?

»Sei du selbst.«

Ich verstehe die Absicht, die hinter dieser Aussage steht, aber sie kann als tödliche Waffe benutzt werden, um andere zu verletzen. In vielen Fällen sagen Leute Dinge wie: »Ich bin doch nur ehrlich« und benutzen die vermeintliche Ehrlichkeit als Ausrede dafür, andere schlecht zu behandeln. Sie sind in einem Gespräch abfällig oder unhöflich und weisen jede persönliche Verantwortung dafür von sich, indem sie sagen: »Hey, so bin ich nun einmal.« Nachdem ich mit erstaunlichen Athleten, Führungspersönlichkeiten und anderen Menschen weltweit zusammengearbeitet habe, habe ich festgestellt, dass sich unsere Menschlichkeit am besten in der Art und Weise ausdrückt, wie wir andere behandeln – indem wir respektvoll sind, bescheiden, fürsorglich, ehrlich und dankbar, obwohl wir uns mit eigenen Problemen herumgeschlagen, Enttäuschungen erlebt und Fehler vorzuweisen haben. Im Umgang mit unseren Mitmenschen offenbaren sich das Herz und die Seele der Person, die wir in unseren besten Momenten sind.

Denke an einen Tennisspieler, der mitten im Spiel einen Wutanfall bekommt und anfängt, den Schiedsrichter zu beschimpfen. Verhält er sich authentisch, weil er frustriert und wütend ist? Oder gibt es noch mehr zu berücksichtigen, beispielsweise welche Rolle der Umgang mit anderen in seinem Wertesystem hat? Und denke jetzt an einen Tennisspieler, der genau weiß, dass der Linienrichter eine falsche Entscheidung getroffen hat, und beim Schiedsrichter Einspruch einlegt, der aber abgewiesen wird. Der Spieler fühlt sich ungerecht behandelt und ist wütend. Er denkt an die Werte, die ihm wichtig sind – Respekt und Geduld anderen gegenüber –, atmet tief durch und setzt das Spiel ruhig fort. Welcher der beiden Spieler stellte echte Authentizität besser dar? Wenn das Argument »ich muss nur ich selbst sein« vorgebracht wird, um unflätiges, unethisches Verhalten zu rechtfertigen, ist diese Behauptung für mich nichts weiter als ein billiger Vorwand.

Ein weiterer schlechter Ratschlag: »Schütze dich vor Stress, und dein Leben wird sich verbessern.«

Der Schutz vor Stress untergräbt nur meine Fähigkeit, mit ihm umzugehen. Die Konfrontation mit Stress ist der Reiz für jede Form von Wachstum, und Wachstum tritt in Erholungsphasen ein. Ich habe gelernt, dass mir die Vermeidung von Stress niemals zu den Fähigkeiten verhelfen wird, die das Leben von mir verlangt.

Für mich ist das Ausbalancieren von Stress mit einer gleich großen Dosis Erholung die Antwort. Tennisspielen, Fitnesstraining, Meditation und Tagebuchführen sorgen für eine umfassende geistige und emotionale Erholung. Für mich ist es in stressreichen Zeiten sehr wichtig, mich an meine optimalen Schlaf-, Ernährungs- und Trainingsgewohnheiten zu halten. Die bewusste Suche nach Stress in einem Lebensbereich verschafft mir erstaunlicherweise in einem anderen Bereich Erholung. Die Vermeidung von Stress hingegen nimmt mich aus dem Spiel und macht mich nur schwächer.

Um im Leben zu wachsen, muss ich mich auf die Suche nach Stress machen.

Was tust du, wenn dir alles zu viel wird, du nicht mehr fokussiert bist oder deine Konzentration nachlässt?

Ich fange sofort an, mir alles ins Gedächtnis zu rufen, wofür ich dankbar bin. Ich fange mit meinen drei Söhnen an, meinem Bruder, meiner Schwester und mache dann mit meiner Mutter und meinem Vater weiter. Dann lasse ich meinen Gedanken freien Lauf und bin für kleine wie auch große Dinge dankbar. Innerhalb von Minuten ändert sich meine Perspektive auf das, was ich als aufreibenden Moment empfinde, drastisch. Ich werde ruhiger, weniger panisch und mäßige meine Gefühle und Gedanken. Ich stelle mir dann vor, wie sich eine Idealversion von mir verhalten würde und wie ich den Stürmen des Lebens begegnen will. Indem ich mich auf meine tiefsten Werte und meinen Lebenssinn besinne, stärke ich meine Entschlossenheit, so ethisch und moralisch wie möglich auf die Krise zu reagieren.

»Wenn du Kritik vermeiden willst, sage nichts, tue nichts, sei nichts.« – Elbert Hubbard

DANIEL NEGREANU
TW: @RealKidPoker
YT: /user/DNegreanu

DANIEL NEGREANU ist ein professioneller Poker-Spieler aus Kanada, der sechs Turniere der World Series of Poker (WSOP) und zwei Meistertitel der World Poker Tour (WPT) gewonnen hat. Im Jahr 2014 wurde er von dem unabhängigen Ranking-Dienstleister Global Poker Index (GPI) als bester Spieler des Jahrzehnts bezeichnet. Seit seinem zweiten Platz beim Turnier Big One for One Drop im Jahr 2014, bei dem er mehr als 33 Millionen Dollar Preisgeld einsammelte, gilt Negreanu als der größte Gewinner eines Live-Pokerturniers aller Zeiten. 2004 und noch einmal 2013 wurde er als WSOP Player of the Year ausgezeichnet – der erste (und einzige) Spieler in der Geschichte der WSOP, der diesen Preis mehr als einmal gewann. Ebenso war er WPT Player of the Year 2004-2005. Negreanu ist der erste Spieler, der es bei jedem der WSOP-Turniere mit einer Titel-Chance (in Las Vegas, Europa und Asien-Pazifik) an den Finaltisch schaffte, wo er dann tatsächlich auch gewann. Im Jahr 2014 wurde er in die Poker Hall of Fame aufgenommen.

Welches Buch (welche Bücher) verschenkst du am liebsten? Warum? Welche ein bis drei Bücher haben dein Leben am stärksten beeinflusst?

The Four Agreements von Don Miguel Ruiz. Es ist schnell zu lesen, nur ungefähr 140 Seiten, und genau seine Einfachheit macht dieses Buch so wirkungsvoll. Immer wenn ein Freund von mir sich auf den Weg der Selbsterkundung macht, schenke ich ihm erst mal dieses Buch.

Welcher (vermeintliche?) Misserfolg war die Voraussetzung für deinen späteren Erfolg? Hast du einen »Lieblingsmisserfolg«?

Ich kann mich noch sehr gut erinnern, wie ich auf einer meiner ersten Reisen von meiner Heimatstadt Toronto nach Las Vegas mein gesamtes Geld verlor. Es war ungefähr 4 Uhr morgens, und ich spielte an einem Tisch mit acht Personen. Ich verlor meinen letzten 5-Dollar-Chip und ging zu den Toiletten. Als ich zurückkam, schaute ich zu dem Tisch, an dem ich gespielt hatte, und stellte fest, dass alle Spieler weg waren. Zum ersten Mal in meinem Leben wurde mir klar, dass ich hier das leichte Opfer gewesen war. Sie hatten wegen mir gespielt. Ich war ihr Tourist für diesen Abend.

Ich habe mir das Gesicht von jedem dieser Spieler gemerkt und war entschlossen, dass mir das nie mehr passieren würde. Ich arbeitete in Toronto noch härter an meinem Spiel, weil ich das Ziel hatte, zurück nach Las Vegas zu gehen und jeden der Spieler zu schlagen, gegen die ich in dieser Nacht verloren hatte.

Später wurde dann einer von ihnen, ein Mann, den jeder Hawaiian Bill nannte, so etwas wie ein Mentor für mich. In dieser ersten Nacht habe ich ihn gehasst, aber ich wurde dann reifer, und indem ich ihn bei der Arbeit beobachtete, lernte ich, was man braucht, um ein Poker-Profi zu sein.

Wenn du an einem beliebigen Ort ein riesiges Plakat mit beliebigem Inhalt aufhängen könntest, was wäre das und warum? Gibt es Zitate, an die du häufig denkst oder nach denen du lebst?

»Wenn du Kritik vermeiden willst, sage nichts, tue nichts, sei nichts.« – Elbert Hubbard

Dieses Zitat hat eine tiefe Bedeutung für mich, ähnlich wie das »Mann im Kampf«-Zitat von Theodore Roosevelt. Es ist eine Erinnerung daran, dass man garantiert auf Kritik stoßen wird, wenn man Normen infrage stellt oder seine Stimme erhebt, dass es sich letztlich aber trotzdem lohnt. Die Alternative besteht darin, unsichtbar zu sein, und so möchte ich mein Leben nicht leben.

Was ist das beste oder lohnendste Investment, das du je getätigt hast (in Form von Geld, Zeit, Energie etc.)?

Ich habe in Menschen investiert, denen ich vertraue. Mein Manager Brian Balsbaugh ist über die Jahre ein wunderbarer Freund und Vertrauter von mir geworden, und es ist von unschätzbarem Wert, Ideen mit ihm durchgehen zu können. Außerdem bezahle ich einem persönlichen Assistenten ein übertriebenes Gehalt dafür, dass er mir dabei hilft, meine freie Zeit besser zu nutzen.

Welche Überzeugungen, Verhaltensweisen oder Gewohnheiten, die du dir in den letzten fünf Jahren angeeignet hast, haben dein Leben am meisten verbessert?

Die Erkenntnis, dass alle Ereignisse zunächst einmal neutral sind und dass ich wählen kann, wie ich auf sie reagiere. Ich kann mich entscheiden, ein Opfer meiner Umstände zu sein, oder ich kann die Verantwortung dafür übernehmen, wie ich mit meinen Umständen umgehe. Die zweite Variante ist ein viel mächtigerer Ausgangspunkt. Als Opfer dagegen befindet man sich in einer hilflosen Situation, die selten produktiv ist.

Welche schlechten Ratschläge kursieren in deinem beruflichen Umfeld oder Fachgebiet?

Im Poker wird das »Pokerface« romantisiert. Man bekommt dadurch den Eindruck, man müsse ausdrucks- und emotionslos sein, um bei diesem Spiel Erfolg zu haben. Dass es dabei nur auf die Zahlen und auf die Mathematik ankommt. Dass Emotionen am Poker-Tisch keine Rolle spielen.

Das stimmt einfach nicht. Wenn wir Roboter wären, wäre dieser Ansatz optimal, aber das ist nicht realistisch. Besser ist es, die Emotionen anzuerkennen, die man fühlt, wenn man gewinnt oder verliert, und offen für sie zu sein. Emotionen oder Frustration am Poker-Tisch wegzudrücken, ist nicht die richtige Methode.

Wozu kannst du heute leichter Nein sagen als vor fünf Jahren?

Früher habe ich zu Leuten, die etwas von mir wollten, oft gesagt, »klar, hört sich nicht schlecht an, ich schau mal in meinen Kalender, und dann machen wir was aus«. Die Hoffnung dabei war, dass nichts daraus werden würde, aber letztlich wurde ich dann ständig wegen irgendwelcher Treffen bedrängt, die ich gar nicht wollte. Also musste ich mir dauernd neue Ausreden ausdenken, warum ich keine Zeit habe. Warum macht man sowas? Na ja, ich ging naiv davon aus, dass ich auf diese Weise nicht die Gefühle irgendwelcher Leute verletzen würde. Irgendwann aber habe ich gemerkt, dass es genau auf das Gegenteil hinauslief. Ich war nicht integer und verschwendete ihre Zeit.

Also habe ich gelernt, ehrlich und gleichzeitig respektvoll zu sein: »Vielen Dank, dass Sie an mich gedacht haben, ich weiß das sehr zu schätzen. Leider möchte ich mich bei dem Projekt nicht engagieren, aber ich wünsche Ihnen alles Gutes damit.« Das mag erst einmal etwas enttäuschend für die Leute sein, ist aber trotzdem viel besser.

Was tust du, wenn dir alles zu viel wird, du nicht mehr fokussiert bist oder deine Konzentration nachlässt?

Ich mache eine Übung, die mir dabei hilft, in der Realität der Situation präsent zu werden. Ich erzähle mir selbst meine Geschichte aus der Perspektive eines Opfers, und dann dieselbe Geschichte aus der Perspektive 100-prozentiger Verantwortung,

Das Opfer sagt: »Ich bin zu spät zu einer wichtigen Veranstaltung gekommen, weil meine Freundin zu lange gebraucht hat, um sich fertigzumachen. Es war nicht meine Schuld.«

Die Verantwortung sagt: »Ich erkenne den Fehler an, dass ich zu spät gekommen bin. Für die Zukunft nehme ich mir vor, alles dafür zu tun, was ich kann, um dafür zu sorgen, dass ich pünktlich bin.«

Indem ich mir selbst die Opfer-Geschichte erzähle, kann ich kurz Dampf ablassen. Wenn ich damit fertig bin, führe ich mir vor Augen, dass ich meiner Freundin hätte sagen müssen, dass ich auf keinen Fall zu spät kommen möchte. Ich hätte ihr sagen müssen, dass ich ohne sie losgehen muss, wenn sie nicht rechtzeitig fertig ist.

»Disziplin bedeutet Freiheit.«

JOCKO WILLINK
TW: @jockowillink
FB: Jocko Willink
jockopodcast.com

JOCKO WILLINK ist einer der furchteinflößendsten Menschen, die man sich vorstellen kann. Er ist durchtrainiert, wiegt 110 kg, hat einen Schwarzgut im Brazilian Jiu Jitsu und früher in jedem Workout 20 Navy SEALs zur Aufgabe gezwungen. In der Welt der Spezialeinsätze ist er eine lebende Legende, und sein Podcast mit mir, der ein Riesenerfolg wurde, war das erste Interview, das er jemals geführt hat. Jocko diente 20 Jahre in der US Navy und leitete die Task Unit Bruiser von SEAL Team Three, die am höchsten dekorierte Spezialeinheit des Irakkriegs. Nach seiner Rückkehr in die Vereinigten Staaten wurde Jocko der für die Ausbildung aller an der Westküste stationierten SEAL-Teams zuständige Offizier und schulte diese mit einigen der härtesten und realistischsten Kampftrainings der Welt. Nach seiner ehrenhaften Entlassung gründete er Echelon Front, eine Beratungsfirma für Führungskräfte und Manager, und schrieb den *New-York-Times*-Bestseller *Extreme Ownership: How U.S. Navy SEALs Lead and Win*. Seither hat er ein Kinderbuch geschrieben, *Way of the Warrior Kid*, das ebenfalls ein Bestseller wurde, und in seinem neuesten Buch, *Discipline Equals Freedom: Field Manual*, beschreibt er sein einzigartiges geistiges und körperliches »Betriebssystem«. Jocko unterhält sich in seinem beliebten »Jocko Podcast« mit seinen Gästen über Themen wie menschliche Eigenschaften aus militärischer Perspektive, Personal- und Unternehmensführung. Jocko ist ein Ehemann, begeisterter Surfer und Vater von vier »sehr lebhaften« Kindern.

Welches Buch (welche Bücher) verschenkst du am liebsten? Warum? Welche ein bis drei Bücher haben dein Leben am stärksten beeinflusst?

Ich diente zwanzig Jahre in den SEAL-Teams und etwa nach der Hälfte der Zeit stieß ich auf *About Face* von Colonel David H. Hackworth. Seither lese ich ständig darin. Hackworth arbeitete sich nach oben und diente als Infanterie-Offizier im Korea- und Vietnamkrieg. Er wurde von seinen Männern und jedem, der je mit ihm zusammenarbeitete, verehrt. Die Geschichten über den Krieg sind unglaublich, und man kann in dem Buch viel über Kampftaktiken lernen, aber ich persönlich fand die Lektionen über Menschenführung am wichtigsten. Ich übernahm mit der Zeit viele seiner Grundsätze und lerne immer noch aus seinen Erfahrungen. Danke für alles, Colonel Hackworth.

Welcher (vermeintliche?) Misserfolg war die Voraussetzung für deinen späteren Erfolg? Hast du einen »Lieblingsmisserfolg«?

Bei meiner zweiten Auslandsverwendung im Irak war ich Kommandant von SEAL Team Three, Task Unit Bruiser. Wir waren in der vom Krieg verwüsteten Stadt Ramadi im Einsatz, dem damaligen Epizentrum des Aufstands. Wir waren erst einige Wochen im Land, als wir in Zusammenarbeit mit der US Army, dem Marine Corps und verbündeten irakischen Truppen eine große Operation durchführten. Im Nebel des Krieges wurden falsche Entscheidungen getroffen. Dann kamen noch unglückliche Zufälle hinzu. Es gingen mehrere Dinge schief, die zu einem hitzigen Gefecht zwischen einem meiner SEAL-Elemente und einer verbündeten irakischen Einheit führten. Ein irakischer Soldat wurde getötet und zahlreiche andere Soldaten verletzt, darunter einer meiner SEALs. Es war ein Albtraum.

Es wurden viele Schuldzuweisungen gemacht, und viele Leute hatten Fehler begangen, aber ich erkannte, dass es nur eine Person gab, der man Vorwürfe machen konnte: Ich. Ich war der Kommandant. Ich war der erfahrenste Mann auf dem Schlachtfeld. Ich war für alles verantwortlich, was dort passierte. Für alles.

Als Anführer kann man niemandem die Schuld in die Schuhe schieben. Suche also nicht nach Ausreden. Wenn ich nicht zu den Problemen stehe, die ich habe, kann ich sie nicht beheben. Genau das muss ein Anführer tun: zu den Problemen, Fehlern, Unzulänglichkeiten stehen und dann Lösungen ausarbeiten und anwenden, um sie zu lösen.

Steh zu deinen Taten.

Wenn du an einem beliebigen Ort ein riesiges Plakat mit beliebigem Inhalt aufhängen könntest, was wäre das und warum?

»Disziplin bedeutet Freiheit.« Jeder strebt nach Freiheit. Wir wollen körperlich und geistig frei sein. Wir wollen finanziell frei sein und mehr Freizeit haben. Aber woher kommt diese Freiheit? Wie erlangen wir sie? Die Antwort ist das Gegenteil von Freiheit. Die Antwort ist: durch Disziplin. Du willst mehr Freizeit? Lerne, deine Zeit einzuteilen und effizient zu nutzen. Du willst finanzielle Freiheit? Gehe verantwortungsbewusst mit deinen Ressourcen um und denke an die Zukunft. Willst du körperlich frei sein, um dich zu bewegen, wie du willst und um frei zu sein von den vielen gesundheitlichen Problemen, die durch eine ungesunde Lebensweise entstehen? Dann musst du die Disziplin haben, dich gesund zu ernähren und regelmäßig zu trainieren. Wir alle wollen Freiheit. Aber die erlangt man nur durch Disziplin.

Was ist das beste oder lohnendste Investment, das du je getätigt hast (in Form von Geld, Zeit, Energie etc.)?

In jedem Haus mit Garage, das ich je bezogen habe, habe ich in der Garage einen Kraftraum eingerichtet. Auf diese Weise kann ich jeden Tag trainieren, ganz gleich wie chaotisch oder beschäftigt mein Leben gerade ist. Es ist praktisch, jederzeit trainieren zu können, ohne eine Tasche packen, zum Studio fahren, parken, sich umziehen und darauf warten zu müssen, dass die Ausrüstung frei wird ...

Der eigene Kraftraum ist nur für dich da. Keine Fahrerei. Keine Parkplatzsuche. Kein winziger Spind, in den man seine Sachen stopfen muss. In deinem Kraftraum ist deine Ausrüstung ganz für dich da. Sie wartet nur auf dich. Immer.

Und was vielleicht am wichtigsten ist: Du kannst jede Art von Musik hören, die dir gefällt, so laut du willst.

ALSO DREH AUF.

Welche Überzeugungen, Verhaltensweisen oder Gewohnheiten, die du dir in den letzten fünf Jahren angeeignet hast, haben dein Leben am meisten verbessert?

Täglich zu lesen und zu schreiben. Das macht den Kopf frei.

Welchen Rat würdest du einem intelligenten, motivierten Studenten für den Einstieg in die »echte Welt« geben?

Arbeite härter als jeder andere. Das ist natürlich einfach, wenn man seine Arbeit mag. Aber vielleicht mag man seinen ersten, zweiten oder auch dritten Job nicht besonders. Das spielt keine Rolle. Arbeite trotzdem härter als jeder andere. Um an seinen Traumjob zu kommen oder sein Wunschunternehmen zu gründen, muss man seinen Lebenslauf und seinen Kontostand aufbauen. Beides schafft man am besten, indem man härter als jeder andere arbeitet.

Was tust du, wenn dir alles zu viel wird, du nicht mehr fokussiert bist oder deine Konzentration nachlässt?

Prioritäten setzen und ausführen. Das habe ich in meinen Kampfeinsätzen gelernt. Wenn die Situation aus dem Ruder läuft, wenn mehrere Probleme gleichzeitig auftreten, wenn die Dinge außer Kontrolle geraten, muss man Prioritäten setzen und ausführen.

Man muss ein wenig Abstand gewinnen.

Sich von dem Chaos distanzieren.

Die Situation betrachten und die vorhandenen Probleme, Aufgaben oder Belange beurteilen. Dann muss man den Punkt wählen, der die größte Auswirkung hat, und ihn anpacken.

Wenn man versucht, jedes Problem zu lösen oder jede Aufgabe gleichzeitig zu erledigen, wird man nichts zustande bringen. Wähle das größte Problem aus, dessen Beseitigung den größten positiven Effekt hat. Richte deine Ressourcen darauf und pack es an. Kümmere dich nur darum. Wenn dieser Punkt erledigt ist, kannst du dich dem nächsten Problem widmen und dann dem nächsten. Mach so weiter, bis sich die Situation stabilisiert hat. Prioritäten setzen und ausführen.

ZITATE, ÜBER DIE ICH NACHDENKE

(Tim Ferriss, 14. Juli bis 27. Juli 2017)

»Zufälligerweise bin ich in einem sehr harten Geschäft tätig, in dem es keine Alibis gibt. Ein Buch ist gut oder schlecht, und wenn es nicht gut ist, dann sind die tausend Gründe, die verhindern können, dass ein Buch gut wird, keine Ausrede dafür … Sich in häusliche Erfolge stürzen, Freunden mit Geldproblemen helfen usw. – all das ist schlicht eine Form des Aufgebens.«

– ERNEST HEMINGWAY
angesehener amerikanischer Schriftsteller, Autor von Kurzgeschichten, Journalist

»Dichter ›passen‹ nicht in die Gesellschaft, nicht weil ihnen ein Platz verwehrt wird, sondern weil sie ihren ›Platz‹ nicht ernst nehmen. Sie verstehen die Rollen der Gesellschaft unverhohlen als Schauspiel, ihre Stile als Pose, ihre Kleidung als Kostüm, ihre Regeln als konventionell, ihre Krisen als arrangiert, ihre Konflikte als aufgebauscht und ihre Metaphysik als Ideologie.«

– JAMES P. CARSE
Professor Emeritus für Geschichte und Religionsliteratur an der New York University, Autor von *Finite and Infinite Games*

»Sei die Stille, die zuhört.«

TARA BRACH
Lehrerin für Meditation und emotionale Heilung, Autorin von *Radical Acceptance*

»Unser Gehirn, unsere Angst, unser Gefühl dafür, was möglich ist, und die Realität, dass ein Tag ›nur‹ 24 Stunden hat, geben uns vorgefertigte Vorstellungen davon, was menschenmöglich ist.«

ROBERT RODRIGUEZ
TW/IG: @rodriguez
elreynetwork.com

ROBERT RODRIGUEZ ist Regisseur, Drehbuchautor, Produzent, Kameramann, Cutter und Musiker sowie Gründer und Chairman von El Rey Network, eines neuen Kabel-Fernsehsenders, der die Grenzen zwischen Genres sprengt. Er selbst moderiert dort *The Director's Chair*, eine meiner liebsten Interview-Sendungen. Als Student an der University of Austin in Texas schrieb Rodriguez das Drehbuch für seinen ersten Kinofilm, während er als bezahlter Proband an einer klinischen Studie in einem Medizin-Forschungszentrum teilnahm. Mit diesem Geld konnte er zwei Wochen Dreharbeiten bezahlen; der Film, *El Mariachi* gewann später den Audience Award beim Sundance Film Festival und wurde zum Film mit dem niedrigsten Budget, der jemals von einem großen Studio herausgebracht wurde. Später war Rodriguez Autor, Produzent und Regisseur von vielen erfolgreichen Filmen, darunter *Desperado, From Dusk Till Dawn*, die Reihe *Spy Kids, Once Upon a Time in Mexico, Frank Miller's Sin City* und *Machete*.

Welche Überzeugungen, Verhaltensweisen oder Gewohnheiten, die du dir in den letzten fünf Jahren angeeignet hast, haben dein Leben am meisten verbessert?

Ich habe endlich eine Strategie gefunden, die mir dabei hilft, konzentriert zu blieben, während ich eine aufwendige Arbeit erledige, die mich nicht unbedingt begeistert. Früher war es nicht nur so, dass ich so etwas verschob – immer wenn ich mich daran machte, kamen mir zehn erfreulichere und oft genauso wichtige Dinge in den Sinn, die mich aus der Spur brachten. Das war die größte Herausforderung. Diese Ablenkungen waren genauso wichtig wie meine große Aufgabe, also gab es eine Rechtfertigung dafür, wegzulaufen und erst mal das Interessantere zu machen. Aber dadurch blieb dann die andere Arbeit unerledigt, und es wurde irgendwann zu einer Qual, auch nur daran zu denken. Inzwischen habe ich mir eine effizientere Methode angewöhnt. Sie ähnelt einem Premack-System [einem Motivationssystem, bei dem man eine angenehmere Tätigkeit nutzt, um sich für eine weniger angenehme zu motivieren] oder einem Belohnungssystem, aber mit einer konkreteren Strategie.

Ich habe dafür zwei Notizblöcke an meiner Seite liegen und sitze dabei auf dem bequemsten Platz, den ich finden kann (wenn du wissen willst, wo das ist, musst du das Buch von mir lesen, das bald erscheint).

Auf den einen Block schreibe ich dann die am wenigsten attraktiven Aufgaben, und oben auf der Seite steht »Aufgaben«. Der zweite Block liegt mit der Überschrift »Ablenkungen« bereit.

Dann stelle ich den Timer auf meinem Telefon auf 20 Minuten.

Als Nächstes kümmere ich mich volle 20 Minuten lang um eine meiner ungeliebten Aufgaben. Während dieser Zeit treten zuverlässig wie ein Uhrwerk verschiedene Ablenkungen auf: andere Aufgaben und Ideen, die mir unweigerlich in den Sinn kommen. Diese Gedanken und Versuchungen würden mich normalerweise aus der Bahn bringen, weil ich sofort loslegen und mich dem widmen würde, was mir in den Kopf geschossen ist: eine Idee für Musik, eine Zeichnung oder ein Plan, der ein Heureka-Moment für ein vollkommen anderes Projekt war, Ideen zu einem Problem, das mich in einem anderen Zusammenhang beschäftigt, usw. Denn wenn man mental mit einer Aufgabe beschäftigt ist, feuert die eigene Kreativität mehr Ideen ab. Aber wenn einen diese Ideen von einer wichtigen, wenig interessanten Aufgabe abbringen, wird das zu einem Problem.

Dieser Effekt hat mich immer erwischt. Die Dinge, von denen ich mich ablenken ließ, waren keine zweifelhaften Aktivitäten. Es war absolut in Ordnung, mich darum zu kümmern, und wenn ich sie ignorierte, so betonte ich gegenüber mir selbst, bestand die Gefahr, dass ich sie vergesse oder dass ich den Antrieb dazu verliere, den ich im jeweiligen Moment verspürte.

Wie also konnte ich mir das abgewöhnen? In meinen 20 Minuten schreibe ich einfach jede eintreffende Gedanken-Rakete physisch auf meinen Notizblock und wende mich dann sofort wieder meiner wichtigen, aber ungeliebten Aufgabe zu. Dadurch muss ich mir keine Sorgen mehr machen, dass ich etwas wieder vergesse. Ich versuche nicht, diese Einfälle abzutun oder zu ignorieren. Ich halte sie einfach fest, indem ich sie aufschreibe und verschiebe, selbst wenn es um eine extrem produktive Sache geht; denn alles, was mich von meiner Hauptaufgabe abbringt, ist technisch gesehen eine Ablenkung. Sobald ich den Einfall aufgeschrieben habe, kann ich mich wieder meiner Hauptaufgabe widmen, bis die 20 Minuten vorbei sind.

Wenn ich bei meiner Hauptaufgabe einen Lauf habe, stelle ich den Timer noch zehn Minuten weiter und mache insgesamt 30 Minuten. Aber das ist meine Grenze. Ich habe festgestellt, dass mein Hirn rebelliert, wenn ich mich nicht häufig genug selbst belohne.

Anschließend mache ich 10 bis 15 Minuten »Belohnungspause«. Ich stehe auf und wandere herum. Ich nehme den Block mit den Ablenkungen (auf dem inzwischen wahrscheinlich mehrere Sachen stehen) und kümmere mich dann nur 10 bis 15 Minuten lang um eine davon. Dafür muss ich mir auch einen Timer stellen.

Ich versuche dabei, die weniger zeitaufwendigen Sachen zu machen, damit ich nicht eine Stunde lang meine Hauptaufgabe ruhen lassen muss. Wenn etwas länger als 10 bis 15 Minuten dauert, fange ich ein bisschen damit an und hebe den Rest für die nächste Pause auf. Dann komme ich zurück, starte den 20-Minuten-Timer und mache mich wieder an die Hauptaufgabe.

Normalerweise schreibe ich alle Arten von To-do-Listen in mein Telefon, aber es bringt eine visuelle Befriedigung, eine lästige Arbeit per Hand durchzustreichen, wenn sie erledigt ist, und eine mit der Hand geschriebene Ablenkungsliste zu haben. Deshalb verwende ich Notizblöcke. Diese Ablenkungsliste zu schreiben, war wirklich eine grundlegende Veränderung für mich, und hat dafür gesorgt, dass das Premack-Prinzip endlich auch für mich funktioniert. Es macht alles ganz *fácil*.

Wenn du an einem beliebigen Ort ein riesiges Plakat mit beliebigem Inhalt aufhängen könntest, was wäre das und warum?

»*FÁCIL!*« Das ist eines meiner Lieblingsworte. Ich weiß gar nicht mehr, wann ich angefangen habe, es als Hilfsmittel zu benutzen – vielleicht nach dem Start meines Fernsehsenders. Ich war schon vorher ziemlich beschäftigt, also war die Vorstellung, zusätzlich einen 24-Stunden-Sender mit Inhalten füllen zu müssen, etwas erschreckend für mich. Aber auf die übliche naive Rodriguez-Art habe ich trotzdem einfach losgelegt.

Als dann die Realität in Form der schieren Menge an Inhalten zuschlug, die wir auftreiben mussten, versuchte ich, Leute für die anspruchsvolle Aufgabe zusammenzutrommeln, Programme für unseren Sender zu produzieren. Aber allein das Management des Senders erwies sich als schwindelerregend viel Arbeit. Ich wusste, dass ich eine ganz neue Strategie brauchen würde, um für Optimismus im Team und bei mir selbst zu sorgen. Das war etwas anderes als Filme, die man mit größeren Abständen produziert. Jetzt versuchte ich etwas Unmögliches. Die meisten neuen Sender brauchen Jahre, wenn nicht Jahrzehnte, bis sie ihre ersten eigenen Serien zeigen. Bei El Rey Network aber habe ich im ersten Jahr vier neue Sendungen begonnen. Ich konnte sehen, wie sich die Augen der Leute weiteten und wie sie überfordert aussahen, nur weil ich die Liste mit all den Sachen herunterratterte, die wir erledigen mussten.

Ich habe dann angefangen, an das Ende meiner Aufgabenlisten immer »*FÁCIL!*« zu schreiben; die Leute haben darüber gelacht und verwundert geschaut (*fácil* bedeutet »einfach«, klingt aber auf Spanisch irgendwie netter und hat einen Beiklang von »kein Problem«). »Warum sagt der das dauernd? Was soll daran *einfach* sein?«, fragten sich die Leute dann. Aber ich konnte sehen, dass es sie wirklich ruhiger machte. Wenn der Chef keine Angst hat, warum sollten sie dann?

Das Wort wurde eine große Hilfe für uns alle. In der Praxis klang das dann ungefähr so: »Wir müssen bis nächsten Mittwoch das und das und das und das und das und das *plus* das und das schaffen. *FÁCIL*!« Man konnte sehen, wie alle erst geschockt und gestresst aussahen, aber am Ende des Satzes lachten sie ... Und wir haben alles geschafft! Wenn eine Aufgabe, Sendung oder das Erschaffen von etwas aus dem Nichts erledigt war, wendete ich mich gleich wieder an die Leute und sagte, »Seht ihr? War doch *FÁCIL*!«

Tatsächlich hatte ich selbst keine Ahnung, wie wir all das schaffen sollten, aber ich wusste, dass es absolut nicht hilfreich sein würde, sich deshalb unter Stress zu setzen. Im Grunde sind wir alle in der Lage, eine Menge mehr zu schaffen, als wir glauben. Unser Gehirn, unsere Angst, unser Gefühl dafür, was möglich ist, und die Realität, dass ein Tag ›nur‹ 24 Stunden hat, geben uns vorgefertigte Vorstellungen davon, was menschenmöglich ist.

Ich mag die Idee, unmögliche Herausforderungen zu formulieren und dann mit einem Wort dafür zu sorgen, dass sie sich machbar anhören, denn das sind sie dann plötzlich auch. Also würde ich für mein Plakat *FÁCIL!* nehmen. Das ist eine gute Erinnerung daran, dass alles möglich ist, und zwar relativ locker und mit weniger Stress, wenn man die richtige Einstellung hat. Wenn man am Anfang sagt, »das ist unmöglich, es gibt einfach physisch nicht genügend Zeit pro Tag, um all diese Sachen zu machen«, dann bricht man sich das rechte

Bein und schneidet sich den linken Fuß ab, bevor man auch nur die Ziellinie überquert. Aber wenn man etwas als *fácil* betrachtet, segelt man einfach hindurch, und die Ideen werden fließen. Die Einstellung kommt zuerst.

Manchmal vergesse ich, wem ich alles von diesem Konzept erzählt habe. Dann bekomme ich E-Mails von Leuten, mit denen ich seit Jahren keinen Kontakt hatte, und die unterschreiben dann mit *FÁCIL!* Ich merke daran, wie es Teil ihrer Sprache und ihres Denkens geworden ist.

Also kann ich hoffen, dass auch du dir das angewöhnst. Denn wir können in dieser Welt eine Menge Leben erleben. Es wartet alles da draußen, reif für die Umsetzung, und alles beginnt in deinem Kopf. Was wir uns selbst sagen, ist von äußerster Bedeutung. Mit unserer Fantasie und Kreativität können wir neue Welten entstehen lassen. Und es gibt volle 24 Stunden pro Tag und 7 Tage pro Woche, und alles kann ganz *FÁCIL!* sein.

Was tust du, wenn dir alles zu viel wird, du nicht mehr fokussiert bist oder deine Konzentration nachlässt?

Die Ablenkungsliste, die ich oben erwähnt habe, ist die größte Hilfe für mich. Ich mag, wenn ich beschäftigt bin und viele Aufgaben an unterschiedlichen Schauplätzen habe. Wie ich feststelle, helfen die Lösungen, die man in einem bestimmten Bereich entdeckt, oft auch bei genauso verwirrenden Herausforderungen in anderen Bereichen. Aber natürlich gibt es auch Zeiten, in denen alles auf einmal kommt.

Es gibt Zeiten, in denen alles einfach kollidiert, und dann muss man versuchen, sich nicht überwältigen zu lassen. Es bleibt keine Zeit für die üblichen Meditationen und Strategien, und der Kopf fühlt sich an, als wäre nur noch Baumwolle darin.

Ich weiß noch, wie ich einmal in zwei Minuten weg musste, weil ich schon zu spät für ein Meeting war. Ich hatte einen Teller mit Essen dastehen, und ich musste auch noch zur Toilette. Ich hatte buchstäblich nur Zeit für Eines von Beidem. Ich musste mich entscheiden. Sollte ich essen? Oder auf die Toilette gehen? Ich habe einfach beides gemacht – ich saß auf der Toilette, während ich aß. Und dabei habe ich die ganze Zeit gedacht, »Heute bin ich offiziell *zu* beschäftigt«.

Als ich später fünf Minuten Pause hatte, hörte ich mir eine geführte Meditation an, die ich selbst erstellt hatte. Sie dauert fünf Minuten. Ein Teil davon erinnert mich daran, dass Engpässe schon mal vorkommen können und dass sie nur dabei helfen, zu unterscheiden, was wichtig ist und was nicht. Und dass es dann eben eine Art natürliche Auslese gibt.

Es kommt nur selten vor, dass alles gleichzeitig passiert. Das Leben neigt dazu, Ereignisse so zu verteilen, dass man alles vollenden kann, das man vollenden will. Das macht es ganz von selbst! Du bist für den Nachmittag dreifach überbucht? Weißt du was? Irgendjemand wird schon absagen oder drängeln, und eine andere Sache wird dann plötzlich nicht mehr so relevant erscheinen.

Aus diesem Grund nehme ich immer noch mehr auf mich. Ich bin nur selten *zu* beschäftigt, solange ich die richtige Einstellung dazu behalte. Sie lautet: »Ich kann definitiv sagen, dass ich mein Leben in vollsten Zügen lebe.«

Ich finde dann heraus, welche Punkte den größten Stress verursachen und warum. Meistens ist der Grund, dass man etwas nicht gemacht hat, um das man sich hätte kümmern sollen. Also kommen die beiden Notizblöcke, und ich fange sofort an, einen der Stress-Punkte abzuarbeiten. *FÁCIL!*

»Lasse niemals eine gute Krise ungenutzt verstreichen. Das Universum fordert dich damit auf, etwas Neues zu lernen und die nächste Stufe deines Potenzials zu erreichen.«

KRISTEN ULMER
FB: /ulmer.kristen
kristenulmer.com

KRISTEN ULMER ist eine Prozessbegleiterin (Facilitatorin), die es meisterlich versteht, altbekannte Normen über Angst infrage zu stellen. Sie war Buckelpistenfahrerin für das US-Skiteam und galt später als beste Extremskifahrerin der Welt – diesen Status hielt sie zwölf Jahre lang. Sie wurde für ihre waghalsigen Sprünge über Felsen und lebensgefährlichen Abfahrten berühmt und von bekannten Unternehmen wie Red Bull, Ralph Lauren und Nikon gesponsert. Ihre Arbeit und Auseinandersetzung mit dem Thema Angst wurde im Radio und in Printmedien wie dem *Wall Street Journal*, der *New York Times*, *Outside* und anderen Zeitschriften vorgestellt. Kristen schrieb das Buch *The Art of Fear: Why Conquering Fear Won't Work and What to Do Instead*.

Welche Anschaffung von maximal 100 Dollar hat für dein Leben in den letzten sechs Monaten (oder in letzter Zeit) die größte positive Auswirkung gehabt?

Meine Mutter war das jüngste von neun Kindern. Ihr Vater war ein jähzorniger Alkoholiker, und die Familie führte als Pachtbauern ein einfaches Leben. Sie wuchs mit massiven Geldproblemen auf. Die Armut steckt so tief in ihr, dass sie selbst mit 83 Jahren noch Gefrierbeutel auswäscht und wiederverwendet oder bei verschimmeltem Essen die betroffenen Stellen wegschneidet. Und ... ich bin die Tochter meiner Mutter. Ich bin extrem geizig, was in Ordnung ist – das half mir, Millionärin zu werden –, aber ich denke, es hält mich momentan davon ab, finanziell den nächsten Schritt zu machen.

Wenn ich mich schlecht fühle, versuche ich anderen Leuten eine Freude zu bereiten. Dann stelle ich mich zum Beispiel vor ein Kino, um nach jemandem Ausschau zu halten, der eine Aufmunterung vertragen könnte, und ich bezahle seine Kinokarten, oder ich hinterlasse 50 Dollar als Trinkgeld in einer mexikanischen Imbissbude. Darüber freut sich nicht nur der andere, sondern auch ich, und meine Großzügigkeit wirkt sich auch auf andere, weniger offensichtliche Weise positiv auf mein Leben aus. Geld so auszugeben ist mein subtiler Versuch, mich von meiner Prägung zu befreien und meine anerzogenen Geldprobleme zu lösen.

Welcher (vermeintliche?) Misserfolg war die Voraussetzung für deinen späteren Erfolg? Hast du einen »Lieblingsmisserfolg«?

In diesem Zusammenhang fällt mir meine Zeit im US-Skiteam ein. Der Grund:

Es war nie mein Ziel gewesen, ins Nationalteam zu kommen. Ich hatte nur mit dem Buckelpistenfahren angefangen, um mit meinen Freunden coole Roadtrips zu unternehmen. Als ich also im Nationaldress an der Startlinie stand und mein Land im Weltcup repräsentierte, war ich wie in Schockstarre und hatte Angst.

Tausende johlender Fans beobachteten nun, wie ich Ski fuhr, Hunderte Kameras nahmen jede meiner Bewegungen auf, und ich hatte keine Ahnung, wie ich mit meiner Angst umgehen sollte. So nahm ich den schlechten Rat meiner wohlmeinenden Trainer, Freunde und Familie an, die mir sagten – du kennst die Sprüche –, ich solle die Angst kontrollieren, überwinden oder wegrationalisieren. Denke an etwas Schönes. Atme tief durch. Lass es los. Solche Sachen eben.

Damals wusste ich es noch nicht, aber seither habe ich erkannt, dass wir die Angst in etwa genauso gut kontrollieren können wie unsere Atmung. Also nicht besonders gut und nicht besonders lange.

Ich konnte mich so weit beruhigen, dass ich an den Start gehen und losfahren konnte, also schien es zu »funktionieren«, aber ich fuhr schlecht Ski. Wegen der Angst war ich nicht im Fluss, deshalb war auch mein ganzes Leben nicht im Fluss, und so konnte ich nicht den Flow-Zustand erreichen, der für eine Weltklasseleistung notwendig ist. Mehr noch, ich wollte unbewusst das Team so sehr verlassen, dass ich mich später in der Saison (natürlich) verletzte. Ich war wegen der Verletzung sogar erleichtert, was verrückt ist. Ich machte die Angst für alles verantwortlich, obwohl in Wirklichkeit ich selbst schuld war, weil ich etwas kontrollieren wollte, das sich nicht kontrollieren lässt.

Ich habe jetzt erkannt, dass man seine Angst nicht besiegen kann. Man kann sie kurzfristig ausblenden, indem man sie in den »Keller« bzw. den Körper verdrängt, was das Gleiche ist. Dann muss man so viel Spannung aufbringen, um sie unten zu halten, dass 1) der Körper sehr steif und verletzungsanfällig wird und 2) der Körper, der kein Zwischenlager für unterdrückte Gefühle sein will, zu rebellieren beginnt.

Verletzungen sind aber nur ein Problem, mit dem man sich auseinandersetzen muss. Die unverarbeitete Angst lässt sich nicht leugnen. Immer wenn man seine Fassade fallen lässt, drängt die Angst stärker als je zuvor an die Oberfläche und äußert sich körperlich (anhaltende oder unbegründete Nervosität, Schlaflosigkeit usw.) oder psychisch (Angst, Depression, posttraumatische Belastungsstörung, Unsicherheit, schlechte Leistungen, Burn-out, Selbstvorwürfe, Rechtfertigungen usw.). Damit diese negativen Empfindungen weiterhin unterdrückt bleiben, muss man noch mehr Energie aufbringen, bis diese Anstrengung mit der Zeit das ganze Leben bestimmt.

Mein Umgang mit der Angst war ein kolossaler Misserfolg. Ich hätte stattdessen erkennen müssen, dass Angst kein Zeichen persönlicher Schwäche ist, sondern vielmehr ein natürlicher Zustand des Unbehagens, der auftritt, wenn man versucht, seine Komfortzone zu verlassen. Sie ist nicht dazu da, dich zu sabotieren, sondern will dich beleben, deine Konzentration schärfen, dich in den gegenwärtigen Augenblick bringen, dich in einen höheren Erregungszustand zu versetzen und aufmerksamer machen. Wenn du die Angst verdrängst, verzerrt sie sich und wird verrückt und irrational. Wenn du aber bereit bist, sie zu spüren und anzunehmen, wirst du ihre Stärke und Weisheit erkennen.

Was ist das beste oder lohnendste Investment, das du je getätigt hast (in Form von Geld, Zeit, Energie etc.)?

Als ich gerade in keiner Krise war, besuchte ich vor 14 Jahren ein intensives neuntägiges Retreat. Es nennt sich Nine Gates Mystery School. Das gibt es auch heute noch, und ich höre, dass es besser ist als je zuvor. (Ich empfehle übrigens, einmal im Jahr ein Bewusstseins-Retreat zu besuchen.) Nine Gates nahm meine damals noch unfertige Idee, hauchte ihr Leben und Zuversicht ein und half mir, über meinen Tellerrand hinauszuschauen und das größere Gesamtbild zu sehen, weshalb ich dieser Veranstaltung einen Großteil meines heutigen Erfolgs zuschreibe.

Nine Gates ist ein 18-tägiges intensives Retreat, das aus zwei neuntägigen Sessions besteht. Wenn du dich zu einem Vipassana-Retreat hingezogen fühlst, aber zögerst, weil sich ständiges Schweigen für dich wie Folter anhört (was es für mich auch ist), solltest du Nine Gates in Erwägung ziehen. Ich vermute, dass es eine ähnlich erweckende Erfahrung bietet, nur ohne die Sitzmeditation.

Menschen neigen dazu, nur dann an sich zu arbeiten, wenn sie versuchen, aus einem Loch zu steigen, in das sie gefallen sind, und mir ging es nicht anders. Ich hatte mich nach einer schlimmen Trennung für das Event angemeldet, was in Ordnung ist. Oft sind es Krisen, die eine Entwicklung auslösen.

Als das Retreat anfing, ging es mir zwar wieder gut, aber ich ging trotzdem hin – wow. Einfach nur wow. Statt die Woche damit zu verbringen, den Schlamm aus den Augen zu wischen, richtete es meinen bereits glasklaren Blick auf den Gipfel, den ich erklimmen wollte, und ich konnte ganz klar erkennen, was ich mir als Nächstes im Leben wünschte. Ich verließ den Event und begann daraufhin, Skilager anzubieten, die ausschließlich aus Mentaltraining bestanden – weltweit die einzigen Sporttrainingslager (laut *USA Today*), in denen nur an der geistigen Einstellung der Sportler gearbeitet wird.

Lasse niemals eine gute Krise ungenutzt verstreichen. Das Universum fordert dich damit auf, etwas Neues zu lernen und die nächste Stufe deines Potenzials zu erreichen.

Wenn ich mich aber nicht in einer Krise befinde, betrachte ich eine Aussage wie »Mein Leben ist toll« als faule Ausrede, eine Sackgasse, aus der wir nichts lernen können. Deshalb sollte man nicht auf eine Krise warten, bevor man anfängt, an sich selbst zu arbeiten. Gehe zur Eheberatung, wenn deine Ehe gut läuft. Was wird dann erst möglich? Engagiere einen Fitnesscoach, wenn du gerade in der Form deines Lebens bist. Engagiere einen Marketingexperten, wenn deine Marketingabteilung gerade wie eine gut geölte Maschine läuft. Und beobachte, was dann alles möglich wird.

Welches Buch (welche Bücher) verschenkst du am liebsten? Warum? Welche ein bis drei Bücher haben dein Leben am stärksten beeinflusst?

Meine beiden Lieblingsbücher sind: *The Wisdom of the Enneagram* von Richard Riso und Russ Hudson. Dieses Buch bietet dir einen Bauplan deiner Persönlichkeit. Das ist wichtig. Sagen wir einmal, du erfährst, dass du ein Tiger bist. Dann weißt du, dass du es dir sparen kannst, deine Streifen loswerden zu wollen, und kannst stattdessen anfangen, deine Stärken zu entwickeln. Oder wenn du ein Lamm bist – was weder besser noch schlechter als ein Tiger ist –, lernst du, dass du dein Leben nicht damit zubringen musst, etwas sein zu wollen, das du nicht bist, und kannst stattdessen daran arbeiten, das beste Lamm zu werden, das du sein kannst.

Mir ist das Buch so wichtig, dass ich nicht mit jemandem zusammensein oder ihn einstellen würde, wenn ich seinen Enneagramm-Typ nicht kennen würde. Es ist beinahe so, als bekäme man eine Bedienungsanleitung zu dieser Person, und damit beugt man jeder Verwirrung oder potenziellen Konflikten von Anfang an vor.

The Power of Now von Eckhart Tolle. Ich wollte das Buch lesen, nachdem es mir in einer Woche von vier verschiedenen Leuten empfohlen wurde, deshalb kaufte ich es und begann zu lesen. Aber ... ich fand es langweilig! Ich stellte es ins Bücherregal. Ein Jahr später entstaubte ich es und wieder ... nichts. Also wieder zurück ins Bücherregal. Das geschah vier Jahre in Folge, bis ich im fünften Jahr wieder mit der Lektüre anfing und mir das Buch diesmal so gut gefiel, dass ich es regelrecht verschlang.

Es entfaltet eine so starke Kraft, weil es nichtduale Zustände darstellt – etwas Größeres als meine eigene, persönliche, eingeschränkte Weltsicht. Tolle nennt es das »Jetzt«, ich nenne es mein »verbundenes Selbst« oder das »Unendliche«. Im Sport nennen wir diese Realität »die Zone« oder »im Flow sein«. Im Zen heißt sie Erleuchtung. Jede spirituelle Tradition hat einen eigenen Namen für diesen Ort.

Ich beurteile meine Lebensqualität danach, wie oft ich diesen höheren Bewusstseinzustand erreiche. Als Anhängerin des Zen-Buddhismus weiß ich, dass man sich nicht dauerhaft in diesem Zustand aufhalten kann, obwohl Tolle vom Gegenteil überzeugt ist, aber es ist für uns sehr wichtig, im Laufe des Lebens damit in Berührung zu kommen. In solchen Momenten erreicht man eine tiefe Einsicht und sieht, selbst für einen kurzen Augenblick, wer und was man ist, und man erkennt das Wesen dessen, was außerhalb unseres eigenen Verstands liegt. Das ist auch der Ort, an dem die besten Ideen entstehen. Aber dieser Zustand wird dich nicht finden; du musst ihn finden. Dieses Buch hilft dir dabei.

Welche schlechten Ratschläge kursieren in deinem beruflichen Umfeld oder Fachgebiet?

Gesprächstherapie. Über Angst zu reden und nachzudenken ist eine gute Sache – wer redet nicht gerne eine Stunde nur über sich selbst? Aber man bleibt dadurch in einer Gedankenschleife gefangen, vielleicht jahrzehntelang. Emotionale Probleme müssen emotional, nicht intellektuell behandelt werden.

Wozu kannst du heute leichter Nein sagen als vor fünf Jahren? Welche neuen Erkenntnisse und/oder Ansätze haben dir dabei geholfen?

Wenn man über 40 Jahre alt ist, überlegt man sich dreimal, mit wem man seine Zeit verbringt. Jahrzehntelang hatte ich mehrere Freunde, die ich kennengelernt hatte, als ich zwischen 20 und 30 Jahre alt war, und damals fühlte ich mich zu verrückten, exzentrischen Leuten hingezogen. Aber jetzt, mit über 40, konnte ich nichts mehr mit ihnen anfangen. Manche von ihnen behandelten sich selbst und auch mich sehr schlecht. Sollte ich also die Freundschaft aufrechterhalten – weil das bequemer war, ich sie schon so lange kannte und nicht verletzen wollte – oder Nein zu diesen toxischen Freundschaften sagen und sie beenden?

Ich beschloss zu gehen. Es war alles andere als leicht, aber ich stellte nach und nach den Kontakt zu meinen fünf besten Freunden ein und schließlich auch zu Hunderten von Bekannten. So befreite ich mich von der Person, die ich früher einmal war, und konnte herausfinden, um welche Teile meiner Persönlichkeit ich mich künftig besser kümmern wollte. Das war natürlich eine einsame Sache. Ich muss immer noch eine neue beste Freundin finden, obwohl ich seit acht Jahren auf der Suche bin und nicht mehr auf so viele Partys gehe. Aber die Partys, die ich besuche, und die Leute, die ich dort kennenlerne, sind stets faszinierende neue Erfahrungen, aus denen ich viel Energie gewinne.

Freundschaften sollten dein Wachstum fördern und dich nicht behindern. Beende die Kontakte, die dich zurückhalten, und schau einfach, zu welchen Leuten es dich nun zieht. Ich glaube, dass jeder, zu dem du dich heute hingezogen fühlst, die Qualitäten besitzt, die du in dir entwickeln willst.

[**Anmerkung von Tim:** Ich fragte Kristen, was sie genau tat, um den Kontakt zu ihren Freunden einzustellen, und sie schickte mir eine ausführliche, vierseitige Anleitung. Diese ist kostenlos auf tim.blog/kristen erhältlich.]

Was tust du, wenn dir alles zu viel wird, du nicht mehr fokussiert bist oder deine Konzentration nachlässt?

Ich nehme diese Zustände ernst, höre auf zu arbeiten und mache »nichts«, obwohl ich in Wirklichkeit natürlich etwas mache (Spazierengehen, Dehnübungen, einen Film anschauen). Ich beschäftige mich mit diesen Dingen, so lange ich es für nötig halte, und das kann einige Stunden oder Tage dauern, bis meine Motivation wieder zurückgekehrt ist.

Wenn ich aber einen dringenden Abgabetermin habe, nehme ich mir nur fünf Minuten, um »nichts« zu tun. In diesen fünf Minuten mache ich dann aber wirklich *gar nichts*. Ich werde mir der Tatsache bewusst, dass ich unkonzentriert bin und mich überfordert fühle. Vielleicht dusche ich mich heiß und lasse das Wasser an mir herunterlaufen, während ich darüber stöhne, wie überfordert ich mich fühle. Das ist wunderbar. Oder ich finde die Katze, vergrabe meinen rastlosen Geist in ihren weichen Bauch und genieße einfach, wie groß und dumm ich in diesem Augenblick einfach bin.

Es ist nicht nur eine Wohltat, sich so der gegenwärtigen Realität zu ergeben, diese Handlungen besitzen – *Überraschung!* – auch die große Fähigkeit, eine andere Realität zu eröffnen, ohne dass ich dies erzwingen muss. Normalerweise bin ich dann nach fünf Minuten körperlich erfrischt und bereit weiterzumachen.

Würdige deine gegenwärtige mentale Verfassung, indem du keine andere Realität erzwingst, sondern die bestehende annimmst. Das ist sehr Zen-artig. Sei traurig, wenn du traurig bist. Habe Angst, wenn du Angst hast. Fühle dich überfordert, wenn du dich überfordert fühlst. Und wenn du unkonzentriert bist – kannst du dann einen Weg zu finden, diesen Zustand einfach stehen zu lassen und ihn vielleicht sogar zu genießen?

Wie Wasser durch einen Gartenschlauch fließen diese Zustände in, durch und aus deinem Leben. Wenn du sie hinnimmst und nicht zu verändern versuchst, wird diese Realität immer ihren Lauf nehmen, und wenn sie vergangen ist, wird genügend Platz für etwas anderes da sein.

Welche Überzeugungen, Verhaltensweisen oder Gewohnheiten, die du dir in den letzten fünf Jahren angeeignet hast, haben dein Leben am meisten verbessert?

Weil ich davon überzeugt bin, dass meine Beziehung zur Angst die wichtigste in meinem Leben ist, verbringe ich mittlerweile mindestens zwei Minuten am Tag mit meiner sogenannten Angstübung.

Gleich nach dem Aufwachen, bevor ich aufstehe, scanne ich meinen Körper und schätze meine Stimmung ein. Mich interessiert vor allem, wie viel Angst ich spüre (die immer da ist, ob wir es zugeben wollen oder nicht) und wo sie in meinem Körper sitzt.

Angst ist ein Gefühl des Unbehagens. Sie kann sich auf bekannte Weise als Unruhe, Stress oder Nervosität äußern (was alles so ziemlich dasselbe ist) oder vielleicht mehr als Wut oder Trauer (die mit Angst verbunden sein kann, wenn diese verdrängt wird). Wenn wir den Eindruck haben, dass sie eher geistiger Natur ist, liegt das daran, dass wir sie nicht emotional, sondern intellektuell verarbeiten, und das ist nie eine gute Idee. Ich lokalisiere das Gefühl in meinem Körper – manchmal steckt sie in meinem Kiefer oder in den Schultern, manchmal in der Stirn. Dann gehe ich einen ein- bis zweiminütigen dreistufigen Prozess durch:

1. Ich konzentriere mich 15 bis 30 Sekunden darauf, dass es ganz natürlich ist, dieses Unbehagen zu spüren. Vielleicht muss ich einen wichtigen Vortrag halten oder eine Abgabefrist einhalten. Man soll ja auch Angst haben, wenn viel auf dem Spiel steht – okay? Diese Tatsache anzuerkennen kann lebensverändernd sein.

2. In den nächsten 15 bis 30 Sekunden setze ich mich damit auseinander, wie meine aktuelle Beziehung zu diesem Unbehagen ist. Wenn meine Nervosität im Bezug auf die Situation unverhältnismäßig ist oder auf andere Weise irrational zu sein scheint, heißt das, dass ich die Angst zuvor ignoriert habe und sie sich jetzt lauter oder auf andere Weise Gehör verschaffen will. In diesem Fall schenke ich ihr meine volle Aufmerksamkeit und frage mich, was sie mir sagen will und ich noch nicht anerkannt habe (z. B.: »Einen neue Vortrag entwerfen; der aktuelle taugt nichts« oder: »Du hast vergessen, deine Mutter anzurufen«). Weil Angst ein hervorragender Lehrmeister ist, nutze ich die Zeit mit ihr, um alles über sie zu erfahren und sie wie eine Orange auszupressen.

3. Dann nehme ich mir so viel Zeit, wie ich brauche, um sie zu spüren. Das ist wichtig: ich versuche nicht, sie loszuwerden. Darum geht es nicht, und außerdem wäre es der Angst gegenüber respektlos. Entscheidend ist, sie zu spüren, indem ich Zeit mit ihr verbringe, wie mit einem Hund, Freund oder Partner. Normalerweise dauert das etwa 30 bis 60 Sekunden. Nachdem die Angst gewürdigt und erhört wurde, verschwindet sie oft.

Wenn ich mich im Laufe des Tages nervös oder aufgebracht fühle, wiederhole ich diesen Prozess. Meine Klienten haben auch eine Angstübung, und die Ergebnisse können erstaunlich sein. Nach etwa einer Woche verschwinden oft nicht nur ihre Angst und Nervosität, viele andere Probleme wie Schlaflosigkeit, Depression, posttraumatische Belastungsstörung und Wut lösen sich auf. Wenn man diese Übung konsequent eine Woche und länger praktiziert, fängt man an zu spüren, welche reinigende Wirkung, Energie und Kraft von ihr ausgeht.

Ich habe keine Dankbarkeits-, Friedens- oder Versöhnungsübung, die in Amerika zurzeit sehr beliebt sind. Für mich ist das so, als würde man sich von einer Wahrheit abwenden, die an die Oberfläche zu steigen versucht, und eine Lüge erzwingen. Als würde man eine Wunde mit einem Pflaster überkleben, damit man sie nicht sehen muss. Was ein Problem ist, weil sich diese Wunde entzünden kann, wenn man sich nicht um sie kümmert.

Stattdessen wende ich mich meiner Aufmerksamkeit zu und versuche mithilfe dieser Angstübung, ehrlich zu mir selbst zu sein. Ich nehme mein Unbehagen, meine Angst, Trauer, Wut oder andere Dinge wahr, die unangenehm erscheinen – und zwar alle –, und diese Auseinandersetzung ist nicht nur sehr aufschlussreich, sondern auch erstaunlich befreiend, auch wenn man das niemals erwarten würde.

»Es ist wahrscheinlich, dass ein Großteil des Wissens, das die Schüler heute lernen, unwichtig sein wird, wenn sie 40 Jahre alt sind. … Ich empfehle, sich auf persönliche Resilienz und emotionale Intelligenz zu konzentrieren.«

YUVAL NOAH HARARI
TW: @harari_yuval
FB: tim.blog/harari-facebook (redirect)
ynharari.com

YUVAL NOAH HARARI ist der Autor des internationalen Bestsellers *Sapiens: A Brief History of Humankind* und von *Homo Deus: A Brief History of Tomorrow*. Er wurde 2002 an der Universität Oxford promoviert und lehrt zurzeit als Dozent für Geschichte an der Hebräischen Universität Jerusalem. 2009 und 2012 wurde Yuval der Polonsky-Preis für Kreativität und Originalität verliehen. Er hat zahlreiche Artikel veröffentlicht, unter anderem »Armchairs, Coffee, and Authority: Eye-witnesses and Flesh-witnesses Speak About War, 1100–2000«, für den er den Moncodo Award der Society for Military History gewann. Seine aktuelle Forschung befasst sich mit makrohistorischen Fragen: Was ist das Verhältnis zwischen Geschichte und Biologie? Was ist der essenzielle Unterschied zwischen dem Homo sapiens und anderen Tieren? Gibt es in der Geschichte Gerechtigkeit? Ist in der Geschichte eine Richtung erkennbar? Wurden die Menschen im Laufe der Geschichte glücklicher?

Welches Buch (welche Bücher) verschenkst du am liebsten? Warum? Welche ein bis drei Bücher haben dein Leben am stärksten beeinflusst?

Brave New World von Aldous Huxley. Ich denke, dass es nicht nur das prophetischste Buch des 20. Jahrhunderts ist, sondern auch die wichtigste Diskussion über Glück in der modernen westlichen Philosophie. Es hatte großen Einfluss auf die Art und Weise, wie ich über Politik und Glück denke. Und da für mich die Beziehung zwischen Macht und Glück die wichtigste Frage der Menschheitsgeschichte ist, hat *Brave New World* auch mein Verständnis von Geschichte maßgeblich geprägt.

Huxley schrieb das Buch 1931, als die Kommunisten Russland und die Faschisten Italien beherrschten, der Nationalsozialismus in Deutschland zunehmend an Einfluss gewann, das militaristische Japan seinen Eroberungskrieg in China begann und die gesamte Welt im eisernen Griff der Weltwirtschaftskrise war. Aber Huxley schaffte es, durch diese dunklen Wolken hindurchzusehen und sich eine Gesellschaft vorzustellen, in der es keine Kriege, Hungersnöte und Seuchen gab, sondern dauerhaften Frieden, Wohlstand und Gesundheit. Es ist eine konsumorientierte Welt, in der man seine Triebe und Gelüste frei ausleben kann und Glück das höchste Gut ist. Sie nutzt fortgeschrittene Biotechnologie und soziale Manipulation, um sicherzustellen, dass jeder stets zufrieden ist und niemand einen Grund hat aufzubegehren. Es gibt keine Notwendigkeit für eine Geheimpolizei, Konzentrationslager oder ein Liebesministerium, wie sie in Orwells *1984* dargestellt werden. Huxleys Genie besteht darin aufzuzeigen, dass man Menschen mit Liebe und Genuss viel besser kontrollieren kann als mit Gewalt und Furcht.

Liest man *1984*, ist klar, dass George Orwell eine beängstigende Zukunftsvision beschreibt, und die einzige offene Frage ist: »Wie können wir einen so schrecklichen Staat verhindern?« Die Lektüre von *Brave New World* ist eine weitaus beunruhigendere Erfahrung, weil man natürlich merkt, dass etwas nicht stimmt, aber nicht genau definieren kann, was es ist. Die Welt ist friedlich und wohlhabend, und die Bedürfnisse der Menschen werden in jeder Hinsicht befriedigt. Was sollte falsch daran sein?

Das wirklich Erstaunliche ist, dass Huxley und seine Leser 1931 ganz genau wussten, dass in *Brave New World* eine gefährliche Dystopie beschrieben wird. Aber viele heutige Leser könnten das Szenario für eine erstrebenswerte Utopie halten. Unsere Konsumgesellschaft ist sogar dazu geeignet, Huxleys Vision zu realisieren. Glück gilt heute in der Tat als höchstes Gut, und wir nutzen immer mehr Biotechnologie und soziale Manipulation, um die Bürger-Kunden maximal zu befriedigen. Willst du wissen, was daran nicht stimmt? Lies Sie den Dialog zwischen Mustapha Mond, dem Weltaufsichtsrat für Westeuropa, und

John dem Wilden [Michel], der sein Leben in einem Indianerreservat in New Mexico verbracht hat und der einzige Mensch in London ist, der noch etwas über Shakespeare oder Gott weiß.

Was ist eine deiner – gern auch absurden – Eigenheiten, auf die du nicht verzichten möchtest?
Immer, wenn ich in einem Aufzug oder auf einer Rolltreppe bin, versuche ich, mich auf meine Zehenspitzen zu stellen.

Welcher (vermeintliche?) Misserfolg war die Voraussetzung für deinen späteren Erfolg? Hast du einen »Lieblingsmisserfolg«?
Nachdem *Sapiens: A Brief History of Humankind* auf Hebräisch erschienen war und in Israel zum Bestseller wurde, dachte ich, dass es ein Kinderspiel wäre, das Buch auf Englisch zu veröffentlichen. Ich übersetzte es und schickte es mehreren Verlagen, die es aber alle zurückschickten. Ich habe eine besonders demütigende Absage von einem sehr bekannten Verlag behalten. Dann versuchte ich, es im Selbstverlag bei Amazon herauszubringen. Die Qualität war ziemlich schlecht, und ich verkaufte auf diesem Weg nur einige hundert Exemplare. Ich war eine ganze Weile ziemlich frustriert.

Dann erkannte ich, dass ich in Eigenregie nicht weiterkam und nicht nach Abkürzungen suchen durfte, sondern den langen und beschwerlichen Weg gehen und die Hilfe eines Profis in Anspruch nehmen musste. Mein Ehemann Itzik, der ein deutlich besserer Geschäftsmann ist als ich, nahm die Sache in die Hand. Er fand eine hervorragende Literaturagentin, Deborah Harris, die uns mit Haim Watzman einem hervorragenden Lektor vorstellte, der uns half, den Text umzuschreiben und zu verbessern. Mit seiner Unterstützung schlossen wir einen Vertrag mit Harvill Secker ab (einem Verlag von Random House). Mein dortiger Lektor, Michal Shavit, machte aus dem Text ein echtes Juwel und engagierte mit Riot Communications die beste unabhängige PR-Agentur auf dem britischen Buchmarkt, die die PR-Kampagne übernahm. Ich erwähne sie namentlich, weil nur durch die Professionalität dieser Experten *Sapiens: A Brief History of Humankind* ein internationaler Bestseller werden konnte. Ohne sie wäre das Buch – wie so viele andere hervorragende Bücher, von denen nie jemand etwas gehört hat – ein unbekannter Rohdiamant geblieben. Aus dem anfänglichen Misserfolg lernte ich die Grenzen meiner eigenen Fähigkeiten kennen und erfuhr, wie wichtig es ist, die Hilfe von Experten anzunehmen, statt nach Abkürzungen zu suchen.

Welchen Rat würdest du einem intelligenten, motivierten Studenten für den Einstieg in die »echte Welt« geben? Welchen Rat sollte er ignorieren?

Niemand weiß, wie die Welt und der Jobmarkt 2040 aussehen werden, und deshalb weiß niemand, was man jungen Leuten heute beibringen sollte. Somit ist es sehr wahrscheinlich, dass ein Großteil des Wissens, das die Schüler heute lernen, unwichtig sein wird, wenn sie 40 Jahre alt sind.

Worauf sollte man sich also konzentrieren? Ich empfehle, sich auf persönliche Resilienz und emotionale Intelligenz zu konzentrieren. Traditionell wurde das Leben in zwei Hälften geteilt: in eine Phase des Lernens, auf die eine Phase des Arbeitens folgte. Im ersten Lebensabschnitt baute man sich eine stabile Identität auf und eignete sich private und berufliche Fähigkeiten an; im zweiten Lebensabschnitt verließ man sich auf seine Identität und Fähigkeiten, um sich in der Welt zurechtzufinden, seinen Lebensunterhalt zu verdienen und seinen Beitrag zur Gesellschaft zu leisten. Im Jahr 2040 wird dieses traditionelle Modell völlig hinfällig geworden sein, und die Menschen können nur dann im Spiel bleiben, wenn sie ihr Leben lang lernen und sich immer wieder neu erfinden. Die Welt im Jahr 2040 wird sich von der heutigen Welt völlig unterscheiden und ziemlich hektisch sein. Das Tempo, mit dem sich Veränderungen vollziehen, wird sich weiter beschleunigen. Deshalb werden die Menschen die Fähigkeit brauchen, ständig weiterzulernen und sich selbst immer wieder neu zu erfinden – auch mit 60 noch.

Aber Veränderung ist normalerweise anstrengend, und ab einem gewissen Alter schwindet die Bereitschaft dazu. Mit 16 ist das ganze Leben im Wandel begriffen, ob es einem gefällt oder nicht. Der Körper verändert sich, der Geist verändert sich, die Beziehungen verändern sich – alles ist im Fluss. Man ist damit beschäftigt, sich selbst zu erfinden. Mit 40 will man sich nicht mehr verändern. Man will Stabilität. Aber im 21. Jahrhundert wird es diesen Luxus nicht mehr geben. Wenn man sich an einer Form von stabiler Identität festhält, an einem festen Job, einer festen Weltsicht, wird man das Nachsehen haben und von der Welt überholt werden. Um diesen nicht enden wollenden Sturm zu überstehen und der hohen Stressbelastung standzuhalten, werden die Menschen extrem resilient und emotional ausgeglichen sein müssen.

Das Problem ist, dass die Vermittlung von emotionaler Intelligenz und Resilienz sehr schwierig ist. Man lernt sie nicht, indem man ein Buch liest oder einem Vortrag zuhört. Das heutige Bildungsmodell, das während der industriellen Revolution im 19. Jahrhundert aufkam, gehört der Vergangenheit an. Aber wir haben bisher keine Alternativen dazu geschaffen.

Als junger Mensch darfst du den Erwachsenen also nicht zu sehr vertrauen. In der Vergangenheit war das anders, weil die Erwachsenen genau wussten, wie sich die Welt dreht, und die Welt veränderte sich nur sehr langsam. Aber das 21. Jahrhundert wird anders sein. Was auch immer die Erwachsenen über Wirtschaft, Politik oder Beziehungen wissen, ist möglicherweise veraltet. Außerdem darfst du der Technik nicht blind vertrauen. Du musst sie für deine Zwecke nutzen und darfst dich nicht von ihr versklaven lassen. Sonst wird sie anfangen, dir Ziele vorzugeben und dich ihrer eigenen Agenda zu unterwerfen.

Es bleibt dir daher nichts anderes übrig, als dich selbst besser kennenzulernen. Du musst wissen, wer du bist und was du vom Leben willst. Das ist natürlich der älteste Rat in dem Buch: Erkenne dich selbst. Aber dieser Ratschlag war nie aktueller als im 21. Jahrhundert. Weil es heute jede Menge Konkurrenz gibt. Google, Facebook, Amazon und die Regierung verlassen sich alle auf »Big Data« und maschinelles Lernen, um immer mehr und mehr über dich zu erfahren. Wir leben nicht im Zeitalter der Computerhacker – sondern im Zeitalter der Menschenhacker. Sobald die Konzerne und Regierungen dich besser kennen als du dich selbst, können sie dich kontrollieren und manipulieren, ohne dass du es merkst. Wenn du im Spiel bleiben willst, musst du also lernen, schneller zu sein als Google. Viel Erfolg!

Wozu kannst du heute leichter Nein sagen als vor fünf Jahren? Welche neuen Erkenntnisse und/oder Ansätze haben dir dabei geholfen?

Ich wurde besser darin, Einladungen abzusagen. Was eine Frage des Überlebens ist, weil ich jede Woche Dutzende von Einladungen bekomme. Um ehrlich zu sein, bin ich aber immer noch ziemlich schlecht darin. Ich bekomme dann ein schlechtes Gewissen. Deswegen überlasse ich diese Aufgabe meinem Mann, der nicht nur in geschäftlichen Dingen viel besser ist als ich, sondern auch im Neinsagen – er erledigt das für mich. Und jetzt haben wir einen Mitarbeiter angestellt, der viele Stunden am Tag damit beschäftigt ist, Leuten in unserem Namen Nein zu sagen.

Was ist das beste oder lohnendste Investment, das du je getätigt hast (in Form von Geld, Zeit, Energie etc.)?

Die mit Abstand beste Zeitinvestition, die ich jemals getätigt habe, war ein zehntägiger Vipassana-Meditationskurs (www.dhamma.org). Als Teenager und später als Student war ich eine sehr getriebene und unruhige Person. Die Welt ergab für mich keinen Sinn und ich erhielt keine Antworten auf die großen Fragen, die ich über das Leben hatte. Ich verstand vor allem nicht, warum es in der Welt und in meinem Leben so viel Leid gab, und was ich dagegen tun konnte. Die Menschen, die mich umgaben, und die Bücher, die ich las, boten mir nichts als kunstvolle Fantasien: religiöse Mythen über Gott und den Himmel, nationalistische Mythen über das Vaterland und seinen historischen Auftrag, romantische Mythen über Liebe und Abenteuer oder kapitalistische Mythen über ökonomisches Wachstum und wie Konsum den Verbraucher glücklich macht. Ich war klug genug zu erkennen, dass alle diese Sinnangebote vermutlich reine Fiktion waren, aber ich hatte keine Ahnung, wie ich die Wahrheit finden konnte.

Während meiner Promotion in Oxford versuchte ein guter Freund ein Jahr lang mich zu überreden, einen Vipassana-Meditationskurs zu besuchen. Ich dachte, dass das esoterischer Unfug sei, und weil ich keine Lust darauf hatte, mir noch eine Mythologie anzuhören, lehnte ich ab. Aber nach einem Jahr geduldiger Überzeugungsarbeit brachte er mich schließlich dazu, es zumindest einmal auszuprobieren.

Ich wusste damals nur sehr wenig über Meditation und nahm an, dass alle möglichen komplizierten mystischen Theorien damit verbunden sind. Ich war daher erstaunt, wie praktisch die Lehren waren. Der Kursleiter, S. N. Goenka, wies die Anwesenden dazu an, den Lotussitz einzunehmen, die Augen zu schließen und ihre ganze Aufmerksamkeit auf die Nasenatmung zu richten. »Tut gar nichts«, wiederholte er immer wieder. »Versucht nicht, eure Atmung zu kontrollieren oder auf eine bestimmte Art zu atmen. Beobachtet nur die Realität des gegenwärtigen Augenblicks, wie auch immer die aussehen mag. Beim Einatmen denkt ihr: Luft dringt durch die Nase in den Körper. Beim Ausatmen denkt ihr: Luft weicht durch die Nase aus dem Körper. Und wenn ihr eure Konzentration verliert und der Geist auf Wanderschaft geht, dann denkt ihr: Jetzt denke ich an etwas anderes als an meine Atmung.« Das war das Wichtigste, was mir je beigebracht wurde.

Als ich meine Atmung beobachtete, lernte ich als Erstes, dass ich trotz der vielen Bücher, die ich gelesen, und Kurse, die ich an der Universität besucht hatte, fast nichts über meinen Geist wusste und nur sehr wenig Kontrolle über ihn hatte. Trotz größter Anstrengungen konnte ich die Realität des Ein- und Ausatmens durch die Nase maximal zehn Sekunden beobachten, bevor ich anfing, an andere Dinge zu denken! Ich hatte jahrelang angenommen, dass ich der Herr im Haus und Chef meiner eigenen Marke sei. Aber einige Stunden Meditation reichten aus, um mir zu zeigen, dass ich mich kaum im Griff hatte. Ich war nicht der Chef meines Unternehmens – ich war höchstens der Pförtner. Ich stand an der Pforte meines Körpers – den Nasenlöchern – und sollte einfach nur beobachten, was ein- und ausströmte. Und trotzdem verlor ich nach nur wenigen Augenblicken die Konzentration und verließ meinen Posten. Das war eine Erfahrung, die mir die Augen öffnete und mich Bescheidenheit lehrte.

Im Laufe des Kurses wurde uns beigebracht, nicht nur unsere Atmung zu beobachten, sondern auch körperliche Empfindungen: Hitze, Druckgefühle, Schmerz usw. Die Technik des Vipassana beruht auf der Erkenntnis, dass der Gedankenfluss eng mit körperlichen Empfindungen verbunden ist, die immer zwischen mir und der Welt stehen. Ich reagiere nie auf die Ereignisse, die sich in der Außenwelt abspielen. Ich reagiere immer auf meine körperlichen Empfindungen. Wenn die Empfindung unangenehm ist, reagiere ich ablehnend. Wenn die Empfindung angenehm ist, will ich mehr davon. Auch wenn wir denken, dass wir auf das Verhalten einer anderen Person, auf eine Kindheitserinnerung oder die globale Finanzkrise reagieren, reagieren wir in Wirklichkeit immer auf die Spannung in der Schulter oder das Ziehen in der Magengrube.

Willst du wissen, was Wut ist? Beobachte einfach die Empfindungen, die in deinem Körper aufsteigen und sich dort ausbreiten, wenn du wütend bist. Ich war 24 Jahre alt, als ich den Kurs besuchte, und hatte davor vermutlich schon 10.000-mal Wut verspürt, aber ich hatte mir nie die Mühe gemacht zu beobachten, wie sie sich eigentlich anfühlt. Immer, wenn ich wütend wurde, konzentrierte ich mich auf den Gegenstand meiner Wut – was jemand gesagt oder getan hatte – statt auf ihre physische Realität.

Ich denke, ich lernte durch die Beobachtung meiner Empfindungen in jenen zehn Tagen mehr über mich und die Menschen als in meinem ganzen Leben zuvor. Und hierfür musste ich an keine Geschichten, Theorien oder Mythen glauben. Ich musste einfach nur die Realität, wie sie war, beobachten. Die wichtigste Erkenntnis war, dass mein Leiden auf meine Denkmuster zurückzuführen war. Wenn ich mir etwas herbeisehnte, das dann nicht eintrat, reagierte mein Geist darauf, indem er Leiden schuf. Leiden ist kein subjektiver Zustand, der in der Außenwelt existiert. Es ist eine mentale Reaktion, die mein eigener Geist erzeugt.

Seit diesem ersten Kurs im Jahr 2000 praktiziere ich jeden Tag zwei Stunden Vipassana-Meditation, und ich gehe jedes Jahr für ein oder zwei Monate auf einen langen Retreat. Das ist keine Realitätsflucht. Ich komme vielmehr mit der Realität in Berührung. Mindestens zwei Stunden lang beobachte ich, wie die Realität wirklich ist, während ich die anderen 22 Stunden lang von E-Mails, Tweets und Katzenvideos bombardiert werde. Ohne die Konzentration und Klarheit, die ich durch diese Praktik erhalte, hätte ich *Sapiens* und *Homo Deus* niemals schreiben können.

Was tust du, wenn dir alles zu viel wird, du nicht mehr fokussiert bist oder deine Konzentration nachlässt?

Ich beobachte meine Atmung für einige Sekunden oder Minuten.

EIN PAAR ABSCHLIESSENDE ÜBERLEGUNGEN

»Strebe nicht nach Erfolg. Je mehr du danach strebst und ihn zum Ziel machst, desto stärker wirst du ihn verpassen. Denn Erfolg lässt sich ebenso wenig anstreben wie Glück. (...) Glück muss passieren, und das Gleiche gilt für Erfolg: Man muss ihn passieren lassen, indem man sich nicht für ihn interessiert. Ich möchte, dass du auf das hörst, was dein Gewissen dir befiehlt, und es dann umsetzt, so gut du kannst. Dann wirst du erleben, dass dir langfristig – langfristig, sagte ich! – der Erfolg folgen wird, genau deshalb, weil du vergessen hast, an ihn zu denken.«

– Viktor E. Frankl, **Man's Search for Meaning**

OFFENBARUNGEN IM EISBAD

»Nein, ich weiß nicht, *warum* er vier Wäschesäcke voll Eis braucht.«

Die Empfangsdame zuckte verzweifelt mit den Schultern, während sie mit dem Housekeeping telefonierte. Sie wiederholte die Bestellung. Es war 20 Uhr, und jeder an der Rezeption war verwirrt.

Ich wiederum war ein lebendiger Toter. Meine Batterien waren schon Stunden zuvor leergelaufen. Ich krümmte mich vor Rückenschmerzen und benutzte einen Müllbeutel voller verschwitzter Wäsche als Kissen, um meinen Kopf auf den Tresen zu legen. Der Page rückte diskret auf etwas mehr Abstand.

Nach einer gefühlten Ewigkeit war das Problem mit dem Eis gelöst. Ich schleppte mich in mein Zimmer und fiel der Länge nach hin.

Zwanzig Minuten später wurde ich von einem Klopfen an der Tür geweckt und bekam meine 20 Kilo Eis. Ab damit in die Badewanne – nachdem ich meinen Ellenbogen-Verband abgenommen, die Pflaster von meinen Zehen voller Blasen entfernt und ein paar Entzündungshemmer eingeworfen hatte, legte ich mich in das eiskalte Wasser. Als mir der Atem stockte und der Adrenalin-Schub einsetzte, kam mir ein alter Spruch in den Sinn:

»LIEBE DEN SCHMERZ.«

In meinem letzten Jahr auf der Highschool hatte ich ein Buch mit dem Titel *Mental Toughness Training for Sports* von Dr. Jim Loehr gelesen. Was folgte, war die beste Wettkampfsaison im Sport, die ich je hatte – vorher wie nachher. Den gesamten Zeitraum über schrieb ich vor jedem Ringer-Training diese eine Sache oben in mein Tagebuch: »LIEBE DEN SCHMERZ«.

Jetzt fand ich mich in Orlando im Bundesstaat Florida wieder, und genau dieser Satz ging mir durch den Kopf.

Ein paar Monate zuvor hatte mich jemand vom Johnson & Johnson Human Performance Institute kontaktiert, um mir eine einfache Frage zu stellen: »Würden Sie gern Tennis spielen lernen?«. »Dr. Jim Loehr würde auch gern etwas Zeit mit Ihnen verbringen«, hieß es außerdem noch.

Wie ich erfuhr, wollte Loehr im Jahr darauf in den Ruhestand gehen. Er hatte mit Jim Courier, Monica Seles und Dutzenden anderer Legenden zusammengearbeitet. Wenn ich die Reise nach Florida machte, würde ich einen professionellen Tennis-Trainer für die technische Seite haben und Loehr für die mentale. Loehr persönlich! Und Tennis hatte schon seit Jahrzehnten auf meiner Liste gestanden. Wie konnte ich diese Chance nicht ergreifen? Also sagte ich Ja.

Jetzt lag ich gekrümmt in einem Eisbad und von ergreifen konnte keine Rede sein.

Ich hatte gerade den ersten von geplanten fünf Tagen hinter mir. Für jeden Tag waren sechs Stunden Training angesetzt, und ich fühlte mich schon jetzt zerstört. Mein alter Sehnenriss am Ellenbogen meldete sich mit Macht zurück, was es zur Qual machte, auch nur ein Wasserglas hochzuheben. Zähne putzen oder jemandem die Hand schütteln war ausgeschlossen. Von den Rückenschmerzen und allem anderen will ich gar nicht erst anfangen.

An diesem Punkt begannen meine Gedanken zu rasen:

Vielleicht ist das einfach so, wenn man 40 ist. Jeder sagt, dass das passiert. Vielleicht sollte ich den Schaden begrenzen und mich wieder an andere Projekte machen? Seien wir ehrlich: Ich bin verdammt schrecklich im Tennis, und ich habe Schmerzen. Außerdem wird es in San Francisco schwierig sein, regelmäßig zu spielen. Niemand würde es mir übelnehmen, wenn ich früher verschwinden müsste. Tatsächlich würde das nicht einmal jemand richtig bemerken…

Ich schüttelte meinen Kopf. Dann gab ich mir selbst einen Klaps gegen den Nacken, um mich aus dieser Haltung herauszuholen.

Nein, du kannst nicht einfach abhauen, Ferriss, das wäre lächerlich. Du hast kaum angefangen, und das hier ist, was du schon immer gewollt hast. Du willst den ganzen Weg bis nach Florida auf dich genommen haben und dann nach dem ersten Tag umdrehen? Na komm.

Denk nach. Könnte ich vielleicht mit der linken Hand spielen? Oder Bälle werfen, um das Spiel nachzumachen, und mich dabei auf die Fußarbeit konzentrieren? Im schlimmsten Fall könnte ich das Trainieren mit dem Ball vielleicht völlig aufgeben und mich ganz auf die mentale Seite konzentrieren?

Ich atmete tief aus und schloss meine Augen für ein paar tiefe Atemzüge. Dann griff ich neben die Badewanne. Bücher sind meine Standard-Ablenkung, wenn ich für hodenfeindliche 10 bis 15 Minuten in Eisbäder tauche. An diesem Abend stand *The Inner Game of Tennis* von W. Timothy Gallwey auf meinem Programm.

Eine Passage darin brachte mich schon nach wenigen Seiten zum Stocken:

> »Der Spieler des inneren Spiels lernt, vor allen anderen Fähigkeiten die Kunst der entspannten Konzentration zu schätzen; er entdeckt die wahre Grundlage für Selbstvertrauen; und er lernt, dass das Geheimnis des Siegens bei jedem Spiel darin liegt, es nicht zu angestrengt zu versuchen.«

Das Geheimnis des Siegens bei jedem Spiel liegt darin, es nicht zu angestrengt zu versuchen?

Mit diesem Gedanken schleppte ich mich aus dem Eisbad ins Bett, wo ich tief einschlief.

DER AUFTREFFPUNKT

Am nächsten Morgen ging ich wieder in das Trainingszentrum, wo ich von Lorenzo Beltrame begrüßt wurde, meinem unglaublich talentierten und sympathischen Trainer.

Um die Ecke wartete auch schon Jim Loehr mit seinem riesigen Lächeln, seinen Schuhen in Größe 50 und seinen üblichen guten Ratschlägen: »Versuch heute alles etwas sanfter: sanfter greifen und sanfter schlagen. Lass deine Schultern und Hüften den Ball treffen.«

Wir drei wussten, dass sich heute entscheiden würde, ob wir weitermachen, es mit der linken Hand versuchen oder komplett das Handtuch werfen. Loehr wollte nicht, dass ich mich zerstöre, und er wollte verhindern, dass aus Optimismus Masochismus wird.

Wir gingen hinüber zu den Courts.

Zwei Stunden nach Trainingsbeginn stellte Lorenzo einen Besen aufrecht in die Mitte des Netzes und hängte ein Handtuch darüber. Meine Aufgabe war, das Handtuch zu treffen.

Ich fing an und schlug eine scheinbar endlose Reihe von Bällen ins Netz. Meine Genauigkeit betrug 0 Prozent, und die ganze Zeit spürte ich stechende Schmerzen im Arm.

Lorenzo unterbrach mich und kam um das Netz herum zu mir. Er sprach ganz ruhig: »Als ich ein junger Spieler in Italien war, neun oder zehn Jahre alt«, erzählte er, »hat mir mein Trainer eine Regel gegeben: Ich durfte Fehler machen, aber nie denselben Fehler zweimal. Wenn ich Bälle ins Netz schlug, sagte er, ›Mir ist egal, ob du die Bälle über den Zaun oder sonst wohin schlägst, aber du darfst keinen Ball mehr ins Netz schlagen. Das ist die einzige Regel‹.«

Dann gab Lorenzo der Übung einen ganz neuen Schwerpunkt. Ich sollte nicht mehr zwanghaft auf mein Ziel schauen, das Handtuch, sondern nur auf das, was direkt vor meinen Augen lag:

Den Auftreffpunkt.

Der Auftreffpunkt ist die Stelle, wo der Ball in Kontakt mit dem Schläger kommt. Er steht für den Bruchteil einer Sekunde, in der die eigene Absicht mit der Außenwelt zusammentrifft. Wenn man sich Standbilder der besten professionellen Spieler in diesem kritischen Moment ansieht, erkennt man häufig, dass sie ihre Augen auf dem Ball haben, während er auf ihre Saiten knallt.

»Fertig?«, fragte Lorenzo.

»Fertig.«

Er spielte mir den ersten Ball zu, und… es funktionierte wie Zauberei.

Sobald ich mich nicht mehr auf das Ziel – also wohin ich den Ball schlagen wollte – fixierte und stattdessen auf das konzentrierte, was direkt vor mir war, also den Auftreffpunkt, begann alles zu funktionieren. 10, 15, 20 Bälle später landeten alle dort, wo ich es wollte, und ich musste nicht einmal daran denken, wo sie hinsollten.

Lorenzo lächelte, machte eine wirbelnde Handbewegung wie bei einer Verbeugung und spielte mir weiter Bälle zu. Er rief hinüber zur Außenlinie, an die soeben Loehr aus dem Büro zurückgekehrt war. »Doc, das müssen Sie sich anschauen!«.

Ein riesiges Grinsen breitete sich auf dem Gesicht von Loehr aus. »Na, sieh mal einer an.«

Es lief, und es lief immer weiter. Je mehr ich mich auf den Auftreffpunkt konzentrierte, desto stärker funktionierten die Ballwechsel und Spiele von selbst. Irgendwie tat auch mein Ellenbogen weniger weh, und ich brachte die gesamten fünf Trainingstage hinter mich.

Es war wundervoll.

DIE RISIKEN VON GROSSEN FRAGEN

Die Frage »Was soll ich aus meinem Leben machen?« ist in den meisten Fällen eine schreckliche.

»Wie soll ich auf diesen Tennis-Aufschlag reagieren?«, »Was fange ich mit dieser Schlange bei Starbucks an?«, »Was mache ich mit diesem Stau?« oder »Wie reagiere ich auf den Ärger, der in mir hochsteigt?« sind viel bessere Fragen.

Exzellenz ist die nächsten fünf Minuten, Verbesserung ist die nächsten fünf Minuten, Glück ist die nächsten fünf Minuten.

Das bedeutet nicht, dass du auf Planung verzichten solltst. Ich ermutige dich, riesige, ambitionierte Pläne zu machen. Aber denk daran, dass sich Dinge realisieren lassen, die so groß sind, dass man sie kaum glauben kann, indem man sie in die kleinstmöglichen Stücke zerlegt und sich auf jeden der »Auftreffpunkte« konzentriert, einen Schritt nach dem anderen.

Ich habe ein Leben voller Zweifel geführt – zum größten Teil ohne guten Grund dafür.

Allgemein gesagt: Es mag sich gut anfühlen, einen Plan zu haben. Aber noch befreiender ist die Erkenntnis, dass man durch fast keinen Fehltritt wirklich zerstört werden kann. Sie gibt einem den Mut, zu improvisieren und zu experimentieren. Patton Oswalt hat es so formuliert: »Mein Lieblingsmisserfolg war jedes Mal, wenn ich auf der Bühne als Comedian total versagt habe. Weil ich am nächsten Tag aufgewacht bin und die Welt nicht untergegangen war.«

Und wenn es so aussieht, als sei die Welt doch untergegangen, versucht sie in Wirklichkeit vielleicht nur, Sie dazu zu zwingen, durch eine andere, bessere Tür zu blicken. Brandon Stanton sagt dazu: »Manchmal muss man dem Leben erlauben, einen davor zu bewahren, das zu bekommen, was man möchte.«

Was du *willst*, könnte das Handtuch in der Mitte des Tennisplatzes sein, das zwanghafte Ziel, das dich davon abhält, das zu bekommen, was du *brauchst*.

Behalte die Augen auf dem Ball, fühle, was du fühlen musst, und pass dich auf dem Weg an.

Dann wird das Spiel des Lebens ganz von alleine laufen.

DER STRIPPENZIEHER

Bei meinem zweiten Mittagessen in Orlando erzählt Loehr mir die Geschichte von Dan Jansen.

Dan Jansen wurde als jüngstes von neun Kindern im US-Bundesstaat Wisconsin geboren. Inspiriert von seiner Schwester Jane, begann er mit Eisschnelllaufen, und mit 16 Jahren hatte er einen Junior-Weltrekord über 500 Meter aufgestellt. Er beschloss, sein Leben diesem Sport zu widmen.

Jansen kämpfte sich nach oben, doch bei sämtlichen Olympischen Spielen hatte er mit Tragödien zu kämpfen. Am schlimmsten war es bei der Winterolympiade 1988. Wenige Stunden vor dem 500-Meter-Rennen erfuhr er, dass Jane ihren Kampf gegen Leukämie verloren hatte. In dem Lauf stürzte er und knallte in die Absperrungen, und das Gleiche passierte ihm einige Tage später über 1000 Meter. Er war als Favorit für zwei Goldmedaillen nach Calgary gefahren. Stattdessen kam er mit einem Tod in der Familie und ohne Sieg zurück.

Dadurch begann Jansen, ständig mit Pech zu rechnen. Um seinen Kurs zu korrigieren, begann er im Jahr 1991, mit Jim Loehr zu arbeiten.

Damals hielten es viele Leute für unmöglich, auf 500 Meter unter die Grenze von 36 Sekunden zu kommen. Dieses »unmöglich« war auch in das Gehirn von Jansen eingesickert. Als Gegenmittel begann er, »35:99« oben auf die Seiten seines Tagebuches zu schreiben.

Das 1000-Meter-Rennen war ebenfalls ein Problem – zumindest schien es so. Für Jansen bot es zu lange Gelegenheit zum Nachdenken, zu lange Gelegenheit, um in seinem Geist negative Rückkoppelungsschleifen zu konstruieren.

Also sorgte Loehr dafür, dass Jansen von da an zwei Jahre lang jeden Tag neben »35:99« eine weitere Erinnerung in sein Tagebuch schrieb:

»ICH LIEBE DIE 1000.«

Am 4. Dezember 1993 legte er die 500 Meter in 35:92 Sekunden zurück, womit er die 36-Sekunden-Marke durchbrach und einen neuen Weltrekord setzte. Am 30. Januar 1994 stellte er ihn selbst wieder ein. Zu den Olympischen Winterspielen in Lillehammer 1994 kam er in der besten Form seines Lebens. Es war seine letzte Chance auf eine olympische Medaille.

In »seinem« Wettbewerb, dem 500-Meter-Rennen, landete Jansen auf dem achten Platz. Es war eine verheerende Niederlage. Der Fluch der Olympischen Spiele schien für ihn intakt geblieben zu sein.

Dann kamen die 1000 Meter, seine Angststrecke. Sie sollten sein letztes Rennen bei seiner letzten Olympiade sein. Er ist nicht gestürzt. Er überraschte alle, indem er die Konkurrenz deklassierte, einen neuen Weltrekord aufstellte und dadurch natürlich eine Goldmedaille gewann.

Jansen hatte gelernt, die 1000 zu lieben, und er wurde zu einem Nationalhelden in den USA.

Das ist eine höllisch interessante Geschichte, oder?

»Das ist inspirierend und alles, na klar«, könntest du jetzt sagen, »aber was ist, wenn ich keinen Zugang zu Jim Loehr habe?«.

Mit 17 Jahren hatte ich den auch noch nicht. Stattdessen habe ich in einem Stockbett *Mental Toughness for Sports* gelesen, und es hat mein Leben verändert. Um von den Besten zu lernen, muss man sie nicht unbedingt treffen, es reicht, wenn man sie absorbiert. Möglich ist das über Bücher, Audio-Aufnahmen oder ein einziges mächtiges Zitat.

Man muss seinen Geist füttern. Auf diese Weise wird man zu seinem eigenen besten Trainer.

Um es mit Loehr zu sagen: Der Strippenzieher in deinem Leben ist die Stimme, die niemand hört. Wie gut du den Ton und die Inhalte deiner privaten Stimme beeinflusst, bestimmt über die Qualität deines Lebens. Sie ist der oberste Geschichtenerzähler, und die Geschichten, die wir uns selbst erzählen, sind unsere Realität.

Wie zum Beispiel sprichst du mit dir selbst, wenn du einen Fehler gemacht hast, über den du dich ärgerst? Würdest du so auch mit einem lieben Freund sprechen, wenn er denselben Fehler gemacht hätte? Falls nicht, musst du etwas erledigen. Und vertrau mir, wir *alle* haben das zu erledigen.

An dieser Stelle sollte ich wohl meinen alten Freund »LIEBE DEN SCHMERZ« erklären.

Bei »LIEBE DEN SCHMERZ« geht es nicht um Selbstgeißelung. Es ist eine schlichte Erinnerung daran, dass fast alles Wachstum Unannehmlichkeiten erfordert. Manchmal sind die Unannehmlichkeiten nur mild, wie mit dem Fahrrad bergauf zu fahren oder das eigene Ego herunterzuschlucken, um aufmerksamer zuzuhören. Zu anderen Zeiten sind sie deutlich schmerzhafter, wie beim Trainieren an der aeroben Schwelle oder beim emotionalen Äquivalent zum Wiedereinrichten eines Knochens. Keiner dieser Stressfaktoren ist tödlich, aber nur wenige Menschen suchen aktiv danach. Ob sie Vorteile mit sich bringen oder nicht, hängt davon ab, wie du mit dir selbst darüber sprichst.

Deshalb »LIEBE DEN SCHMERZ«.

Weiter vorn in diesem Buch erwähnt Brian Koppelman, dass er Haruki Murakami für den weltweit besten Romanautor hält. Obendrein ist er auch ein hervorragender Langstreckenläufer. Das Folgende hat Murakami über Laufen geschrieben – und es lässt sich auf alles anwenden:

> »Schmerz ist unvermeidbar. Leiden ist optional. Nehmen wir an, du läufst und denkst, ›Mensch, das tut weh, ich kann es nicht mehr aushalten.‹ Das ›wehtun‹ ist Teil einer unvermeidlichen Realität, aber ob er es noch aushalten kann oder nicht, hängt von dem Läufer selbst ab.«

Wenn du mehr haben, mehr tun und mehr sein willst, beginnt alles mit der Stimme, die niemand sonst hören kann.

WEGGABELUNG NACH WEGGABELUNG

Vor einigen Wochen bin ich auf dieses Gedicht von Portia Nelson gestoßen:

Autobiografie in fünf kurzen Kapiteln

Kapitel Eins
Ich gehe die Straße hinunter.
Da ist ein tiefes Loch im Bürgersteig.
Ich falle hinein.
Ich bin verloren ... Ich bin hilflos.
Es ist nicht meine Schuld.
Es dauert ewig, einen Weg hinaus zu finden.

Kapitel Zwei
Ich gehe dieselbe Straße hinunter.
Da ist ein tiefes Loch im Bürgersteig.
Ich tue so, als würde ich es nicht sehen.
Ich falle wieder hinein.
Ich kann nicht glauben, dass ich an diesem selben Ort bin.
Aber es ist nicht meine Schuld.
Es dauert immer noch lange, einen Weg hinaus zu finden.

Kapitel Drei
Ich gehe dieselbe Straße hinunter.
Da ist ein tiefes Loch im Bürgersteig.
Ich sehe, dass es da ist.
Ich falle trotzdem hinein ... es ist eine Gewohnheit ... aber meine Augen sind geöffnet.
Ich weiß, wo ich mich befinde.
Es ist meine Schuld.
Ich finde sofort hinaus.

Kapitel Vier

Ich gehe dieselbe Straße hinunter.
Da ist ein tiefes Loch im Bürgersteig.
Ich gehe darum herum.

Kapitel Fünf

Ich gehe eine andere Straße hinunter.

Um sich zufriedener und erfolgreicher zu fühlen, brauchst du keine Gehirnleistung wie ein Genie und keinen Zugang zu irgendeiner Geheimgesellschaft. Du musst auch kein ständig verschobenes Ziel von »nur« ein paar X zusätzlich erreichen. Das sind alles nur Ablenkungen.

Alles, was ich gesehen habe, spricht dafür, dass ein einfaches Rezept funktionieren kann: Konzentrier dich auf das, was vor dir liegt, sorge für tolle Tage, um für ein tolles Leben zu sorgen, und versuche denselben Fehler nicht zweimal zu machen. Das ist alles. Hör auf, Bälle ins Netz zu schlagen, und versuch etwas anderes, vielleicht sogar das genaue Gegenteil. Wenn du dann *wirklich* noch Zusatzpunkte willst, versuch, kein Arschloch zu sein, und du wirst zu einem Superstar der Voltron-Klasse.

Das Geheimnis zum Gewinnen jedes Spiels liegt darin, es nicht zu angestrengt zu versuchen.

Wenn du das Gefühl hast, es zu angestrengt zu *versuchen*, zeigt das, dass du mit Prioritäten, Techniken, Konzentration oder Achtsamkeit nicht richtig liegst. Versteh das als Hinweis für eine Neuorientierung, nicht zur Verdoppelung deines Einsatzes. Und tröste dich mit der Tatsache, dass die Antwort wahrscheinlich irgendwo offen zu finden ist, wann immer du Zweifel hast.

Wie würde es aussehen, wenn es einfach wäre?

In einer Welt, in der niemand wirklich etwas weiß, hast du die unglaubliche Freiheit, dich ständig neu zu erfinden und neue Wege zu gehen, egal wie merkwürdig sie sind. Umarme dein merkwürdiges Selbst.

Es gibt nicht die eine richtige Antwort – nur bessere Fragen.

Take it easy, ya azizi.
Tim Ferriss

Atme ...

EMPFOHLENE HILFSMITTEL

Die folgenden Ressourcen sind sämtlich kostenlos und ergänzen die Inhalte in diesem Buch. Viele davon sind gute Ausgangspunkte zu Werkzeugen, die ich inzwischen jeden Tag oder jede Woche benutze.

Links zu allen »am häufigsten verschenkten« und »am häufigsten empfohlenen« Büchern in *Tribe of Mentors* – tim.blog/booklist

Links zu allen Antworten zu »bester Kauf unter 100 Dollar« in *Tribe of Mentors* – tim.blog/under100

5-Bullet Friday – tim.blog/friday

5-Bullet Friday ist einer der beliebtesten Newsletter der Welt. Ungefähr 30 Prozent der Menschen in diesem Buch habe ich kennengelernt, weil sie Abonnenten von 5-Bullet Friday sind. Das ist eine kurze E-Mail, die ich jeden Freitag verschicke und die fünf Sachen auflistet, die ich in der Woche entdeckt habe oder erfreulich fand – Technik, Artikel, neue Unternehmen, Bücher, Experimente, neue Hacks oder Tricks und alle möglichen merkwürdigen Dinge. Der Inhalt des Newsletters wird nirgendwo sonst veröffentlicht.

***The Tao of Seneca* – tim.blog/seneca**

The Tao of Seneca ist eine Einführung in die Philosophie der Stoiker in den Worten von Seneca, zusammen mit Illustrationen, Porträts von modernen Stoiker-Persönlichkeiten und vielem mehr. Wenn du mich fragen würdest, was mein eigenes »am häufigsten verschenktes« Buch ist, würde ich dieses nehmen. Ich habe die Briefe von Seneca hunderte Male gelesen und empfehle sie noch viele tausend Male mehr.

Der Stoizismus ist ein nüchternes philosophisches System, das auf Ergebnisse in der realen Welt ausgelegt ist. Du kannst ihn dir wie ein Betriebssystem für das Gedeihen in höchst stressigen Umgebungen vorstellen. Thomas Jefferson hatte die Schriften von Seneca auf seinem Nachttisch liegen. George Washington, Vordenker im Silicon Valley sowie NFL-Trainer und -Spieler (z.B. die Patriots, die Seahawks) gleichermaßen haben sich den Stoizismus zu eigen gemacht, weil er sie im Wettbewerb stärkt. *The Tao of Seneca* erklärt alle Grundlagen dazu.

TED-Rede über »Angst einstellen« – tim.blog/ted

In dieser Rede (mehr als 3 Millionen Abrufe) beschreibe ich die wichtigste Übung, die ich mindestens einmal pro Monat erledige. Meine besten Entscheidungen bei Geldanlage und im Geschäftsleben lassen sich auf die Praxis »Angst einstellen« zurückführen. Noch wertvoller ist sie aber, um Selbstzerstörung zu vermeiden.

Blog über Experimente im Lifestyle-Design – tim.blog

Dieser Blog hat mich auf die Karte gebracht, bevor ich mit dem Podcast und anderen Machenschaften begonnen habe. Ich berichte darin über Experten, Experimente und reale Fallstudien aller Arten, unter anderem zu Fettabbau, Geldanlage, Lernen von Sprachen, Psychedelika und vielem mehr. Meine zehn beliebtesten (und am häufigsten empfohlenen) Beiträge findest du unter tim.blog/top10

Die Lösung für das Rätsel – tim.blog/spin

Dank mir später.

DIE TOP-25 FOLGEN DER *TIM FERRISS SHOW*

The Tim Ferriss Show ist der erste Podcast mit Wirtschaftsinterviews, der es auf mehr als 200 Millionen Downloads gebracht hat; seit drei Jahren in Folge zählt er zu den von Apple ausgewählten »Best of iTunes«.

Auf den nächsten Seiten findest du die 25 beliebtesten Folgen daraus bis zum 1. September 2017.

Aber *Achtung*! Ich habe die Folgen nicht in absteigender Reihenfolge nach der Gesamtzahl der Downloads angeordnet. Wegen des schnellen Wachstums würde das auf ein irreführendes Übergewicht von aktuelleren Folgen hinauslaufen – eine neue *anständige* Folge könnte dadurch »beliebter« erscheinen als eine ältere *Blockbuster*-Folge, die zu ihrer Zeit dreimal so häufig angehört wurde wie der Durchschnitt. Um das zu verhindern, haben wir eine bessere Methode verwendet; meinem Bruder schulde ich einen besonderen Dank für die Hilfe dabei.*

Alle bislang 250 Folgen findest du unter tim.blog/podcast und itunes.com/timferriss

1. Jamie Foxx über Fitness-Programme, Gewohnheiten erfolgreicher Menschen und noch nicht bekannte Geschichten aus Hollywood (Folge 124) – tim.blog/jamie

2. Der beängstigendste Navy-SEAL, den ich je getroffen habe ... und was ich von ihm gelernt habe (Folge 107) – tim.blog/jocko

3. Arnold Schwarzenegger über psychologische Kriegsführung (und vieles mehr) (Folge 60) – tim.blog/arnold

---

* Erklärung von meinem Statistiker-Bruder: »Als Erstes habe ich das Wachstum des Podcasts im Zeitverlauf modelliert. Dazu habe ich nach einer logarithmischen Transformation ein lineares Regressionsmodell verwendet (eine logarithmische Transformation, der die Annahme zugrunde liegt, dass die Downloads exponentiell gewachsen sind, erwies sich als die optimale Box-Cox-Transformation). Mit Vorhersagebändern von 95 Prozent habe ich für jeden Punkt die Standardabweichung dazu berechnet. Dann habe ich für jede Folge den Restwert (die Differenz zwischen den beobachteten Downloads und der Regressionslinie) berechnet und diese Differenz mit der Standardabweichung standardisiert. Zuletzt habe ich die Folgen nach dieser Kennzahl angeordnet, also danach, um wie viele Standardabweichungen sie über der Haupttrendlinie lagen.«

4. Dom D'Agostino über Fasten, Ketose und das Ende von Krebs (Folge 117) – tim.blog/dom2
5. Tony Robbins über Morgen-Rituale, Spitzenleistung und den richtigen Umgang mit Geld (Folge 37) – tim.blog/tony
6. Wie man ein Leben entwirft, mit Debbie Millman (Folge 214) – tim.blog/debbie
7. Tony Robbins über Leistung versus Erfüllung (Folge 178) – tim.blog/tony2
8. Kevin Rose (Folge 1) – tim.blog/kevinrose [Wenn du hören willst, wie schlecht eine erste Folge sein kann, bist du hier richtig. Dass wir betrunken waren, hat auch nicht gerade geholfen]
9. Charles Poliquin über Krafttraining, Abbau von Körperfett und die Steigerung von Testosteron und sexuellem Antrieb (Folge 91) – tim.blog/charles
10. Mr. Money Mustache: Angenehm leben mit 25.000 bis 75.000 Dollar pro Jahr (Folge 221) – tim.blog/mustache
11. Lektionen von Warren Buffett, Bobby Fischer und anderen außerordentlichen Menschen (Folge 219) – tim.blog/ buffett
12. Intelligente Drogen, Fasten und Fettverlust, mit Dr. Rhonda Patrick (Folge 237) – tim.blog/rhonda
13. Fünf Morgen-Rituale, die meinen Tag erfolgreich machen (Folge 105) – tim.blog/rituals
14. David Heinemeier Hansson: Die Kraft der Unverblümtheit (Folge 195) – tim.blog/dhh
15. Lektionen von Genies, Milliardären und Tüftlern (Folge 173) – tim.blog/chrisyoung
16. Die Geheimnisse von gymnastischem Krafttraining (Folge 158) – tim.blog/gst
17. Wie du die beste Version von dir selbst wirst (Folge 210) – tim.blog/best
18. Die Wissenschaft von Stärke und Einfachheit, mit Pavel Tsatsouline (Folge 55) – tim.blog/pavel
19. Tony Robbins (Teil 2) über Morgen-Rituale, Spitzenleistung und den richtigen Umgang mit Geld (Folge 38) – tim.blog/tony

20. Wie Seth Godin sein Leben organisiert – Regeln, Grundsätze und Obsessionen (Folge 138) –tim.blog/seth
21. Die Beziehungsfolge: Sex, Liebe, Polyamorie, Ehe und mehr, mit Esther Perel (Folge 241) – tim.blog/esther
22. Der stille Meister der Kryptowährungen (Folge 244) – tim.blog/ crypto
23. Joshua Waitzkin (Teil 2, Folge xxx) – tim.blog/josh
24. Matt Mullenberg, der wohlwollende Diktator des Internet (Folge 61) – tim.blog/matt
25. Ricardo Semler: Das 7-Tage-Wochenende und wie man die Regeln bricht (Folge 229) – tim.blog/ricardo

LÄNGERE GESPRÄCHE

Mit vielen der in diesem Buch erwähnten Personen habe ich längere Interviews aufgezeichnet.

Diese Gespräche drehen sich um viele Themen – von morgendlichen Ritualen bis zu den besten Ratschlägen, die eine Person je bekommen hat. In den meisten Fällen gibt es exakt *null* Überschneidungen mit den Inhalten dieses Buches, also findest du darin ausschließlich zusätzliche Werkzeuge, Taktiken und Gewohnheiten, die du selbst nutzen kannst.

Ich hoffe, du hast daran so viel Spaß, wie ich hatte. Alle Beiträge sind kostenlos.

Hier die Interview-Partner in alphabetischer Reihenfolge ihrer Vornamen:

Adam Robinson – tim.blog/robinson

Amelia Boone – tim.blog/amelia

Brené Brown – tim.blog/brene

Brian Koppelman – tim.blog/koppelman

Caroline Paul – tim.blog/caroline

Darren Aronofsky – tim.blog/darren

Debbie Millman – tim.blog/debbie

Eric Ripert – tim.blog/eric

Esther Perel – tim.blog/esther

Kevin Kelly – tim.blog/kevin

Kyle Maynard – tim.blog/kyle

Jerzy Gregorek – tim.blog/jerzy

Jocko Willink – tim.blog/jocko

Josh Waitzkin – tim.blog/josh

Larry King – tim.blog/larry

Maria Scharapowa – tim.blog/sharapova

Mark Bell – tim.blog/markbell

Michael Gervais – tim.blog/gervais

Mr. Money Mustache – tim.blog/mustache

Naval Ravikant – tim.blog/naval

Neil Strauss – tim.blog/strauss

Nick Szabo – tim.blog/crypto

Peter Attia – tim.blog/attia

Ray Dalio – tim.blog/dalio

Rick Rubin – tim.blog/rubin

Robert Rodriguez – tim.blog/robert

Sam Harris – tim.blog/harris

Soman Chainani – tim.blog/soman

Stewart Brand – tim.blog/stewart

Terry Laughlin – tim.blog/terry (verweist auf eine TV-Sendung, die wir zusammen gestaltet haben)

Tim O'Reilly – tim.blog/oreilly

Whitney Cummings – tim.blog/whitney

INDEX DER FRAGEN

Welches Buch (welche Bücher) verschenkst du am liebsten? Warum? Welche ein bis drei Bücher haben dein Leben am stärksten beeinflusst?

Welche Anschaffung von maximal 100 Dollar hat für dein Leben in den letzten sechs Monaten (oder in letzter Zeit) die größte positive Auswirkung gehabt?

Welcher (vermeintliche?) Misserfolg war die Voraussetzung für deinen späteren Erfolg? Hast du einen »Lieblingsmisserfolg«?

Linda Rottenberg, S. 372; Tommy Vietor, S. 376; Maurice Ashley, S. 391; David Lynch, S. 403; Nick Szabo, S. 405; Jon Call, S. 408; Darren Aronofsky, S. 421; Evan Williams, S. 424; Bram Cohen, S. 427; Michael Gervais, S. 435; Temple Grandin, S. 439; Kelly Slater, S. 442; Katrín Tanja Davíðsdóttir, S. 444; Mathew Fraser, S. 448; Adam Fisher, S. 451; Aisha Tyler, S. 454; Terry Laughlin, S. 463; Marc Benioff, S. 468; Craig Newmark, S. 495; Rick Rubin, S. 511; Ben Silbermann, S. 520; Vlad Zamfir, S. 526; Zooko Wilcox, S. 531; Steve Aoki, S. 544; Jim Loehr, S. 551; Daniel Negreanu, S. 557; Jocko Willink, S. 561; Kristen Ulmer, S. 572; Yuval Noah Harari, S. 580

Wenn du an einem beliebigen Ort ein riesiges Plakat mit beliebigem Inhalt aufhängen könntest, was wäre das und warum?

Steven Pressfield, S. 28; Kyle Maynard, S. 37; Terry Crews, S. 42; Debbie Millman, S. 47; Naval Ravikant, S. 54; Bozoma Saint John, S. 60; Tim Urban, S. 64; Ayaan Hirsi S. 75; Graham Duncan, S. 78; Mike Maples Jr., S. 86; Soman Chainani, S. 92; Dita Von Teese, S. 98; Richa Chadha, S. 108; Max Levchin, S. 115; Neil Strauss, S. 119; Veronica Belmont, S. 124; Patton Oswalt, S. 127; Lewis Cantley, S. 130; Jerzy Gregorek, S. 136; Aniela Gregorek, S. 145; Amelia Boone, S. 151; Ben Stiller, S. 160; Anna Holmes, S. 165; Andrew Ross Sorkin, S. 169; Joseph Gordon-Levitt, S. 171; Rabbi Lord Jonathan Sacks, S. 181; Maria Scharapowa, S. 206; Josh Waitzkin, S. 218; Jason Fried, S. 226; Arianna Huffington, S. 234; Tim O'Reilly, S. 242; Bear Grylls, S. 252; Brené Brown, S. 255; Leo Babauta, S. 259; Esther Dyson, S. 266; Ashton Kutcher, S. 273; Jérôme Jarre, S. 280; Fedor Holz, S. 288; Eric Ripert, S. 291; Sharon Salzberg, S. 295; Peter Guber, S. 303; Greg Norman, S. 306; Strauss Zelnick, S. 312; Steve Jurvetson, S. 316; Tony Hawk, S. 320; Liv Boeree, S. 322; Anníe Mist Þórisdóttir, S. 328; Mark Bell, S. 331; Ed Coan, S. 335; Ray Dalio, S. 344; Jacqueline Novogratz, S. 347; Sarah Elizabeth Lewis, S. 359; Gabor Maté, S. 364; Linda Rottenberg, S. 372; Tommy Vietor, S. 376; Muna AbuSulayman, S. 385; Sam Harris, S. 388; Maurice Ashley, S. 391; David Lynch, S. 403; Nick Szabo, S. 405; Jon Call, S. 408; Dara Torres, S. 413; Dan Gable, S. 415; Bram Cohen, S. 427; Chris Anderson, S. 430; Michael Gervais, S. 435; Aisha Tyler, S. 454; Marc Benioff, S. 468; Marie Forleo, S. 474; Scott Belsky, S. 482; Tim McGraw, S. 487; Craig Newmark, S. 495; Steven Pinker, S. 498; Whitney Cummings, S. 505; Rick Rubin, S. 511; Ryan Shea, S. 517; Vlad Zamfir, S. 526; Stephanie McMahon, S. 534; Peter Attia, S. 539; Steve Aoki, S. 544; Jim Loehr, S. 551; Daniel Negreanu, S. 557; Jocko Willink, S. 561; Robert Rodriguez, S. 566

Welche Überzeugungen, Verhaltensweisen oder Gewohnheiten, die du dir in den letzten fünf Jahren angeeignet hast, haben dein Leben am meisten verbessert?

Welchen Rat würdest du einem intelligenten, motivierten Studenten für den Einstieg in die »echte Welt« geben? Welchen Rat sollte er ignorieren?

… deinem beruflichen Umfeld oder Fachgebiet?

Wozu kannst du heute leichter Nein sagen als vor fünf Jahren?

Veronica Belmont, S. 124; Patton Oswalt, S. 127; Jerzy Gregorek, S. 136; Aniela Gregorek, S. 145; Anna Holmes, S. 165; Rabbi Lord Jonathan Sacks, S. 181; Julia Galef, S. 187; Annie Duke, S. 196; Josh Waitzkin, S. 218; Jason Fried, S. 226; Gary Vaynerchuk, S. 238; Tim O'Reilly, S. 242; Esther Dyson, S. 266; Kevin Kelly, S. 269; Jérôme Jarre, S. 280; Eric Ripert, S. 291; Sharon Salzberg, S. 295; Liv Boeree, S. 322; Sarah Elizabeth Lewis, S. 359; Gabor Maté, S. 364; Sam Harris, S. 388; John Arnold, S. 396; David Lynch, S. 403; Jon Call, S. 408; Bram Cohen, S. 427; Michael Gervais, S. 435; Adam Fisher, S. 451; Aisha Tyler, S. 454; Laura Walker, S. 460; Terry Laughlin, S. 463; Drew Houston, S. 479; Muneeb Ali, S. 491; Steven Pinker, S. 498; Whitney Cummings, S. 505; Rick Rubin, S. 511; Ben Silbermann, S. 520; Zooko Wilcox, S. 531; Stephanie McMahon, S. 534; Peter Attia, S. 539; Daniel Negreanu, S. 557; Kristen Ulmer, S. 572; Yuval Noah Harari, S. 580

Was tust du, wenn dir alles zu viel wird, du nicht mehr fokussiert bist oder deine Konzentration nachlässt?

Samin Nosrat, S. 23; Steven Pressfield, S. 28; Susan Cain, S. 33; Debbie Millman, S. 47; Naval Ravikant, S. 54; Bozoma Saint John, S. 60; Graham Duncan, S. 78; Soman Chainani, S. 92; Mike Maples Jr., S. 86; Jesse Williams, S. 102; Richa Chadha, S. 108; Neil Strauss, S. 119; Veronica Belmont, S. 124; Patton Oswalt, S. 127; Lewis Cantley, S. 130; Jerzy Gregorek, S. 136; Aniela Gregorek, S. 145; Amelia Boone, S. 151; Anna Holmes, S. 165; Andrew Ross Sorkin, S. 169; Joseph Gordon-Levitt, S. 171; Vitalik Buterin, S. 177; Rabbi Lord Jonathan Sacks, S. 181; Julia Galef, S. 187; Esther Perel, S. 203; Maria Scharapowa, S. 206; Adam Robinson, S. 210; Josh Waitzkin, S. 218; Jason Fried, S. 226; Arianna Huffington, S. 234; Gary Vaynerchuk, S. 238; Tom Peters, S. 248; Bear Grylls, S. 252; Brené Brown, S. 255; Leo Babauta, S. 259; Mike D, S. 262; Esther Dyson, S. 266; Ashton Kutcher, S. 273; Jérôme Jarre, S. 280; Fedor Holz, S. 288; Eric Ripert, S. 291; Sharon Salzberg, S. 295; Franklin Leonard, S. 300; Greg Norman, S. 306; Strauss Zelnick, S. 312; Liv Boeree, S. 322; Anníe Mist Þórisdóttir, S. 328; Ed Coan, S. 335; Ray Dalio, S. 344; Jacqueline Novogratz, S. 347; Sarah Elizabeth Lewis, S. 359; Gabor Maté, S. 364; Linda Rottenberg, S. 372; Tommy Vietor, S. 376; Muna AbuSulayman, S. 385; Sam Harris, S. 388; David Lynch, S. 403; Nick Szabo, S. 405; Jon Call, S. 408; Dara Torres, S. 413; Darren Aronofsky, S. 421; Neil Gaiman, S. 433; Michael Gervais, S. 435; Temple Grandin, S. 439; Katrín Tanja Davíðsdóttir, S. 444; Mathew Fraser, S. 448; Adam Fisher, S. 451; Aisha Tyler, S. 454; Laura Walker, S. 460; Marie Forleo, S. 474; Scott Belsky, S. 482; Tim McGraw, S. 487; Steven Pinker, S. 498; Whitney Cummings, S. 505; Rick Rubin, S. 511; Ryan Shea, S. 517; Ben Silbermann, S. 520; Vlad Zamfir, S. 526; Steve Aoki, S. 544; Jim Loehr, S. 551; Daniel Negreanu, S. 557; Jocko Willink, S. 561; Robert Rodriguez, S. 566; Kristen Ulmer, S. 572; Yuval Noah Harari, S. 580

ERSTELLE DEINEN EIGENEN INDEX

Ich selbst mache mir obsessiv Notizen, und deshalb möchte ich hier etwas vorsehen, das ich mir in viel mehr Büchern wünschen würde: ein paar Seiten, auf denen die Leser Lehren und Ideen aus dem Buch festhalten können.

Also lade ich dich dazu ein, auf den folgenden Seiten deine liebsten Erkenntnisse, Zitate oder nächsten Schritte einzutragen, zusammen mit den dazugehörigen Porträts und Seitenzahlen. Wenn du einen solchen Index anlegst, kannst du jederzeit die Teile nachschlagen, die dir am wichtigsten erschienen sind.

Wenn dir zum Beispiel das Zitat »Mut vor Bequemlichkeit« von Brené Brown gefällt, kannst du es in deinen Index aufnehmen und im Idealfall noch einen nächsten Schritt dazuschreiben:

»Mut vor Bequemlichkeit.« Brené Brown, S. 255. Nächster Schritt: Am Dienstag um 13 Uhr werde ich versuchen [HIER DEN KLEINEN NÄCHSTEN SCHRITT EINTRAGEN].

Natürlich werden unterschiedliche Menschen von unterschiedlichen Dingen angesprochen. Ich würde liebend gerne wissen, was du aus diesem Buch mitgenommen hast! Wenn du es mir verraten willst, mach ein Foto davon und teile es mit mir auf Instagram (@timferriss) oder Twitter (@tferriss). Ich sehe und beantworte dort ziemlich viel. Wir sehen uns in den Interwebs!

Viel Spaß beim Notizenmachen,
Tim Ferriss

DANKSAGUNGEN

Als Erstes muss ich den Mentoren danken, deren Ratschläge, Geschichten und Lektionen den Kern dieses Buches ausmachen. Vielen Dank für eure Zeit und eure geistige Großzügigkeit. Möge das Gute, das ihr mit der Welt teilt, hundertfach zu euch zurückkommen.

Danke an Stephen Hanselman, meinen Agenten und Freund. Ein Hoch auf das Feiern von kleinen Erfolgen auf einem langen Weg! Bald gibt es wieder Margaritas.

Danke an das gesamte Team bei Houghton Mifflin Harcourt, vor allem an die übermenschliche Stephanie Fletcher und das beeindruckende Design- und Produktionsteam: Rebecca Springer, Katie Kimmerer, Marina Padakis Lowry, Jamie Selzer, Rachael DeShano, Beth Fuller, Jacqueline Hatch, Chloe Foster, Margaret Rosewitz, Kelly Dubeau Smydra, Chris Granniss, Jill Lazer, Rachel Newborn, Brian Moore, Melissa Lotfy und Becky Saikia-Wilson. Ihr habt dabei geholfen, diese Bestie zu zähmen und ein weiteres Wunder wahr zu machen. Danke, dass ihr zusammen mit mir die Nächte durchgearbeitet habt! An meinen Verleger Bruce Nichols und sein unglaubliches Team mit President Ellen Archer, Deb Brody, Lori Glazer, Debbie Engel und allen Mitgliedern des engagierten Teams für Marketing und Vertrieb: Ich danke euch dafür, dass ihr an dieses Buch geglaubt und Berge dafür versetzt habt. Es wird einer ganzen Menge Menschen helfen.

An Donna und Adam: Danke, dass ihr die Stellung gehalten habt. Ohne euch würde es den Podcast nicht geben, und auch die anderen Sachen hätte ich nicht geschafft. Ihr seid toll.

An Hristo: Vielen Dank für das Überprüfen der Details (Pfannenwender ...) und endlose Recherchen. Möchtest du noch ein paar Mediterranean Wraps? Mehr Tomatensoße auf Kunstwerke klecksen? Runde drei im Sommer? Übrigens habe ich immer noch nicht verstanden, warum du gerne im Dunkeln arbeitest ...

Amelia, du bist die Krieger-Prinzessin des An-die-Grenze-Gehens. Worte können gar nicht ausdrücken, wie viel deine Hilfe und Unterstützung für mich bedeuten. Danke, danke, danke. Denk auf jeden Fall an das Armband, und die Bezahlung in Nuss-Butter (#messybaby!) und Mobilitätswerkzeugen ist auf dem Weg.

Nicht zuletzt ist dieses Buch meiner Familie gewidmet, die mich während seiner gesamten Entstehung geleitet, ermutigt, geliebt und getröstet hat. Ich liebe euch mehr, als Worte sagen können.

STICHWORTVERZEICHNIS

A

B

C

D

E

H

M

S

U

V

W

Tools der Titanen

Tim Ferriss

»In den letzten zwei Jahren habe ich beinahe 200 Weltklasse-Performer interviewt. Die Bandbreite der Gäste reicht von Stars (Jamie Foxx, Arnold Schwarzenegger) und Topathleten bis hin zu legendären Kommandanten von Spezialeinheiten und sogar Schwarzmarkt-Biochemikern. Viele meiner Gäste akzeptierten erstmals in ihrer Karriere ein Zwei-bis-drei-Stunden-Interview. Dieses Buch enthält unverzichtbare Tools, Taktiken und Insiderwissen, die anderswo nicht zu finden sind, außerdem neue Tipps von früheren Gästen und Lebensweisheiten neuer Gäste, die du noch nicht kennst.«

Was das Buch so außergewöhnlich macht, ist der unablässige Fokus auf leicht umsetzbare Details:
- Was tun diese Titanen in den ersten 60 Minuten an jedem Morgen?
- Wie sieht ihre Trainingsroutine aus und warum?
- Welches Buch haben sie am häufigsten an andere Menschen verschenkt?
- Was betrachten sie als die größten Zeitverschwender?
- Welche Nahrungsergänzungsmittel nehmen sie täglich?

»Alles, was du auf diesen Seiten liest, habe ich in meinem Leben bereits auf die eine oder andere Weise angewandt. Ich habe Dutzende der dargestellten Taktiken bei kritischen Verhandlungen, in riskanter Umgebung oder bei großen Deals eingesetzt. Die Lektionen haben mir zu Millionen von Dollar verholfen und mich vor Jahren verschwendeter Bemühungen und Frustration bewahrt.«
TIM FERRISS

736 Seiten | Hardcover | 29,99 € (D) | ISBN 978-3-95972-046-5

Wenn Sie **Interesse** an
unseren Büchern haben,

z. B. als Geschenk für Ihre Kundenbindungsprojekte,
fordern Sie unsere attraktiven Sonderkonditionen an.

Weitere Informationen erhalten Sie bei unserem
Vertriebsteam unter +49 89 651285-154

oder schreiben Sie uns per E-Mail an:
vertrieb@finanzbuchverlag.de

FBV
FinanzBuch Verlag